先进航空电子综合技术

(第2版)

何锋 李峭 周璇 熊华钢 编著

国防工业出版社

·北京·

内 容 简 介

本书从航空电子系统综合的对象、综合理念、综合方法、综合实践4个方面给出了现代航空电子综合技术的全貌。第1章至第3章，介绍了航空电子系统综合的概念、航空电子系统功能和基于开放式系统架构的综合理念。第4章至第6章，分别从系统互联、通用模块和系统软件等几方面具体讨论了系统综合的设计方法。最后在第7章和第8章，讨论了航空电子系统的系统级操作管理和容错安全相关的实践问题。

本书可作为高等院校信息与通信工程、自动控制、计算机等专业从事复杂系统综合、实时系统等方向教学和研究的教材和主要参考书，也可作为从事综合电子系统设计、研制和规划管理的工程技术人员的参考书。

图书在版编目(CIP)数据

先进航空电子综合技术/何锋编著. —2版. —北京：国防工业出版社,2023.4
ISBN 978-7-118-12879-6

Ⅰ.①先… Ⅱ.①何… Ⅲ.①航空设备-电子系统 Ⅳ.①V243

中国国家版本馆 CIP 数据核字(2023)第050643号

※

国防工业出版社出版发行
(北京市海淀区紫竹院南路23号　邮政编码100048)
三河市天利华印刷装订有限公司印刷
新华书店经售

*

开本 787×1092　1/16　印张 34¼　字数 791千字
2023年4月第2版第1次印刷　印数 1—1500册　定价 98.00元

(本书如有印装错误,我社负责调换)

国防书店：(010)88540777　　书店传真：(010)88540776
发行业务：(010)88540717　　发行传真：(010)88540762

第 2 版前言

当今世界正在经历一场更大范围、更深层次的科技革命和产业变革，中国正以不可阻挡的复兴之势在全球重新崛起。航空强国，是现代化国家尤其是现代化强国的战略支撑和重要标志。在航空领域具备自主的科技和产业发展能力是成为政治、经济、军事大国的必要条件。面向航空强国建设，我国军民用飞机都取得长足发展，各种新机型呈现井喷式发展，翱翔蓝天。作为飞机等大型综合平台的"大脑"和"神经中枢"，航空电子系统在这个过程中发挥了重要作用，其综合化程度决定了飞机的性能和发展水平，至今已经历4代典型技术发展，是支撑现代军民用飞机完成功能任务的核心系统。

随着作战环境的复杂化和飞机任务使命的拓展，航空电子系统正向分布式综合方向演进，通过功能分布式综合提升航空应用运行功能和性能，通过物理分布式综合降低开发和复用成本，同时改进可靠性，提高安全性，以支持新一代智能航空电子系统发展，其复杂性给航空电子系统的设计和验证带来了巨大挑战。在军用航空电子系统方面，空战模式正在由以平台为中心向以网络为中心的信息战方向发展，由单平台对抗向多平台信息对抗和体系对抗模式发展，并进一步发展出马赛克作战、蜂群作战等新的作战理念和作战模式。要求军用航空电子系统信息综合必须跨越平台物理边界，充分利用战场信息网络的交互信息，实现航空电子系统综合的网络化、体系化和智能化。在民用航空电子系统方面，面对民航客机舒适性、环保性、经济性、安全性不断提高的需求，航空电子系统不仅要求在环保性与经济性方面做出更多贡献，同时还需满足乘客在未来航空旅行的个性化需求，在客舱环境、信息系统、智能化与网络化水平、飞行控制与安全方面保障适航安全和信息安全。

这些需求进一步推动了航空电子系统分布式综合技术的革新，在开放式架构理念的基础上发展出基于模型的系统工程方法，指导航空电子系统的确信设计和可信验证，并进一步强化信息综合化、处理智能化、交互网络化、功能软件化的系统综合特征。这些技术上的最新发展都需要在原来先进综合式航空电子系统架构的基础上，重新梳理航空电子综合技术的发展脉络，围绕航空电子系统最新发展趋势，对航空电子综合技术进行系统介绍，形成先进航空电子综合技术的教材和技术参考书。

相比于第 1 版，本版变化主要体现在如下五方面：

（1）增强了航空电子各个子系统基本原理和方法的介绍；

（2）大幅度增加了基于模型的系统工程方法；

（3）全面更新了机载网络技术和航空电子软件技术，并增加机载网络和航空电子软件顶层设计考虑；

（4）全面更新了系统容错与安全，强化了系统层面的容错设计与安全认证；

（5）为每章增加了习题和思考题。

王彤研究员对本书的结构和内容提出了许多宝贵的修改意见。航空电子总线与通信实验室的博士生李二帅、鲁俊、赵琳，以及研究生董文奇、余婧为本书收集了大量的素材，并参与了本书校对工作，作者在此一并表示诚挚的谢意。

由于时间和作者学识水平的限制，书中难免有错误和遗漏之处，希望读者不吝指正。

编著者

2022 年 12 月

第1版前言

随着军事技术的发展,空战模式正在由以平台为中心向以网络为中心的信息战方向发展,由单平台对抗向多平台信息对抗和体系对抗模式发展。机动、协同和联合作战成为现代高科技战争的基本空战样式。作战飞机不仅要增强本机传感器能力以得到更多的信息,还要综合利用协同战机(无人机、预警机、电子侦察机等)得到的各种威胁信息,综合利用战场信息网络的交互信息,获取全面的战场态势感知。为实现先敌发现、先敌发射、先敌杀伤奠定基础。

航空电子系统是现代飞机的一个重要组成部分,是飞机装备信息化的核心。其性能和技术水平直接决定和影响着飞机的整体性能和作战能力。没有高性能和高技术水平的航空电子系统就不可能有真正现代化的战机。

航空电子技术研究的范畴,涵盖了支持飞机完成其任务的所有与电子学相关的系统和设备。随着航空技术的发展和成熟,飞机逐步承担了运输、侦察、预警、空战、打击等诸多任务。为了提供这些任务能力,通信、导航系统不断增强和完善,机载目标探测和识别也得到空前的发展。电子计算机和控制技术的应用与发展,使得飞行控制和武器控制等得到进一步加强。

航空电子综合是飞机电子系统有效综合的技术,它以信息理论及先进电子技术为基础,采用系统工程的方法,在飞机物理结构空间中将探测、通信、导航、识别、电子战、任务管理、飞行和火力控制等功能及相应的电子设备,通过机载网络和软件等技术组合成为一个有机的整体,以达到系统资源高度共享和整体效能大幅提高的目的,同时使得系统作战性能、可用性和生命周期成本相互平衡。

由于商用飞机在安全性和乘员环境要求上相当苛刻,其审批过程和适航取证非常严格,加之商用飞机的任务相对单一,因此商用电子系统在复杂性及采用先进技术方面通常不如军用系统。不过军用系统中一些通用技术,一旦成熟并且具有足够的安全性,就会逐步应用到商用飞机中。基于这种情况,本书主要描述军用航空电子综合技术,并希望其原理和技术方法也能为商用航空电子系统的综合设计提供借鉴。

考虑到先进航空电子系统综合的目的之一是消除各子系统物理分离状态,采用通用的标准模块,硬件上形成可进行配置组合的有机整体,并通过应用软件实现航空电子系统的各种功能。因此,本书重点介绍系统综合涉及的原理、方法和可供组合的软硬件模块,而不拘泥于传统的电子系统设备。

罗志强教授校对了书稿，涂泽中高工对本书的结构和内容提出了许多宝贵的意见，王彤、黄永葵研究员和李峭老师阅读了本书并提出了宝贵的修改意见，何锋、周立和丁凡等研究生对文献的整理和图表的绘制提供了许多帮助，作者在此一并表示诚挚的谢意。

航空电子系统综合涉及面很广，难以在一本书中全部容纳，且由于时间和作者学识水平的限制，书中难免有错误和遗漏之处，希望读者不吝指正。

编著者

2008 年 12 月

目 录

第1章 绪论 ... 1
1.1 航空电子与航空电子综合 ... 1
1.1.1 航空电子系统功能 ... 1
1.1.2 航空电子综合作用 ... 2
1.2 航空电子综合技术发展历程 ... 4
1.2.1 分立式航空电子系统 ... 4
1.2.2 联合式航空电子系统 ... 5
1.2.3 综合式航空电子系统 ... 6
1.2.4 先进综合式航空电子系统 ... 7
1.2.5 航电综合架构的新发展 ... 9
1.3 先进航空电子综合系统设计 ... 12
1.3.1 基本信息综合链 ... 12
1.3.2 系统设计需求 ... 16
1.3.3 先进综合系统综合特点 ... 18
1.3.4 先进综合系统设计要素 ... 19
参考文献 ... 22
习题 ... 23

第2章 航空电子系统功能 ... 24
2.1 通信、导航与识别 ... 24
2.1.1 通信 ... 24
2.1.2 导航 ... 43
2.1.3 敌我识别 ... 59
2.1.4 CNI 综合系统 ... 61
2.2 探测与对抗 ... 68
2.2.1 雷达探测 ... 68
2.2.2 光电侦察探测 ... 83
2.2.3 电子支援 ... 88
2.2.4 电子攻击 ... 98
2.2.5 综合射频传感器 ... 104

2.3 控制与管理 · · · · · · 112
2.3.1 火力控制 · · · · · · 112
2.3.2 飞行控制 · · · · · · 119
2.3.3 座舱显示控制 · · · · · · 127
2.3.4 飞行管理 · · · · · · 136
2.3.5 飞机及其健康管理 · · · · · · 142
参考文献 · · · · · · 145
习题 · · · · · · 146

第3章 开放式系统结构 · · · · · · 147
3.1 开放式系统结构概念 · · · · · · 147
3.1.1 开放式系统定义 · · · · · · 147
3.1.2 开放式系统原则 · · · · · · 149
3.1.3 通用开放式架构框架 · · · · · · 151
3.2 开放式系统结构实现 · · · · · · 155
3.2.1 系统抽象与表征 · · · · · · 155
3.2.2 系统工程方法 · · · · · · 157
3.2.3 实现过程 · · · · · · 159
3.2.4 开放程度的评估 · · · · · · 164
3.3 基于模型的架构方法 · · · · · · 165
3.3.1 Zachman 架构模型 · · · · · · 166
3.3.2 TOGAF 架构模型 · · · · · · 168
3.3.3 DoDAF 架构模型 · · · · · · 169
3.3.4 MoDAF 架构模型 · · · · · · 171
3.3.5 UPDM 架构开发 · · · · · · 172
3.3.6 UAF 架构模型 · · · · · · 174
3.3.7 MBSE 模型工程 · · · · · · 175
3.4 开放式航空电子系统架构 · · · · · · 179
3.4.1 开放式航电系统目标 · · · · · · 179
3.4.2 开放式航电系统层次划分 · · · · · · 180
3.4.3 开放式航电系统架构属性 · · · · · · 181
3.4.4 先进航空电子系统架构 · · · · · · 183
3.5 开放式航空电子系统标准体系 · · · · · · 188
3.5.1 硬件相关标准 · · · · · · 189
3.5.2 软件相关标准 · · · · · · 195
3.5.3 网络相关标准 · · · · · · 200

  3.5.4 系统与认证相关标准 ………………………………………………… 203
 3.6 开放式系统结构的支撑技术 ……………………………………………… 209
  3.6.1 商用货架产品技术 ……………………………………………………… 209
  3.6.2 中间件技术 ……………………………………………………………… 211
  3.6.3 开放式无线电 …………………………………………………………… 217
 3.7 未来机载能力环境架构 …………………………………………………… 222
  3.7.1 FACE 架构模型 ………………………………………………………… 222
  3.7.2 FACE 数据结构 ………………………………………………………… 226
  3.7.3 FACE 一致性检验 ……………………………………………………… 228
  3.7.4 FACE 库 ………………………………………………………………… 229
 参考文献 ………………………………………………………………………… 230
 习题 ……………………………………………………………………………… 231

第4章 机载网络 ……………………………………………………………… 232

 4.1 网络体系结构 ……………………………………………………………… 232
  4.1.1 机载组网需求 …………………………………………………………… 232
  4.1.2 协议体系结构 …………………………………………………………… 237
  4.1.3 物理层 …………………………………………………………………… 238
  4.1.4 介质访问控制层 ………………………………………………………… 241
  4.1.5 逻辑链路控制层 ………………………………………………………… 242
 4.2 MIL-STD-1553B 总线 …………………………………………………… 242
  4.2.1 基本协议 ………………………………………………………………… 243
  4.2.2 拓扑结构 ………………………………………………………………… 246
  4.2.3 数据传输控制 …………………………………………………………… 248
  4.2.4 系统控制与管理 ………………………………………………………… 250
  4.2.5 总线负载 ………………………………………………………………… 252
 4.3 线性令牌传递总线 ………………………………………………………… 253
  4.3.1 拓扑结构 ………………………………………………………………… 253
  4.3.2 介质访问控制 …………………………………………………………… 254
  4.3.3 传输容量控制 …………………………………………………………… 257
 4.4 航空电子全双工交换式以太网 …………………………………………… 260
  4.4.1 基本协议 ………………………………………………………………… 261
  4.4.2 拓扑结构 ………………………………………………………………… 263
  4.4.3 虚拟链路 ………………………………………………………………… 264
  4.4.4 AFDX 的应用 …………………………………………………………… 268
 4.5 光纤通道 …………………………………………………………………… 269

4.5.1　网络组成与拓扑结构 …………………………………………… 270
　　4.5.2　传输协议 …………………………………………………………… 272
　　4.5.3　流量控制与优先级控制 …………………………………………… 278
　　4.5.4　FC航空电子环境 ………………………………………………… 279
4.6　时间触发以太网 …………………………………………………………… 283
　　4.6.1　拓扑结构 …………………………………………………………… 285
　　4.6.2　传输协议 …………………………………………………………… 286
　　4.6.3　时钟同步机制 ……………………………………………………… 290
　　4.6.4　时钟容错机制 ……………………………………………………… 295
　　4.6.5　TTE应用 …………………………………………………………… 297
　　4.6.6　时敏调度扩展 ……………………………………………………… 298
4.7　机载无线网络 ……………………………………………………………… 300
　　4.7.1　机内无线组网需求 ………………………………………………… 300
　　4.7.2　机内无线组网场景 ………………………………………………… 306
4.8　机载网络设计考虑 ………………………………………………………… 309
　　4.8.1　机载网络设计要素 ………………………………………………… 309
　　4.8.2　机载网络评价要素 ………………………………………………… 318
　　4.8.3　消息相干分析 ……………………………………………………… 325
参考文献 …………………………………………………………………………… 329
习题 ………………………………………………………………………………… 330

第5章　通用模块 …………………………………………………………………… 334

5.1　模块化设计 ………………………………………………………………… 334
　　5.1.1　模块及模块化概念 ………………………………………………… 334
　　5.1.2　模块化航空电子系统 ……………………………………………… 338
　　5.1.3　核心处理系统 ……………………………………………………… 339
5.2　通用功能模块 ……………………………………………………………… 342
　　5.2.1　模块支持单元 ……………………………………………………… 343
　　5.2.2　网络接口和路由单元 ……………………………………………… 344
　　5.2.3　电源单元 …………………………………………………………… 344
　　5.2.4　处理单元与模块功能 ……………………………………………… 345
　　5.2.5　通用模块的接口 …………………………………………………… 350
5.3　模块物理结构与工作环境 ………………………………………………… 351
　　5.3.1　模块结构 …………………………………………………………… 351
　　5.3.2　热设计 ……………………………………………………………… 355
　　5.3.3　抗振 ………………………………………………………………… 357

5.3.4　电磁兼容 ··· 358
　　　5.3.5　工作环境 ··· 361
　习题 ··· 365

第6章　航空电子软件 ··· 366
6.1　机载计算机及软件 ·· 366
　　　6.1.1　机载计算机和软件特点 ··· 366
　　　6.1.2　航空电子软件发展诉求 ··· 367
6.2　航空电子系统软件架构 ·· 370
　　　6.2.1　软件体系结构 ·· 370
　　　6.2.2　物理接口和逻辑接口 ·· 376
　　　6.2.3　通用模块加载映射 ··· 378
6.3　实时操作系统 ·· 379
　　　6.3.1　实时操作系统概念 ··· 379
　　　6.3.2　典型实时操作系统 ··· 381
　　　6.3.3　应用软件接口支持 ··· 385
6.4　应用软件配置 ·· 389
　　　6.4.1　功能与软件分区 ·· 389
　　　6.4.2　任务模型 ·· 391
　　　6.4.3　通信模型 ·· 394
　　　6.4.4　蓝印信息 ·· 398
6.5　航空电子软件开发与测试 ·· 399
　　　6.5.1　软件开发过程与环境 ·· 399
　　　6.5.2　基于模型的航电软件开发 ·· 400
　　　6.5.3　航空电子软件测试 ··· 402
　　　6.5.4　软件可靠性评价 ·· 405
　　　6.5.5　软件容错设计 ·· 406
6.6　航空电子软件调度设计考虑 ·· 408
　　　6.6.1　分区和实时任务概念 ·· 408
　　　6.6.2　最坏延迟和可调度性 ·· 412
　　　6.6.3　基本调度策略和理论 ·· 414
　　　6.6.4　分层分区调度模型 ··· 420
　参考文献 ··· 422
　习题 ··· 422

第7章　系统管理与操作 ·· 426
7.1　系统管理 ··· 426

7.1.1 系统管理概念 …… 426
7.1.2 系统管理层次 …… 427
7.1.3 系统管理与软硬件结构 …… 430
7.1.4 共享资源管理 …… 439
7.2 系统初始化及关机 …… 443
7.2.1 系统初始化 …… 443
7.2.2 系统关机 …… 447
7.3 系统配置与重配置 …… 449
7.3.1 配置与重配置概念 …… 449
7.3.2 重配置策略 …… 451
7.3.3 系统状态及其切换 …… 453
7.3.4 配置过程 …… 455
7.4 故障处理 …… 457
7.4.1 故障处理概念 …… 457
7.4.2 健康状态监控 …… 460
7.4.3 故障处理过程 …… 463
7.4.4 故障处理技术 …… 464
7.5 时间管理 …… 468
7.5.1 时间管理概念 …… 468
7.5.2 时钟模型 …… 470
7.5.3 时间分发和同步 …… 471
习题 …… 474

第8章 系统容错与安全 …… 475
8.1 信息安全概述 …… 475
8.1.1 信息安全定义 …… 475
8.1.2 航电信息安全 …… 477
8.2 信息安全措施 …… 479
8.2.1 技术手段 …… 481
8.2.2 系统密钥管理 …… 490
8.2.3 多级别安全性 …… 495
8.3 信息安全评估 …… 497
8.3.1 信息安全风险分析 …… 497
8.3.2 信息安全通用评估标准 …… 502
8.3.3 信息安全评估方法 …… 503
8.4 系统安全考虑 …… 506

8.4.1 系统安全性概念 …………………………………………………… 506
  8.4.2 架构安全性设计 …………………………………………………… 508
  8.4.3 IMA 安全性设计 …………………………………………………… 509
  8.4.4 系统安全演变 ……………………………………………………… 519
8.5 系统容错设计 …………………………………………………………… 522
  8.5.1 系统容错需求 ……………………………………………………… 522
  8.5.2 系统容错技术 ……………………………………………………… 525
8.6 系统安全认证 …………………………………………………………… 529
  8.6.1 系统开发认证过程 ………………………………………………… 529
  8.6.2 系统软硬件认证 …………………………………………………… 532
  8.6.3 系统安全评估 ……………………………………………………… 532
参考文献 ………………………………………………………………………… 534
习题 ……………………………………………………………………………… 534

第 1 章　绪　　论

1.1　航空电子与航空电子综合

1.1.1　航空电子系统功能

　　航空电子的英文 Avionics 来源于 Aviation 和 Electronics 两个词,表示航空和电子学两个学科领域的结合,是把电子技术应用于航空领域的一门学科。航空电子的范畴包括支持飞机完成其任务使命的所有与电子学相关的系统和设备。早期的航空电子主要涉及支持飞机起飞、着陆、引导与导航的系统,以及飞机成员与地面联系的通信系统。随着航空技术的发展和成熟,飞机逐步承担了运输、侦察、预警、空战、打击等诸多任务。为了提高这些任务能力,通信、导航系统不断增强和完善,机载目标探测和识别也得到发展。电子计算机和控制技术的应用使得传统的机械连杆操纵过渡到电传操纵飞行,机载火力控制及外挂武器的管理也经历了机械向电控的过渡,使得飞行控制系统、火力控制及外挂管理系统等也成为航空电子重要的组成部分。

　　飞机的用途多种多样,现代空战、轰炸、攻击飞机,要在任何复杂的气象条件下,准确无误地到达战区上空执行任务,必须依靠无线电和惯性导航系统,依靠飞行控制系统;要准确探测各类目标并分清目标的性质,必须依靠雷达、敌我识别器等探测系统;要对敌方目标进行有效打击,必须依靠武器和火力控制系统;要及时地得到指挥部的指令、了解战区态势、报告和发布战况,必须依靠无线电通信网络系统。现代军用飞机,无论完成何种使命,都需要强大的航空电子系统的支持。

　　随着军事技术的发展,空战的作战模式也由以平台为中心的机械战,向以网络为中心的信息战方向发展,传统的单平台作战模式向多平台信息对抗和体系对抗模式发展,对信息的依赖程度越来越高。联合作战、协同作战和机动作战成为现代高科技战争的基本空战样式。因此,作战飞机不仅要利用本机传感器得到的信息,还要综合利用协同作战平台,包括无人机、预警机、电子侦察机等得到的目标及各种威胁信息,综合利用战场信息网的敌我信息,以获取全面战场态势感知,实施超视距和远距攻击。

　　空战模式的变化,得益于航空电子技术的发展和支撑,包括精确定位的导航技术、高性能有源与无源探测技术、自动目标跟踪、分选、识别与瞄准技术、战术数据链技术、综合座舱显示技术和将航空电子设备综合成为有机整体的航空电子综合技术等,使飞机成为共享战场信息网络资源的一个节点，实时地获得全面战场态势和远距目标识别信息，从而实现先敌发现、先敌发射、先敌杀伤的目的。

航空电子系统已与飞机平台、机载武器一起作为衡量现代军用飞机作战性能的三大要素。三者相互关系极其密切，可以说，没有先进的航空电子综合系统，就没有先进的作战飞机，飞机和武器平台就无法提高和发挥作战效能，也就无法完成现代战争所赋予的作战使命。

航空电子系统对于民用飞机的意义同样重要。无线电和导航等电子设备在飞机上的应用，使得民用飞机可以进行商业飞行模式。飞行管理系统和自动飞行控制系统，以及发动机控制系统一起构成飞机全自动飞行控制模式，提供从起飞、巡航到降落的闭环控制和性能管理，优化了飞行剖面，节省了燃油，同时大幅度减轻了机组人员的工作负担，使得现有机长和副驾驶的角色从"操作员"变成了"管理员"。此外，结合空中防撞告警系统和近地告警系统以实现对空中飞行和进近地面的监视，极大地提高了民用飞机飞行的安全性。民用飞机采用开放式综合模块化的航空电子系统架构及其模块化设计方法，缩短了飞机航空电子系统的开发周期，结合商用货架（Commercial-Off-The-Shelf，COTS）技术思想，大大减少器件采购成本和更新维护费用。同时民用飞机航空电子系统采用标准化、规范化的设计也是促使民用飞机能够取得适航标准的基本保障。符合适航性要求是民用飞机保证适用于飞行的最低要求，但同时也是民用飞机取得市场化、国际化目的的关键。

1.1.2 航空电子综合作用

航空电子综合，顾名思义，是将飞机电子系统有效综合的技术。它以优化理论、信息理论、控制理论，以及先进的微电子与计算机网络技术为基础，采用系统工程的方法，在飞机物理结构空间中将探测、通信、导航、识别、电子战、任务管理、飞行和火力控制等功能及相应的电子设备，通过机载网络和软件等技术组合成为一个有机的整体，以达到系统资源高度共享和整体效能大幅提高的目的，同时使得系统作战性能、可用性和生命周期成本相互平衡。

在军用飞机方面，航空电子系统综合的主要作用如下。

1. 提高飞机作战能力

航空电子系统利用综合技术可以对探测传感器获取的信息进行信号综合、数据融合，全面、快速、精确地得到战场态势信息，并实时传输到相关显示器进行综合显示，支持飞行员和指挥人员完成任务。在多机编队和三军联合作战的情况下，还需要综合来自无线通信链路的外部信息以了解更广范围的战场态势，并将本机信息发送给其他作战单位，使每个飞机平台作为战场信息网络的一个节点发挥作用。

2. 提高飞机隐身性能

战斗机在各种恶劣的环境下应具备完成任务的能力和生存能力，这就要求飞机具有较好的隐身特性。雷达是飞机上主要的大功率电磁辐射源，除了精确控制诸如信号强度、起止时间、波束指向和零位对准等参数以便降低雷达辐射特征外,还要尽可能采用红外搜索跟踪、前视红外、激光雷达、数字地图等无源或光传感器装置,以便隐蔽雷达辐射信号。通过对传感器及其信号的综合,以及对由无线网络获得的其他战场平台探测信息的综合,可以达到既实现飞机隐身,又全面掌握战场态势的双重目的。

3. 减轻飞行员负担

作战环境瞬息万变,威胁密集,航空电子系统提供的数据信息量大、更新速度快,飞行员面对快速变化的各种信息,难以在短时间内作出反应,负担重,心理压力大。通过电子综合技术,可以实现座舱显示和控制的高度综合,还可以利用人工智能和神经网络技术,辅助飞行员进行决策,使飞行员从操作者逐步变为决策者。

4. 降低飞机成本

航空电子综合设计倡导采用开放的系统结构和商用货架产品技术,贯彻模块化、通用化、标准化的原则,在确保系统性能的前提下,提高了飞机可靠性和维修性,有效控制和降低了飞机生命周期成本。

在民用飞机方面,航空电子系统综合所带来的功能、性能和效益的提升主要集中反映在安全性、经济性、环保性、舒适性和适航性等 5 个方面[1]。

1. 提高飞行安全性

通过航空电子系统综合,有效提高飞机健康状态监测和管理能力,同时加强对飞机周围环境的监测,全面提升驾驶员对周边态势的感知能力,从而提高民用飞机的飞行安全性。

2. 提高飞机经济性

采用综合模块化的航空电子系统可以提高系统的通用性和可扩展性,并增强功能的综合性,缩短系统开发周期,减少采购、维护和运营成本。比如:通过提高导航系统和飞行计划的控制精度,进场着陆时采用快速下降策略,不仅可以节省燃油,同时也可以减少排放和噪声污染。

3. 提高飞机环保性

对民用飞机来说环保要求主要集中在排放、噪声和电磁辐射方面。通过先进的电子综合技术可以提高航空电子系统能耗比,并采用统一的防电磁泄漏技术,有效降低电磁污染对环境的影响。

4. 提高飞机舒适性

通过先进的飞行管理系统和自动飞行控制系统综合,极大提高飞机的飞行稳定性;通过先进的客舱管理系统,最大限度满足乘客的不同娱乐需求,并提供语音和数据的全球实时通信,提高乘客的乘机舒适感。

5. 提高飞机适航性

采用开放式、标准化、模块化思想进行设计的航空电子系统,可以采用统一标准和业务流程,实施从需求分析、设计、开发到集成等各个阶段的过程控制和验证,有利于适航标准的贯彻和执行。

1.2 航空电子综合技术发展历程

体现航空电子系统特点及其代际变化特征的核心技术为航空电子系统架构技术。航空电子系统架构是一个系统组织的概念,主要对航空电子系统的特征、要求、互联、标准和规划等进行定义和约束。从20世纪初第一架飞机问世到现在,短短百年间,航空电子技术日新月异,航空电子系统的发展突飞猛进,航空电子系统架构经历了分立式、联合式、综合式和先进综合式4个发展阶段,其演变历程如图1-1所示。航空电子系统的发展过程也反映了航空电子综合技术的演进历程。

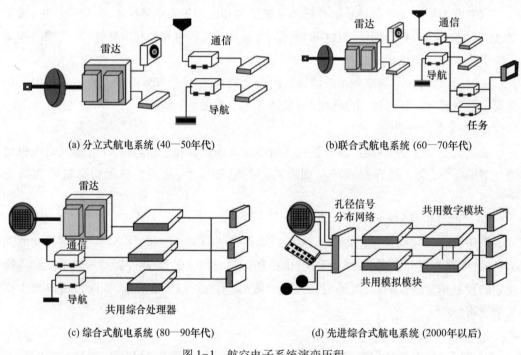

图1-1 航空电子系统演变历程

1.2.1 分立式航空电子系统

从20世纪初几乎同时萌芽载人飞行和无线电技术,直至70年代航空和电子学发展到相当成熟的程度,航空电子系统一直处于一种被称为分立式的系统结构。所谓分立式航空电子系统结构,是指完成各个功能的航空电子子系统都具有从传感器、信号采集、处理直到显示和控制一套完整和独立的系统功能设备。飞行员必须分别获取各子系统的显示信息,并分别进行各子系统的控制和操作。这种航空电子系统可以被认为是第一代航空电子系统。

随着飞机承担的任务不断地多样化和复杂化,机上装载的电子系统不断增加,并且越来越复杂。飞行员面对的显示和控制装置也越来越多,操作越来越繁杂,特别是需要迅速响应的战斗机,飞行员几乎无法非常有效地操纵飞机,以充分发挥飞机的作战效能。此外,由于机载电子设备的数量和种类多且自成系统,设备间的信号传递都采用点对点传输方式,互联电缆繁多,重量重,占用空间大,对飞机平台造成了很不利的影响。

1.2.2 联合式航空电子系统

在20世纪60年代末,随着飞行任务的不断复杂化,机载航空电子设备的数量不断增加,分立式航空电子系统的弊端也越来越明显。为了解决这一问题,航空界提出通过综合航空电子子系统的功能部件以减少机载设备数量的需求。在此基础上,美国空军莱特实验室于20世纪70年代提出了"数字式航空电子信息系统(Digital Avionics Information System,DAIS)"计划,其要点是在航空电子系统中采用标准多路传输数据总线(MIL-STD-1553)、标准机载计算机(MIL-STD-1750A)、标准计算机高级语言(MIL-STD-1589JOVIAL)和标准的外挂物管理接口(MIL-STD-1760)。机载电子子系统间通过标准的数据总线互联,实现了设备间的信息共享,并且大大简化了设备间的连接,减小了电缆重量和体积。通信、导航、识别、探测和飞行控制等功能子系统中的信息处理和操作由标准的机载计算机完成,各子系统都作为功能部件(也称"黑箱")连接到多路总线上。显示和控制的信息通过数据总线与各子系统进行交换,所有信息都由一个平视显示器和几个多功能显示器综合显示,飞机、武器系统及机载传感器主要由综合的操纵杆和油门杆,以及显示器周边键进行综合控制,从而实现综合显示与控制。这样的改变大大减轻了飞行员的负担,简化了系统设计,并通过信息共享,提高了系统的性能。这种以数据总线和综合显示控制为标志的航空电子系统称为联合式航空电子系统,典型系统结构如图1-2所示,也被认为是第二代航空电子系统。

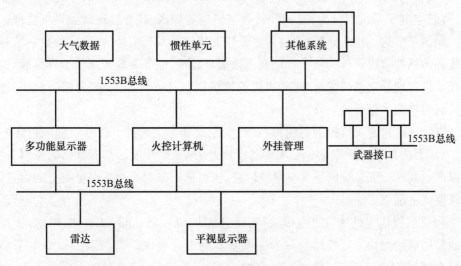

图1-2 联合式航空电子系统

DAIS计划的实施在航空界获得了巨大成功,从20世纪70年代中期至90年代主导了航空电子系统集成模式,目前正在服役的相当一部分飞机的航空电子系统使用的正是这种结构。

联合式航空电子系统不仅仅在航空领域获得广泛应用,而且作为一种有效的电子系统集成方法广泛应用于航天、船舶和陆地战车等运动平台电子系统中。

尽管解决了部分信息共享和显示控制综合的问题,随着航空电子系统进一步复杂化,联合式航空电子系统也表现出明显的局限性:各子系统仍然使用专用的硬件和软件资源,仅对显示和控制进行了综合,综合化程度较低;数据总线带宽不足,1553总线速率为1Mb/s,不能满足新的系统信息传输的要求;系统通过总线控制器集中控制,缺乏系统控制上的健壮性;需要外场、内场和车间三级维修支持,在整个系统生命周期中造成大量附加成本。

1.2.3 综合式航空电子系统

随着机载系统进一步复杂化,航空电子子系统内的设备数量也持续增加,导致联合式结构在体积、重量和能耗等方面不断增长,其系统结构的局限性也越发凸显。为了进一步综合航空电子系统,在20世纪80年代末,美国空军莱特实验室提出"宝石柱(Pave Pillar)"计划并颁布"宝石柱航空电子系统结构规范",旨在解除联合式航空电子系统的一些局限性。该计划涉及的主要创新技术于1991年完成演示验证,并在美军空军F-22猛禽战斗机、海军A-12攻击机和陆军RAH-66直升机上获得应用。"宝石柱"计划的重要意义在于迈出了显著的航空电子功能综合的第一步。由通用的数据处理机组成航空电子核心处理系统,完成传感器的信息处理和系统任务管理功能,将若干子系统的信息处理的功能综合起来,同时也综合了飞行员接口功能,显著减少了航空电子系统的处理资源。

"宝石柱"计划改变了用数据总线联网的综合方式,而是按功能划分提出了功能区的概念,将航空电子系统划分为传感器区、数字信号处理区、任务管理区和飞机管理区。传感器区涵盖了雷达、通信、导航、识别和电子战等传感器及其信号的预处理;数字信号处理区完成各传感器数据信号的综合处理及视频信号处理;任务管理区则用于目标捕获、火力控制和外挂管理等功能的综合处理;飞机管理区则包括飞行控制、推力控制、电气和通用环境控制等功能的综合控制管理。

飞机管理区包含飞行控制功能,对飞行安全是非常关键的。任务管理区包含外挂管理,外挂武器的投射对于安全也是关键的。因此,这两个功能区都有自己的控制资源,它们可以通过高速数据总线网络共享系统信息,也可以不依赖高速数据总线上的信息,在系统降级模式下独立工作。

"宝石柱"提出了外场可更换模块(Line Replaceable Module,LRM)的概念,并将最大限度地采用通用可快速更换模块作为一项基本的设计要求。"宝石柱"航空电子系统被称为综合式航空电子系统,典型系统结构如图1-3所示,也被认为是第三代航空电子系统。

综合式航空电子系统的实施,还得益于模块化航空电子系统结构(Modular Avionics

System Architechure,MASA)计划的推行。MASA 计划是由美国三军联合航空电子工作组提出并领导进行的,其核心是把航空电子系统(包括硬件和软件)划分成高度综合化、通用化和模块化的积木式构造块,强调系统结构的开放性。虽然"宝石柱"航空电子系统划分为 4 个功能区,但是并不意味着彼此硬件上是隔离的,实际上在各个功能区中采用了一些相同的通用模块,并且可以安装在相同的设备架中,比如分布在不同功能区的传感器数据信号处理、视频信号处理、飞机及任务管理信息处理都由一组标准模块组成的公用核心处理器来完成。通用模块系列的应用提高了系统可靠性,取消了空军基地中间级维修,大大降低了飞机生命周期成本。

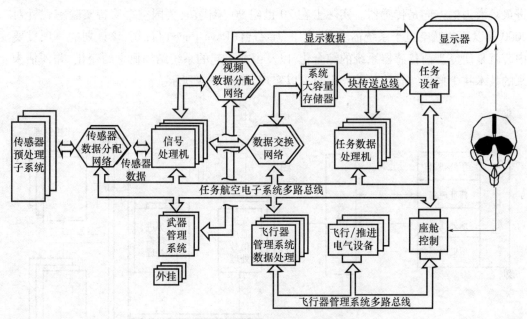

图 1-3 综合式航空电子系统

1.2.4 先进综合式航空电子系统

21 世纪航空电子系统面临性能、成本和可用性等方面的严峻挑战。

在改进性能方面,隐身性已成为许多新的军用飞机的一项主要设计考虑,然而航空电子系统在满足隐身性的要求下还必须提供足够的数据,使飞行员获得战场威胁、地形及瞄准等诸多信息。这使得红外搜索与跟踪等无源传感器将成为空-空任务越来越重要的机载信息源,前视红外、激光雷达及具有功率管理的雷达等传感器将是空-地任务的主要信息源。还需要综合通过数据链从外部获得的数据,以补充机载传感器的信息,构成动态的任务态势。为了提供这些能力,需要大大改进传感器及传感器信号处理能力。

在降低成本方面,自 20 世纪 70 年代以来,航空电子设备占飞机出厂成本的比例一直在直线上升,目前已占到战斗机成本的 40%以上,占预警、侦察和电子战等专用飞机成本的 50%以上。因此,如何降低航空电子系统成本已成为必须解决的一个重大问题。在电子系统各部件中,各种传感器在整体系统成本中占重要地位。通过天线和前端的综合来控制传感器的成本对遏止系统成本上升的趋势是非常重要的。此外,采用开放的系统结构,使用统一的网络进行电子部件的互联,应用商业货架产品和技术等都是控制航空电子系统成本的有效途径。

在提高系统可用性方面,21世纪航空电子使用环境对电子设备设计、封装和冷却等方面提出了新的要求,特别强调更广范围的通用化和模块化,改进电子系统可靠性,简化维修,减少对航线支持人员和系统供应渠道的依赖。

"宝石柱"航空电子系统在核心处理部分进行了综合和模块化设计,大大提高了信号和信息处理效费比,提高了系统可靠性。在这样的背景下,性能、成本和可用性三方面改进最具潜力的方向是传感器。实际上在20世纪90年代初,美国空军莱特实验室就针对2000年以后的航空电子系统需求,提出了"宝石台(Pave Pace)"计划,该计划的一项重要内容就是研究当前传感器系统的综合化,以及由此引起的系统结构概念的变化,并评估未来的技术将怎样使综合化传感器系统得以实现,如图1-4所示。

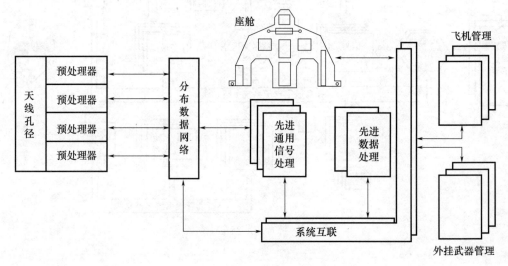

图1-4 "宝石台"计划

与"宝石柱"计划相比,"宝石台"计划将综合化和模块化的概念推广到了天线孔径和传感器信号预处理的领域,在传感器区进行了更为广泛和更加深刻的综合。该计划旨在以射频共用模块为基础,实现传感器内部的容错、重构和资源共享,即用几种射频共用模块完成接收、滤波、下变频、变换、频率合成、上变频、波形产生、射频信号发射,以及数字式信号处理等射频功能,并通过传感器数据分配网络与综合核心处理器(Integrated Core Processor,ICP)交联。

以"宝石台"计划为基础,美军方于1994年颁布了联合攻击战斗机(Joint Strike Fighter,JSF)航空电子结构定义,其顶层结构如图1-5所示,称为先进综合航空电子系统,也被认为是第四代航空电子系统。

在JSF上应用的先进综合航空电子系统,主要创新体现在:开放的系统结构、射频与光电孔径综合及传感器预处理综合、统一航空电子网络(Unified Avionics Network,UAN)

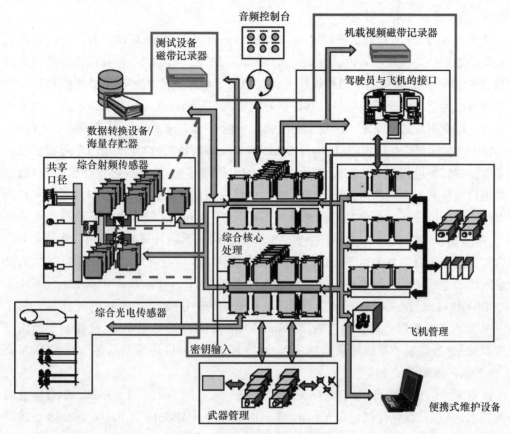

图 1-5 先进综合式航空电子系统

互联、商用货架(COTS)产品与技术的应用。

总之,在过去的 40 多年中,航空电子系统已从单功能子系统的松散组合发展到物理上和功能上都高度综合的信息密集的整体,功能的综合不断从飞机的中心(座舱)向飞机蒙皮(天线)发展。

1.2.5 航电综合架构的新发展

航空电子系统由最初的分立式架构、联合式架构一直发展到当今的先进综合式架构,航空电子综合化技术功不可没。目前,常见的航空电子系统体系架构之一是综合模块化航空电子(Integrated Modular Avionics,IMA)系统结构。IMA 是一套共享的具有灵活性、可重复使用性和共同操作性的硬件和软件资源,将这些资源综合起来可以形成一个能够提供满足安全性和运算性能需求的、用于运行航空电子应用的服务平台。IMA 理念最早是源于 90 年代初期第四代战机(如 F-22、F-35 等)的航空电子系统设计,综合式航电系统架构和先进综合式航电系统架构都可以归入为 IMA 架构范围,但 IMA 架构概念更多来源于民用航空电子系统。波音公司于 1995 年推出的 B777 飞机被认为是 IMA 体系结构在大型民机上的首个应用实例。与此同时,IMA 结构和技术相关的规范化研究工作也逐步展开,到 20 世纪末已形成一系列支撑 IMA 理念的重要标准,并先后应用于高端客机 A380

和B787的航空电子系统研发。

波音B787的核心处理系统（Common Core System，CCS）以机柜的形式集中安装现场可替换的通用处理模块（General Processing Module，GPM），机柜内不同处理模块之间通过背板总线进行通信，共享电源转换模块等硬件资源。机柜内安装的通用处理模块作为中央处理核心为航空电子系统提供公共计算处理资源（Common Computing Resource，CCR），并通过全局数据总线航空电子全双工交换式以太网（Avionics Full DupleX Switched Ethernet，AFDX）与远程数据集中器（Remote Data Concentrator，RDC）以及其他与全局数据总线兼容的挂载设备进行通信。RDC取代了传统的专用信号配线，完成数据在模拟、离散或者其他总线格式与全局数据总线AFDX格式之间的相互转换，从而将远端传感器和作动器等外围系统设备接入到全局数据总线。因此，波音B787可以认为是一种集中式IMA架构，或者基于CCS的IMA架构。空客A380与之不同，其将计算处理资源以物理上分散的方式部署在机身的各个地方，通过全局数据总线AFDX进行互联通信。A380的核心处理系统由若干现场可更换的核心处理和输入输出模块（Core Processor Input/Output Module，CPIOM）构成，按飞机各子系统功能（域）分别配置专用CPIOM并就近部署。每个CPIOM同时具有应用处理和输入输出（Input/Output，I/O）接口子模块，前者基于通用处理资源，而后者根据子系统需求定制。因此，空客A380可以认为是一种分立式IMA架构，或者基于域的IMA架构。

面对未来信息化战场作战和空-天-地"系统之系统"（System of Systems，SoS）信息融合的需求，分布式综合化航空电子（Distributed Integrated Modular Avionics，DIMA）系统的概念于2008年浮出水面，并在航空和航天领域得到了极大关注和重视，体现于欧盟科研联合计划第7框架（Framework Program，FP7）中的SCARLETT项目和美国NASA的Orion载人探索飞船（Crew Exploration Vehicle，CEV）项目。对于DIMA航电系统，涉及多个子功能区域的分布式集成，更加强调任务关键和安全关键等性能保障机制在系统集成过程中的一致性性能。由IMA架构发展过来的DIMA架构，综合了集中式和分立式两种IMA结构的设计特点：在分离应用处理模块和I/O处理模块的同时，将通用处理模块分散放置于机身各处，并使I/O接口处理靠近传感器和受动器。此外，相比现阶段的IMA系统设计，DIMA结构还对全局总线通信系统的确定性、可靠性和容错能力提出了更高的要求，而且更加强调可重用技术、系统重配置机制、高性能多核处理、增量升级和认证等，DIMA也被视为是新一代航空电子系统的发展方向。

从IMA到DIMA系统架构以及互联的对比如图1-6所示。

面向体系化作战态势，美军将开放性的理念扩展延伸到航空电子领域，强调军用航空电子系统架构的开放性。美国国防部（Department of Defense，DoD）率先执行开放式系统架构（Open Systems Architecture，OSA）设计理念，通过架构支持可承受的变化，能够渐进式采购和螺旋式发展，并能够通过综合路线图主动支持预先设计的重用，在设计弹性和系统适应性等方面有着巨大的潜力。

现有的IMA系统可以作为OSA的一个特例，但其重点仅是通用的硬件模块。在OSA策略和概念的扩展下的"下一代OSA/IMA"系统将面向急速发展的无人机市场需求，需要有极大的可伸缩性,硬件要适应多核处理,软件要发展跨平台的数据模型和框架,对于临时添加的使命任务和机动飞行计划,具有动态重配置能力。同时,航空技术的发展使得航空器拥有更加复杂的功能。此时仅仅依靠航空器自身的电子设备无法发挥航空器最大的性能,需要结合无线网络,与外界实现信息的交互,甚至资源交互,以充分发挥航空器作用,并提高航空器的任务能力。图1-7描绘了下一代OSA/IMA架构,在原有IMA架构的骨干网中加入飞机管理系统、飞行管理系统、任务管理系统等统一中速互联接入方案,形成以任务为中心的OSA/IMA混合式航电架构,并包含云接入适配器使其具备云服务接入的能力。

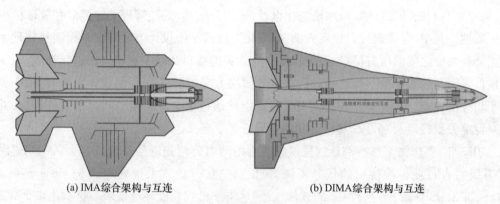

(a) IMA综合架构与互连　　　　　　(b) DIMA综合架构与互连

图1-6　IMA和DIMA架构和互联对比

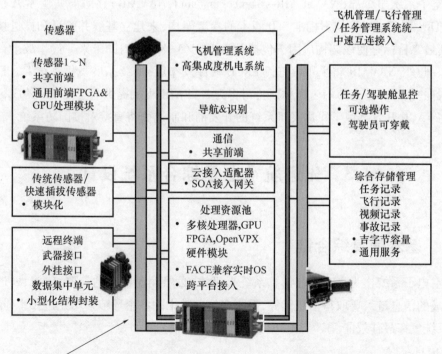

图1-7　任务为中心OSA/IMA航电架构

2010年FACE联盟提出的未来机载能力环境(Future Airborne Capability Environment, FACE)是OSA策略具体化的技术指南之一。它强调以数据流作为信息综合的实体,其内涵与美国DoD提出的联合通用架构(Joint Common Architecture, JCA)标准相近。FACE策略确立了模块化开放式系统方法(Modular Open SystemApproach, MOSA)、开放式架构(Open Architecture, OA)和IMA系统的宗旨,目的是在军用航电平台上建立软件通用操作环境,实现软件应用的跨平台可移植性和重用性,采用标准化方法,支持可实现软件开发的鲁棒架构,为航电系统引入开放标准解决方案。早前提出的MOSA系统方法仅关注于模块化、接口定义明确且得到广泛使用支持的行业接口标准的系统设计,其设计的五大原则是:建立有利的开发环境、采用模块化设计、采用开放式标准、管理关键接口和验证标准的一致性。其中,在关键接口设定方面,模块化开放式系统设计方法并没有控制和管理系统内部和系统之间的所有接口,而是将接口分为关键接口和非关键接口来进行管理,对关键接口采用开放式标准。与之相对比,FACE解决方案扩展了OSA的设计思想,它将一些基于软件的功能"分段"以组件形式开发。该组件通过定义好的接口向其他组件开放,并且对特定关键接口及"分段"接口之间的差异进行了定义。

2013年,美国海军航空部计划授权美国通用动力公司先进信息系统部为AV-8B"鹞II"升级符合行业标准接口的任务系统,提供第二代开放式系统处理器3(Open System Processor 3, OSP3)和基于FACE的软件,以满足未来机载功能环境要求。这款由带FACE接口架构的任务系统在现有的风河VxWorks5.5核心系统软件上运行。2014年1月,美国海军空中系统司令部(NAVal AIR systems command, NAVAIR)在政府实验室开始建立FACE原型,使用FACE技术标准2.0版本的参考架构,来建立基线并验证和推进技术成熟度,其最终目标是使该架构应用于包括FVL和F/A-XX在内的未来一代作战平台的航电架构。此外,NAVAIR将采用第三代FACE软件发布版,继续拓展飞机系统FACE航空电子设备的集成。罗克韦尔·柯林斯公司将为NAVAIR飞机提供基于FACE的飞行管理系统,在FACE开发环境下军用飞机系统的开发商和制造商将直接对接国防系统。

1.3 先进航空电子综合系统设计

1.3.1 基本信息综合链

航空电子系统作为一个综合信息系统有机体,必然涵盖信息的获取、传输、处理和应用所组成的信息链。要取得信息优势,需要在信息链中的各个环节采用先进技术,挖掘潜力,使系统发挥最佳效能。

1. 信息获取

飞机平台信息的获取是通过各种探测手段和外部信息传入来实现的。探测系统利用目标反射、散射、辐射出的电磁、光、声等能量获取目标的相关信息。现代飞机装载了多种射频探测系统和光电探测系统。虽然探测系统的功能随用途不同而有所差异,但基本功能不外乎目标的检测、测距、测向、测速和成像等。

利用电磁波进行探测的雷达是目前应用最为广泛的机载探测手段,雷达波束在目标可能出现的区域来回扫描,通过接收目标的回波来检测目标的存在。此过程可以用雷达方程式来描述,以功率形式表示的最基本的雷达方程为

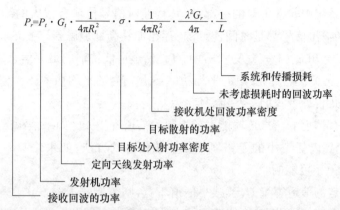

上式中等号右边前三项乘积表示目标处雷达照射功率密度,前四项乘积表示目标散射的功率,前五项乘积是接收机处回波功率密度,第六项表示天线的有效接收面积,乘上该项,并考虑系统和传播损耗,即得到接收回波功率。

当回波功率 P_r 等于接收机的最小可检测信号 P_{smin} 时,所对应的距离 R 即为雷达的最大作用距离 $R_{max} = \left[\dfrac{P_t G^2 \lambda^2 \sigma}{(4\pi)^3 P_{smin} L}\right]^{\frac{1}{4}}$,而天线增益反比于波长的平方。因此,增加雷达的有效探测距离可以通过增大发射机的发射功率、提高工作频率以及减少发射机和接收机的系统损耗等手段来实现。通常接收目标的回波中总是混杂着各类噪声和干扰,雷达检测的任务就是最大程度地抑制噪声与干扰,获取最大信噪比(Signal-Noise Ration,SNR,S/N)。

通过测量目标散射回波相对于发射信号的时延即可实现雷达的测距。而测量回波信号等相位波束的法线方向可实现雷达的测向。对目标距离的连续测量或者测量回波的多普勒频移可以进行测速。此外,将雷达所收到的回波在强度上的差别进行处理,还可得到关于目标的图像。

通过雷达可以了解利用电磁波主动照射目标而进行有源探测的基本原理和能力。利用某些物质对外部物体辐射的热能或光能的感应,也可以探测到外部物体的存在。入射光子能量可与半导体内电子的能态起作用,会释放载流子增加电子,或是获得光生电动势,且有一个明确的截止波长,它决定于在某一种材料中释放载流子所需的能量,这是光电探测的物理基础。光电探测与成像正是飞机平台无源探测的主要手段,既能为武器系统提供威胁源信息,提高平台的探测、侦察和识别能力,还能避免在电子环境中暴露自己。

2. 信息传输

信息的传输包括飞机平台与外界的通信和平台内部的系统互联。飞机平台中无线电信标、卫星导航、数据传输等许多功能必须与外部交换信息才能做出反应。即使像大气数

据、雷达高度、惯性导航这样功能自主的部件也需要在平台内部与其他功能部件进行数据交换。因此,信息传输是电子综合系统中重要的组成部分。

信息的传输是在发送端和接收端之间进行的,我们将发信机和收信机之间用以传输信号的媒介称为信道。也常把信道范围适当扩大,除了传输媒介外,信道还可包括其他的部件,如天线与馈线、功率放大器、滤波器、调制与解调器等。

信道是传输系统中非常重要的一部分,其特性对信号传输有很大的影响。对于一般的信道,如输入和输出信号都是时间连续的,存在加性高斯白噪声干扰的信道,有香农信道容量的公式:$C = B\log_2(1 + S/N)$,式中,C 是信道可能传输的最大信息速率,也称为信道容量;B 为信道带宽;N 为白噪声的平均功率;S 是信号的平均功率;S/N 为信噪比。

这个简单公式告诉了我们一些重要信息:

(1) 任何一个信道的信息传输能力的上限为信道容量 C。如果信源的信息速率不大于 C,那么可能找到以任意小的差错概率传输该信息的方法;如果信源的信息速率大于 C,则无差错传输是不可能的。

(2) 对于给定的信道容量 C,若减小信道带宽,则需要较大的发送功率,即增大信噪比 S/N。若有较大的信道带宽,则能够用较小的信号功率,即较小的 S/N 来传送。这表明宽带系统表现出较好的抗干扰性。

(3) 由于高斯白噪声功率为噪声功率密度与信道带宽的乘积,即 $N = n_0 B$,当带宽趋于无穷大时,有:

$$\lim_{B\to\infty} C = \lim_{B\to\infty} B\log_2\left(1 + \frac{S}{n_0 B}\right) \approx 1.44 \frac{S}{n_0}$$

这说明信道容量虽然随带宽 B 增大而增大,然而即使 B 趋于无穷大,信道容量也是有限的。

由于航空电子系统内外信息传输的需求呈爆炸性增长,利用何种技术和手段实现信息的交换,香农公式提供了信息传输系统设计的重要依据,帮助我们在系统设计中保证传输系统有效性(传输速率和效率)和可靠性(误码率和保真度)的平衡。

3. 信息处理

在航空电子系统中,信息表现形式多样,信息量巨大。必须对各种传感器提供的信息进行实时、优化和综合处理来获得目标发现、状态报告、威胁等级、态势评估等作战信息。信息的处理和综合为一种多层次、多方面的处理过程,包括对多源数据进行检测、相关、组合和估计,从而提高状态和特性估计的精度,以及对战场态势和威胁及其重要程度进行实时的完整的评价。

在过去的若干年中,为了提高处理效率,设计了多种多样的信号及数据处理算法和方法。然而机上信息处理量还是随着系统功能的增加不断地在增加,需要的处理能力也不断增加。例如:F-35 的 ICP 中总的数据处理速度为 40.8G 每秒运算次数(Operations Per Second,OPS),信号处理速度为 75.6G 每秒浮点运算次数(FLoating-point Operations Per second,FLOPS),图像处理是用一种专用信号处理方式,其速度为 225.6G 每秒乘/加运算次数(Multiply-Accumulates Per Second,MACS)。

从现代战斗机航空电子系统的发展历程可以看出,计算机技术是推动航空电子技术发展的重要因素,航空电子系统的每一次跨越式发展,都离不开计算机技术的支持。模拟式计算机、数字式计算机、超大规模集成电路计算机相继应用于航空电子系统,都极大地推动了航空电子技术的发展,可以说没有计算机技术的快速发展,就不可能有航空电子技术的快速发展。而现代航空电子系统已经由电子机械密集型向软件密集型发展,机载软件的规模越来越庞大,软件完成的功能也越来越多,原来许多由机载电子设备完成的功能现在都由软件来完成了,软件在现代航空电子系统中的地位和作用已日趋重要,研制高达几百万行源代码的软件显然是一个极其复杂的系统工程。采用软件化的方法实现航空电子系统信息处理已经是当前航电系统典型特征之一。

为了提供通信、图形图像处理、语音识别和融合、人工智能等方面的应用对高速计算的需求,信号处理器设计要在编译优化、指令级构架设计、处理器结构设计、多核调度等多方面进行综合考虑和循环迭代,以获得最优结果。

4. 信息应用

信息的应用是指利用综合系统提供的信息完成决策并实施行动,实现系统效能。典型的信息应用包括依据航空电子系统提供的态势和辅助决策信息而实施的飞行操纵和火力控制。

飞行控制系统是平台信息系统的一个重要环节,飞行控制过程是平台对外部环境及指令信息的响应。飞控系统的主要发展趋势包括电传和光传、火飞推综合以及主动控制。电传和光传在减少重量和提高抗干扰能力的同时,提高了系统可靠性,也是实现综合控制、主动控制的基础。火飞推综合控制则是利用多源数据信息协调控制平台的火力、飞行和动力,大大提高飞行性能和作战效能,减轻飞行员的工作负担。主动控制技术包括的自动机动、状态识别和任务剪裁控制律等,都体现了依据平台提供的信息,对飞机结构或气动上的限制进行预测,自动地辨识飞行和任务阶段,自动优化飞行控制律的能力。

精确打击是武器平台的最终目的,它的成功依赖于对目标的识别和定位,其重要特征是传感器、信息传输系统、信息处理系统和决策与控制的有效交联。因此,火力控制成为了机载信息系统中最重要的环节之一。

机载系统智能化是航电系统信息应用的终极目的,其实提高智能化程度、减轻飞行员的工作负担一直是航空电子系统发展过程中必须解决的一个重要问题。航空电子系统必须把飞行员从操纵飞机、系统监控、判读信息、态势掌握、武器投放等繁重的工作中解脱出来,要让飞行员成为一个战术家,并集中精力于高层次的战术决策,因此,航空电子系统要利用驾驶员助手技术、信息融合技术、人工智能技术等,提高智能化程度,成为"电子副驾驶员",帮助飞行员完成各种作战任务。为满足"高度自适应,灵活自主"的智能化航电信息应用要求,智能化将至少体现在以下几个方面:座舱智能化系统,采用话音识别控制技术和信息融合技术,实现信息和态势的综合显示和控制;智能化火控系统,实现对目标的自动识别和战场态势的自动生成,辅助飞行员完成武器投放等攻击和防御任务;自检测自修复的专家诊断系统,实现系统的自动动态重构。

1.3.2 系统设计需求

从美国的情况来看，F-22航空电子系统采用"宝石柱"计划的综合系统结构，根据美国空军"全球到达，全球力量"的战略思想设计，能在未来空空、空地战场威胁环境中夺取空中优势，确保美军能同时打赢两场大规模局部战争。因而美国空军对F-22提出5个方面的要求：低可探测性、高机动性和敏捷性、超声速巡航、较大的有效载荷、具有飞越所有战区的足够航程。美国空军希望凭借少量的先进的F-22抗击大量技术相对落后的敌机，取得制空权。其任务包括：夺取制空权，为美军作战提供空中优势，在战区空域有效实施精确打击，防空火力压制和封锁，纵深打击，近距空中支援等。

F-35（即JSF）战机与F-22形成"高低搭配"的空中打击力量，主要用于对地攻击，必要时进行空中自卫。同时用一种机型满足多个国家、多个兵种的需要。F-35在设计之初就以经济可承受性作为主要考虑因素，但仍要保持高的整体作战效能、生存力和维护性。其主要任务包括：近距空中支援，空中拦截，进攻性空中反击，压制空防，防御性空中反击，纵深空中支援，侦察等。

由于F-35是在F-22之后发展起来的飞机，在航空电子方面采用了许多新的技术，因而更能代表航空电子的发展方向。航空电子系统主要受攻击力、生存性、可支持性和可负担性4个因素制约。攻击力通过机外信息和机载先进综合航空电子系统来实现，满足飞行员在发现、识别、攻击并杀伤目标所需的信息和精确度。机载系统的高可靠性、诊断和预测、简化的维修都有助于提高飞机的出勤率。这些特性也使得战斗机有更好的任务弹性，从而支持F-35多任务和多角色的转换。F-35的航空电子系统对4个制约因素的支撑情况如表1-1所示。

表1-1 F-35的航空电子系统对4个制约因素的支撑情况

	攻击力	生存性	可支持性	可负担性
任务系统	传感器数据融合 支持多目标跟踪 支持所有标准的外挂武器 高精确度 战术协同	威胁探测和态势感知 发射管理 信号管理 多余度与容错 C^4ISR支持	分层体系结构 技术独立 可变规模 通用接口 健康管理 外场软件升级	模块化 COTS 软件重用 自动代码生成 开发管理工具
射频综合	大范围目标探测、跟踪和识别 大范围超高分辨率SAR地图 导弹/航炮支持 Link16、语音/机间数据链	信号截获探测 自动跟踪孔径 高增益ECM 射频红外对抗	高可靠孔径 适度功能降级 机载信号自校准 系统健康管理	减少模块种类和数量 软件无线电 通用性
光电综合	精确传输系统 提高探测范围 全方位跟踪 多目标跟踪	全方位态势感知 提高威胁告警能力 多目标探测跟踪	高可靠传感器 系统监控探测 可替换	固定小尺寸传感器 多功能通用组件

欧洲国家联合标准航空电子结构委员会(Allied Standard Avionics Architecture Council,ASAAC)也提出综合航电标准研究计划。首先,要求减少生命周期成本,也就是减少采购系统、支撑和维护系统的成本。其次,提高任务能力,完成所有的定制任务,包括功能和性能、精确度、可配置性和互操作性。最后,提高使用性能,支持150飞行小时,或者30天无维修作战能力,可用性大于95%,具有强大的容错能力,在功能上避免突发的失误。

以美、欧为代表的西方发达国家与地区以作战概念/构想作为能力需求牵引,顶层指导计划和具体技术发展规划配合落实,通过军事演习和装备作战应用进行效能评估,从而达到将实验室中技术优势转化为战场上军事优势和作战能力的目的。面对2020年,乃至2035年作战挑战,一体化多域协同、跨任务和跨领域综合、动态指挥与控制、灵活自适应任务配置等成为了典型作战诉求和能力要求,具有作战资源动态共享的云协同作战可以成为解决这些问题的关键方案。

在美军联合作战顶层概念——联合部队2020(2012年)中,提出核心思想包括:作战任务指挥;领会、保持并拓展作战意图;全球范围内的敏捷性;重视伙伴关系的建立;灵活建立联合部队;跨地域的协同作战能力;利用网电空间、特种作战等灵活、无痕迹的能力;将计划外的后果降低至最低程度。并要求综合电子系统至少满足:指挥控制能力、跨域协同能力、网电空间作战能力、通信能力、灵活自适应任务配置能力等。

在美军2035空军未来作战概念(2015年)中,提出空军到2035年的核心使命包括:多域指挥与控制、自适应作战域控、全球一体化情报监视与侦察、快速全球机动、全球精确打击,并描述如何在这5个核心使命中运用敏捷性。根据这些核心使命要求综合电子系统具备:实施一体化多域协同作战、所有信息在开放式自适应信息架构中综合集成、动态指挥与控制、根据性能优化编组、有人/无人系统最佳协同等能力。

在美国空军2030年空中优势飞行计划(2016)中,规划的主要内容包括:基地安排与后勤、发现、锁定、跟踪与评估、瞄准与交战、指挥与控制、非装备能力领域发展规划等,其中重点发展的综合电子技术需要满足:更敏捷的发展多域解决方案,形成可跨空、天、网的能力聚合,能够大量制造并廉价部署,用"新一代系统"替代"新一代战斗机"的概念,强调系统作战和整体性能提升。

在美国DARPA体系综合技术和试验(2016)中,主要聚焦于分布式空战的概念、架构和技术集成,包含飞机、武器、传感器的任务系统把空战能力分布于大量可互操作的有人/无人平台上,更快速、低成本把全新技术和航空系统集成进现有空战系统中。其综合电子系统关键特征包括:分布杀伤链功能通过有人和无人平台实施,使用开放式系统架构快速整合,应用作战管理自动化分布式协调。

从世界先进发展水平我们可以看到,目前先进航空电子系统设计的主要宗旨是:提高飞机作战能力,降低成本,提高可靠性和可维护性。

1. 提高飞机作战能力

在未来的信息化战场环境中,必须充分综合利用现代信息技术、计算机技术、微电子技术等研制技术水平先进、功能强大的先进综合航空电子系统,使之能够在未来信息化战场环境下感知战场态势,先敌发现目标,先敌攻击目标。需要在信息网络的支持下,完成多机编队协同作战,进行快速的信息处理和数据融合,采用人工智能技术辅助飞行员进行攻击和防御决策。

2. 降低飞机成本

采用开放式系统结构和商用货架产品技术,贯彻模块化、通用化、标准化的原则,有效控制和降低飞机全生命周期的费用。

3. 提高飞机可靠性和可维护性

广泛采用故障检测、容错、重构和余度技术,提高飞机的可靠性。通过系统级、分区级、模块级三级健康管理技术,对系统进行自检查和自维护,对整机资源进行合理分配和重构,在资源不足的情况下,采用适当的降级处理,保证飞机在不同关键级别下的任务执行,全面提高飞机的可靠性。采用二级维护体制,结合详细操作记录数据库和离线/在线维护接口提高飞机的可维护性。

1.3.3 先进综合系统综合特点

作为一个总系统,每个航空电子系统就是一系列子系统的综合。总系统可包括若干主要子系统,主要的子系统相互作用,从而生成总的系统功能。主要子系统本身也可进一步分解成许多次要子系统或设备,它们需要相互作用,达到支撑总系统的目的。每一层次要子系统得到其组成部分和模块的支撑,这些组成部分和零件如果能正确地运行和操作,就可对总系统起到支撑作用。

随着每个子系统功能的不断增强,功能间的一些界限变得模糊,甚至有些功能开始相互重叠。同时,随着系统对完成任务提出更复杂的要求以及新技术催生出更多新型传感器,子系统的数量也开始增多。此外,随着系统数据处理方法的不断改进和数据总线不断增宽,数据处理能力和手段不断提高,整个系统的集成性变得更加突出,系统的功能更复杂,综合性更强,功能之间的界限更模糊,子系统间可以互相共享的数据更多。如图1-8所示,航空电子系统的发展变化,一方面导致性能、功能、综合化、复杂性、可维护性、可重用性等指标的提高或者增加,另一方面也会带来尺寸、重量、能耗等指标的降低或减少。

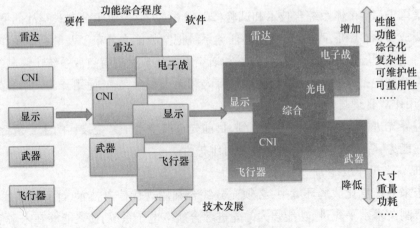

图1-8 先进综合电子系统综合特点

这种综合性的增加也可以从联合式航电系统向综合式开放航电系统的升级过程中看出,如图 1-9 所示。在联合式航电系统中,各个子系统独立设计和开发,比如雷达、CNI 等,这些子系统通过 1553B 总线进行系统交联。当把联合式航电系统升级到综合式开放航电时,利用通用的传感器综合区、处理资源综合区、功能管理综合区可以实现机载资源的高度共享和信息大带宽实时交互,传统的各个独立子系统的功能采用软件化的方式在通用实时处理平台执行,实现原有功能。从整个综合式开放航电平台的视角,并不存在各个子系统的简单独立边界,而是采用功能分区的方法实现各个子系统的隔离。这种设计模式的改变极大提高了系统设计的灵活性、通用性、可移植性和可变规模性,是当前先进航空电子系统设计的典型特点和模式。

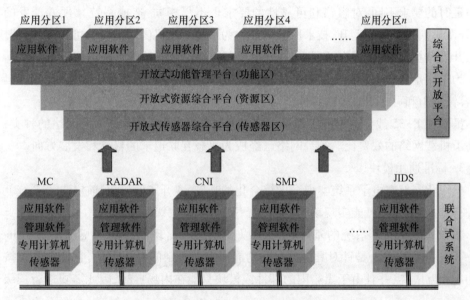

图 1-9 联合式系统向综合式开放平台的升级过程

1.3.4 先进综合系统设计要素

航空电子系统的综合要根据系统的战技指标要求,把所有航空电子部件作为一个整体进行系统集成,使各种系统资源有机地综合起来,协调工作,共同完成系统的使命任务,组成一个高度综合化的航空电子系统。随着综合水平的提高,系统将具有更强的功能、更高的容错能力和对各种不同需求的适应能力。

实现航空电子系统的高度综合化,需要从系统设计上加以保证,为了确保航空电子系统战术技术性能、提高系统可用性、降低系统生命周期费用,系统设计的主要要素包括:

1. 开放式航空电子系统结构

开放式系统结构是一种按层次划分的系统结构,各层次之间采用标准的接口。开放式航空电子系统结构具有许多优点,便于不同系统部件之间的互连、互通和互操作,便于硬件和软件的移植和重用,也便于系统功能的增强和扩充。广泛采用开放式系统结构,不仅提高了系统的冗余和重构能力,而且可以用最低的生命周期费用达到所要求的任务性能和保障性，并为系统功能的扩展和性能的改进奠定基础。

开放式系统结构鼓励采用COTS技术，而广泛采用COTS技术是降低航空电子系统的研制和生产费用的有效途径之一。在电子领域，民用技术的发展速度十分迅速，利用民用技术和商用货架产品开发和生产航空电子系统将显著减少专项科研经费的投入，采购途径容易得到保障，费用也相对低廉。采用COTS技术使得航空电子系统更加密切跟随技术发展潮流，技术先进性好。由于利用了COTS技术的通用、开放的技术标准，技术支持、产品维修和后勤保障较为方便，也便于系统扩充和升级。

2. 统一航空电子网络

航空电子系统各个功能区内部和功能区之间都存在着各种传输需求，不仅对带宽和传输延时的要求不同，对容错和可靠性的要求也不尽相同，造成系统软硬件开发的复杂性、开发周期和费用的上升，技术风险增加。为了提高飞机内部网络的可扩展性、适应性，降低开发维护成本，美国在开展JSF研制计划时，提出以一种网络覆盖机上互联的所有需求。为了满足机载电子系统的各种传输需求，统一网络应具有每秒千兆位带宽、低延迟时间、容错能力和可扩展规模的特性。

虽然在F-35战机上未能实现单一网络的目标，但确实显著减少了网络的种类，大大提高了机载网络的效费比。统一网络已经成为机载互联追求的目标和发展方向。

3. 标准通用模块

模块化是航空电子系统实现高度综合化的基础，离开了模块化，航空电子系统就不可能进行功能综合，不可能实现动态重构，也不可能实现二级维护体制。

联合式航空电子系统的基本构件是以黑箱形式出现的外场可更换单元（Line Replaceable Unit，LRU），是针对具体型号和功能需求而研制的专用设备，它使得系统按一定的功能相互隔离，并且由于黑箱内的部件或模块只能在内场拆卸，因此需要进行三级系统维护。

综合航空电子系统强调采用外场可更换模块（Line Replaccable Module，LRM），它是根据航空电子系统共性要求而设计的模块系列，各种型号的飞机都可以用它构建成为需要的功能组合。用LRM取代LRU之后，不仅可以使系统成为一种适应更高功能需求的先进航空电子综合系统，还在标准化和通用化上得以大大提升，减少了硬件种类和数量，并且将系统三级维护简化成两级维护，使系统维护费用大大降低。美国F-22和F-35飞机的航空电子系统的模块化水平已经相当高了，但是在射频系统和光电探测系统的模块化方面，还有很大潜力，这将是模块化发展的一个重要方向。

4. 可重用软件

采用标准通用模块的综合航空电子系统，已经不能从硬件上区分具体的功能系统。系统的探测、通信、导航和任务管理等功能都由通用模块化硬件平台上的软件提供，没有软件，航空电子系统将无法运行。现代战斗机已经由电子机械密集型向软件密集型发展，机载软件的规模越来越庞大，F-22的机载软件规模达到了200万行源代码，而F-35飞机的机载软件更是已达500万行源代码。原来许多由硬件完成的功能现在都由软件来实现，软件在综合航空电子系统中的地位和作用已日趋重要。

研制高达几百万行源代码的软件显然是一个极其复杂的系统工程,软件程序的编写、调试、测试,以及后续的装机试飞都将花费极大的人力、物力。设计合理的软件层次结构,以模块化方法开发可重用软件系统显得尤为重要。

5. 信息安全保障

飞机平台通过航空电子系统成为现代战争信息网络系统中的一个节点,为了减轻飞行员的工作负担,综合航空电子系统在不断地提高智能化程度,将飞行员从操纵飞机、系统监控、判读信息、态势掌握、武器投放等繁重的工作中解脱出来,使之能集中精力于高层次的战术决策。然而正是因为航空信息综合能力的增强,飞机平台和飞行员对航空电子综合系统及其信息交互的依赖也越来越强。作为战争信息网络系统中的一个节点,航空电子系统必然有其可能被攻击和破坏的脆弱性。

对于航空电子系统来说,系统的信息安全和保障是设计和实施中的一个关键。航空电子系统只有确保自身的信息安全,才能给整机的任务执行带来安全性和可靠性。系统的安全和保障需要从总体框架上去考虑,在具体设计过程中,需要严格贯彻总体设计思想,严格采取安全措施,严格进行风险评估。

此外,对于先进航空电子系统的综合设计,还需要考虑如下问题[2]:

1. 系统需求变革问题

一个军用系统最初的能力需求通常是满足当时或将来某个时刻作战背景要求而提出的。然而,系统的运行环境、作战对象总是在不断发展变化的,这要求系统具有持续的技术更新及升级能力。

通常,军用系统服役周期长,系统需求变更是一个复杂的长期过程,这要求系统具有不断演进的能力。而联合式系统结构一旦设计好,对系统进行更改往往代价很高,或根本不能支持系统更高性能要求的增长,这常常导致联合式系统中不得不放弃细化的系统性能提升需求。而综合模块化系统将硬件及软件划分为一个个模块,通过统一的模块级/芯片级互联总线将这些模块连接在一起,从而在体系结构上为系统的需求变更及演进奠定了基础。

2. 系统设计过时问题

军用航空系统的一个突出特点是一代产品的研制时间长、服役时间长,而商用半导体技术发展迅速,使得系统设计迅速过时。如 20 世纪 80 年代设计的系统,即使采用当时最先进的处理器(如 80386),并提供了充足的内存,经过 10 年的研发后,系统采用的技术已经过时,系统的能力已经最大化了,如果再加入新的功能将严重超出系统的最大能力,导致系统风险。事实上,长生命周期的军用航空系统设计受到各方面的限制,如嵌入式处理器运算能力、存储能力、数据总线能力、数据库能力等,这些限制往往涉及航空系统和核心基础,而非单一独立的传感器功能或设备。

半导体器件的快速更新常常导致飞机在进入服役期之前器件就已经停产而得不到技术支持。因此需要采用开放式架构,通过标准化接口,实现系统功能的定义和集成对接模式,以应对系统设计过时问题。

3. 系统测试验证问题

IMA系统测试验证的复杂性可以体现在如下几个方面。

(1) IMA系统存在多种不同的配置项及故障容忍措施,这导致对系统的分析及测试验证极其复杂,很难遍历所有的系统工作模式。

(2) IMA系统多数功能由软件实现,一个特定的子系统功能可以分配到一系列的处理器上。当前系统工程实践在整个设计生命周期都可能引入故障,而目前系统工程师往往通过手工(或通过工具辅助)执行测试,以验证代码是否正确。在IMA这种高度复杂的系统中,这种状态与理想的IMA系统预期相差太远。

(3) IMA系统大多数系统故障由软件代码引起,系统的装备服役期尤其如此。对这种隐藏极深、小的软件故障的排查往往要耗费大量的研制时间,耗费极高的研制成本。

因此,对于IMA系统应在其设计之初就考虑测试性问题,建立起层次清晰的分层体系结构,对系统进行合理的软硬件分割,创建标准的软硬件模块,实现软硬件无关设计,并根据系统的层次设计及软硬件分割结果,建立起对应的功能强大的自动化测试与验证系统,实现IMA系统的遍历及覆盖性测试。

4. 系统集成迭代及增量开发问题

对复杂系统的迭代及增量开发设计是IMA系统必须考虑的问题。对系统进行详细的工作分解,制定详细的系统迭代开发各阶段目标、预期的成果形式、测试要求等,将大量的系统开发工作提前安排,并行开展,尽早发现并解决问题,以减轻最后大系统集成阶段的风险。

通常在系统集成联试过程中将遇到大量的问题,如果这些问题能尽早发现,将最大化地降低系统集成联试成本,而如果这些问题都集中在联试阶段才暴露,则系统集成联试成本最高。系统集成问题发现的时间—成本曲线呈指数关系,问题发现越到后期,成本越高。这是因为越到后期发现问题,所涉及的系统人力资源、软硬件资源越多,对计划周期的影响越大,系统集成的压力也越大,系统集成的风险也就越大。

系统的增量开发也同样重要,首先实现最小、最简化系统,之后通过增量开发,不断地增加新功能,完善系统,通过这种方式,有助于减轻系统集成开发风险,鼓舞开发队伍士气,尽早拿出产品,占领市场。

系统迭代及增量开发,都依赖于详细的系统开发规划及工作分解。对于复杂的IMA系统,系统开发规划及工作分解过程依赖于良好的系统体系结构设计、面向对象设计等技术及方法。

参考文献

[1] 金德琨,敬忠良,王国庆,等. 民用飞机航空电子系统[M]. 上海:上海交通大学出版社,2011.
[2] 陈颖,苑仁亮,曾利. 航空电子模块化综合系统集成技术[M]. 北京:国防工业出版社,2013.

习 题

1.1 航空电子系统的体系架构随着需求和技术的发展不断地演变,几代结构演变的主要技术特征是什么?

1.2 举例说明 F-35 战斗机航电系统的功能先进性体现在哪些地方?

1.3 "宝石台"计划的先进性体现在哪些地方?

1.4 在航电系统的设计中,采用传统的方法会带来哪些问题?如何解决?

1.5 先进综合航空电子系统在进行系统综合时有些什么特点?

1.6 如何看待统一航空电子网络在航空电子综合中的作用?

1.7 针对军机和民机不同的任务需求,简单论述航空电子综合技术所带来好处的差异。

1.8 如何看待标准通用模块在航空电子综合中的作用?

1.9 如何看待可重用软件在航空电子综合中的作用?

1.10 如何看待开放式架构在航空电子综合中的作用?

第 2 章 航空电子系统功能

军用飞机航空电子系统主要支撑飞机完成起飞、航行与降落等飞行任务,以及探测、攻击及运输等作战任务。航空电子系统主要包括以下三方面的功能。

1. 无线电通信、导航与识别

完成空-空、空-地和空-天以及大型飞机乘员之间的通信联系;引导飞机沿一定航线到达预定地点,确定飞机瞬时位置;在作战区域辨识敌我。

2. 探测与电子对抗

探测系统用于获取目标和战场环境信息,执行不同任务的飞机将装备不同功能的探测系统。战斗机和轰炸机装载目标探测雷达和红外光学探测系统;预警飞机装载大型远程雷达;反潜飞机装载适于探测水面、小尺寸目标的搜潜雷达以及声呐和磁异常探测系统;军事侦察和资源探测飞机装载具有极高分辨能力的合成孔径雷达等。

电子对抗则是对敌方设备的辐射能进行搜索、截获、定位、记录和分析,并采取有效的对抗应对措施。

3. 系统控制与管理

作战飞机要携带大量的武器,并使用各种武器支援陆军、海军作战,打击空中、海洋和陆地的各种目标。机载武器、悬挂投射装置和火力控制系统构成了飞机的武器系统。火力控制用于控制载机所携带的各种武器,实施瞄准、引导和攻击。

飞行控制用于全部或部分地代替飞行员控制和稳定飞机的运动,改善飞机的操纵性和稳定性,实现航迹控制、自动导航、地形跟随、自动着陆和编队飞行等功能。

座舱显示/控制支持飞行员与整个飞机系统的信息交互,此外,还需要对飞行过程、机载系统及其状态进行有效的管理。

对于民用飞机,其航空电子系统主要支撑飞机起飞、航行与降落等飞行任务,确保飞机飞行的安全,主要功能也包含通信、导航和监视,以及雷达探测、系统控制与管理等。

2.1 通信、导航与识别

2.1.1 通信

航空通信是现代飞机航空电子系统的重要组成部分,用于实现飞机与地面、飞机与飞机之间以及飞机与其他平台之间的通信联络,主要传输语音和数据信息。

航空通信分民用和军用系统,一般民用飞机的通信系统用于实现飞机与地面电台之间、飞机与其他飞机之间的通信联络,也用于飞机内机组人员之间的通话、广播、话音记录以及向旅客提供娱乐视听服务等。目前,民航飞机装备的通信系统有甚高频(Very High Frequency,VHF)通信、高频(High Frequency,HF)通信、选择呼叫(Selective Calling,SELCAL)和音频系统四大类。VHF 系统是最重要的飞机无线电通信系统,是视距传输系统,用于飞机在起飞着陆期间以及飞机通过管制空域时与地面交通管制人员之间的双向话音通信。HF 系统是一种机载远程通信系统,利用天波传播,通信距离可达数千千米,用于在远程飞行时保持飞机与地面电台或与其他飞机之间的通信联络。SELCAL 系统是供地面人员向某一指定的飞机进行呼叫的机载设备,它不是一种独立的通信系统,是配合 VHF 和 HF 系统工作的。音频系统指机内的通话、广播、录音等系统。

军用通信与民用不同,它在抗干扰、抗毁、机动、灵活及保密等方面有更高的要求。军用航空通信有多种分类方法。

1. 通信空域划分:如地-空通信与空-空通信

地-空通信指地面与飞机之间的通信,空-空通信指飞机与飞机之间的通信。它们是对飞机指挥引导的最主要的通信手段,也是飞机作战、训练中的基本通信方式。主要使用甚高频和特高频(Ultra High Frequency,UHF)频段,进行视距通信,通信距离一般在350km以内。对于超视距远程作战飞机、直升机以及低空突防的飞机,也使用短波通信。预警机、空中指挥机等大型飞机还装备有卫星通信设备。

2. 通信频段划分:如短波通信、超短波通信和微波通信

由于空军通信既有近距离通信又有远距离通信,既有航空通信又有地面通信,还有卫星通信和与其他军兵种之间的协同通信,因此使用的通信频段十分宽广,有短波、超短波甚至微波频段的通信。

3. 通信抗干扰划分:如常规通信与抗干扰通信

为了对抗现代战争中的电子攻击,先进的空军通信系统应具有抗干扰能力。抗干扰通信设备一般同时还具备非抗干扰的常规通信能力,未遭遇敌方干扰时可不必经常使用抗干扰通信方式工作。

2.1.1.1 航空通信理论基础

通信可使用电磁波频谱范围为 30Hz~300GHz。在航空移动通信领域,当前主要使用的频段为短波、超短波和卫星频段。随着航空通信系统不断发展,已经可用的航空通信频段包括 HF 频段(2.9~29.975MHz)、VHF 频段(30~88MHz,108~174MHz)、V/UHF 频段(225~399.975MHz)、L 频段(960~1215MHz)、S 频段(2.7~3.1GHz)、C 频段(3.4~3.8GHz、5~5.25GHz)、Ku 频段(10.7~12.75GHz)和 Ka 频段(19~22GHz)。航空无线通信的应用频谱如图 2-1[1]所示。

航空通信是无线通信的一个重要应用,其基础理论有无线电波的传输特性、航空信道的建模、航空通信调制技术、航空通信复用和多址技术等。

1. 航空通信的电波传输特性

从基础物理学讲,无线电波最初被看作是电磁波。可用正交的三维矢量描述电磁波的产生:电场矢量 E、磁场矢量 H、传播矢量 V,如图 2-2 所示。电磁波在空间传播时,其电场矢量的瞬时取向称为极化,包括垂直极化、水平极化和圆极化三种。

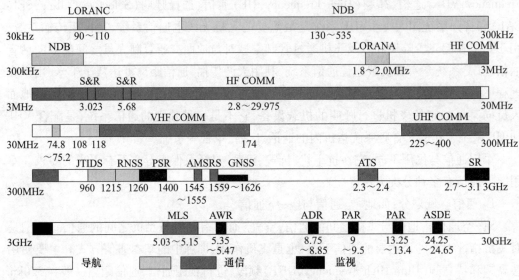

图 2-1 航空通信系统应用频谱

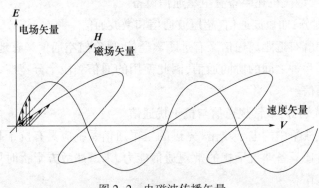

图 2-2 电磁波传播矢量

在自由空间,航空无线电波集中在视距传播,而在一些低海拔环境中,反射、折射、地波/天波等非视距传播机制将起主要作用。

1) 视距传播

视距传播(LOS propagation)是指在发射天线和接收天线间能相互"看见"的距离内,电波直接从发射点传播到接收点(一般要包括地面的反射波)的一种传播方式。超短波通信是航空移动通信的主流,主要用于视距传播。如图 2-3 所示,发射天线与飞机之间的视线距离(视距)d_0 由发射天线高度(h_1)及接收点天线(飞机)高度(h_2)确定。由于大气的不均匀性而造成的折射会使电波向地面方向稍微弯曲,因此实际视线距离要大于不考虑折射时的视线距离,即:$d_0 = 4.12(\sqrt{h_1} + \sqrt{h_2})$(km),式中,

h_1 和 h_2 的单位均为 m。

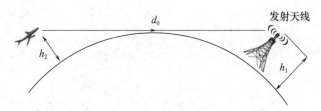

图 2-3 视距传播示意图

很显然,飞机的飞行高度越高,通信距离越远。例如:当飞机高度为 10,000m,地面天线高度为 15m 时,受地球曲率影响,视距大约为 400km。这样,超短波地-空最大通信距离一般为 350km 左右。

2) 非视距传播

除了视距传输,还有多种非视距的无线电波传输机制。主要方式是通过地波/天波传输、反射和折射完成的,这些现象在 HF、VHF 和 UHF 频段的通信过程中是普遍存在的。

(1) 反射和折射。HF、VHF、UHF 和微波波段很容易发生反射和折射。一条传播路径很容易遇到反射表面,当发生反射时通常一些损耗也会发生,但是非常小。因此反射路径的能量和直射路径的能量是相当的,天波传播便是利用了电离层对电波的反射。折射主要包括层折射和障碍折射。由于大气的非均匀变化,在传播空间通道内的电磁波通过不同密度的大气时就会发生层折射;另一种折射发生的条件是当无线电波的视线路径被光滑的障碍物或者是刀刃边缘障碍物阻碍占据了直线路径,此时电波的衰减就发生了,称为菲涅尔现象。

(2) 地波传播。地波传播指无线电波沿着地表曲率传播,尤其当通信频段为低频或更低频的情况。地波沿地球必须是垂直极化的,其衰减是频率的函数,且频率越低,衰减越小,传播示意图如图 2-4 所示。

(3) 天波传播。天波依靠电离层对电波的反射,可建立上千千米的远距离通信链路。理论上,电离层分为 D、E、F 三层。D 层是最低层,它不足以反射短波,所以又被称为吸收层。E 层对短波具有反射作用,但在夜晚 E 层基本消失。F 层对短波具有良好的反射作用,分为 F1 层和 F2 层,其中 F2 层日落之后的电子密度较白天降低了一个数量级,能反射的频率远低于白天。因此,若要保持短波日夜通信,其工作频率必须昼夜更换。天波传播是航空短波通信的主要传播方式,其传播示意图如图 2-4 所示。

3) 多普勒效应

航空通信中,由于飞机高速运动,多普勒效应不可忽视。当运动的物体达到一定速度时(如超声速飞机),固定点接收到的从运动体发来的载波频率将随其运动速度的不同,产生不同的频移,通常把这种现象称为多普勒频移。它可表示为:$f = v\cos\alpha/\lambda$,其中:v 为运动速度,λ 为波长,α 为入射波与运动方向的夹角。若朝入射波方向运动,接收频率上升;若背向入射波方向运动,接收频率下降。多普勒效应原理如图 2-5 所示。

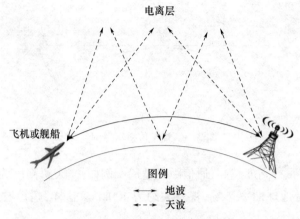

图 2-4　天波、地波传播示意图

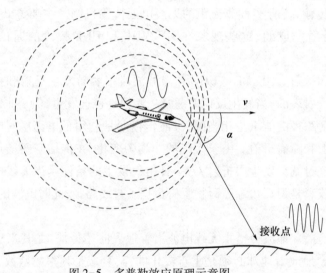

图 2-5　多普勒效应原理示意图

2. 航空信道的建模

航空通信信道的数学模型主要有两种：平坦衰落信道和频率选择性衰落信道。多径电磁波信道的小区域内散射分量特性，可用广义平稳非相关散射（Wide-Sense Stationary-Uncorrelated Scattering, WSSUS）信道模型描述，其时变冲击响应为

$$h(\tau,t) = \lim_{N \to \infty} \frac{1}{\sqrt{N}} \sum_{n=1}^{N} \underbrace{e^{j\theta_n}}_{相位} * \underbrace{e^{j2\pi f_{D_n} t}}_{多普勒} * \underbrace{\delta(\tau - \tau_n)}_{延迟}$$

式中，t 为绝对时间，τ 为延迟。在时变情形，对于任意时间 t，冲击响应为 $h(\tau)$。随机数 $\theta_n(0<\theta_n<2\pi)$、$f_{D_n}(-f_{D\max}<f_{D_n}<f_{D\max})$、$\tau_n(0<\tau_n<\tau_{\max})$ 必须在模型仿真前根据仿真场景给出。上式的直观解释就是 N 个信号回波的非连续叠加，每一个回波都具有随机相位 θ_n、随机延迟 τ_n 和随机多普勒频移 f_{D_n}。因子 $\frac{1}{\sqrt{N}}$ 用于保证平均功率为 1，对于所有回波和频谱，该因子都是相同的。依据中心极限定律可知响应 $h(\tau,t)$ 是复高斯过程，因此其幅度满足瑞利分布。

1) 平坦衰落[2]

电磁波传播时,如果多条路径传输时延差别不大,而传输波形的频谱较窄(数字信号传输速率较低),则信道对信号传输频带内各频率分量强度和相位的影响基本相同。此时,接收点的合成信号只有强度的随机变化,而波形失真很小,这种衰落称为平坦型衰落。将 $\tau_n = 0$ 代入上述时变冲击响应公式,可得到平坦衰落的数学模型为

$$h(\tau,t) = \lim_{N \to \infty} \frac{1}{\sqrt{N}} \sum_{n=1}^{N} \underbrace{e^{j\theta_n}}_{\text{相位}} * \underbrace{e^{j2\pi f_{D_n} t}}_{\text{多普勒}}$$

2) 频率选择性衰落[2]

电磁波传播时,如果多条路径传输时延差别较大,传输波形的频谱较宽(数字信号传输速率较高),则信道对传输信号中不同频率分量强度和相位的影响各不相同。此时,接收点合成信号不仅强度不稳定而且产生波形失真,数字信号在时间上有所展宽,这就可能导致前后码元波形重叠,出现码间(符号间)干扰,这种衰落称为频率选择性衰落。对于任意 n,当 $\tau_n \neq 0$ 时,上述时变冲击响应公式即为频率选择性衰落信道的时域表达,时域信道的变换函数为

$$T(f,t) = F_\tau\{h(\tau,t)\} = \lim_{N \to \infty} \frac{1}{\sqrt{N}} \sum_{n=1}^{N} \underbrace{e^{j\theta_n}}_{\text{相位}} * \underbrace{e^{j2\pi f_{D_n} t}}_{\text{多普勒}} * \underbrace{e^{-j2\pi f \tau_n}}_{\text{延迟}}$$

如果在模拟前一次性产生参数集合 $\{\theta_n, f_{D_n}, \tau_n\}$,则回波路径数为 25 时就可以很好地模拟平坦衰落和频率选择性衰落信道。

3. 航空通信调制技术[1]

航空通信中的调制技术有很多种,可以按照调制信号的性质分为模拟调制和数字调制两类;或者按照载波的形式分为连续波调制和脉冲调制两类。模拟调制有调幅(Amplitude Modulation,AM)、调频(Frequency Modulation,FM)和调相(Phase Modulation,PM)。数字调制有幅移键控(Amplitude Shift Keying,ASK)、频移键控(Frequency Shift Keying,FSK)、相移键控(Phase Shift Keying,PSK)和差分相移键控(Differential Phase Shift Keying,DPSK)等。脉冲调制有脉幅调制(Pulse Amplitude Modulation,PAM)、脉宽调制(Pulse Width Modulation,PWM)、脉频调制(Pulse Frequency Modulation,PFM)、脉位调制(Pulse Position Modulation,PPM)、脉码调制(Pulse Code Modulation,PCM)和增量调制(Delta Modulation,DM)等。

通常的调制技术都是在线性高斯白噪声信道中争取达到更好的功率效率或带宽效率,还可以采用扩频调制技术进一步提高信噪比。扩频调制技术使用的传输带宽比传输所需的最小信号带宽高几个数量级,且与原始信号带宽(或信息比特速率)无关。信息数据经过信息调制器后输出的是窄带信号,经过扩频调制(加扩)后频谱被展宽,在接收机经过扩频解调(解扩)后有用信号变成窄带信号,而干扰信号变成宽带信号,再经过窄带滤波器,滤掉有用信号带外的干扰信号,从而降低了干扰信号的强度,改善了信噪比,这就是扩频通信系统抗干扰的基本原理。扩频调制包括直接扩频调制和跳频扩频调制两种。

4. 航空通信复用和多址技术

复用是指一种在传输路径上综合多路信道,然后恢复原机制或解除终端各信道复用

技术的过程。多址与复用在技术角度上是统一的,特别针对于有多个用户希望通过复用技术接入到同一网络接入点。

1) 复用技术

（1）传统复用技术。传统复用技术主要包括频分复用（Frequency Division Multiplexing,FDM）、时分复用（Time Division Multiplexing,TDM）和码分复用（Code Division Multiplexing,CDM）三种。频分复用将用于传输信道的总带宽划分为若干子频带（子信道），每一个子信道传输一路信号。时分复用将提供给整个信道传输信息的时间划分为若干时间片（时隙），并将这些时隙分配给每个信号源使用,每一路信号在自己的时隙内独占信道进行数据传输。码分复用靠不同的编码方式来区分各路原始信号,主要和各种多址技术结合产生各种接入技术。

（2）正交频分复用。正交频分复用（Orthogonal Frequency Division Multiplexing,OFDM）实际是一种多载波数字调制技术。OFDM 全部载波频率有相等的频率间隔,均为基本振荡频率的整数倍,且各个载波的信号频谱是正交的。

OFDM 技术的基本原理是将高速的数据流通过串并变换,分配到传输速率相对较低的若干子载波上进行传输,各个子载波相互正交,接收机可依靠这种正交性来解调 OFDM 信号。OFDM 系统的基本模型如图 2-6 所示,其中 T_s 为 OFDM 符号周期, $f_i = f_c + i\Delta f = f_c + \dfrac{i}{T_s}(i = 0,1,\cdots,N-1)$。

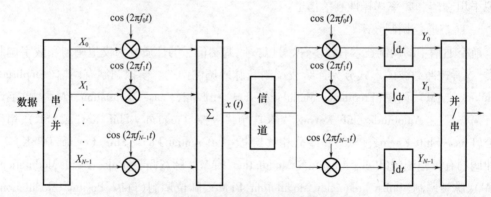

图 2-6 OFDM 调制原理框图

一个 OFDM 符号内包括多个经过调制的子载波的合成信号,可以表示为: $x[k] = \sum_{i=0}^{N-1} X[i] e^{\frac{j2\pi ik}{N}}$,其中 $X[i]$ 为调制前的并行数据符号; N 为 OFDM 符号的长度,即子载波数量。

2) 多址技术

多址技术的基本类型有频分多址（Frequency Division Multiple Access,FDMA）、时分多址（Time Division Multiple Access,TDMA）、码分多址（Code Division Multiple Access,CDMA）,此外还有正交频分多址（Orthogonal Frequency Division Multiple Access,OFDMA）、空分多址（Space Division Multiple Access,SDMA）等。

FDMA 是发送端对所发信号的频率参量进行正交分割,形成许多互不重叠的频带,在接收端利用频率的正交性,通过频率选择(滤波),从混合信号中选出相应的信号。TDMA 是发送端对所发信号的时间参量进行正交分割,形成许多互不重叠的时隙,在接收端利用时间的正交性,通过时间选择从混合信号中选出相应的信号。CDMA 是发送端用各不相同的、相互(准)正交的地址码调制其所发信号,在接收端利用码型的(准)正交性,通过地址识别(相关检测)从混合信号中选出相应的信号。

OFDMA 是 OFDM 技术的演进,用户可以选择信道条件较好的子信道进行数据传输,某一信道可以同时接入多个用户,其载波分配如图 2-7 所示。

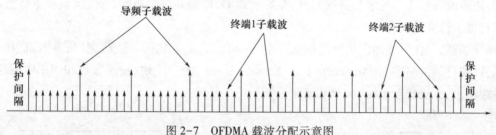

图 2-7 OFDMA 载波分配示意图

SDMA 是指按空间角度划分用户,它共享频率、时隙和码型,空分多址控制了用户的空间辐射能量。从图 2-8 可看出 SDMA 使用定向波天线来服务于不同终端。

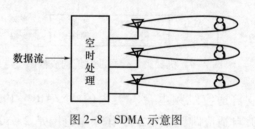

图 2-8 SDMA 示意图

2.1.1.2 短波通信

短波通信是指利用频率为 3~30MHz 的电磁波进行的无线电通信。与其他通信手段相比,短波通信有通信距离远、机动性好、生存能力强等独特优点,被认为是有效而经济的远程通信手段。机载短波通信的主要作用是实现飞机与陆海控制中心之间的超视距远距离话音通信和数据传输。

短波波段主要以天波的方式传播,此外还有地波传播形式,可建立上千千米的远距离通信链路。短波信道除自由空间传播损耗外,还有电离层吸收损耗、地面反射损耗和系统额外损耗等附加损耗。在短波通信信道中还存在着干扰,主要有大气噪声、工业干扰和其他电台的干扰,这些传播的特性也是短波通信的致命弱点。因为电离层是时变色散信道,其传输特性随不同的季节和昼夜随机地变化,衰落严重。系统易受电离层骚扰,并由于传输的方向性弱而易被敌方窃听和截获等。因此,当 20 世纪 60 年代卫星通信崛起之后,短波通信的研究和使用曾走入低谷。

然而,卫星通信也存在易受干扰和攻击的弱点,不能充分保证在战争中通信设备的生存性。20世纪80年代以来,伴随着计算机技术、数字信号处理技术的发展,人们找到了改善短波信道传输可靠性及扩展短波信道容量的方法,使短波通信技术进入了复兴时期。

提高短波通信的质量,自适应技术是关键。实现自适应需要解决两个方面的问题:第一,准确、实时地探测和估算短波线路的信道特性,即实时信道估值技术;第二,实时、最佳地调整系统的参数以适应信道的变化,即自适应技术。由于系统结构和参数的复杂性,短波自适应的含义很广,包括自适应选频、自适应调制解调、自适应跳频、自适应数据速率、自适应功率控制、自适应零位天线、自适应误差控制等。这些自适应技术的不断发展和应用,使短波通信逐步克服自身的弱点,在传输速率、传输可靠性和抗干扰、抗截获等各方面都获得了较大的提高。

机载第二代短波通信系统的组成如图 2-9 所示,主要包括天线适配器、发射机、接收机、短波自动链路建立(Automatic Link Establishment,ALE)模块、短波数传 MODEM 模块、跳频模块、人机交互系统(控制和显示系统)。

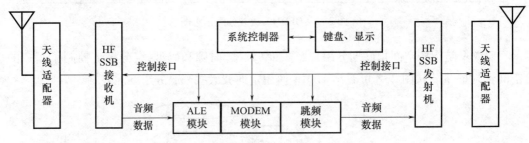

图 2-9 机载第二代短波系统构成框图

代表性的机载短波自适应跳频电台有美国的 AN/ARC-190 和 AN/ARC-217 等。AN/ARC-217 机载短波自适应跳频电台的工作频率范围是 2~30MHz,频道间隔 100Hz,工作方式为上、下边带话音或数据,慢速跳频,发射机输出功率 200W,总重量 17.3kg。目前,国外已着手解决短波通信的盲区,将短波电台也用于近距离战术通信特别是 100km 以内的地-空通信。

2.1.1.3 超短波通信

超短波通信的频率覆盖 30MHz 至几 GHz 的 VHF 和部分 UHF 频段,超短波(V/UHF)频段是现代航空通信使用最广泛、利用率最高的频段,主要采用 FM 和 AM 广播通信模式完成近距和中距无线通信。超短波信号主要靠直线方式传输,称为视距通信。视距传播中由于地球曲率的影响,超短波地-空最大通信距离一般为 350km 左右。视距通信的示意图见图 2-4。超短波通信的工作频带较宽,可以传输多路话音和高速率数据信号。

超短波电台的组成可归纳为发射通道、接收通道、频率合成器、逻辑电平转换、跳频控制、保密机、电源及其他辅助电路等,如图 2-10 所示。

发射机模块由射频环和功放组成,主要完成发送信号的调制、放大与滤波。接收机模块由高放、中放两部分组成,主要完成接收信号的放大、滤波与 AM/FM 解调。加密与跳

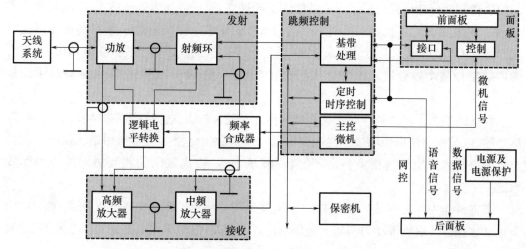

图 2-10　机载 V/UHF 通信电台框图

频控制模块由主控微机、时序定时控制、基带处理和保密单元组成。该模块是设备的核心控制部分,主要完成对收发单元的频率、发射控制等信号的适时控制,跳频同步、时分功能的实现和相应的时序控制,以及数据信息的处理(如数据、数字化的判决、分路处理;数据加密及纠错编码处理;交织等)。频率合成器模块受跳频控制模块的控制,输出快速转换的跳频频率源,作为发射单元射频环的参数源和接收单元的本振信号。音频处理模块由语音编码解码和音频处理两部分组成。语音编码解码是完成语音信号和数字信号之间的相互切换,它有 4.8kb/s 高级多带激励(Advanced Multi-Band Excitation, AMBE)声码话和 16kb/s 连续可变斜率增量调制(Continuously Variable Slope Deltamodulation, CVSD)两种数字话音。面板单元主要由面板控制和面板接口两部分组成,内容包含用户操作及响应、信号接口、整机状态信息显示三部分。

在现代超短波电台中普遍采用跳频工作方式,有些电台还实现自适应跳频通信,跳频速度是跳频通信的重要指标,跳速越高其抗电子干扰、抗截获、抗窃听的性能越好。

考虑到"三军"协同通信能力的需要,多频段、多功能和一机多用已经成了机载电台追求的目标。为使航空超短波通信频段内能容纳更多的电台工作,相继出现了频道间隔为 50kHz、25kHz 的超短波机载电台。20 世纪 80 年代,美国研制了 4 频段 VHF/UHF 机载电台(30~88MHz,108~156MHz,156~174MHz 和 225~400MHz) AN/ARC-182,4 个工作频段覆盖了空、海、陆"三军"战术电台使用的工作频段,较好地实现了与陆军、海军的协同通信。美军还于 20 世纪 90 年代开始了一项名为"易通话"的军事通信设备研制计划,采用开放式模块结构技术,研制多功能军用无线电台,波形可与现有的 15 种电台兼容,能同时与其中任意 4 种电台通信,用以取代现有的多种军用电台,解决"三军"电台多频段、多工作方式的互通问题。

2.1.1.4　数据通信

机载数据通信大约始于 20 世纪 50 年代。在这之前,飞机与飞机之间、飞机与地面之间用话音相互传递信息。随着飞机性能的不断提高,战场敌我态势瞬息万变,战机稍纵即逝,话音通信方式已不能满足实时掌握战场态势的要求。特别是雷达、各种传感器高速发展,大量的情报再也无法用话音来传送,航空作战数据链应运而生。数据链的出现,将大量的航空作战个体通过战术信息共享的方式融合为一个作战整体,极大地提高了作战效能。

数据链是为了发送和接收数据而把两点连接起来的方法。数据链包括发送和接收数据终端,以及控制数据传输过程的链路协议。机载数据链路的基本作用是保证编队内各个单元之间迅速交换情报资料,实时监视战场态势,提高编队的相互协同能力和作战效能。

数据链作为满足信息共享需求的产物,其发展始终是以满足实战应用需求为根本,因而推动数据链发展的源动力实质上是作战样式的演变,纵观美军数据链的整个发展历程,可将其划分为三个阶段[3]。

(1) 第一阶段:平台牵引,链为中心。第一阶段是从20世纪50年代到80年代中期,这一时期的数据链主要是一些专用数据链或功能较为简单的点对点数据链,如Link-4。数据链所能传送的信息量少,作战平台间的信息共享能力有限,对应这一时期的作战样式是平台中心战,在这种作战样式下,作战平台主要依靠自身能力执行作战任务,作战能力的高低完全取决于平台自身。

(2) 第二阶段:逐步推进,由链到网。第二阶段是从20世纪90年代初至90年代末。这一时期数据链技术和应用得到了迅速的发展,特别是在海湾战争以及之后几场局部战争中,美军数据链取得了极大的成功,不仅验证了数据链作战应用的各种模式,而且极大地鼓舞了美军开发和使用数据链的热情。在这一阶段基于数据链技术的发展及收集、计算和处理等相关功能的改进,作战样式开始由单纯的平台中心作战向局部联合作战转变,功能更加强大且具有一定互操作性的数据链,如Link-11和Link-16,已经可以支持一定规模的联合作战,而且数据链体系也开始初步形成。

(3) 第三阶段:网络依托,体系发展。第三阶段始于21世纪,进入21世纪后数据链进入了一个新的发展阶段,源于20世纪90年代末美军提出了网络中心作战样式并且得到了广泛认同,美军紧接着就开始了网络中心作战体系的构建。网络中心作战样式的提出要让所有作战单元都融入作战信息传输网络,使所有参与作战的单元都能在正确的地点、正确的时间、以正确的方式获得正确的信息,也就是实现所有作战参与单元协同的联合作战。这种联合作战的规模与第二阶段相比,又提升了一大步。在网络中心战中,数据链被认为是实现作战单元间无缝互联的重要手段,但由于传统数据链在功能上存在局限性,很多并不能适应网络中心作战需求,因而进入21世纪以来,针对网络中心作战样式需求,开发相应的数据链成为了近期乃至将来一段时间数据链发展的主要任务,这也必将使美军数据链的建设与发展迎来又一个高峰。

数据链系统按实现功能可划分为指挥控制数据链、武器协同数据链和情报侦察监视数据链。其中,指挥控制数据链基于"任务级"的信息传输,主要传输指挥、控制、作战态势等信息,传输时延在秒级;武器协同数据链链接战场空间内多种传感器和武器,形成传感器-传感器,传感器-武器之间的网络通信,实现目标获取、目标跟踪和目标攻击的网络化,传输时延在亚秒级;情报侦察监视数据链用于侦察情报、计划、调度、保障信息的大容量传输,传输时延在数十秒到分钟级。各种数据链的具体介绍如下。

1. 指挥控制数据链

指挥控制数据链是基于"任务级"的信息传输,外军典型数据链包括Link-4、Link-11、Link-16、Link-22等,其用途、工作频段、组网方式及装备时间如表2-1所示。

表2-1 Link-4A、Link-11、Link-16、Link-22之间的性能比较

特性	Link-4A	Link-11	Link-16	Link-22
装备时间	20世纪60年代	20世纪60年代	20世纪80年代	2003年后
数据功能	对空控制	目标监视、位置报告、电子战、任务管理/武器协同	目标监视、位置报告、电子战、任务管理/武器协同、对空控制	目标监视、位置报告、电子战、任务管理/武器协同、反潜战
话音功能	无	无	2个保密话音通道,126个子网/通道	无
频谱	UHF	HF/UHF	Lx波段	HF/UHF
调制方式	DPSK + SSB、DPSK +FM	FSK	MSK	QAM[①]、PSK
系统吞吐量	(3.8Kb/s)/网	(1.8Kb/s)/网,可选4个网	最大1Mb/s	最大267.2Kb/s
数据传输速率	1.36Kb/s、2.25Kb/s	5Kb/s	28.8Kb/s、115.2Kb/s	HF定频1.12~4.053Kb/s、HF跳频0.5~2.2Kb/s、UHF定频12.667Kb/s
接入协议	命令/应答	轮询	TDMA	TDMA、DTDMA[②]
相对导航	无	无	有	无
纠错能力	(30,24)汉明码	奇偶校验码	(16,4)和(31,15)里德-所罗门码	CRC[③]-16里德-所罗门码
抗干扰	无	无	扩频+跳频	有
保密	无	无	有	有
超视距	无	只有HF	有,通过中继	有,通过中继

2. 武器协同数据链

我国把美军的联合复合跟踪网络(Joint Compound Tracking Network,JCTN)对应的网络,包括传感器协同网络、时敏数据链网络以及武器控制网络等,统称为武器协同与控制数据链。在美军则相应地包括了综合机间数据链(Intra Flight Data Link,IFDL)、多功能先进数据链(Mescal Architecture Description Language,MADL)、战术瞄准网络技术(Tactical

---

① QAM,Quadrature Amplitude Modulation,正交调幅。
② DTDMA,Dynamic Time Division Multiple Access,动态时分多址。
③ CRC,Cyclic Redundancy Check,循环冗余校验。

Targeting Network Technology,TTNT)和昆特网络技术(Quint Network Technology,QNT)等。

IFDL/MADL采用极窄的波束通信方式,用于低截击概率、低探测概率要求的拒止环境。IFDL是美军为F-22设计和装备的一种低截击概率、低检测概率数据链,采用了透镜天线,工作在Ka频段。MADL是为F-35设计和装备的一种低截获、低检测数据链,工作频段为K频段,利用极窄的波束和极低的发射功率完成战机间信息交互,并提供更灵活的作战方式支持,主要应用于拒止作战空间。MADL采用相控阵天线,自动地为编队中的成员提供态势感知、共享油料、武器及敌机位置等信息,可以为视距通信提供1.5MB的数据率。

TTNT是一种应用于对时间敏感目标的快速瞄准定位和精确打击的无线网络通信技术,在战术飞机、无人机、情报和监视侦察平台以及地面站之间提供高性能、低延时以及互操作的数据通信。其主要应用于武器协同,实现对时间敏感目标的快速瞄准定位和精确打击。TTNT工作在L波段,采用Ad Hoc网络体系结构,是一种无中心的网络结构。其组网灵活、配置简单、支持重新配置,因而能够很好地满足高动态的应用环境。由于应用环境的特殊性,TTNT具有很多现有数据链所不具备的特性,如:TTNT单条链路的最高速率可达2Mb/s,远远高于现有战术数据链的传输速率;TTNT信息传输的延时低,最低延时低于2ms;TTNT网络结构灵活,支持实时重构和灵活配置等。

QNT网络技术是一种模块化的网络数据链,用于弥补作战飞机、无人作战飞机、武器弹药、战术无人机和单个地面作战单元之间存在的互通空隙,为其提供多频段、模块化的互联能力。QNT项目旨在开发可靠的、经济可承受的微型网络数据链技术。利用该技术,不仅可以实现对时间敏感和移动目标实施有效瞄准和精确打击,而且可以在战场上将武器控制权从发射平台安全地移交给任何一个空中或地面控制平台。

3. 情报侦察监视数据链

美军的宽带数据链研究始于20世纪70年代为U-2侦察机开发的用于分发情报、监视和侦察(Intelligence,Surveillance,Reconnaissance,ISR)数据的数据链,此后陆续开展了包括L-52、互操作数据链(Interoperable Data Link,IDL)、小型互操作数据链(Miniature Unteroperable Data Link,MIDL)、模块化互操作地/海面终端(Modularized Interoperable ground/Sea Terminal,MIST)以及后来的公共通用数据链(Common Data Link,CDL)在内的一系列宽带高速数据链研究计划。20世纪90年代后,随着技术、应用和任务的快速发展,CDL系列数据链的用途也发生了根本性的改变,由最初只能用于将高空侦察传感器平台的传感器数据传回到特定控制站,发展成为支持美军网络中心战不可或缺的关键链路,目前逐渐发展为多平台公共数据链(Multi-Platform Commom Data Link,MP-CDL)和多角色战术公共数据链(Multi-Role Tactical Common Data Link,MR-TCDL)两大类型,两者今后还有可能合二为一。近期宽带数据链组网的发展趋势非常明确,并将这种组网与其全球信息栅格(Global Information Grid,GIG)计划紧密联系,形成具有全球实时获取战场侦察情报信息能力的宽带数据链网络。

在民用方面,随着数字通信技术的发展,航空通信电子设备的工作模式也越来越自动化、程序化,需要传输空中交通的服务信息,例如天气、气压、自动终端信息服务(Automatic

Terminal Information Service，ATIS）和起飞许可等信息，在20世纪80年代末发展了航管甚高频数据链（VHF Digital Link）技术，数据链还可以传输飞机编队内的工程技术信息，用于飞机与空中交通管制（Air Traffic Control，ATC）的首次连接和交通管理服务。在数据链的基础上，还可以增加保密通信和可靠通信，更进一步地增强航空通信系统的自动化程度，使得操作更加流程化、更加经济。

当前，数据链主要应用领域就是将传统语音信道上传输的常规的、重复的、多余的、烦琐冗长的语音功能通过数据链传输。数据链的应用可以减轻解释错误的机会，减少空中交通管制人员的工作负荷，同时作为语音信道的确认通道。比如：基于飞机通信寻址和报告系统（Aircraft Communications Addressing and Reporting System，ACARS）的第一代数据链系统，以及最新整合了飞行管理相关的导航、通信、监视功能的复杂数据链系统 VDL4。这些数据链模式都可作为航空电信网（Aeronautical Telecommunication Network，ATN）的子网络，必要时完成飞机、ATC、ATC 主机和航管计算机之间的数据传输与通信。表 2-2 给出了 VDL 发展对比。

表 2-2 VDL 发展对比

	ACARS	VDL1	VDL2	VDL3	VDL4
标准完成	No	No	1997	2000	2000
建设状态	1970 运营	中断	2002 运营	2003 实验	2007 实验
调制方式	AM-ASK	AM-ASK	8DPSK	8DPSK	GFSK
接入模式	No	CSMA	TDMA-CSMA	TDMA	S-TDMA
空口速率	2.4Kb/s	2.4Kb/s	31.5Kb/s	31.5Kb/s	19.2Kb/s
载荷速率	300b/s	300b/s	>10Kb/s	19.2Kb/s(Max)	<19.2Kb/s
优先级	不支持	不支持	不支持	支持	支持（4级）
数据传输	√	√	√	√	√
语音传输	×	×	×	√	×
服务支持	ATC	ATC	ATC、AOC	ATC、AOC	ATC、AOC Link2000+
信道	25kHz+保护	25kHz+保护	25kHz+保护	25kHz	25kHz+保护
部署区域	世界	No	世界	北美	欧洲
信道容量		600/信道	与覆盖相关	4500(Max)	

航空电信网 ATN 是新航行系统的重要支撑部分，是一个由通信卫星子网、无线移动子网和地面子网络等多种网络组成的全球互联复杂网络，可以为行政管理部门、航空管制部门和操作人员提供服务。ATN 支持所有航管飞行安全保障应用系统间的通信，包括空中交通管理计算机系统与行政管理部门飞行运行管理计算机系统之间、行政管理部门飞行运营计算机系统与飞机计算机网络系统间、航空交通管理计算机系统与飞机计算机系统间、地面空中交通管理系统各计算机系统间以及行政管理部门各计算机系统间的通信。

ATN 是国际民航组织推行的适应新航行系统、航空服务和航空管制的支撑网络，类似于广泛应用的互联网，但是在协议体系上并不相同。ATN 采用国际标准化组织 ISO

的协议体系,包含物理层、数据链路层、网络层、传输层、会话层和表示层,因此,可以将 ATN 看作是国际互联网的一种专用网络。ATN 将航空界的机载计算机系统与地面计算机系统连接起来,能够支持多国家、多组织的运行环境,使航空运行中可随时交互信息。

2.1.1.5 卫星通信

航空卫星通信是无线电通信站利用通信卫星作为中继的远程通信,是 20 世纪 80 年代后的主要远程通信系统,具有覆盖范围广、通信模式多样、通信容量大、信道稳定和机动性好等优点。当短波通信需要克服质量和距离的限制时,卫星通信便显示了它无可比拟的优越性。

一个卫星通信系统主要包括基地站(军用和民用)、协调控制站、飞机站(民航飞机、军用飞机、高速飞行器、侦察指挥飞机等)和通信卫星。卫星天线的波束覆盖了全部地球基地站所在的地域,各基地站天线均指向卫星,通过卫星转发来进行通信。其基本构成如图 2-11 所示。

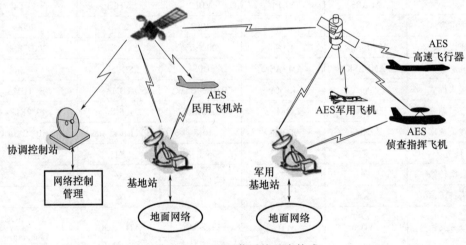

图 2-11 卫星通信系统基本构成

航空卫星通信系统主要通过同步轨道(Geosynchronous Orbit,GEO)卫星通信系统和低轨道(Low Earth Orbit,LEO)卫星通信系统进行组网通信。机载卫星通信一般采用窄带传输,地面与卫星之间的通信一般使用宽带传输,可使用的复合卫星信道分配主要包括:L 波段(1.5GHz 左右)用于机载移动通信部分;C 波段(3.4~3.8GHz)、Ku 波段(10.7~12.75GHz)和 Ka 波段(19~22GHz)主要用于地面站的通信。

在卫星通信系统中,要求发射机和发射天线有强大的发射功率和很高的天线增益,要求接收机有极高的灵敏度和极低的噪声,因此必须用一些特殊的参数表征这些特性,下面是两个重要的参数。

1. 等效各向同性辐射功率(Effective Isotropic Radiated Power,EIRP)

定义为发射机发射功率与发射天线增益的乘积,是一个表征地球站或卫星转发器发射能力的参数。不难看出，EIRP 表示的是发射天线在其方向图的主方向上实际辐射出去的功率。EIRP 表示了发送功率和发射天线增益的联合效果，这一参数的值越大，地球站或转发器的发射能力就越强。

2. 品质因数(G/T)

定义为接收天线增益 G 与接收系统噪声温度 T 的比值，是一个表征地球站或卫星转发器接收能力的技术指标，能综合反映接收系统的实际品质。此值越大，地球站或卫星转发器的接收能力越强。

下面三个方面的问题曾经阻碍了航空卫星通信的发展。

（1）同步卫星位于36000km 高空的同步轨道，在地球上接收到的信号非常微弱。对于地面上的固定站，可以采取增大天线口径，采用噪声系数低，但功耗、体积较大的器件来提高信噪比。但在高速飞行、有效载荷受限的军用飞机上却难以采用这些方法。

（2）飞机时而高速爬升、时而下降、时而转弯，以及气流引起的飞机颠簸等都会使天线的指向偏离卫星所在的位置。在微波频段，高增益定向天线的波束很窄，如在30/20GHz，天线的波束宽度约为2°，为保证天线波束始终指向卫星，机载天线的伺服机构十分复杂。

（3）飞机的运动导致多普勒频移，多普勒频移正比于飞机的飞行速度和系统的工作频率。在 30/20GHz 频段，假设飞机的速度为 900km/h，则所产生的多普勒频差为 25kHz。在窄带通信系统中，25kHz 的频移将会严重干扰邻近波道的工作。在信道速率比较低的通信系统中，多普勒频移对信号的解调和恢复都将产生严重影响，使系统的误码率增高。

高性能器件的发展及高频段卫星通信的开发使机载卫星通信设备的体积、重量不再是问题。开环跟踪为机载卫星天线的跟踪开辟了新路。开环跟踪实质上是引导跟踪，即是借助外部设备的数据将天线指向引导到卫星所在的位置，这些外部设备可以是惯性导航设备或全球定位系统（Global Positioning System，GPS）等设备。机载卫星通信对这些设备的要求是数据精度高、实时性好，现代的导航定位设备已可以满足这些要求。至于多普勒频移的问题，目前常采用两种办法解决：一是导频法，即由地面站发射已知的标准频率，经卫星转发后供机载站采用自动频率控制环进行校正；二是利用机载惯导设备的数据计算出飞机的速度，并由此对机载站的收发频率进行多普勒频率校正。

卫星通信为远程作战飞机的指挥引导提供了可靠优质的通信保障，目前主要在预警机、空中加油机、远程运输机、战略轰炸机、空中指挥所飞机和大型侦察机等飞机上使用，还将推广到作战半径大的战术飞机。

尽管卫星通信用于军事具有很多优点，但也存在一个重大的弱点，就是通信卫星的暴露性及广播型的通信方式使卫星及其通信信号易受敌方的截获、干扰甚至摧毁，不能做到全时段、全空域、全电磁环境使用，可使用短波通信系统作为应急互补的远程通信系统。

2.1.1.6 激光通信

现代战争模式的不断更新，对通信的容量、传输的抗干扰性以及保密传输能力都提出了新的要求。激光通信结合了光纤通信与微波通信的优点，既保证了通信的容量、传输的抗干扰和保密传输能力，又可以通过大气媒介传输，满足自由空间传输的需求。自由空间激光通信具有无电磁干扰、组网机动灵活、安装维护方便、通信可靠性高、保密性好、通信容量大、抗干扰能力强、信息不易被截获，甚至在核辐射情况下也能正常工作的优点，而且它跟踪精度高，分类识别、隐蔽性好，体积小、质量小，可传输多种速率的数据、语音、图像，与现代军事可信应用需求非常匹配。

自由空间激光通信在航空中的主要应用领域包括两个方面：一方面是星际间通信链路，用于卫星间、卫星与飞机、卫星与地面之间的信息传输；另一方面是空中通信链路，用于飞机间、飞机与卫星、飞机与地面之间的信息传输。自由空间激光通信的使用频段有激光二极管（Laser Diode，LD）激光，频率$(3.34\sim3.75)\times10^5$ GHz；DPL 激光，频率$(1.94\sim3)\times10^5$ GHz。

自由空间激光通信系统的基本原理为如图 2-12 所示。信息经过编码后，加载到调制激励器，调制激励器的电流随着编码后的信息而变化，当激光器的输出光信号经过调制器调制后，相关的参数（强度、相位、振幅和偏振）就会随着源信息的特征而变化。调制后的激光经过光学天线转换为发散角很小的光束向空间传输。光束达到接收天线后，经过光检波器转换为射频电流，然后馈入射频检波器，最后通过解码器解调出源信息。

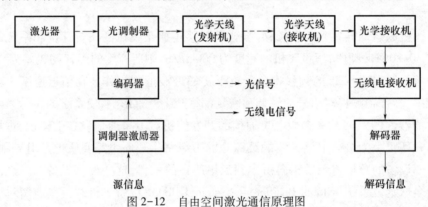

图 2-12　自由空间激光通信原理图

激光通信首先在星际得到高度重视，随着星际激光通信系统中关键技术日渐成熟、大气激光传输理论和应用研究的深入，以及机载激光通信平台在作战中的重要性不断增加，美国、欧空局等发达国家和组织相继开展了机载平台激光通信系统及链路研究，图 2-13 给出了空地全方位激光通信示意。

空间激光通信是涵盖多个领域的综合技术，其关键技术主要有：光源与高码率调制技术，高灵敏度抗干扰光信号接收机，精密、可靠高增益的天线，快速、精确地捕获、跟踪和瞄准技术和大气信道的研究[1]。

随着激光大气传输机理研究的深入和机载平台重要性的日渐突出，以机载平台为节点的激光通信链路已成为研究热潮。对于机载激光通信系统，除了空间激光通信中的共用关键技术外，还需要重点讨论机载激光通信系统对搭载平台强振动与扰动的抑制、大气湍流各种效应、强天空背景光和高动态等方面采取的措施和关键技术。

机载激光通信系统主要应用于以下方面。①多传感器无人机侦察平台有效载荷：可将侦察的海量原始数据实时向中继通信卫星、其他中继航空平台或地面站传输。②战术

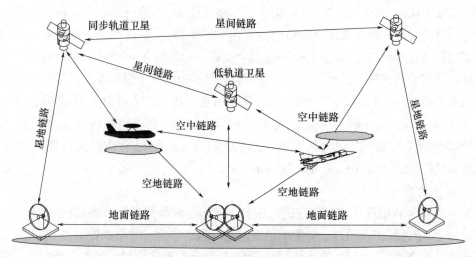

图 2-13 空地全方位激光通信示意图

指控中心与各作战单元进行安全军用通信：可以在己方控制中心升起浮空平台，用于激光中继通信，它可以使不同作战单元组成战术通信局域网，由于中继平台海拔升高，可以提高各作战单元的通视性和链路距离，提高战场信息化水平。

目前机载激光通信系统的主要发展趋势包括以下几点。①向高速率、高码率发展：最显著的趋势为速率，2.5Gb/s 已经成功进行演示，10Gb/s 的系统将于近几年内出现。②与空间通信组网互补：机载通信模式的发展趋势是激光通信和微波通信逐渐在机载通信及空间通信组网中形成优势互补。③向临近空间拓展和延伸：临近空间平台特性、环境特性与飞机平台特性、环境特性具有较大的相似性，机载激光通信系统中的多项关键技术适用于临近空间，所以，机载激光通信系统将为临近空间激光通信奠定技术基础。

2.1.1.7 通信前沿技术

前几节已经介绍了目前较为成熟的航空通信技术及其相关系统，除此之外，还有一些前沿的通信技术，比如备受关注的黑障区通信、机载公众移动通信技术、量子通信、深空通信、平流层通信等。

1. 黑障区通信[4]

当卫星、航天飞船等空间飞行器以很高的速度返回大气层时，在一定高度区域，与地面的通信联络会中断，这个中断联络的区域就是黑障区。黑障区的范围取决于再入体的外形、材料、再入速度以及发射信号的频率和功率。黑障现象给载人飞船返回时的实时通信、再入测量造成困难。早在 20 世纪 50 年代，人们就开始研究黑障及其消除方法。目前消除通信黑障的方法主要有以下几种：改变飞行器气动结构、亲电子物质注入、磁开窗、引入交叉电磁场、采用高频通信等。

2. 机载公众移动通信技术[5]

随着智能手机、平板电脑等移动终端的普及，人们对随时随地网络连接的需求越来越强烈，机载公众移动通信技术应运而生。机载公众移动通信将能为乘客提供与地面等同的实时互联网接入、邮件、短信以及网络电视广播等服务,各种新的业务应用也将随之陆续出现。目前实现机载公众移动通信的方式主要有两种:一种是在地面架设对天空的超高功率基站,另一种是通过静止轨道卫星或者低轨卫星完成卫星中继。国外在机载公众移动通信方面的研究较早。目前,欧洲、美洲和亚洲等地的几十家航空公司已经安装了机载移动通信系统,并且均成立了专门的运营公司正式进入商业化运作。我国也已经在2012年开展了机载公众移动通信的试验。我国地域广阔,在国内航线部分,由于国内航线比较集中,适合以成本较低的架设地空基站通信的方式为主;在国际航线部分,由于地空基站的局限性,可以采用卫星中继通信的方式。

3. 量子通信

量子通信是利用量子纠缠效应进行信息传递的一种新型通信方式,其主要涉及量子密码通信、量子远程传态和量子密集编码等。量子通信作为一种新型技术,能够大大提升信息传输的安全性,具备较大的优势,在民用安全以及军事领域都得到了广泛应用。量子通信技术在航空航天系统中应用的关键技术主要包括[6]:量子安全保密系统效能评估技术、量子安全保密网络设计技术、自由空间远距离量子通信技术和高码率量子密钥生成技术。目前关于量子通信的基础理论研究以及实验工作取得了极大的突破,基于量子密钥分发技术的量子通信系统已经走向实用化,并且随着量子隐形传态技术的逐渐成熟,量子通信技术将对传统的通信领域产生颠覆性影响。在航空航天领域,应抓住量子通信技术发展的机遇,在航空航天系统中应用量子通信技术,变革航空航天系统现有的保密通信技术,进一步提升信息传输的安全。

4. 深空通信[7]

深空探测是指对太阳系内除地球以外的行星及其卫星、小行星、彗星等的探测,以及太阳系以外的银河系乃至整个宇宙的探测。深空通信系统是人类与深空探测器联系的通道与纽带,在深空探测中起着关键作用。深空通信技术的长远目标是实现太阳系内任何时间任何地点的连续通信,其要求远远高于与普通的地球航天器间的通信。深空通信具有以下特点:通信距离遥远、通信时延增大、通信数据传输率受限、需要全球布站。为了应对深空探测中不断出现的新的技术需求,深空通信技术的发展呈现以下趋势:向更高的射频频段发展、信道编译码技术、更高稳定度的时间和频率标准、天线组阵技术、深空光通信技术、行星际网络等。

5. 平流层通信[8]

平流层通信是指在离地表17~22km的高空区域,利用飞机、气球、飞艇、飞船等工具作为驻空平台,将通信设备放置在驻空平台中,与信息接口设备、地面控制设备以及各种类型的无线用户终端进行通信,同时也可以与平流层平台或卫星进行通信,从而构成完备的空天地一体化综合信息移动通信网络系统。

平流层通信主要有以下优势:

(1) 和卫星通信相比,平流层通信平台的高度低,延迟时间只有0.5ms,有利于通信终端的小型化、宽带化和双工数据流的对称传输和互操作,实现对称双工的无线接入;

(2) 与地面通信平台相比,平流层通信系统的通信距离远、覆盖区域大、信道衰落小,

不但极大降低了建设地面信息基础设施的费用,而且也降低了对基站周围环境的辐射污染;

(3) 平流层通信机动性高,平流层通信利用飞机、气球、飞艇、飞船等工具作为驻空平台,可以随时机动调派至高容量或紧急通信需求的地区,不受地理位置的限制;

(4) 平流层通信造价低,容易部署;

(5) 平流层通信平台服役一段时间,可以回收维修后再服役,设备使用率高。

2.1.2 导航

导航是现代飞机完成航行和军事打击任务的重要保障。它的主要任务是确定飞机当前所处的位置及其航行参数,导引飞机沿既定航线航行,导引飞机在夜间和复杂气象条件下的安全着陆,以及保证飞机准确、安全地完成航行任务所需要的其他导引任务。

2.1.2.1 导航理论基础

1. 导航基本参数

飞机导航所依赖的最基本参数包括位置、速度和航向。由这些导航参数以及给定的飞行计划可以计算出各种可用来纠正飞机航行偏差、指导正确航行方向的制导参数,如应飞航迹角、偏航距、待飞距离(或时间)、航迹角误差等,参见图2-14。

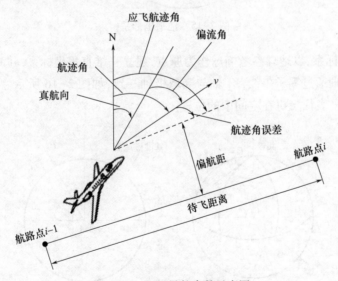

图 2-14 飞机导航参数示意图

1) 位置

导航中运行体的位置依靠坐标参量来具体表示,为了确定飞机在空间中的位置,需要建立相应的坐标系。对于短距离航行或着陆飞行等某些特殊情况,其运动区域接近一个平面,这时采用相对地面上某点的地平坐标系就可以方便地描述航体的运动。除此之外,较常用的坐标系是以地球中心为原点的地理坐标系和空间直角坐标系。

地平坐标系的具体定义[9]是:原点O_L位于当地参考椭球的球面上,X_L轴沿参考椭球卯酉圈方向指向东,Y_L轴沿参考椭球子午圈方向指向地球北极,Z_L轴沿椭球面外法线方向指向天顶,O为地心,如图2-15所示。

地理坐标系是应用最为广泛的一个地球坐标系,它以地球表面作为基准面,利用经度、纬度和海拔高度三个参数来描述飞机在空间中的位置,所以它又称为经纬高(Latitude、Longitude、Altitude,LLA)坐标系。为了给出高度值,地理坐标系首先定义了基准椭球体来代替地球,其长半径为a,短半径为b,并呈以短轴为中心的旋转对称,如图2-16所示。地理坐标系中飞机在空间中的位置记为(φ,λ,h),分别为大地纬度φ,大地经度λ,大地高度h。

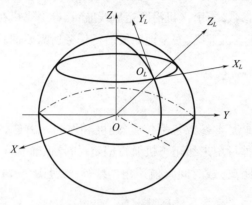

图2-15 地平坐标系

空间直角坐标系,以地球参考椭球作为原点,建立三维直角坐标系,其X_T轴和Y_T轴位于赤道平面,X_T轴通过零子午线,Z_T轴与椭球极轴一致,如图2-16所示。空间直角坐标系中利用x,y,z来表征飞机在空间中的位置。

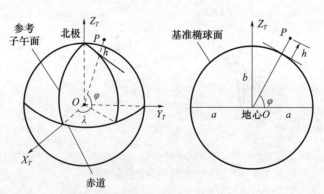

图2-16 地理坐标系和空间直角坐标系

2)航向角[10]

由于采用的基准方向不同,航向角分为真航向和磁航向,如图2-17所示。以地球地轴北向为基准方向定义的航向称为真航向,图中的β为飞机真航向。以地磁场确定的磁北方向为基准方向定义的航向称为磁航向,图中的β_m为飞机磁航向,$\Delta\beta$是磁北与真北间的磁偏差角。

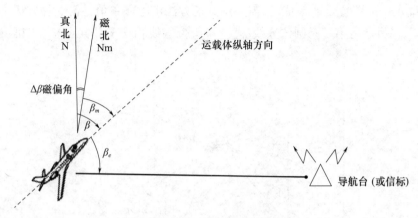

图2-17　航向角示意图

3) 速度[10]

速度参量包括空速、地速和风速（或流速）。在航行中，若空速矢量和风速矢量在地面的投影不重合，则对于一个运行体来说，空速、风速在地面的投影与地速构成一个三角形，称为航行速度三角形（或导航三角形），如图2-18所示，其中空速与地速矢量间的夹角即为偏流角，它是由风速矢量影响造成的。

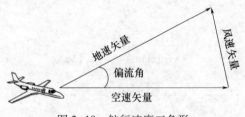

图2-18　航行速度三角形

2. 导航定位方法

定位是导航的基础，导航定位最基本的方法可以归纳为三种：无线电定位法、航位推算法和地形辅助导航定位法。

1) 无线电定位法

无线电定位法是通过无线电测量飞机与导航台的相对位置关系来定位的。利用无线电波传播特性，测量出飞机相对于导航台的角度、距离、距离差等几何参数，确定两条以上位置线（在二维空间中）或三个以上位置面（在三维空间中）便可确定飞机在空间中的位置。根据不同位置线相交的定位，无线电导航系统又可以划分为如下几种。

(1) 测向定位系统。测向定位，又称为直线位置线定位，或"θ-θ"定位，实现过程如图2-19所示。利用测向设备分别测量飞机与导航台A和B的方位角，所得到的两条直线位置线L_A、L_B的交点，即为飞机位置。

(2) 测距定位系统。测距定位，又称为圆位置线定位，或"ρ-ρ"定位，可以用图2-20表示其实现过程。测距定位系统通过分别测量飞机与导航台A和B之间的距离，可以得到两个相交的圆位置线 L_A、L_B，从而确定飞机 X 的位置。由于两个相交圆的交点通常有两个，因此，确定出的位置是非单值的，需要用其他方法消除非单值性。一种方法是增加一个测距台 C，飞机获得第三条圆位置线 L_C，三条圆位置线相交于公共点 M_1，飞机位置被唯一确定。

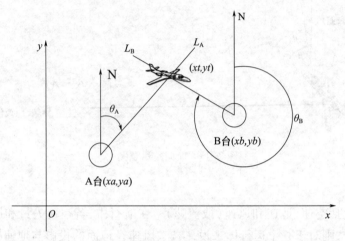

图 2-19　"θ-θ" 定位的实现过程

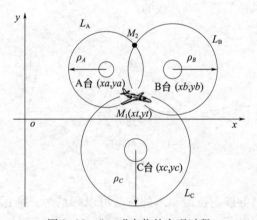

图 2-20　"ρ-ρ" 定位的实现过程

（3）测向测距定位系统。测向测距定位，又称为圆-直线位置线定位，或"ρ-θ"定位，实现过程如图 2-21 所示。测向测距定位系统只需要一个导航台配合就能进行定位。

（4）测距离差定位系统。测距离差定位，又称为双曲线位置定位，实现过程如图 2-22 所示。测距差定位系统需要三个导航台配合定位，在二维空间内，到两个定点之间的距离差为常值的点的轨迹是双曲线，而在三维空间内是双曲面。因此，通过测量飞机到两个导航台的距离差就能够确定飞机所处的位置线，而三个导航台便能确定飞机的位置。

2）航位推算法

航位推算法是一种累积推算位置的方法，从一个已知的位置开始，根据飞机在该点的航向、航速和时间推算出下一点的位置。早期常用电磁罗经、空速表、计程仪、航行钟等手

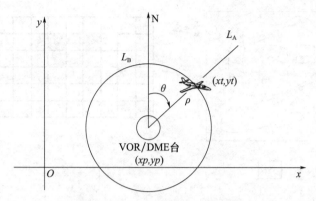

图 2-21 "ρ-θ"定位的实现过程

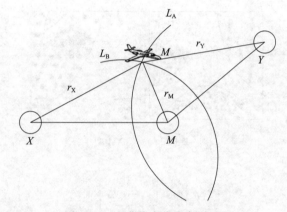

图 2-22 双曲线定位的实现过程

段,靠人工进行图上作业来完成。现代航位推算导航系统都是通过测量飞机的速度(加速度)对时间的积分和航向数据实现导航定位的。自备式导航系统多数采用此法进行导航定位,如当前大量使用的惯性导航系统、多普勒导航系统等。

3) 地形辅助导航定位法[10]

地形辅助导航定位法是利用匹配地形来确定位置的方法。地形辅助导航系统将飞机所要飞越地区的数字地形模型预先存储在地形数据库当中。在航行时,飞机利用高度表等导航设备测出位于飞机正下方的地形数据,与存储的地形模型相比较,通过拟合匹配的方式来确定飞机当前所在位置。

地形辅助导航定位法有地形匹配、地磁匹配和重力匹配(一维线匹配)定位及地图匹配(二维面匹配)定位等方案,图 2-23 为地形匹配和地图匹配的原理。飞机将要飞越地区的数字地形模型用矩阵 Y(基准图)表示,其中 y_{ij} 表示每个网格代表区域的平均高度;飞机实际航行时的实时地形数据用矩阵 X(实时图)表示。

一维线匹配和二维面匹配定位,以对比实时图 X 与基准图 Y 的相似程度进行定位的原理是一样的。两者的区别主要在于:一维线匹配主要是利用一维信息(如地形高程、地球重力或地磁等),二维面匹配主要是利用二维信息(如地形图等)。

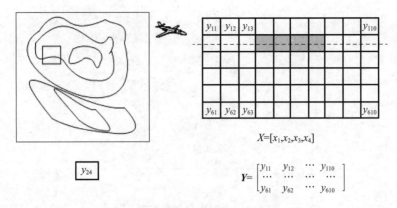

(a) 地形匹配 (一维线匹配)

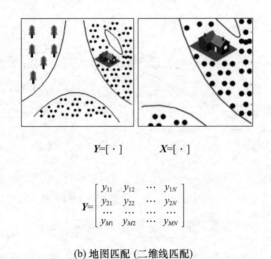

(b) 地图匹配 (二维线匹配)

图 2-23 地形与地图匹配定位原理图

2.1.2.2 近程无线电导航

1. VOR/DME 导航系统

甚高频全向信标(VHF Omnidirection Range, VOR)是一种相位式近程甚高频测角导航系统。VOR 系统由机载甚高频全向信标接收机和地面甚高频全向方位导航台组成。工作于 112~118MHz 波段,抗干扰能力较强。其工作原理是:地面 VOR 台发射一个用 30Hz 参考频率调制的全向信号(称为基准信号),以及一个以 30rad/s 旋转的各方位相位不同的信号;机上 VOR 接收机接收这两种信号,并将两个 30Hz 频率的相位进行比较,从而得到飞机相对地面台的方位。在未考虑地面台信号方位误差时,方位角测量精度一般为±1°。

测距器(Distance Measuring Equipment, DME)是一种常用的为飞机提供从飞机到地面导航台的空间距离信息的无线电导航设备。它由机载 DME 机(询问器)和地面 DME 台(应答器)组成,采用有源回答的脉冲测距方式。工作时,机载台发出特高频无线电脉冲波,地面台接收后延迟一段固定的时间再发射响应脉冲,机上设备接收后测出发射时间到接收时间的间隔,将测得的时间差减去固定的延迟时间,就可得到飞机和该地面台之间的斜距,再配合从机载仪表设备提供的高度和 DME 地面台海拔高度,可算出飞机相对地面台的地面距离。系统的测距误差一般为 0.2~0.8km。系统作用距离一般为 300~500km,最远可达 700km。

理论上,单独采用两套 VOR 系统或两套 DME 系统都可以确定飞机的位置。但是,在距离较远时 VOR 系统定位误差较大。而 DME 系统虽然测距误差较小,但利用两套 DME 系统来确定飞机位置的定位误差却因飞机与两个地面台相对位置的不同而有较大的差异。因此,通常将 VOR 系统和 DME 系统配合使用,组成测距测角近距无线电导航系统,即 VOR/DME 导航系统。目前绝大部分的民用飞机都配备有 VOR 和 DME 系统。

2. TACAN 导航系统

战术空中导航系统(Tactical Air Navigation,TACAN),简称塔康,是美国 1955 年研制并投入装备的近程无线电导航系统。它主要保障舰载飞机的飞行、机群的空中集结,以及在复杂气象条件下引导飞机归航和进场。

TACAN 系统由塔康地面台和机载设备组成,它以地面台为中心,为半径 350~370km 范围内的飞机提供导航服务。信标可架设于机场、航路点或航空母舰上,机载塔康设备安装在飞机上,与塔康信标配合工作,可连续给出飞机所在点相对于信标的方位角和距离。机载设备主要包括无线电收发信机、天线、控制和显示装置等。

TACAN 系统的定位原理与 VOR/DME 一样都是采用无线电测向测距的方法来定位。其工作于 962~1213MHz 的 UHF 频段,每间隔 1MHz 划分为一个频道,共有 126 个分立频道,地面设备与机载设备采用不同的发射频率。飞机通过向地面导航台信标发出询问信号,得到回复后通过计算得出飞机与地面台间的距离,以及通过探测地面信标发出的无线电波形,得出飞机相对于地面的准确位置,如图 2-24 所示。

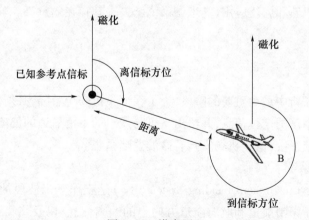

图 2-24 塔康原理

2.1.2.3 远程无线电导航

远程无线电导航系统主要有罗兰-C 和奥米加系统。

1. 罗兰-C 系统

罗兰(Loran)是 Long Range Navigation 的缩写译音,罗兰系统是一种双曲线导航系统。罗兰-C 系统工作在 100kHz,它采用脉冲相位测距离差方法进行定位。地面设备是一系列的无线电发射台,通常每三个台(一主二辅)为一组,主台和辅台同时发射脉冲信号,利用装在飞机上的接收机接收每个信号并测量其时间差,从而得到飞机距两发射台的距离差。

由于工作于低频段,罗兰-C 系统的信号传播范围相当远;而采用相位技术,提高了测量精度,同时用测脉冲时差的方法,消除了测量相位的多值性。其作用距离可达 2200km,定位精度 0.5km。但是低频无线电波的传播受地形、地质的影响较大,使得定位容易产生双曲线格网畸变,同时气象条件(季节、日夜、温度、压力)的变化会引起折射率的变化,导致导航定位精度下降。

罗兰-C 系统在航海和航空领域都得到了广泛的应用。在航空方面,利用机载罗兰-C 系统,可以在一个较大的空域范围内为飞机实现区域导航。另外,用罗兰-C 系统引导飞机进场,其精度优于现行的非精密进场要求,不用增建新的导航台,可以节约投资和管理费用。

2. 奥米伽系统

奥米伽导航系统是一种超远程双曲线导航系统。它利用布设在全球的 8 个导航台,基本上可以实现全球导航定位。奥米伽系统采用 10~14kHz 的甚低频信号,能较稳定地远距离传播。导航台的垂线长达 10000km,全球 95% 的地区能收到其中 4~5 个奥米伽台的信号,可用来进行连续定位。由于采用甚低频信号,所以能渗入水下十几米,因此也可用于潜艇的导航定位。

尽管奥米伽系统能够提供全球定位服务,然而由于其定位精度不高(2~4km),随着 GPS 导航技术的成熟和广泛应用,奥米伽系统已失去其存在的意义。美国于 1997 年关闭了奥米伽系统。

2.1.2.4 进场着陆

着陆是飞机航行中最为重要的阶段,为了保证飞机安全着陆,必须使用无线电导航系统向飞机提供高精度的定位信息,并给出飞机与规定的下滑航道的偏离程度。目前,机场大多使用仪表着陆系统,少数机场安装有微波着陆系统。

1. 仪表着陆系统

仪表着陆系统(Instrument Landing System,ILS)是工作于米波段的振幅测角系统,它为飞机提供相对于下滑航道和航向航道方向上的偏离信息,以及飞临跑道始端规定距离上空的信息。ILS 的地面设备包括下滑台、航向台和信标台等部分。机上设备相应有下滑接收机、航向接收机和信标接收机。

下滑信标安装于飞机跑道一侧,为飞机着陆提供与跑道成 2°~3° 倾角的无线电下滑面信号,有效导航距离为 20km 以上。下滑台辐射上下两个交叉波束,通过利用两组在不同高度的天线同时辐射,它们的方向性图互相交叠,并在给定方向上形成等信号区。

航向台位于跑道一端,安装在跑道中心线的延长线上,为飞机着陆提供与跑道中线垂直的无线电航向面信号。航向台的工作原理与下滑台类似,采用等信号法确定着陆航向面。

指点信标配合 ILS 使用,架设在飞机进近方向的跑道中心线延长线上。信标台向天空辐射方向性图为窄圆锥形的无线电波,给飞机提供距离跑道入口的位置坐标信息。国际民航组织规定,大、中型机场应设置三个指点信标台,即外标台、中标台和内标台。小型机场一般只有外标台和中标台两个指点信标台。

第二次世界大战后 ILS 被国际民航组织规定为飞机引进着陆的标准设备,并且经过改进后已经相当完善,如图 2-25 所示。

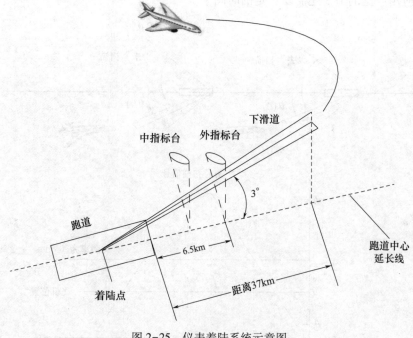

图 2-25 仪表着陆系统示意图

然而,由于 ILS 自身的原理局限,只能在空间提供一条单一的下滑道,一次只允许一架飞机从单方向降落。而且,下滑角是固定不变的,对飞机限制大,不适应其他类型飞机进场着陆的要求,例如直升机、垂直起降飞机、短距离起落飞机等。此外,它依靠地面反射形成下滑道,对周围地形要求高。ILS 的弱点使其已经不能满足日益增加的进场导航要求。

2. 微波着陆系统

为了弥补 ILS 的不足,微波着陆系统(Microwave Landing System,MLS)以时基波束扫描方式进行工作,利用测定飞机在空间的角位置来导引飞机着陆。波束以很高的角速度在既定的工作区域内来回扫描,并以来回扫过着陆飞机时所形成的"来""去"脉冲对之间的时间间隔作为编码特征来对扫描波束进行编码,使其在每一空间角位置都具有不同的编码特征。处于波束扫描区域内的飞机,当波束扫描掠过它时,它将接收到波束辐射信号,根据接收到的波束编码特征,可确定自身在空间的角位置。其原理如图 2-26 所示。

时基波束扫描 MLS 由地面设备和机上设备两大部分组成。

地面设备主要包括正航向分系统、下滑分系统、拉平制导分系统、测距设备应答器、数据传输分系统、反航向台等部分,这些分系统都严格按照一定的时间顺序轮流辐射信号。系统的机上设备由天线、接收机、信号处理器、显示器、控制器以及测距设备的询问器等各部分组成。

由于 MLS 工作于厘米波段,与 ILS 相比较具有众多优势。它允许飞行员根据机型的不同自己选定下滑航道的下滑角,还可以引导飞机绕过障碍物,沿曲线航道进场,即使在能见度很低的情况下,也可引导飞机着陆。尽管如此,由于 MLS 的设备昂贵投入巨大,要完全取代应用广泛的 ILS 还需要一定的时间。

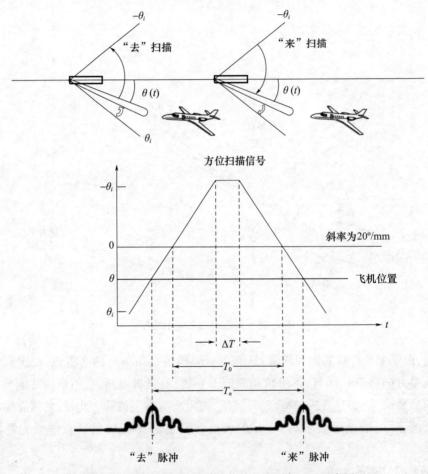

图 2-26　时基波束扫描微波着陆系统测角原理示意图

2.1.2.5　自主式导航

对于飞机而言,自主式导航是指完全依靠机载设备,自主地完成导航任务,和外界不发生任何光、电联系。因此,相对陆基、星基等非自主式导航系统,自主式导航具有隐蔽性好、工作不受外界条件影响的优点。

1. 多普勒导航

多普勒导航是一种航位推算定位系统,它利用多普勒雷达测量飞机相对地球的速度,并通过积分运算进行定位。多普勒导航系统由多普勒导航雷达和导航计算机组成。多普勒导航雷达由天线、发射机、接收机和频率跟踪器组成。其工作原理是以多普勒效应为基础的,它能够测量飞机相对地面的地速和飞机偏流角。当发射天线与接收天线之间存在相对运动时,接收天线上接收到的信号频率与发射天线发射的信号频率不同,即产生所谓的多普勒频移,这种频率的变化与发射机和接收机之间的相对速度成正比关系。多普勒效应原理和公式可见前文 2.1.1.1 节相关描述。这样通过测量接收信号与发射信号的频率变化,即可求出飞机相对地面的速度。同样,利用多普勒效应,当飞机接收以一定的角度向斜下方发射的 2~4 个波束的回波时,可以检测出飞机偏流角。

如图 2-27 所示,在导航计算机中,以来自航姿基准系统的飞机航向和姿态角数据为基础,将多普勒雷达产生的信息进行坐标变换,即可求出飞机在大地坐标系的三维速度分量(北向、东向和垂直速度)。进一步经积分解算得出飞机的已飞距离和偏航距等信息,再根据起飞地点和目的地的地理坐标进行解算,便可得出飞机当前的地理坐标位置和到达目的地的应飞航向、应飞距离和应飞时间等多种导航信息。

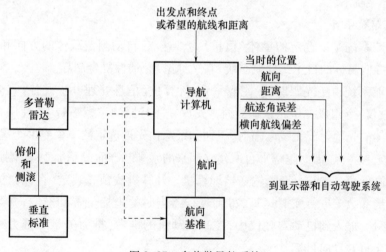

图 2-27 多普勒导航系统

2. 惯性导航

惯性导航系统(Inertial Navigation System,INS)是一种不依赖于任何外部信息、也不向外部辐射能量的自主式导航系统。惯性导航与多普勒导航系统一样是一种航位推算系统,其基本工作原理是以牛顿力学定律为基础的。通过测量得到飞机在惯性参考系的加速度,将它对时间进行积分,且把它变换到导航坐标系中,就能够得到在导航坐标系中的速度和位置信息。其基本原理如图 2-28 所示。

INS 由陀螺仪、加速度计、导航计算机和控制显示器等组成,分为平台式惯导和捷联式惯导两大类。区别在于,前者有实体的物理平台,陀螺和加速度计置于由陀螺稳定的平

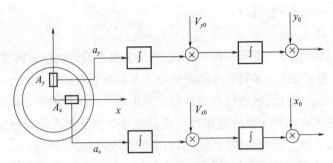

图 2-28 惯性导航基本原理示意图

台上,该平台跟踪导航坐标系,以实现速度和位置解算,姿态数据直接取自于平台的环架。后者陀螺和加速度计直接固连在载体上,惯性平台的功能由计算机完成,姿态数据通过计算得到。

惯性导航系统的自主性很强,它可以连续地提供包括姿态基准在内的全部导航与制导参数,并且具有非常好的短期精度和稳定性。因此,无论是在军用航空还是民用航空领域中都得到了充分应用。但是,在长时间的连续工作中,纯惯性导航系统的误差将随时间而积累。为此,在实际应用中,往往是将其他导航系统与惯性导航系统进行结合,取长补短,构成组合导航系统。

3. 星光导航系统[11]

星光导航系统是以选定的星体(恒星)为参考点,自动测定载体的方向和位置,将导弹等飞行器导向目标的自主式导航系统,它又称星光-惯性复合制导。

星光导航系统由星光跟踪器、陀螺平台、计算机(信息处理电子设备)和姿态控制系统(自动驾驶仪)等组成。星光跟踪器通常安放在飞行器的陀螺平台上,利用光学或射电原理接收星体的光辐射或无线电辐射,识别和跟踪预先被选定的单个或多个星体,并以这些星体为固定参考点,借助陀螺平台所建立起来的水平基准面或基准垂线,测量这些星体的方位角和高低角,形成电信号,输送给计算机。计算机按预先装定(存储)的星历表、标准时间和制导参数等进行实时运算,得到飞行器当时的坐标位置和航向,并与预定值比较,输出修正量,加入到自动驾驶仪中,控制发动机的推力(推力矢量和推力终止),实现按预定轨道飞行并导向目标。

星光导航技术作为一种被动、抗干扰能力强的导航手段,可输出飞行器的姿态、航向等信息,它具有如下技术特点:被动式测量、自主式导航;导航及定向精度高,定位精度仅次于 GPS;抗干扰能力强,可靠性高;可同时提供位置和姿态信息;导航误差不随时间积累。目前,星光导航技术的应用领域逐渐扩大,高精度、低成本、小型化、全自主、全天候的星光导航系统是今后发展趋势。

4. 地形辅助导航

地形辅助导航系统是一种新型的自主导航系统,它结合了先进的地形数据库和地形匹配技术,为飞机提供精确的导航。

目前,已研制的地形辅助导航系统有多种,如地形轮廓匹配、惯性地形辅助导航和地形参考导航等。基本可以分为两大类：一类以地形标高剖面为基础，另一类以从数字地图导出的地形斜率为基础。它们都包含有地形特征传感设备、推算导航设备、数字地图存储装置和数据处理装置四部分。地形特征传感设备（如雷达高度表、大气数据计算机）测量出飞机下方的地形剖面或其他特征，推算导航设备估算出地形特征的位置；再以这个估算位置为基础，在数字地图存储装置中搜索出能与测得的地形特征有最好拟合的地形特征，这个特征在数字地图中所处的位置，便是飞机的精确位置；然后再用这个精确位置数据对推算导航设备进行修正，如此不断循环，就能使飞机连续不断获得任一时刻的精确位置。拟合是一种相关处理过程，用精确位置去修正推算导航系统也要借助于卡尔曼滤波等技术，因此，地形辅助导航系统中要有功能很强的数据处理装置。

地形辅助导航系统基本上是一种低高度系统。在 300m 以上的高度其精度会降低，而到了 800~1500m 的高度则无法使用。然而，在低空，特别是丘陵地带和山区，其导航精度是其他导航系统无法比拟的，加之其自主式的工作特点，使其在当今军事导航领域得到越来越高的重视。

2.1.2.6 卫星导航

卫星导航系统是以人造卫星作为导航台的星基无线电导航系统。由于卫星位于距离地面很高的外层空间，因此其辐射的无线电波的覆盖区域很大，只要有一定数量的导航卫星，即可为全球提供全天候、不间断、高精度、实时的导航信息。卫星导航系统采用的是三球交会定位原理。卫星导航系统定位的工作流程大致包括以下三个步骤[12]。

（1）确定卫星位置。通过地面监测站（坐标已知）时刻监测卫星，测出监测站至卫星之间的距离，由监测站的已知坐标求出卫星的位置信息，编制卫星星历发送至卫星，此时卫星的位置信息为已知参数。

（2）测量用户至卫星的距离。用户同一时刻观测到至少 3 颗卫星，通过 3 颗卫星发射测距信号和导航电文分别求得用户至卫星的距离，导航电文还包含有卫星的位置信息。

（3）确定用户位置。求解三球交汇定位方程，根据相关先验信息排除一个不合理点，得到用户的实际位置。

1. 全球定位系统

GPS 是目前应用最为广泛的全球卫星定位系统。它由美国国防部负责研制，主要满足军事需求，用于地球表面及近地空间用户的精确定位、测速和作为一种公共时间基准的全天候星基无线电导航定位系统。GPS 是一种无源式多星定位导航系统。它主要由三部分组成：空间部分、地面测控部分和终端部分。

空间部分是由均匀分布于距地球表面以上约 20230km 的 6 个近圆轨道上的 24 颗卫星以及另外 4 颗有源备份卫星组成。GPS 系统可全天为全球任何地方提供 4~8 颗仰角在 15°以上的同时可观测卫星。如果将遮蔽仰角降到 10°，有时则最多可观测到 10 颗卫星，如图 2-29 所示。

地面测控部分由主控站、跟踪站和发射站组成。主控站从各跟踪站收集跟踪数据，计算卫星的轨道和时钟参数，然后将这些结果送到 3 个发射站中，以便最终向卫星加载数

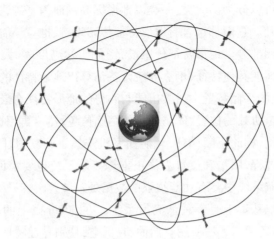

图 2-29 GPS 星座图

据。跟踪站配装有精密的铯钟和能够连续测量到所有可见卫星伪距的接收机,用以确定广播星历和星钟校正模型。发射站与卫星之间有通信链路,它采用地面天线将由主控站传来的卫星星历和星钟参数以 S 波段射频链上行注入到各个卫星。

GPS 用户终端负责接收 GPS 卫星发送的导航信号,恢复载波信号频率和卫星钟,解调出卫星星历、卫星钟校正参数等数据;测量接收天线至卫星的距离(伪距);通过测量恢复的载波频率变化来测量伪距变化率;根据获得的这些数据,计算出用户所在的地理经度、纬度、高度、速度、准确的时间等导航信息,并将这些结果显示或通过端口输出。对于机载 GPS 终端而言,它不仅能进行精确的三维定位、三维测速和提供精确的时间信号,而且还能测量出飞机的三维姿态。

GPS 系统采用直序扩频通信方式,目的主要是实现单程码精密测距、高抗干扰能力、保密通信和卫星识别。卫星扩频码采用两种伪随机码 C/A 码(粗测码)和 P 码(精测码)。在反电子欺骗 A-S 接通时,可以利用密钥码 W 将 P 码加密成 Y 码。C/A 码可供民用使用,其水平定位精度为 20m(50%);P 码仅供美国及其盟国军事或特殊用户使用,其水平定位精度为 10m(50%)。此外,一旦美国认为受到敌方使用 GPS 辅助的武器或战术的威胁,还可通过对基准信号(1023MHz)人为地引入一个高频抖动信号以及人为地扰乱星历数据来增大误差,称为"选择可用性(Selective Availability,SA)"。在引入"SA"技术后,C/A 码的定位精度将下降到百米级。

为了消除或减少用户设备误差外的其他导航误差,特别是"SA"的干扰,人们将差分技术、伪卫星技术引入到 GPS 导航应用中,形成差分 GPS 导航系统(Differential Global Positioning System,DGPS)。应用 DGPS 可以将引入"SA"以后的定位精度提高到米级。

2. 北斗卫星导航系统[13]

北斗卫星导航系统是中国自行研制的全球卫星导航系统,具有实时导航、快速定位、精确授时、位置报告和短报文通信服务五大功能。

北斗卫星导航系统由空间段、地面段和用户段三部分组成。空间段由若干地球静止轨道卫星、倾斜地球同步轨道卫星和中圆地球轨道卫星三种轨道卫星组成混合导航星座；地面段包括主控站、时间同步/注入站和监测站等若干地面站；用户段包括北斗兼容其他卫星导航系统的芯片、模块、天线等基础产品，以及终端产品、应用系统与应用服务等。

北斗卫星导航系统的定位原理采用全球通用的被动式定位原理，导航终端用户通过接收卫星发送的定位信号，自动精确算出自己准确的位置参数，从而实现功能定位。北斗导航系统为了实现卫星的最大覆盖范围通常采用了三种轨道飞行的卫星，分别是高度为5000～20000km 中地球轨道（Medium Earth Orbit，MEO）、高度为36000km 但是与地球赤道存在一定倾斜角的倾斜地球同步轨道（Inclined Geo Synchronous Orbit，IGSO）和高度同为36000km 的静止轨道（Geostationary Orbit，GEO）。这三种轨道上飞行的卫星被简称为MEO 卫星、IGSO 卫星和 GEO 卫星，如图 2-30 所示。

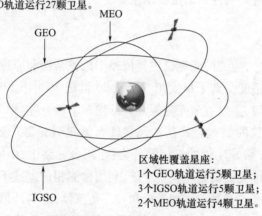

图 2-30 北斗卫星轨道情况

此外，俄罗斯的 GLONASS 系统和欧洲正在进行的"伽利略"计划也是备受世人瞩目的全球卫星导航系统。

2.1.2.7 组合导航

目前已有的各种适用于飞机的导航系统各有优点和特色，但也有不足之处。组合导航系统是自 20 世纪 70 年代发展起来的导航技术，它利用两个及两个以上的导航系统所提供的信息，通过综合处理以获得最佳导航信息。

组合导航的方案很多，目前，广泛应用的有 GPS/INS、GPS/地形辅助导航系统、GPS/多普勒、GPS/罗兰-C、INS/多普勒、INS/天文等。目前，研究最多的组合导航系统是 GPS/INS 的组合，这不仅因为两者都是全球、全天候、全时间的导航设备，而且因为它们都能提供十分完全的导航数据。两者优势互补并能消除各自的缺点，使其应用越来越广泛。

将 GPS 的长期高精度性能特性和 INS 的短期高精度性能特性有机地结合起来，使组合后的导航性能比任一系统单独使用时有很大提高。经 GPS 校准的 INS 在 GPS 信号中断期间的误差增长速率显然要比没有校准、自由状态下 INS 的误差增长速率低。GPS 数据对 INS 的辅助,可使 INS 在运动中进行初始对准,提高了快速反应能力。当机动、干扰或遮挡使 GPS 信号丢失时,INS 能够帮助接收机快捷地重新捕获 GPS 信号,同时 INS 对 GPS 的速率辅助还可使 GPS 接收机跟踪环路的带宽取得很窄,这很好地解决了动态与干扰这一对矛盾。

目前,GPS/INS 主要应用于军、民用航空,一般用于飞机的航路导航和预警机及战斗机的任务导航,也可用于航海和陆地车辆导航。DGPS 与 INS 的组合还可用于飞机的进场着陆,由于 GPS 用于进场着陆的主要问题是可用性和完善性不满足要求,与 INS 的有机组合是解决这个问题的好方法,而且一般的军、民用飞机都装有 INS,实现这种组合并不会带来大的经济负担。

2.1.2.8 导航前沿技术

目前导航方面备受关注的前沿技术主要有现代陀螺仪、X 射线脉冲星导航技术、量子导航等。

1. 现代陀螺仪

惯性导航系统中,传统的陀螺仪主要依赖于机械结构和原理,其对工艺结构的要求很高,结构复杂,从而精度受到了很大制约。从 20 世纪 70 年代,现代陀螺仪的发展已经进入了一个全新的阶段,主要有激光陀螺和光纤陀螺。激光陀螺[14]是指利用激光光束的光程差测量物体角位移的装置。其基本元器件有氦氖激光器(或半导体激光器)、全反射镜、半透半反射镜。激光陀螺的工作原理为:在闭合光路中,由同一光源发出的沿顺时针方向和逆时针方向传输的两束光发生干涉,利用检测相位差或干涉条纹的变化,可以测出闭合光路旋转角速度。光纤陀螺即光纤角速度传感器,它与环形激光陀螺一样,具有无机械活动部件、无预热时间、不敏感加速度、动态范围宽、数字输出、体积小等优点。除此之外,光纤陀螺还克服了环形激光陀螺成本高和闭锁现象等致命缺点。目前一些发达国家如美、日、德、意、法、俄等在光纤陀螺的研究方面取得了较大进步,我国光纤陀螺的研究起步相对较晚。

2. X 射线脉冲星导航技术

X 射线脉冲星导航技术是一种极具有发展潜力的新型自主导航技术,采用"自然界最精准的天文时钟"脉冲星作为导航信标,可以大大提升航天器战时自主导航生存能力。X 射线脉冲星导航[15]是在航天器上安装 X 射线探测器,探测脉冲星辐射的 X 射线光子,测量光子到达时间和提取脉冲星影像信息,经过相应的信号和数据处理,航天器自主确定轨道、时间和姿态等导航参数的过程。其基本原理是:以同一个脉冲信号到达太阳系质心的时间与到达航天器的时间差为观测量,构造 X 射线脉冲星导航测量方程;该方程有 4 个未知数,包括 3 个位置坐标分量和 1 个时钟偏差量;通过同时探测 4 颗脉冲星,或每个弧段观测 1 颗脉冲星并结合航天器轨道动力学模型,求解 4 个未知数,实现航天器自主导航。2017 年 6 月 15 日,中国首颗 X 射线空间天文卫星"慧眼"成功发射,卫星里面其中一个项目就是探索利用 X 射线脉冲星进行航天器自主导航的技术和原理并开展在轨实验。

3. 量子导航[16]

量子定位系统(Quantum Positioning System,QPS)的概念是2001年由美国麻省理工学院 Giovannetti 博士在《Nature》杂志上首次提出,并通过计算证明了量子纠缠和压缩特性可进一步提高定位精度。QPS利用了量子纠缠、量子压缩等特性,使所传递的量子信息具有强相关性和高密集程度;可以给导航卫星提供长时间高精度的导航定位,提高卫星导航定位的准确性与信息传输的高保密性。QPS通过具有量子特性的光子脉冲来实现高精度的定位,其精度可接近海森堡测不准原理所限定的物理极限,获得比经典无线电定位系统高很多的定位精度。由于量子信号制备技术的不成熟以及量子信号自身的特点,量子导航相关技术的研究仍处于起步阶段。

2.1.3 敌我识别

敌我识别(Identification between Friend or Foe,IFF)是指对目标敌我属性、类型的判断。目标识别通常需要基于各种探测传感器获取的战场环境、目标参数、目标特征等数据,并综合有关战场通报等信息,对所探测的目标进行综合判断,判定其属性和类型。

2.1.3.1 敌我识别理论基础

敌我识别系统主要由询问机和应答机两个部分组成,如图2-31所示[17]。其中询问机主要包括编码调制器、固态发射机、本振、收/发公用天线、接收机;应答机主要包括视频处理器、固态发射机、调制器、解码/编码器、收/发公用天线。

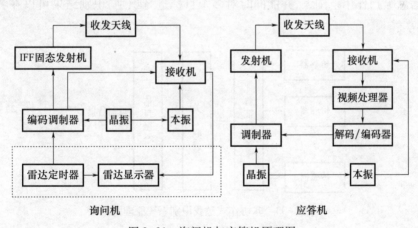

图 2-31 询问机与应答机原理图

一般敌我识别系统可分为协作式敌我识别系统和非协作式敌我识别系统两种类型。

1. 协作式敌我识别系统

协作式敌我识别是指识别方与被识别目标之间相互配合,获取目标敌我属性信息的一种工作方式,其工作原理如图2-32所示。这种工作方式的优点在于识别过程简单、速度快、准确性高、系统体积小、易于装备和更换。协作式IFF系统基本上是询问/应答式系统。该系统由询问机发出一个无线电询问信号,目标应答机接收询问信号。如果接收到的询问信号是正确的电子代码,应答机将给询问机自动发送出所请求的应答信号,然后询问机对应答信号进行解码,从而识别出目标的敌我属性。

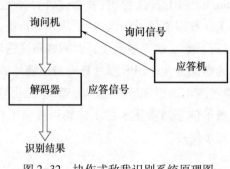

图 2-32　协作式敌我识别系统原理图

2. 非协作式敌我识别系统

非协作式敌我识别是指将被识别目标看作系统的外部环境,通过传感器对其结构特征(目标二维投影的长度、宽度、周长和面积等)、统计特征(均值和均方偏差等)、空间特征(方向、位置、速度和距离等)和辐射参数/信号特征进行观测,通过一定算法,依靠系统处理器对数据进行相关分类、特征匹配等综合分析来确定目标的敌我属性,其工作原理如图 2-33 所示。这种工作方式是利用各种不同传感器收集的信息汇总到数据处理中心,通过信息融合技术来得到识别结果。其优点在于不需要被识别目标做任何技术上的配合;可利用所有探测到的信息(如目标的电磁辐射和反射信号、红外辐射、声音信号、光电信号、GPS 信息等);作用范围大,并能同时对多个目标进行识别,识别结果可以在各种作战武器间共享。

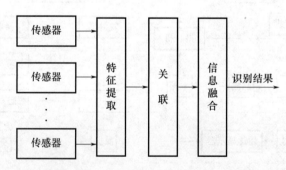

图 2-33　非协作式敌我识别系统原理图

2.1.3.2　机载敌我识别系统

机载识别系统主要用于飞机之间的识别和对地面、水面目标的识别。目前的机载雷达敌我识别系统均为协作式敌我识别系统,通过询问机和应答机的对应关系,获取敌我识别信息。当雷达发现目标后,即控制询问机向目标发出一组密码询问信号,如属己方目标,其应答机对询问信号进行解码,自动发回密码应答信号。询问机对应答信号进行解码后,输出一识别标志给雷达显示器或数据总线,与该目标回波同时显示,从而确认为己方目标。如属敌方目标或非合作目标(指没有装备本系统应答机的目标),则解不出密码,雷达显示上只有目标回波而没有识别标志。询问机除能判定目标的敌我属性外,还能分辨已方目标的编号、呼救信号和高度等有关信息。

2.1.3.3 激光协作式敌我识别系统

目前的敌我识别系统由于采用了口令式密码技术,容易被破解泄密。固定的询问、应答频率,容易遭到敌方的干扰和欺骗,需要进一步提高现有敌我识别系统的抗破译、防欺骗、反干扰能力,发展在密集多目标背景下的识别能力和目标的分辨力等性能。

激光协作式敌我识别技术是有效方法之一。采用激光技术的优点在于:第一,激光波长短,波束窄,能够获得更高的角分辨率和距离分辨率,也不易被敌方探测,提高了系统识别的定位精度和保密性;第二,激光具有较高的抗电磁干扰、抗原子辐射的能力,这对经常受到电磁干扰威胁的敌我识别系统具有重要意义;第三,激光的调制速度快,大大缩短了识别时间,也为安全性进一步提供了保障。缺点是探测距离较近,容易受气象和烟尘的影响。

2.1.3.4 敌我识别前沿技术

随着现代战场环境越来越复杂,敌、我、中立各方之间的界限越来越模糊,多方交错活动,这就需要现代敌我识别系统能更快速、精确地判定目标属性。目前,敌我识别系统方面受到大家广为关注的前沿技术主要包括多传感器数据融合技术和综合敌我识别技术等。

1. 多传感器数据融合技术

随着隐身技术、欺骗干扰技术等的发展,以及战场环境的复杂变化,仅依靠单一技术的识别途径总存在某些缺陷。利用多传感器数据融合技术的目标识别系统可以形成陆、海、空、天多层次探测网络,不仅能克服单一传感器的缺陷,提高目标敌我属性识别的正确率;而且能提高系统对现代复杂战场环境的自适应能力。以美国为首的北约已开展多传感器目标识别系统(MUltiSensor Target Recognition System,MUSTRS)研制计划,该系统最终将实现从1000余个目标中识别出5类威胁最大的目标,并且识别率高于99%。

2. 综合敌我识别技术

非协作式敌我识别系统虽然能识别出敌、我、中立方,但其识别距离较近,而协作式敌我识别系统虽然仅能识别出敌方和我方,不能识别出中立方,但其识别距离较远。结合雷达、激光、毫米波、红外等敌我识别技术研制综合敌我识别系统,充分发挥各种识别技术的优势,提高识别结果的正确率和可靠性。

2.1.4 CNI综合系统

无线电通信、导航与识别具有相近的电波空间传输、检测与处理的特征。将这些系统功能进行综合设计是自联合式航空电子系统结构以来的一个重要设计方法,并称为通信、导航与识别（Communication Navigation Identification，CNI）综合系统。传统的 CNI 系统是基于设备的集成系统，采用多路传输数据总线将相关系统设备互联起来，并进行综合显示和控制。

近年来，CNI 综合系统逐步演变为基于模块的结构综合系统，用一种开放式的模块化系统结构取代原先各自独立的 CNI 设备，采用软件无线电技术对高速 A/D 转换信号进行射频信号数字化处理，用高速数字信号处理器（Digital Signal Processor，DSP）进行基带信号处理，用软件实现各种信号波形的重编程和无线电功能。

在 CNI 综合设计中，需要重点考虑如下因素：
（1）采用标准化模块和开放式系统结构；
（2）通过数字接口实现对逻辑模块的控制，并能实现远程管理和控制；
（3）支持多功能和多模式，支持功能的扩展；
（4）自测试支持和容错设计；
（5）可调射频（Radio Frequency，RF）组件；
（6）智能天线。

对于机载系统，可靠性和容错是两个主要的设计目标，同时也是导致系统复杂性和成本增大的两个最主要因素。在 CNI 综合设计中，需要每一个组件都能在故障发生时，通过重配置来重新恢复发送和接收链路，能够实现对故障模块的备份冗余处理。这种重配置要求在航电核心模块系统中通过配置/重构机制来实现。然而对于 RF 前端，实现起来比较困难，对于每一个波段的天线，其理想接收范围有限，不同种类的天线往往不能互相替代。同时对于信号的带通滤波，与具体的信号频率有关，需要有完善的方式来实现模块的重构管理。

2.1.4.1　CNI 系统模型

参照美国提出的联合战术无线电系统（Joint Tactical Radio System，JTRS），图 2-34 给出了一个 CNI 综合系统模型。

在 CNI 综合系统模型中，主要包含四个逻辑单元：RF 单元、基带信号单元、网络链路单元和控制单元。不同的单元之间通过数字接口进行互联，整个系统具有可控性和适应性。另外，RF 模块、基带信号处理模块和网络链路模块之间并不具有一一对应关系，三者之间的映射可以按照需求进行实时配置。

1. 模块介绍

1）RF 模块

RF 模块由模拟电路组成，应能通过逻辑控制实现指定频率的接收处理。由于目前技术还不可能实现全频率的信号接收，RF 模块将设计成针对某个波段的信号进行带通接收处理，RF 模块的结构如图 2-35 所示。

在 RF 模块中包括一个通用处理器，完成路由及错误检测功能。RF 模块的典型功能包括调制/解调、D/A 和 A/D 转换、上变频/下变频、载波选择、功率放大器、自动增益控制、频率同步和跟踪等。

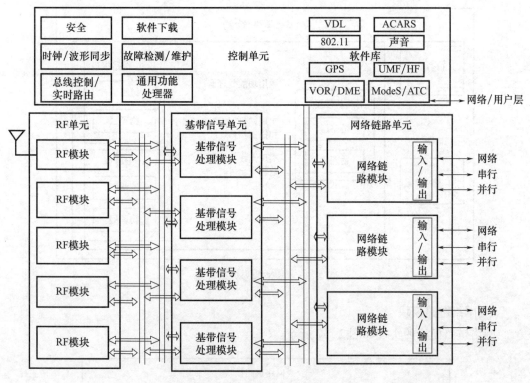

图 2-34 CNI 综合系统模型

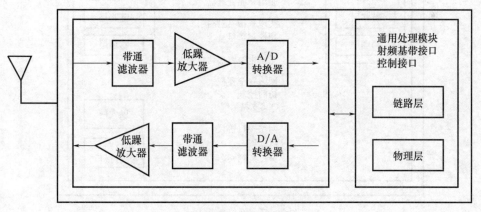

图 2-35 RF 模块

2) 基带信号处理模块

基带信号处理模块的实现如图 2-36 所示。

基带信号处理模块可以由现场可编程门阵列（Field Programmable Gate Array, FPGA）、DSP 或者通用处理器（General-Purpose Processor, GPP）来实现，由软件进行配置。实现的功能包括信道编码/解码、控制 RF 前端实现频谱交替扫描、循环冗余校验（CRC）、多路信号分离、基带调制解调、加密/解密、差分接收/发射、帧协议处理、介质访问控制等。

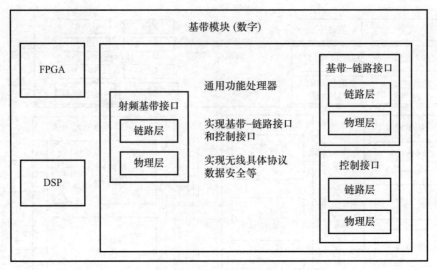

图 2-36 基带信号处理模块

3）网络链路模块

网络链路模块的实现如图 2-37 所示。

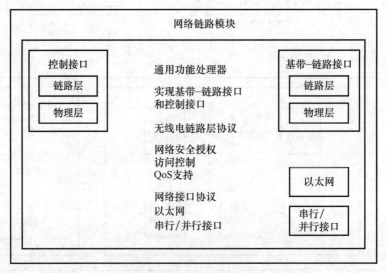

图 2-37 网络链路模块

网络链路模块提供应用程序和无线电系统的接口，可以采用以太网、串行总线或者并行总线来实现具体的连接。实现的功能包括支持吞吐量、延时、拥塞控制、优先级、资源搜集等 QoS 服务；支持以太网、串行总线、并行总线等外部网络接口功能；支持控制、基带-链路等内部网络接口功能；支持网络接口同步；支持授权、访问控制和解密等安全功能；支持热插拔和多个外部接口。

4）控制单元

控制单元的实现如图 2-38 所示。

图 2-38 控制单元

在 CNI 综合系统中,控制单元实现多功能、多模式数字无线电的控制管理功能。控制单元包含一个软件模块库,库中包含了对典型无线网络/数据链路处理的过程。当对无线电模块进行重新配置时,可以根据相应功能需求,加载不同的软件模块库。在控制单元中还集成了安全管理功能,从而实现对重新配置过程的授权操作。当无线电模块发生故障时,可以被故障探测机制发现,同时根据相应的维护策略,采用系统重新配置或者降级处理。对于模块之间实时传输的数据,控制单元根据具体的传输需求实现对路由表和时隙分配的预定义。在加载了路由信息和时隙分配策略后,位于控制单元的总线控制器根据配置的内容实现具体的传输控制。除了上述路由功能外,控制单元还需要支持拥塞控制、RF 调度、系统时钟发布等功能。

2. 模块互联

为了实现数字接口的透明互联,需要严格定义一套协议,包括物理层、链路层、应用层三个层次。物理层支持收发帧、数据编码、帧同步等;链路层支持预定义的点到点连接和路由信息,确保数据可靠传输;应用层支持将应用数据映射成接口单元数据。

数字接口在支持模块之间的实时信号传输时,数据传输速率不应该有显著的变化。如根据 A/D 转换的速度,RF 模块总是按照固定数据传输速率传输数据。因此,可以采用 TDMA 的方式来实现多址传输,建立不同数据传输的路由表,通过分配不同的时隙实现传输要求。

在 CNI 综合模型框架中,定义了以下三种数字接口。

(1) 连接 RF 模块和基带信号处理模块的接口:采用 TDMA 方式实现实时传输、100Mb/s~10Gb/s 高速总线、点到点的串行总线。

(2) 连接基带信号处理模块和网络链路模块的接口:相对低速总线、串行总线、以太网。

(3) 控制总线接口:提供时钟和同步信号、低速控制信息、采用链路路由表/时隙分配方式实现实时数据传输、操作和维护数据传输。

为了实现整个系统的容错能力,数字接口也应该满足系统的容错要求,同时采用双余度的方式增加容错能力。

2.1.4.2 CNI 综合化设备发展应用

纵观 CNI 综合技术 40 余年的发展过程,其发展推进可以概括为两个方向,即功能综合化和硬件设备综合化。

1. ICNIA 计划[3]

1978 年,美国空军航空电子研究实验室(Air Force Avionics Laboratory,AFAL)提出多功能多频段机载无线电系统(Multi-Function、Multi-Band Airborne Radio System,MFM-BARS)计划。研究将 2~2000MHz 内各种 CNI 设备综合成一个无线电系统,后来演变成通信、导航和识别综合航空电子系统(Integrated Communications、Navigation and Identification Avionics,ICNIA)计划。该计划利用宽带天线(或者多幅天线)、宽带射频处理(在中频实现数字化且在中频之后采用数字信号处理和数据处理)、标准化模块和高速数据传输总线来实现空军要求的 16 种功能设备综合,见表 2-3(后期美空军又进行了相应增减)。

表 2-3 ICNIA 计划综合的 16 种 CNI 功能

	CNI 功能		解释说明	相关设备
1	HF 通信		高频通信	AN/ARC-112、154、190
2	SINCGARS		单通道地面和机载无线电系统,Signal Channel Ground and Airboren Radio System	
3	VHF 通信	AM	甚高频通信(调幅)	AN/ARC-115
		FM	甚高频通信(调频)	AN/ARC-114、131
4	UHF 通信		特高频通信	AN/ARC-164
5	HAVEQUICK		抵抗电子干扰的跳频系统	
6	ILS/VOR		仪表着陆系统/甚高频全向信标	AN/ARC-108
7	TACAN		战术空中导航系统	AN/ARC-118
8	JTIDS		联合战术信息分发系统,Joint Tactical Information Distribution System	
9	EJS		增强的 JTIDS 系统,Enhanced JTIDS System	
10	IFF(应答)		敌我识别(应答)	AN/APX-101
11	IFF(询问)		敌我识别(询问)	AN/APX-76、81
12	GPS		全球定位系统	
13	ACMI		空战机动性测量设备,Air Combat Maneuvering Instrumentation	
14	TCAS		空中防撞系统,Traffic Collision Avoidance System	
15	EPLRS		增强型定位报告系统,Enhanced Position Locating Reporting System	
16	MLS		微波着陆系统	

在 ICNIA 系统中,通用模块被划分为射频组、信号处理组和数据处理组,如图 2-39 所示。这种设计保留原先的 CNI 设备功能的同时,通过对机载 CNI 系统设备的综合化设计大大降低了设备的体积、重量、功耗和成本费用,并提高了设备可靠性、维修性和可扩展性。

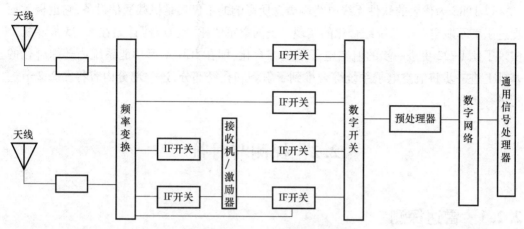

图 2-39 ICNIA 系统结构原理图

2. JTRS 计划[3]

美军目前大力推进的联合战术无线电系统是在以"易话通"计划为代表的软件无线电概念基础上发展而来的。美军计划利用 JTRS 电台取代现役的 100 多种无线电台,其中就包括空中平台所使用的机载电台,也就是 JTRS 机载、海上和固定站(Airborne、Marine、Fixed station,AMF)终端计划。未来军用航空作战平台上的大多数通信终端都将被 JTRS 机载型终端所取代。这是机载通信设备综合化发展迈出的重要一步,同时软件定义电台设计概念也对其他航空电子系统综合化设计产生了深远影响。图 2-40 所示为美军 C-130 军用运输机 JTRS 架构示意图。

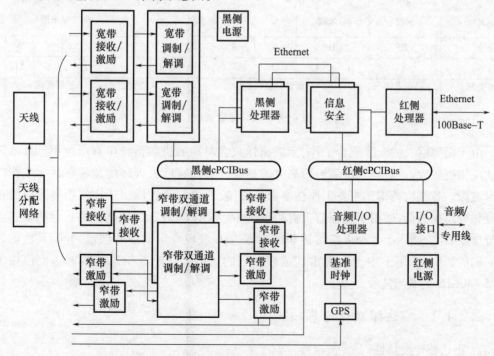

图 2-40 C-130 军用运载机机载 JTRS 基本系统结构示意图

以 JTRS 为代表的软件无线电终端概念所影响的不仅仅是机载通信设备,它也极大地促进了美军航空电子系统综合化的实现。美国空军依托"宝石台"计划在 F-35 战斗机上实现了比 F-22 更进一步的航空电子系统综合化,即在 ICNIA 等功能系统内部综合化的基础上进一步将航空电子系统综合推到了射频和孔径部分,这一部分内容将在 2.2 节进行进一步介绍。

2.2 探测与对抗

2.2.1 雷达探测

雷达是一种通过辐射无线电波,并检测是否存在目标的反射回波以及回波的特性,从而获取目标信息的探测装置,主要完成对目标的测距、测速、测角和跟踪等功能。目前雷达是最重要的机载探测设备,其性能的优劣已成为飞机性能的重要标志。同时,它也是保证大、中型民用飞机安全航行的重要设备。

不同频率的电磁波能够不同程度地穿过大气空间,完成不接触探测。机载探测系统涉及的电磁波频谱从米波段、分米波段、厘米波段直至毫米波段,其粗略划分如图 2-41 所示。

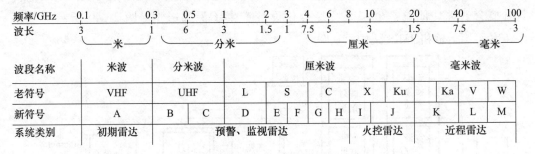

图 2-41 雷达电磁波谱

由于需要巨大的天线配合工作,米波雷达只在早期的机载系统中有所应用。分米波雷达应用也较少,一般只有探测地面高度的高度表和具有巨大天线的预警雷达才工作在分米波段。各类机载雷达主要工作在厘米波段:较长的 L、S 波段由于探测距离远但测量精度和分辨率较低,适用于远程监视雷达;较短的 X、Ku 波段探测距离不够远但测量精度和分辨率较高,适用于各种火控雷达和民用雷达;C 波段介于前述两波段之间,其性能也是它们的折中,适用于中程监视雷达或较远程的火控雷达。近年来机载雷达也使用了 26.5~40GHz 的毫米波段。

2.2.1.1 雷达探测理论基础

1. 雷达波传播特性

雷达依靠无线电波进行目标探测。无线电能量经由雷达天线发射,集中于雷达波束内向大气空间辐射,在遇到目标之后,反射回来的一部分能量又被接收天线所截获。在此传播过程中有五种重要现象影响雷达的性能。

1) 传播损耗

雷达能量经由天线向目标辐射和由目标反射后返回雷达接收天线的过程中,其功率密度会逐渐减小(假设传播介质均匀且无损)。当雷达能量向目标辐射时,其功率密度以距离平方的倒数的比率下降。

2) 大气衰减

当雷达波束在空气中传播时,其部分能量会被大气成分吸收和散射。这种效应随电磁波频率不同而不同,特别对于约1GHz的频率以上的电波其效应尤为显著。因此,有时需要在探测距离和目标分辨率之间进行折中,来选择工作频率。

3) 雷达反射特性

根据雷达的不同用途,它可能将波束指向一个"点"目标,也可能指向一个"分布"目标。"点"目标只对应于雷达波束宽度的一小部分;"分布"目标,如大城市、森林甚至地面本身,可能会对应雷达波束宽度的大部分。

目标受到雷达照射,它在某一特定方向上的有效反射通常以一个归一化、全反射球体的横截面积表示,即雷达散射截面(Radar Cross Section, RCS),该球体反射回到雷达接收天线的信号幅度与实际目标反射的信号幅度相同。一架飞机可以视为一个点目标,它的总反射由它各部分结构的反射组合而成(机身、发动机进气道、机翼、尾翼等),每一个部分的反射幅度随观察角度的不同而变化。例如,其侧方的反射面积要比迎头或尾后方向的反射面积大得多。另外,由于各个部分是分立的,几部分的反射波之间的相对相位也随观察角度而快速变化。因此,各部分贡献的总和必然存在起伏,当目标与雷达有相对运动时,雷达回波幅度会呈现快速起伏(或称为"衰落")的"闪烁"现象。

4) 杂波

"杂波"是来自其他实体的、可能掩盖真正目标回波的雷达反射能量。例如,单个雨滴的雷达回波很小并且不能独立地被雷达探测到,但来自雨云或降雨的无数雨滴的集合回波就可以被探测到,并且其幅度可以大到足以淹没其他回波,这种回波就构成了"雨杂波"。类似地,来自地球表面、地表实体以及海面上的非期望回波分别称为"地杂波"和"海杂波"。

5) 遮蔽效应

电磁波是以直线方式进行传播的(不考虑大气折射),因此,雷达要收到从目标的回波,目标必须在直视距离之内。对于地平线以下,或处于高地、建筑物和其他实体障碍物后的目标,雷达是无法探测到的。在利用雷达进行地形测绘时(特别是山地、丘陵地带),遮蔽会导致雷达地图的失真。减小遮蔽效应的一个方法是增大雷达俯视角。

2. 雷达的基本组成

雷达一般由五部分组成:发射机、接收机、发射天线、接收天线和目标检测与信息提取。在实际应用中,发射机与接收机通常共用一副天线(如图2-42所示)。

发射机按照特定的方式产生高功率发射信号,并将其能量馈入天线,形成很窄的无线

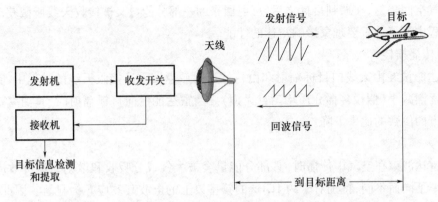

图 2-42　雷达的基本组成

电波束向空间辐射，天线由天线控制设备所操纵，使波束在空间进行扫描以探测目标；当无线波束射到目标时，回波又被天线所接收，经过天线收发转换开关送到接收机，接收机将接收到的信号进行放大、变频、检波后，以视频脉冲加至显示器，完成对目标的观测。下面重点介绍雷达的发射机、天线和接收机。

1) 发射机

发射机是射频能量的源，它按照特定的方式产生大功率的发射信号。其平均功率的变动范围可以是高度表所要求的几瓦到机载预警雷达所要求的几十千瓦。

对于一般的脉冲雷达的发射机，它产生的是大功率的高频率脉冲。早期雷达采用热电子管作为产生射频功率的器件，但其工作频率存在上限。而后出现了速调管和磁控管，两者都是基于谐振原理的高功率振荡器。速调管通过耦合放大处于谐振频率的射频信号，可以提供高达几十千瓦的功率，缺点是需要很高的电压用于电子束的产生、聚焦和加速。磁控管相对速调管简单，只需由调制器提供高压短脉冲便能起振，但是它产生的射频脉冲相位是随机的，对于需要将回波脉冲的相位和频率与初始发射的参考信号相比较的相参雷达是不适合的。20 世纪 60 年代出现了栅极控制行波管，它是一种高功率放大器。行波管在其栅极的低功率信号的控制下开启和关断，将来自激励器（脉冲波形发生器）的信号放大到发射所需的功率电平，从而可以方便地改变高功率发射信号的宽度与重复频率。行波管在现代雷达中得到了广泛的应用。

2) 天线

雷达天线的任务是将雷达发射信号在要求的覆盖范围内有效地发射出去，并"收集"由覆盖区内目标的反射而照射在天线上的能量。

天线可分为全向天线和定向天线。对于一般机载雷达，其天线通常设计为具有一定的方向性，即将发射能量限制在一个辐射波束内。这种设计有两方面的作用：一方面是通过将辐射能量集中在一个窄锥带内来提高照射在目标上的能量密度，其集中程度称为天线"增益"；另一方面用很窄的波束可以更精确地确定向雷达反射能量的目标的方向。天线增益正比于天线口面面积而反比于波长的平方。因此，在综合考虑其他因素的情况下，趋于采用尽可能大的天线和选择尽可能高的工作频率。

为了使雷达波束能够移动,指向特定的方向或扫过所要求的覆盖区域,通常将天线安装在可移动基座上,通过伺服机构控制天线的方向,并能保证波束不受飞机机动的影响而保持在某一特定方向。

目前机载雷达天线发展的一个热点是电子扫描阵列(Electronically Scanned Array, ESA),它以电子扫描取代了传统的机械扫描,具备以往雷达无法比拟的优越性。较早应用的无源 ESA,实现了波束的无惯性扫描,波束具备极高的灵敏性,有助于对辐射能量的控制,另外由于不需要天线伺服机构,大大简化了工作程序,提高了可靠性。更为先进的有源 ESA,其每个辐射单元与各自的微型发射机、收发开关、相移器和接收机综合在一起。由于其放弃了传统的中心式高功率发射机,除了具有无源 ESA 雷达的优点外,还提高了能量的使用效率,并具有自适应波束控制和强抗干扰能力等优点。无源和有源相控电子扫描雷达都已经在一些先进战斗机中得到了应用。

机载天线发展更为长远的目标是共形天线阵(智能蒙皮),把天线阵列自然融合于飞机机身,并结合有源 ESA 技术和多功能共用 RF 孔径等技术,它带来的变化是革命性的。

3) 接收机

接收机把天线所接收到的微弱高频目标回波信号放大检波后,给出表明目标存在的低频信号。通过对此信号做相关处理可以得到目标的有关信息(目标距离、距离变化率、高度等),最后送到显示器。

机载雷达接收机一般是超外差型接收机。对于简单的脉冲雷达而言,其基本组成结构如图 2-43 所示[18]。接收机利用低频振荡器(本地振荡器)生成的本振信号与所接收的信号进行混频,然后经过中频放大器进行滤波和放大,最后放大的信号通过检波器产生合适的包络输出电压,送往信号处理器或显示器。通常,为了提高输入回波的功率,需要在接收电路前级增加低噪声预放大器(微波放大器),以获得低的噪声系数;而在前级放大器之后采用一个以上的中频转换,以避免镜像频率带来的问题。

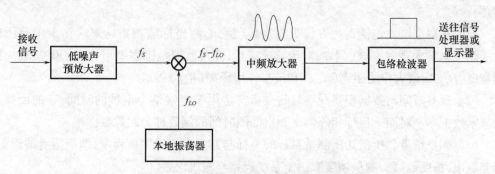

图 2-43 简单脉冲雷达接收机原理结构图

3. 雷达的分类方法

1) 一次雷达、二次雷达

由发射系统发射射频信号,然后再接收由目标反射回来的部分信号的雷达称为一次雷达。由雷达发射可以识别的特征脉冲,然后由目标飞机在约定的精确时间间隔内发射编码脉冲,依靠这些脉冲来提供飞机信息的雷达叫作二次雷达。二次雷达的应用始于军用战斗机之间的敌我识别,而后被引入民用航空中,用于空中交通管制。

2) 单基、双基和多基雷达

在大多数的雷达中,发射和接收共用同一个天线和馈电系统,这种雷达称为"单基(站)雷达"。单基雷达一旦被敌人发现雷达的发射方向,就容易受到攻击或电子干扰。

将接收机和发射机分置,只有一个接收机或接收机分置点的雷达称为双基雷达,有多个接收机分置点的雷达称为多基雷达。双基雷达中接收机是完全被动的,敌人无法对它施加干扰,可以解决单基雷达存在的易暴露的问题。在机载雷达中应用双基或多基技术时,需要保证不同侦察机或战斗机的发射波束和接收机具有同步的目标覆盖,并要在接收飞机上被动地确定目标距离,技术相对复杂,因此目前应用较少。

3) 脉冲雷达和连续波雷达

脉冲雷达发射的是断续的射频脉冲,它在不发射的间歇期间,接收回波信号,利用发射脉冲同回波信号之间的间隔时间,达到测定目标距离和方位的目的。现在大多数机载雷达都是采用脉冲雷达制式,脉冲雷达存在距离模糊问题。

连续波雷达的发射信号是连续的无线电信号,通常采用频率调制。信号频率按照某一规律周期性改变,在每一瞬间,雷达接收到的回波信号的频率,总是不同于当时发射信号的频率。目标距离近,发射信号和回波信号的频率差小,反之,频率差大。因此,只要将发射信号和回波信号进行比较,求出频率差,即可知道目标的距离。连续波雷达不存在距离模糊问题,但是存在发射机的功率溢漏而过载问题,因此机载连续波雷达都为低功率雷达,如雷达高度表和机载多普勒导航雷达。

4. 雷达的主要指标

1) 战术指标[19]

雷达战术指标主要由功能决定,合理地确定完成特定任务的需求战术指标,在很大程度上决定了雷达的性能、研制周期和生产成本。因此,这是研制方和使用方共同关心的问题。

(1) 观察空域。包括雷达方位观察空域(例如,两坐标监视雷达要求在 360°范围内均能观察)、仰角观察空域(例如,对于监视雷达,仰角监视范围多要求为 0~30°),最大探测高度(H_{max}),最大作用距离(R_{max})和最小作用距离(R_{min})等。

(2) 观察时间与数据率。观察时间是指雷达用于搜索整个空域的时间,它的倒数称为搜索数据率。对同一目标相邻两次观察间隔时间的倒数称为跟踪数据率。

(3) 测量精度。指雷达所测量目标的坐标与其真实值的偏离程度,即指两者的误差。误差越小,精度越高。测量精度取决于系统误差与随机误差。

(4) 分辨力。指雷达对位置接近的两个点目标的区分能力。其中距离分辨力是指在同一方向上两个点目标之间的最小可区分距离,而角度分辨力是指在相同距离上不同方向两个点目标之间的可区分程度。除了上述两种位置分辨力外,对于测速雷达,还有速度分辨力要求。

(5) 抗干扰能力。指雷达在干扰环境中能够有效地检测目标和获取目标参数的能力。通常雷达都是在各种自然干扰和人为干扰条件下工作的,这些干扰包括人为施放的有源干扰和无源干扰、近处电子设备的电磁干扰以及自然界存在的地物、海浪和气象等干扰。对雷达的抗干扰能力一般从两个方面来描述：一是定性表达，如采取了哪些抗干扰措施，使用了何种抗干扰电路；二是定量表达，如动目标改善因子的大小、接收天线副瓣电平的高低、频率捷变的响应时间、频率捷变的跳频点数等。

(6) 工作可靠性和可维修性。无论什么设备，都希望能够可靠地工作。硬件的可靠性，通常用两次故障之间的平均时间间隔来表示，称为平均故障间隔时间（Mean Time Between Failures, MTBF），这一时间越长，可靠性越高，可靠性的另一标志是发生故障后平均修复时间（Mean Time To Repair, MTTR），这一时间越短越好。在使用计算机的雷达中除考虑硬件的可靠性之外，还要考虑软件的可靠性。军用雷达还要考虑战争条件下雷达的生存能力，例如抗核爆炸和轰炸的能力。

此外，雷达的战术指标还有观察与跟踪的目标数、数据的记录与传输能力、工作环境条件、抗核爆炸和抗轰炸能力、机动性能等。

2) 技术指标[20]

(1) 天馈线性能，主要包括天线孔径、天线增益、天线波瓣宽度、天线波束的副瓣电平、极化形式、馈线损耗和天馈线系统的带宽等。

(2) 雷达信号形式，主要包括信号频率、脉冲重复率、脉冲宽度、脉冲串的长度和信号带宽等。

(3) 发射机性能，主要包括峰值功率、平均功率、脉宽功率放大链总增益、发射机末级效率和发射机总效率等。有的雷达还对发射信号的频谱和二次三次谐波的功率电平等提出了要求。

(4) 接收机性能，主要包括接收系统噪声温度（或噪声系数）和接收机动态范围等。

(5) 测角方式，测角方式主要分为振幅法和相位法两类测角方式，还有天线波束的扫描方法。

(6) 雷达信号处理，主要包括动目标指示（Moving Target Indicate, MTI）或动目标检测（Moving Target Detection, MTD）的系统改善因子、脉冲多普勒滤波器的实现方式与运算速度要求、恒虚警率（Constant False Alarm Rate, CFAR）处理和视频积累方式等。

(7) 雷达数据处理能力，主要包括对目标的跟踪能力、二次解算能力、数据的变换及输入输出能力。

3) 雷达方程

雷达技术指标对战术指标的影响可以很方便地用雷达方程表示。雷达方程是雷达的基本关系式，它将战术与技术指标直接或间接地联系在一起。如果将雷达最大作用距离 R_{max} 定义为：在该距离上，雷达发射信号经等效反射面积为 σ 的目标反射后回到雷达接收天线被接收机接收到的信号功率 P_t，等于接收设备最小可检测信号功率 S_{min}，那么这时的雷达方程为

$$R_{max}^4 = \frac{P_t G_t \sigma A_r}{(4\pi)^2 L S_{min}}$$

式中，P_t 为雷达发射机的峰值功率；G_t 为雷达发射天线的增益；σ 为目标的有效反射面

积;A_r 为雷达接收天线有效面积;L 为损耗因子,包括发射传输线、接收传输线和电波双程传播损耗等。

2.2.1.2 雷达系统的主要功能

1. 测距

测距是雷达最基本的功能。雷达探测的距离受发射机功率、天线增益、目标截面积、发射信号脉冲宽度、最小可检测信号等诸多因素的影响。增大发射机的发射功率、提高工作频率、减少发射机和接收机之间的系统损耗等,有助于增加雷达的有效探测距离。

由于存在噪声,雷达检测到的目标信号是不确定的。通常采用发现概率和虚警概率来描述雷达是否发现目标。检测概率指的是雷达在特定距离上能够检测到特定目标的概率;而虚警概率指的是当没有目标存在时,雷达做出错误检测的概率。对于检测到的信号,雷达必须对它进行判断,一般首先通过匹配滤波器,再通过门限判决器,以最佳统计判决准则判断有无目标的存在。检测概率和虚警概率是与判决器的输入信噪比密切相关的,为了进一步提高目标的检测概率,可以采用信号累积的方法来提高有效信噪比,即将来自同一目标的连续若干个脉冲进行累积用作目标判决。雷达的测距功能是通过测量目标散射回波相对于发射信号的时延来实现的。无线电波在均匀介质中以光速 $c(c=3\times10^8 \text{m/s})$ 直线传播,目标至雷达的距离 R 可以通过电波往返一次的传输时间 t_R 的 1/2 乘上 c 获得,即 $R=\frac{1}{2}ct_R$,因此,目标距离测量就是要精确测定时延。根据雷达发射信号的不同,测量延迟时间可采用脉冲法、频率法和相位法等。下面主要讨论脉冲法测距的基本原理。

现代雷达主要采用数字式自动测距器,使用计数器计数的方法来自动测量回波的延迟时间,其原理框图及波形图如图 2-44 所示[21]。距离计数器在雷达发射高频脉冲的同时开始对脉冲计数,并使触发器置"1",来自计数脉冲产生器的计数脉冲经与门进入距离计数器,计数开始。经过时延 t_R,目标回波脉冲到达时,触发器被置"0",与门封闭,计数器停止计数并保留所计数码。只要记录了在此期间计数脉冲的数目 n,根据计数脉冲的重复周期 t_p,就可以计算出回波脉冲相对于发射脉冲的延迟时间,即 $t_R = nt_p$。t_p 为已知值,测量 t_R 实际上变成读出距离计数器的数码值 n。为了减小测读误差,通常计数脉冲产生器和雷达定时器触发脉冲在时间上是同步的。目标距离 R 与计数器读数 n 之间的关系为 $R=\frac{1}{2}cnt_p$。

若存在距离较远的目标,当其延时大于脉冲重复周期时,回波将在第二个发射脉冲之后到达。虽然雷达仍可能对其捕获与跟踪,但跟踪显示却与近距离延时的目标等效,因而无法判定真实的目标距离,即出现距离模糊,如图 2-45 所示其中 τ 为脉冲宽度,τ_p 为脉冲周期,t_E 为错误延迟时间。为避免出现这种现象,通常脉冲重复周期应按雷达的最大作用距离来选取,使其大于最大作用距离处的目标回波延时。

脉冲延时法存在的另一个问题是,紧密间隔的目标回波可能互相重叠而被误认为是

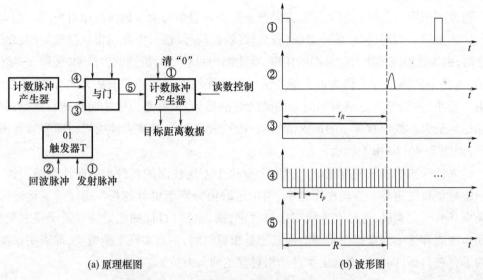

(a) 原理框图　　　　　　　(b) 波形图

图 2-44　数字式原理测距的原理框图和波形图

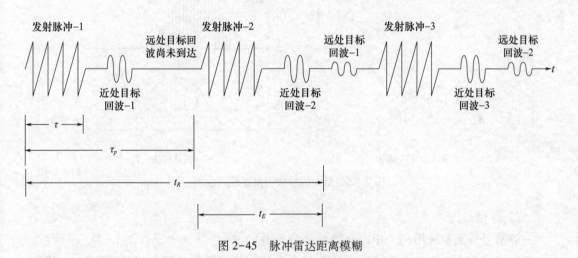

图 2-45　脉冲雷达距离模糊

单个目标的回波。为了提高目标分辨率,通常希望脉冲宽度尽量短;然而,为了足以探测远距离的目标所辐射的能量,脉冲通常又要求做得很宽。目前成熟的技术是通过对回波进行压缩来解决该矛盾。

2. 测向

雷达测向也即确定目标角位置,是通过测量回波信号等相位波束的法线方向来实现的。测角的方法可分为相位法和振幅法两大类。振幅法测角又可分为最大信号法和等信号法,最大信号法多用在对空情报雷达中,等信号法多用在精确跟踪雷达中;相位法测角多用在相控阵雷达中。下面主要讨论振幅法测角的基本原理。

振幅法测角是用天线收到的回波信号幅度值来做角度测量的,该幅度值的变化取决于天线方向图以及天线扫描方式。

1) 最大信号法

通常利用定向天线的波束振幅方向图来鉴别入射角与天线轴线的相对角度。当入射角与天线轴线一致时,接收信号最强,偏离轴线时,信号减弱,因此当雷达接收的回波信号最强时,由天线轴线偏离雷达基准的角度,就能测出目标相对雷达的方位角,如图 2-46(a) 所示,这种角度测量方法称为最大信号法。雷达回波在时间顺序上从无到有,由小变大,再由大变小,然后消失。只有当波束的轴线对准目标,也就是天线法向对准目标时,回波才能达到最大。找出脉冲串的最大值(中心值),确定该时刻波束轴线指向即为目标所在方向,如图 2-46(b)中①所示。

最大信号法的测量精度在很大程度上取决于方向性图的特性。方向性图越尖锐,角方向的测量精度越高。方向性图越窄,则雷达的角分辨率也就越高。实际的雷达运行需要波束具有一定宽度,这样在天线扫描过程中,雷达可对目标的照射持续若干重复周期,从而为距离和速度测量提供足够的回波能量积累时间,一旦实现距离捕获,即表明该波束指向上存在目标,同时也就确定了目标相对雷达的角方位。

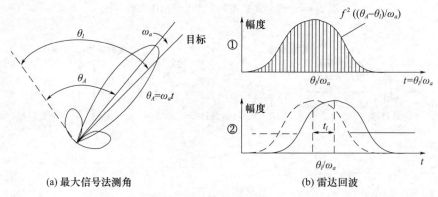

(a) 最大信号法测角　　　　　　　(b) 雷达回波

图 2-46　最大信号法测角原理示意图

2) 等信号法[21]

等信号法测角采用两个相同且彼此部分重叠的波束,其方向图如图 2-47(a) 所示。如果目标处在两波束的交叠轴 OA 方向,则由两波束收到的信号强度相等,否则一个波束收到的信号强度高于另一个,如图 2-47(b) 所示,故称 OA 为等信号轴。当两个信号轴相等时,等信号轴所指方向即为目标方向。如果目标处在 OB 方向,波束 2 的回波比波束 1 强;处在 OC 方向时,波束 2 的回波比波束 1 弱。因此,比较两个波束回波的强弱就可以判断目标偏离等信号轴的大小与方向。

此外,目标的方位可以用其相对参考方向的角度来表示。通常参考方向取正北方,或飞机机身的纵向参考轴。目标相对机身纵向参考轴的水平角度分量称为方位角,垂直分量称为俯仰角。对于大多数机载雷达,既需要知道方位角也需要知道俯仰角,其波束大都呈集中的笔状,其典型的波束宽度为 3°到 4°。而远距离预警、测绘、探测地面目标等只需要知道方位角的情况,雷达波束可能是扇形的。

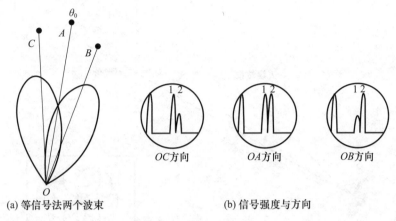

(a) 等信号法两个波束　　　　(b) 信号强度与方向

图 2-47　等信号法测角

3. 自动跟踪

通常机载雷达具备自动跟踪能力。当工作在跟踪模式时,雷达能够连续对准一个目标。为了保持天线对准目标,雷达必须能够检测出瞄准误差角度。角误差信号来源于天线所指向的空间,可以通过时间分割或扫描的方法获取不同空间的角误差信号,也可采用多个天线单元,同时获取空间的角误差信号。前者如波束转换或圆锥扫描角跟踪,后者如单脉冲角跟踪。

在采用波束转换技术进行角跟踪时,雷达交替产生两个波束,当目标位于两个波束的对称轴线上时,两个波束收到的回波幅度相等。通过比较两个波束接收的回波幅度,可以测量得到角度跟踪误差,如图 2-48 所示。波束转换角跟踪仅能获取一维角度误差;若要得到水平和垂直的二维角误差信号,则需再增加一对波束转换。

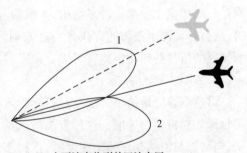

V_1=上面波束收到的回波电压
V_2=下面波束收到的回波电压
$V_1-V_2>0$,天线太低
$V_1-V_2<0$,天线太高
$V_1-V_2=0$,天线正好指向目标

图 2-48　波束转换角跟踪

在采用圆锥扫描角跟踪时,雷达产生旋转波束,使波束中心轴围绕定向轴(瞄准线)外做一个小的圆锥扫描。当目标位于瞄准线时,目标轴与波束最大值方向保持夹角不变,故回波能量相等,所接收回波的幅度不受扫描的影响;当存在跟踪误差时,由于波束的强度在其两边缘的下降,扫描将调制回波。调制的深度表征了瞄准误差的大小,在扫描中回波幅度达到最小值的点即为误差方向。由于角误差取自回波调制包络,故其对回波幅度随时间的变化很敏感。另外,由于圆锥扫描周期至少是 4 倍(实际应更大)测距脉冲周期,这种角跟踪方法所能跟踪的速度受到一定限制,原理如图 2-49 所示。

现代更先进的雷达大都采用单脉冲跟踪系统,它能够同时产生各个测量所需波束,并在一个发射脉冲的回波信号中,同时通过多个波束获取角度误差信息。它不仅大大提高

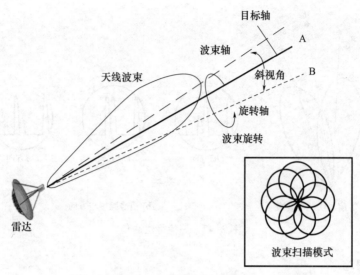

图 2-49 圆锥扫描角跟踪

了跟踪速度,而且还避免了回波幅度随时间变化的影响。由于系统无须旋转天线,而且馈源结构又是刚性固定的,没有活动部分,因而易于保证天线波束的精确指向,为实现精确跟踪提供了可能。单脉冲跟踪技术主要有两类:幅度比较单脉冲和相位比较单脉冲。幅度比较单脉冲雷达的天线被分为两半,各自产生相互覆盖的波瓣,通过比较幅度来确定角误差。在相位比较单脉冲系统中,天线的两个波瓣的距离都指向瞄准线,当存在跟踪误差时,从目标到两个波瓣的距离会稍有差别,而且该差别与误差成正比,通过测量两个波瓣所接收的信号射频相位差就可确定跟踪误差角。

4. 测速与动目标指示

雷达测速的最简单方法是对目标距离的连续测量,获取距离对时间的变化率,从而求得目标相对雷达的速度。这种方法可以视为从时域上获得目标的速度信息。从频域上分析,当目标与雷达存在径向速度时,根据多普勒效应,雷达回波信号与发射信号之间必然存在频率差。通过测量回波的多普勒频率 f_d,即可依据 $f_d = 2v_r/\lambda$ 获取目标的速度信息,其中 v_r 为雷达与目标之间的径向速度,λ 为雷达载波波长。通常测速采用第二种方法。

实际测量多普勒频率,可以用连续波雷达,也可以用脉冲雷达。在使用连续波雷达时,只需要把接收到的回波信号和发射信号混频以后,就能设法测出其多普勒频率。采用脉冲波测量多普勒频率的雷达,叫作脉冲多普勒(Pulse Doppler,PD)雷达。当雷达发射脉冲信号时,和连续发射时一样,运动目标回波信号中产生一个附加的多普勒频率分量。所不同的是目标回波仅在脉冲宽度时间内按重复周期出现。脉冲雷达的结构图与主要点的波形图如图 2-50 所示(图中多普勒频率小于脉冲频率)[22],其中 f_0 是发射频率,R_0 是 $t=0$ 时刻的距离,c 是光速。

和连续波雷达的工作情况相比,脉冲雷达的发射信号按一定的脉冲宽度 τ 和重复周期 T_r 工作。由连续振荡器取出的电压作为接收机相位检波器的基准电压,基准电压在每个重复周期均和发射信号有相同的起始相位,因而是相参的。

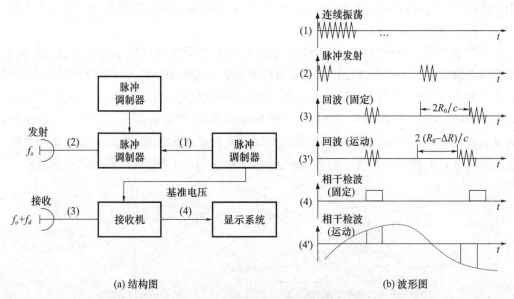

(a) 结构图　　　　　　　　　　　　(b) 波形图

图 2-50　脉冲雷达的多普勒效应

应用脉冲多普勒雷达进行测速,当高速目标的多普勒频率超过脉冲重复频率时,会出现多普勒频谱的混叠现象,即多普勒模糊。当目标多普勒频率等于脉冲重复频率整数倍时,其目标谱线将落入杂波带内,出现"盲速"。可以采取微分、转换脉冲重复频率等方法来解多普勒模糊。然而,在保持脉冲重复频率不变前提下,随着雷达工作频率的提高,"盲速"现象会越来越严重,可能会严重影响雷达性能,而采用解模糊的措施也将会变得十分复杂。解决的方法是采用高脉冲重复频率 f_r 来换取较大的多普勒空间。为保证不模糊测速,原则上应该满足 $|f_{d\max}| \leqslant 0.5 f_r$,其中 $f_{d\max}$ 为回波目标最大的多普勒频率。

利用多普勒效应,机载雷达还可实现 MTI。目标飞机的临近速度与地面上大多数固定点的临近速度区别很大,与雨滴等其他静止的或缓慢运动的目标的临近速度也有很大的区别。因此,通过检测多普勒频率,雷达即可将目标飞行器的回波从杂波中区分,并去除杂波。MTI 雷达与 PD 雷达的结构基本相同,只是 MTI 雷达一般具有较低的脉冲重复频率,以使它不会产生任何距离模糊,但带来的结果是多普勒模糊严重。

5. 成像

雷达成像是现代雷达的一个重要应用。雷达发射的无线电波在雷达方向被散射回来,其强度随物体的不同而不同,将所收回波在强度上的差别通过处理,即可得到关于目标的图像。

雷达成像所能提供的分辨率取决于雷达在距离与方位上区分物体的能力。距离分辨率主要受雷达的脉冲宽度的限制,通过发射宽脉冲并充分采用脉冲压缩技术,雷达可以从很远的距离上接收到很强的回波,达到较高的距离分辨率。方位分辨率取决于目标距离、波长和天线长度。因此,当距离给定时,可以通过提高工作频率或加大天线尺寸来改进方位分辨率。然而,由于过高频率的电磁波在大气衰减较为严重,而雷达天线长度又受飞机尺寸的严格限制,所以采用传统实波束进行测绘,所得到的方位分辨率并不理想。通过应用合成孔径雷达(Synthetic Aperture Radar,SAR)技术可以获得所需的大尺寸的等效天线,从而得到极高的成像分辨率。

SAR 利用雷达与地面目标的相对运动,可以把真实天线孔径较小的雷达通过数据处理手段合成较大的等效天线孔径。天线辐射单元随着飞机的直线飞行也沿直线依次移到若干位置上,在每个位置上发射一个信号,接收其回波信号并将其幅度和相位加以存储,如图 2-51(a)所示,这些被存储的数据经过处理再成像,即为被雷达所照射区域的图像。典型的合成孔径雷达结构是侧视,其雷达天线同飞机航线相垂直,并向下俯视适当角度,横向距离分辨力被定义为飞行航线上的分辨力,图 2-51(b)为合成阵列的结构示意图。

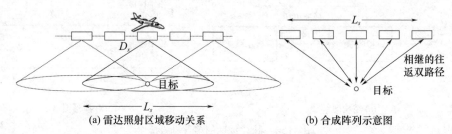

(a) 雷达照射区域移动关系　　　(b) 合成阵列示意图

图 2-51　合成阵列的结构示意图

SAR 分非聚焦和全聚焦合成孔径雷达。由于地面上的一点离阵列各点的距离并不相等,各个阵列单元从该点接收到的回波相位将可能存在较大的差异。非聚焦 SAR 不考虑这一差异,因而其有效长度受到一定限制,而聚焦 SAR 引入相位修正消除了这一限制。应用聚焦 SAR,以待测绘区域的宽度成正比地加长阵列长度,可以做到方位分辨率不随距离而变。

SAR 不适合动目标成像,特别是船只和飞机这类目标。利用逆合成孔径雷达(Inverse Synthetic Aperture Radar,ISAR)技术可以得到动目标图像。ISAR 与 SAR 的基本原理相似,只是对于常规 SAR,提供角度高分辨率的多普勒频差是由机载雷达前向运动引起,而对于 ISAR,频差是由目标相对于观测雷达的角度转动引起的。

未来 SAR 技术发展趋势必然会向着超高分辨率成像、三维成像、动目标成像、SAR 实时成像等方向发展。机载 SAR 也将不断向着轻量级方向发展,并且通过不断增加自身功能,从而使机载 SAR 的功能更加完善。此外,还需要加强对自身抗干扰能力的研究,如对载体抗干扰、数据传输抗干扰等研究,保证 SAR 雷达在电磁干扰环境下不受到任何影响。

2.2.1.3　机载雷达的应用与发展

1. 机载雷达技术应用

机载雷达因装载的平台和完成的任务不同而有多种类型,主要有以下几种:

1) 火控雷达

装载于战斗机,用于搜索空中或地(海)面上的目标,对目标进行分类识别,利用电磁波回波的特性测定目标的多维参数,并在此基础上为攻击武器提供目标瞄准信息或制导信息。

2) 预警雷达

装载于大型预警机,居高临下地发现远距离低空目标,并增大对中、高空目标的探测距离。它的任务是更早地发现敌方潜在的空中行动,对敌方部队的规模和战术做出估计,以调动必要的防御力量,并有效地将这些力量投入与敌人的交战中。机载预警雷达在空中目标探测与跟踪、海面目标探测与识别、战场侦察与监视、武器精确制导与控制等方面正发挥着不可替代的作用。

3) 监视和侦察雷达

可装载于高空侦察机上,不分昼夜,透过云雾探视战线后纵深数百千米的地面目标,并将其清晰显示出来。

4) 地形回避/地形跟随雷达

用于飞机在低空突防飞行中探测周围环境,既要尽量降低高度以防止被敌方雷达发现,又要防止与航线上的障碍物相撞。

5) 气象雷达

具有气象探测的功能和航线下方地面地形测绘的功能,其作用是在遇到危险天气和气流时发出告警,以保障飞机的安全飞行。

2. 机载雷达技术发展

世界上第一部机载雷达1937年诞生在英国,被应用于空、海监视,同时期也出现了用于空、空探测与定位的截击雷达。20世纪40年代,英国发明了磁控管,美国在此基础上研制成功了厘米波段的截击雷达。50年代,相控阵、合成孔径、脉冲多普勒概念的提出及匹配滤波理论、检波统计理论的建立为研制新型雷达奠定了理论基础。1959年,研制成功机载单脉冲火控雷达。60年代,栅控行波管在美国问世,微电子器件的出现和数字技术的进步,为机载雷达小型化发挥了重要作用。80年代,PD 火控雷达日臻成熟,此时还研制成功无源相控阵雷达。90年代,成像技术在机载火控雷达中广泛应用,机载有源相控阵技术取得重大进展并进入实用阶段。

机载火控雷达的发展大体上可分为四个阶段:测距机、脉冲雷达、脉冲多普勒雷达及相控阵雷达,而代表其发展方向的是有源相控阵雷达。

相控阵天线通过控制接在每个天线单元下的电控移相器的相位实现天线波束扫描,如图 2-52 所示,而普通雷达是通过机械旋转天线的办法实现波束扫描。由于电控移相器的相位可在瞬间改变,因而可实现在瞬间改变天线波束指向,这种无惯性的波束扫描,赋予相控阵雷达许多卓越的特性。

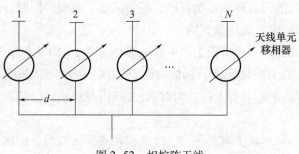

图 2-52 相控阵天线

有源相控阵是指在天线阵中每个天线单元下面连接的不再是一个移相器，而是图 2-53 所示的 T/R 组件，T/R 组件中不仅有移相器，而且还包含有对射频信号功率放大的功率放大器、对回波信号进行放大的低噪声放大器、可变衰减器和控制开关等，如图 2-54 所示。

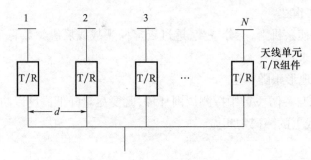

图 2-53　有源相控阵天线

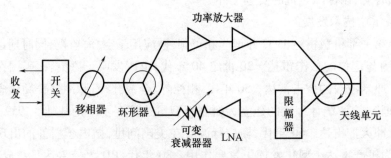

图 2-54　T/R 组件原理图

有源相控阵雷达具有如下突出优点：

（1）射频功率效率高。在机械扫描雷达中，发射机产生的射频功率经馈线网络送到天线阵面辐射出去，收、发双向产生的射频损耗一般要有 5dB 以上。在有源相控阵天线中，T/R 组件紧挨着天线单元，T/R 组件中的功率放大器和天线单元间的损耗及天线单元和 T/R 组件中的低噪声放大器间的损耗可以忽略不计，这对提高雷达探测性能的作用是明显的。

（2）多功能。相控阵天线波束控制的灵活性使雷达能以时间分割的方式实现多功能，能边扫描边跟踪，能同时跟踪多批目标。在完成空空功能的同时，还可实现空地、信标等功能，这是机械扫描雷达无法做到的。

（3）提高探测和跟踪能力。由于波束指向灵活可控，可以根据要求确定射频能量在观察空域中的分配，在有可能出现目标的方向上，集中能量，增大发现目标的距离。可根据目标的性质，决定波束在目标上的驻留时间，改善跟踪稳定性。还可采用序列检测的方法改善探测性能。

（4）具有形成不同形状波束的能力。因为相控阵天线口径上的相位和幅度分布是可控的，可以根据需要形成不同的波束，如针状波束、宽波束、扇形波束和余割平方波束等。还可以实现自适应波束，在存在干扰的方向上形成零点，以抑制有源干扰。

(5) 具有极高的可靠性。在有源相控阵雷达中,取消了可靠性差的大功率行波管发射机和易出故障的机械旋转部件,使雷达系统可靠性大为提高。更重要的是天线阵是多路并行工作的,T/R 组件非常可靠,即使个别组件出现故障,对系统性能的影响也不明显。不超过 6% 的组件发生故障,雷达系统仍可保持高性能工作。

(6) 雷达隐身性能好。有源相控阵雷达具有较低的 RCS,原因是天线以电扫描代替了机械扫描,没有了对电磁波反射大的天线座及传动装置;相控阵天线的不动,可以采取减少对电磁波反射的措施,如相控阵雷达的能量管理,再加天线阵的低副瓣性能,可使相控阵雷达具有低截获概率和隐身能力。

2.2.2 光电侦察探测

2.2.2.1 光电探测理论基础

1. 光电探测器[23]

光电探测器是指在光辐射作用下将其非传导电子变为传导电子的一类器件。广义的光电探测器包括所有将光辐射能(红外、可见及紫外光辐射)转变为电信号的器件。光电探测器分为两大类:一类是利用光电效应制成的器件,称为光子探测器,这类器件吸收光子,直接将非传导电子变为传导电子输出电信号;另一类是利用光热效应制成的器件,称为热探测器,这类器件吸收光辐射,温度升高,引起某些物理参量变化,间接输出电信号。

对于光电探测器而言一端是光辐射量,另一端是光电流量。把光辐射量转换为光电流量的过程称为光电转换。光通量(即光功率)$P(t)$ 可以理解为光子流,光子能量 $h\nu$ 是光能量 E 的基本单元;光电流 $i(t)$ 是光生电荷 Q 的时变量,电子电荷 e 是光生电荷的基本单元。为此,我们有

$$P(t) = \frac{dE}{dt} = h\nu \frac{dn_{光}}{dt}$$

$$i(t) = \frac{dQ}{dt} = e \frac{dn_{电}}{dt}$$

式中,$n_{光}$ 和 $n_{电}$ 分别为光子数和电子数,且所有变量都应理解为统计平均量。定义 η 为探测器的量子效率,表示探测器吸收的光子数速率和激发的电子数速率之比,是探测器物理性质的函数。

$$\eta = \frac{\dfrac{dn_{电}}{dt}}{\dfrac{dn_{光}}{dt}}$$

可以进一步得到:

$$i(t) = \frac{e\eta}{h\nu} P(t)$$

这就是基本的光电转换定律。可以知道光电探测器对入射功率有响应,响应量是光

电流,因此一个光子探测器总可视为一个电流源。此外,因为光功率 P 正比于光电场的平方,故常常把光电探测器称为平方律探测器,或者说光电探测器本质上是一个非线性器件。

2. 光电探测系统

光电探测系统接收从目标(泛指被探测的对象)来的电磁辐射,利用光电探测器将目标携载的光信息转变成电信号,同时在光学系统和电子线路或计算机中进行信息处理,以使光辐射携带的信息转变成为可以理解的电信号;进而输入计数、显示或计时装置,实现目标参数的自动测量或提供清晰的目标图像,或者输入自动控制系统自动跟踪目标以及完成其他自动控制任务。

光电探测系统可简化为图 2-55,由信息源、传输介质及接收系统组成。信息源和背景杂光经传输介质(大气、水、光纤)一起进入接收光学系统把它们汇聚到光电探测器上,光电探测器把光信号转变为电信号经电子线路处理后把信号送到执行部件中,或直接显示、或存储记录、或控制转换。

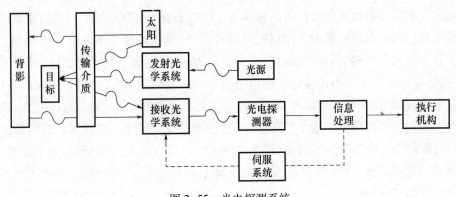

图 2-55 光电探测系统

3. 光电系统特点

光学技术处理的是空间光信息,它具有多维、并行、快速数据处理等能力;电子技术处理的是一维电信息随时间的变化,它有较高的运算灵活性和变换精度。光电技术兼备这些优点,具有以下特点[24]。

(1) 高精度和远距离。光电测量的精度是各种测量技术中精度最高的,如用激光干涉法测量长度的精度可达 $0.05\mu m/m$,用激光测距法测量地球与月球之间距离的分辨率可达 1m。光载波最便于远距离传播,尤其适用于遥控和遥测,如电视遥测、光电跟踪和光电制导等。

(2) 高速度、大容量。以光子作为信息载体,其传输速度是各种物质中传播速度最快的,信息载波容量比电子至少要大 1000 倍。

(3) 非接触。检测所需的输入能量几乎不影响被测物的能量状态,并且测量仪器和被测对象之间不存在机械摩擦,容易实现动态测量。

(4) 有较强的信息处理和运算能力。可进行复杂信息的并行处理和多种形式的数学运算。运算速度高,空间互联效率高,抗干扰能力强,可调制变量多,信号变换灵活。用光电方法还便于信息的控制和存储,易于实现自动化,易于与计算机连接,易于实现智能化等。

(5) 有广泛的适用范围。能获取和处理多种光学信息和非光学参量,包括探测机构内部或危险环境下的工作参量。

2.2.2.2 机载光电探测设备

机载光电侦察探测设备包括可见光、红外和激光侦察探测设备等,涉及的波段如图 2-56 所示。它们都是利用目标和背景对照射光源的反射差异或目标和背景本身由于温度和辐射特性不同而引起的热辐射的差异来探测和识别目标的。它们可在同一时间获得同一目标场的紫外、可见光到红外等不同谱段的图像信息,因而能充分反映出目标的地物谱反射和辐射特性,具有较高的目标识别能力,是一种重要的侦测手段。

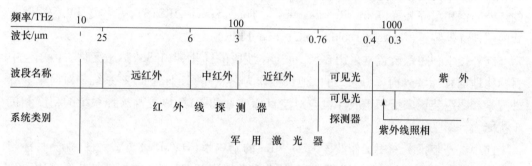

图 2-56 光电探测波谱

1. 可见光探测

机载可见光侦察设备是根据地面或各种物体对阳光、月光、星光存在反射上的差异来探测和发现目标的,其主要种类有航空相机(包括可见光相机、多光谱相机、数码相机等)和微光夜视设备等。

照相机是最早使用、也是最常用的航空探测设备。航空照相机按照相方式可分为画幅式相机、全景式相机和航线式相机。低空高速航空照相通常采用全景式和航线式,而高空照相通常采用画幅式或长焦距全景式。照相记录载体常用的是胶片,近年来随着电子器件的发展,可以直接获得视频信号,或在显示器上观察,或向地面站实时传送图像。

机载微光夜视设备是在夜间或者低亮度条件下,将目标反射的微弱星光、月光和大气辉光的照明,通过图像增强器转换为增强的光学图像进行观察的一种夜视设备。它可在人肉眼不能看清楚目标的条件下,产生清晰的图像。机载微光夜视设备包括两种:一种是直接观察的微光夜视镜,另一种是间接观察的微光电视。机载微光夜视镜主要用于作战飞机的编队防撞、起飞着陆时的夜间观察和规避红外导弹的攻击等。机载微光电视是微光图像增强技术和电视摄像技术相结合的一种侦察探测设备,适合部队隐蔽夜战的应用。

机载微光夜视侦察探测设备成本低,维修费用少,用于飞机和直升机夜间敌情侦察。但是由于夜间照度低,导致了目标景物对比度和清晰度损失,使它不能达到白天观察同一图像的清晰度,并使光电系统的分辨率、对比度和色彩下降。因此,随着红外成像侦察设备的发展,现代作战飞机将用红外夜视设备逐步取代微光夜视侦察探测设备。

2. 红外探测

红外探测系统利用比雷达探测系统的毫米波段更短的红外线电磁波波段来探测外界背景和目标。虽然红外波在通过云、雨、雾和雪等不良气候的空间的衰减很大,战场的烟雾、尘土也能妨碍它的穿透,但是它在探测时的隐蔽性、高分辨率、高精度和在电子战环境下的工作和生存能力却具有其特殊的优越性,在机载探测系统中一直作为雷达探测的辅助手段。

红外探测系统属于无源探测装置。自然界中物体温度均高于绝对零度,因而它们都会产生热辐射。红外探测系统就是用透镜汇聚较大孔径的射线并把它们聚集到敏感器上,敏感器感应的电信号经过处理和抑制噪声,提取出有用信息来显示目标红外图像或对目标进行跟踪。在不同的红外光波段,有多种不同的敏感材料。

机载红外探测装置根据对目标的探测方式不同可分为两大类:一类是热点跟踪方式的红外搜索和跟踪装置(Infra-Red Search and Track System,IRSTS),另一类是热像跟踪方式的前视红外装置(Forward Looking Infra-Red,FLIR)。

红外搜索和跟踪装置常采用 $3\sim5\mu m$ 工作波段的锑化铟(InSb)热敏元件。由于空中目标比地面目标背景简单,所以可以把目标作为热点探测,不需成像,系统相对简单。红外搜索和跟踪装置广泛用于战斗机空对空目标搜索和跟踪,以提高火控系统的精度和抗干扰能力。

前视红外装置多采用工作波段为 $4\sim8\mu m$ 的碲镉汞(HgCdTe)热敏元件,探测目标与背景之间的温差而成像,以此进行搜索、捕获和跟踪目标。因此,前视红外装置多用于夜间导航和空对地攻击。前视红外装置又分为两类,即光机扫描热成像仪和凝视成像仪。光机扫描热成像仪属于第一代前视红外装置,采用机械扫描,结构相对复杂;而后出现的凝视成像仪采用焦平面阵列,不但减小了体积重量、降低了功耗,也由于有更高的灵敏度和热分辨率而提高了探测距离和识别目标的能力。

3. 激光探测

机载激光侦察设备属于主动式的光电侦察设备。它根据目标反射回来的激光波束的时间或者强度等信息来探测目标的距离等特性,主要种类包括激光测距机、激光成像侦察雷达和激光目标指示器等。

激光测距机利用射向目标的激光脉冲或者连续波激光束来测量目标距离,是军事中应用最早的一种激光器。由于激光束很窄,难于搜索目标,需由目视或红外仪在角度上对准目标,激光测距器给出精确目标距离数据。机载激光测距器采用脉冲测距法,激光器每秒发射 $6\sim10$ 次很窄的光脉冲(脉冲宽度小于 $50ns$),能量被目标反射后,经过激光接收机放大和测距电路,测出回波信号延迟时间得到目标准确距离。探测距离可达 $30km$,测距精度一般为 $5m$,高的可达 $0.15m$。

激光成像侦察雷达是利用激光脉冲或者连续波激光束对目标进行探测和定位,作用是精确测量目标的位置(距离和角度)、运动状态(速度、振动和姿态等)和形状,探测、识别、分辨和跟踪目标。激光雷达可以在激光测距机的基础上,配备激光方位与俯仰测量装置、激光目标自动跟踪装置而构成。

激光雷达利用光束工作,光束传输时易受大气和气候的影响,此外,激光雷达的光束窄,因而增加了对目标搜索和捕获的难度。因此,作为机载探测设备,目前激光雷达主要是用于机载障碍物回避传感器。

2.2.2.3 光电探测的应用与发展

1. 光电探测技术应用

光电探测技术在现代飞机上应用十分广泛,发展非常迅速。下面以 F-35 战斗机为例,考察光电探测在先进飞机上的应用情况。

F-35 战斗机主要采用光电合成孔径技术完成导航、告警、红外搜索与跟踪(IRST)以及态势感知任务,辅以瞄准前视红外系统完成对地瞄准功能。F-35 战斗机的光电系统主要包括分布式孔径红外系统和光电瞄准系统两大系统,采用机上 ICP 实现射频和光电传感器的综合。

1) 分布式孔径红外系统

系统包括 6 个凝视型红外焦平面阵列传感器,分别安装在飞机的 6 个不同的位置,采用先进信号编码来搜集 360°范围内的各种信息。该系统解决了大面阵焦平面阵列输出的非均匀性校正和时间帧积累问题,使灵敏度大幅提高,为实现远距离导弹逼近告警及红外搜索与跟踪奠定了基础,为飞行员提供更高的视觉灵敏度,可支持实现夜间近距编队飞行以及在复杂的气象条件下执行作战任务。

2) 光电瞄准系统

由于红外探测器在分辨率方面还无法完全满足 F-35 战斗机的对地攻击要求,因此还需要一个单独的瞄准系统作为辅助。F-35 战斗机的光电瞄准系统借鉴了第三代前视红外、双模激光、摄影机及监视器系统(Charge-Coupled Device Television,CCD TV)、激光跟踪器和激光标志器等先进技术,提供窄视场、高分辨率成像、自动红外搜索和跟踪激光指示、测距和激光点跟踪功能,具有远距离导弹告警能力、激光定位和瞄准能力、引导激光制导武器精确打击地面目标的能力。

2. 光电探测技术发展

1) 前视红外技术迅猛发展

第一代前视红外采用扫描红外探测器,第二代采用扫描阵列红外探测器,其共同之处是需要光机扫描器,这种复杂的机电光学伺服机构的缺点是体积和质量大、可靠性低。第三代设备采用了凝视焦平面阵列红外探测器,在成像焦平面上纵横着数以百计的红外敏感元件,通常和电荷耦合器件等信号处理电路集成在同一个芯片上,或通过铟柱连接混成在两个芯片上,一次完成成像探测、积分、滤波和多路转换功能。这种全固态红外成像器不仅体积小、质量轻、可靠性高,而且凝视比扫视具有更高的灵敏度和分辨率以及更远的作用距离。第四代前视红外技术,又称为灵巧焦平面阵列技术,将采用碲镉汞传感器和先进的信号处理技术,可以覆盖整个可见光波段和近、中、远红外波段,为飞机提供 100km 以上的红外搜索跟踪能力。

2) 非致冷凝视焦平面阵列应用广泛

红外探测器分光探测器和热探测器。光探测器吸收光子变为电子,再由接收电路探测。为了获得最大灵敏度,必须把光敏元件置于 77~100K 深冷温度下,因此目前使用的碲镉汞、锑化铟这类探测器都需要致冷器和杜瓦瓶,体积大、质量大、成本高。热探测器分为辐射热测量器和热电探测器两种。辐射热测量器的基本单元是一个超高灵敏的热敏电阻,任何热辐射照射到该测量器上都会导致测量器温度上升,从而引起热敏电阻阻值改变,通过放大电路放大后即可测量电压的变化。热电探测器也通常被称为铁电探测器,它吸收红外能量变为热能,热能变化改变铁电材料剩余电极化强度,在铁电材料加热超过居里温度,其介电常数产生变化,从而测量出探测器的电压差。热电探测器一般可以工作在室温下,不需要深冷致冷器和杜瓦瓶,因此,热电探测器也通常被称为非致冷红外探测器。非致冷红外探测器与凝视焦平面阵列结合在一起,消除了光机扫描和致冷器,更适用于机载应用环境。

3) 多光谱和超光谱探测器研究不断取得进展

多光谱探测技术寻求不同类型探测器通过同一孔径工作,这些探测器可以探测不同的红外带宽、光谱甚至混合光和射频以及激光测距的频谱。未来的机载成像光谱仪可以在几十个甚至几百个波段成像,而不仅仅只进行双波段探测。这类"超光谱"摄像机已出现多年,但由于缺乏稳定的满足要求的性能,还无法应用于战术侦察。但随着高速电子线路、精确稳定和指向、先进的衍射光学和更大规模的焦平面阵列的发展,这种情况得到了改善。目前已经制造出先进的互补金属氧化物半导体(Complementary Metal Oxide Semi-conductor,CMOS)图像处理芯片,能对机载双波段图像进行实时每秒万亿次浮点运算。这样就能在机上完成双波段图像的融合处理,并完成特征增强,如相对于基准目标数据的移动目标指示或实时指示。由每个融合图像获取的精确的地理位置信息将放入每个目标的 GPS 系统标记,完成真正的"传感器—射手"式操作,而不再需要将数据传送到地面站来转换成目标信息。这个过程在摄像机内就可以完成,能即时对目标进行探测和定位,而摄像机和武器平台的网络将扩展到整个监视区域。

采用中、低光谱分辨率的超光谱成像系统和适当的探测算法结合,可进行大面积搜索。中、低分辨率超光谱成像器件能够迅速发现目标,而且其数据量大大少于普通光电成像器件,从而降低了数据处理负担。不足之处在于难以进行目标识别,需要将之与普通光电成像器件的高分辨率目标识别能力相结合。

2.2.3 电子支援

电子支援(Electronic Support,ES)是指搜索、截获、识别和定位电磁辐射源,以辨认威胁目标的措施。其主要功能是为电子战作战、威胁规避、目标导向和其他战术行动的适时决策提供所需的情报信息。

2.2.3.1 电子支援理论基础

电子支援主要依靠侦察接收机对辐射源辐射的信号测频、测向、测试各种参数,对信号进行识别、分选与选择,为电子进攻与防护提供辐射源的有关信息,以实施有效的攻击或防护。侦察接收机主要技术指标如下[25]。

1. 覆盖频域与瞬时带宽

随着电子技术、雷达技术、通信技术的发展,电子系统的频域不断地扩展,并且出现了频率捷变雷达、扩频、跳频通信。因此,电子支援侦察接收机必须覆盖范围非常大的带宽。一般要求覆盖 0.01~40GHz,甚至零点几赫兹到 300GHz,但覆盖全频段是比较困难的。根据用途不同可以分频段覆盖,最常用的频段是 0.01~40GHz。随着捷变频雷达技术发展,捷变带宽越来越宽,扩频通信、跳频通信频带也在不断扩展,因此要求电子战支援侦察接收机的瞬时带宽比较宽,一般为电子系统的中心频率的 10%。对雷达则要求侦察接收机瞬时带宽为 240~1000MHz,对通信设备则要求瞬时带宽为几千赫兹到 10MHz。

2. 电子支援侦察系统的灵敏度

灵敏度是侦察系统最重要的技术指标,它是衡量系统质量的主要技术指标。由于低截获雷达与低截获通信系统的出现,侦察系统必须有很高的灵敏度,才能探测脉冲压缩雷达或低副瓣雷达副瓣辐射的信号以及低截获概率的通信信号。电子支援系统对雷达信号的灵敏度要求应达到 -80dBmW 以上,而且必须与脉冲压缩信号进行匹配;对通信则应达到 -100dBmW 以上。

3. 测角精度

测角精度也是侦察系统的重要技术指标,精密跟踪和无源定位都需要精确测向,在复杂电磁环境中利用精确测向识别目标也是非常重要的环节。要取得高的测角精度,就必须有高的角分辨力。但是电子战电子支援侦察接收系统都是宽频带甚至是超宽频带的,采用比幅或比相体制的测向,其测角精度在 $1\sim3(°)/\sigma$ 之间;采用空间谱估计测向,其测角精度在 $0.5\sim1(°)/\sigma$ 之间。

4. 动态范围

动态范围是描述电子战电子支援接收机终端能正常工作所允许的最小到最大的输入信号的范围,是描述接收机功能的一个重要技术指标。在当前复杂的电磁环境中,希望有更大的动态范围,以适应截获更多的目标。动态范围分为瞬时动态范围和惯性动态范围:瞬时动态范围是指接收信号的时间 $\Delta\to 0$ 时所允许的动态变化范围;惯性动态范围是指变化比较慢的动态范围(例如随距离变化的变化范围)。一般来说,瞬时动态范围为 50~60dB,惯性动态范围为 60~80dB。

5. 测频精度与频率分辨率

测频是电子战电子支援侦察机基本且重要的任务。宽频带或超宽频带电子战电子支援侦察系统的频率分辨率一般对雷达为 2~5MHz,对通信为几千赫兹,测频精度对雷达而言一般为 1~1.5MHz,对通信为 1.5~5kHz。

6. 其他技术指标

分选信号密度:200×10^4 个脉冲/s;

截获概率:30%~100%;

脉宽分辨率:20ns;

到达时间(Time Of Arrival,TOA)分辨率:30ns;

幅度的精度:1dB/σ;

适应信号的类型:常规脉冲、连续波等。

2.2.3.2 威胁告警

为了保障作战飞机的安全,帮助飞行员及早地发现潜在的威胁,以便采取相应的规避或对抗措施,现代作战飞机通常都装备有威胁告警设备。它与电子干扰设备相结合,构成机载自卫电子战系统。目前应用的机载威胁告警主要包括雷达告警、激光告警、红外告警和紫外告警。

1. 雷达告警

雷达告警设备是一种最简单的电子告警侦察设备,也是目前应用最为广泛的机载电子支援设备。它的主要任务是通过截获、处理、识别敌方的雷达信号,及时地向飞行员提供威胁存在告警,指明威胁的大致方向和距离,以及威胁的级别(雷达工作于搜索、跟踪和锁定状态)和种类(机载雷达、导弹制导雷达)等。

雷达告警设备最基本的特点是,不需要发射电磁波,只是接收和处理敌方的雷达信号,从中获得威胁目标的有关信息,故具有隐蔽性好、不易被发现的特点。此外,由于接收的信号传输距离是单程的,相同技术水平下,雷达告警设备的有效距离大于雷达发现目标的作用距离,故可在敌方雷达发现目标之前发出告警信号。

最通用的雷达告警设备以晶体视频接收机为基础,基本结构如图2-57所示。这是一种成本低廉、结构简单而可靠性好的雷达告警设备,能够覆盖2~18GHz的主要雷达波段。

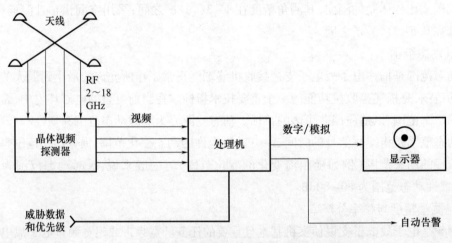

图2-57 基本晶体视频接收机

扫频接收机是另一种可用于告警低成本的设备。不同于晶体视频接收机,扫频接收机可以保留频率信息。由窄带滤波器对每个接收机子波段进行扫描,其频率测量精度取决于窄带滤波器的精度。任意时刻,在滤波器覆盖区外的所有脉冲均被忽略,这种技术保证了在高脉冲密度环境下接收机具备良好的功能。但是,如果扫描频率太低,会造成窄脉冲信号的丢失;相反,如果扫描频率太高,就没有充足的时间来分离所需的数据。

2. 激光告警

激光告警设备是激光对抗的基本设备。它针对的是现代战场复杂的激光威胁源,用来及时地发现敌方激光测距仪、目标指示器、激光雷达或激光照射器等发射的激光信号,发出警报。目前机载激光告警设备主要应用于低空作战的直升机,对付激光制导导弹等地空导弹的威胁。

激光告警设备主要由激光光学接收系统、光电传感器、信号处理器、显示与告警装置等部分组成。激光光学接收系统用于截获敌方激光束,并将滤除大部分杂散光后的激光束汇聚到光电传感器上。光电传感器将光信号转变为电信号后送至信号处理器,经信号处理器处理后得到目标类型、威胁等级以及方位等有关信息:一路送往显示器显示并发出告警信号;另一路通过接口装置直接送到与其交连的对抗设备中,直接启动和控制相应的对抗设备。

按照截获方式的不同,激光告警设备可分为直接截获型和散射型。其中散射型探测是针对大气对激光的散射能量的探测,而直接截获型探测的目标是激光直接辐射源,为了确保不漏警,现在的应用通常是将两者相结合。

3. 红外告警

红外告警通过红外探测头探测飞机、导弹、炸弹或炮弹等目标本身的红外辐射或该目标反射其他红外源的辐射,并根据测得数据和预定的判断准则发现和识别来袭的威胁目标,确定其方位并及时告警,以便采取有效的对抗措施。它以无源方式工作,具有自身隐蔽性好、抗干扰能力强、探测目标范围广、定位精度高以及作用距离较紫外告警器远等优点。

按照不同的扫描工作方式,红外告警设备有扫描型和凝视型两类。扫描型红外探测器采用线列器件,靠光机扫描装置对特定空间进行扫描,以发现目标。凝视型红外探测器采用红外焦平面阵列器件,以电扫描方式来搜索特定空间。

在基本组成上,红外告警设备系统通常由告警单元、信号处理单元和显示控制单元构成。告警单元中的红外探测器负责对整个视场空域进行搜索和探测,并将目标的红外辐射转换为电信号,经过预处理后,送往信号处理单元,进一步提取和识别威胁目标,并输出威胁目标的方位角、俯仰角等信息,由显示器显示或用于对抗控制系统。

美国预警机载红外探测系统是从20世纪60年代的战斗机载红外搜索跟踪系统过渡而来的,早期的主要作战对象是弹道导弹,尤其是战术弹道导弹(Tactical Ballistic Missile,TBM)。美国从20世纪70年代导弹预警卫星投入使用开始,就着手发展预警机红外探测技术,希望建立一个包括预警卫星、预警飞机和地面/舰载预警雷达的完整预警系统。海湾战争后,美军进一步加大了对预警机载红外探测系统研制的投入;2009年以来,又持续高度关注了无人机载红外预警系统发展。

目前,以美国为代表的西方国家非常重视机载红外预警系统的发展,普遍重视机载红外预警系统对战区弹道导弹的预警作用,与高轨导弹预警卫星系统同步发展,此外,机载红外预警系统的探测对象从战区弹道导弹助推段发展到中段,再扩展到巡航导弹、作战飞机等空气动力目标,日益强调为机载红外预警系统增加测距手段,包括激光测距、双机交叉测距以及与机载雷达信息融合[26]。

4. 紫外告警

紫外告警是除红外告警(被动)和脉冲多普勒雷达(主动)之外的另一种重要的导弹逼近告警手段。它通过探测导弹尾焰中的紫外辐射来发现目标。

与红外告警一样,紫外告警也采用被动式探测,具有较强的隐蔽性。由于应用的是中紫外波段,避开了太阳造成的复杂背景(太阳紫外辐射受大气阻挡到达不了低空),大大降低了信号处理的难度,因此,相对红外告警,紫外告警能够提供极低的虚警率。而且,紫外告警设备不需要制冷,在体积、重量和造价方面也具有很大的优势。但受紫外线大气散射的影响,紫外告警在作用距离上不如红外告警设备,且无法探测燃料燃尽而靠惯性飞行的来袭导弹。从20世纪60年代开始,国外已经开始在紫外s波段探测导弹的研究工作,早期的研究主要集中在对导弹尾焰紫外辐射的测量工作上。80年代后,随着紫外探测技术的发展,利用"日盲区"紫外辐射对来袭导弹进行告警也取得了重大的进展。紫外告警设备从技术上可分为第一代概略型和第二代成像型,其主要区别在于紫外探测器,前者使用光电倍增管,后者使用像增强器[27]。目前,紫外告警主要作为平台防卫导弹的近程告警手段,针对短程红外制导的空空导弹和便携式地空导弹的攻击,装备在中低空作战的飞机上。

紫外告警以其特别的优越性,已成为当前电子对抗技术发展的一个新热点。未来的新型成像型紫外告警设备将具有更远的探测距离和更高的角分辨率,并向综合一体化发展,组成如紫外和激光告警一体化、紫外和多普勒雷达一体化的复合告警系统。

2.2.3.3 电子情报侦察

1. 雷达情报侦察

雷达情报侦察设备是通过搜索、侦听敌方雷达信号以获得敌方军事或技术情报的设备。它可用于和平时期,对敌对国重要地区内的雷达辐射源的截获和收集,从中获取敌国的雷达技术参数或军事活动信息,作为战时电子支援或雷达干扰的数据支持;也可用于战时,对敌方雷达和武器部署的侦察,以配合电子干扰或反辐射攻击等军事手段完成战术任务。

与雷达告警相似,雷达情报侦察设备采用的也是被动工作方式,只接收而不发射电磁波,但雷达情报侦察需要准确、详细的参数数据。因此,雷达情报侦察设备要求高灵敏度、高精度,甚至具备对密集复杂、多参数捷变、超宽频率覆盖范围和全空域的雷达环境信号进行搜索截获、测量、分析、识别和定位的能力。

雷达情报侦察系统由侦察天线、侦察接收机和信号处理设备构成,如图2-58所示。

侦察天线负责截获雷达信号,要求天线具有足够宽的频率覆盖范围,并能在足够宽的方位角范围内给出响应。另外,天线式样或天线阵还应当满足对雷达信号进行无源测向的需求。

接收机接收由天线馈入的信号,进行相关信号参数的测量后,将输出信息送往信号处理器。其中,需要测量的一个关键参数是接收信号的载频。雷达测频方法有多种,其中,

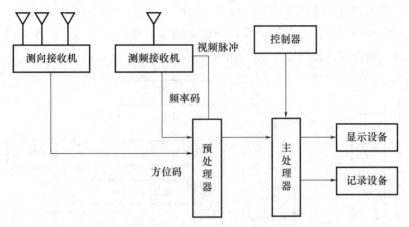

图 2-58　雷达侦察设备组成框图

最简单最有效的是采用频域取样的方法,典型的如调谐超外差式接收机,它在整个侦察频段内扫描,可以获得较高的测频精度,但是这种接收机只能接收持续时间较长的信号,不适用于对捷变频雷达的侦察。为解决这一问题,可以将信道划分为多个小频段,分别由多个超外差接收机进行接收,组成信道化接收机。另一类测频技术是基于变换的方法,它既能够获得宽瞬时带宽,实现高截获概率,又能获得高频率分辨力,例如基于时域相关技术的比相法瞬时测频接收机、采用频域变换的压缩接收机、声光接收机和先进的数字接收机。

信号处理器将接收由接收机处理过的信号,用来测定脉冲参数或其调制参数,并进一步对雷达信号作分离和识别处理。基于现代高密度、复杂的雷达环境的考虑和侦察处理自动化的需求,要求信号处理器具有实时、快速的处理能力,以使未知或潜在的雷达辐射源得到快速识别和威胁判断。

2. 通信情报侦察

通信侦察是利用电子侦察设备对敌方无线电通信信号进行搜索、截获、测量、分析和识别,从而获取军事或技术的情报的过程。它的直接目的是获取情报,包括和平时期和战时对敌方政治、经济或军事等各类情报内容的直接截获和破译,以及通过分析敌方通信信号特征对敌方通信系统技术情报的收集。

由于现代通信采用的调制方式五花八门,既有离散信号也有连续信号,频域范围从几千赫到几十千兆赫,且电平起伏范围很大。因此,与雷达侦察相比较,通信侦察装备在技术和结构上相对复杂得多,要求其不仅能够满足对全频段、多种调制方式的通信信号的截获和解调,还要具有尽可能大的动态范围。此外,侦察的特殊性,要求通信侦察具有很强的实时性,即在尽可能短的时间内,完成信号搜索、截获、处理以及信息传送。

典型的通信侦察设备由天线、接收机、控制设备、信号处理设备、侦听设备、测量存储设备、显示设备和电源等组成,如图 2-59 所示。系统在控制设备的程序指令控制下进行自动工作。天线接收空间中的电磁波,并将输出经由多路耦合器(多路耦合器是多部侦察接收机共用 1 副天线使用的射频功率分路器)馈送到侦察接收机中,接收机对天线接收信号进行选择、放大、变频、滤波、解调等处理后,将输出信号送往侦听设备(耳机或扬声器)和记录设备(录音机、RF 信号存储器等),或送往信号处理设备对信号进行分析、识别、分选等处理,最后由相应设备进行测量、存储或显示。

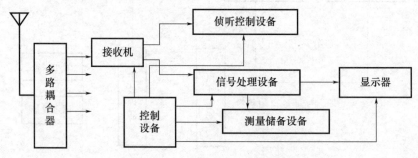

图 2-59　通信侦察设备基本组成

接收机是通信侦察系统的核心,其性能基本决定了整个通信侦察设备的性能。在技术体制上,超外差接收机是目前应用最普遍的通信侦察接收机,它具有高灵敏度、高选择性和高动态性。随着跳频等新体制在军事通信中的广泛应用,一些新体制侦察接收机逐渐被用于通信侦察装备中,其中主要有中频信道化接收机、数字信道化接收机、压缩接收机、声光接收机等。特别是数字化接收机,在现代数字信号处理技术的支持下,以其快速数字化处理、精确测量等特点,能够实现高搜索速度和截获概率的信号侦察,正日益得到重视。

现代复杂的通信环境,加之猝发通信方式、快速通信方式以及跳频、扩频等新型抗侦察通信体制的出现,使得通信侦察变得十分困难。为了解决对通信信号的快速截获、快速识别、快速分选和精确定向问题,未来通信侦察发展将朝着宽频带、数字化、软件无线电技术、认知无线电技术、高精度以及多平台、多手段综合一体化的方向发展。

2.2.3.4　无源定位

机载无源定位技术是指飞机平台(观测站)不辐射电磁信号,只通过测量目标发射的电磁信号参数或其可见光和红外参数,来确定目标在三维空间中位置的技术。采用无源定位技术的侦察系统由于没有电磁辐射,较有源探测设备具有隐蔽性能好、生存能力强的优点。

根据参与定位的观测站的数量可将无源定位分为单站定位和多站定位。单站定位是指平台利用自身的探测设备完成目标定位。它的优点是具有独立性,无需外部观测站支持。但单站定位系统一般不能直接获得辐射源的距离信息,通常需要在一段时间内对辐射源进行连续测量,获取足够的信息积累,再进行适当的数据处理,以获取目标的定位数据。多站定位则需要多个观测站参与并互相有效配置和协调工作,这个过程依赖于站间的数据传输,站间的相互通信使系统的无源特性受到影响。

无源定位系统对目标进行空间定位的过程简要概括如下:由单个或多个分布设置的观测站,在检测到目标并获取有关参数的基础上,利用适当的数据处理手段,确定目标在三维空间的位置。首先,目标信号应足够强,对于测量系统应该是可观测的,即要确认有目标存在;其次,一旦我们发现这样的目标不止一个,应能把它们分开;然后,需要确定电磁辐射源或反射源的坐标位置;最后,如果目标是运动的,我们还需要把运动过程中位置随时间变化的关系描述出来。

由于多站定位一般采用辐射源的单一测量信息,如多站测向交叉定位和多站时差交叉定位,因而多站定位实际上是对单站定位在时间轴上对某一技术的扩展,应用多站的目的是以侦察系统的复杂度来换取定位速度快、定位精度高的优点。下面仅就单站无源定位方法进行简单介绍。

由单个飞机平台对辐射源进行连续测量,在获取一定量定位信息积累的基础上,进行适当数据处理以获取辐射源的定位数据。从几何意义上说就是用多个定位曲线(或曲面)的交汇实现定位。

目前,单站无源定位的具体实现方法有测向定位法、到达时间定位法、多普勒频率定位法、方位/到达时间定位法、方位/多普勒频率定位法、测相位差变化率定位法和测多普勒频率变化率定位法。

测向定位法是一种经典的定位方法,它依据三角定位基本原理,利用在不同位置测得的辐射源方位角信息,运用交叉定位原理通过一定的定位算法确定出固定辐射源的位置。对于机动辐射源,无法实现交叉定位,定位过程实际上是对目标运动状态的估计和拟合。测向定位法只需较小数据量,但测向误差对定位精度有很大影响,这就要求高精度的测向设备。

到达时间定位法的原理:对于径向运动辐射源,由于辐射源距离未知,其辐射信号到达观测站时间的相对变化包含了辐射源的状态信息。从该信息中获得辐射源的速度信息和距离信息,进而获得其位置信息。若辐射源脉冲重复周期已知并且恒定,则可在测量目标到达时间差的基础上,测得目标在两个不同角度位置上的距离差,从而获得与目标速度和距离有关的信息。

当观测站和目标做相对运动时,这种运动可以分解为径向和切向两个分量。其径向运动分量包含了辐射源与观测站相对运动引起的多普勒频率成分,实质上包含了目标的运动状态。利用观测站上两部接收机所接收到的辐射源信号的频率差可以确定辐射源的位置信息。这种定位方法就是多普勒频率定位法。

观测站在测得辐射源信号到达方向和到达时间后,假设辐射脉冲具有恒定的脉冲重复周期且相对于观测站作非径向运动,由于其到观测站的距离发生了变化,即到达方向发生变化,相应引起脉冲到达时间的变化,从这两者中可以提取辐射源位置信息。这种方法就是方位/到达时间定位法。

测向法和测多普勒频率法结合起来形成了方位/多普勒频率定位法,当测得多普勒频率后,就可以得到观测站和辐射源之间的径向距离,结合测角系统测得的方位信息就可以实现对辐射源的定位。

测相位差变化率定位法依据运动学原理,当观测站和目标做相对运动时,这种运动可以分解为径向和切向两个分量。切向运动分量引起信号到达方向的变化,从中可以提取出目标电磁波相位差变化率信息,进而提取其位置信息。

测多普勒频率变化率定位法也是根据运动学原理,从观测站和辐射源间相对运动的径向分量中提取目标多普勒频率变化率信息,从切向分量中提取目标相位变化率信息,辅以方位信息,从而确定辐射源位置的一种方法。

2.2.3.5 网络瞄准

由于对地面活动目标跟踪难、定位难、打击难,因此打击地面活动目标存在实时性差、精度不高、易造成附带损伤、己方人员易遭攻击、作战费用高昂等问题。例如,用于打击坦克和装甲集群目标的传感器引爆弹药是一种集束炸弹,易伤及友军和平民;用激光指示器照射目标引导武器时易受到敌方攻击;装有寻的器的空地武器不但价格昂贵,而且从发现目标、决策到发射武器,过程太长,命中精度不高。因此,单一地发展传感器、武器、通信设备及规划工具,已经不能满足现代战争的要求,必须将探测、处理、指挥控制、信息传输与打击之间实现深层次互联,形成基于网络信息的目标打击,这种作战方式也称为"网络瞄准"。

在网络瞄准体系中,地域分散的多个传感器协同工作,生成精确的目标瞄准信息,然后将信息直接发送给武器系统,在武器飞向目标的途中,瞄准信息将不断更新,从而确保精确打击,如图2-60所示。可见,网络瞄准技术利用广阔空间内的多种传感器和武器,通过战术数据链形成传感器与传感器、传感器与武器之间的网络通信,对短暂停留的机动或移动目标给予快速定位和精确打击。

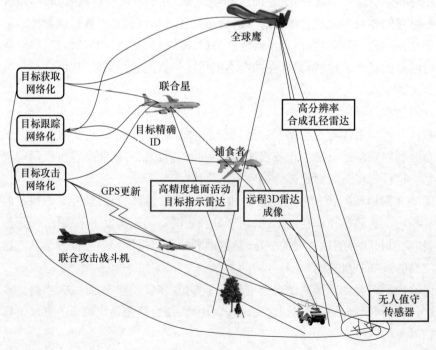

图2-60 网络瞄准体系示意

未来战场信息系统将由传感器、指挥控制系统和武器系统组成,构成从传感器到武器的"杀伤"链。目标瞄准网络系统是以空间卫星、临近空间、空基及地基传感器为探测平台,以空天地一体化自组织异构网络为传输平台,以精确打击武器为交战平台的察打一体化作战系统。

建设目标瞄准网络系统,首先要构建一体化的信息传输网络,使各传感器系统、指挥控制系统和打击武器系统接入网络中,使目标获取、识别、跟踪定位与打击网络化,其体系结构如图 2-61 所示。

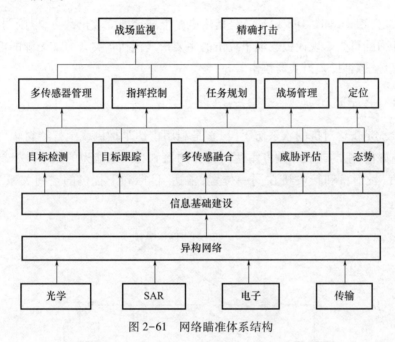

图 2-61 网络瞄准体系结构

由广域内的多个传感器组成的传感器网络,能在广泛区域实现对目标的跟踪,配合适当的融合算法,便可利用多传感器获得的目标方位数据,实现对目标的定位。

指挥控制网络是整个系统的神经中枢,是信息处理与指挥控制的主体,是夺取信息优势、赢得主动权的重要环节,并对感知网络和交战网络的运作起支撑作用。指挥控制网络主要包括空天地一体化战场态势处理、多传感器的管理控制、任务规划及目标分配、通信指挥及网络管理、效能评估以及分发威胁情报。

任务规划、战场管理与传感器管理是系统的核心,其主要任务如下:

(1) 根据作战使命与作战意图或预警信息驱动,对目标探测与监视手段、攻击手段与防护手段进行任务规划;

(2) 协调工程测控系统,制订有效载荷控制计划和业务计划,对天基和临近空间、空基和地基各种信息系统实施管理控制;

(3) 建立有效的辅助决策手段,辅助完成作战指挥决策过程,提高决策的时效性、准确性和连续性;

(4) 在大容量信息数据中快速搜索出所关心的目标信息,并且准确定位情报信息数据源,建立准确、可靠和高效的信息分发体制,确保情报信息可靠送达目的地。

态势感知信息处理包括目标监测、多传感器融合处理、目标跟踪、威胁评估和态势综合等功能,接收多种探测手段获取的目标信息,完成监视信息的处理,从而发现、识别和跟踪定位目标,并在此基础上估计其威胁程度及企图,为对敌目标攻防提供信息保障支持,总体上通过建立多元信息融合技术体系来实现。

2.2.4 电子攻击

电子攻击(Electronic Attack,EA)是指用电磁能或定向能攻击敌方,以削弱、抵消或摧毁敌方战斗力的行为。现代机载电子攻击的主要形式包括各类有源或无源的电子干扰和电子欺骗,以及各种反辐射武器攻击。

2.2.4.1 雷达干扰

雷达干扰是雷达对抗的软杀伤手段,它是利用雷达干扰机或干扰器材辐射、转发、反射或吸收电磁能,削弱或破坏敌方雷达对目标的探测和跟踪能力的战术技术行动。对一般雷达而言,发射机和接收机在同一位置,雷达、目标和干扰机的空间关系如图2-62所示[28]。

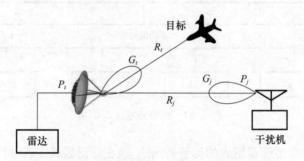

图2-62 雷达、目标和干扰机的空间关系

雷达在主瓣方向接收目标回波。若已知目标与雷达间的距离 R_t,由2.2.1.1节中的雷达方程可得,雷达接收的目标回波信号功率 P_{rs} 为

$$P_{rs} = \frac{P_t G_t \sigma A_r}{(4\pi R_t^2)^2} = \frac{P_t G_t^2 \sigma \lambda^2}{(4\pi)^3 R_t^4}$$

式中,P_t 为雷达的发射功率;G_t 为雷达天线主瓣增益;σ 为目标的雷达截面积;A_r 为雷达天线的有效面积,且 $A_r = \dfrac{G_t \lambda^2}{4\pi}$;$\lambda$ 为信号波长。

不同于雷达有用信号,干扰信号到达雷达接收机是单程传输的。除非接收机采用全向天线,否则信号从天线获得的增益将随干扰信号到达方向的变化而变化。以图2-60为例,雷达接收的干扰功率 P_{rj} 为

$$P_{rj} = \frac{P_j G_j}{4\pi R_j^2} A'_r \gamma_j = \frac{P_j G_j G'_t \lambda^2 \gamma_j}{(4\pi)^2 R_j^2}$$

式中，P_j 为干扰机的发射功率，G_j 为干扰机天线增益，R_j 为干扰机与雷达之间的距离，γ_j 为干扰信号相对雷达天线的极化损失，G'_t 为雷达天线在干扰机方向上的增益，$A'_r = \dfrac{G'_t \lambda^2}{4\pi}$。

由 P_{rs} 和 P_{rj} 可以得到雷达接收机输入端的干扰信号功率和目标回波信号功率比值，即

$$\frac{P_{rj}}{P_{rs}} = \frac{P_j G_j}{P_t G_t} \frac{4\pi \gamma_j}{\sigma} \frac{G'_t}{G_t} \frac{R_t^4}{R_j^2}$$

这个比值被称为干扰-信号比(Jam-Signal Ratio, JSR, J/S)。当然，接收机还有内部热噪声，当噪声干扰信号的功率密度远远大于热噪声的功率密度，接收机的信噪比就可认为是 S/J。

雷达干扰按产生干扰的原理，可分为有源干扰和无源干扰两类。

1. 雷达有源干扰

有源干扰是指利用专门的雷达干扰机，有意发射或转发某种类型的干扰电磁波，以扰乱或欺骗敌方雷达，使其无法正常发挥作战使用效能的一种电子干扰活动。它是一种积极的电子干扰措施。雷达干扰机在进行干扰时，通常可以采用两类干扰方式：噪声干扰和欺骗性干扰。

噪声干扰是一种压制性干扰手段，它利用噪声或类似噪声的干扰信号遮盖或淹没有用信号，阻止雷达检测目标信息。噪声干扰可分为阻塞式、瞄准式和扫频式。阻塞式干扰可以覆盖大量的威胁雷达或频率捷变雷达，但由于能量分散，用于对抗某一特定频率威胁的功率密度将会降低，所以干扰效果受到一定的限制。而瞄准式干扰，能量比较集中，单位频带内的干扰功率比较大，干扰效果好，但难以对付使用复杂波形的现代雷达。扫频式干扰是一种折中的选择，它利用窄带瞄准信号在宽频带内进行扫描，能够干扰频率分集雷达、频率捷变雷达和多部不同工作频率的雷达。

欺骗式干扰多用于干扰火控雷达的截获系统、跟踪系统或干扰末制导雷达的跟踪系统，以使雷达无法截获目标，不能进入跟踪状态，或者使雷达的跟踪状态遭到破坏、退出跟踪状态。欺骗式干扰可分为距离门牵引干扰、速度门牵引干扰和角度干扰。距离门牵引干扰就是其中较典型的欺骗式干扰，干扰机首先使干扰脉冲与雷达脉冲同步，以把雷达距离门牵引到干扰信号上来；再通过逐渐增加干扰脉冲的时延，将雷达距离波门向后拖，并在拖到一定距离后停止发射拖距脉冲，从而使雷达距离波门拖离目标回波，雷达收不到目标信号，进而退出跟踪模式。速度门牵引干扰主要应用于对脉冲多普勒雷达干扰，它是利用雷达的速度波门进行拖引，使雷达测速产生误差。角度干扰依靠调制干扰信号对干扰雷达搜索的方位角进行干扰，进而破坏雷达对目标的角跟踪。

无论是噪声干扰还是欺骗干扰，各类干扰机要对雷达实施有效干扰，概括起来，通常需要满足以下四个条件：

(1) 干扰机发射的干扰信号的频率必须对准雷达的工作频率，使干扰功率能进入雷达接收机；

（2）干扰天线主波束要对准雷达且干扰信号功率必须足够大；

（3）干扰信号发射的时间要合适并且足够长；

（4）干扰信号要有合适的干扰样式，使敌方雷达在收到干扰信号后在显示器上产生一定规律变化，起到淹没目标或欺骗敌方的作用。现代的雷达有源干扰系统，具有如图 2-63 所示的基本结构。雷达干扰系统由以下三部分组成。

（1）侦察部分，即雷达侦察系统，负责分析和监视干扰系统所面对的电磁环境，侦听作战环境内的雷达信号，测量其参数并进行处理。

（2）系统管理部分，根据接收到的雷达信号的参数对雷达进行识别，确定雷达威胁等级，进行干扰决策，从而控制干扰部分进行有效干扰。

（3）干扰部分，由干扰发射天线及波束控制装置、干扰发射机、干扰引导控制设备、干扰样式产生器和功率管理单元组成。其中，功率管理单元负责对干扰资源进行动态管理，是最佳干扰对策的执行单元，它根据系统管理计算机的命令和被干扰雷达的参数分配干扰资源对雷达实施有效的干扰，并进行干扰效果评估，自适应地调整干扰技术，从而使干扰样式能够根据干扰对象和干扰环境灵活地变化。干扰引导设备在功率管理单元控制下，引导产生所需频率的干扰信号，常用频率引导方法可应用数字压控振荡器、频率综合、储频环、数字射频存储器和超外差瞄频法等。干扰引导设备产生的信号，由干扰发射机进行功率放大馈入天线发射，机载干扰发射机通常采用单波束发射机，较先进的采用相控阵干扰机。

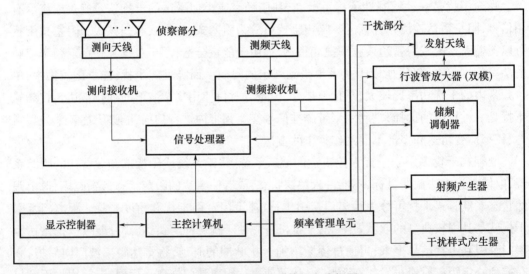

图 2-63　典型雷达干扰机组成框图

机载雷达干扰系统按照用途，可以分为两大类：用于各类飞机进行自卫的干扰系统和用于专门进行电子战飞机的干扰系统。前者限于飞机的可用容积和电源功率，只能装备功率较低和功能较简单的电子战系统。后者将装备功率强大和功能复杂的电子战系统，通常又分为护航干扰机和远程干扰机。护航干扰机用于削弱、欺骗和破坏搜索雷达和武器雷达以配合其他作战飞机行动；远程干扰机作用相同，但能够在相距威胁源一个安全距离上提供覆盖保护，因此，远程干扰机装备在较大型飞机上。

2. 雷达无源干扰

无源干扰是指利用本身不发射电磁波的特制器材(箔条、角反射器等)反射(散射)或吸收敌方雷达辐射的电磁波,从而阻碍雷达对真实目标的探测或使其产生错误跟踪的一种电子干扰活动。

投掷金属箔条是应用最早的一种雷达干扰措施,而且由于箔条是一种可靠的低成本干扰物,它是目前应用最为广泛的干扰措施。早期的箔条投掷是用于掩护其他飞机突防的,通过大量布撒箔条,为机群构造一个安全的飞行走廊。现在箔条的主要应用是自我防卫,用以对抗敌方雷达制导导弹的跟踪。当机载雷达告警设备发现威胁时,由无源干扰发射器在极短瞬间内发射箔条干扰弹,在空中形成反射面积相当于飞机雷达回波面积的2~3倍的箔条云,从而诱导敌方雷达偏向雷达截面积较大的雷达诱饵。

除了箔条以外,干扰器材还有角反射器、假目标等。现代无源雷达干扰设备,一般都与雷达告警系统相结合,并具有处理系统,能够选择最佳投放时机,自动地投放干扰物。

2.2.4.2 通信干扰

通信干扰采用人为辐射电磁能量的方法对敌方无线电通信过程进行搅扰和压制,它是一种积极的通信对抗手段。通信接收机输入端的干信比大小基本上能够决定干扰的有效性,与雷达干扰类似,通信接收机输入端的通信信号功率为[28]

$$P_{srl} = \frac{P_t G_{tr} G_{rt} \lambda^2}{(4\pi d_c)^2}$$

式中,P_t 为通信发射机输出功率,G_{tr} 为通信发射天线在通信接收天线方向上的天线增益,G_{rt} 为通信接收天线在通信发射天线方向上的天线增益,λ 为通信信号工作波长,d_c 为通信距离。同样,通信接收机输入端的干扰信号功率为

$$P_{jrl} = \frac{P_j G_{jr} G_{rj} \lambda^2}{(4\pi d_j)^2}$$

式中,P_j 为干扰发射机输出功率,G_{jr} 为干扰发射天线在通信接收天线方向上的天线增益,G_{rj} 为通信接收天线在干扰发射天线方向上的天线增益,d_j 为干扰距离。所以,在通信接收机输入端的干信比为

$$jsr_l = \frac{P_{jrl}}{P_{srl}} = \frac{P_j G_{jr} G_{rj}}{P_t G_{tr} G_{rt}} \left[\frac{d_c}{d_j}\right]^2$$

此外,d_j/d_c 表示干扰机能够获得有效干扰时的干扰距离与通信距离的比值,又被称为干通比,也是衡量干扰机干扰能力的重要指标。由此可见,自由空间传播条件下的干信比与干通比的平方成反比。

通信干扰的直接目的是破坏或扰乱敌方的军事通信,主要手段有两种:压制性干扰和欺骗性干扰。压制性干扰的破坏对象是敌方的通信接收系统,它由专门的干扰发射机发射干扰信号,使受干扰的设备所收到的真实信号模糊不清,甚至完全淹没在干扰之中,其按干扰的频谱形式又可分为瞄准式和阻塞式两种。瞄准式干扰产生的干扰信号与被干扰信号的中心频率相近,频谱宽度相似,在出现时间上也基本相同。阻塞式干扰产生的干扰

信号的频谱宽度要远大于被干扰信号的频谱宽度,在频谱上和时间上可以覆盖多个无线电通信信道。欺骗性干扰是利用发射机发射与敌方通信信号参数和特征相同的假信号来迷惑、误导和欺骗敌方,使之真假难辨,从而做出错误的判断和行动。

典型的干扰设备由天线、引导接收机、干扰激励器、RF功率放大器和控制器等部分组成,如图2-64所示。天线将接收到的电磁信号馈送到引导接收机,并由引导接收机对目标信号进行搜索和参数测量,干扰样式产生器根据引导接收机测量的参数,在控制器的控制下,产生最佳干扰样式调制信号,并调制激励器产生与被干扰信号相同频率的干扰信号,经射频功率放大器放大到所需功率电平,从天线发射出去。对于某些阻塞式干扰设备,则没有引导接收机,而直接在控制器的控制下,由干扰样式产生器用于产生各种样式的调制信号,调制宽带激励器产生干扰信号。现代先进的全自动通信干扰设备采用计算机控制,还能够自动完成搜索、识别、分选处理、确定干扰优先等级、功率管理、选择干扰样式、发射干扰信号并检测干扰效果等功能。

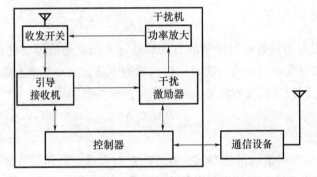

图2-64　通信干扰机组成结构图

通信干扰与雷达干扰无论从干扰手段来看,还是从干扰设备基本结构上看都很相似。但是,通信干扰相对雷达干扰的干扰技术要困难得多,在设备具体实现上要复杂得多。首先,通信信号一般相较雷达接收目标回波在功率上要强,因而相对雷达干扰也需要更强大的功率。其次,雷达信号通常是宽带的,而通信信号是窄带的,从而对于通信瞄准式干扰的瞄准精确度也要求更高。最后,由于现代通信调制种类繁多,且采用了跳频、扩频等技术,使得实现有效的通信干扰更加困难,需要采取连续搜索、跳频跟踪、扩频引导等技术。

机载通信干扰设备大都装备在专用的电子干扰飞机上,主要用于远距离支援干扰或随队掩护干扰。

2.2.4.3　光电干扰

光电干扰是采用有源或无源的方法,来对敌方光电设备实施压制或欺骗的光电对抗手段。目前,常用的机载光电干扰设备主要有红外干扰弹和红外有源干扰机。

1. 红外干扰弹

红外干扰弹(又称为红外诱饵弹、红外曳光弹)是用于对抗非成像的红外制导导弹的点源式红外有源假目标。它常常和箔条弹同时装备,以对付不同的来袭导弹。

当飞机的告警设备发现导弹接近或飞机飞越敌方防线时,投放红外干扰弹。它利用燃烧弹药,能够在很短的时间内,产生与被保护目标相似的热特征,并在空中持续燃烧一定时间,从而形成假目标,迷惑、扰乱敌方的红外制导武器的锁定,使其制导系统降低跟踪精度或被引离攻击目标。

由于结构简单、成本低廉,具有很高的效费比,红外干扰弹得到了充分的发展和广泛的应用。现在应用的红外干扰弹各种各样,除了一般的红外干扰弹外,近年来还出现气动红外干扰弹、微波和红外复合干扰弹、无可见光红外弹、红外紫外双色干扰弹等先进的红外干扰器材。

2. 红外有源干扰机

红外有源干扰机是另一种对付红外寻迹威胁的对抗措施。它通过发射红外欺骗调制信号,达到破坏或扰乱敌方红外探测系统或红外制导系统正常工作的效果。

现代应用的红外干扰机按其红外辐射的形式大致可以分为燃油型、电热型和电光源型。燃油型红外干扰机用燃油加热陶瓷棒产生红外辐射,并经光机扫描调制后发射实施干扰。电热型红外干扰机用电能加热陶瓷棒或石墨棒产生红外辐射,并经机械调制后发射实施干扰。电光源型红外干扰机用铯蒸气灯、氙弧灯或燃料喷灯作红外源,并经电调制后发射实施干扰。

此外,近年来还出现了一种新型的红外干扰技术——定向红外干扰。定向红外干扰将干扰机的红外(或激光)光束指向探测到的红外制导导弹,干扰导弹的导引头,使其偏离目标方向。它正日益成为红外干扰技术发展的一个热点。

2.2.4.4 反辐射攻击

反辐射攻击是利用反辐射武器系统,截获和跟踪敌防空体系中的雷达等电磁辐射信号,而直接将其摧毁的战术行动。它将雷达对抗与火力系统结合在一起,是一种硬杀伤手段。与其他电子战软杀伤手段不同,它能够对敌方雷达进行摧毁性打击,从而掩护己方顺利完成空中进攻作战任务。

现代反辐射武器主要有三类:反辐射导弹、反辐射攻击无人机和反辐射炸弹。其攻击机理主要是依赖于攻击引导装备和武器载体上的无源探测引头,对雷达辐射源进行截获、分析、识别、测向、跟踪并锁定目标实施攻击。武器组成包括攻击引导装备和武器载体两部分,其中,攻击引导装备用于获取雷达的特征参数、类型、到达方向及威胁等级等信息。

机载反辐射导弹系统是目前应用最广泛的对敌防空压制武器,它由机载攻击引导设备和弹体组成。机载攻击引导设备实际上是一部雷达告警设备或雷达支援侦察设备。导弹载体由弹体、无源探测导引头、引信战斗部及导弹发射装置构成,核心是无源探测导引头。攻击引导设备发现地面雷达信号,并确定需要攻击的雷达和参数测量之后,给导弹导引头装载雷达的特征参数。然后,导引头应用自带的测向测频设备,侦听和测量入射的雷达信号,当获得的信号特征参数同装载的待攻击雷达特征参数相符合时,确定攻击目标已捕获,并通知飞行员发射就绪。在导弹发射之后,导引头按一定导引程序控制导弹飞行姿态,完成雷达攻击任务。

反辐射攻击无人机主要由无人机平台、高灵敏度无源探测导引头、飞行控制装置和引信战斗部等组成。当反辐射无人机发射到预定空域后,导引头就按预编程搜索路线,巡航飞行搜索目标雷达。若导引头截获到雷达信号,则把雷达的特征参数与载入的已知雷达特征参数比较,从而可确定需要攻击的目标雷达。目标锁定后,导引头输出"目标锁定"标志,飞行控制装置根据导引头输出的方位、俯仰等数据,控制无人机俯冲对目标雷达进行攻击。更先进的反辐射无人机还可以在飞行中通过数据传输链路改变或更新程序,可适应迅速变化的战术态势,而且如果攻击中雷达突然关机,可利用其存储器中的信息继续攻击目标,也可选择在目标区巡逻,等待雷达重新辐射。

反辐射炸弹的基本工作原理及系统组成都与反辐射导弹相似,但辐射炸弹具有相对低廉的造价,其导引精度、飞行控制指标都较低,而以提高战斗部威力来弥补这些低指标。

2.2.5 综合射频传感器

对于射频系统而言,各种传感器分立是系统技术复杂性和高成本的重要根源。实现机载传感器的综合一直是航空电子系统设计的一个主要目标。模块化、资源共享和软件控制的射频系统技术在美国已通过"综合 CNI"和"综合电子战"等计划进行了验证。进一步的要求是突破 CNI、雷达和电子战的功能界限,实现射频系统的高度综合。

2.2.5.1 射频功能

图 2-65 所示为 CNI、雷达和电子战传感器子系统的功能结构图,图中虚线框标示了各个子系统间潜在的通用区域。

可以看出,虽然各种射频系统的具体功能各有千秋,但是所有传感器的构成与变换信号的特性是类似的,可以划分为以下基本功能模块。

（1）天线孔径:接收和发射信号。

（2）孔径接口:天线信号预处理及与变频部件接口。

（3）接收/下变频模块:输入信号滤波、放大、降频、解跳,输出中频信号。

（4）发射/上变频模块:输入信号滤波、放大、增频、跳频,输出激励/发射信号。

（5）数字预处理模块:中频数字处理,调制与解调,向下输出基带数字信号,向上输出中频调制信号。

（6）基准时钟和频率源:支持射频系统的时钟与频率资源。

理想情况下,只需要上述六类基本功能模块的一种实现就能完成任何射频传感器的功能,条件是每类模块都具有满足所有频率范围和波形要求的能力与灵活性。当一种模块不能满足多个功能的频率或波形覆盖要求时,还是必须增加功能模块的种类数量。如何用现实的技术,以最小的类别数量,构成基本的功能模块集,以实现综合射频系统是设计的主要问题。

2.2.5.2 射频传感器的综合

射频传感器系统的综合包含两方面的含义:一是用通用的功能模块实现上述射频功

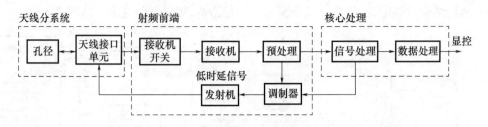

(a) CNI传感器通用功能结构图

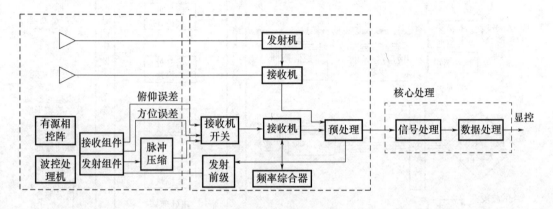

(b) 雷达传感器通用功能结构图

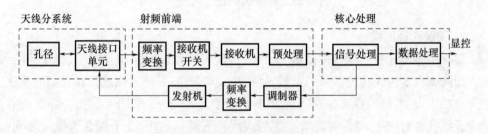

(c) 电子战传感器通用功能结构图

图 2-65　射频传感器功能及通用区域

能,使射频系统能够采用通用的、可互换的功能模块实现,达到系统的物理资源共享;二是系统射频功能交互融合,以软件方式配置、处理和实现系统功能,解除 CNI、雷达和电子战等系统的功能隔离,达到系统的信息资源共享与高度综合。射频传感器系统的综合化,体现在以下几个方面。

1. 系统架构的综合[29]

系统架构综合即运用先进的射频电子技术、总线技术等,将传统上各自独立的雷达、电子战和 CNI 等传感器综合设计为一体,构成一个多频谱、多手段、自适应的综合一体化航空电子射频传感器系统。

图 2-66 是射频传感器综合概念示意图。通过系统架构的综合,不同功能、不同频段的射频传感器采用了相同的电路架构,彼此间通过射频开关网络和数据交换网络构成了

一个紧密结合的整体,已经很难区分哪一部分是雷达,哪一部分是电子战或者CNI。

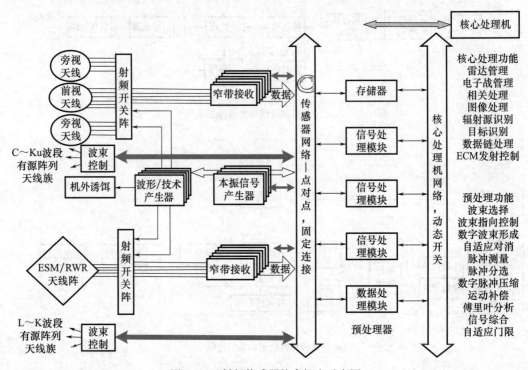

图 2-66 射频传感器综合概念示意图

2. 天线孔径的综合[29]

射频传感器孔径的综合按区域、分频段实现天线孔径的共用,减少天线孔径的数量。一方面降低众多天线孔径带来的重量、体积和成本开销,另一方面减少相互间的干扰。对隐身飞机来说,各种天线孔径是飞机 RCS 的重要来源之一,采用天线孔径综合还有助于减少天线孔径对飞机 RCS 的贡献。"宝石台"计划就提出用 13 个综合天线完成 60 多个天线的功能,这些射频传感器功能包括了雷达、电子战、CNI 和导弹制导数据链等。

对战斗机天线孔径综合的分析如表 2-4 所示,其列出了战斗机上各种天线孔径的性能需求,分析了彼此间的共同点,包括频率、增益、天线类型、覆盖空域等参数,最终通过综合可以用 5 个天线组代替表中的 41 个天线。

表 2-4 天线孔径综合

子系统	频率/GHz	天线增益/dBi	天线口径/cm²	天线类型	空域覆盖	天线数量	天线组 A	B	C	D	E	占用率/%
雷达(发)	8~12	25~35	≈4000	AESA	3π+	3	·					50~100
雷达(收)	8~12	25~35	≈4000	AESA	3π+	3	·					50~100
ESM	2~20(35/94)	0~35	<4000	ESA	4π	4						100
RWR	2~20(35/94)	0+	≈40	固定	4π	4						100
ECM	2~20(35/94)	0~35	<4000	AESA	3π+	4						1

续表

子系统	频率/GHz	天线增益/dBi	天线口径/cm²	天线类型	空域覆盖	天线数量	天线组 A	B	C	D	E	占用率/%
导弹数据链	≈10	0~35	<4000	AESA	3π+	4	·					1
视线数据链	≈10	0~35	<4000	AESA	3π+	4	·					1
IFF 询问机	≈1	≈12	≈2000	AESA	2π	2	·					1
IFF 应答机	≈1	0+	≈100	固定	4π	2				·		100
雷达高度表	≈4	≈10	≈100	固定	π/4	1	·					1
JTIDS 链	≈1	0+	≈100	固定	4π	2				·		100
GPS	≈1	3+	≈200	固定	2π	1				·		100
卫通	8~9	≈20	≈100	AESA	2π	1	·					1
通信(发)	VHF/UHF	0+	—	固定	4π	2					·	1
通信(收)	VHF/UHF	0+	—	固定	4π	2					·	100
辅助导航	VHF/UHF	0+	—	固定	2π	2					·	100

注：A——平面有源电子扫描阵列(Active Electronically Scan Array, AESA)组,I 波段,前半球覆盖:雷达、电子支援措施(Electronic Support Measure,ESM)、电子干扰措施(Electronic Counter Measure,ECM)、数据链、卫通、高度表；

B——固定天线和/或 AESA 组、超宽带天线,球形覆盖:ESM、ECM、雷达告警接收机(Radar Warning Receiver, RWR)；

C——固定天线和/或 AESA 组、超宽带天线,球形覆盖:ESM、ECM、RWR；

D——固定天线 AESA 组、V/UHF,球形覆盖:IFF 应答、JTIDS、GPS；

E——固定天线 AESA 组、V/UHF,球形覆盖:通信、辅助导航；

π——180°。

3. 射频模块的统型和共用

通过构建开放式、标准化的射频模块,减少模块的种类,实现部分模块的共用,这样可以降低研发成本和风险,同时也降低维护保障的成本。

美国"宝石台"计划推荐的综合射频传感器的实现结构如图 2-67 所示,主要包括天线分系统、接收处理分系统、发射处理分系统,还包括支撑系统工作的频率源。

天线分系统包括孔径和孔径接口部件,实现所有射频功能的信号发射和接收,其采用多功能可重构的和共形的天线,减少了天线的总数,提高了飞机的隐身性能。接收处理分系统包含 4 种变频器、6 种接收机和 2 种预处理器。变频器将各频段信号变换到公共中频,公共中频开关矩阵切换信号,将信号送至各类接收机和预处理器进行接收处理。发射处理分系统包括多功能调制器、4 种变频器(对应接收分系统的变频器类型)和分布式发射放大模块。频率源则推荐使用 3 种频率合成器:间接式锁相环,用于固定的通道化中低速调谐;直接数字式综合频率合成器,具有快速调谐和高分辨率特性;直接模拟式频率合成器,具有快速调谐和宽带特性。

4. 信号与数据处理的综合

传统的航空电子各子系统都拥有各自的处理机,执行各自的数字信号处理和数据处

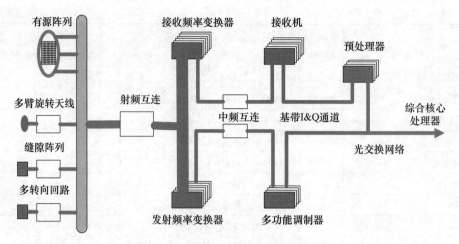

图 2-67 "宝石台"综合射频传感器结构

理。各种各样规格不一的处理机必然带来信息综合的困难,以及载机空间、重量的负担及维护保障方面的难题。集中统一的核心处理有利于统一地开发处理机的硬件和软件,降低研发和保障成本,同时也有利于信息的融合、故障的重构,以及对备份处理能力的共享。

2.2.5.3 射频传感器综合架构设计

1. 射频传感器综合的开放式架构

射频传感器综合化的技术结构框架来源于 SAE AS4839 中所描述的通用开放结构(General Open Architecture,GOA)。GOA 提供的技术框架定义了应用于开放系统的组件、架构和接口标准,可规范系统的软/硬件设计,其定义的逻辑接口和直接接口能用于确定系统功能的实现途径,其中逻辑接口定义了信息是如何交换的,直接接口定义了信息是如何通过系统传输的。

GOA 一般应用于数字领域,很少有射频的或模拟电路的开放式系统结构。美国国防部开放式系统联合任务组(Open System Joint Task Force,OS-JTF)提出了实现射频综合的途径,确定了一种实现射频综合功能的基本架构。这种基本架构是一种抽象的框架,用于提供对公用结构的理解和边界接口的定义,有助于最底层功能的划分。基本架构表明了系统内部功能的分类,但并不规定系统的实现方式,只是确定了技术结构的功能划分和接口。

射频传感综合的基本架构的描述如图 2-68 所示。上面应用软件层(4L)和系统服务层(3L)的接口与 GOA 系统是相同的,即应用软件要符合应用程序接口(Application Programming Interface,API)与操作系统对接,这表明射频传感综合架构中大量的规范与 GOA 相同;中间射频功能服务层(2L)和处理层(1L)与 GOA 系统不同,其功能由该基本架构定义,能够完成通用硬件资源所不能完成的射频功能处理;下面射频资源层可以产生或接收射频信号。具体来讲:

(1)应用软件层的应用软件是为不同的射频功能开发的射频应用。

(2)系统服务层的操作系统与一般开放式系统的操作系统一样,它独立于应用软件,用来支持应用软件在系统中运行,并使应用软件与系统中或外界环境的数据通过接口连接,典型的操作系统是嵌入式实时多任务操作系统。

(3) 处理层被定义为完成射频功能所需要的其他硬件资源,在实现射频功能中起到两个主要的作用,将操作命令转变为对系统资源的特定控制,以及分析由射频传感器采集的数据,并将其格式化为对操作者有用的信息。

(4) 资源控制层实现并控制射频资源服务。对于没有包括在内的部分,其功能将集成于处理层。资源控制层反映了嵌入式控制高度综合化的趋势,这将导致更高等级的接口抽象。

(5) 射频资源层包含产生和/或接收射频信号的必要功能模块,例如用来产生和接收信号的基本射频模块、模拟(或数模混合信号)模块以及完成控制和管理的嵌入式数字模块。

射频综合技术的基本架构与 GOA 架构的最主要区别在于射频资源层和资源控制层。它提供了功能可组合可剪裁的基本结构,可根据不同的射频功能需求来优化系统。每个射频资源可独立地与处理层进行接口连接,由对应的射频功能来决定射频资源的组合。

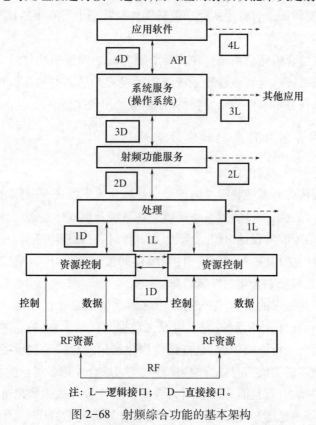

注：L—逻辑接口； D—直接接口。

图 2-68 射频综合功能的基本架构

射频综合架构技术的一个典型应用是为 F-35 飞机预研的综合传感器系统(Integrated Sensor Systems,ISS)计划。其将雷达、电子战、CNI 和数据链等功能子系统综合为一个共用实体。ISS 结构使用共用控制基础结构,实现了统一的接口,并提供各功能中共享射频资源的机会。共享资源的实现方法是用一个资源管理器按不同子系统要求动态地分配射频资源,资源管理器是应用软件的一部分,它应能满足高速、实时分配射频资源的要求。

2. 射频综合的系统工程方法

依据于系统工程方法,航电系统中射频传感器系统的综合化设计如图 2-69 所示[3],将处理逻辑构件进行通用化设计,并尽可能地在功能设计中共用或复用处理逻辑构件,从而达到一定的功能综合率、资源综合率和管理综合率,并最终获得一个物理综合系统来同时满足多个功能的运行需求。

从图 2-69 可以看出,射频传感器系统综合化设计主要有三个步骤。

(1) 设计处理逻辑架构。处理逻辑架构完成一个功能线程处理所需要的全部处理逻辑,由处理逻辑块组成。不同射频传感器在具体实现后其处理逻辑架构或多或少地存在差异,将其标准化后,从一个统一的基准处理逻辑架构开始,进行综合射频传感器系统的设计,可使整个系统综合化设计的收敛性更好。

(2) 分解处理逻辑构件。处理逻辑构件是指处理逻辑可分解的最小单元,它对应于物理系统中的基本物理单元。在综合化系统设计过程中,处理逻辑构件的分解要遵循两个基本原则:一是要保证分解得到的处理逻辑构件是物理上可实现的,二是要尽量提高处理逻辑构件的通用性。

(3) 组织实现综合传感器系统。在获得了所有的处理逻辑构件后,需要将处理逻辑构件组织起来进行系统综合。该物理系统既能满足多传感器并发运行的需求,又能满足系统基本可靠性和任务可靠性需求,同时保证资源使用最优。

2.2.5.4 综合射频传感器的发展前景

综合射频传感器的发展前景如下[30]:

(1) 综合射频传感器系统将继续向着综合一体化方向发展,在可靠性、有效性等方面将出现质的飞跃。综合射频传感器系统将继续在系统开放式体系架构、阵列天线集成、多任务分配、大带宽信号波形设计、优化资源配置、信号信息处理时序等方面进行深入发展,从而实现整个综合射频传感器系统从部件到整体的模块化设计,以适应新型武器结构综合化、控制智能化及信息融合化的发展趋势。

(2) 随着数字化技术的发展,综合射频传感器系统信息化程度将越来越高。随着各国陆、海、空、天一体化作战体系的出现,以及大数据时代的来临,信息融合和资源共享极大地有利于利用网络进行协同作战,是打赢现代化和信息化战争的重要基础。综合射频传感器系统为了在战场上能实时进行网络信息交换,综合使用各类传感器,从而提高对战场稍纵即逝信息的捕获;而且能有效利用大数据技术让各种战术数据链和战场信息动态结合,提高其对战场信息感知、信息获取和信息综合处理能力,从而大大提高多平台协同作战能力。

(3) 综合射频传感器系统重量、体积、成本、功耗将不断降低。综合射频传感器系统技术将各个分系统高度集成一体,并且可重复使用,提高了各个模块的重复利用率,减少了系统的冗余备份,系统总的质量、体积、功耗等都将有相当程度的降低。另外射频单元

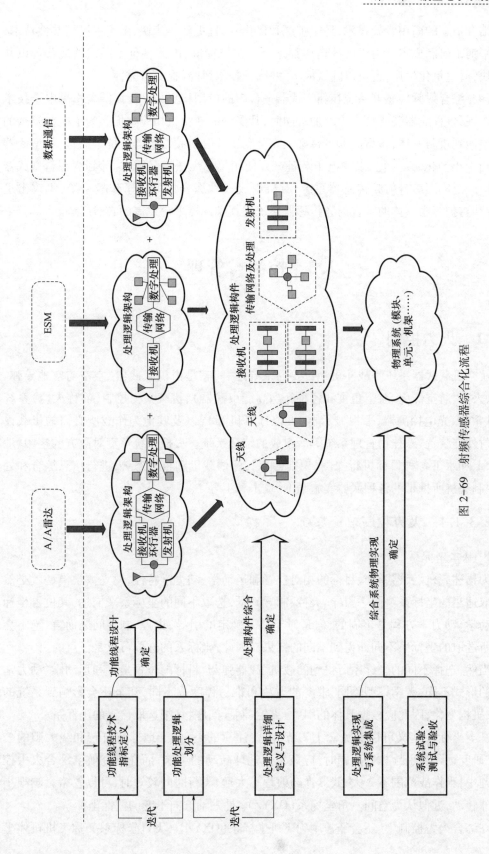

图 2-69 射频传感器综合化流程

有机结合最新的商用货架技术,易于扩展和优化,而且更新换代快,采用军民用共性技术,从而平铺了研制成本。由于硬件模块都是统一接口标准,因此各种不同武器装备可以共用模块,通过量化生产,也可以降低成本,并降低技术风险,提高可靠性。

(4) 综合射频传感器系统在新型武器平台中的应用将更为广泛。随着军事电子技术快速发展,各种武器装备攻击力增加的同时,其受到的威胁也相应增加。为了能在复杂的环境中做到攻防一体,新型武器平台必须充分利用综合射频传感器系统。而且,新型武器平台趋于小型化、无人化,以往电子装备分开使用早已无法满足需求。因此,在新型武器平台中广泛应用综合射频传感器系统,有机组成一种综合性的电子作战系统,集攻击迅速、主动防护等为一体的综合射频传感器系统是新型武器平台发展的必然趋势。

2.3 控制与管理

2.3.1 火力控制

航空机载武器系统是战斗机最重要的系统之一,它是由机载武器(空空与空地导弹、航炮、火箭、航空炸弹、航空鱼雷和各种新型高能束武器),机载火力控制(简称火控)系统(机载雷达、光电探测器、平视显示器、火控计算机等),以及其他为作战所必需的机载设备发射外挂装置、外挂物管理系统等所组成的综合系统。火控系统负责对敌方的空中、地面、水上和水下各种目标进行探测、识别、跟踪,评估载机和目标态势,进行信息综合和处理,控制载机所携带的各种武器实施瞄准、攻击和引导。

2.3.1.1 火力控制理论基础

1. 基本坐标系[31]

为描述载机、武器弹药、目标的相对位置和运动学、动力学特性,建立数学模型就必然要选取适当的坐标系。同一引导、火控、制导问题,选取不同的坐标系来描述,其位置坐标和运动学、动力学方程是不同的,但是对于某一确定的引导、火控、制导问题而言,绝不会因为所选取的坐标系不同而得到不同的结果。因此,坐标系的选取可以是任意的。

当然,选择不同的坐标系所得到的载机、武器弹药、目标的位置坐标和运动学、动力学方程的形式不同,数学模型不同,求解的方法和难易程度也不同,甚至还会影响到系统的结构、机构变化,因此应根据具体的引导、火控、制导问题,仔细选取恰当的坐标系。

基本坐标系定义可以参见 2.1.2 节,需要注意的是,由于地球有自转和绕太阳的公转,在研究远距离引导控制问题时,应该考虑地球转动的影响,而在研究航空综合火力控制问题中,当作战范围不太大、武器弹药射程不太远、飞行时间较短时,可以忽略影响很小的地球转动,近似认为空间直角坐标系$(OXYZ)_d$是三轴方向不变的惯性坐标系。

在综合火力控制中,还会经常用到飞机坐标系$(OXYZ)_f$,飞机坐标系又称飞机机体坐标系。由于武器弹药是从飞机投射,因此飞机坐标系常被选为解算引导、火控、制导等航空综合火力控制问题的基准坐标系。

飞机坐标系$(OXYZ)_f$坐标原点O_f取在载机质心上,$(OX)_f$轴沿飞机纵轴指向飞机飞行方向,$(OZ)_f$轴在飞机对称面内,由座舱盖指向座椅方向,$(OY)_f$轴用右手定则确定,指向飞机右侧机翼。飞机坐标系$(OXYZ)_f$与飞机固连,随飞机运动。

在一般情况下,这种飞机坐标系的$(OZ)_f$轴大约和重力方向一致,因此通俗地称它为"重力Z"飞机坐标系。如果不作特殊的说明,飞机坐标系就是指这种"重力Z"飞机坐标系,如图2-70所示。

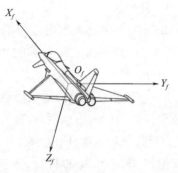

图2-70 "重力Z"飞机坐标系$(OXYZ)_f$

"重力Z"飞机坐标系$(OXYZ)_f$相对于"北、东、地"地理坐标系$(OXYZ)_e$,以Z-Y-X方式转动形成3个欧拉角,即φ-θ-γ。其中,φ为机体航向角,θ为俯仰角,γ为滚转角,又称坡度,通常θ和γ合称飞机姿态角,简称姿态,如图2-71所示。

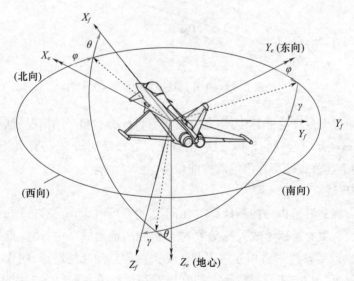

图2-71 机体航向角、俯仰角、滚转角

2. 火力控制原理[32]

航空火力控制原理是研究从载机上投射武器弹药攻击目标的控制规律、瞄准原理和瞄准方法的专门理论。其研究的主要内容包括:

(1) 分析不同载机用不同武器弹药,以不同攻击方式、方法攻击不同目标的过程中,载机、武器弹药、目标的相对位置和运动学特性,建立起描述攻击运动的数学模型,推导出瞄准原理公式和方程;

(2) 选取正确的解法,代入具体攻击条件,进行火力控制计算,确定达到瞄准状态的瞄准修正量和操纵控制信息;

(3) 分析火力控制规律,研究和确定正确的瞄准方法。

火力控制问题的基本解算通常可以采用几何法和矢量方程法进行。

1) 几何法

几何法是在绘出攻击过程的几何图形基础上,运用几何学的方法来确定飞机平台、目标、武器三者之间正确的相互位置和运动关系,从而导出瞄准原理公式的一种简单方法。

图 2-72 给出了机械固定环瞄准具中,用几何法推导绝对坐标系中的提前角 Ψ_j 的基本原理,其中 D_m 为目标距离,q_j 为目标进入角,N_{jd} 为目标前置点,D_{Tjd} 为目标前置距离,V_{mjd} 为目标绝对速度,V_{pj} 为弹丸平均速度,T_y 为弹丸飞行时间。假设空中平台在 O 点处用航炮射击 M 点处的目标,在提前角三角形 OMN_{jd} 中,可以计算得到:$\sin\Psi_j = V_{mjd}\sin q_j / V_{pj}$。

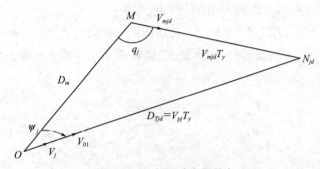

图 2-72 用几何法确定提前角 Ψ_j

在早期的机械固定环瞄准具中,由飞行员根据目标类型和运动情况,估计出目标绝对速度 V_{mjd},再根据实际所看到的目标形状,估计出目标投影比 $\sin q_j$,将弹丸平均速度 V_{pj} 取为固定值,再用上述公式即可算出绝对提前角 Ψ_j。

2) 矢量方程法

采用矢量方程法进行火力控制计算时,由于矢量是既有大小又有方向的物理量,其大小、方向都可变化,由此可以形成矢量函数 $R(t)$。在所选坐标系中,用矢量描绘攻击过程中的目标、弹丸、武器投放平台相互位置和运动关系的空间几何图形,叫作矢量图。根据矢量图所列的目标、弹丸、武器投放平台相互位置和运动关系的数学方程式,称为矢量方程。矢量方程就是描述矢量图的数学方程式。

考虑弹道降落修正模型,可以在图 2-72 的基础上,增加弹道降落量 η。这时,除构成提前角 Ψ_j 外,还应该将武器轴线向上转动构成抬高角 α_j,其矢量图如图 2-73 所示,其中 ξ_{jd} 为绝对弹丸轴线长,D_{djd} 为弹丸的射程。因此,弹丸运动矢量方程为 $D_{djd} = \xi_{jd} + \eta$。结合 η 需要对提前角做进一步的修正。

考虑到武器投放平台在投射方向、时机、密度和持续时间问题,制导武器向目标制导的整个攻击过程中,武器投放平台、目标、武器三者之间的相互位置和运行关系非常复杂,可以采用矢量方程法,实现任意复杂的火力控制问题的解算。

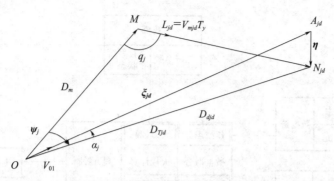

图 2-73 构成提前角、抬高角的矢量图

2.3.1.2 火控系统的主要功能

武器只有被准确地投射到目标上,才能发挥其应有的作用,而这些都依赖于火控系统对攻击时机、攻击角度、攻击方式的判断。火控系统最根本的任务是控制武器准确地打击消灭指定目标。它涉及目标信息、载机信息和武器信息三方面的综合,不仅需要对机上所携带的各种机载武器进行管理和控制,还要对各类目标从搜索、识别、跟踪、瞄准到发动、完成攻击整个作战行动过程进行控制。

根据所担负的使命任务和作战对象的不同,各类作战飞机所携带的武器各不相同,装备的火控系统也不尽相同。例如,歼击机装备的是以空中格斗为主的射击火控系统,主要控制航炮、空空导弹等武器的发射;而轰炸机装备的是专门用于对地、对海攻击的轰炸火控系统,主要控制炸弹、对地导弹等武器的投放。但是不管什么样的火控系统,其基本原理和组成是相似的。

图 2-74 为机载火控系统与飞行员、其他设备之间的信息交互原理图。火控系统把脉冲多普勒雷达、红外激光雷达或吊舱、头盔瞄准定位系统等机载目标传感器及地空指挥与友机间数据链获得的作战态势及目标数据进行数据融合,并结合载机的飞行参数数据与飞机其他系统的状态,形成进行战斗决策与火力控制计算的基础数据。所得数据以控制显示方式输送给飞行员,由飞行员手动或火控系统自动控制操纵飞机和武器瞄准目标。最后,飞行员掌握武器的发射时机、密度和持续时间,通过外挂投放装置或直接控制武器发射,直至命中。

具体而言,现代机载火控系统主要功能包括以下几方面:
(1) 引导载机进入目标区,沿着最佳航路接近目标;
(2) 搜索、识别、跟踪目标,测量目标及飞机的运动参数数据;
(3) 将作战态势数据融合,进行战斗决策、编队作战指挥与信息交换;
(4) 进行火力控制计算,指挥决策信息及告警状态的处理;
(5) 将引导、瞄准、警告、指挥、决策及武器信息形成显示符号和画面,供飞行员判定与使用;
(6) 控制武器发射方式、数量,装定武器引信和制导武器的飞行任务参数;

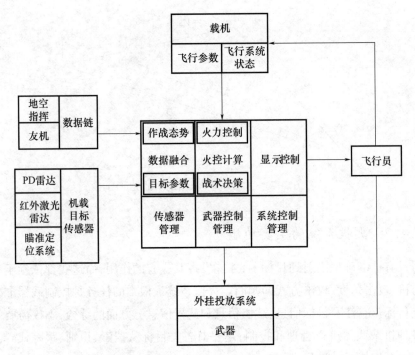

图 2-74 航空火力控制信息交互

（7）对发射过程中的制导武器进行制导；

（8）作战过程的记录与重现,进行战斗效果分析和评估。

2.3.1.3 火控系统的基本组成

在系统组成上,机载火控系统一般包含目标参数测量、载机参数测量、火控计算、外挂管理、显示与控制、数据传输和视频记录等七个基本分系统。每个分系统又由光学或电子设备组成。图 2-75 给出了机载火控系统的主要分系统构成。

1. 目标参数探测设备

用于探测目标数据（方向、位置、距离、速度、变化速率等参数）及作战态势,供瞄准攻击和战斗决策计算。主要设备包括各种脉冲多普勒、合成孔径、相控阵机载火控雷达；各种电视、激光、红外光电系统,前视红外激光吊舱及探测设备,头盔瞄准定位系统；声纳和磁探设备等。

2. 载机参数测量设备

取得本机飞行与姿态参数（载机的速度、加速度、航向、姿态、高度等）,供瞄准计算、武器制导对准及飞行员操纵飞机攻击时使用。主要设备有惯性导航系统、航姿仪、大气数据计算机、卫星定位系统、无线电导航设备、速率陀螺组件和各种仪表等。

3. 显示控制设备

显示控制设备是火控系统与飞行员的接口界面。显示设备负责把目标、攻击瞄准信号和各种所需的信息显示出来,供飞行员辨识、决策；而控制设备是飞行员操纵和控制飞机完成各项任务的接口。主要显示装置有光学陀螺瞄准具、平视显示器、多功能显示器、头盔显示器和雷达显示器等。主要控制装置有握双杆操纵、正前方控制面板、可编程开关、触敏开关和语音控制系统等。

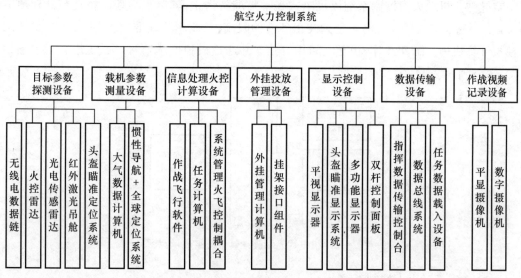

图 2-75　机载火控系统的主要分系统构成

4. 火控计算机

主要用于数据处理,承担系统信息综合的任务,包括传感数据融合、智能决策判定、瞄准控制计算、领航引导计算、显示数据生成、总线传输控制、飞行能量管理、"火飞"控制耦合等。它是火控系统的核心,通常是一台大容量高速专用计算机系统,由多处理机、多路数据总线接口、大容量存储器等硬件以及执行作战飞行、攻击计算、显示控制等任务的各类软件组成。

5. 数据传输设备

连接各个部件,用于火控系统各分系统及部件间的信息传输。主要包括各类数据传输总线,如应用非常广泛的 MIL-STD-1553、ARINC-429 等,以及友机、地面指挥台的无线电数据链,如 LINK 16 等。

6. 外挂物投放管理设备

负责控制、监视携带的各种武器的投放,以及其他悬挂物(副油箱、吊舱等)的工作状态,管理武器总线的通信。它一般由外挂物管理计算机、多个武器接口部件及挂架接口部件构成。它是火控系统的主要执行装置。

7. 记录设备

用于记录作战、训练过程中的各种参数和图像,以便于战后和训练后判读分析射击效果和训练情况。主要装备有照相枪、视频记录仪和平显摄像机等。

2.3.1.4　机载火控系统综合

机载火力控制系统的综合过程经历了机电式光学瞄准、平视显示、联合式和综合化四个阶段。

1. 机电式光学瞄准具系统

20世纪60年代以前,机载武器主要有航炮、火箭弹、航空炸弹以及后来增加的红外空空导弹。机载火力控制系统以机电式光学瞄准具为主,辅以火力控制雷达与红外搜索装置。该系统功能单一,由于受到技术条件的限制,只能用于瞄准攻击,主要特征是采用模拟计算机进行瞄准计算,相互之间相对独立并通过模拟电缆连接。系统组成示意图如图2-76所示。

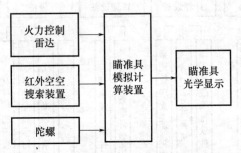

图2-76 机电式光学瞄准具系统组成示意图

2. 平视显示火力控制系统

20世纪60年代至70年代,随着数字计算机的出现和光学技术的发展,开始装备以瞄准攻击功能为主并兼有导航功能,取代光学瞄准具和传统的机电式航行仪表的平视显示系统。在70年代初又把惯性导航系统综合进火力控制系统中,构成攻击/导航系统,增强了系统攻击能力。这一时期配备的武器有航炮、航箭、炸弹、红外型格斗弹、雷达型中距拦射弹。平视显示器可显示飞机的起降、巡航、作战、空中加油等飞行任务,将瞄准显示与导航显示等进行了显示综合,具有飞行、作战信息的计算、显示与控制的功能。由于增加了雷达型中距拦射弹等武器,平视显示系统又发展了对武器进行控制管理的外挂管理系统。该火控系统的特点是以平视显示为核心,各个组成部分相对独立,并通过ARINC429总线相连,其组成如图2-77所示。

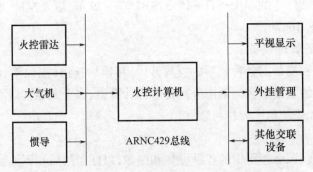

图2-77 平视显示火力控制系统组成示意图

3. 联合式火控系统

20世纪70年代至90年代,装备的武器包括航炮、火箭弹、炸弹、主动雷达型空空导弹、近距格斗弹、精确制导武器、巡航导弹等武器,并需要具有多机协同、多目标攻击能力。由于武器的增加以及作战要求的提高,火力控制系统必须提供更快、更准、更多的目标信息。因此,在平视显示火力控制系统的基础上,采用1553B总线互联构成了联合式火力控制系统,其组成包括第三代多普勒雷达、光电探测系统、外挂管理系统、综合显示、大气数据机、惯导、数据记录设备和火控计算机,系统集成围绕作战任务有关的设备进行。在80年代后期,为满足多机协同攻击的要求,进一步综合了通信导航识别子系统、电子战子系统,通过CNI系统与联合战术系统相连,以提供更多的目标信息并对目标进行识别。联合式火力控制系统的组成如图2-78所示。

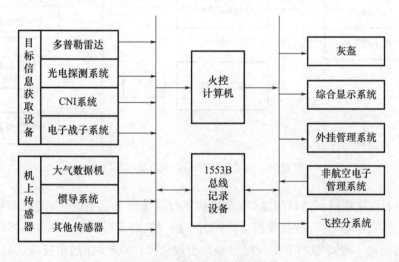

图2-78 联合式火力控制系统

4. 综合火控系统

20世纪90年代以后,武器系统进一步发展,配备航炮、第四代先进雷达型空空导弹、红外制导近距全向格斗弹、空地制导武器、反辐射导弹、对地攻击武器等,要求具备超视距空战、多目标攻击、多机协同攻击、精确打击地面目标,以及全方位、全天候、全高度攻击的能力。这导致火力控制电子设备急剧增加,而载机的空间有限。同时,电子设备所占费用的比例大大增加,带来维修性、电磁干扰等问题。上述问题的出现,要求对火控系统进行综合化设计,以满足系统减重、信息共享、减少成本、提高维修性以及提高作战效能的需要。为满足上述要求,火控系统在传感器和显示系统上采用了高速的光纤总线,进行了高度的传感器综合,传感器信息处理在综合核心处理计算机上完成,解决了目标信息探测能力问题。采用外场可更换模块取代外场可更换单元,增强了系统功能互换与共享能力,减少了维修时间。与前一代相比,真正实现了系统的综合,提高了多目标攻击、协同攻击以及精确打击地面目标的能力,提高了作战效能。综合火力控制系统组成如图2-79所示。

2.3.2 飞行控制

飞行员的基本职责是控制飞机(如飞行姿态、飞行航向、飞行速度和飞行高度等)并

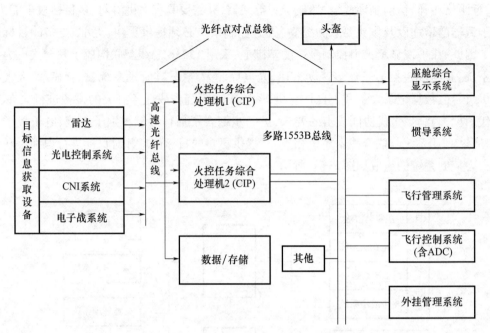

图 2-79 综合火力控制系统组成示意图

引导飞机沿着预定航线到达目的地,或者机动飞行后选择有利航线,飞向新的航点,并在所选择的机场安全着陆。同时,飞行员应随时了解飞机的飞行状态、发动机、燃油系统、电气系统和机载电子设备等的工作状况。一旦出现故障,应能快速做出反应,及时处置,确定继续或放弃预定的飞行任务。对于作战飞机,飞行员必须对地面、空中、海上的各种敌方威胁、友机或协同作战飞机状态,敌我双方的攻防战术态势有全面、清楚的感知,以顺利完成预定作战任务,同时有效保存自己。为了使作战飞机飞行员在复杂作战环境下能应付自如地对抗各种威胁,保证飞机的作战能力,飞机航空电子系统必须从体系结构、管理策略、人机接口上,尽可能地减轻飞行员的工作负担,使其从操纵者变为管理者和决策者。

飞行控制系统是飞机上至关重要的系统。它负责操纵飞机上的飞行控制机构,保障飞机从起飞到着陆的整个过程平稳自如飞行。其基本定义是稳定和控制飞机在空间中的角运动(方位、俯仰与滚转)以及飞机的质心运动(前进、升降与横移)。根据控制的方法可以分为人工操纵和自动控制两类。

2.3.2.1 飞行控制理论基础

飞机在空间中 6 个自由度的运动,可以视为姿态运动和轨迹运动的组合,其在外力作用下的运动规律一般用运动方程来描述,即应用微分方程的形式描述飞机运动和状态随时间的变化规律[33]。

在惯性参考系中应用牛顿第二定律可以建立飞机在合外力 F 作用下的线运动方程和在合外力矩 M 作用下的角运动方程。

飞机在合外力作用下的线运动方程为

$$\sum F = \frac{\mathrm{d}}{\mathrm{d}t}(mv)$$

飞机在合外力矩作用下的角运动方程为

$$\sum M = \frac{\mathrm{d}}{\mathrm{d}t}(L)$$

式中,m 为飞机的质量,v 为飞机质心的速度向量,L 为动量矩。

飞机的运动通过相应的坐标系(如机体坐标系、地轴坐标系、速度坐标系),以一定的运动参数来表示。常用的飞机运动参数包括三个姿态角(俯仰角、偏航角、滚转角)、三个角速度(俯仰角速度、方位角速度、滚转角速度)、两个气流角(迎角、侧滑角)、两个线位移(飞行高度、飞行距离)及一个线速度(空速)。这些运动参数需要不同的传感器设备来测量,常用的传感器设备有速率陀螺仪(测量角速度)、垂直陀螺和航向陀螺(测量俯仰角、滚转角及方位角)、空速计(测量空速)和高度表(测量高度)等。

对飞机运动的控制,是通过飞行操纵机构改变飞机的动力和空气动力来实现的。常用的飞机操纵机构是所谓的"三舵""一杆"。"三舵"分别指的是方向舵、升降舵和副翼。方向舵控制飞机的方位,升降舵用来控制飞机的俯仰,副翼控制飞机的倾斜。"一杆"指的是发动机的油门控制杆,它控制发动机的推力大小。除了"三舵"以外,为了增加机动性能,许多飞机还增加了襟翼、缝翼、鸭翼、减速板等操纵面。飞机各种操纵面的示意图如图 2-80 所示。这些舵面是通过各种电动、液压舵机和气动舵机来控制的。

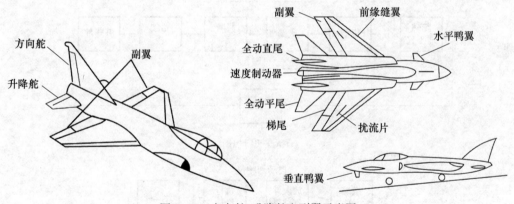

图 2-80 方向舵、升降舵和副翼示意图

将上述操纵机构作为控制量输入,飞机的姿态角参数和轨迹参数作为被控量输出,飞机在空间中的六自由度运动即可表示成如图 2-81 所示的动力学环节。

实质上,飞行控制是通过不断地控制调整各类操纵面(动力、舵面),来达到所期望的运动状态的过程。无论对于飞行员控制,还是对于自动控制,都是一个反馈闭环控制的过程。

以飞行员控制飞机水平直线飞行为例,当飞机受到扰动(如阵风)偏离原姿态(例如飞机抬头)时,仪表板——陀螺地平仪指示会发生相应的变化。飞行员用眼睛观察到这一变化,反映到大脑,经过思维判断做出决定,指挥双手去推动驾驶杆使升降舵向下俯转,产

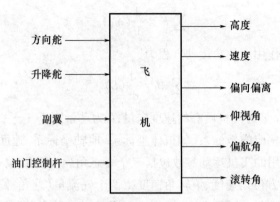

图 2-81 飞机运动力学环节示意图

生相应的下俯力矩,使飞机趋于水平。随着飞机姿态慢慢地恢复,仪表的指示也发生相应变化,飞行员根据观察判断逐渐把驾驶杆收回原位。当飞机回到原态(水平)时,驾驶杆和升降舵面也回到原位。其控制过程如图 2-82(a)所示。

自动飞行控制系统的控制过程与上述人操纵飞机的过程相似。只不过以传感器替代了人的眼睛负责感应飞机的各种运动参数,以放大计算装置或控制计算机取代了大脑进行信息处理和控制量计算,以伺服执行机构替代了人手的作用来控制飞机各种舵面。其控制过程如图 2-82(b)所示。

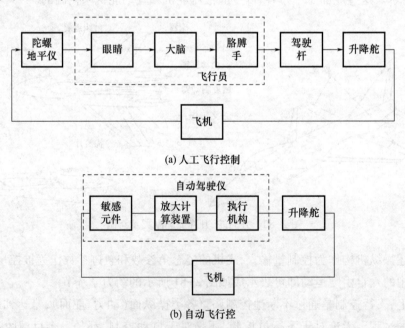

(a) 人工飞行控制

(b) 自动飞行控

图 2-82 飞机控制过程示意图

下面以俯仰通道为例说明姿态角自动控制系统原理[34]。自动驾驶仪中用垂直陀螺测量俯仰角及滚转角,用航向陀螺仪测量偏航角。陀螺仪以电信号形式送入信号综合器,经放大器放大后送入舵回路,驱动舵面偏转从而控制相应姿态角。各通道在原理上基本相似。

图 2-83 为俯仰角 θ 自动控制的原理方块图,其中 $U_{\Delta\theta}$ 为垂直陀螺仪信号转换器的输出电压且 $U_{\Delta\theta}=K_1\Delta\theta$,$U_{\Delta\theta g}$ 为控制电压,$U_{\Delta\theta}$ 与 $-U_{\Delta\theta g}$ 一起送入舵回路(其传递函数为 $G_\delta(s)$)。若略去舵回路的惯性,则 $G_\delta(s)=K_\delta$,舵回路输出 $\Delta\delta_e$ 与 $\Delta U(U_{\Delta\theta}-U_{\Delta\theta g})$ 成比例关系,即

$$\Delta\delta_e = K_\delta(U_{\Delta\theta}-U_{\Delta\theta g}) = K_\delta K_1\Delta\theta - K_\delta U_{\Delta\theta g} = L_\theta(\Delta\theta-\Delta\theta_g)$$

式中,$\Delta\theta_g=U_{\Delta\theta g}/K_1$,$L_\theta=K_\delta K_1$。该式说明升降舵偏角增量与俯仰角偏差($\Delta\theta-\Delta\theta_g$)成比例,具有这种控制规律的姿态角自动控制器称为比例式驾驶仪。除此之外还有积分式自动驾驶仪和均衡式反馈自动驾驶仪。

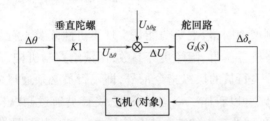

图 2-83 俯仰角 θ 自动控制系统原理方块图

2.3.2.2 飞行控制的系统组成

如 2.3.2.1 节所述,现代飞行控制系统由众多的控制分系统组成。它们负责不同的飞行控制任务,使用不同的控制策略和机构,各自形成相应的控制回路。从系统层次上看,它主要包括四类回路:舵回路、内回路、外回路和导引回路。图 2-84 给出了一个现代飞行控制系统的典型结构图。

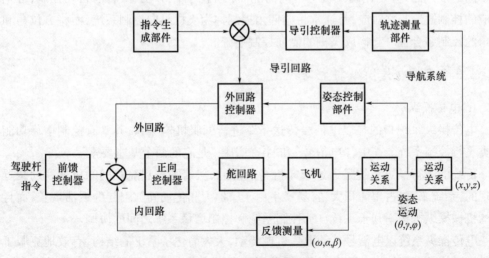

图 2-84 飞行控制系统总体构成

舵回路也称为伺服回路,主要作用是控制舵机的摆动。如图 2-85 所示,舵回路由舵机、放大器及反馈元件组成。测速机测出舵面偏转的角速度,反馈给放大器以增大舵回路

的阻尼,改善舵回路的性能。位置传感器将舵面角位置信号反馈到舵回路的输入端,从而使控制信号与舵偏角一一对应。

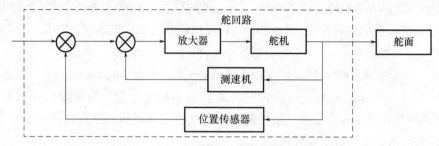

图 2-85　舵回路结构

内回路也称为控制增稳回路,主要功能是实现飞机性能及飞行品质的改善。其原理是通过测量装置测量飞机方位角、俯仰角等参数,回馈给控制机构,以保持飞机姿态的稳定。该回路主要是接收飞行员的操纵指令信号,即飞行员必须通过内回路来操纵飞机运动。实际上,整个内回路可以看作一架等效飞机,飞行员通过操纵杆控制等效飞机的运动。当外回路工作时,外回路产生的控制指令信号也只能通过内回路操纵飞机。

外回路主要完成自动驾驶功能,实现飞行姿态角及速度等的控制功能。前面已提到,外回路控制信号只能通过内回路控制飞机的运动。

导引回路又称为导航回路。它利用导航系统的数据,综合内回路和外回路的功能实现飞机航迹的控制(包括水平航迹和垂直航迹)。导航回路所产生的控制指令必须通过外回路来实现。

对于上述各类回路而言,控制对象和控制策略不同,回路结构也各不相同。例如,存在不同的舵回路,分别控制飞机上不同的舵面;对于俯仰、方位、滚转的自动控制,分别有相应的控制通道与之对应,且通常将俯仰角控制称为飞机纵向控制系统,而将方位角和滚转角的控制结合在一起构成飞机的侧向控制系统。

2.3.2.3　电传操纵与主动控制

1. 电传操纵

电传操纵系统指的是以电信号传送指令进行伺服机构操纵,并具有控制增稳功能的一类飞行控制系统。其中,"电信号"和"控制增稳"是它的两个基本要素。

传统的飞行操纵系统是通过遍布机身内部的、从驾驶杆到舵机间的机械联动装置来实现的,系统笨重,占用体积大,容易产生由于摩擦力和传动间隙引起的迟滞现象,而且复杂的机械操纵机构不利于飞行自动控制系统和控制增稳系统之间的协调。

电传操纵系统以电信号传动取代机械传动,大大简化了系统的结构,有效地克服了机械操纵系统的固有缺点。除此之外,系统易于安装和维护。然而,实践证明,单套电传操纵系统的可靠性远远不如机械操纵系统。这是由于机械零件的磨损与断裂造成的故障极为明显,易于及时发现并更换;而电气电子设备的故障隐患往往不易觉察。

解决这一问题的一种方法是提高各电子设备的可靠性,但这种方法的效果有限。更

有效的方法是采用余度技术,即用多重可靠性较低的、同构或异构的元部件组成可靠性较高的系统。这种系统满足如下三个条件:

(1) 对组成系统的各个部分具有故障监控、信号表决的能力。

(2) 一旦系统或系统中某部分出现故障后,具有故障隔离的能力。

(3) 当系统中出现一个或数个故障时,具有重新组织余下的完好部分,使系统具有故障安全或双故障安全的能力,即在性能指标稍有降低的情况下,系统仍能继续承担任务。

图 2-86 给出了一个典型的四余度电传操纵系统简图,其杆力传感器、速率陀螺、加速度计和计算机均有四套。

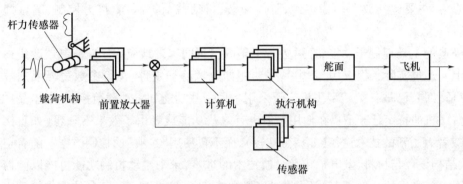

图 2-86 四余度电传操纵系统简图

目前应用的电传操纵系统大多采用四余度配置,但随着数字式电传操纵系统的发展,将四余度降低为三余度以进一步地减少系统成本、体积、重量及维护工作量,已被公认为是电传操纵系统的一个发展趋势。

电子部件,特别是数字部件,易受到电磁干扰及雷电冲击的影响。因此,在电传操纵系统中需要采取一定防雷电和电磁兼容措施。为解决这一问题,可以光信号替代电信号,即发展光纤传输操纵系统。该系统相对于电传飞控系统具有以下独特的优点[35]。

(1) 可有效地防御电磁感应、电磁干扰、核爆炸电磁脉冲。光纤信号不向外辐射能量,不存在地环流引起的瞬间扰动。工作温度低,不会产生火花,耐高温和腐蚀。因此,系统的安全性和可靠性高。

(2) 光纤可输送宽频带、高速率、大容量信号,采用频分或时分复用技术可实现多路信号的传输,能满足设备管理系统对数据传输能力不断增长的需求。

(3) 光纤的故障隔离性好,当一个通道发生故障时不会影响其他通道。

(4) 由 SiO_2 晶体制成的光纤又轻又细,极大地减小了传输线的重量和体积,节省了机内空间,便于敷设。

(5) 利用光纤技术可有效降低飞机的全寿命成本。因此,新一代军民用飞机采用光传飞控系统代替或部分代替电传飞控系统,将给飞机提供全时间、全权限的飞行控制。这必将大大提高飞机的飞行品质及抗电磁干扰、电磁脉冲和雷击的能力,增强飞机安全性和生存能力。

光传飞控技术实际早在几十年前就已提出,初期存在零件费用高昂、光纤弯折易导致信号损失、传输系统的镭射二极管易失灵等问题。此外,虽然光纤可以免除电磁干扰,但如果使用计算机则还是有可能因电磁干扰使其电子组件失效,那么飞控系统的可靠性依然有所限制。但不可否认的是,光传飞控系统重量轻、数据可靠,光传飞控技术毫无疑问将是飞机操纵系统升级发展的方向。

2. 主动控制

利用闭环反馈原理的飞行控制系统历来对飞机的性能、飞行品质和遂行任务的能力起着重要的作用。当代航空技术的发展,特别是以电传飞行控制系统为基础的主动控制技术的出现,人们改变了对飞行控制的理解和应用。主动控制技术是一种飞行控制系统设计思想,主要包括放宽静稳定性、阵风减缓、机动载荷控制、直接力控制、颤振抑制等内容。

经典的主动控制子功能,在过去若干年内已不同程度地应用于新研制或改进设计的飞机上。通过实际工程应用,其中一些功能如放宽静稳定性、飞行参数边界限制效果显著,普适性强,已被各类新型飞机广泛采用。另一些功能如机动载荷控制、乘坐品质控制在某些飞机的特定任务下仍在使用。但也有一些功能或者由于效果不理想(如直接力控制),或者有了新的技术途径(如疲劳减轻),而不再使用"经典"的控制方案。随着空气动力学、结构设计与材料、微电子和微机械技术的进步,未来主动控制功能可能以微控制器形式嵌入到飞机的几乎所有部分,将对飞机性能、飞行安全和飞行任务的完成起到决定性的作用。下面是几种研究较多且效果明显的新型主动控制子功能。

1) 任务适应式机翼

为满足战斗机在亚音速和超音速飞行状态下均具有高机动能力的需求,综合可变后掠和可变弯度技术形成了任务适应式机翼概念。数字式飞控系统根据不同的飞行状态和飞行任务连续地改变机翼后掠角和弯度,以产生不同飞行状态下的最佳升阻比。这种机翼不仅具有优良的巡航航程能力,而且能承受更高的机动载荷以及在超低空飞行时减轻阵风引起的振动,改善飞机的乘坐品质。

2) 层流和涡流的主动控制

目前,在局部气流的主动控制技术研究方面已获得明显的进展,可以实现对飞机所有升力面局部气流的控制,以提供包括超音速巡航在内的各种飞行状态下的最佳升阻比和大攻角机动能力。

3) 自适应结构载荷控制

通过埋入结构材料中的微传感器(如光纤应变计、压电材料、电阻应变计、康铜合金丝等)和驱动元件(如形状记忆合金、压电元件、电流变体材料等)直接测量和重新配置结构内部的载荷,自适应结构载荷控制系统可以实现连续的主动结构载荷调整。这种系统用于机翼可以明显提高升阻比,改善操纵性。用于起落架载荷控制可以大大增强起落架的能量吸收能力,使飞机能在已遭破坏的跑道上起降。在起落架损坏时,又可减轻对机上人员的危害。

3. 综合控制

充分考虑和利用对机体气动力与结构、发动机和武器系统的控制功能及其相互关系,对全机控制功能进行一体化自顶向下的多学科综合设计,使飞机能最大限度地发挥其性能潜力,以满足总体性能和任务能力的需求,是飞机综合控制技术研究的目标。目前,飞机综合控制技术的工程发展水平,表现在火力控制系统和推力控制系统分别与飞行控制系统相综合,以飞行控制为纽带实现综合飞行火力推力控制功能。目前火/飞/推综合技术已应用于现役第三代战机改型(F-15、F-16、F/A-18、F-111)和第四代作战飞机(F-22、JSF)上。综合控制技术的研究在继续朝着更为先进的方向发展,其发展方向将是自动攻击系统、战术任务综合控制系统、无人驾驶作战飞行系统,并逐步发展扩大以适应新式机载武器、更为复杂的作战环境和作战任务等,提高现代及未来战斗机各任务阶段的作战能力和生存性能。

近代飞机在设计方案中采用变几何形状进气道及具有推力矢量和反推特性的发动机,这带来了发动机/进气道/机身的耦合,使飞机产生发散的横向振荡、畸变系数超过限制、不稳定的荷兰滚和长周期振荡。因此,有必要对飞行控制和推力控制进行综合,以便抑制耦合作用对飞机稳定性和操纵性的影响。综合飞行/推力控制系统的核心是机载飞行控制计算机,它依据机载传感器测出的飞行状态参数(姿态角、状态角速度、马赫数、高度等)和发动机参数(进气道压力比、进气整流锥位置等)进行飞行/推力控制律计算。一方面向飞控系统发出操纵信号,控制飞机的姿态和轨迹;另一方面又向发动机系统发出控制信号,控制进气锥位置伺服装置和油门,以控制飞机的推力。这样,就把飞行控制和推力控制融为一体达到综合控制的目的。

飞行/火力综合控制的目的是改进飞机的控制增稳系统,以接收、处理耦合指令,实现武器攻击自动化。它根据机载跟踪雷达及目标状态估计器提供的目标状态信息,以及飞机自身传感器提供的本机信息,经火力控制系统解算,给出瞄准偏差信息。该偏差信息一方面通过平视显示器显示给飞行员;另一方面输送给飞行/火力耦合器,由其产生控制指令送至飞控系统,由飞控系统不断纠正飞机的航迹,使瞄准偏差趋于零。从而自动完成对目标的跟踪、瞄准和攻击。飞行/火力综合控制技术的应用实现了武器攻击自动化,减轻了飞行员的负担,减少了空战接火时间,提高了武器的命中率和飞机自身的生存力,其基本工作原理如图2-87所示。

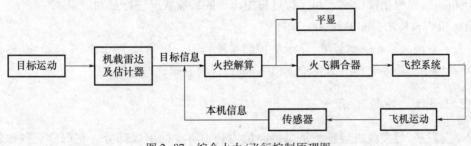

图2-87 综合火力/飞行控制原理图

2.3.3 座舱显示控制

座舱显示与控制装置是飞行员与机上各类设备进行交互的界面接口。它使得飞行员能够及时地掌握当前飞机和机上各类设备的状态,并控制相关机构做出反应,从而顺利地完成各种飞行或作战任务。

座舱显示与控制系统作为飞机航空电子系统的控制和管理中心,具备以下功能[36]。

1. 担负航电系统的管理与控制

(1) 驾驶员可以通过显示与控制系统中的航空电子启动板单独启动或成组启动航空电子各个子系统。

(2) 航空电子系统通过数据总线连接在一起形成一个整体。以1553B为中心的联合式航电系统为例,总线上数据的传输需要总线控制器(Bus Controller,BC)、远程终端(Remote Terminal,RT)和总线监控器(Bus Monitor,BM)三个部分。显示与控制系统的核心——显示控制处理机,便是这一总线的总线控制器,负责控制与管理数据总线的通信。对于综合式航空电子系统和先进综合式航空电子系统,显示控制处理机依然是整个航电系统信息处理的核心。

(3) 作为整个航空电子系统的控制与管理中心,显示与控制系统在接收驾驶员发出的指令之后,将其发送到各个航空电子系统,以确定航空电子系统整体的运行状态以及各个子系统的运行状态。管理整个航空电子系统的控制方式,对子系统的控制方式进行选择,使得各个子系统可以按照指令进行自检测、备份或传感器随动控制。

2. 管理航空电子系统与驾驶员的人机接口

驾驶员驾驶飞机,通过飞机座舱内部的控制器如驾驶杆、油门杆等各种按钮、开关以及按键等来发出控制指令。显示控制系统将这些指令传递到相应的航空电子子系统中进行动作响应,同时显示控制系统接收各个子系统反馈回来的信号,并将其进行处理显示。驾驶员可以从相关的显示器以及控制面板上得到所需要的各种信息。

3. 处理与控制视频信息

显示控制系统管理和处理来自各个视频源的视频信息。飞机飞行过程中,座舱内部以视频或图像的方式将飞机内外的各种信息通过显示器显示给驾驶员。驾驶员可以根据需要,选择记录一台显示器或者同时记录若干台显示器,座舱视频摄像机的视频图像也会被选择性地记录在视频记录仪中。在记录过程中,驾驶员可以手动选择要记录的视频信息,飞机也可以根据操作模式和飞行过程中出现的特殊状况进行自动记录。

4. 机内自检测(Built-In Test,BIT)

为了发现故障和隔离故障,显示与控制系统具有上电自检测、周期性自检测、操作员自检测、维护自检测四种机内自检测模式,进行机内健康状态监控。

2.3.3.1 座舱显示

一直以来,各类仪表装置就是飞机座舱内必不可少的组成部分。它们负责各种不同设备的显示功能,为飞行员提供包括导航参数、飞机设备状态、电子探测、火力控制等各种各样的信息。从早期的简单机械和电气仪表到现在先进的综合电子显示器,座舱仪表技术已经经历了四次较大的变革。

前三代飞机仪表,即机械和电气仪表、机电伺服仪表和综合指引仪表,均属于机电式仪表。机电飞行仪表接收位移信号和电信号,由机电驱动装置带动指示元件,如指针、标志、刻度盘、计数轮等,在仪表的表面或窗口显示飞行信息。受工作原理的限制,机电式仪表存在信息容量小、灵活性差、占用空间大、利用率低、人机工效差等局限。

随着战斗机性能不断地提高,作战环境日益复杂,机载电子设备增多带来了信息的爆炸,机电式仪表已远不能满足现代飞机对于座舱显示的要求。于是在 20 世纪 60 年代,人们开始将电子显示器引入了飞机座舱中,构成了第四代座舱仪表,即电子显示仪表。

电子显示器突出特点是可以根据控制命令,产生显示字符或图像,改变显示格式。这样就可以根据需要在不同时间段灵活地选择显示格式和内容,综合地显示各种信息,并可防止拥挤控制,即消隐或去掉暂不需要信息,突出所需信息。目前,越来越多的飞行信息或任务信息集成到了电子屏幕上。图 2-88 展示了一种现代电子飞行仪表的主飞行显示画面。

图 2-88　现代电子飞行仪表显示画面

现代飞机座舱内的电子显示系统综合了大量信息的显示输出。在组成结构上,基本可以分为输入接口、显示信息处理机和字符图形发生器三个部分,如图 2-89 所示。它实际上是一个机载计算机的终端数据图形显示设备。

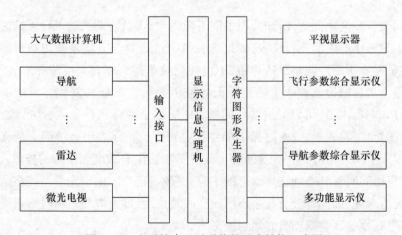

图 2-89　电子综合显示系统的基本结构组成图

电子综合显示系统通过相应的接口接收来自大气数据计算机、惯性导航系统、雷达、航空火力控制系统等机载设备的原始数据,通过显示信息处理机相应处理后,产生字符图形发生器所需的信息,再由字符图形发生器产生电子显示器件在屏幕上所需的画面。

综合显示系统的性能很大程度取决于所采用的显示器件。目前在飞机上应用的显示器有以下几种。

1. 阴极射线管(Cathode Ray Tube,CRT)显示器

CRT显示器是飞机上较早出现的一种电子显示器。它利用电场或磁场控制高速电子束流偏转,冲击荧光屏产生图形或图像。CRT显示器具有以下优点:技术成熟、分辨率和对比度高、色彩范围大、亮度高、视角大、成本低。但其缺点也是显著的:笨重、高压、功耗大、高温、对外界电磁影响敏感、易受强光影响、在冲击振动和突发事故时容易受损。

2. 液晶显示器(Liquid Crystal Display,LCD)

LCD显示原理是基于液晶的特殊光学和电学的物理特性。由于LCD具有只反射光而不发射光的特性,其相对CRT显示器具有以下优点:电压和功耗低、分辨率高、轻便、强光环境下对比度高、不易出现突发事故。但LCD也存在一些限制,主要有低温时反应慢、弱光环境下必须采用背景照明、视角小。

3. 大屏幕投影技术

随着航空电子技术的发展,现代作战飞机上出现了对大尺寸显示器的需求,即将各类导航、火控、设备管理信息都集中在一个大屏幕上进行显示。大屏幕背投影技术是实现这一目标的途径之一。

图2-90给出了采用LCD背投技术的显示器原理结构图。光学系统把光源(金属卤素灯或超高压汞灯)发射的强光通过分光镜形成R、G、B三束光,分别透射过R、G、B三色液晶板;控制信号源经过A/D转换调制后,加到液晶板上,通过控制液晶单元的开启、闭合,从而控制R、G、B三色光路的通断;然后三色光经过合色光路,在合色棱镜中汇聚;最后经透镜投射后,在屏幕上形成彩色图像。

除了LCD背投影技术,还有CRT背投影技术,但其色彩还原性、亮度和对比度都不如LCD背投影。

当军用飞机在高速低空飞行时,为了回避障碍物,飞机需要机动飞行。这时驾驶员不能经常向下扫视座舱内的飞行仪表,如果驾驶员一边观察前方场景一边扫视座舱内的仪表,则驾驶员需要不断地调整眼睛焦距,不仅使驾驶员感到精神高度紧张和视觉疲劳,而且有时甚至会出现两边都顾不上的情形而导致机毁人亡事故的发生。采用平视显示器(Head Up Display,HUD)可以解决这一问题,HUD是一种将飞行参数、端准攻击、自检测等信息,以图像、字符的形式,通过光学部件投射到座舱正前方组合玻璃上的光电显示装置。图2-91为F/A-18C的平视显示器。驾驶员透过组合玻璃和座舱的挡风玻璃观察舱外场景时,可以同时看到叠加在外景上的字符、图像等信息。由于光学系统将所显示的信息成像于无穷远处,因此驾驶员几乎不用改变眼睛焦距,即可方便地随时察看飞行参数等相关信息,可视度也不会受到日光照射的影响。

随着航空电子新技术、新工艺的飞速发展和新型显示器件的不断涌现,飞机座舱显示

系统布局和信息显示方式日新月异,显示器数量急剧减少,主显示器尺寸不断加大,分辨率不断提高,并日益朝着大屏幕化、综合化、信息化和智能化方向发展。

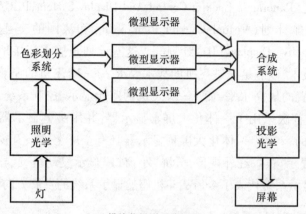

(a) 模块化投影系统框图

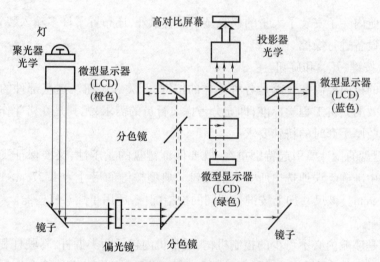

(b) 投影显示器光学系统示意图

图 2-90　用于"大图像"的背投显示器原理图

图 2-91　F/A-18C 的平视显示器

自 20 世纪末开始,国外航空大国为了执行其"全球作战"的军事目的,大力发展航空电子技术,纷纷制定研究发展计划,如美国空军的显示系统开发计划——超级座舱和全景座舱控制/显示系统(Panoramic Cockpit Control And Display System,PCCADS),英国国防研究院开展的虚拟座舱计划(Virtual Cockpit Plan,VCP)和法国的交互式大屏幕显示器(Large-screen Interactive Display,LID)计划等。这些计划直接或间接地研究和开发座舱大屏幕显示/控制技术,以满足先进飞机的战术要求。F-22 飞机的座舱显示系统代表了现役战斗机座舱配置的最高水平,而 F-35 飞机的座舱显示/控制系统,不仅继承和发展了 F-22 的优点,还首次采用了一体化大屏幕显示器,并用头盔显示器取代了平视显示器。该机座舱采用的"20×8"一体化大屏幕显示器具有全屏、分屏、开窗等灵活的显示格式,全屏"大窗口"显示雷达、红外视像,分屏"小窗口"显示发动机、武器系统等的相关数据。F-35 的座舱显示系统代表了今后战斗机座舱显示系统的发展方向[37]。

2.3.3.2 座舱控制

飞机座舱内除了安装了大量的仪表显示设备以外,还布置了许多输入装置,以方便飞行员对各个设备进行操控。

1. 各种按键、开关和旋钮

最常见的机内控制装置就是各种各样的按键、开关和旋钮。这些部件的设计通常要求满足最有效的人机工程学标准,即充分考虑飞行员的需求,尤其是在格斗作战时所承受的高过载和戴厚手套时的特殊要求。

例如,键盘的设计要引起特别重视,既要保证键盘的紧凑性,又要保证飞行员从许多类似的按键中准确无误地选出所需要的按键。典型按键的尺寸为 1.27cm×1.27cm,其中心间隔为 1.9cm。该尺寸加上按键行列间的护指配槽,适用于战斗机座舱。

2. 握杆控制

握杆也是座舱内必不可少的控制机构,通常机内包括两类握杆:驾驶杆和油门杆。它们分别负责对飞机姿态和发动机油门进行控制。此外,现代飞机的综合控制握杆上还集成了许多其他功能的控制开关,例如,雷达工作方式转换开关、参数调整开关、武器选择开关和武器投放开关等。这是为了使飞行员能够在双手不离杆、保持平视飞行的情况下,完成显示参数、截获目标、选择武器和实施攻击等工作,从而保障作战任务的顺利完成。

3. 敏感触摸屏

触敏显示键盘是另一种比较新型的控制装置。它实际上是显示在显示器上的可编程开关键盘图形。它利用显示器表面的透明触敏传感器寻址飞行员手指接触的开关键位置,然后将寻址信号输至计算机,完成键盘的控制功能。

目前应用的触敏技术主要有四种:扫描红外式、电阻重叠式、电容重叠式和表面声波。扫描红外式采用检测显示屏前红外场遮断的方法,来确定飞行员手指的位置;电阻重叠式是利用测量附于 CRT 表面的基片电阻变化来感知接触物的位置;电容重叠式与电阻重叠式的结构类似,只是它所测量的参数是电容变化;表面声波技术利用一个玻璃基片来传输表面声波,通过测量触摸的能量变化来确定触摸的位置。这四种技术各具利弊,相比较而言,扫描红外式触敏键盘在响应时间、显示透过率、可靠性、环境阻抗等方面都具有较大优势,因而,在座舱内也更具应用前途。

触敏显示键盘将显示与控制综合在一起,无机械装置、可靠性高,而且节省了空间。但它的手感比较差,在戴防护手套情况下,会影响操作。

4. 语音控制

语音控制是另一种为了实现手不离杆平视飞行而提出来的舱内控制技术。飞行员通过话音对机载设备实施非接触控制,能够简化操作、保持飞行员手不离杆平视飞行。

语音控制技术的基础是话音识别,特别是在比较大的飞机噪声环境下对话音信号检测和准确识别。语音控制需要一个大的话音词汇库。为了减小词汇库容量,提高话音识别率,通常将预先录制的飞行员词汇表输入计算机的话音识别词汇库。

语音控制只是现代飞机话音指令系统的一个组成部分,另一部分是用于完成报告、提示、告警的话音合成系统。话音合成把飞机、发动机和机载设备的状态信息,如故障告警、高度告警、速度告警、操作提示与响应等,转换成人的话音,用单词或短语形式给出提示和告警,由飞行员听觉直接接受,从而减轻其视觉负担。

2.3.3.3 座舱布局

现代飞机座舱内综合了各种各样的信息,为了使飞行员能够快速掌握这些信息、做出正确判断并完成准确控制,需要对座舱内的仪表和控制面板布局进行精心设计。

随着飞机各项技术的发展,机上仪表越来越多,为了缓解仪表板过于拥挤的矛盾,出现了"T"形飞行仪表布局,如图2-92所示。"T"形布局飞行仪表板以综合指引仪表为基础,将其位于仪表板中心,其下方是航道罗盘,左面是空速或空速—马赫数表,右面是高度表。这四个仪表排列成"T"字形。该板的特点在于综合指引仪表的信息指示与飞行员的操纵动作、飞机的纵向和横向运动响应协调。

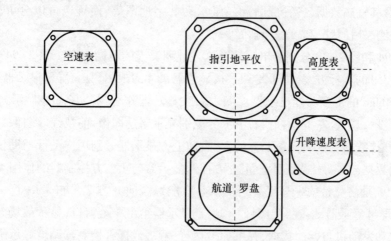

图 2-92 "T"形飞行仪表板布局

进入20世纪六七十年代以后,大量的显示和控制新技术被引入座舱当中,例如,平视显示系统、多功能电子显示器、正前方控制面板(为了方便平视情况下,对无线电通信、敌我识别和数据链等设备的操作)、综合控制握杆等。图 2-93 为深具代表性的 F/A-18 座舱仪表板布局。

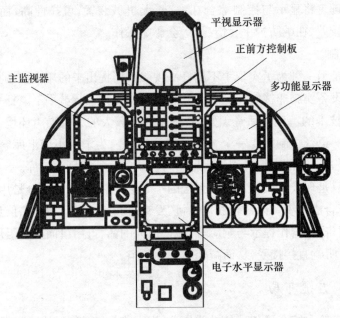

图 2-93　F/A-18 座舱仪表板布局

20 世纪八九十年代,现代空中作战环境更加复杂,为了完成作战任务,战斗机飞行员必须能够对视距和超视距的战场态势有全面的感知。在此背景下,美国空军于 80 年代后期提出了全景驾驶舱控制与显示系统计划,旨在为 21 世纪单座战斗机提供一种优化座舱人机接口和增强态势感知的显示控制系统。其核心是"大图像",即以横贯整个仪表板的大屏幕显示器,提供战术态势显示。它要求显示器不仅可全屏显示本机位置、航点、航线,以及目标及其轨迹数据、各种威胁和三维活动数字地图等,而且也可以分屏分别显示雷达、红外探测、外挂状况和攻击等画面。

图 2-94 和图 2-95 分别给出了按照这一计划实施的不同方案。图 2-94 为波音公司 JSF(即 F-35)的竞标方案,由于受到平板显示器尺寸的限制,其大屏幕显示器采用了两个 203mm×250mm 的主多功能显示器。图中右主显示器作全局战场态势显示,左主显示器作四分屏显示,左上、左下、右上、右下部分分别显示雷达图像、前视红外图像、当前要攻击的目标和外挂数据。仪表板正上方的左、右前上方显示器分别用作飞行辅助仪表和通信、导航、识别数据与告警信息显示。正上方控制显示器与正前方控制器的作用类似。

图 2-95 是洛克希德·马丁公司的 JSF 座舱综合研究方案。它采用了一个 200mm×500mm 大屏幕显示器,实现"大图像"。整个显示器给出 4 个窗口,显示战场态势、传感器视频、外挂和发动机与燃油数据,并可通过话音、触敏或握杆控制器调度显示画面。

在民用航空领域,飞机座舱显示控制系统也获得了巨大的发展。例如,欧洲空客公司的 A380(全球载客量最大的客机,有"空中巨无霸"之称,是第一架拥有 4 条乘客通道的客机)采用了大量的新技术,并融入了新的驾驶舱设计,典型如采用 8 个相同的交互式显示

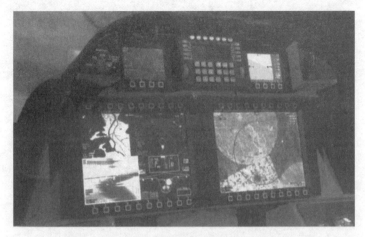

图 2-94 波音公司的 JSF 驾驶舱仪表板方案

图 2-95 F-35 的驾驶舱仪表板方案

屏、通过无线跟踪球进行光标控制来发出指令等。A380 的驾驶舱位于机头的中部,这样它可为驾驶员提供比位于机身顶部的驾驶舱更佳的全方位视野,且它的驾驶舱比现有的民航客机大 10%。A380 的电子仪表显示系统由飞机电子中央监控系统(Electronic Centralized Aircraft Monitoring,ECAM)和电子飞行仪表系统(Electronic Flight Instrument System,EFIS)组成。电子中央监控系统由发动机/告警显示器(Engine/Warning Display,E/WD)和系统显示器(System Display,SD)组成,位于主仪表板的中央。电子飞行仪表系统包含主飞行显示器(Primary Flight Display,PFD)和导航显示器(Navigation Display,ND),分别位于正、副驾驶前方,如图 2-96 所示。为了保持空中客车系列飞机的一致性,A380 驾驶舱内所有信息的基本分布、各系统和仪表的布局与其他的空客飞机基本相同;不同的地方是在主仪表板布局与配置上,改用了 8 个相同的交互式显示屏。A380 继续沿用率先在 A320 飞机上使用的电传操纵和"暗驾驶舱"系统,这样即使驾驶舱内所有的照明灯都熄灭了,驾驶员也不必采取其他应急措施[36]。

图 2-96　A380 驾驶舱

对于下一代民机驾驶舱综合显示方面的发展,欧盟 FP7 框架一直致力于一体化综合座舱显示的研究,在其驾驶舱单显示器交互解决方案(One Display for a Cockpit Interactive Solution,ODICIS)中,希望通过带触觉感应的单一、大型、无缝、可弯曲的航空电子显示器实现机载驾驶舱的综合显示,以减少专用输入与输出设备及处理平台的数量,使驾驶舱设备合理化,并提高系统的灵活性以升级航电设备性能,如图 2-97 所示。

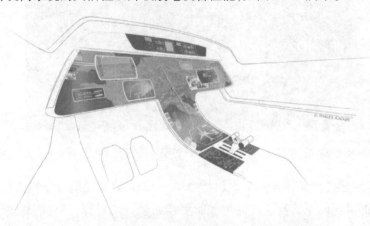

图 2-97　欧盟 FP7-ODICIS 项目单一显示器驾驶舱

2.3.4　飞行管理

2.3.4.1　飞行管理理论基础

飞行管理系统(Flight Management System,FMS)是一个配置了飞行管理计算机并以其为核心的高级区域导航、制导系统和性能管理系统。它将导航、制导、控制、动力、气动力以及其他信息高度综合,实现飞机最佳性能的飞行。

过去,飞行员在驾驶飞机飞行时,必须参考飞机性能手册、各种图表、航图等,以获取导航和性能信息。而 FMS 的出现,使得飞行员不仅能够方便地调用显示各类航路及飞行数据,而且能够更加轻易地操纵飞机。只要输入飞机当前起飞机场、目的地机场、待飞航线及飞行性能要求等信息,飞行管理计算机即能根据各类导航和传感设备提供的信息,确定飞机当前所在位置和飞机状态,并计算出最优和最经济的飞行航迹,控制自动飞行控制系统,完成从起飞机场到目的地机场的自动飞行。

FMS 不仅减轻了飞行员的工作负担,实现了全自动导航,而且为飞机提供了从起飞到进近着陆的最佳横向和纵向(垂直)飞行剖面,使飞机能够以最省油的方式飞行,大大减少运行费用。图 2-98 说明了飞行管理系统在各飞行阶段,即起飞、爬高、改平、巡航、下降和进近各阶段的所起的作用。

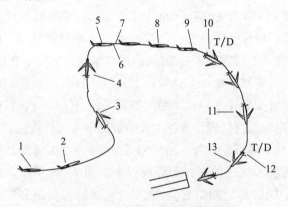

图 2-98　FMS 在各飞行阶段的功用

1—准备和起飞;2—接通横向和垂直导航;3—计算最省油速度推力指令;4—计算爬高顶点;
5、6—计算最经济巡航速度;7—计算分段爬高;8、9—沿计划航路连续制导;10—计算下降起点;
11、12—计算下降端点;13—自动着陆。

1. 起飞阶段

飞行员在起飞阶段输入飞机全重、外界温度等数据和飞行计划。飞行管理计算机据此计算应有的发动机转速,为飞机提供最优起飞推力。

2. 爬高阶段

根据选择和确定的目标推力和目标速度,FMS 控制自动驾驶仪和推力控制系统的自动油门,以最佳爬升角度到达规定的高度。通常 FMS 会给出几种爬高飞行剖面以供选择,如最经济爬高、最大速率爬高、阶梯爬高和人工速度爬高等。阶梯爬高时还提供阶梯爬高和爬高顶点高度建议,这一建议可节省爬升过程的燃油。不同爬高方式均由飞行管理计算机计算出相应的最大运行推力。

3. 改平阶段

改平阶段之前,飞行管理计算机把自动飞行控制系统的俯仰通道改为高度截获模态,自动调节巡航空速,以便从爬高平滑过渡到巡航飞行。

4. 巡航阶段

FMS 根据航线长短、航路情况等选定最优巡航高度和巡航速度,也有最经济巡航、长距离巡航、单发巡航和人工速度巡航等多种飞行剖面可供选择。在两个机场之间远距离飞行时,导航基线采用大圆弧路径,以获得到两点间最短飞行距离,结合无线电甚高频导航装置可获得最优巡航飞行。

5. 下降阶段

FMS 根据飞行员的输入或储存的导航数据确定飞机最佳下降点和下降速度,最大限度地利用飞机的位能,节省燃油消耗。下降模态有四种飞行剖面,即最经济下降、最经济航迹下降、巡航阶梯下降和人工速度沿航迹下降。

6. 进近阶段

在下降结束点,在既定高度和确定的航距上,FMS 以优化速度引导飞机到达跑道入口和着陆点。

FMS 可分三维(空间)和四维(空间加时间)两类。三维飞行管理系统将区域导航与性能管理结合在一起,其目标是实现最优轨迹自动飞行和性能管理。四维飞行管理系统在原三维的基础上增加了对时间因素的考虑,即进一步结合了空中交通管理系统,其目标是缩短航线的高峰期,提高安全性。上述目标可通过飞行管理系统上的自动闭环控制系统来实现,该闭环通过自动驾驶仪和自动油门控制系统,控制飞机轨迹,使得飞机在任一时刻的三维位置都对应着飞行管理计算机生成的最优参考飞行轨迹。

以下简述四维自动下降控制过程。由时间、距离和高度定义的理想的四维轨迹需要预先计算,基于该理想参考轨迹的高度和距离误差如图 2-99 所示。对于飞机当前位置(当前距离),根据理想轨迹算出期望高度,并综合利用俯仰姿态和发动机推力或阻力控制高度偏差和飞行速度。FMS 通过自动驾驶仪的俯仰通道控制俯仰姿态,使飞机保持或返回期望轨迹,必要时利用阻力或推力控制飞行速度。

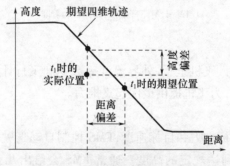

图 2-99 四维下降时的控制变量

对于当前时间,计算出所需距离和实际距离的偏差,根据距离偏差和所需时间计算出速度变化量。速度"太慢"的情况下,飞行管理系统通过自动油门控制系统控制发动机推力,从而控制飞行速度。速度"太高/太快"的情况下,通过扰流器或减速板,利用直接阻力控制来控制飞行速度。为安全/舒适起见,机组人员基于主飞行显示信息控制扩展空气动力减速装置,而不是直接交给飞行管理系统/自动驾驶仪来控制。

闭环四维自动导航控制在减小到达时间不确定性方面具有显著效果。假设空中交通管制系统的相关误差为 0,进行闭环四维导航控制时,95% 的到达时间不确定性一般小于 4~8s;在没有时间控制的开环导航控制时,飞机下降相应的到达时间的不确定性数量级估计为 40s。

四维飞行管理能明显减小到达时间的不确定性,并具有适应交通或天气等原因引起延误的到达时间灵活性和满足空中交通管制要求的飞行轨迹灵活性,这些都促进了四维飞行管理的重大发展。

2.3.4.2 飞行管理的系统组成

典型的飞行管理系统的基本系统组成如图 2-100 所示,它集导航、飞行控制、推力控制于一体,主要由如下四个子系统组成[38]。

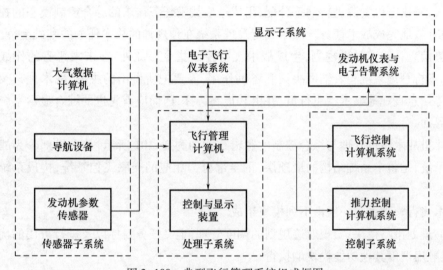

图 2-100 典型飞行管理系统组成框图

(1) 处理子系统:飞行管理计算机系统,包括飞行管理计算机和显控装置等部分。

(2) 控制子系统:飞行控制计算机系统、推力控制计算机系统,有的还包括飞行增稳计算机系统。

(3) 显示子系统:电子飞行仪表系统、发动机仪表与中央告警系统、航姿系统和磁航向系统等。

(4) 传感器子系统:大气数据计算机、惯性导航系统、无线电导航设备(测距装置、甚高频全向信标、OMEGA 导航和仪表着陆系统等)、多普勒导航及无线电高度表等。

民机 FMS 主要考虑飞行过程管制、优化飞行航线、减少油耗以节约营运成本。而对于军机 FMS,还要考虑战术飞行管理,根据指挥系统提出的战术任务要求,实时感知飞机及有关子系统的状态和周围环境(包括天气、地形、威胁等)的信息,实时进行任务及飞行轨迹的规划,生成导航和制导指令,相应地控制飞机的动力及力矩(包括气动力及推力),使飞机沿所要求的飞行轨迹飞行。与此同时,战术飞行管理按生成的指令控制飞机相关的子系统,以某种最佳方式(以生存性、任务有效性及能量消耗等进行衡量)完成突防和攻击等各种典型战斗任务。

战术飞行管理系统概念是 1982 年由美国空军莱特航空实验室与麦道公司提出的。

该系统是一种全任务综合管理系统,其功能和目标是协调、管理和控制已有的综合火/飞控制和综合飞/推控制等系统,以能量管理和四维导航等技术为基础,自动生成和执行飞行计划和轨迹指令,增强飞机在复杂和存在多种威胁的环境下执行战术任务的有效性及其生存能力,并减轻飞行员的工作负担。随后,美国、日本、中国等国在飞行综合控制研究的基础上开始了军机的飞行管理系统概念和关键技术的研究。

在多兵种协同作战中,攻击机与友机之间以及攻击机内部各系统之间须在不同层次上实现信息共享,多种探测器获取的信息需进行数据融合,获取精确和可靠的信息。未来战斗机上战术飞行管理在航空电子综合系统的基础上,根据执行不同的战术任务及不同的任务段,对攻击机资源进行动态分配,组成适应战术任务需求的综合控制模态的控制系统,以便有效地完成战术任务。战术飞行管理系统在预规划的战术任务的基础上,能根据作战态势信息在线实时再规划,生成战术飞行控制指令。此外,在未来恶劣的作战环境中,战术飞行管理系统起着辅助决策和咨询作用,需要把所做出的决策、战术预案及实时作战态势信息直观地显示给飞行员,并由其最终选择,因而应有先进的综合显示系统和人机接口界面。

战斗机战术飞行管理与综合控制的逻辑结构如图 2-101 所示,其上半部分为战术飞行管理系统,是整个系统结构的最顶层,下半部分为相应的交联飞控系统,构成系统结构的底层。

战术飞行管理系统一般由下列模块组成。

(1) 规划策略模块:实现航迹规划的调度管理,定义任务目标以及进行可用的优先级选择,并顺序调度其他功能模块的执行。

(2) 天气、地形及障碍物回避管理模块:产生飞机回避指令。

(3) 威胁管理模块:对现今航线的威胁进行识别,并产生相应的指令。

(4) 目标管理模块:对作战实体威胁以及对攻击目标识别、选择并捕获、锁定攻击目标,输出攻击目标的相关信息以及威胁的有关信息。

(5) 轨迹规划模块:根据威胁、天气、障碍物和地形回避的要求重新规划飞机的飞行航迹,根据武器投放的战术预案实时规划攻击轨迹。

(6) 武器投放决策管理模块:根据地形、天气、威胁及攻击目标状态,完成武器投放战术预案。

2.3.4.3 飞行管理的应用与发展

FMS 从 20 世纪 80 年代初问世以来,在军用运输机、巡逻机和民用运输飞机上得到广泛的应用,取得公认的良好运行效益。随着 1993 年新航行系统即通信、导航、监视和空中交通管理(Communication Navigation, Surveillance/Air Traffic Management, CNS/ATM)新概念的提出和逐步付诸实施,原来航管许多限制将被取消,FMS 可以发挥更大的作用和效益,并进一步促进其发展。飞行管理系统的发展具有如下特点。

(1) 飞行管理功能的综合程度更高:综合了发动机推力计算功能、通信管理功能、数字地图功能和全球导航卫星定位等功能;在军用飞机中还综合了一些任务管理功能。

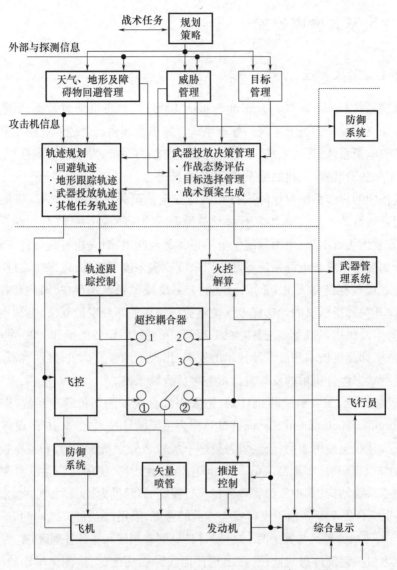

图 2-101 战术飞行管理与综合飞控系统原理结构图

（2）向模块化、综合化发展：采用符合 ARINC 650 规范的外场可换模块，大大促进系统资源的共享，并易于实现系统级的容错和余度管理，提高系统工作可靠性，同时将改变维修体制。

（3）飞行管理系统与新航行系统紧密结合：与 GPS 的结合为三维和四维飞行管理提供精确的空间定位数据；与卫星通信、甚高频空—地数据链和航空电信网的结合将实现遥控故障分析和维护计划安排；与 S 模式应答机的结合及时提供大气数据、气象信息、高度、位置和飞行净空信息，使 FMS 的性能计算有更高的精度；与 GPS、MLS 和 ILS 多模式接收机的结合，选择可适用的最佳进近着陆方式；与导航前视红外、毫米波雷达和平视显示器配合，实现军用飞机在复杂地域和复杂气象条件下的全天候飞行与进近着陆。

2.3.5　飞机及其健康管理

2.3.5.1　飞机管理

飞机管理系统(Vehicle Management System, VMS)是对飞机动力系统、机电系统等保障飞机飞行和飞行安全的机上系统的管理系统。飞机管理系统管理的对象主要有燃油系统、液压系统、电源系统、环控系统、第二动力或应急动力系统、发动机监测系统、起落架装置、机轮刹车和防滑装置、飞机照明系统、告警系统等。

这些设备中的许多系统对保障飞行和飞行安全是至关重要的。例如,燃油系统工作不正常可能导致发动机丧失推力;液压系统故障造成液压供应不足,飞行控制系统无法正常工作,以致发生飞行事故;电源系统供电不正常甚至断电,对飞机将是一种灾难。因此,关键的系统如液压系统和电源系统等都是双余度或多余度配置的,以保障飞行的安全。

至今上述设备在许多飞机上仍以分立的分系统或设备形式存在,因此有各自的专用控制板、操作开关和指示仪表。这样不仅使座舱仪表板的布局变得复杂,也加重了飞行员的工作负担,为此民用飞机上多配备随机工程师,负责公用设备的操作。20世纪70年代中期以来,数字计算机技术和显示器技术的发展,出现了用于发动机、燃油、液压等系统工作参数和运行状态综合指示的发动机指示与乘员告警系统。

1982年英国制订了实验战斗机计划,把采用综合技术的飞机管理系统,即公共设备管理系统(Utilities Management System, UMS)作为主要验证技术之一,并于1988年完成验证试飞。在战斗机上使用表明,公共设备管理系统较之分立系统结构,安装重量和使用费用可减少50%以上,利用率提高7倍。20世纪80年代后期,美国"宝石柱"计划按功能区划分航空电子系统结构,其中飞机管理区将飞行控制、矢量推力控制、大气测量和飞机惯性测量等功能也综合进VMS。出于飞行安全方面的考虑,采用"宝石柱"结构的F-22航空电子综合系统中,飞机管理区与其余两个功能区(传感器管理区和任务管理区)是独立的。

为了对飞机关键部件进行监控,在出现任何实际损坏之前,检测出早期故障,防止因发动机等重大故障造成坠机事件,20世纪80年代以后发展了飞机完好性与使用检测技术。这一技术对发动机由于应力变化导致疲劳故障的检测方面起到了非常有效的作用。在直升机上,完好性与使用监测系统除了监测发动机之外,还要监测旋翼系统、传动系统和齿轮箱等,不仅监视运动部件的运行状态,预测疲劳损伤,计算部件寿命,诊断潜在的部件故障,还能对故障部位进行定位。

2.3.5.2　故障预测和健康管理

故障预测和健康管理(Prognostics and Health Management, PHM)技术,正在成为新一代飞机系统设计和使用中的一个组成部分。故障预测,即预计性诊断部件或系统完成其功能的状态,包括确定部件的残余寿命或正常工作的时间长度。健康管理,是指根据诊断/预测信息、可用资源和使用需求对维修活动做出适当决策的能力。

PHM 技术是从设备的可靠性分析、测试性设计和故障诊断技术逐步发展并演变过来的,经历了 20 世纪 50 年代的可靠性分析、60 年代的质量分析、70 年代的状态监控、80 年代以可靠性为中心的设备维修、90 年代的综合诊断,形成了现在的故障预测与健康管理技术体系[39]。

PHM 系统结构示意图如图 2-102 所示。PHM 采用先进的传感器来感应和采集与系统异常属性有关的特征参数,然后将这些特征与有用的信息相关联,借助各种算法和智能模型来分析、预测、监控和管理飞机的工作状态。

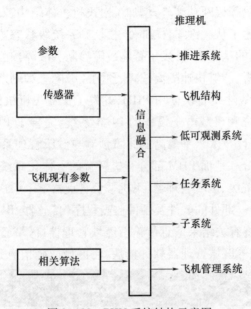

图 2-102　PHM 系统结构示意图

整个飞机的 PHM 系统由下列区域的智能化实时监控系统构成:

(1) 推进系统的实时监控系统,包括发动机吸入碎屑监控系统、滑油状况监控系统、发动机应力监控系统、静电式轴承监控系统、静电式滑油碎屑监控系统、先进寿命算法和部件状况监控系统等;

(2) 航空电子系统的实时监控系统,采用电子射频的预测性诊断系统;

(3) 结构实时监控系统,VMS 以及其他任务分系统和低观测性特征的实时监控系统。

PHM 包含的主要功能有故障检测、故障隔离、故障预测、残余使用寿命预计、部件寿命跟踪、性能降级趋势跟踪、保证期跟踪、故障选择性报告、辅助决策和资源管理、容错、信息融合和推理机、信息管理等。

PHM 是一种全面的故障检测、隔离和预测及状态管理技术。这种技术能够显著提高对复杂系统工作状态的了解,最大程度地利用传统的故障特征检测技术,并综合先进的软件建模,来获得虚警率几乎为零的精确的故障检测和隔离结果。PHM 还收集和处理关键部件的性能信息,用于预计这些部件的残余使用寿命。通过在线处理和管理复杂系统,增强了操作人员对发生故障时系统剩余能力的了解。同时通过向基地传播故障信息激活自主式后勤保障系统程序,当飞机还在空中飞行时,机内的预测性诊断系统所检测到的飞机故障信息便可自动传输给地面的后勤保障系统,使其准备好相应的零备件、维修人员和维修设备。由于单个飞机的 PHM 系统和整个机队的后勤保障系统都将包括智能模型,系统将最终精确地预计将要发生的故障并在故障发生前提供需要更换的零部件信息,实现视情维修。

21 世纪初,美军引入了基于状态的维护保障理念,通过对装备运行状态实施监测,根据实际状态确定最佳维修时机,以提高装备可用度和任务可靠性。美国和英国等国家合作开发 JSF(即 F-35)项目时,从飞机安全性和经济可承受性角度出发,提出了故障预测与健康管理的具体要求,并把状态监测范围从发动机扩大到机体结构、机电系统和机载电子设备,除状态监测与故障诊断功能外,增加了对飞机机体结构、发动机、机电系统故障预测与健康管理功能,构建了从关键零件、部件、模块到系统级状态监测体系,并且在充分了解关键零部件故障模式的基础上,开发了智能故障诊断和故障预测软件,通过对状态监测数据的融合、挖掘和分析,能够快速隔离故障、预测故障隐患和剩余寿命。

美军 F-35 第四代战斗机首次使用 PHM,开发了覆盖飞机机体结构、动力传动系统、飞行控制系统、机电系统和机载电子设备的 PHM 系统,完善了 PHM 技术体系和应用体系,成为目前功能最完善、技术水平最高的故障预测与健康管理系统。F-35 飞机的 PHM 系统是由机载 PHM 部分和地面 PHM 部分有机融合的一体化系统,如图 2-103 所示。机载 PHM 部分由成员系统级、区域管理器、飞机平台管理器三个层次组成:成员系统级由分布在飞机各分系统/设备/部件的软件及硬件监测程序(传感器、BIT/BIT 设备)组成,作为识别故障的信息源,并将有关结果信息传输至区域管理器;区域管理器包括飞机系统、任务系统、机体、推进系统等区域管理器软件模块,将区域故障信息经过整理后传送给更高

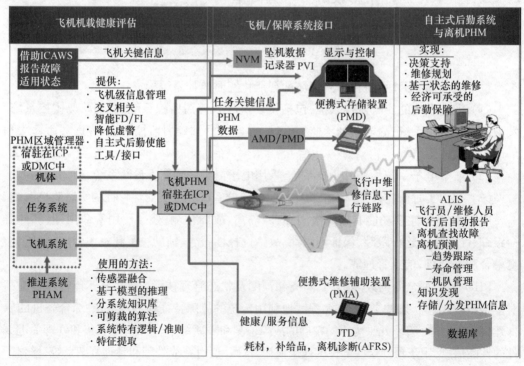

图 2-103　F-35 飞机 PHM 体系结构

层的飞机管理器软件模块;飞机平台管理器将区域管理器的信息综合后,传给地面的联合分布式信息系统。地面 PHM 部分根据飞机平台管理器传输的信息,判断飞机的安全性,安排飞行任务,实施技术状态管理,更新飞机的状态记录,调整使用计划,生成维修工作项目,并分析整个机群的状况。

民用飞机首先对安全性有极高的要求,其次是降低运行成本和维修费用。民用飞机 PHM 主要由机载健康管理系统、地空通信系统和地面健康管理系统 3 部分组成,通过远程收集飞机数据,实现飞机数据的实时显示,地面系统人员通过对飞机数据的综合分析,准确判断飞机的健康状态,对那些可能影响飞机签派放行的故障,提早发现、找出原因,并给出最佳解决方案,从而优化排故维修工作,提高排故效率,达到提高飞机利用率、缩短飞机延误时间、减少飞机计划维修、降低运行成本、降低全寿命周期运营成本的目的。

民用飞机 PHM 经过几十年迅猛发展,在民用航空领域取得了突破性进展,构建了基于空地双向数据通信系统的实时监控与健康管理系统,实时收集飞机的状态信息,及时获取飞机健康状态,并对飞机的全寿命周期内的健康状态进行有效管理,提高了航空公司飞行安全余度和整体运行品质,同时提高了维修质量、降低了维修成本,为机队长期可靠性运营提供了有力的支持。

参考文献

[1] 寇明延,赵然. 现代航空通信技术[M]. 北京:国防工业出版社,2011.
[2] https://baike.baidu.com/item/多径衰落.
[3] 蒲小勃. 现代航空电子系统与综合[M]. 北京:航空工业出版社,2013.
[4] https://baike.baidu.com/item/黑障区通信.
[5] 杨森,浦星,戴慧玲. 机载公众移动通信技术及发展应用研究[M]. 电信科学,2014(3):54-59.
[6] 杨勇,石玲玲,贾学先,等. 量子通信技术在航天系统中的应用研究[J]. 导弹与航天运载技术,2016(5):48-52.
[7] 房鸿瑞. 深空通信导航技术及其标准[J]. 遥测遥控,2009,30(3):1-9.
[8] https://baike.baidu.com/item/平流层通信.
[9] 倪育德,卢丹,王颖,等. 导航原理与系统[M]. 北京:清华大学出版社,2015.
[10] 吴德伟. 导航原理[M]. 北京:电子工业出版社,2015.
[11] https://baike.baidu.com/item/星光导航.
[12] 胡小平. 导航技术基础[M]. 北京:国防工业出版社,2015.
[13] www.beidou.gov.cn.
[14] https://baike.baidu.com/item/激光陀螺.
[15] https://baike.baidu.com/item/X射线脉冲星导航.
[16] 宋媛媛,丛爽,尚伟伟,等. 量子导航定位系统国内外研究现状及其展望(上)[C]//中国自动化学会控制理论专业委员会. 第 36 届中国控制会议论文集,中国辽宁大连,2017-7-26.
[17] 安晓东. 雷达敌我识别侦察干扰仿真技术[D]. 无锡:江南大学,2012.

[18] 王小谟,张光义. 雷达与探测:信息化战场的火眼金睛[M]. 北京:国防工业出版社,2008.
[19] 余华,吴文全,刘岚. 雷达对空探测威力表征计算方法研究[J]. 计算技术与自动化,2017,16(1):146-149.
[20] 陈运涛,等. 雷达技术基础[M]. 北京:国防工业出版社,2014.
[21] 张欣,叶灵伟,李淑华,等. 航空雷达原理[M]. 北京:国防工业出版社,2012.
[22] 王雪松. 雷达技术与系统[M]. 北京:电子工业出版社,2014.
[23] 安毓英,等. 光电探测原理[D]. 西安:西安电子科技大学,2004.
[24] 江文杰,施建华. 光电技术[M]. 北京:科学出版社,2009.
[25] 司伟建,曲志昱,赵忠凯,等. 现代电子对抗导论[M]. 北京:北京航空航天大学出版社,2016.
[26] 周峰,刘建辉,郭俊,等. 国外机载红外预警系统发展动态分析[J]. 激光与红外,2017,47(4):399-403.
[27] 郑海晶,白廷柱. 紫外告警技术现状及发展分析[J]. 红外技术,2017,39(9):772-779.
[28] 周一宇,安玮,郭福成,等. 电子对抗原理与技术[M]. 北京:电子工业出版社,2014.
[29] 罗钉. 机载有源相控阵火控雷达技术[M]. 北京:航空工业出版社,2018.
[30] 杨勇军,梅进杰,雷云龙. 综合射频系统技术研究进展及发展前景[J]. 舰船电子对抗,2018,41(5):6-11.
[31] 周志刚. 航空综合火力控制原理[M]. 北京:国防工业出版社,2008.
[32] 程江涛. 航空火力控制原理[M]. 北京:国防工业出版社,2017.
[33] 吴森堂. 飞行控制系统[M]. 北京:北京航空航天大学出版社,2013.
[34] 蔡满意. 飞行控制系统[M]. 北京:国防工业出版社,2007.
[35] 李玉飞,苏媛. 光传飞行控制系统研究[J]. 航空科学技术,2009(5):7-11.
[36] 陆虎敏. 飞机座舱显示与控制技术[M]. 北京:航空工业出版社,2015.
[37] 邢新强,李国超. 机载座舱显示发展趋势分析[J]. 飞机设计,2010,30(2):34-36.
[38] 吴文海. 飞行综合控制系统[M]. 北京:航空工业出版社,2007.
[39] 年夫顺. 关于故障预测与健康管理技术的几点认识[J]. 仪器仪表学报,2018(8):1-14.

习 题

2.1 试论述 CNI 综合系统的设计要素体现在哪些地方。

2.2 试论述射频传感器综合的定义以及未来发展的趋势是什么。

2.3 试论述飞机管理系统的功能,及其与机载故障预测和健康管理系统的区别。

2.4 简单论述军机机载数据通信和民机机载数据通信的差异。

2.5 试论述飞机导航定位常用的技术手段及其适用范围方面的差异。

2.6 简述雷达测距的原理,并分析影响其测距精度的主要因素。

2.7 简述合成孔径雷达成像的基本原理。

2.8 试论述"宝石台"综合射频传感器结构对于射频综合理念实施的主要技术手段,以及该综合结构与 IMA 核心系统结构在架构综合上的差异。

2.9 试简单论述机载火控系统综合历程中各代的主要综合理念及其技术手段。

2.10 试论述飞行控制的基本原理及其系统组成。

第 3 章 开放式系统结构

长期以来,功能和性能的需求一直是航空电子系统发展的牵引力,为此系统设计师们把增强飞机任务能力、提高执行任务成功率和自身生存能力作为主要设计考虑因素。随着对功能和性能的追求,航空电子系统的成本也急剧上升,目前已占到战斗机总成本的40%。航空电子系统已成为飞机上最为重要和最为复杂的系统之一,其性能优势也是飞机先进性的标志之一。但是航空电子系统也面临着技术先进性和经济上可承受性的巨大矛盾。

微电子技术的迅速进步和发展,使得航空电子设备所用的半导体器件的更新周期远远快于航空电子系统的生命周期。处理器的升级或更新期为 10~16 个月,而航空电子系统的研制周期就需要 5~10 年。半导体器件快速更新正在威胁航空电子产品制造和维护所需的货源。软件的开发同样如此,由于软件工具、应用程序接口、计算机语言等过时的影响,需要花费大量的人力物力来支持软件在飞机上的应用。

航空电子综合程度越来越高,系统规模越来越大,系统结构越来越复杂。无论新飞机的研制还是在役飞机的改进与升级,都要求航空电子系统有一个灵活的系统结构和合理的互联方式。一方面,在以网络为中心的协同作战环境下,适应多种平台互联、互操作的要求。另一方面,在平台内部,易于把新的技术引入系统,同时适应不断增长的系统性能需求。

这些都提出了一个迫切需要解决的问题,即采用何种航空电子系统结构和工程方法,在保证系统能力的同时,能够控制成本、适应电子技术的飞速进步、支持不断发展的以网络为中心的协同作战环境,实现系统的可用性和可支持性。

开放式系统结构概念的提出,相应的开发方法与过程的建立,同时以 COTS 技术为基础的开放式航空电子系统工程的实践,为航空电子系统实现系统功能与性能、可负担性、可用性和可支持性要求开拓了宽阔的前景。

3.1 开放式系统结构概念

3.1.1 开放式系统定义

当今武器系统面临着诸多挑战,包括通过信息交互接入战场网络、利用商业成熟技术提高支持能力、减少系统新研制和改型所需的时间、支持 30 年以上的使用寿命、适应技术更新和产品过时的冲击等。采用开放式系统结构是迎接这些挑战的有效措施。应用开放式系统结构可以改进系统的可支持性,在不改变系统其余部件的情况下,通过替换系统中的过时部件,提高系统性能;通过现有部件和商用部件的重复使用,大大减少开发费用;将一些商用的新的技术引入国防系统中,缩短开发周期;利用系统和设备的通用性,减少专用的开发和测试设备的需求,减少对操作和维护人员的培训。

航空电子系统设计既影响最初的研制成本,也影响寿命周期成本。开放式系统结构是降低总的寿命周期成本的关键要素之一。尽管武器系统的研制和生产占系统全寿命周期成本的相当一部分,但是超过一半的成本用在了系统交付使用之后。而开放式系统具有易于升级、延缓部件过时和共享支持费用等优点,一个开放的系统将比一个专用的系统的寿命周期成本低,即使后者的研制费用可能低一些。

军用航空电子设备已经开始使用商业产品,例如微处理器,在飞机上使用了越来越多的图像处理器和数字信号处理器。然而这些产品的开发是为了满足商业信息产业和消费电子市场的需求,其开发周期与军用系统相比要短得多,因此军用航空电子不得不面对一个不可避免的"过时"问题。很可能出现这样一种情况,用于航空电子系统的商业部件已经开始淘汰了,而该系统还处于研发阶段。图 3-1 给出了对不同类型产品的淘汰时间的估算。从图中看到,开放的标准接口和程序语言一起,为处理过时问题提供了一个稳定的设计框架。

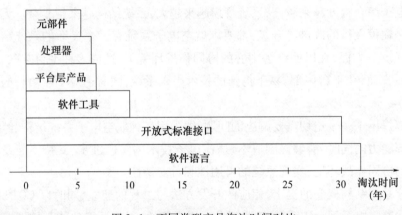

图 3-1 不同类型产品淘汰时间对比

为了应对武器系统的这些挑战,美国国防部在 20 世纪 90 年代中期就组建了开放式系统联合工作组,为研制武器系统建立了一套开放式系统方法,并发布了一系列具有官方导向性的规范文件,以指导在航空电子系统的开发中采用开放式系统结构。

开放式系统的定义有很多,在不同的领域有不同的定义。

(1) 在 20 世纪早期,开放式系统最早在生物和物理学科学中被提出,然后引入物理和社会科学中,表示能与外界进行能量、物质和信息交换的系统。

(2) 在信息学科领域,对开放式系统的一般定义是:一个系统,它对接口、服务、支持形式实施充分的开放标准,从而能使正确的设计单元可以以尽可能少的更改就能在较广泛的系统范围内应用,与本地和远程系统的其他单元实现互操作并以易于移植的方式与用户交互作用的系统。

（3）在计算机工业领域,开放式系统综合了可移植性、可变规模和互操作性,并且建立了国际标准,每个用户都可以参与这个过程,结果对于每个用户都是同等可用的。

（4）在航空工业领域,NAV AIR-546《先进的航空电子系统结构和技术回顾最终报告》中认为开放式系统是通过组合或者减少模块元件,可以扩展、升级或者功能重构的系统,这个概念对于硬件和软件都适用。此外,美国电气电子工程师协会(Institute of Electrical and Electronics Engineers,IEEE)与国家航空航天局(National Aeronautics Space Administration,NASA)的标准组织在通用开放式结构框架中定义开放式系统是贯彻实施了足够的接口、服务和支持形式的开放式规范,以确保：第一,遵循同一开放式规范的系统,系统间可以以最小的更改进行移植；第二,与本地和远程系统的其他应用可进行互操作；第三,通过简化用户移植性可在用户间进行互操作。

从以上的定义可以看出,开放式系统的关键是系统由公开、统一的标准定义,这些标准是共性应用的准则,具有如下特征:
(1) 使用明确的、广泛使用的、非专利的接口与协议;
(2) 使用工业界认可的标准机构制定的标准;
(3) 充分定义系统接口,以在更广泛的应用中增加新的系统功能;
(4) 通过增加更高性能的组件实现系统的扩展或升级,并且对系统影响最小;
(5) 系统组件以接口规范为基础实现相互操作,组件的研制遵循接口规范。

开放式系统的主要优势在于:
(1) 降低费用:可充分利用成熟技术降低研发和维护成本;
(2) 较好的性能:有利于将最新的技术引入系统中;
(3) 升级中的技术透明性:只要符合标准即可,可以较少关心内部实现情况;
(4) 互操作性好:利用开放式架构保证各种设备的互换性;
(5) 增强竞争力:提高军事电子工业的竞争力。

3.1.2 开放式系统原则

复杂性是开放式系统中一个非常重要的概念。在开放式系统中,复杂性并不意味着负面意义,它可以使系统不断地适应和进化,变得更加灵活、更具适应性。尽管开放式复杂系统所运用的工程方法非常复杂,但它们却由一些基本的开放式系统的原则或特性来控制,包括开放的接口、协作性、自治性、突现性、守恒性、可重构性、互利性和模块性,如图3-2所示[1]。通过遵循这些原则,开放式系统保持了系统的效率和灵活性以及相互间的合作与竞争,保护了自身,并产生了凝聚力,达到了稳态平衡,有效地控制了复杂度,决定并管理了突现行为和不断演化的结构,保护了资源,最为重要的是实现了可持续发展。

（1）开放式接口的原则。与封闭式系统相比,自然的开放式系统具有可渗透的边界,以使得它们能够与其他系统和周围的环境交换能量、物质和信息。另外,开放式系统还可通过可渗透的接口在系统内部交换资源和信息,以便能够学习、适应和演变。在工程性体

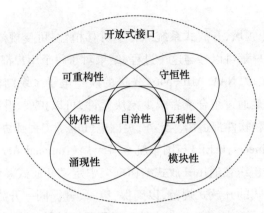

图 3-2 基本的开放式系统原则

系中,这种接口通过遵循广泛支持和一致同意的标准(例如开放标准)来实现。这些标准主要是由工业部门发起的标准化团体制定的,需要遵循开放性、成熟性以及可用性的指标。

(2) 协作的原则。协作是指系统的组成部分之间通过相互配合,以使得它们联合作用的效果大于单个作用的效果之和。这样的协作是通过开放式的接口来实现的。

(3) 自治的原则。真正开放的系统是以自治原则为特征,为开放式系统提供自我管理和维持系统处于不断进化的稳态能力。在工程性体系中,自治性可以创造和维持体系在容限范围内的平衡(动态平衡),包括:流入和流出体系的能量、物质以及信息之间的交换,各种需求/利益之间的平衡等,这种动态平衡将确保体系的健康发展。

(4) 涌现的原则。涌现是指复杂系统在自组织的过程中出现了新的结构、样式和性质。体系的涌现行为是组成系统之间、系统与其直接外围之间以及体系与环境之间相互作用的直接结果,往往涌现现象不可解释,涌现现象可以看作复杂系统在集成时出现的不可预期行为的结果。

(5) 守恒的原则。在自然的开放式系统中,资源在系统中循环使用,某个系统的输出可能是另一个系统的输入。在工程系统中仍然有一段很长的路去实现最小的浪费以节省资源。

(6) 可重构的原则。自然的开放式系统通过持续的重构以提高自身对环境变化的适应性。在工程性体系中,开放式系统的适应性在很大程度上取决于以下三点:开放式自治的可执行架构,开放式接口标准,以及匹配的技术基础和配置控制文件。

(7) 互利的原则。互利是开放式系统之间互惠互利的关系。一个体系的成功发展和维系更大程度上取决于组成该体系的系统利益相关者之间互利的合作。在工程性体系中,最有利的互利类型是互利共生。

(8) 模块性的原则。模块性在工程体系的设计和发展中扮演着重要的角色。通过将体系划分成自治的组成模块,并使用开放式的标准来定义模块间的接口,使得系统易于维护,大大提高了系统的可靠性和维修性。体系的组成系统必须遵循模块性设计的原则,才能使得每个模块的设计决策不会影响到其他模块的决策。

3.1.3 通用开放式架构框架

架构是描述系统由硬件和软件组成的总体抽象模式,结构是描述系统由硬件和软件组成的具体实例化过程。美国汽车工程师学会(Society of Automotive Engineers,SAE) AS4893《通用开放式架构(GOA)框架》中对架构的定义是:系统的组件、结构和接口。IEEE P1220 中对架构的定义是:产品的逻辑或物理表示,这些表示描述了产品的架构,但几乎或者不提供实现的详细细节。

开放式系统架构则是通过对接口、服务和支持形式等采用充分定义的、广泛使用的、公众支持的非专利规范,以完成系统功能的物理和逻辑实现,这样以最小的更改就可以在很广的系统范围内合理地使用工程组件。

在航空电子领域,开放式系统架构意味着系统中的部件以及部件之间的接口有明确的定义,并且遵循广泛接受的规范。这使得航空电子系统具有可负担性,适应产品和技术的进步,并且支持系统间互操作。

在说明一个开放式系统架构前,我们要清楚标准接口、一致性和开放程度等问题。

1. 标准接口问题

标准接口是构成开放式系统的关键因素。在物理特性和功能特性上遵循一定的接口标准,系统中的部件更换或者升级对整个系统就不会带来大的影响。

编制标准的初衷和其最后在市场上的接受程度有时是不一致的,我们不能指望在某个领域,全世界都采用同一个标准。因此我们所指的接口标准,应该是在系统用户关心的范围内广泛采用的标准,可以是如下几种类型的标准。

(1) 由国际国内的专业团体或标准组织开发的标准,如美国国家标准协会(American National Standards Institute,ANSI)、国际电工委员会(International Electrotechnical Commission,IEC)、IEEE、中国国家标准委员会等。

(2) 由同业联盟制定的标准。例如,VME 总线标准最初是由 Motorola、Signetics、Mostek 和 Thompson CSF 共同组织开发的,后由其他公司都可以参加的 VME 国际同业联盟管理。

(3) 所谓的"事实标准",即本不是真正意义上的标准,只是由于得到广泛应用以致具有了标准的特点,但并没有专门的团体或组织来管理它们。比如,前些年应用于 IBM PC/XT 和 PC/AT 上的总线结构,即通常所说的工业标准结构(Industry Standard Architecture,ISA)。许多外围板卡是根据 ISA 总线"标准"开发的。目前大部分 PC 都使用性能更高的外围部件互联接口(Peripheral Component Interconnect,PCI)总线也是一个事实标准。

2. 一致性问题

开放式系统架构的另一个关键问题是确保产品与标准的一致性。理想的情况下,应该对产品接口进行标准一致性的验证测试。如果没有进行验证,那么对标准理解的细微偏差很可能将阻碍同一标准下产品真正的互通性。

此外,按照标准来实现两个部件之间所有的相互作用也是非常必要的。绕开标准接口的非标准扩展或者直接连通都是不正确的,因为这种非标准的联系难以被发现,而且增加了部件的互相依赖性。图 3-3 说明了一个标准接口及标准接口如何被绕开或旁路,从而变成一个不完全标准的接口。

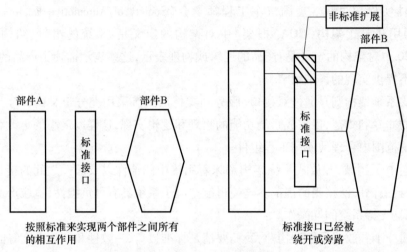

图 3-3 部件通过接口相互作用

例如,在嵌入式系统中采用操作系统,是为了使应用软件不需要关心硬件处理的详细过程。应用软件可以使用一个符合某种标准,如可移植操作系统接口(Portable Operating System Interface X,POSIX)的应用程序接口(Application Programming Interface,API)与外围打交道,通过 API 处理诸如中断、计时、I/O 设备访问等功能。如果应用程序通过存储器映射 I/O 端口直接访问外部设备,作为应用程序接口的标准 API 就被绕开了。这样做也许可以使程序变得简练,但是却破坏了接口标准的完整性。

3. 开放程度问题

没有一个系统是完全开放的。对于一个系统,其部件之间遵循接口标准的数量和比例越大,开放程度越高。一个开放式系统也可能包含一些专用的部件和传统的子系统,它们可以被封装起来,通过标准接口与外部联系。开放式系统的成效应该体现在整个系统上,尽管部分子系统不那么开放。

通用开放式架构(GOA)是 SAE 组织定义的开放式系统接口标准框架,主要是对信息系统进行架构分层和接口分类,可以作为开放式航空电子系统设计的参考。GOA 模型不但在美国被作为定义系统架构的标准采用,也被欧洲航空电子系统标准化技术委员会作为系统架构评估的参照模型。

GOA 模型如图 3-4 所示,其主要概念是结构层次和接口类别。GOA 有如下四个结构层次。

1) 应用软件层

应用软件层处在最高层,是包括具体应用代码(或功能)的平台。它可以包括多个软件应用组件,不同应用组件(在同一或不同 GOA 模型内)之间的通信通过逻辑接口或者直接接口实施。作为实际的消息传递,通信是通过调用消息传递服务进行的。

2）系统服务层

系统服务层是 GOA 模型中至关重要的一层。它提供了应用软件层的公共服务，使得不同应用的公共需求进行抽象化服务。系统服务层可以分为操作系统（Operating System，OS）服务和扩展操作系统（eXtensible Operating System，XOS）服务两个子层，至少应包括 OS 组件，XOS 组件是 OS 外在系统服务层的其他组件。

3）资源访问服务层

资源访问服务层包括了直接访问硬件的组件，例如有 I/O 映射定义的设备驱动器和存储器等。在系统服务层和资源访问服务层提供直接访问接口，以允许系统服务层与物理资源层具体实现时与处理器或者 I/O 端口相互独立，使不同目标平台的 OS 和 XOS 具有可移植性。

4）物理资源层

物理资源层处于最底层，提供不同物理组件之间的直接接口。在具体的 GOA 模型中，物理资源层包括多个物理资源组件。同一 GOA 层可能出现的物理资源有模块内部通信接口、单元 IP 总线、模块内部测试和维护接口以及用于执行程序的中央处理器（Central Processing Unit，CPU）等。

接口则分为逻辑接口和物理接口（也称为直接接口）两类。逻辑接口用于相同结构层次之间的数据关联，分别用 1L～4L 表示，其只需关心相互交互的逻辑数据流，如应用程序之间的数据交换。物理接口用于上下层次模块之间的通信，以 1D～4D 以及 3X 表示，其通过物理通道传递数据。下面对 9 种接口进行简要阐述。

1）4L——应用逻辑层接口

该接口是软件应用之间进行对等信息交换和协调的接口。该接口可能位于同一应用平台的应用软件之间，也可能位于不同应用平台的应用软件之间。由于 1D～4D 隔离了所有处理器的物理资源、系统服务以及应用程序，4L 应为处理器中的应用软件提供接口能力，以便不同处理器中执行的应用软件之间进行相互交互。应用逻辑层接口也包括两个不同系统中应用软件之间的接口。

2）4D——系统服务到应用软件直接接口

该接口提供应用软件和在同一应用平台上执行的系统服务之间的直接接口，以允许提供所需的服务。由于 1D～3X 隔离了所有处理器的物理资源与系统服务，故 4D 应提供接口能力，以便不同处理器中的服务与处理器中执行的应用软件进行交互。

3）3L——系统服务层逻辑接口

该接口是系统服务的逻辑接口，它可以在单个应用程序平台内，也可以在不同应用程序平台之间，以协调分布式环境中的操作。由于 1D～3X 隔离了每个处理器中的物理资源和系统服务，3L 应提供一个处理器中的服务与同一个或另一个处理器中的服务交互的接口能力。本地服务和远程服务应具有公共逻辑接口。

4）3D——系统服务与资源访问服务直接接口

该接口由系统服务与资源访问服务之间的接口组成，例如与物理资源交互的低级服务驱动程序的接口。对于用软件实现资源访问服务和系统服务的系统，3D 接口定义了系

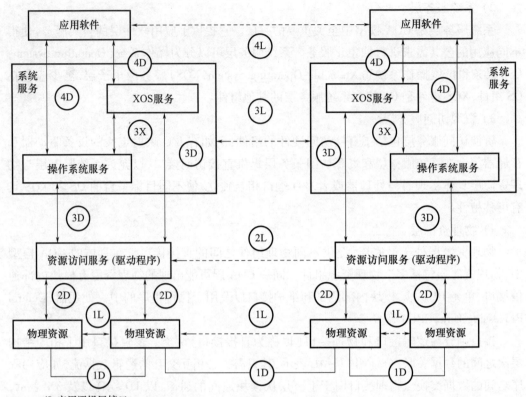

4L 应用逻辑层接口
4D 系统服务到应用软件直接接口
3L 系统服务层逻辑接口
3D 系统服务与资源访问服务直接接口
3X 操作系统服务与扩展操作系统服务直接接口
2L 资源访问服务层逻辑接口
2L 资源访问服务与物理资源直接接口
1L 物理资源层逻辑接口
1D 物理资源对物理资源直接接口

图 3-4 GOA 框架

统的硬件特定部分和系统的硬件独立部分之间的边界。

5）3X——操作系统服务到扩展操作系统服务直接接口

该接口包括 OS 服务和构成系统服务的 XOS 服务之间的接口。3X 提供了保证有效 XOS 服务性能所需的特权接口和其他接口，同时提供了扩展给定操作系统所需的接口。此接口支持系统服务的模块化扩展，而无需修改给定的操作系统。另外，3X 应提供 OS 服务与本地 XOS 服务之间的直接接口，以实现本地进程间的有效通信与支持。

6）2L——资源访问服务层逻辑接口

该接口包括同一应用平台内或不同应用平台间的资源访问服务之间对等信息/数据交换和协调的接口，用于在低级服务驱动程序之间进行信息/数据交换和协调。

7）2D——资源访问服务与物理资源直接接口

该接口包括从资源访问服务到硬件指令集体系结构（Instruction Set Architecture，ISA）和寄存器的接口。

8) 1L——物理资源层逻辑接口

该接口包括在物理资源之间建立数据交换的接口/协议,使得通信链路物理资源能够寻址其对等接口的物理资源。

9) 1D——物理资源对物理资源直接接口

该接口包括每个应用平台内所有物理资源到物理资源的接口,以及物理资源到外部环境的接口。

GOA 模型给出了一个抽象的并且是模块化的系统架构。在这里,应用软件不需要直接与物理资源交互,只需要与系统服务层打交道,进而与其他应用程序建立逻辑联系。它提供的描述开放式系统架构的公共语言/方法,可用于帮助确定关键架构接口,以提高经济承受性。

3.2 开放式系统结构实现

为了保证系统效能和降低生命周期成本,在一个系统的立项阶段就要提出开放式系统结构的要求,在需求分析中要平衡系统功能和性能所代表的技术目标以及生命周期可支持性及成本所代表的经济目标。

从开放性的要求来看,并不是所有满足系统功能需求的解决方案都可以接受。因此,获得一个开放式系统需要研制方和需求方按照专门的系统工程过程进行协调。

3.2.1 系统抽象与表征

航空电子综合模块化系统(IMA)是一个高度复杂的开放式系统。开放式系统的复杂性使得系统不断地进化,变得更加灵活、更具适应性,但同时也给开放式系统的实现带来了困难。系统抽象是大规模复杂系统分析与设计的主要方法,通过对系统进行抽象设计,可以简化建立数学模型或其他模型,并对其进行仿真设计,以便抽取出系统的主要因素,降低系统实现的复杂性。另外,对系统进行可视化表征也是研究复杂系统的重要方法之一。在多数情况下,系统描述可能需要由一系列不同的视图组成,以获得足够多的系统描述,以适应不同的用户信息需求。下面对开放式复杂系统的层次抽象模型和可视化表征方法进行简单介绍。

1. 层次抽象模型

在开放式复杂系统中,采用分层模型和层次结构等方法对系统进行描述。通过分层处理,复杂系统可划分为若干层次,各层次由不同的功能实体构成,功能实体完成特定的行为功能并具备接口定义,层与层之间、实体与实体之间通过一定的关系进行关联[2]。一种典型的模块化综合系统分层模型如图3-5所示[3],系统分为任务应用层、逻辑功能层及物理实现层。

(1)任务应用层主要面向具体的系统使用环境和最终用户,是功能实现的外在表现。

任务应用层由多个应用组成,每个应用可看作是一个或一组信息的显示和操作形式。

(2)逻辑功能层由多个功能模块组成,每个功能模块完成相对独立的功能,并具有确定的接口特征以及激励、响应等时序要求。

(3)物理实现层由各种物理单元构成,物理平台可以由以 PowerPC、DSP、FPGA 等为核心的硬件模块及其上的软件组成。

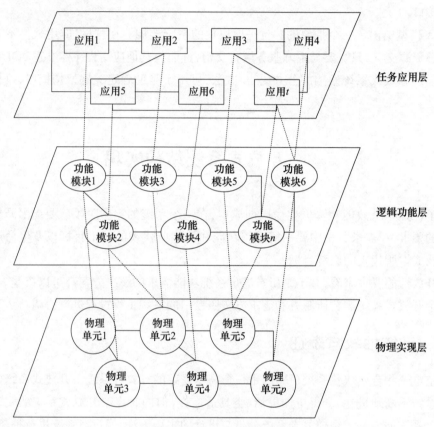

图 3-5 开放式复杂系统层次抽象模型

在开放式复杂系统层次抽象模型中,相同层级的构成要素之间以及不同层级之间都存在着复杂的信息交互关系,这也决定了总体设计时每个层级的侧重点不同。

系统可以用构成系统的元素及元素与元素之间关联关系的集合进行描述,参考图 3-5 开放式复杂系统分层模型。在数学上,对于分层后的复杂系统 Y 可描述为

$$Y = \{S, R_S\}$$

$$S = \{s_1, s_2, \cdots, s_i, \cdots, s_L\}$$

$$R_S = \{R_{s,1,2}, R_{s,2,3}, \cdots, R_{s,(i-1),i}, \cdots, R_{s,(L-1),L}\}$$

其中,S 表示系统分层集合,s_i 表示第 i 层,R_S 表示层与层之间的关联关系集合,$R_{s,(i-1),i}$ 表示第 $(i-1)$ 层与第 i 层之间的关联关系集合。s_i 可进一步表示为该层内元素及元素与元素之间关联关系的集合。进一步,可以对 s_i 进行定义,即

$$s_i = \{E_i, R_{Ei}\}$$

其中，E_i 为第 i 层系统元素集，可表示为

$$E_i = \{e_{i1}, e_{i2}, \cdots, e_{ij}, \cdots, e_{iN_i}\}$$

$$e_{ij} = \{e_{ij1}, e_{ij2}, \cdots, e_{ijk}, \cdots, e_{ijN_{ij}}\}$$

其中，e_{ij} 表示构成系统第 i 层的第 j 类元素种类集，e_{ijk} 表示构成系统的第 i 层的第 j 类元素种类集中的第 k 个元素，N_i 表示系统中第 i 层元素种类数量，N_{ij} 表示系统中第 i 层第 j 类元素总个数。R_{Ei} 为系统第 i 层元素与元素之间的关联关系集，可表示为

$$R_{Ei} = \{r_{i1}, r_{i2}, \cdots, r_{ij}, \cdots, r_{iM_i}\}$$

$$r_{ij} = \{r_{ij1}, r_{ij2}, \cdots, r_{ijk}, \cdots, r_{ijM_{ij}}\}$$

其中，r_{ij} 表示系统第 i 层的第 j 类元素间关联关系种类集；r_{ijk} 表示构成系统的第 i 层的第 j 类元素间关联关系集中的第 k 个元素关联关系；M_i 表示系统中第 i 层包括的元素间关联关系种类数量；M_{ij} 表示系统中第 i 层第 j 类元素间关联关系的总个数。

元素属性可表示为

$$e_{ijk} = \{\text{Attr}(e_{ijk}), \text{Attr}(r_{ijk})\}$$

其中，$\text{Attr}(x)$ 为描述元素 x 的属性集。通过这种方式可以逐层对系统进行抽象和分解，形成层次化的系统描述。

2. 可视化表征方法

需要采用可视化的方式对系统及其关联关系进行描述。通常包括以下几类：

(1) 基于整体和部分的系统组织结构描述。这种描述通常采用树状结构，如图 3-6 所示。

(2) 基于系统完整性的描述。这种描述通常采用连通网络，重点表征各部分的相互关系，如图 3-7 所示。

(3) 将前面的(1)和(2)结合起来，基于连通网络及组织结构的系统可视化描述。重点表征系统的连通性视图和组织结构视图之间的正交，如图 3-8 所示。

(4) 多视角的连通网络描述。通过用多个连通网络来描述系统，从不同的视角描述系统的不同关联关系，如图 3-9 所示。

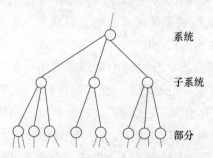

图 3-6 系统树状可视化描述

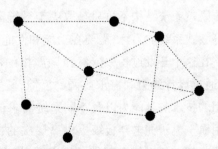

图 3-7 系统连通网络可视化描述

3.2.2 系统工程方法

传统系统的开发过程是线性的，首先进行系统需求分析和系统的概要设计，然后进行

体系结构设计以及软硬件模块设计等,最后是系统集成和执行阶段;而采用开放式系统和 COTS 产品的系统过程是重叠开发的。图 3-10 给出了传统的开发过程与采用开放式系统和 COTS 产品的开发过程的差别。

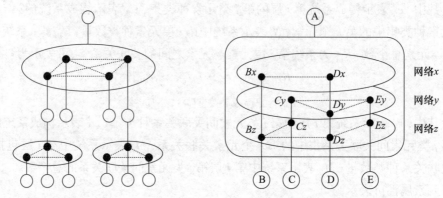

图 3-8 系统连通网络及组织结构可视化描述　　图 3-9 系统多视角连通网络可视化描述

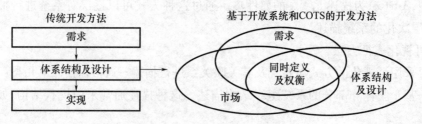

图 3-10 不同的系统工程过程

传统的系统工程过程首先专注于系统需求的描述,即分析用户需求并产生系统需求;然后根据系统需求进行系统体系结构设计。这个自顶向下的线性模型简化了复杂的系统工程过程,其核心思想是通过系统结构和设计方案的优化来满足系统的需求。

对于一个开放式系统,开发过程不是如此线性的。为达到开放的目的,从一开始就要考虑系统结构。系统结构的设计应该有利于利用成熟的标准和市场上提供的技术和产品。既然系统结构不再只是取决于系统需求,那么一些系统需求可能难以实现。为了达到开放式系统的目标,需要在功能和性能需求上做出一些折中。

在这个开发过程中依然强调严格的用户需求分析和在设计中跟踪需求的分配。不过,通过设计约束和需求协调的反馈,开发过程将变得更加动态。在实施过程中,需要对采用的技术及其能力以及不同系统需求的优先次序有深入的了解。例如,传统上都要求军用航空电子在电路板级提供高层次的机内自检测(BIT)。但这一需求不被 COTS 电路板所支持。从系统工程的角度来看,提出这种 BIT 需求是为了减小由于航空电子设备故障导致的任务失败的概率,并提供令人满意的外场维护支持策略。然而,使用 COTS 电路板完全有可能同样满足这样的顶层需求。

系统体系结构中的接口应当明确定义,以隔离可能产生变化的部件。要对系统中存在的接口和最有可能由于需求变化或技术更新而改变的部件进行探讨,对可能采用的接口标准和互联技术以及它们所适应的环境和领域进行分析。应该将重心放在最具决定性的接口上,首先考察系统中的部件,如果一个部件具有下列特性:

(1) 采用变化迅速的技术;

(2) 在系统寿命内可能成长或扩展;

(3) 具有高的生命周期成本。

那么封装这些部件的接口应该重点进行标准化。例如,应用软件就具有上述特征,因此应用软件与处理平台的接口以及不同应用程序模块之间的接口都是标准化的主要对象。并不是开放式系统中的所有接口都需要标准化,根据开放程度的要求,对系统中一定层次以上的接口加以控制。除此之外,并不限制厂商提供的设计方案。

基于标准的结构通常将系统工程的焦点从设计转移到综合上。当采用商业部件的时候,这一点尤其突出,因为不存在对这些部件进行详细设计的问题。商业部件的具体特性也许直到综合的时候才能被真正了解,为了符合系统的性能要求,有必要进行一些适应性的修改。与专门研制的系统相比,开放式系统的综合过程通常会更长一些。在一个开放式系统中采用商业部件,要求在研制阶段的早期就要确定系统的维护和支持策略。由于系统开发者没有深入部件的内部设计,传统的维护和支持方式就显得有些不足了。对取决于商业市场的部件的发展必须有所预见,开放式系统也应该为新技术的引入提供框架,利用科技进步带来的好处。

虽然开放式系统结构具有很多优势,但它不是万能的,开放式系统结构在航空电子系统中的应用还有许多问题需要去解决,如开放式系统结构标准并不总是能够满足航空电子系统的性能要求;对于关键接口,开放式系统标准也并不总是存在;对于同一种接口类型,常常有许多种开放式系统标准;由工业部门制定的开放式系统标准缺少统一的管理;许多开放式标准具有可选项,其中一些是可以由用户定义的;无论是开放式接口标准的使用,还是专用接口标准的使用,都不能完全解决互换性问题等。

3.2.3 实现过程

面对开放式系统架构应用到航空电子系统中的诸多问题,通过将系统工程过程应用到开放式系统方法中,将促使系统的综合设计方案在整个生命周期内都能适应技术的进步和变化,进而利用开放式系统架构的优势。开放式系统架构的实现过程如图 3-11 所示。

(1) 首先需要确定子系统或组件的关键接口,这些接口与快速发展的技术密切相关,随着技术的发展也会跟着改变,极可能会增加要求,具有高的更换频率或者高的费用。这些组件既可能被废弃,也极可能会采用新发展的技术。

(2) 对于关键接口,使用开放式标准,这些标准使用范围很广,考虑整个生命周期内的要求,允许随着技术发展而引起改进,也支持引入其他新技术。

(3) 使用模块化设计方法及在模块间采用标准接口,以隔离由于系统发展而产生改变的影响,减少由于系统升级引起的重新设计的需求。

（4）确定通过接口标准可以控制并且在某一时间内参与变化的最低层。在这个最低层上，承制方可以使用最好的甚至是专利的方法，改进他们的产品。

（5）验证所有的性能要求并且重新评估它们的严格性。如果必要，重新分配要求，以支持在整个系统中更广泛地使用开放式标准。

（6）建立一致性管理方法，以确保系统采用的产品符合确定的标准。

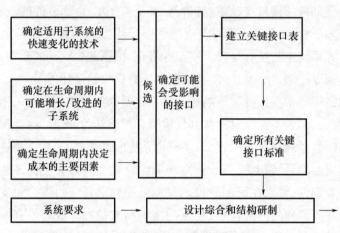

图 3-11 开放式系统架构实现

在实现开放式系统架构时，要坚持三个原则：

1）架构的应用范围

如 3.1 节对开放式系统结构的定义所述，确定架构的"开放性"的关键是确定架构的应用范围。应用范围越广，架构就越开放。换句话说，如果设计出的产品可以看作是由一系列标准建立的结构，标准用得越多，结构就越开放。后一个观点对军用航空电子系统更适用。

2）时间性

技术在不断进步，并且不可能准确地预计。因此在定义架构时，标准应尽可能地与具体实现的技术独立。这可以通过适当定义架构（过分定义会导致技术进步时，不能利用新技术进行革新）以及一个可以控制的升级过程来实现。

3）分层

分层是影响架构标准和规范的因素。一个关键的问题是什么样的分层的架构具有互操作性。互操作性层次越低，规定和保证互操作性的任务就越艰巨。对于开放式架构来说，正确地分层是十分必要的。

通过上述分析，开放式系统架构实现过程有三个关键问题：开放式系统接口、标准选择以及模块化设计。

3.2.3.1 开放式系统接口

开放式系统结构设计方法，并不是控制和管理系统内部和系统之间的所有接口，而是将接口分为关键接口和非关键接口来进行管理。关键接口是指那些可以优先采用开放式标准的模块接口,如图3-12所示[4]。这些接口在技术上可不断发展更新,对其要求也会不断增多。系统关键接口采用开放式标准,可以使系统达到最大的生命周期收益。在实际工程实施过程中,可通过技术稳定模块和易变模块、高可靠性模块和易失败的模块、低交互性影响的模块和传输关键交互信息的模块等特征进行区分,辨识关键接口和非关键接口。

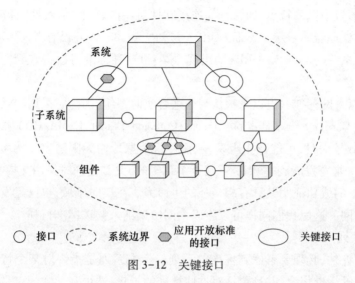

图 3-12 关键接口

3.2.3.2 标准选择

开放式系统结构涉及的标准主要是由国际标准化组织(International Standard Organization,ISO)、IEEE、SAE等工业部门发起的标准化团体制定的标准,因为这些标准应用范围很广,并极可能作为COTS产品,例如SAE AS 4710《并行互联(Parallel Interconnect,PI)总线》、IEEE POSIX、VME等。如果军用标准具有开放性,也可以成为开放式系统标准,例如 MIL-STD-1553B《数字式时分制指令/响应型多路传输数据总线》、MIL-STD-1815A《程序设计语言 Ada》、MIL-STD-1750A《十六位计算机指令系统结构》等。还有一些既成事实的标准,如IBM计算机接口标准等,都可以成为开放式系统标准。

确立开放式系统结构标准首先要考虑开放性,开放性包括标准的技术和来源两个方面。技术方面包括衡量标准规定的互操作性、可扩展性、可移植性和技术独立性;来源是指标准是ISO标准、国家标准、国家军用标准、行业标准等。其次要考虑成熟性,成熟性是指一个标准实现的成熟程度,例如标准是否被广泛使用、标准已经用了多长时间以及标准规定的质量一致性检验是否可行。开放性和成熟性通常是对标准的考核评价,但不考核评价使用该标准的系统及其环境。最后还需要考虑可用性,可用性是衡量系统对标准的可用程度。如果标准不能满足系统的最低使用要求,就不能采用。

1. 技术和标准的评价

标准的选择是有风险的,合理的选择依赖于对当前的技术发展水平和市场状况深入的了解。为航空电子领域选择标准,需要有积极的方法来评估这些技术和标准,主要考虑的因素包括如下三个方面。

（1）市场：产品的成熟度、标准化程度和未来的支持能力；

（2）技术：是否符合航空电子使用环境的需求；

（3）应用：是否适合在系统架构中的关键接口发挥作用。

例如，公共对象请求代理架构（Common Object Request Broker Architecture，CORBA）具有可移植性、语言中立等特点，通常作为连接软件对象的软件"中间件"标准，可以减小应用程序对底层处理器的依赖。然而 CORBA 最初实施的时候并没有考虑实时系统的需求，如今适合实时系统的 CORBA ORBs 的出现，才使得这种标准可以进入标准接口选择的范围之内。

再例如，以太网标准一直以来被认为不适合实时系统，因为它采用的载波侦听多路访问/冲突检测（Carrier Sense Multiple Access/Collision Detect，CSMA/CD）协议具有不确定性，在网络负载较大时，可能产生阻塞，从而使得消息传输无限延迟。然而随着以太网从最初的 10Mb/s 带宽发展到 100Mb/s，甚至 1Gb/s 时，尤其是同时采用交换方式，情况发生了变化，市场上的成功证明其具有相当强的生命力。在实时领域，也已经发展出了具有确定时延的以太网。这使我们同样可以将以太网协议纳入候选标准行列。

2. 标准系列

对标准的评估，必须要考虑到标准的系列。标准系列是指针对某个特定的任务而选定的一组基本的标准集合，并且包括对这些标准的子集、选项和参数的定义及限制。

对于一个系统接口，需要选择一组基本的接口标准，包括接口的选项和可配置的参数。例如航空电子系统这样的实时系统，其标准系列可能比工作站或服务器的标准系列具有更多的限制。标准系列应该涵盖系统中所有不同的接口及接口的各个方面，甚至包括原来保留下来的接口标准。系列中的标准也应该是相互关联的。例如，某个系统采用 CORBA 对象请求代理，运行于 POSIX 接口的实时操作系统，并以光纤通道作为传输协议，在标准系列中就需要列出 CORBA、POSIX 和光纤通道的协议和接口标准。

3. 系统配置

对于一个特定的系统，需要更为详细的配置说明。如果有不同的技术可以应用于系统的不同部件，那么可能存在不止一种系统配置。系统配置也反映当前技术发展和市场的状况，说明一些标准是否已开始获得支持，以及一些标准是否快要过时等。

例如，VME 底板接口标准含有一些预留给使用者自定义的未被分配的插脚。这些插脚的使用和分配可能使得相应的 VME 板卡与 VME 底板上的插槽不匹配，系统配置必须详细说明这些插脚的分配情况。

4. 一致性

对于 COTS 部件，必须测试和验证它们是否符合标准系列和系统配置的要求，还要验证符合标准和配置要求的部件是否能够正确协调工作。

3.2.3.3 模块化设计

模块化设计是开放式系统架构实现的基础。模块化是指进行系统设计时将系统分解成若干组成部分,每个组成部分担负一种功能。模块化设计的作用是使系统更易于研制、维修、改型和升级,一个模块更新升级对其他模块的影响很小。模块化设计始于系统研制初期,并始终作为系统不断发展扩充的手段。

1. 模块化设计原则[3]

1) 自顶向下

首先从系统与环境的角度,给出航空电子系统的总定义,然后构建第一层功能模块。第一层功能模块被继续分解,得到第二层功能模块,如此持续下去。每个下层功能模块都会比上层功能模块得到更详细的功能。每个上层功能模块得到的下层功能模块的数量可以不同,但是同层次功能模块的描述粒度要大致相同。

2) 解耦原则

一个功能模块可以承担一个或几个相关的功能,但是一个功能不能分解到两个或两个以上的功能模块内(不考虑备份功能),保持功能模块的独立性,减小功能模块间的耦合性。

3) 易于变更

功能模块的变更是指一个功能模块的变动,如功能模块修改、功能模块删除和功能模块增加,不会对其他功能模块造成影响。

2. 模块化功能设计方法

基于开放式复杂系统层次抽象模型,功能设计主要针对逻辑功能层开展,设计的结果是生成系列功能模块,功能模块在系统设计中承担着承上启下的作用,对上层的应用任务层可映射到系统的各个应用任务,对下层的物理实现层可以映射到组成系统的物理单元。功能模块设计的好坏,直接影响到构建的系统模块化程度。

逻辑功能层由功能模块构成,每个功能模块都完成特定功能,具有统一定义的输入信息和输出信息,都可独立设计、测试、部署,并进一步生成可重用性的功能实体。功能模块呈现给用户的只有输入输出信息,完全隐藏了具体的实现细节。同时,为了完整地定义一个功能模块,必须定义其提供的操作、要求的操作甚至所处的环境,如图3-13所示[3]。

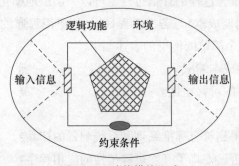

图3-13 功能模块组成

采用模块化设计方法,显著减少了大规模系统开发的复杂度,提高了可重用性。功能模块性能的提升仅体现在模块内部,对输入输出信息不造成影响,也不会影响该功能模块与环境的交互,从而提高了系统结构的稳定性。同时,功能模块可重用性、支持独立开发测试等优点,也证明了模块化方法适用于航空电子系统的功能设计。

3.2.4 开放程度的评估

构建一个开放式系统的模型、方法和实现技术不是唯一的,是在一定的开放准则下可选择的。为了确保满足开放性的要求,需要对系统开放程度进行评估。这种评估不同于系统验证和验收,比如一个系统在开始投入使用的时候并没有软件移植的需求,因此也无须对这种能力进行验收。但从开放性的角度看,就需要对软件在未来不确定环境下的可移植性进行评估。开放程度的评估包括以下三方面:

(1) 管理,指预算、合同和其他对开放式系统的构成起积极作用的活动;
(2) 工程过程,指具有连续性的、易于理解的,并且可重复的规程;
(3) 产品,指系统详细的标准系列和其他技术要求的符合性。

在不同的项目阶段这些方面表现出来的重要性和成效是不一样的。可以将项目分为设计、研制和使用支持三个阶段,在这些阶段中,开始的设计阶段和后期的系统使用支持阶段与开放式系统相关的管理活动是最重要的。

为了评估系统开放程度,许多影响开放式系统架构特征的问题需要解决。比如:

(1) 任务关键的武器系统要求较强的稳定性,但却是由不稳定的商业产品组成;
(2) 商业部件难以达到和保持相互之间的兼容性和互操作性;
(3) 对一些商业产品的依赖可能导致性价比的损失;
(4) 引入新技术的时机需要提前计划;
(5) 复杂系统的综合难以管理;
(6) 应当将控制总生命周期成本作为目标,而不是仅考虑设计和研制成本。

开放程度常采用目标—问题—得分(Goal-Question-Metric,GQM)的方法进行评估。我们可以针对构建开放式系统所面临的一些问题设定目标,并且将一个目标改述为若干问题或需求。然后,根据这些问题的解决或者需求的满足情况打分,最后进行分数统计,从而得出开放程度的度量。这样的评估过程也可以一层层地细化,例如,可以将一个总体经济问题(如缩减生命周期成本)与若干工程目标(如应用程序的可移植性)相联系,并以GQM形式进行度量。这个简单的例子的表述如下。

经济目标:生命周期成本缩减。

工程目标:应用程序的可移植性。

问题:

(1) 是否能够采购得到符合标准系列和系统配置的产品?
(2) 工程过程中是否已安排了开发可移植性的应用程序?
(3) 所实现的应用程序是否具有可移植性?

通过对这些问题的打分,可以来评估系统开放程度。

对于航空电子系统这样的大系统,开放性评估涉及系统研制的方方面面,是一个需要进行总体设计的系统工程。

3.3 基于模型的架构方法

复杂系统的理解、设计和开发,普遍遵从层级理论的思路,复杂系统的集成,就是要使系统中的各个层次能够彼此有效配合而形成一个有机的整体。复杂系统集成的关键,是基于架构(或体系)的集成,而不是基于部件(或组件)的集成。必须按照架构体系来定制部件和组件,并将其安装到合适的层次位置上,才能使系统有效运作和集成[5]。

针对复杂系统设计,体系架构框架(Architecture Framework,AF)建模将是关键,开放式航电系统同样需要采用规范化的方法进行体系架构框架的描述。体系架构框架用于规定具体体系结构的定义及其文档所表达的意义。第一个最有影响力的框架方法论就是 Zachman 框架,由 John Zachman 在 1987 年首次提出,采用层级化、模板化的架构框架来描述复杂事物。1995 年,基于美国国防部(DoD)开发的信息管理技术架构框架(Technical Architecture Framework for Information Management,TAFIM),国际标准权威组织 The Open Group 发表了开放组织体系架构框架(The Open Group Architecture Framework,TOGAF),总结了国际上企业架构实践的经验,推荐在开发信息系统体系架构的组织中得到使用。2004 年,美国国防部在指挥、控制、通信、计算机、情报及监事与侦察(Command Control Communication Computer Intelligence Surveillance and Reconnnaissance,C^4ISR)体系架构框架的基础上,进一步开发适用于所有军事领域的美国国防部体系架构框架(Department of Defense Architecture Framework,DoDAF)1.0 版,英国国防部则对 DoDAF 进行了扩展和补充,并于 2008 年 9 月公布了英国国防部体系架构框架(Ministry of Defense Architecture Framework,MoDAF)1.2 版本。其后,为了兼容 DoDAF、MoDAF 等多种架构,出现了 DoDAF 和 MoDAF 统一配置文件(Unified Profile for DoDAF and MoDAF,UPDM)、统一体系架构框架(UnifiedArchitecture Framework,UAF)等体系架构标准,体系架构技术进入了全新的发展阶段。

针对综合复杂信息系统,体系结构框架是一个综合模型,由许多结构要素及各种视图(或观点,即 View)组成,且各种视图主要基于各组成要素之间的联系与互操作而形成。所以系统体系结构框架是一个综合各种视图的模型,用来完整描述整个系统。在系统体系结构框架的各种视图中,以组织视图与行为视图最为突出和重要。因此,要完成各种视图的综合,就必须先完成组织与行为视图的统一。一般地,通过组织视图与行为视图的综合过程就可以构建出一个可以完整描述的系统,所以系统体系结构框架可以作为构建系统模型的基础[5]。

基于系统体系结构框架的概念和特征,一个系统的设计必须按照预定的设计目标,协调与整合各个元素之间以及元素与整体之间的有机联系,以使系统能从总体上达到最优目标。也就是按照系统工程方法,对系统的构成要素、组织结构、信息流动和控制机制等进行分析和设计。

系统开发过程也是对系统的认识不断深化的过程,系统工程过程是一个自顶层开始,依次反复应用于开发全过程的、规范化的问题解决过程,它把要求逐步转化为系统规范和一个相应的体系结构。无论是采用结构化还是面向对象的系统分析与设计方法,系统的建模流程都是依据于系统工程过程,其本质上是围绕着系统体系结构框架建模、体系结构设计与开发、体系结构评估与验证等方面实施,如图3-14所示。而基于模型的系统工程(Model-Baed System Engineering,MBSE)方法是对系统工程过程中建模方法应用的正式认同,以使建模方法支持系统要求、设计、分析、验证和确认等活动,这些活动从概念性设计阶段开始,持续贯穿到设计开发以及后来的所有的生命周期阶段。

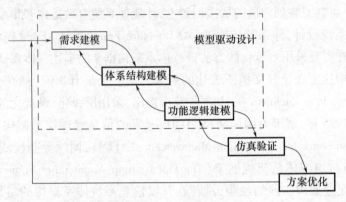

图3-14 系统建模流程设计

3.3.1 Zachman 架构模型

Zachman 框架是 John Zachman 在 1987 年首次提出的。它包括一个由两种分类方法交叉形成的二维分类矩阵:第一种分类方法是建立在原始疑问词上的沟通基础要素:什么、如何、何地、何人、何时以及为何;第二种分类方法是假定的抽象观念到实例的转换。该框架从六个不同的角度对抽象概念进行了六种不同的转换,它允许不同的人从不同的角度看待同一件事,从而对复杂的事物形成全面、综合的描述。

随着企业架构的发展,Zachman 框架的地位显得愈加重要,一些重要的企业架构成果如 TOGAF、DoDAF 就是在这一框架基础上发展而来的,它是企业架构的基础。

Zachman 框架主要从六个视角设计体系结构框架中六个不同方面(或视图),以矩阵的形式表示复杂的事物,如图3-15所示,其中矩阵的每一行表示不同视角,每一列反映关注的不同方面。

六行(即纵向维度)从上到下依次是目标/范围模型、组织模型、系统模型、技术模型、细节模型、功能组织模型:

(1)规划者关注目标/范围模型,希望对系统的范围、成本以及与系统运行的一般环境的关系进行概述或评估;

(2)拥有者关注组织模型,这些模型构成业务的设计,并显示业务实体和流程以及它们之间的关系;

(3)设计者关注系统模型,系统模型由系统分析人员设计,系统分析员必须确定表示

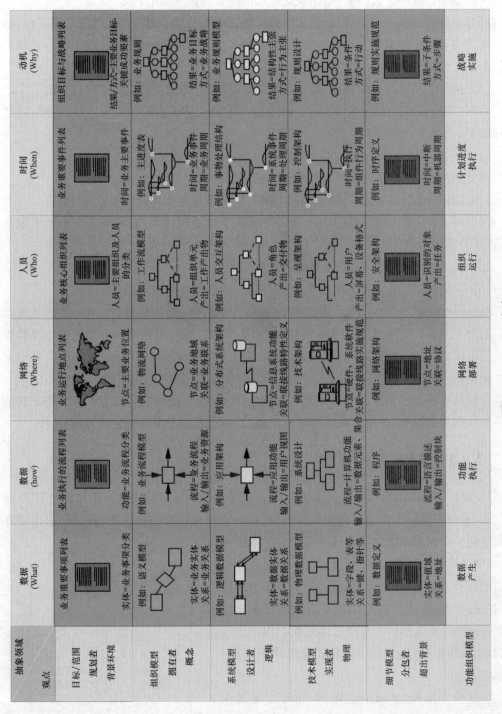

图 3-15 Zachman 框架

交易实体的数据元素和实现交易过程具有的功能;

(4) 实现者关注技术模型,实现者的计划在技术模型层中描述,技术模型层必须将信息系统模型变为程序语言、输入输出设备或其他需要的技术细节;

(5) 分包者关注细节模型,分包者根据详细说明零件或子零件细节的施工图工作,这些详细说明对应于给编程人员的详细规范,编程人员只编写单独的模块,而不关心系统的整体上下文或结构;

(6) 用户关注功能组织模型,也是系统的最终用户,考虑系统能否支持自身的工作。

六列(即横向维度)采用5W1H(What、How、Where、Who、When、Why)进行组织,具体解释如下。

(1) 什么(数据):描述系统涉及的实体以及实体之间的关系;

(2) 如何(功能):描述系统要完成怎样的功能;

(3) 何地(网络):描述系统的分布和连接,以及系统各项功能在哪里执行;

(4) 何人(人员):描述系统中由谁来完成各个功能和任务,它明确系统中的组织关系、责任关系和功能分配关系;

(5) 何时(时间):描述系统中各事件的时间关系;

(6) 为何(动机):描述为什么要完成这些活动,表明企业的动机。

Zachman 框架的 36 个单元,每个单元就是一个角色(例如规划者)和每个描述焦点(如数据)的交汇。当在表格中水平移动(例如从左到右)时,可从同一个角色的角度看到系统的不同描述;当在表格中竖直移动(例如从上到下)时,可从不同角色的角度观察同一个焦点。

尽管从方法论的角度,Zachman 缺乏可操作的方法和流程,但它成为了后续若干其他企业架构框架的基础,包括后续针对工业领域的 TOGAF 以及国防领域的 DoDAF 等。

3.3.2 TOGAF 架构模型

TOGAF 来自国际组织 The Open Group,其开发者包含了来自大型企业和领先 IT 厂商的代表,总结了国际上企业架构实践的经验,是一个行业标准的体系架构框架,它希望在开发任何一个信息系统体系架构的组织内部得到自由使用。

TOGAF 的特点有:注重业务需求,关注利益相关者的需要;基于最佳实践,提供了当前及未来应关注问题的参考;鼓励开放式系统,以开放的方案来处理业务问题。其典型包含4种总体企业架构子集的架构域,也是企业信息化的4个重要视角,如图 3-16 所示[6]。

(1) 业务架构(Business Architecture),定义业务战略、治理、组织和关键业务流程;

(2) 数据架构(Data Architecture),描述组织的

图 3-16 TOGAF 的 4 个子框架架构

逻辑与物理数据资产及数据管理资源的结构；

（3）应用架构（Applications Architecture），提供包含待部署的独立应用及其之间交互作用和与组织的核心业务流程间的关系的蓝图；

（4）技术架构（Technology Architecture），描述支持业务、数据和应用服务部署所需的逻辑的软件与硬件能力，包括 IT 基础设施、中间件、网络、通信、处理和标准等。

TOGAF 除了支持上述 4 种架构以满足不同用户的需求以外，它的每种架构都支持架构流程，即该框架可以支持迁移规划、IT 治理和未来架构变化。这也就是说 TOGAF 框架既可以支持宏观规划，又可以具体开发；既可以静止以不同视角展示内容，又可以动态适应。从 1993 年开始应客户要求制定系统架构的标准以来，经过近 20 年的发展，TOGAF 已经成为一个行业的架构标准[6]。

3.3.3　DoDAF 架构模型

DoDAF 是由美国国防部的 US Undersecretary of Defense for Business Transformation 工作小组所制定的系统体系结构框架，其前身是美军 C^4ISR 体系结构框架。美军 DoDAF 是适用于军用需求下的系统级架构框架和概念级模型，用于描述在 DoD 范围内开发的架构。DoDAF 是一个框架，将作战和解决方案的架构概念、原则、假设、术语等组织起来，并将其转化为有效且一致的表达形式来满足特定的美国国防部意图。同时，DoDAF 也是一个沟通语言，给美国国防部的管理者提供了一个沟通信息的共有语言，使国防部、联合能力域、使命任务集、组成构件和计划等不同层次之间进行信息共享，以帮助所有层级的决策者制定有效合理的决策。

DoDAF 的主要作用有两个：提供标准视角并从多个维度分析现代战争，以及提供跨军兵种、跨军事部门、跨军事领域的通用语言。DoDAF 源于 C^4ISR 体系及结构框架，其发展历程如下[7]。

（1）1996 年 6 月，美国国防部在参考经典的 Zachman 框架的基础上，正式发布了 C^4ISR1.0 版本。

（2）1997 年 12 月，美国国防部经过对 C^4ISR 框架的不断完善和升级，发布了 C^4ISR2.0 版本。

（3）2003 年 8 月，美国国防部将 C^4ISR 正式更名为 DoDAF，同时发布了 DoDAF 1.0 版本。DoDAF1.0 将体系结构的设计从以产品为中心转换成以数据为中心，同时提出了体系结构的元数据模型——核心体系结构数据模型（Core Architecture Data Model，CADM），标志着体系结构进入以数据为核心的时代。这一转变主要是为了标准数据的创建，方便不同系统之间数据共享交换、系统集成，此外还支持基于统一建模语言（Unified Modeling Language，UML）的体系结构描述方式。

（4）2007 年 4 月，美国国防部再次发布 DoDAF1.5 版，增加了服务视图。

（5）2009 年 5 月，美国国防部再次发布了 DoDAF2.0 版，与前几版相比，2.0 版本更加强调以数据为驱动的体系架构方式，并将 DoDAF1.0 版本中所提出的 CADM 重新命名为 DM2 模型。DM2 由概念数据模型(Conceptual Data Model)、逻辑数据模型(Logical Data Model)和物理交换规范(Physical Exchange Specification)组成,是构成 DoDAF 结构框架整体的重要组成部分。

(6)目前,能看到的最新版本为 2015 年发布的 DoDAF2.02 版本,其描述的模型组织分成 8 个视角共 52 个视图模型。

DoDAF2.02 中视角有八个,分别是全景视角(All Viewpoint,AV)、能力视角(Capability Viewpoint,CV)、数据与信息视角(Data and Information Viewpoint,DIV)、作战视角(Operational Viewpoint,OV)、项目视角(Project Viewpoint,PV)、服务视角(Services Viewpoint,SvcV)、标准视角(Standards Viewpoint,StdV)、系统视角(Systems Viewpoint,SV);模型共有 52 个,如图 3-17 所示。

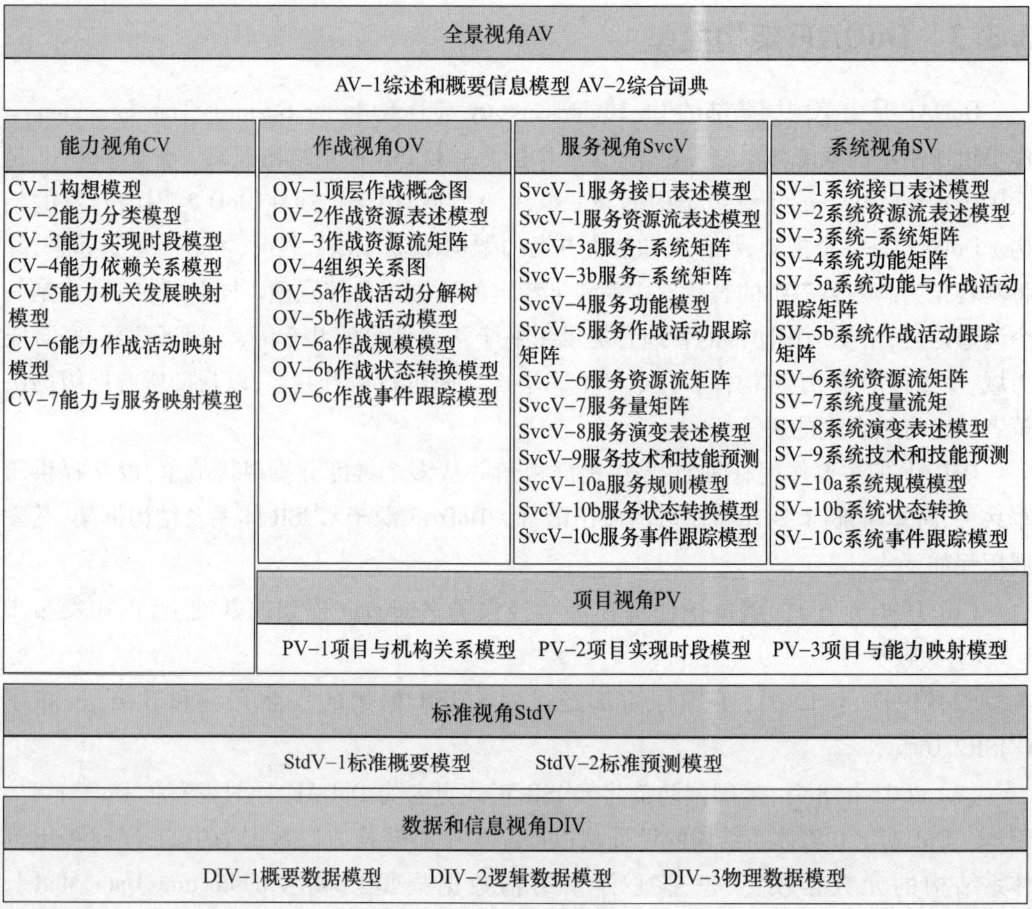

全景视角AV				
AV-1综述和概要信息模型 AV-2综合词典				
能力视角CV	作战视角OV	服务视角SvcV	系统视角SV	
CV-1构想模型 CV-2能力分类模型 CV-3能力实现时段模型 CV-4能力依赖关系模型 CV-5能力机关发展映射模型 CV-6能力作战活动映射模型 CV-7能力与服务映射模型	OV-1顶层作战概念图 OV-2作战资源表述模型 OV-3作战资源流矩阵 OV-4组织关系图 OV-5a作战活动分解树 OV-5b作战活动模型 OV-6a作战规模模型 OV-6b作战状态转换模型 OV-6c作战事件跟踪模型	SvcV-1服务接口表述模型 SvcV-1服务资源流表述模型 SvcV-3a服务-系统矩阵 SvcV-3b服务-系统矩阵 SvcV-4服务功能模型 SvcV-5服务作战活动跟踪矩阵 SvcV-6服务资源流矩阵 SvcV-7服务量矩阵 SvcV-8服务演变表述模型 SvcV-9服务技术和技能预测 SvcV-10a服务规则模型 SvcV-10b服务状态转换模型 SvcV-10c服务事件跟踪模型	SV-1系统接口表述模型 SV-2系统资源流表述模型 SV-3系统-系统矩阵 SV-4系统功能矩阵 SV-5a系统功能与作战活动跟踪矩阵 SV-5b系统作战活动跟踪矩阵 SV-6系统资源流矩阵 SV-7系统度量流矩 SV-8系统演变表述模型 SV-9系统技术和技能预测 SV-10a系统规模模型 SV-10b系统状态转换 SV-10c系统事件跟踪模型	
项目视角PV				
PV-1项目与机构关系模型　　PV-2项目实现时段模型　　PV-3项目与能力映射模型				
标准视角StdV				
StdV-1标准概要模型　　　　StdV-2标准预测模型				
数据和信息视角DIV				
DIV-1概要数据模型　　　DIV-2逻辑数据模型　　　DIV-3物理数据模型				

图 3-17　DoDAF 视图

(1)全景视角捕获体系结构描述的某些顶层内容,提供与整个体系结构描述有关的信息,而不是表示某个独特的视角。全景视角提供对整个体系结构成果的概览,如范围、背景、规则、约束、假定以及附属于体系结构描述的词汇表。它捕获体系结构描述的意图,这样在长期的开发过程中,即使领导层、组织机构和其他方面发生变化,也能确保其连续性。

(2) 能力视角和该视角中的 DoDAF 模型,用于解决能力组合管理者所关注的问题。能力模型还专门描述能力的分类和能力的演化。DoDAF 中的能力模型组织管理者所用的计划和能力信息,捕捉相互依赖项目和能力之间日益复杂的关系。

(3) 数据与信息视角采集业务信息需求和结构化的业务流程规则,描述与信息交换有关的信息,如属性、特征和相互关系。在适当的情况下,该模型需要采集的数据应该由利益共同体(Communities of Interest,COI)考虑[8]。

(4) 作战视角采集组织、任务或执行的活动,以及在完成任务过程中需要交换的信息。该视角记录了交换的信息类型、频度,信息交换所支持的任务和活动,以及信息交换本身一些性质。

(5) 项目视角说明项目计划如何组合成具有前后承接关系的投资组合计划。该视图提供了一种描述多个项目间组织关系的方法,每个项目负责交付单个的系统或功能。

(6) 服务视角说明了系统、服务以及支持作战活动的功能性的组合关系。DoD 功能包括作战和业务功能。服务视角中的功能和服务资源以及组件,可以与作战视角中的体系结构数据关联。这些系统功能或服务资源支持作战活动,方便信息交换。

(7) 标准视角是控制系统各部分或元素间组合、交互和相互依赖性规则的最小集合,其目标是确保系统能够满足特定的一系列作战需求。该视图提供了技术系统实现指导,基于此指导可以形成工程规范、建立通用模块,开发产品线。它包括技术标准、执行惯例、标准选项、规则和标准等[8]。

(8) 系统视角采集自动化系统、互联通性和系统功能方面的信息。随着 DoD 将重点转移到面向服务的环境和云计算,该视角功能可能会从模型中消失。

利用 DoDAF 进行架构设计主要包括 6 个步骤,如图 3-18 所示。在针对具体问题进行架构设计时,重点是遴选视角及其选项,对其进行符合实际的剪裁。其中,步骤 1~4 将采集的信息写入综述和概要信息模型中;步骤 5~6 基于发展和分析流程,进行视图选项约束和剪裁。

3.3.4 MoDAF 架构模型

MoDAF 是英国国防部在借鉴美国 DoDAF1.0 的基础上,为满足英国网络化作战能力发展需要而开发的系统架构,目前 MoDAF 已发布了 1.2 版,已发展成为可为英国国防部多个机构提供支持、帮助其处理日常事务的体系结构方法。

MoDAF 定义了一组丰富的关系,可用于集成各种体系结构元素。体系结构的开发涉及很多方面,在逻辑上可将其划分成若干领域。不同的利益相关者(投资各方)可以通过体系结构关注各自感兴趣的领域,同时保持对整体的了解。体系结构为协调各方的利益提供一个相互交流的工具。出于这个原因,MoDAF 定义了一个标准的视角集,共 7 种视角,如图 3-19 所示。

每个视角反映体系结构模型的不同侧面,且每个视角包括若干视图,以进一步提供该

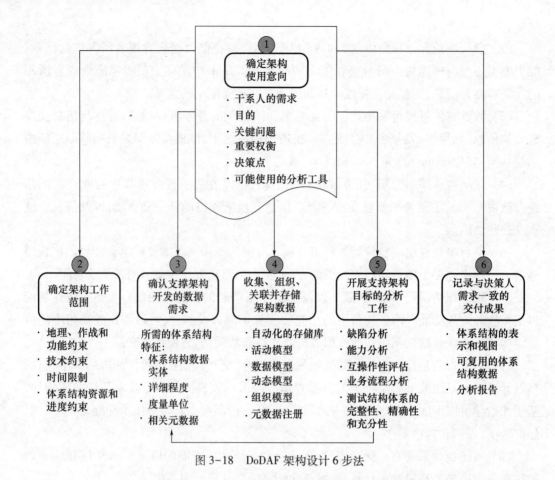

图 3-18　DoDAF 架构设计 6 步法

视角内的细节。虽然每增加一个视图数据都会使体系结构的总体描述更丰富,但在国防部采购周期的特定时间点上,不是所有 MoDAF 视图都有必要完成。事实上,国防部内的每一组用户都有不同的需求,他们只会关注与他们有关的那些 MoDAF 视图。这意味着大多数国防部的利益共同体(COIs)将只涉及 MoDAF 视图的一个子集,MoDAF 为各个利益共同体提供了一个相互交流的良好手段。

3.3.5　UPDM 架构开发

UPDM 是一个可视化的图形建模标准,它由对象管理组织(Object Management Group, OMG)成员在行业和政府领域专家的帮助下开发,支持美国国防部的防务架构框架(DoDAF)和英国国防部的防务架构框架(MoDAF)。

UPDM 的目标是加强企业和系统相关的体系结构建模的质量、可落地性和有效性,促进体系结构模型的重用性和可维护性,提高工具互操作性和利益相关者之间的交流,并降低体系结构由于不同工具和语义实现而产生的影响。

UPDM 的功能主要有:创建复杂系统中系统的架构模型,包括硬件、软件、数据、人员和设施要素;为系统体系的体系结构建模,直至更低的设计和实现级别;为面向服务的体

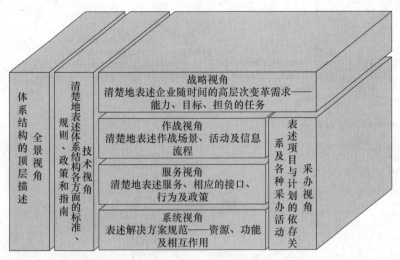

图 3-19 MoDAF 体系结构框架

系结构建模;支持复杂系统的分析、规范、设计和验证;提高在基于 UML 的相关工具和基于其他标准的工具之间交换体系结构信息的能力。

UPDM 采用统一建模语言 UML 及系统建模语言 SysML(Systems Modeling Language)来构建系统架构模型。UML 是一种定义良好、易于表达、功能强大且普遍适用的建模语言,它的目标是以面向对象的图形方式来描述任何类型的系统,可以对系统的静态结构、动态行为进行建模;而 SysML 是 UML 在系统工程应用领域的延续和扩展。UML、SysML 均是面向对象的图形化、可视化的系统建模语言,这不仅可以促进系统工程师之间的沟通,还可以促进跨规则以及跨开发生命周期的沟通,便于整合复杂系统的各个视图,不仅包括软件、硬件,还包括需求、资源、参数、工具管理、维护设计以及系统行为的管理。

UPDM 采用模型驱动方法开发,提供了系统架构的域元模型(Domain Meta Model, DMM),工作流程简单描述如下:

(1) DMM 使用 UML 类模型创建,以表示 DoDAF 和 MoDAF 中的概念,DoDAF 和 MoDAF 共同的概念都包含在核心包中;

(2) DMM 概念被映射到概要文件中相应的原型;

(3) 对概要文件进行分析和重构,以反映语言体系结构、工具实现和重用注意事项;

(4) 最终确定一致性级别,包括映射到 SysML;

(5) 添加概要图、原型描述和文档;

(6) 由配置文件模型生成规范和 XML 文档。

这种基于模型的方法允许团队专注于体系结构问题,而不是文档生产。UML 工具自动维护一致性,并且维持配置文件和 DMM 之间的可跟踪性,其中每个原型都使用 UML 抽象关系链接到 DMM 元素。

DMM 可以用 UML 描述,图 3-20 为 UPDM 中 DMM 的视图示例。

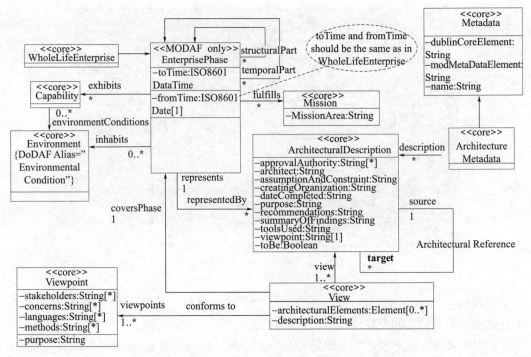

图 3-20　DMM 在 UPDM 中视图示例

3.3.6　UAF 架构模型

UAF 是 OMG 于 2017 年 11 月发布的体系架构标准,是其接手国防体系架构框架研制后发布的第一个通用标准,标志着体系架构技术进入了全新的发展阶段[9]。

UAF 兼容美国国防部体系架构框架(DoDAF)、英国国防部体系架构框架(MoDAF)、北约体系架构框架(NATO Architecture Framework,NAF)等多种体系架构框架,并可与开放组织体系架构框架(TOGAF)融合使用,是基于模型的系统工程(MBSE)领域的创新性方法。

UAF 以贯穿系统全生命周期的需求管理为驱动。与 UPDM 一样,它以域元模型为支撑,利用 UML/SysML 进行面向对象的顶层设计,综合考虑系统、能力、人力、业务、资源、制度、安防等要素及其之间的相互关系,提供更细致合理、逻辑关系更紧密的面向对象分解的视图矩阵以及约 80 个域元模型,与 DoDAF 相比,UAF 不管在数量上还是在完备性上都有了很大的提升。

UAF 提供的视图矩阵采用抽象的 Zachman 框架结构,从 2 个维度(纵向领域、横向视角)上对复杂组织体进行分解建模。在纵向领域中,从战略目标、业务支撑到技术实现 3 个层面,将复杂组织体划分为元数据、战略、业务、服务、人力、资源、安防、项目、标准、实际资源、需求、总结和概述、字典等 13 个领域。在横向视角上,每个领域可从静态结构、动态交互、标准支撑等方面进行多角度的细化描述,从分类、结构、联系、流程、状态、交互场景、信息、参数、约束、路线图、可追溯性等 11 个视角进行分析。矩阵内的每个视图都有一个或一组域元模型来支撑、规范相应的建模活动[9]。

3.3.7 MBSE 模型工程

3.3.7.1 MBSE 定义及实现方法

MBSE 在 2007 年的系统工程国际委员会(International Council On Systems Engineering,INCOSE)国际研讨会上首次被提出,并定义 MBSE 为:MBSE 是对建模(活动)的形式化应用,以便支持系统要求、设计、分析、验证和确认等活动,这些活动从概念设计阶段开始,持续贯穿到设计开发及其后来的所有生命周期阶段。

MBSE 是系统工程方法与技术的发展趋势,是系统工程领域的一次重要变革,国际研讨会上 INCOSE 进一步提出了 MBSE 远景规划,在 2007—2020 年实现 MBSE 理论与实践体系的逐步成熟,这代表着 MBSE 已经成为系统工程重要的发展方向。INCOSE 对 MBSE 的规划路径如图 3-21 所示。

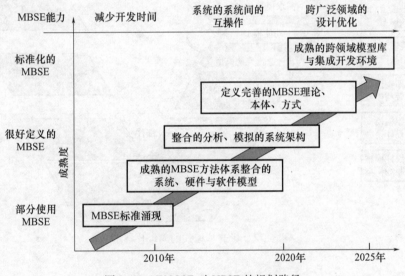

图 3-21 INCOSE 对 MBSE 的规划路径

MBSE 是在系统工程基础上发展起来的,经历了从最初的基于文档的设计方式到如今基于模型设计方式的转变,强调将模型作为系统设计核心,应该将整个系统工程作为一个技术体系和方法,而不是作为一系列的事件。其思想是通过 SysML 建立一系列模型并用其对系统工程的原理、过程和实践进行形式化控制,通过建立系统、连续、集成、综合、覆盖全周期的模型驱动工作模式帮助人们更好地运用系统工程的原理,大幅降低管理的复杂性,提高系统工程的鲁棒性和精确性。MBSE 具有如下优势:

(1) 表达能力强大,能够达到知识表达的无歧义性;

(2) 具备一致性与完整性,系统模型涵盖工程全生命周期,包括需求、分析、设计、验证、确认过程,所有层级之间可贯穿、可追溯;

（3）提供多视角多剖面对于系统的审视，有助于尽可能在设计初期进行验证确认，降低风险与设计修改成本。

基于模型的系统工程将系统设计过程分解为需求（Requirements）定义、功能（Function）分析、逻辑（Logical）架构设计和物理（Physical）架构设计，简称为 RFLP。RFLP 贯穿于产品的整个生命周期中，对应于设计的每个过程构建相应的 R 模型、F 模型、L 模型和 P 模型，通过各个层次模型之间的关联关系，实现整个系统设计过程对于需求的追溯和实现，以模型支撑整个系统的需求、设计、分析、验证和确认等活动。基于 V 模式的 MBSE 技术的实现方法如图 3-22 所示[10]。左侧描述了自顶向下的基于需求的设计过程，右侧描述了自底向上的基于需求的集成和验证过程。无论在哪一个过程中，发生需求的更改，都要重新开始整个基于模型的系统工程过程。

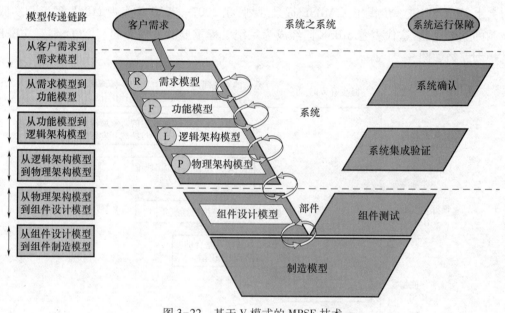

图 3-22 基于 V 模式的 MBSE 技术

3.3.7.2 MBSE 的应用

民用飞机的研制过程是一个极其复杂的系统工程，以需求为驱动，以需求的捕获和确认为核心。目前，MBSE 已被广泛应用于民用飞机开发领域，在 DoDAF 视角和 MBSE 的工具支撑下，可以完成从利益相关分析到测试验证全过程的管理与跟踪。

1. 利益相关分析

在 DoDAF 框架下应用建模技术对民用飞机不同阶段的运行场景进行完整描述。通过对不同运行场景下飞机与各个利益相关方的交互来捕获飞机的运行需求，从而保证所捕获需求的完整性与正确性。

基于 DoDAF 框架捕获飞机完整的运行需求，经过对模型的多次迭代与优化，可对利益相关方如航空公司、飞行员、旅客、空管、机场、维修人员、乘务人员等进行正确、完整的捕获。只有飞机利益相关方是正确且完整的,才能保证所捕获的运行需求的完整性与正确性,通过模型捕获的需求可经过功能分析获得飞机的功能层次结构,最终形成飞机研制的功能清单,作为飞机研制的设计输入。例如,对运营场景的清单进行构建,通过多维度矩阵表达场景之间的耦合关系和关键要素,如图3-23所示[11]。

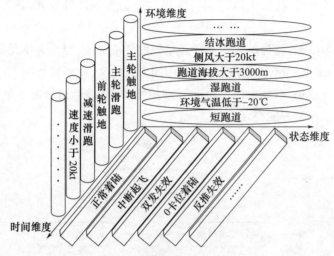

图3-23 地面减速功能飞行场景矩阵

2. 需求捕获

需求是产品必须满足的性能或者设计约束的描述,必须是可验证的。在飞机研制过程中,需求分为不同的层次,不同层次之间的需求建立追溯关系。一般来说,分为飞机级需求—系统级需求—部件级需求。同时,需求还需要经过确认,以保证捕获的需求是正确的和完整的。基于DoDAF场景的运行需求捕获与系统工程实施的关系如图3-24所示。

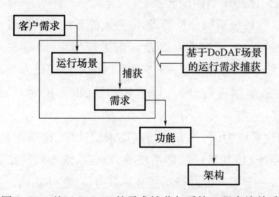

图3-24 基于DoDAF的需求捕获与系统工程实施关系

飞机需求捕获的主要目的是记录、产生利益相关方需求,并确保准确理解与其形成一致需求,最终建立民用运输类飞机市场需求至飞机研制流程的对接,实现市场需要与飞机研制需求间的可追溯性。基于DoDAF场景的运行需求捕获流程如图3-25所示,具体的捕获步骤如下。

（1）定义飞机顶层任务：首先对飞机运行的顶层飞行任务进行定义，此时需考虑本身机型的市场定位及载客数等因素。

（2）定义飞机运行阶段：对顶层任务进行阶段划分，包括静立、推出、滑出等十个阶段，共同组成完整的飞行任务过程。

（3）定义任务单元：将某个特定运行阶段划分为若干任务单元，该部分通过 OV-5b 视图进行定义。

（4）定义行为单元：行为单元是对任务单元的详细描述，当行为单元过多时可采用嵌套的方式，当有场景重复出现的情况可采用引用方式定义，此场景使用 OV-6c 视图描述。

（5）运行需求捕获：对每个任务单元详细描述后，可进行运行需求的捕获，需求来源于飞机与各个利益相关方的交互动作。

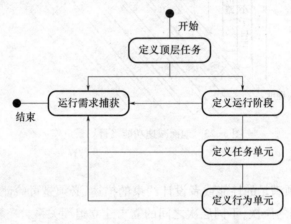

图 3-25 基于 DoDAF 的需求捕获流程

3. 高阶需求模型向低阶细节模型转换

完成需求分析，进行系统架构分析与设计，并实施系统高阶定性模型向低阶细节量化模型的转化。在这个过程中，一方面对高阶需求进行细化，同时在 MBSE 模型工程框架下，进行低阶模型的生成、映射和配置，进一步可以采用形式化方法、仿真方法、虚拟样机方法等对转换后的定量模型进行分析、评估和验证，以形成对高阶需求模型的反馈和确认。

以前轮转弯控制盒系统为例，首先分析其要求的功能，比如将其分解为控制系统、信号处理系统、电源子系统、控制反馈回路系统等，形成系统架构模型、活动模型、参数模型和行为模型等；再将每一个子系统进行功能分解和分配，在此基础上进行各个子系统的模型描述。基于这些静态的定性描述模型，在 MBSE 的统一接口框架下，进行系统组件、事件模型、模块组件、状态转换等动态定量描述模型的转化，结合时间自动机、仿真工具对动态模型进行分析，可以形成对各个阶段、不同层次的模型的逻辑验证，如图 3-26 所示[12]。

4. 模型实现与测试

在 MBSE 模型工程下，存在多种工具支持模型的自动实现与测试，比如：代码辅助生成工具、测试案例自动生成工具等。模型成为从贯穿需求分析到开发实现，再到测试验证的核心,保证各个阶段对同一个对象理解的一致性,并提供正向的需求覆盖性分析和反向的需求溯源与确认方法。

同样以前轮转弯控制盒系统为例,在细节量化模型中已经实现了前轮转弯控制律模型的构建,并通过仿真调试、模型测试及模型需求形式化测试保证模型的正确性和完整性,可以进一步在 MBSE 的统一接口框架下,依照具体的开发平台接口要求,实施代码生成并完成代码部署,如图 3-27 所示[12]。

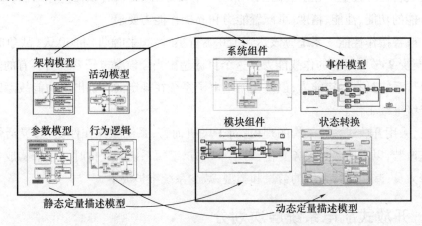

图 3-26　高阶模型向低阶模型转化

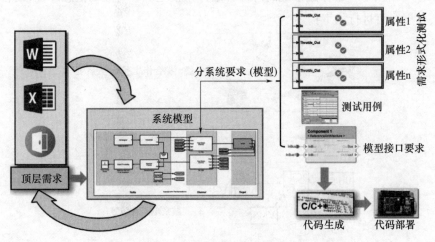

图 3-27　基于模型的设计传递

3.4　开放式航空电子系统架构

3.4.1　开放式航电系统目标

航空电子系统采用开放式系统架构最直接的理由是提高经济可承受性,开放式系统架构的实现以提高系统生命周期内各个阶段的经济可承受性为基础。开放式系统结构还具有如下优势:提高系统互操作性、兼容性、可移植性、可重复使用性和可维修性,减少全寿命周期费用、利于新技术的采纳以及适应可变规模。

军用航空电子系统采用开放式系统架构有以下几点目标。

(1)减少全寿命周期费用。主要目标是降低系统的全寿命周期内的累加成本,也就是采购和维护成本。

(2)改善任务性能。在所有的工作条件下,系统必须完成各项任务,并且满足飞机平台所有可能的功能、性能、精度、可配置能力和互操作能力要求。

(3)改善操作性能。系统应该达到150飞行小时(和平时期)和30天(战争时期)无需维修,至少95%可用性的作战能力。这个目标超出当今航空电子系统所具有的能力,要求航空电子系统具有容错能力,以使当航空电子系统在规定的级别出现功能故障时,能通过功能降级继续工作。

可见,采用开放式系统架构的理由:对于飞机而言,系统互操作性更强,灵活性更强,可以迅速改装,以适应各种任务变化;对于采购方,缩短系统的交付时间和采购成本;对于操作维修人员,减少支持系统的数量和类型,减少系统维护成本。

3.4.2 开放式航电系统层次划分

图3-28给出了一个作战系统的总体分层体系模型。针对战场信息环境,结合航空电子系统,各层次可进行如下描述。

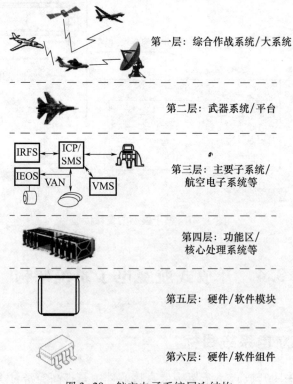

图3-28 航空电子系统层次结构

第一层:综合作战系统。由海、陆、空、天各种侦察、识别、传输、瞄准、指挥、控制等系统联网构成的信息体系,是航空电子系统存在于其中的信息大环境,通常也指系统之系统。

第二层:武器系统。是参与作战任务的各种平台(如作战飞机),也是信息网络体系中的信息节点,平台之间通过网络交互信息,协同操作,行使作战使命。

第三层:主要子系统。武器系统中的主要子系统(如飞机中的航空电子系统),通过机载网络和系统软件实现飞机的通信导航、态势感知、飞行控制和武器投射等一系列作战任务。

第四层:功能区。按照系统功能划分区域,实现深层次信息和功能综合,如传感器综合区、综合核心处理区、座舱显示与控制综合区等。

第五层:硬件/软件模块。按照不同功能和性能要求,采用模块化设计方法,构建通用和专用的软硬件模块,通过灵活配置和标准接口,实现系统各种功能,支持系统重构和扩展升级。

第六层:硬件/软件组件。构成功能模块的硬件元器件和软件代码,采用超高速集成电路和先进编程技术,支持实现功能模块的高密度和标准化。

由上述分层可见,未来的航空电子系统不仅要面向自身发展的要求(第三、四、五、六层),向适应多种飞机平台、高度综合化、模块化开放式航空电子系统方向发展;而且要面向未来作战环境的要求,满足机间多平台协同作战的要求和海、陆、空、天多平台组网(第一、二层)要求,向网络化方向发展。

3.4.3 开放式航电系统架构属性

开放式航电系统架构的目标是采用高质量的系统工程方法,以实现健壮和开放的航电系统架构设计。它不仅支持武器系统设计的平衡,包括毁伤性、生存性、可支持能力和经济可承受性等;而且支持不同层面任务的处理,包括传感器和处理器,硬件和软件,与系统之系统(SoS)操作相关的接口,以及开发和维护接口。此外,采用开放式航电系统架构可以推动整个系统达到以下特点:易于定制和升级,保证与其他平台和系统的互操作性以及操作状态下的可支持能力。

结合 DO-297 要求,下面给出 8 种可测试的开放式航电系统架构属性[5]。

1. 分区和开放接口

开放式航电系统强调系统分区、接口定义、功能集成和 COTS 技术,其综合方法必须适应航空电子的特殊要求,并需考虑以下关键要素。

(1) 航电信息处理必须满足硬件的实时限制。某些情况下,航电功能可能会影响到飞机的安全性,这就有必要进行相应的测试和鉴定。

(2) 新型航电系统架构必须能结合环境,在遭遇更多的程序应用挑战情况下能生存,硬件必须能在这种情况下运行。

(3) 开放式系统原则上也可在传感器前端和其他非数字化功能中应用。与数字化航电功能系统一样,为确保非数字化功能的长期可支持性和可升级性,系统分区、接口定义和COTS具有同样的重要性。

(4) 航电架构必须结合航电组件本身及SoS系统中的飞机平台功能考虑开放式系统。架构还必须支持与地面平台和系统的接口,并考虑飞机全寿命周期中发生变化的可能性。

(5) 架构必须适应COTS技术的发展与综合。

2. 系统组件间的约束耦合

航电系统组件由高度交联的一系列硬件设备组成,包括数字化和非数字化的电子设备及其互相影响的信号与数据通道。物理综合建立了共享信息的基础,使得系统组件具有在必要且需要时进行耦合的能力,以实现系统的功能。但同时,高度综合的设计也带来了设计更改或者局部故障时会产生计划外的相互影响和不可控的影响传播的可能性,可定义并实现功能封装,以控制系统组件间的耦合度,排除接口之外的相互影响。

3. 可变规模性和可扩展性

在飞机全寿命周期内,甚至是在其初始设计和开发时,受任务、作战环境、武器和其他因素可能变化的影响,要求航电系统具备可变规模性,意味着系统可以适应不同增量的性能,并可以充分使用已安装的各种软硬件资源。可变规模和可扩展性能够达到的程度是衡量航电系统架构以及硬件和软件质量的重要指标。

4. 互联互通互操作能力

现代体系化作战的本质和需求,要求飞机能够作为大型武装体系结构中的一个节点与其他平台、系统联合协同作战,并有效地实现互联互通和互操作功能。开放式航电架构必须支持这些协同工作,并能够确保飞机武器系统在全寿命周期内能够融入SoS系统内并适应其变化。这项支持包括:给外部平台和系统提供平台内部的资源和信息,能够利用来自外部的资源和信息以提高杀伤性、生存性、支持性和经济可承受性;能够给其他平台和系统提供飞机信息综合结果。此外,架构还必须促进硬件/软件的增加和升级改进。

5. 技术独立与缓解部件老化

由于电子和信息技术领域技术和产品的变化和更新越来越快,部分技术将很快过时,航电硬件就会受到无法使用的部件、组件、装配件和其他元件影响的冲击;航电软件也会受到增量开发缺失、缺少全寿命周期的软件工程工具和环境支持供应商,以及增加的新软件和老软件综合时的干扰和冲突。没有单一或者简单的策略可以解决这一问题,开放式架构在减轻这些影响中将起到核心作用。

一个"技术独立"的架构是指:架构的各个方面不依赖于特定技术或者特定产品模块或部件数量(即没有这些技术或产品就不能成功实现的架构)。技术独立要求系统开放,尤其是关于部件和接口的定义。

6. 支持系统级的可靠性和维修性

开放式航电架构必须具备支持武器系统的高可靠性和维修性(Reliability & Maintainability, R&M)特征,以全面满足经济可承受性、毁伤性和可支持能力。架构必须支持R&M策略,该策略不仅包括任务子系统,还包括机体和推进子系统等。武器系统的R&M依靠内在的可靠性、健康预测和管理、维修性以及功能降级4个方面来保证。

7. 保证时间和实时执行

航电组件要求从以下 3 个基本方面管理定时和时间关系：

（1）必须控制定时，使得运行在给定参数范围内的关键任务的顺序和持续时间是可靠和可预测的，并满足任务执行的先后顺序要求；

（2）定时约束必须被限制在系统的物理和功能分区内，使得分区中的定时参数和故障不会影响到其他分区内的操作，同时也确保某一分区定时的改变不会传播到其他分区；

（3）具备硬实时保障能力，这意味着任务的响应、执行等操作必须在给定的最大截止期限之内完成，超出该期限就会导致任务失败。

8. 信息保证和保护

航电系统架构必须具备软硬件安全保障的措施，同时兼顾其他武器系统的安全，避免出现特定环境下可预期的安全威胁。飞机平台可能会采用多种加密手段来存储和处理信息，与机外平台和系统之系统的互操作同样可能包含不同安全级别的数据导入与导出。开放式航电架构需要在所有要求的安全保密级别上存储、处理和可靠使用数据和信息。

3.4.4 先进航空电子系统架构

3.4.4.1 开放式先进航空电子系统架构

开放式系统的前提是遵循公开一致的标准和规范，美国空军在 20 世纪末已开始把实现航空电子系统从传统的"封闭式结构"向经济上可承受的灵活的"开放式结构"转变视为当务之急。在其公布的"JSF 航空电子系统结构定义"中提出的开放的先进航空电子综合架构，目前已成为 F-35 飞机航空电子系统的基础。考虑开放式航电系统架构的通用性，在 ASAAC 标准里给出一个典型架构如图 3-29 所示。

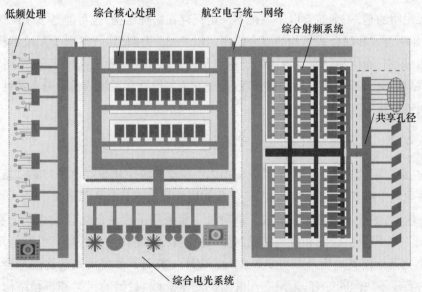

图 3-29　开放式先进航空电子系统架构

先进航空电子系统有如下特点：

1. 开放式系统架构

定义开放式软硬件接口标准、采用商用货架产品满足系统结构升级和功能扩展需求。

2. 航空电子统一网络(UAN)

采用具有大带宽、低延迟、高确定性特征的统一网络实现机内各个子系统以及传感器和作动器等之间的互联，以减少机内互联总线网络的种类和复杂性，并提高信息传输的可靠性。由于光纤具有频带宽、重量轻和抗电磁干扰等优点，采用以民用标准为基础的光纤传输网络作为航空电子统一网络，可以以较少的费用实现系统宽带信息传输的需求。

3. 综合核心处理(ICP)

将数字信号处理、数据处理、图像处理以及其他计算密集性要求的任务处理等集中到共享、容错和高性能的综合核心处理区内完成，以提高核心计算的效率。

4. 座舱人机接口

采用高分辨率彩色液晶显示器和头盔显示器，以大图像方式提供态势信息，提高飞行员感知的范围和能力。

5. 综合射频和综合光电系统

以模块化方式构建综合探测系统，前端充分利用不断发展的软件无线电及开放式光电系统方法，采用规范的部件接口，降低费用，实现开放目标。

6. 机械和电气接口

要求封装、热管理、电源和连接器支持高可靠性、容错、系统扩展和保障性。特别关注机电元器件对系统可靠性、维修性和经济可承受性的深远影响。

7. 软件

软件的结构、接口和语言选择等，都要保证软件具有可移植性、发展性、维修性、保密性及完整性。

需要说明的是，一个航空电子系统不一定只存在一种结构，也可能是多个结构的混合使用，比如联合式和综合式结构的混合使用。以 F-35 为例，其航空电子系统结构中用于目标探测、识别、通信和导航等功能的子系统及其显示和控制单元高度综合，采用"先进综合式"的结构；而飞行控制和外挂物管理，出于安全关键性和系统内部件分布特性的考虑，仍然采用较传统的"联合式"集成。

3.4.4.2 综合模块化航空电子系统架构

目前，最常用的先进航空电子系统架构之一是综合模块化航空电子(IMA)系统架构。综合模块化航空电子系统从 20 世纪 90 年代初概念提出至今经历了 3 个阶段。

第一阶段，主要是物理综合阶段。该阶段主要采用了模块化综合航空电子系统设计技术，由单一的模块供应商和机架集成商提供功能软件，将传统的外场可更换单元(LRU)通过模块化设计使其成为外场可更换模块(LRM)，实现了系统模块的物理综合，即在同一机柜内实现模块间的综合，采用专用并行的底板总线、封闭的机架和机箱结构，典型代表是波音的飞机信息综合管理系统。

第二阶段，主要是物理综合和部分功能综合阶段。该阶段主要采用模块化综合航空电子系统结构，由多家模块供应商、机架集成商和专业模块供应商提供功能软件，进行部分功能综合，采用串行底板总线以及部分开放式机架/机箱结构，典型的产品代表有霍尼韦尔公司的 Primus Epic 系统和罗克韦尔·柯林斯公司的 Proline 等。

第三阶段，主要是物理综合和功能综合阶段。系统综合范围更大，综合层次更深。该阶段主要采用开放式体系架构、统一的机载数据网络交换技术、输入/输出统一布局和综合信息管理，系统资源高度共享，典型产品代表有通用电气公司的 Genesis 平台和泰雷兹公司的 IMA 系统。

IMA 架构由一套共享的具有灵活性、可重复使用性和共同操作性的硬件和软件资源组成，将这些资源综合起来可以形成一个能够满足系统功能、性能需求，并具备安全性的架构平台，通过功能部署和集成可以实现特定航空电子应用服务。

IMA 在硬件和软件层面上均采用高度综合化、标准化和模块化的开放式结构，吸收了航电标准和 COTS 技术，从体系结构上解决了联合式航空电子系统的固有缺陷。IMA 架构用若干核心处理模块代替了联合式航空电子系统结构中常用的具有独立空间、能量供应、硬件和软件的现场可更换单元，从而减少了机载设备的复杂度和重量。在开放式软件体系结构的具体实现中，IMA 采用的主要策略是分层策略，层和层之间的相互访问使用的是标准接口，这样，软件和硬件实现了有效的隔离。常见的 IMA 架构如图 3-30 所示。

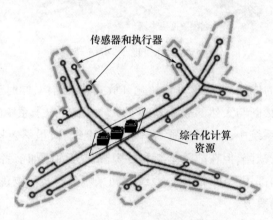

图 3-30　航空电子 IMA 架构

IMA 系统架构具有如下优势。

（1）提高了信息综合处理能力。在 IMA 架构中，多个核心处理模块集中在一个机柜内，通过统一网络综合成一个高度集成的数字化信息系统，可以在标准化共享资源的基础上实现更深层次的信息处理和综合，提高系统对信息的处理和利用能力，并提高任务系统的处理效率。

（2）提高了系统可靠性。采用高度综合模块化设计思路，在某个模块发生故障时，可以通过重构通用模块组合，恢复完成特定的应用功能，总体上提高了系统可靠性。

（3）降低了全寿命周期成本。采用标准模块化开放式体系结构，IMA 具有了支持长期技术升级和扩展的能力，使系统具有很高的成长性。当模块修改或是升级时，不需对整个系统重新做认证，只需对更改过的模块做认证，极大地降低了全寿命周期的认证成本。

3.4.4.3 分布综合式航空电子系统架构

随着核心处理模块与越来越多的遍布于飞机的功能单元连接，飞机上线缆的数量逐渐增多。近几年，为了消除应用 IMA 结构而带来的不足，分布式综合式航空电子系统（DIMA）架构被提出并且得到越来越多的关注。DIMA 综合了集中式 IMA 和分立式 IMA 两种架构的设计特点：在分离应用处理模块和 I/O 处理模块的同时，将通用处理模块分散放置于机身各处，并使 I/O 接口处理靠近传感器和受动器，如图 3-31 所示。

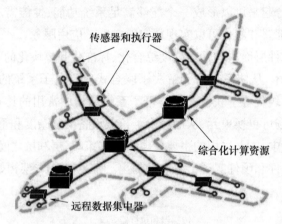

图 3-31　航空电子 DIMA 架构

DIMA 继承 IMA 的优势，采用标准模块化开放式体系结构，同时还具有如下优势。

（1）方便的故障诊断与天然的故障隔离。联合式航空电子系统的一个优点是错误可以被隔离在孤立的子系统中；而 IMA 强调信息的高度综合，虽然克服了联合式系统资源利用率低、不易扩展的缺陷，但在故障诊断和故障隔离方面不如前者方便。DIMA 结合了两者的优点，子系统内部用 IMA 架构，子系统之间采用分布式的物理拓扑，从而提供了天然的、空间上的故障隔离方式。

（2）灵活的物理位置选择。功能模块能够放置到最靠近它输入输出部件的位置上，从而减少电缆布线，并且可以通过远程数据集中单元与处理单元交换输入输出数据。

（3）分布式综合化资源使用。在整个网络范围内灵活地使用分布式的处理器资源和存储资源，大大提高了网络对资源的使用效率，增强了网络的可靠性。

3.4.4.4 下一代航空电子系统架构展望

在微电子技术、计算机技术、网络技术等的推动下，未来航空电子系统将一方面向芯片级综合化方向发展，另一方面向分布式综合化方向发展，同时在这些综合化的过程中体现出自主智能特征。目前，微智能航空电子系统架构（芯片级综合化）和航空电子云系统架构（分布式综合化）被视为新一代航空电子系统的发展方向。前者在硬件上实现芯片级的微型化智能化的综合处理模块和超高速有线/无线网络,后者在软件上基于云计算架构实现跨系统平台的资源共享。

1. 微智能航空电子系统架构

未来的航空平台将以有人/无人平台集群的形式智能化地执行作战任务,通过航空电子系统进行信息综合是获取智能的源泉。这种智能的获取是体系化的,要求航空电子系统的分布式综合不能仅仅局限于机架的集中式 IMA 架构;而且,微系统硬件和软件的发展使得被综合的对象打破了标准化模块的边界,更强调数据流接口和服务的开放性,使得未来航空电子系统架构甚至超越目前方兴未艾的 DIMA 架构,形成微智能航空电子系统架构。

根据机载系统的应用需求,可以将微智能航空电子系统架构大体分为航电任务处理、飞管系统处理、传感器/座舱处理、人机/机电/武器接口处理四种类型的微系统。通过对其航电系统的硬件组成进行梳理和功能分解,可将面向航电应用的微智能系统芯片内部结构划分为多个基本功能子系统的组合,包括信息采集子系统、计算子系统、存储子系统、通信子系统、执行子系统、电源子系统,并且通过片上互联网络(Network on Chip,NoC)实现高性能的数据通信和交换,从而形成模块化的微智能航空电子系统架构,如图3-32所示。

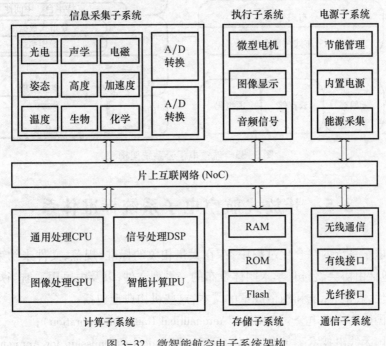

图 3-32 微智能航空电子系统架构

2. 航空电子云系统架构

目前航空电子资源是紧耦合的,机载任务处理、通信、网络等资源只能在单独的飞行器内部被共享。为了进一步提高资源综合化和系统之系统的全面融入,需要开发一种跨平台的资源综合和飞行器间的航空电子资源共享环境。起源于互联网领域、擅长分布式处理和资源共享的云计算技术,成为实现这一目标的支撑技术之一。

航空电子云在全域信息化环境下,对自组织航空电子平台的模块级资源虚拟化,利用航空电子网络(空)、卫星通信网络(天)、舰船通信网络(海)、路基通信网络(地)等混合网络通道实现服务资源的动态综合、匹配、调度、融合和部署。其采用目前较为成熟的云计算技术,将包括地面节点、空中飞行器节点以及卫星节点在内的所有可用资源按类界定,并构建资源池供航空电子系统使用。

航空电子云系统架构可以划分为软件应用层、平台功能层、基础设施层三层,如图3-33所示[13]。软件应用层位于顶层,提供云端服务中的软件即服务;平台功能层位于中间层,提供云端服务中的平台即服务;基础设施层位于底层,提供云端服务中的基础设施即服务、协同服务和本地服务。

相比于DIMA,航空电子云系统架构具有资源高流通性、服务可伸缩性、资源池虚拟化、资源管理合理性以及终端泛在化等特点。

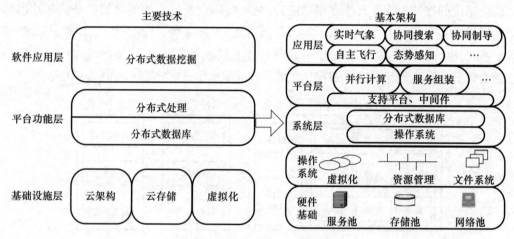

图3-33 航空电子云系统架构

3.5 开放式航空电子系统标准体系

在航空电子系统的综合化过程中,存在大量相关的标准、规范、文件来约束其综合化设计,主要包括由协会、公司、学术团体发布的一系列文件,以及由民用适航当局认可后形成的法规文件、规范、标准和约俗成章的文本,这些机构典型包括:

(1) 美国航空无线电公司 ARINC(Aeronautical Radio Incorporation);

(2) 美国无线电技术委员会 RTCA(Radio Technical Commission for Aeronautics);

(3) 美国汽车工业协会 SAE(Society of Automotive Engineers);

(4) 欧洲联合标准航电系统架构协会 ASAAC(Allied Standard Avionics Architecture Council);

(5) 美国联邦航空局 FAA(Federal Aviation Administration)。

从20世纪80年代起,这些机构就不断制定各项标准、法规来规范化航空电子系统的设计和实施过程,形成了覆盖飞机与系统、机载软件、机载电子硬件等各层次的完整的开发过程标准及安全性评估标准,在技术方面主要涵盖下述技术领域:

（1）硬件相关规范和标准：RTCA DO-254、RTCA DO-160、FAA TSO-C153、ETSO-2C153等。

（2）软件相关规范和标准：RTCA DO-178、ARINC 653等。

（3）网络相关规范和标准：ARINC 429、MIL-STD-1553B、FC-AE、ARINC 664、SAE 6802等。

（4）系统与认证相关规范与标准：RTCA DO-297、ARINC 651、ASAAC、ARP 4754、ARP 4761等。

各个标准制定的时间与IMA发展年代的关系如图3-34所示。

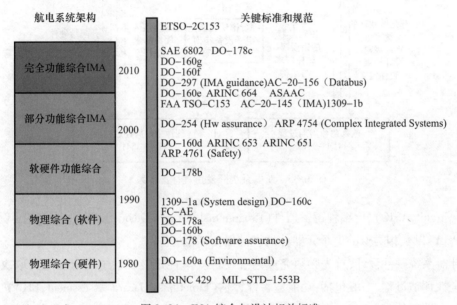

图3-34 IMA综合与设计相关标准

涉及软硬件与系统，以及开发过程管理的主要标准之间的关系如图3-35所示。

3.5.1 硬件相关标准

随着电子技术的不断发展，电子产品功能日趋复杂，集成度不断提高，硬件设计的难度也不断加大。在过去十几年中，尽管电子硬件的复杂性及设计能力已经有了很大的提升，但验证电子硬件正确性的能力却没有以同样的速度增长。这一矛盾限制了复杂电子硬件在高安全领域如机载领域的应用。对于日趋复杂的航空电子系统，必须建立系统的方法，对其需求分析、开发流程、验证测试、过程管理等全方位建立标准和方法进行规范化，才能满足高度复杂的航空电子系统硬件设计、开发、综合与验证的要求。

3.5.1.1 机载电子硬件的设计保证指南DO-254

为了解决复杂电子硬件在机载领域应用面临的问题，DO-254标准应运而生。该标准为机载电子硬件设计保证提供指南，它主要讨论与设计生命周期相关的内容，同时它也关注与设计相关的生产环节的内容，可用于指导专用集成电路（Application Specific Inte-

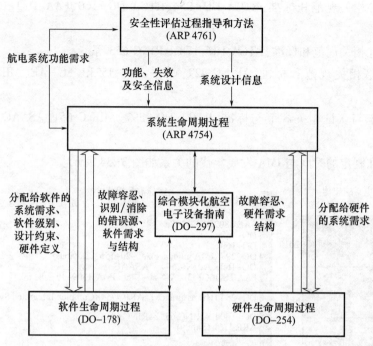

图 3-35 航电系统开发过程标准体系

grated Circuit,ASIC)、可编程逻辑器件(Programmable Logic Device,PLD)、现场可编程门阵列(FPGA)以及相类似的电子元器件的设计保证活动[14]。

针对系统硬件设计,首先必须完成系统硬件安全性定义。系统安全性定义取决于系统安全性评估过程,一般包括:功能危害性评估(Functional Hazard Assessment,FHA)、初步系统安全性评估(Preliminary System Safety Assessment,PSSA)和系统安全性评估(System Safety Assessment,SSA)。硬件安全性评估根据系统过程分配给硬件的安全性、功能和性能需求,确定每个功能的硬件设计保证级别,并帮助确定恰当的设计保证策略。根据 DO-254 对安全性等级划分,系统开发保证级别分为 5 级,分别是 A 级、B 级、C 级、D 级和 E 级,分别与 5 类失效状态对应,表 3-1 给出了具体的硬件失效状态和设计保证级别定义。

表 3-1 DO-254 定义的硬件失效状态和设计保证级别

系统开发保证级别	失效状态分类	失效状态描述	硬件设计保证级别定义
A 级	灾难性	阻止飞机继续安全飞行和着陆的失效状态	硬件功能的失效或异常行为,将引起系统功能失效,导致飞机处于灾难性的失效状态
B 级	危险/严重	降低飞机性能或机组人员克服不利操纵状态能力的失效状态,其程度为:大幅降低安全余量或功能性能;身体疲劳或高负荷导致机组人员不能准确或完整地完成他们的任务;或对乘客产生不利的影响,包括对少数乘客严重的或潜在致命的伤害	硬件功能的失效或异常行为,将引起系统功能失效,导致飞机处于危险的/严重的失效状态

续表

系统开发保证级别	失效状态分类	失效状态描述	硬件设计保证级别定义
C级	重大	降低飞机性能或机组人员克服不利操纵状态能力的失效状态,其程度为:较大地降低安全余量或功能能力;较大地增加了机组人员的工作量或削弱机组人员工作效率的状态;或造成乘客不舒服,可能包括伤害	硬件功能的失效或异常行为,将引起系统功能失效,导致飞机处于较重的失效状态
D级	较轻	不会严重降低飞机安全性,及有关机组人员在他们的能力内很好完成其活动的失效状态。较轻的失效状态可能包括稍微减少安全余量或功能性能力;稍微增加机组人员的工作量,如更改航线飞行计划或给乘客带来某些不方便等	硬件功能的失效或异常行为,将引起系统功能失效,导致飞机处于较轻的失效状态
E级	无影响	不影响飞机的操作性能或不增加机组人员工作量的失效状态	硬件功能的失效或异常行为,将引起系统功能失效,对飞机的操作性能或机乘人员的工作量没有影响

DO-254定义了完整的机载电子硬件设计生命周期过程,包括计划过程、设计过程以及支持过程,对每个过程应达到的目标和开展的活动进行了说明,如图3-36所示。这些过程不仅适用于新系统或设备的开发,也适用于已有系统或设备的改进。

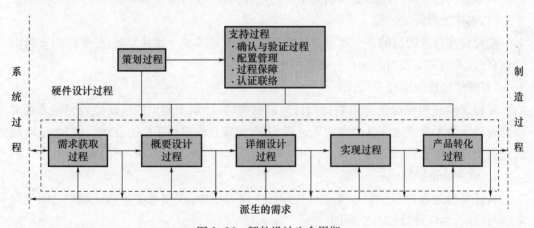

图3-36 硬件设计生命周期

1. 硬件策划过程

硬件策划过程的目的在于定义一系列的方法,通过这些方法将功能需求和适航需求转化为硬件实体,并证明该硬件实体能够安全地实现其预期功能的方法,该方法保证硬件品质与其开发等级相匹配。

2. 硬件设计过程

硬件设计过程包括硬件需求捕获、硬件概要设计、硬件详细设计、硬件实现和硬件产品转化五个子过程。

1）硬件需求捕获

需求捕获过程识别和记录硬件需求,硬件需求包括由硬件结构、工艺、功能、环境性能需求而产生的派生需求以及安全性需求。

2）硬件概要设计

概要设计过程完成硬件架构设计,并评估基于该架构产生的硬件是否能够满足需求。概要设计包括功能框图、设计和结构描述、电路板装配外形和机架草图等。

3）硬件详细设计

详细设计过程在硬件需求和概要设计数据的基础上形成详细设计数据。

4）硬件实现

实现过程使用详细设计数据构造物理硬件,该物理硬件用于后续的测试验证活动。

5）硬件产品转化

产品转化过程检查硬件制造数据、测试设备以及整体制造能力,保证批产制造的可行性。批产准备包括批产数据准备、批产验收测试程序定义以及批产过程设计保证等。

3. 硬件支持过程

支持过程包括硬件确认验证过程、硬件配置管理过程、硬件过程保障过程和硬件认证联络过程4个子过程。

1）硬件确认验证过程

确认验证过程保证硬件项派生需求,相对于分配给硬件项的系统需求,是正确和完整的。验证过程保证硬件项的实现满足所有的硬件需求,包括派生需求。

2）硬件配置管理过程

配置管理过程的目的在于提供这样的能力,即配置项能一致地复制、必要时能重新生成信息,以及需要更改时必须使配置项的更改受控。

3）硬件过程保障过程

过程保障过程确保生命周期过程目标得到满足,计划中列出的活动已经完成或偏离得到处理。为了客观地评估生命周期过程、识别偏离并确保纠正措施有效,过程保证活动的开展应具有独立性。

4）硬件认证联络过程

认证联络过程的目的是在整个硬件设计生命周期中,在申请者与认证机构之间建立通信与理解,为认证过程提供帮助。

3.5.1.2 ASAAC 硬件标准

由法、德、英和美四国政府建立的联合标准航空电子体系结构委员会 ASAAC,针对新一代军用飞机的硬件设计进行了深入考虑,尝试解决系统复杂性不断增加、废弃和经济可承受性三大问题。由此,ASAAC 总结了航电系统所面临的现状:太多的嵌入式计算机系统、软件与硬件的绑定导致的复用性差、维护间隔时间短、升级困难而又昂贵以及备件库庞大。

ASAAC 定义了6种标准硬件类型或称为通用功能模块(Common Functional Module,

CFM),3个为通用"处理"模块,分别是通用数据处理模块(Data Processing Module,DPM)、通用信号处理模块(Signal Processing Module,SPM)、通用图像处理模块(Graphic Processing Module,GPM);3个为系统运行支持模块,分别为电源转换模块(Power Conversion Module,PCM)、大容量内存模块(Mass Memory Module,MMM)、网络支持模块(Network Support Module,NSM)。ASAAC对硬件模块的定义体现了深度模块化的思想,即模块化深入到了功能单元级,不同模块之间大多采用相同的功能单元。

ASAAC为这些模块定义了标准的硬件及软件接口,允许模块通过包交换或电路交换网络进行通信,以最大化模块之间互操作性及模块的互换性。为进一步降低成本,模块由一系列的通用标准电路单元集进行构造,其标准结构如图3-37所示。

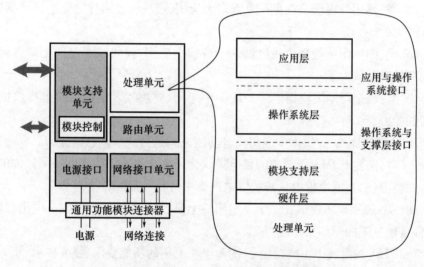

图3-37　ASAAC定义的通用功能模块内部标准结构

(1)模块支持单元(Module Support Unit,MSU):负责监视和控制模块的运行,提供模块BIT检测、初始化配置、维护测试等功能;

(2)电源供应单元(Power Supply Unit,PSU):为模块内部电路提供工作电源;

(3)网络接口单元(Network Interface Unit,NIU):为模块内部网络和模块外部网络间提供通信连接;

(4)处理单元(Processing Unit,PU):为模块提供处理能力,具体分为数据处理、信号处理、图形处理和大容量内存;

(5)路由单元(Routing Unit,RU):为模块提供内部通信能力,将NIU与PU、MSU互联;

(6)模块物理接口(Module Physical Interface,MPI):定义模块的物理接口,实现机械、光学、电气和冷却接口。

3.5.1.3　集成模块化航空电子平台与模块 ETSO-2C153

ETSO-2C153是由欧洲航空安全局(European Aviation SafetyAgency,EASA)于2016年

发布的,该标准针对 IMA 模块提出最低性能标准要求,模块包含 IMA 模块(含硬件、核心软件以及功能支撑软件)、硬件单元和单一 LRU 平台。

ETSO-2C153 根据提供的共享资源的种类将 IMA 模块分成 7 类,并要求 IMA 模块除了满足其附录中的通用要求外,还必须至少实现以下功能之一:机柜或者机架(CLASS RH)、通用处理(CLASS PR)、图形图像处理(CLASS GP)、数据存储(CLASS DS)、接口(CLASS IF)、供电(CLASS PS)、显示(CLASS DH)。

各个功能模块类的预期功能如下[15]。

(1) RH 类:IMA 机架可以是一个简单的机械外壳,也可能包含通信接口、数据和电源交联接口、主动式/被动式冷却装置或这些功能的任意组合。

(2) PR 类:通用处理模块提供一个或多个应用、模块或者组件之间进行共享处理、数据和信息的能力。

(3) GP 类:图形图像处理模块提供一个或多个应用、模块或者组件之间进行图形或者视频信息处理的能力。

(4) DS 类:数据存储模块提供一个或多个应用、模块或者组件之间进行数据记录或数据存储的能力。

(5) IF 类:接口模块提供多个应用或者功能之间进行共享信息的能力。

(6) PS 类:安装于 IMA 机架内的供电模块为一个或者多个位于同一机架内的硬件模块提供电源供电能力,电源供电从机载供电网络中进行分配和转换。

(7) DH 类:显示模块提供在一个显示组件上显示从一个或多个 IMA 应用程序、模块和/或组件传输过来的图形信息能力。

ETSO-2C153 在附录中主要提出了 IMA 模块通用的功能要求、特征要求、相关要求的验证方式(分析/演示/审查/测试)以及各个模块的定义和预期功能。

3.5.1.4 机载设备的环境条件和测试程序 DO-160G

目前民用飞机机载设备适航取证使用的环境试验标准主要是美国航空无线电技术委员会 RTCA 制定的 DO-160 系列的标准。DO-160 经历 7 次修订,目前已发展为DO-160G,其包含的试验项目越来越完整,各试验项目中的试验程序越来越科学合理。

DO-160G 包括 26 个部分和 3 个附件,可靠性项目包括温度、高度、温变、气压、机械冲击、振动、湿热、沙尘、防水、盐雾等;电磁兼容(Electro Magnetic Compatibility,EMC)项目包括磁场效应、电源输入、电压尖峰、电源线频率传导敏感度、感应信号敏感度、射频敏感度(传导和辐射)、射频能量发射、雷电感应瞬变敏感度、雷电直接效应和静电放电,其中"雷电感应瞬变敏感度"和"雷电直接效应"充分考虑到了航空飞行器实际工作中的雷电环境的影响。

1. 可靠性项目

DO-160G 的可靠性测试重点包括:振动试验,温变试验,温度试验,高程、减压和过压试验及机械冲击试验等。

2. 电磁兼容项目

DO-160G 的电磁兼容测试重点包括：磁场效应、电源输入、电压尖峰、电源线频率传导敏感度、感应信号敏感度、射频敏感度、射频能量发射、雷电感应瞬态敏感度和静电放电等。

3.5.2 软件相关标准

机载软件在现代作战飞机中担负着从通信、导航、显示控制、信息/数据处理、飞行控制到火力控制、外挂管理、武器投放、电子战等为数众多的飞行任务和作战任务。可以毫不夸张地说，飞机每一个动作的完成都离不开机载软件的支持，飞行员的每一个作战意图也必须依靠机载软件才能完成。为了保证程序的可靠性，提高软件的可维护性和可移植性，有必要将航空电子软件设计与开发流程进行标准化，并对软件模型和接口进行标准化和规范化描述，使其满足高复杂航空电子系统软件设计、开发、综合与验证的要求。

3.5.2.1 机载系统和设备认证中的软件考虑 DO-178C

DO-178C 由美国无线电技术委员会(RTCA)和欧洲民航电子学组织(EURopean Organization for Civil Aviation Electronics,EUROCAE)共同发布。该标准给出了航空机载系统软件的开发过程，旨在确保开发的软件在功能上正确、在安全上可信，并能满足适航要求。

DO-178C 提供的是一种结构化的机载软件设计保证指南，其面向整个软件生命周期，包括软件计划过程、开发过程和综合过程，如图 3-38 所示[5]。

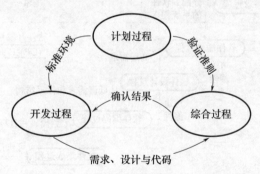

图 3-38 DO-178C 的软件生命周期过程结构图

1. 软件计划过程

软件计划过程要编制 5 份计划和 3 个标准，用于指导软件开发过程和软件综合过程。DO-178C 规定了以下 5 份计划：软件授权计划，所用开发方法的授权认证；软件开发计划，定义软件生命周期和软件开发环境；软件验证计划，定义软件验证过程满足的目标；软件配置管理计划，定义软件配置管理过程满足的目标；软件质量保证计划，定义软件质量保证过程满足的目标。另外，DO-178C 软件计划过程规定了 3 个标准：软件需求标准、设计标准和编码标准。

2. 软件开发过程

在软件开发过程中，DO-178C 定义了以下 4 个软件开发子过程。

1) 软件需求过程

该过程利用分配给软件的系统需求，产生软件系统的高层需求（High Level Requirement, HLR），它包含了软件的功能需求、性能需求、软硬件接口和安全相关需求等内容。

2) 软件设计过程

该过程的输入是软件 HLR、软件开发计划和软件设计标准，其主要输出是设计描述，包括软件结构和低层需求（Low Level Requirement, LLR）。

3) 软件编码过程

该过程根据软件 LLR 和软件结构，编写软件的源代码，其主要结果是源码和目标码。

4) 软件集成过程

该过程对源码和目标码进行编译、链接，并加载至机载系统或设备中。该过程应包含软件集成和软/硬件集成两个子过程。

图 3-39[5] 给出了 DO-178C 标准中系统需求和软件开发 4 个过程之间的关系。DO-178C 标准明确规定，在整个软件生命周期中必须实现各个过程的可追溯性。图 3-39 也给出了四个可追溯性过程，分别位于：系统需求和软件高级需求之间，软件高级需求和低级需求/软件结构之间，低级需求/软件结构和源码/目标码之间，以及源码/目标码和可执行码之间。

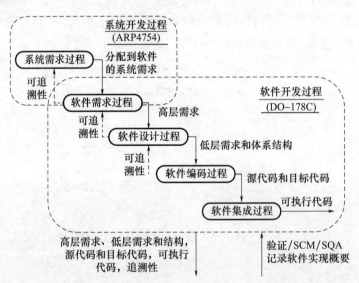

图 3-39　DO-178C 标准中系统需求和软件开发过程的关系示意图

3. 软件综合过程

在软件综合过程中，DO-178C 规定了以下 4 个软件综合过程。

1) 软件验证过程

该过程由软件验证计划定义，用于检测和报告在软件开发过程中可能引入的错误，而消除错误是软件开发过程的活动之一。

2) 软件配置管理过程

该过程由软件配置管理计划定义,与其他软件生命周期过程协同执行。软件配置管理过程用于对软件生命周期过程产生的数据进行管理,并对基线数据的更改进行控制。

3) 软件质量保证过程

该过程由软件质量保证计划定义,用于审核软件的生命周期过程及其输出,能检测、评估、跟踪和解决其错误,确保实现其目标且其他软件生命周期数据满足了软件需求。

4) 认证联络过程

该过程用于在整个软件生命周期中建立应用程序与证明授权之间的通信和理解,辅助软件的证明过程。

3.5.2.2 航空电子系统应用软件标准接口 ARINC653

ARINC653 是专为航空电子系统应用而定义的软件标准接口,该标准试图为安全系统提供一个可靠执行平台。其主要特点包括空间和时间的分区隔离,为健康监控、分区间通信提供的端口。

1. ARINC653 分区操作系统软件结构

ARINC653 将航空计算机软件系统分为应用软件层和核心处理软件层两大部分。应用软件层是与航空电子具体应用有关的部分;核心处理软件层为应用软件执行提供公共的执行环境,包含操作系统以及硬件接口系统两部分。

应用软件层和核心处理软件层之间的接口为应用/执行(APplication/EXecutive, A-PEX)接口。通过这个接口,应用软件可以访问实时安全系统的各种服务,也可以对各种服务的属性加以控制,如任务调度、通信和内部状态信息等。图 3-40 给出了操作系统、A-PEX 接口和应用软件之间的关系。

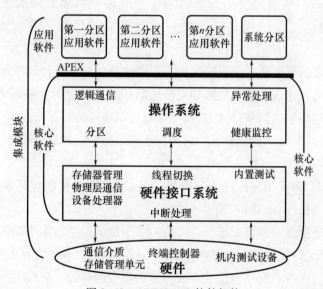

图 3-40 ARINC 653 软件架构

2. 分区管理

ARINC653 的核心概念就是时间和空间的分区隔离。分区指的是对运行在处理模块上的航电应用软件按照某种策略进行分组，使得每组应用软件从时间上和空间上相互独立。一个核心模块可以支持一个或多个航电应用软件，并保证这些应用软件之间相互独立运行。对运行在核心模块上的多个应用软件按照功能或者安全级别可划分为多个分区，一个分区由一个或多个并发执行的进程组成，分区内所有进程共享分区所占有的系统资源。操作系统对分区所占用的处理时间、内存和其他资源拥有控制权，从而使得核心模块中各个分区相互独立。

根据 ARINC 653 定义，IMA 系统内分区按照固定的循环方式调度。为了完成这个周期性的活动，操作系统维护一个固定长度的主时间框架（MAjor time Frame, MAF），该时间框架在运行期内周期性地重复。通过把分区时间分配到主时间框架的一个或多个区间窗口以激活分区，每个分区激活窗口由其距离主时间框架开始的偏移和预期持续时间来确定，分区内关联的任务在分区激活窗口中得到执行，这样就提供了一种确定的调度方法，并确保了每个分区内任务在访问公用资源时不会被其他分区打断。

3. 分区通信

分区通信通常分为分区间通信和分区内通信。

1）分区间通信

ARINC653 主要定义了两个或多个分区间的通信，这些分区执行于相同的核心模块或不同的核心模块上；分区间通信还可表示分区和其他设备的通信，这种通信通过 I/O 模块进行。所有的分区间通信都通过消息进行，消息从单个源产生，到一个或多个目标。消息的目标是分区而不是分区内的进程。通过消息连接分区的基本机制是通道（channel），通道定义了一个源与一个或多个目标之间的逻辑连接，还指定了从源到目标的消息传送模式以及要发送的消息的特性。分区通过端口来访问通道。

分区间通信是由操作系统来实现的。为了完成分区间通信，ARINC653 为分区间通信规定了一种基于通道通信的信息交换和同步机制。源分区应用程序调用 ARINC653 规定的 APEX 函数将数据发送到端口，端口按照端口通信协议将数据发送到通道，然后通过物理层接口发送到目标分区的物理接口，最后发送到目标分区的应用程序。

2）分区内通信

ARINC653 同时定义了分区内进程间的通信机制，这些机制包括缓冲（buffer）、黑板（blackboard）、信号量（semaphore）和事件（event）。

进程间消息通过缓冲和黑板进行：在缓冲中，消息的每个新实例都携带唯一不同的数据，因此传送时不允许覆盖前一个，缓冲允许消息排队；而黑板不允许消息排队，任何写到黑板的消息将一直保持直到被清除或者被消息的新实例覆盖。进程间同步由信号量和事件完成：信号量提供对资源的受控访问，事件通过通知等待进程某条件的发生来支持进程间控制流。

3.5.2.3 ASAAC 软件标准

与 ARINC 653 相似,欧洲联合标准航空电子体系结构委员会 ASAAC 也提出了类似的分层软件架构模型,以使能发挥 IMA 架构优势。根据 ASAAC 架构定义,航电系统管理分成飞机层(Aircraft Level)、综合区域层(Integration Area Level)和资源元素层(Resource Element Level)。在资源元素层中通过软件架构模型进行软件运行与管理的标准化定义。

ASAAC 将软件系统结构主要划分为三层:应用软件层、操作系统层和模块支持层。每一层都具有相互的独立性,层与层之间通过标准的接口进行交互。接口服务封装在下一级的软件层中,对于上一级的软件层来说,接口层提供了一套通用的服务和资源,如图 3-41 所示。

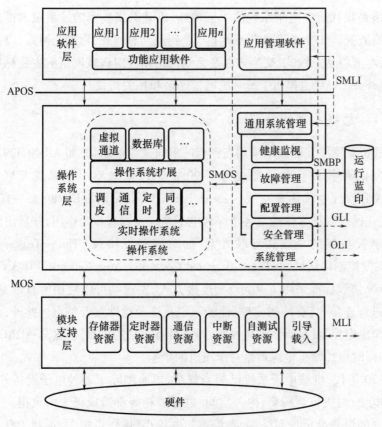

图 3-41 ASAAC 软件结构

该架构提出了用于软件结构标准化的 8 个接口,分别是:
(1) 应用软件层与操作系统层(APplication-Operating System, APOS)的接口;
(2) 模块支持层与操作系统层(Module-Operating System, MOS)的接口;
(3) 系统管理与操作系统(System Management-Operating System, SMOS)的接口;
(4) 系统管理与蓝印系统(System Management-BluePrint, SMBP)的接口;
(5) 系统管理逻辑接口(System Management Logic Interface, SMLI);

(6) 通用系统管理逻辑接口(General system management Logic Interface, GLI)
(7) 操作系统逻辑接口(Operating system Logic Interface, OLI);
(8) 模块逻辑接口(Module Logical Interface, MLI)。

其中,SMOS 和 SMBP 位于操作系统层内;APOS、MOS、SMOS 和 SMBP 是直接调用接口,OLI、GLI、MLI 是水平方向上处于同层组件之间的逻辑接口,SMLI 是通用系统管理与位于应用层的应用管理之间的逻辑接口,通过这些标准化接口,实现了硬件与操作系统的隔离、操作系统与应用的隔离、应用与综合(系统管理)的隔离、平台管理与应用管理的隔离。

3.5.3 网络相关标准

机载网络是现代航空电子系统的中枢神经,机载网络技术的发展极大推动了航空电子系统架构的演变。如今机载网络经历了从点到点到总线式,再到交换式,以及无线网络的构型发展,本节将从总线式、交换式以及无线网络角度对机载网络的主要标准进行整体介绍,除此之外,ASAAC 也提出了统一的通信网络和相关协议。

3.5.3.1 总线式网络协议

最开始的机载网络互联技术采用点到点的单向式通信结构,如 ARINC429。后来基于共享介质访问的总线式互联标准成为了 20 世纪以来航空电子系统互联的典范,如 1553B、1773A 和线性令牌传递总线(Linear Token Passing Bus, LTPB)。一直到 21 世纪初,基于总线式的互联技术依然在各个综合电子系统发挥着重要作用,并且出现了一些新的基于时间触发机制的总线式互联方案,如时间触发协议(Time-Triggered Protocol, TTP)、时间触发控制器局域网(Time-Triggered Controller Area Network, TTCAN)。

ARINC429 协议标准采用了点到点的连接方式,发送端可以使用所有带宽,设备之间使用双绞线进行连接,具有结构简单、性能稳定及抗干扰性强等特点。此外,由于该总线结构采用了非集中控制,且错误隔离性好,因此具有很高的可靠性,这是 ARNC429 总线最大的优势,但同时也加剧了电缆重量对于飞机的负担。

20 世纪 70 年代,机载电子系统已相当复杂,机舱中除了各种电子设备外,还塞满了传输信号的电缆,对飞行器载荷、内部空间、电源消耗等都造成极大的负担。飞行员还要面对各自独立的设备显示控制终端,态势感知度较小,操作负担大,不利于有效决策。为了应对这种日益严峻的挑战,美国空军莱特实验室开始实施"数字航空电子信息系统(DAIS)"计划,首次将串行数据总线引入军用飞机航空电子系统中。这就是 1973 年颁布的美国军用标准 MIL-STD-1553《飞机内部时分制指令/响应多路传输数据总线》。经过美国汽车工程师协会(SAE)、美国三军及英国国防部联合修订,于 1978 年形成了一直沿用至今的 ML-STD-1553B 总线标准(简称 1553B 总线)。1553B 总线 1Mb/s 传输带宽的不足是其面对高度综合化航电系统通信互联的主要瓶颈。

为了适应 20 世纪 80 年代之后出现的航空电子系统的高度复杂性与对控制上的健壮

性的需求,莱特实验室提出"宝石柱"(Pave pillar)计划,该计划的一个重要特点是采用高速数据总线(High Speed Data Bus,HSDB),以光纤技术构成双冗余度的通信信道,提高数据通信容量,满足处理部件之间以及系统之间的数据交换的需要。HSDB 进一步弥补 1553B 总线带宽的不足,为模块化核心处理提供了可能。美国三军联合航空电子工作小组(Joint Integrated Avionics Working Group,JIAWG)经过慎重地分析和评估,选择了 LTPB 作为 HSDB 的实现方案。LTPB 是 SAE 开发的限时令牌多优先级传递总线网络协议,码元速率为 50Mb/s。

针对高性能并行计算中系统互联的需求,20 世纪 90 年代 IEEE 推出一种商业标准 IEEEStandard1596—1992 可扩展一致性接口(Scalable Coherent Interface,SCI)。SCI 将通常的底板总线扩展为全双工、点到点的单向互联结构,并可提供低时延(小于 $1\mu s$)和高带宽(8Gb/s)的复杂拓扑互联,大大改善了信息交互的效率和带宽。可支持从局域网(Local Area Network,LAN)到 I/O、存储器甚至处理器的系统互联,胜任各种关键应用领域。它尤其适用于多种传统互联技术的系统综合化,这也是先进综合式航电系统的要求。

控制器局域网(Controller Area Network,CAN)是一种有效支持分布式控制和实时控制的串行通信网络,并发展成为串行总线标准协议(ISO11898)。CAN 属于事件触发协议,介质访问控制为 CSMA/CD 加消息优先级仲裁(Arbitration on Message Priority,AMP)方式,总线冲突时利用非破坏性仲裁机制,具有最高优先权的消息赢得仲裁进行发送。在硬实时应用中,实时性要求极高,确保通信以可预知的方式进行传输是至关重要的。因此,发展出基于时间触发机制的 TTCAN 协议,它将基于事件触发的 CAN 和时间触发机制相结合,充分发挥两种机制的优势。

TTP 是一种单纯的时间触发协议,其时间控制信号由时间进程单独决定。TTP 最初应用于高可靠性的硬实时应用中,为信息传输提供必要的错误检测和容错机制。TTP 中一系列保证实时性和可靠性的保障机制决定了它的应用前景和范围,在低速通信需求下,可以成为一种重要的机载网络组网技术选择。

3.5.3.2 交换式网络协议

当机载网络通信从总线式发展到交换式时,单条链路传输带宽的不足不再是整个网络组网的瓶颈,可以通过增加物理连接链路,利用空分交换结构扩大网络传输能力;同时,空分交换结构也给消息传输带来了寻址和路由的灵活性。自 2000 年以来,针对不同综合电子系统的组网需求,提出了多种交换式网络协议,如针对民用大型飞机电子系统组网需求的航空电子全双工交换式以太网(AFDX)和针对分布式综合电子系统组网需求的时间触发以太网(Time-Triggered Ethernet,TTE)。此外作为最具实用价值的统一网络候选解决方案之一的光纤通道(Fibre Channel,FC),目前也已得到广泛应用。

随着飞行器内部电子系统综合程度的不断提高,信息传输需求进一步宽带化和多样化,采用增加网络种类的方法使得系统复杂,面临性能受限、开发周期和费用急剧上升、技术风险难以控制的严峻挑战。统一网络是覆盖机上所有互联需求的宽带网络,FC 是最具有实用价值的统一网络候选解决方案之一。FC 协议标准的制定开始于 1988 年,是一种高速串行传输协议,目前已形成一个庞大的网络协议簇。目前其传输速率支持 1Gb/s、2Gb/s、4Gb/s、8Gb/s,正在向更高的 16Gb/s 及其以上速率发展。另外 FC 支持多种介质类型和连接器件,使得在同一物理接口之上运行当今流行的通道标准和网络协议成为可能。

采用交换技术与单网段全双工接驳方式之后,完全克服了共享介质以太网 CSMA/CD 机制造成的介质访问的时间不确定性,使以太网在工业现场网络、舰船和机载等运动平台内部互联等实时应用中受到青睐,航空领域推出了 AFDX(对应 ARINC664 规范)。"确定性网络"AFDX 虽然不能像统一网络那样进行处理器和 I/O 总线的互联,但在大中型运输机的航空电子综合化应用中具有优势。"确定性"主要是指时间的确定性,即"实时性",AFDX 的实时性主要体现在基于虚拟链路(VirtualLink,VL)的通信方式。

航空电子系统体系结构的发展,促进了时间触发通信机制的引入。TTE 是在时间触发体系架构(Time-Triggered Architecture,TTA)的基础上发展而来的,对应 SAE AS6802 时间触发以太网标准,其以时间触发代替事件触发,在全局时钟精确同步的条件下,使网络任务通信具有完全的实时性。同时 TTE 适应各种宽带速率网络,且具备容错机制。

近年来,随着工控系统、车载智能系统等对大带宽、低延时信息组网传输需求的提升,以时间触发通信机制为基础,兼具传输确定性和组网灵活性的时间敏感网络(Time-Sensitive Network,TSN)应运而生,TSN 一方面借鉴了 TTE 在传输确定性方面的经验,采用以类为单位的时间敏感窗口进行流量的调度输出,同时又克服了 TTE 网络以帧为单位在调度匹配时的紧耦合关系,提高了组网传输的灵活性。TSN 发展了多种调度机制,潜在地可以适应于多种不同需求下的组网场景,是航空电子综合化互联的备选方案。

3.5.3.3 无线网络协议

继总线式网络和交换式网络之后,人们继续将无线网络技术引入机载互联应用中,希望能够大幅提高网络连接的便利性,提升设备维护性,并能控制组网重量和成本,而且无线互联不存在绝缘老化和插头松脱的问题,且故障容易定位,对提高安全性也有重大贡献。上述显著的优点催生出"Fly-by-Wireless"的概念,同时航空航天器系统研究所(Aerospace Vehicle Systems Institute,AVSI)组织进行航空电子内部无线通信(Wireless Avionics Intra-Communications,WAIC)的国际合作研究,而基于超宽带的机载无线组网方案同时也得到了业界的广泛关注。

基于窄脉冲的超宽带技术将信号能量扩展到相当大的一个频带,能够提供比扩谱系统高得多的处理增益,从而能够保障在低功率下的高传输速率。同时,超宽带技术还具有较强的隐蔽性和较高的数据安全性,以及很强的多径分辨能力和抗多径衰落能力。基于超宽带技术的众多优势,该技术已成为目前商用领域应用的热点之一。2006 年 IEEE 802.15.4a 低速无线局域网(Wireless Personal Area Network,WPAN)标准的发布,为超宽带技术在低速无线传感器网络的应用提供了一个标准化规范。

考虑到综合化电子系统端系统之间存在宽带信息交换需求,即使部分替代目前采用的 FC 或 AFDX 互联,无线点到点链路的速率也应达到几十 Mb/s 量级,为了不对航电系统产生干扰,存在电磁兼容天花板,信息理论决定必须采用宽带模拟带宽。可以借鉴COTS技术,参考IEEE 802.11(Wi-Fi)、IEEE 802.15.3、ECMA 368、Zig-Bee(采用IEEE 802.15.4物理层)、Wimax(采用x802.16物理层)、LTE,甚至是5G无线网络,研究适应机载环境的智能无线组网方案。

早在2008年湾流公司即进行了无线信道作为冗余飞控备份的实验。2007年,AVSI组织进行了WAIC的国际合作研究,WAIC的近期目标是替换到不是特别重要的30%的线缆,在AVSI框架下国际电信联盟(International Telecommunication Union,ITU)和世界无线电大会(World Radiocommunication Conference,WRC)形成了ITU-R M.2197标准,定义利用4200~4400MHz频段的机内航空电子互联。欧洲进行了WirelessCarbin项目,发展了飞机内部的测量方法和传播模型。2013年国际航空运输协会(International Air Transport Association,IATA)发布对无线飞行器控制的研究路线图,计划在2020年之后出现型号应用,并于2024年左右技术成熟。

当前,ITU咨询委员会认为WAIC的典型应用包含机内和机外,通信速率需求分为低速(300kb/s)和所谓的"高速"(14Mb/s),咨询委员会提供带有典型干扰、数据率、电波传播损耗、安全加密开销等不同参数值下的设计指南,并分别考虑地面和飞行模式下的干扰范围。然而,即使是近期需要替代的不是特别重要的互联,也包含诸如检测PWM健康程度等即时性要求很高的应用;后续发展中的新飞机构型(如:边条翼)和智能蒙皮使互联面积、规模和复杂程度远远超过点对点无线互联的能力,必须系统性地选择物理层、链路层和组网的候选技术,并加以适应性改造。

3.5.4 系统与认证相关标准

系统级的要求和决策是飞机系统功能和安全考虑的基础,也是决定软件和硬件功能及安全等级的基础,脱离系统讨论软件和硬件的设计与综合以及安全性是不现实的,因此有必要制定针对复杂机载系统的开发标准并规范其开发活动。而关于飞机系统合格审定的指导方法和要求,同时也促使了机载电子系统以及相关软硬件全生命周期的过程标准化管理和适航认证的获取。

3.5.4.1 民用飞机和系统开发指南ARP 4754A

美国汽车工业协会(SAE)于1996年发布了ARP 4754《高度综合或复杂飞机系统的认证考虑》,该标准对机载复杂系统开发提出了基本要求。2010年在ARP 4754基础上发布了修订版ARP 4754A,标准名称变更为《民用飞机和系统开发指南》,其显著的变化在于:新标准不仅强调适航审定,更着重于对整个开发过程进行指导。

ARP 4754A定义了系统开发生命周期,包括策划过程、开发过程和综合过程,如图3-42所示[14]。

1. 策划过程

策划过程定义系统开发方法,这些方法保证系统满足飞机系统需求并保证其品质与

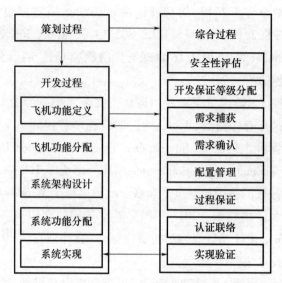

图 3-42 系统开发过程模型

系统等级相匹配,有效的计划是满足 ARP 4754A 要求的基础。

策划过程的输出是完整的系统计划,包括安全性工作计划、开发计划、验证计划、确认计划、构型管理计划、质量保证计划、需求管理计划等,用于指导系统进行系统化、规范化的开发活动。

2. 开发过程

开发过程包含飞机功能定义、飞机功能分配、系统架构设计、系统功能分配以及系统实现等子过程。

1)飞机功能定义

该过程定义飞机功能、飞机需求以及外部物理和操作环境接口。典型的飞机功能包括飞行控制、地面操控、自动飞行控制、客舱管理、发动机控制、防撞、地面减速、环控、通信导航等。

该过程的输出包括飞机功能、飞机需求以及功能之间的接口。

2)飞机功能分配

该过程将飞机功能进行分组,在此基础上定义机载系统,将相关飞机功能分配到各机载系统,并确定系统间的接口。功能分组与飞机系统架构密切相关,它也是后续开发机载系统架构的基础。

该过程输出包括飞机系统功能、飞机系统需求以及相关机载系统间的接口。

3)系统架构设计与系统功能分配

系统架构设计与系统功能分配是两个紧密耦合的过程。系统架构设计确定系统组成、交联关系以及系统工作模式等,系统功能分配依据系统架构设计,将飞机系统功能分配到软件及硬件组件中。系统架构设计与系统功能分配之间需要经过多轮迭代,才能最终确定系统架构并完成系统功能分配。

该过程输出包括系统级功能、系统级需求、系统级组件需求以及相关组件间的接口。

4）系统实现

系统实现包括系统集成（从软件、硬件组件到系统之间通常包含多个层级的集成）、多系统集成（相关系统间集成）以及飞机整机集成（系统与飞机平台集成）等。

该过程输出包括各层级的集成程序及集成报告等。

3. 综合过程

综合过程包含安全评估过程、开发保证等级分配、需求捕获、需求确认、实现验证、配置管理、过程保证和认证联络等子过程。

1）安全评估过程

该过程包括系统研制期间的特定评估活动和更新，以及与其他系统研制支持过程的相互作用，主要包括功能危害性评估（FHA）、初步系统安全性评估（PSSA）、系统安全性评估（SSA）以及共因分析（Common Cause Analysis，CCA），详见 ARP 4761A。

2）开发保证等级分配

系统的开发保证等级应基于最严重的失效情况分类，包括功能开发等级以及组件开发等级。功能开发等级是应用 ARP 4754A 标准进行系统功能开发的保证等级，组件开发等级是应用 DO-178C、DO-254 标准进行相关软件/硬件组件开发的保证等级。系统功能开发等级以及系统中软件、硬件的开发等级需要根据系统架构确定，并非系统中所有软/硬件组件都需遵循相同的保证级别。

3）需求捕获

系统需求捕获是整个开发活动的基础，它伴随系统开发生命周期全过程，是一个不断迭代进化的过程。

4）需求确认

对需求和特定假设进行确认，是确保特定需求足够正确和完整（进而产品满足适用的适航要求）的过程，是客观和主观过程相组合的过程。

5）实现验证

验证的目的是确定执行程度满足确认的需求。验证包括与验证计划一致的检查、评审和使用试验。

6）其他

配置管理、过程保证和认证联络等子过程与软件、硬件相关过程类似，这里不再进行重复说明。

3.5.4.2 民用机载系统和设备安全性评估过程的指南和方法 ARP 4761

1996 年 12 月美国汽车工程师协会（SAE）发布了 SAE ARP 4761《民用飞机机载系统和设备安全性评估过程的指南和方法》，ARP 4761 是用来说明民用飞机合格审定中进行安全性评估的过程和方法，包括功能危害性评估（FHA）、初步系统安全性评估（PSSA）、系统安全性评估（SSA）、共因分析（CCA）、故障模式及影响分析（Failure Modes and Effects Analysis，FMEA）、故障树分析（Fault Tree Analysis，FTA）、相关图（Dependence Diagram，DD）和马尔可夫分析（Markov Analysis，MA）等，图 3-43 为 ARP 4761 安全评估过程。

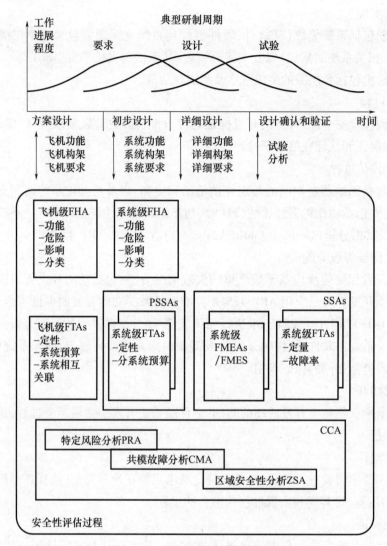

图 3-43 ARP 4761 安全评估过程

1. 功能危害性评估(FHA)

FHA 是指对功能进行系统、全面的检查,以鉴别这些功能的失效状态并按严重性进行分类。FHA 通常在两个级别进行,分别为飞机级 FHA 和系统级 FHA:飞机级 FHA 是针对飞机级功能进行的高层次定性评估;系统级 FHA 是飞机功能被分配到系统后,进行迭代的定性评估。

飞机级 FHA 的结果和相关的飞机 FTA 是系统级 FHA 的输入,系统级 FHA 的结果是 PSSA 过程的输入。

2. 初步系统安全性评估(PSSA)

PSSA 是指对所提出的系统架构进行系统性核查,以确定失效如何能导致由 FHA 所识别的功能危害性,以及如何能够满足 FHA 的要求。PSSA 是嵌入在整个开发中的迭代分析,从设计的早期阶段开始,将飞机功能及其需求分配到系统级,然后将系统级需求分配给项目,最后将项目需求分配给硬件和软件。

PSSA 的输出是 SSA 和其他文件的输入,包括但不限于系统需求、硬件需求和软件需求。

3. 系统安全性评估(SSA)

SSA 是指对系统、系统架构以及系统安装进行系统性核查,以表明其符合安全性要求。SSA 整合了各种分析的结果,以验证整个系统的安全性,并涵盖 PSSA 中确定的所有具体安全考虑事项。SSA 过程是在安全性要求和目标已被满足的基础上,用来验证设计的自上而下的方法。

4. 共因分析(CCA)

CCA 为了确保功能、系统、组件间的独立性,以及独立性相关的风险是可接受的。CCA 提供了工具来验证这种独立性或者识别特定的依赖性。

CCA 分为三类:区域安全分析(Zonal Safety Analysis,ZSA)、特定风险分析(Particular Risks Analysis,PRA)、共模分析(Common Mode Analysis,CMA)。

ZSA 是考虑飞机上各个系统/组件的安装关系以及机上安装非常邻近的各系统/组件间的相互干扰的分析方法。ZSA 主要是定性分析,包括编制设计和安装指南、区域内的安装检查和检查系统/组件的干扰。

特定风险是指超出有关系统,但可能破坏事物独立性要求的事件或影响。对特定风险通常按照逐个风险来进行 PRA。PRA 主要是定性分析,其目标是确保任何与安全性有关的影响,或被设计排除,或表明是可接受的。

CMA 是一种定性分析方法,其目的是分析设计、制造、维修差错和系统部件失效的影响损害及其独立性。CMA 在整个安全评估过程中执行。

5. 故障模式及影响分析(FMEA)

FMEA 是一种系统的、自下而上的方法,用于识别系统、项目或功能的故障模式,并确定对下一个更高级别的影响。它可以在系统内的任何级别执行,软件也可以使用功能性 FMEA 方法进行定性分析。通常,FMEA 用于解决由单一故障引起的故障影响。

FMEA 可与概率技术(如 FTA 或 DD)结合使用,以产生定量分析。此外,通过自下而上提供故障影响的补充列表,FMEA 可用于补充 FTA/DD。

6. 故障树分析/相关图/马尔可夫分析(FTA/DD/MA)

FTA、DD 和 MA 是自上向下的分析技术,这些分析依次进行更详细(即更低)的设计水平。完整的 FTA/DD/MA 有助于技术和管理评估及审查,因为它只识别可能单独或共同导致不期望的顶级事件发生的故障事件。相比之下,FMEA 只列出单一故障,包括一些可能无关紧要的故障。

FTA/DD/MA 有助于将系统级事件细分为较低级别的事件,以便于分析。

3.5.4.3 综合模块化航空电子开发指南和适航考虑 DO-297

如今,IMA 系统已经被大量应用且发展迅速。在开发、验证和认证等过程中,IMA 与联合式的航空电子系统有着很大的不同,特别是 IMA 系统的综合过程需要有更多的参与者和更细的阶段划分,每个模块或组件都要以假设、限制和配置的形式加以约定,这就需要更清晰地确定参与者的角色和职责、各项活动的约定与目标,以及分级综合与增量认证的方法等。DO-297 作为 IMA 开发指南和认证考虑应运而生,它为航空电子功能的模块化软件和硬件的开发及认证定义了一个标准流程过程[16]。

1. 认证任务

DO-297 将开发过程分解为以下六项任务。这些任务规定了 IMA 系统认证过程的增量认可活动,其关系如图 3-44 所示。

(1) 模块认可:模块是一个组件或组件的集合,它可以是提供资源给应用软件和/或系统平台的软件、硬件,或者两者的结合。

(2) 应用软件认可:应用软件建立在模块的基础上,执行一个飞机功能。

(3) 系统级认可:系统由一个或多个平台组成,后者为至少一个应用软件提供一个计算环境和管理资源;此外,它还具有支持服务和平台相关的综合能力,如健康监控和故障管理等功能。

(4) 飞机级认可:考虑把系统集成到飞机及其系统中。

(5) 模块或应用的更改:在不影响 IMA 系统功能的前提下可以更改(IMA 系统的)组件,一次更改可能涉及对资源、模块或宿主应用的修改,包括对 IMA 系统组件的增加、删除和修改。

(6) 模块或应用的重用:IMA 系统是由模块和应用组成的,这些模块和应用可以在许多不同的配置中使用;这种重用的目的就是要重复使用已认可过的数据而不需要重新评估数据本身,但还要评估它的适应性以及在新安装中的综合情况。

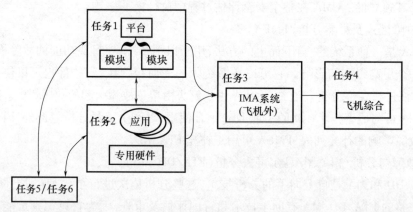

图 3-44 IMA 系统认证任务的关系

2. 综合支持过程

综合支持过程包括安全性评估、系统开发的保证、确认、验证、配置管理、过程保证和认证联络等子过程。

1) 安全性评估

由于 IMA 系统固有的高度集成性,DO-297 标准建议使用 ARP 4754 和 ARP 4761 或可接受的替代过程进行安全性评估。

2) 系统开发的保证

该过程描述系统开发保证的关键方面,主要包括软件指南、硬件设计保证、共享的设计保证、IMA 系统的配置管理和环境鉴定。

3) 确认

确认过程应确保 IMA 系统的需求是正确的和完整的,它标识了系统开发过程中每一任务的确认活动和需要确认的工作产品。

4) 验证

验证过程应该确保 IMA 系统的特定需求已经得到满足,它标识了系统开发过程中每一验收任务的验证活动和需要验证的工作产品。

5) 其他

配置管理、过程保证和认证联络等子过程与软件、硬件相关过程类似,这里不再进行重复说明。

3.6 开放式系统结构的支撑技术

3.6.1 商用货架产品技术

商用货架(COTS)是指已开发成功并能够快速投入使用的商业产品和技术。一般而言,商用技术是指主要针对民用市场需求,为实现商用产品功能、性能特性而开发产生的相关技术;商用产品是指按照民用标准设计、选用民用电子元器件生产及按照民用标准进行试验的产品。根据美国联邦项目开发管理条例中的规定,COTS 产品被理解为商用化产品,可以是材料、元件、子系统或系统,它有被广泛接受的商品价格和固定的流通或销售渠道。军用方面,COTS 是指在军事装备中移植商业软硬件产品和技术。

COTS 组件是预先建立好的功能相对独立的成品,并且可重复使用。COTS 组件就像一个黑盒子,其功能已知,但其实现技术却被隐藏在接口之后。COTS 组件不是单纯为某一个产品设计的,而是为某一类产品设计的,所以 COTS 组件在一个相对宽松的环境里具有通用性。同样的,COTS 组件既可以出现在这个系统中,又可以作为另一个系统的一部分被重复利用,这种组件的可再利用性极大地提高了技术效率和产品价值,同时也提高了航空电子系统的设计效率和经济可承担性。

形象地说我们可以把基于 COTS 的系统看作是七巧板,而 COTS 组件是七巧板中的一个板块,在拼接过程中我们只关心每个板块的输入和输出,而板块本身对我们来说是一个黑盒子。我们可以随意使用这些板块拼接出最后我们想要的形状,但却无法控制每个板块的形状,基于 COTS 的系统的开发可以分为以下三个步骤:需求与评估、集成以及维护。

1. 需求与评估

组件能否满足用户需求是系统开发的关键,因此在 COTS 系统构建中,首先应把重点放在 COTS 组件的选择和评估上,结合系统功能、性能和成本等方面的需求,确定评估标准和优先级,选择评估方法和技术,对组件不同性能进行权衡。从某种意义上讲整个基于 COTS 的系统是一个综合体,而每个 COTS 组件是系统的一个子集,组件的选择是相互关联的,一个组件的选择会影响对其他组件的选择。此外,选择某一组件也就意味着选择了一个供应商,供应商在组件升级维护过程中起着重要作用。

2. 集成

根据需求筛选出合适的 COTS 组件之后,就可将多个组件集成在一起来建立系统。组件集成需要建立组件封装,并在组件之间设计通信接口使它们黏着在一起。组件封装是把一个组件同系统中其他部分隔离开的结构组件。这样当更改系统中的某一个组件,周围组件与该组件的交互环境发生变化时,只将封装作相应的改动即可适配并装配 COTS 组件。需要设计通信接口,以方便各个组件进行数据交换,其作用就是帮助把各个组件的功能组合在一起,形成整个系统。

3. 维护

基于 COTS 的系统的维护工作主要包括:当系统升级时维护封装和接口;进行错误识别和隔离;修改和更换组件配置;监视系统运行,随时掌握每个组件的运行负担和性能。

商用货架产品与开放式系统结构是相互关联、相互促进、相互依赖的关系,它们的使用都是为了减少航空电子系统的研制费用和时间。为了降低航空电子系统的成本,基于 COTS 构建一个系统可能比独立研制相似功能的系统便宜很多,而且时间也会短很多。但是缺乏开放式系统体系结构的支持,COTS 产品的使用者将难以对产品进行长期的支持和维护,供应商的市场策略很可能使产品停产或被另一个不兼容的产品所替代。只有采用开放的接口标准,才能减轻 COTS 产品技术更新带来的损失和风险,提供系统稳步发展的框架。

COTS 技术用于开放式航空电子系统有着明显的好处:

(1) 有成熟的标准可应用,无需从头研发;

(2) 在产品开发早期易于得到所需的产品,以进行快速原型设计、原理验证和需求确认;

(3) 可得到所需的开发工具和开发环境,且仅需有限的专门培训;

(4) 工具和测试设备既可用于生产,也可供用户使用;

(5) 批量生产的 COTS 产品降低了系统的成本。

但同时,成功地运用 COTS 技术也要解决一系列的问题。

(1) 适应性和匹配性:航空电子有比较苛刻的环境和物理特性等要求,因此 COTS 产品需要在接口、加固、封装、组装、测试、后勤支援等方面做工作,即利用现有的设计或者基于现有技术进行改造,而不是进行新的专门设计,来满足航空电子产品或用户的需求。

(2) 商用产品的可变化性:商用产品是以市场为导向的,这就导致同一种产品其形式的不断改变,用户很难知道为什么要做这种更改以及这种更改是否影响使用要求,因此必须制定一套可被接受的管理办法。

(3) 符合性:商用标准如接口标准和工具标准,很难完全符合航空电子系统的应用要求,航空电子系统有固有实时性、可靠性、完整性、安全性等独特要求,因此在使用 COTS 标准时,需要做必要的修改或完善,以增强其适应能力和符合度。

3.6.2 中间件技术

航空电子系统在规模、复杂性等方面急剧增长,分布、异构、动态协作已成为系统的基本特征。中间件(Middleware)技术采用标准的接口和协议,把互不兼容的硬件系统和各种软件系统集成于一个网络环境中,提供了一个相对稳定的高层应用环境,不管底层的计算机硬件和系统软件怎样更新换代,只要将中间件升级更新,并保持中间件对外的接口定义不变,应用软件几乎不需作任何修改。中间件作为一种开放式软件体系结构的核心,使在异构环境中进行开发和应用变得更方便和容易。

3.6.2.1 中间件分类

我们可以把中间件理解成是处于应用软件和系统软件之间的一类软件,它们或者是独立于硬件或数据库厂商的一类软件,或者是客户端与服务方之间的连接软件,或者是需要进行二次开发的中间产品。中间件比较流行的定义是:一种独立的系统软件或服务程序,分布式应用借助这种软件可以在不同的技术之间共享资源。

按照通信模型的不同,中间件大致分为 3 类:基于事务处理的中间件、基于消息的中间件和基于对象请求代理的中间件[17]。

1. 基于事务处理的中间件

事务处理中间件适用于对事务完整性要求较高的应用,用于处理完成一项事务所需的完整性操作。这种中间件充分保证了分布、异构环境下数据交易的完整性。

2. 基于消息的中间件

消息中间件通过消息传递机制完成分布式计算环境下不同硬件、不同操作系统下应用功能之间的信息交互处理。这种中间件根据要交换的信息在应用之间建立连接,允许应用运行在不同的节点机上,确保消息不重复地送到目的地。消息中间件有两种基本工作模式:消息队列型(Message Queuing)和发布-订阅型(Publish-Subscribe)。消息队列模型里消息被发送到一个队列,并通知收件人接收消息。发布-订阅模型里,发送端发广播消息,并将消息发送到一个特定的队列,接收端对该队列进行预定,并从中获取消息。消息中间件一般都支持同步及异步通信,适用于大型分布式、事件驱动的应用,应用简单,一致性和可移植性好。

3. 基于对象请求代理的中间件

对象请求代理中间件采用对象技术,以接口定义语言(Interface Definition Language,IDL)定义对象接口,利用对象请求代理调用远程对象,实现在分布、异构网络环境下各种分布对象有机集成及复用。因此,对象请求代理中间件提供一个标准构件框架,能使不同厂家的软件通过不同地址空间、网络和操作系统进行交互访问。对象技术的优势和分布式对象中间件的标准化,促使对象请求代理中间件的功能最终将涵盖其他几类中间件的功能,从而成为中间件产品的主流。

3.6.2.2 中间件体系结构描述

在一般意义上说,中间件的任务是共享资源管理(主要是共享数据管理)、通信管理和进程管理,其位于客户机服务器的操作系统之上,如图3-45所示。

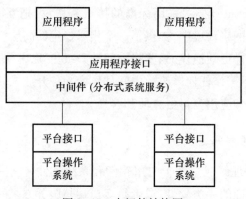

图3-45 中间件结构图

中间件技术产生于分布式计算环境的开发需求,由此带来了分布式对象中间件技术的发展。目前分布式对象中间件技术包括 Microsoft 公司提出的分布式构件对象模型(Distributed Component Object Model,DCOM)、OMG 提出的公共对象请求代理结构(CORBA)以及由 SUN 公司推出的 Java 商业应用组件技术(Enterprise JavaBean,EJB)。这三个标准类似于软件构件运行的软总线。

分布式对象中间件技术的基本概念之一就是构件(Component)概念。构件可以跨越平台运行,是可重用的用以构建系统的软件单元。构件可以是封装的对象类、功能模块、软件框架、软件系统模型和软件文档等,所有构件由 DCOM 和 CORBA 这样的标准软总线提供运行所需的各种服务。构件化技术追求的目标是软件无缝连接,即插即用。构件可以重复使用,提高效率,节省硬件资源,且可随时更换有问题的模块,降低软件系统的维护成本。

一般而言分布式对象中间件具有如下功能:

(1) 支持客户/服务器交互作用,如同步与异步的消息传递与处理、消息队列、远程过程调用(Remote Procedure Call,RPC)、结构化查询语言(Structured Query Language,SQL)交互作用等;

(2) 支持关系和非关系数据库管理系统(Database Management System,DBMS);

(3) 支持在异质分布环境中的多种客户机和服务器操作系统;

(4) 提供数据的变换服务、命名与目录服务、广播/多点传送服务等;

(5) 能够有动态资源管理和安全与恢复能力,且可以做到负载平衡和应用会话管理。

据此,分布式对象中间件大体可分为分布逻辑中间件和数据管理中间件两种主要类型。前者完成客户/服务器的分布式逻辑结构,后者支持客户/服务器的远程数据管理和分布式数据的管理。

3.6.2.3 公共对象请求代理结构

公共对象请求代理结构(CORBA)是一种开放的、分布式对象计算结构,它是异类计算环境互操作的标准。简单地讲,使用 CORBA,应用程序之间能相互通信,而不管它们的位置、编程语言及操作系统。CORBA 实现了许多通常的任务,如:对象注册、定位和激活,请求解释,差错处理,参数配置以及操作传送等。

CORBA 规范定义了接口定义语言(IDL)及映射、单个对象请求代理(Object Request Broker,ORB)体系结构、ORB 间互操作机制和 DCOM/CORBA 互操作。IDL 是 CORBA 规范中定义的一种中性语言,它用来描述对象的接口,而不涉及对象的具体实现。ORB 间互操作是为了使不同实现的 ORB 系统能够共存于同一个环境下而提供的相互识别和转换的机制。DCOM/CORBA 互操作是为了实现 DCOM 和 CORBA 两个不同规范间的互操作而制定的。

图 3-46 为 OMG 引用参考模型的组成示意图,它包括对象服务、对象请求代理、公共设施、域接口、应用接口等五部分。

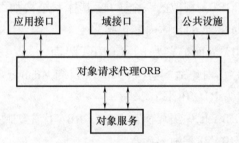

图 3-46 OMG 引用参考模型组成示意图

对象服务是服务的某一个集合,这些服务能支持使用和实现对象时用到的基本功能。建造任何分布式应用都需要用到服务,一般来讲,它与域无关。

对象请求代理(ORB)允许对象能在分布式环境下透明地发出、接受请求以及对请求做出反应。它是使用分布式对象构造应用程序及在异质或同质环境下应用程序互操作的基础。

公共设施是应用程序可以使用的服务的集合;域接口与对象服务、公共设施功能类似,但它有指定的应用域;应用接口用于特定的应用,它一般是用户自行开发的软件。这些接口位于参考模型的最上一层,OMG 没有给这些接口制定标准。

ORB 是参考模型的核心,它能提供发出和接受访问的基本机制。其任务是把客户发出的请求传递给目标对象,并把目标对象的执行结果返回给发出请求的客户。其最重要的特征是提供了客户与目标对象之间的交互透明性,但 ORB 不能提供有意义的通信,有意义的通信还要依靠其他的接口、协议和策略。

CORBA 规范以其自身的优势领导着开放分布处理的发展,拥有许多突出的特点。

(1) 在 CORBA 规范中引入了代理的概念,编制客户端程序时可以避免了解过多的细节,只需要完整地定义和说明客户需要完成的任务和目标;因此,增加了代理机制后,实现了客户程序与服务器程序的完全分离。

（2）CORBA规范定义的基础是面向对象的设计思想和实现方法，主要解决应用软件系统中的重用和互操作问题。

（3）提供了软件总线的机制，使得任何应用程序、软件系统只要具有与该接口规范相符合的接口定义，就能方便地集成到CORBA系统中，而这个接口规范独立于任何具体的实现语言和环境。

（4）分层的设计原则和实现方式。CORBA规范只针对对象管理体系结构（Object Management Architecture，OMA）中的ORB制订的工业标准，而面向应用的对象定义则可以在OMA的应用对象或应用开发环境中逐步分层定义和实现，使得基于对象的软件成员在分布异构环境中实现可重用、可移植和可互操作。

3.6.2.4 实时CORBA

为了支撑实时系统应用，OMG组织制定了实时CORBA规范，提供对实时CORBA应用中对象调用操作的端到端时延的可预测性。根据规范的说明，端到端时延可预测性主要包括：以优先级来协调对系统资源的竞争、控制优先级顺序、限定调用的延迟。

实时CORBA是对CORBA规范的一个扩展，其体系结构如图3-47所示。从图中可见，其相对于已有CORBA扩展的具体内容包括[17]：

（1）将客户的CORBA界面扩充为RT_CORBA界面；

（2）将服务器的可移植对象适配器（Portable Object Adapter，POA）扩充为RTPOA；

（3）将ORB核扩充为RTORB核；

（4）增添了RT_CORBA优先级界面和RT_CORBA优先级映射界面；

（5）增添了RT_CORBA线程池界面；

（6）增添了调度服务。

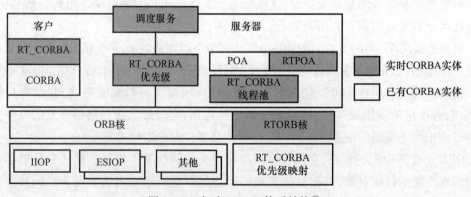

图3-47 实时CORBA体系结构①

---

① IIOP，Internet Inter-Orb Protocol，互联网内部对象请求代理协议；ESIOP，Environment Specific Inter-ORB Protocol，特定环境内部对象请求代理协议。

实时 CORBA 规范定义了一组标准的接口以及策略,供用户来控制和配置系统的处理器资源、内存资源和通信资源。处理器资源的标准控制机制包括线程池、CORBA 优先级、互斥机制和全局调度服务等;内存资源的标准控制机制主要有请求队列等;通信资源的标准控制机制则有协议特性设置和显式绑定等。

线程是实时 CORBA 系统进行调度的实体,规范中对线程提供了更加丰富的控制和配置方式以支持实时应用。定义了 CORBA 优先级,用于确定 CORBA 对象调用被处理的先后顺序,并定义了优先级映射接口(Priority Mapping),用于 CORBA 优先级和本地优先级之间的映射。定义了两种设置 CORBA 优先级的模式:客户传递模式和服务器指定模式。定义了互斥接口 Mutex 以协调对系统共享资源的竞争。定义了全局调度服务,应用可以向该调度服务对象指定各种有关参数,如周期和执行时间等。

目前一种被称为自适应通信环境对象请求代理(The Adaptive communication environment ORB,TAO)的实时应用系统取得了可观的应用成果。TAO 系统的研究集中在实时 CORBA 系统的体系结构和 CORBA 系统的性能优化策略,并在此基础上实现了高性能的实时 CORBA 系统。TAO 系统的主要组成部件包括:基于异步传输模式(Asychoronous Transmission Mode,ATM)网卡的吉比特输入/输出子系统、实时应用服务质量(Quality of Service,QoS)描述方法、实时任务调度服务以及高性能的对象适配器和表示层处理模块等。

对于 TAO 系统而言,用户以服务对象的操作为单位来指定时间需求的信息,其中包括操作的周期、最坏执行时间、重要性级别以及对其他操作的依赖信息等。用户所提供的这些信息被 TAO 系统的调度服务使用,在服务器中对不同的实时操作请求分配适当的优先级进行处理以保证时间限制需求。TAO 系统的调度服务主要是针对周期性任务组成的硬实时系统,采用静态调度方法实现。TAO 系统的调度服务中的离线调度器对所有实时操作的可调度性进行分析;而对象适配器在服务器中调度实时操作的请求时,根据在线调度器中记录的优先级进行调度。目前,TAO 系统的调度服务已经进行扩展,能够支持静态调度、动态调度和混合调度几种不同的调度策略。

3.6.2.5 数据分发服务

数据分发服务(DataDistributions Service,DDS)规范是 OMG 组织在实时 CORBA 的基础上制定的以数据为中心的实时数据通信标准。它使分布式实时系统中数据发布、传递和接收的接口和行为标准化,而且定义了以数据为中心的发布/订阅(Data-Centric Publish-Subscribe,DCPS)机制,简化并促进了分布式系统中数据高效、可靠地分发。DDS 规范使用 UML 语言描述服务,提供了一个与平台无关的数据模型,从而能够映射到各种具体实际的平台和编程语言。此外,DDS 规范还定义了大量的 QoS 策略,使得 DDS 可以很好地配置和利用系统资源,协调可预测性与执行效率之间的平衡,支持复杂多变的数据流需求。

1. DDS 结构

DDS 规范为中间件定义了规范化的接口和行为,结构有两个层次的组件,分别为以数据为中心的发布/订阅(DCPS)层和数据本地重构层(Data Local Reconstruction Layer,DL-RL),如图 3-48 所示。其中,DCPS 层是规范的核心,是数据发布/订阅通信架构的基础,其负责数据的发布和订阅,也就是将发布的信息高效准确地传送给数据订阅者。DLRL 层建立在 DCPS 层的基础之上,是可选的,其主要作用是定义 DCPS 层和应用层之间的接口,融合接收到的数据并将其传送给应用层。

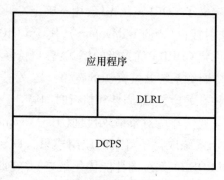

图 3-48 DDS 结构

DCPS 模型构建在全局数据空间(GlobalDataSpace,GDS)的基础上,所有对该空间中的数据感兴趣的应用程序都可以接入。想要向这个数据空间提供信息的应用即为"发布者",想从数据空间中获取数据的应用即为"订阅者"。每当发布者将新数据发送到全局数据空间,中间件就会把信息传播给那些对此信息感兴趣的订阅者。

DDS DCPS 的数据流结构如图 3-49[18]所示。信息是在以下的结构中流动的:①发布方的发布者和数据写入者;②订阅方的订阅者和数据读取者。一个数据写入者与一个发布者相连就是一次发布;一个数据读取者和一个订阅者相连就是一次订阅。

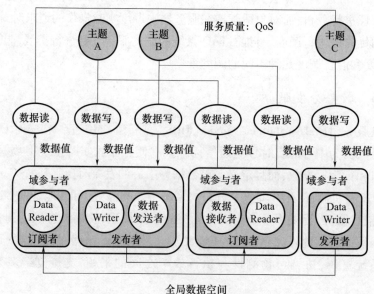

图 3-49 DCPS 数据流结构

其中,关键对象包括数据域(Domain)、域参与者(Domain Participant)、主题(Topic)、数据写入者(Data Writer)和发布者(Publisher)、订阅者(Subscriber)和数据读入者(Data Reader)五类。数据域是系统内部相互通信的参与者的集合,代表了通信平台;域参与者是数据域中参与应用的成员,包含了在同一个域上通信的所有其他 DDS 对象;数据写入者对象(代表发布者)与数据读入者对象(代表订阅者)通过主题进行联系,主题具有唯一性。

2. DDS 服务质量

DDS 支持 QoS 特性服务,它由独立的 QoS 策略组成,DDS 的功能依赖于 QoS 的使用。QoS 策略是 DDS 规范的最大亮点,DDS 提供了 21 种 QoS 策略,典型包括可靠性、数据的持久性、数据的历史记录、周期数据的超时、基于时间的过滤、数据的所有权、分区、资源限制等。

3.6.3 开放式无线电

电子系统前端射频综合的目的是要突破传统的无线电设备功能单一、可扩展性差、以专用硬件为核心的局限。强调以可重配置、通用的硬件平台为基础,用开放式、可升级的应用程序来实现各种无线电系统的功能。在同一硬件平台上通过配置不同的应用软件来满足不同时期、不同使用环境和不同系统功能的需要。

3.6.3.1 软件无线电

软件无线电的中心思想是:构造一个具有开放性、标准化、模块化的通用硬件平台,将无线电的各种功能,如工作频段、调制解调体制、数据格式、加密模式、通信协议等通过软件来实现,构成具有高度灵活性和开放性的新一代无线电系统。

软件无线电采用宽带模数(Analog/Digital,A/D)及数模(Digital/Analog,D/A)变换器、数字信号处理器(DSP)、现场可编程器件(FPGA)以及片上系统(System on Chip,SoC)构成通用的硬件平台;在硬件平台上利用软件编程技术来实现无线电的各种功能;将功能模块按系统需要组合成无线电系统。硬件平台的设计基于标准总线(如 VME)结构,支持并行、流水线及异构的多处理机系统;软件的设计基于开放式系统互联的分层软件体系,支持面向对象和模块化设计,实现基本的算法及功能模型。灵活应用基本的软件模块可使无线电系统具备自适应能力(包括频率、功率、速率及多径分集等自适应)、抗干扰能力(包括天线调零、干扰抵消、扩频及跳频等)以及灵活的组网与接口能力。

宽带/多频段天线、A/D 和 D/A 转换器件、DSP 及实时操作系统是软件无线电技术的关键。

1. 宽带/多频段天线

由于软件无线电要在很宽的工作频率范围内实现无障碍工作,必须有一种无论工作在哪一个波段都能与之匹配的天线,因此,理想的软件无线电系统的天线应能覆盖全部无线电系统的频段。然而,由于内部阻抗不匹配,不同频段的天线是不能混用的。就目前技术水平而言,研制一种全频段天线是不可能的。软件无线系统一般要求覆盖的频段为 2~2000MHz,在大多数实际的系统中,只需要覆盖不同频段的几个窗口,而不必覆盖全部频段。可以采用组合式多频段天线的方案,这样不仅技术上可行,而且基本不影响技术使用要求。

2. A/D、D/A 转换器件

在软件无线电系统中,要尽可能多地用数字形式处理无线信号。因此要求把 A/D 转换尽可能地向天线端靠近,这就对 A/D 转换器的性能提出了很高的要求。为保证采样后的信号保持原信号的信息,A/D 转换要满足奈奎斯特采样准则,即使是中频采样的速率也要达到几十兆赫,对于更靠近射频端的模拟信号的采样,则需要超高转换速度的 A/D 变换器。A/D 采样需要一定的转换精度,精度与采样速率有一定的互易关系,这进一步增加了对采样速度的需求。

3. DSP 技术

DSP 主要完成无线系统内部信号处理、调制解调和编码解码等工作。由于要连续不断地进行滤波、变频等处理运算,必须采用高速、实时、并行的 DSP 模块或专用集成电路才能达到要求。因此,必须要求硬件处理速度不断提高,芯片容量不断扩大,同时要不断地进行处理算法的优化和改进。在芯片速度条件限制下,可利用多种并行处理、流水线、专用硬件结构来提高芯片的数据处理能力。对于一些固定功能的模块(如滤波器、下变频器等),可以用具有可编程能力的专用芯片来实现,这种芯片的速度通常高于通用 DSP 芯片。

4. 实时操作系统

软件无线电实现的重要基础是处理器速度的提高,然而在一定的处理速度限制下,需要有效的实时应用处理软件和实时操作系统支持,才能充分发挥处理器的性能。与通用操作系统相比,实时操作系统对处理任务的时间调度控制更加明确,可以更有效地面向高速数字信号处理分配有限的处理资源。

从硬件上看,软件无线电主要由三部分组成:射频处理前端、A/D 及 D/A 转换器和 DSP,如图 3-50 所示。

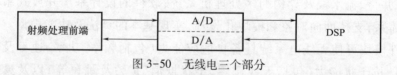

图 3-50 无线电三个部分

射频处理前端的天线一般要覆盖比较宽的频段,并要求每个频段的特性均匀,以满足各种无线业务的需求。射频前端在发射时主要完成上变频、滤波、功率放大等任务,接收时实现滤波、低噪声放大、下变频等功能。如果 A/D 和 D/A 处理在中频段,则前端中还应包括从中频到射频的上变频以及射频到中频的下变频电路。

如果采用射频直接数字化方式,射频前端的功能可以进一步简化,但对数字处理的要求进一步提高。如要实现射频直接基带采样,A/D 转换器需有足够的工作带宽(2GHz 以上)、较高的采样速率(一般在 60MHz 以上)以及很高的动态范围。

模拟信号进行数字化后的处理任务由 DSP 处理软件承担。为了减轻通用 DSP 的处理能力，通常把 A/D 转换器传来的数字信号，经过专用 DSP（如数字下变频器）处理，降低数据流速率，再把数字化的信号送给通用 DSP 进行处理。通用 DSP 主要完成各种数据率相对较低的基带信号的处理，如信号的调制解调、各种抗干扰、抗衰落、自适应均衡算法的实现等，在数据处理部分还要完成信道编/解码、纠检错处理、交织/解交织、接收，以及帧调整、比特填充和加密解密等算法。

A/D、D/A 转换器是系统的瓶颈。不同的采样方式将决定射频处理前端的组成结构，也将影响其后 DSP 的处理方式和对处理速度的要求，A/D、D/A 转换器的性能严重地制约着整个软件无线电系统的性能。

对射频模拟信号的采样有两种方法：一种是基于奈奎斯特定理的低通采样，另一种是带通采样。而带通采样又有两种实现方式，即射频直接带通采样和中频带通采样。对应这三种采样方式，软件无线电的组成结构也有三种结构：射频低通采样、射频直接带通采样和宽带中频带通采样。

3.6.3.2 SCA 架构

软件通信结构（Software Communication Architecture，SCA）体系是为了实现联合战术无线电系统（JTRS）计划提出来的一个概念。SCA 体系定义了一个标准化无线电应用处理框架，即核心结构，支持基于资源和组件的技术来实现通用的无线电平台。

在 SCA 体系里详细描述了无线电结构中不同软硬件组件之间的互操作，并且提供了实现控制的软件命令。这种互操作是由基于开放源码的信号波形软件处理来实现的，信号波形处理软件不仅包含对实际的前端信号进行的处理，还包括整个无线电功能的所有应用。

SCA 使用的是面向对象的开发方法，其开发过程不仅可以用于框架的定义，还可以用于产品的开发。SCA 使用统一建模语言（UML）对接口进行图形化，使用接口定义语言（IDL）对接口进行定义。这两种语言都使用标准的软件开发工具，使得在结构定义完成后可以直接进行产品开发。

SCA 由硬件结构、软件结构和规则集三个基本的部分组成。

1. 硬件结构

SCA 硬件结构框架定义了与硬件设备有关的属性以及为之分配合适的软件资源的方法。属性是一些能反映不同的使用域的硬件对象的参数，通过属性的注册过程实现重配置的要求。不同环境要求和硬件要求差异很大，难于用一个统一的硬件实现所有的功能。然而，如果对硬件使用面向对象的描述，那么所有不同域的硬件就可以包含在一个框架之中，该框架可以使用不同的属性（行为和接口）来表示不同硬件之间的实现差别。划分类的重点在于把系统分成不同的物理单元以及把这些单元组成一个功能单元。SCA 定义的硬件模块基础类如图 3-51[2] 所示。SCA 定义的硬件模块抽象第一层为硬件模块超类，第二层为第一层的派生，包括射频类、调制解调类、处理器类、加密类、输入/输出类、电源类、GPS 类、频率标准类和机架类。

2. 软件结构

SCA 的软件结构定义了一个运行环境,该运行环境由总线层、网络和外部接口层、操作系统层、核心框架服务和基本应用、CORBA 中间件服务和基本应用组成。实现具体应用的软件包括调制解调、链路网络协议、安全应用等。SCA 软件体系结构如图 3-52 所示,各组成部分含义如下。

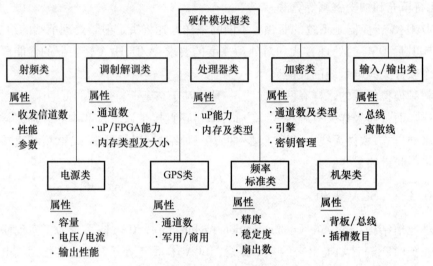

图 3-51 SCA 定义的硬件模块基础类

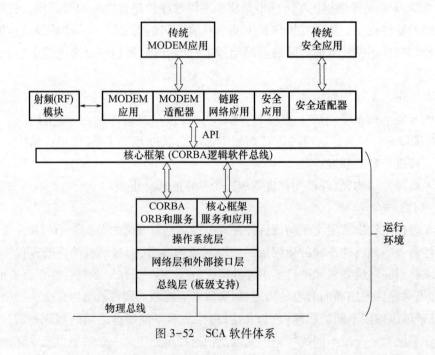

图 3-52 SCA 软件体系

(1) 总线层:软件结构可以使用常用的商用总线结构,例如 VME、PCI 等 I/O 以及以太网等局域网互联。

（2）网络和外部接口层：可采用现有商业化的组件来支持多个独特的外部接口和网络接口。

（3）操作系统层：提供实时的嵌入式操作系统功能，提供对应用的多线程支持；可移植操作系统接口（POSIX）是一个公认的工业标准，要求操作系统是 POSIX 兼容的。

（4）核心框架：包括域管理器、资源管理器和核心业务。域管理器实现系统控制，资源管理器负责装载软件和管理设备，核心业务包括日志管理、安装、定时器、文件管理器和文件系统。核心结构是应用层接口和服务的一个基本集，它为应用软件设计者提供了底层软件和硬件的抽象。

（5）CORBA 中间件：CORBA 是核心框架中提供分布处理环境的消息传输方式，CORBA 协议提供了消息调度来处理传输消息所需的封装和握手。

（6）应用层：执行用户通信功能，包括调制解调级的数字信号处理、链路级的协议处理、网络级的协议处理、互联网络级的路由、外部 I/O 访问、安全和嵌入应用。

（7）适配器：支持非 CORBA 的调制解调器、安全和主机处理等。

3. 规则集

规则集为设计和实现 SCA 硬件和软件框架提供了一般性指导，初始集作为基础，定义了与形式参数、接口、环境要求和软件操作环境有关的规则。初始集的软件和硬件规则如下。

1）软件规则

（1）形式参数将从开放的商用的标准中进行选择（普遍使用的、从多个供应商可以获取的并认为是长期支持的）。

（2）模块接口应该支持 UNIX 的 POSIX 操作系统接口。

（3）新软件应该使用标准的高级语言编写，并且最大限度地独立于硬件平台和环境，便于移植和重用。

（4）使用现有的软件时要通过适配器进行转换或封装，使之提供标准的接口。

2）硬件规则

（1）必须实现技术的特殊性、使用域特殊性、扩展性和互换性之间的平衡。

（2）每个支持的硬件设备必须有一个使用域描述文件（Domain Profile），用可扩展标记语言（Extensible Markup Language，XML）编写。

（3）在接口控制文档中应该定义硬件界面接口，该文档应无条件地提供给其他应用部门。

（4）界面接口应该根据商用或政府标准制定。

（5）硬件对象应该使用根据商用标准制定的格式化参数。

（6）根据便于技术引入和模块替换的原则分割模块。

随着构建 JTRS 活动的展开和深入，SCA 规范也不断发展和改进。当前版本的 SCA 体系如图 3-53 所示。可以看到，这个体系中更加强调信息安全。按传输比特流分段，系统分为黑色总线（密文传输）、信息安全和红色总线（明文传输）三个子段。这些子段在物理上是相互隔开的，从而保证黑/红之间的隔离和信息安全的完整性。

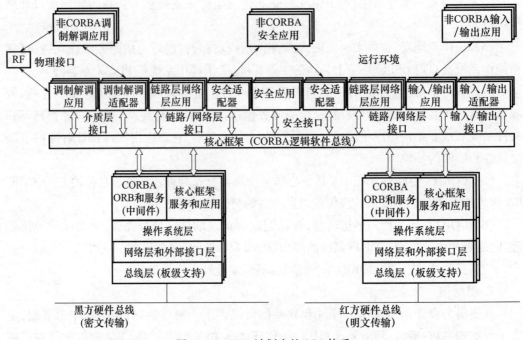

图 3-53 JTRS 计划中的 SCA 体系

3.7 未来机载能力环境架构

军用航电系统的开发是一种软件密集型开发过程。考虑下一代航电系统日益复杂,使得航电系统的设计和验证,以及软件重用比任何时候都显得重要。在军用航电中,未来机载能力环境(FACE)技术的出现为下一代航电系统架构的设计考虑提供了一种参考。未来机载能力环境思想由美国军方、工业界和学术界共同发起,它主要针对机载航空电子软件系统提出了一种新的业务模型和参考架构。其宗旨是在硬件计算平台上创建一个通用的软件运行环境,使应用软件(由 FACE 组件组成)在只受到很小影响的情况下实现在不同平台上的部署,通过制定参考架构核心元素间的接口标准,以及定义基于共识的通用数据模型为软件模块的跨平台重用提供便利[19]。FACE 考虑开放式 IMA 系统设计,致力于软件组件的重用性,并降低移植成本,可以将其看作是开放式系统架构(OSA)策略具体化的技术指南之一。

3.7.1 FACE 架构模型

3.7.1.1 FACE 架构段

早前提出的模块化开放式系统方法(MOSA)关注模块化的、接口定义明确并被广泛支持使用的行业接口标准进行系统设计。在关键接口设定方面,模块化开放式系统设计方法并没有控制和管理系统内部和系统之间的所有接口，而是将接口分为关键接口和非关键接口来进行管理，对关键接口采用开放式标准。FACE 解决方案扩展了 MOSA 的设计思想，它将一些基于软件的功能"分段"以组件形式开发。该组件通过定义好的接口向其他组件开放，并且对特定关键接口及"分段"接口之间的差异进行了定义，从而提供了跨平台移植的基础。各个分段由一系列可移植的 FACE 组件组成，提供具体功能，如图 3-54 所示，这些功能分段包括操作系统段（Operating System Segment,OSS）、I/O 服务段（I/O Services Segment,IOSS）、平台特定服务段（Platform-Specific Services Segment,PSSS）、传输服务段（Transport Services Segment,TSS）和可移植组件段（Portable Components Segment,PCS）。

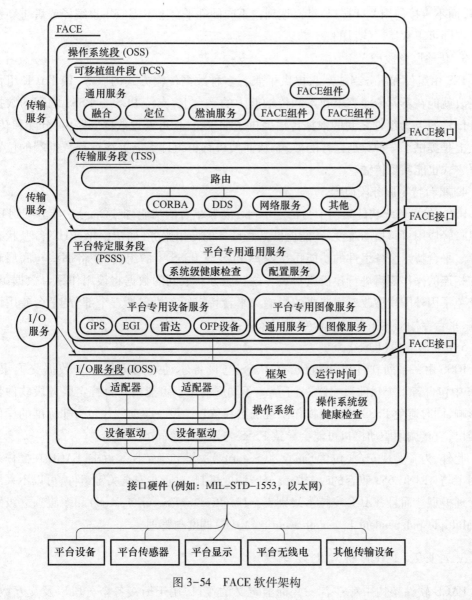

图 3-54　FACE 软件架构

1. 操作系统段(OSS)

OSS 作为所有其他分段运行的基础,用于承载各种版本的操作系统、编程语言运行时库和应用软件框架,并同时为其他分段的软件提供所需的通用接口(如 APEX 或者 POSIX)。需要注意的是,在新一代的机载航空电子系统中通常使用的是符合 ARINC 653 标准的嵌入式实时操作系统,需要操作系统端提供 ARINC 653 标准所要求的标准 APEX 接口、分区、端口通信等机制及其他所有可能用到的通用服务和运行时库。

2. 可移植组件段(PCS)

PCS 由一系列可移植 FACE 组件和通用服务组成,用于提供平台级的能力。其可以在不同的 FACE 硬件和软件平台环境初始化时执行,使用操作系统接口获得操作系统的支持,而不直接使用 I/O 接口,进而达到在不同硬件平台上不需应用重编译或者重新链接软件库即可正常运行的目的。

3. 传输服务段(TSS)

TSS 由组件和服务组成。它提供了兼容多种数据传输方式的服务,使 FACE 组件无需更改就能在不同传输需求和不同传输能力的平台上,支持 PCS 与 PSSS 之间的数据传输。传输服务为组件之间的数据传输提供了抽象接口,可处理数据的路由、分配和转换,本质上是提供了一种数据搬移的模式,从而使可移植组件无需关注远程数据端的位置及部署方式也能实现传输。

4. 平台特定服务段(PSSS)

PSSS 包含传统软件架构中与特定平台设备紧耦合的功能,把这部分功能分配到 PSSS 可以减轻应用可移植的难度,还能提供某些设备的专用服务,如初始化、BIT 管理、状态路由等。平台特定服务组件的功能可以隔离 PCS 与 PSSS 上的组件,并将那些与底层软件架构相连的操作逻辑进行建模或封装。这些服务获取到的数据将被用作平台数据源,从而避免了因外围模型改变而造成的影响。平台特定服务段包括三个部分:平台专用设备服务、平台专用通用服务和平台专用图像服务。

5. I/O 服务段(IOSS)

IOSS 由一系列软件模块组成,在 PSSS 与设备驱动之间提供一个数据交换渠道。IOSS 中包含若干个软件适配器,用于隔离不同厂商驱动可能给平台特定服务段软件带来的影响,同时避免 PSSS 软件对操作系统的潜在依赖。设备驱动往往包含非标准的操作系统接口,直接调用驱动接口可能会导致 PSSS 与操作系统间的紧耦合。

此外,为了实现安全(包含 Safety 和 Security)关键和确定性等诉求,FACE 在操作系统采用了与 ARINC 653 兼容的时分隔离分区调度机制;对于非安全关键组件,可以不采用分区管理模型。而且,FACE 支持多级别安全(Multi-Level Security, MLS)和多层独立级别安全(Multiple Independent Levels of Security, MILS)调度与管理。

3.7.1.2　FACE 标准化接口

FACE 软件架构中存在着一些标准定义的接口,用于衔接各个分段以及交互数据。如图 3-55 所示[19],这些接口可以分为垂直接口和水平接口两大类。垂直接口指支持软件分层的接口,即接口访问者存在上下层次间调用关系,例如应用软件与操作系统间的接口、应用软件与软件运行框架间的接口、软件运行时框架与编程语言运行时环境的接口。水平接口指同层间用于连接不同软件模块的接口,这种接口的访问双方地位平等,没有明显的层次区分,通常应用软件模块间用于数据传递的接口都属于水平接口。

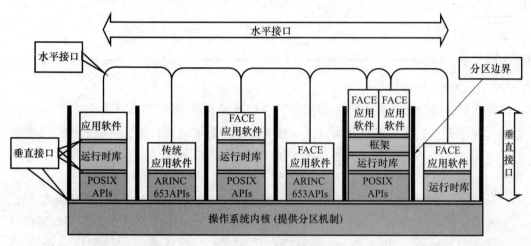

图 3-55　FACE 接口

FACE 参考体系结构定义了一组标准化接口,提供 FACE 体系结构段之间的连接,包括操作系统段(OSS)接口、输入/输出服务(I/O Services,IOS)接口、传输服务接口和面向组件的支持接口。这些标准化接口的软件引用可以在初始化、启动、运行时等状态下建立。

1. OSS 接口

OSS 接口为软件使用操作系统内的服务和其他与 OSS 相关的功能提供了标准化的手段。此接口由 OSS 中的软件提供给其他段的软件,包括 ARINC 653、POSIX 和 HMFM A-PIs。OSS 接口可包括以下一个或多个网络功能:编程语言运行时、组件框架、生命周期管理和配置服务接口。

2. IOS 接口

IOS 接口定义了 PSSS 一致性单元(Unit of Conformance,UoC)和 I/O 设备之间通信的标准接口,这种通信是由 IOSS 中的 I/O 服务实现的。PSSS UoC 和 I/O 设备之间的逻辑关系称为 I/O 连接,此接口支持几种常见的 I/O 总线体系结构,表 3-2 对其 I/O 连接类型进行了类比。

表 3-2　I/O 连接类比

I/O 服务名称	I/O 总线体系结构	I/O 连接类比
Serial_IO	串行	端口
Analog_IO	模拟量	模拟信号通道
Discrete_IO	离散量	离散信号通道
M1553_IO	MIL-STD-1553	子地址

续表

I/O 服务名称	I/O 总线体系结构	I/O 连接类比
ARINC429_IO	ARINC 429	通道
Synchro_IO	同步信号	同步通道
PrecisionSynchro_IO	精确同步信号	同步通道
I2C_IO	I^2C 总线	地址
Generic_IO	其他	N/A

3. 传输服务接口

传输服务接口为软件组件通信提供了一组标准化接口,PCS 和 PSSS 中的 UoCs 均使用 TSS 库提供的接口进行数据交换。这些接口的标准化允许软件供应商生产可重用的软件组件/产品,并有助于将这些软件组件经济地集成到不同的体系结构和平台中。

TSS 段间接口是由 TSS UoCs 提供给 PCS UoCs 和 PSSS UoCs 以访问软件基础设施提供的通用技术功能的接口,这些通用技术功能可以包括数据传输、参考数据访问或组件状态持续性(Component State Persistence,CSP)信息等。TSS 库提供的段间接口包括 TS(Type-Specific,特异性)接口和 CSP 接口。

4. 面向组件的支持接口

面向组件的支持接口包括可注入接口和生命周期管理(Life Cycle Management,LCM)服务接口。可注入接口为集成软件解决软件组件之间固有的使用/提供接口依赖性问题提供了一种标准化的手段。软件组件要使用接口,必须与提供该接口的至少一个软件组件集成在同一地址空间中。LCM 服务接口为软件组件支持与组件框架一致的行为(初始化、配置、框架启动/拆卸和操作状态转换)提供了一种标准化的手段。LCM 服务接口可由任何 FACE 参考架构段中的软件组件提供。

3.7.2 FACE 数据结构

FACE 数据结构由数据模型语言以及一组数据模型语言绑定组成,这些数据模型语言绑定将数据模型语言元素映射到每个受支持的编程语言、共享数据模型(Shared Data Model,SDM)以及用于构建可移植性单元提供模型(Unit of portability Supplied Model,USM)和特定域数据模型(Domain-Specific Data Model,DSDM)的规则。

1. 数据模型语言

数据模型语言由元模型指定,该元模型提供了对可移植性单元(Unit of Portability,UoP)数据交换的形式化且明确的描述。数据模型语言消除了数据描述中的歧义。附加的对象约束语言(Object Constraint Language,OCL)约束提供了数据模型内容必须遵循的语义规则,并提供了查询语言和模板语言。

如图 3-56 所示,数据模型语言元素的分组从上到下垂直展示了数据模型、UoP 模型和集成模型元素的定义,从左到右水平展示了模型元素从抽象到具体的细化。

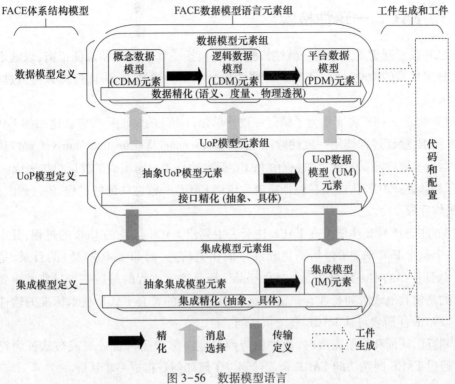

图 3-56 数据模型语言

2. 数据模型语言绑定

图 3-57 说明了从平台数据模型(Platform Data Model,PDM)到每个支持的编程语言的数据模型语言绑定。语言绑定定义了从指定模板到代码中数据结构的 PDM 视图映射,这些数据结构由软件组件通过 TSS send_message 和 receive_message 方法发送或接收。语言绑定在转换为各种处理器架构和编程语言时保留字节大小和取值范围,另外它确保了软件组件在 API 级别是可移植的。TSS 负责管理数据结构的序列化和反序列化并传输数据。

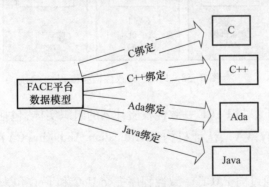

图 3-57 数据模型语言绑定

语言绑定的第一部分定义了从 PDM 到 IDL 的映射,第二部分定义了从 IDL 到每个受支持编程语言的映射,这两部分构成了数据模型语言绑定。它反映了从 PDM 元素到编程语言的映射规则,在执行这些规则时不需要使用特定的工具。

3.7.3 FACE 一致性检验

FACE 联盟制定了全面的一致性检验程序,包括一致性策略和认证指南,以确定符合 FACE 技术标准的检验过程。FACE 一致性检验包括验证过程、认证过程和注册过程,如图 3-58 所示。

(1) 验证:FACE 验证是为了确定一致性单元(UoC)的实现是否符合适用的 FACE 技术标准要求,验证过程使用一致性验证矩阵(Conformance Verification Matrix,CVM)执行验证,并运行一致性测试套件,该过程由 FACE 标准的技术专家组成的验证机构完成。

(2) 认证:FACE 认证是在验证完成后申请 FACE 一致性认证的过程,该过程由 FACE 认证机构完成。

(3) 注册:FACE 注册是在 FACE 注册表中列出 FACE 认证的 UoC 的过程,其中注册表是一个包含 UoC 信息(包括销售和许可的相关信息,而非 UoC 本身)的目录,是所有 FACE 认证产品的唯一信息来源。软件产品注册是这一过程的最后一个且非常重要的步骤,目的是使其他政府和行业客户能够意识到经认证的符合 FACE 技术标准的软件的可用性。FACE 注册表可从 FACE 登录页访问。

当验证、认证和注册完成时,软件供应商只能声称产品符合外观或被认证为符合外观,可通过 FACE 网站访问 FACE 合规计划以了解如何获得进一步认证。

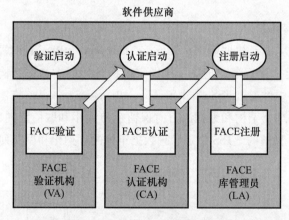

图 3-58 FACE 一致性检验流程

一致性策略设置了参与 FACE 一致性检验计划的组织实体,包括软件供应商、验证机构(Verification Authority,VA)、认证机构(Certification Authority,CA)和库管理员(Library Administrator,LA)。

(1) 软件供应商通过向 FACE 一致性程序提交 UoC 和 UoC 包来启动流程。

(2) VA 是由 FACE 联盟正式批准的组织,负责进行记录验证测试,并评估软件供应商为支持 FACE 一致性程序而提供的验证证据。VA 可以是独立的第三方组织,或软件供应商指定的内部独立组织,或政府实验室。VA 使用 CVM 评估 FACE 技术标准中包含的适用分段要求,并运行一致性测试套件。成功完成后,VA 生成一个验证报告,软件供应商必须将该报告提交给 CA 以获得认证批准。

（3）CA 是 FACE 联盟挑选的负责管理 FACE 一致性程序日常操作的一个组织。CA 在 FACE 联盟的授权下，按照 FACE 一致性策略和程序执行。认证机构负责评估认证申请、管理认证协议，并签发 FACE 一致性证书。

（4）LA 负责按照 FACE 库策略和程序来运行和维护 FACE 库。在软件供应商的指导下，LA 将每个经过认证的 FACE 一致性软件产品的元数据放入 FACE 注册表。

3.7.4　FACE 库

FACE 库的目的是为软件供应商开发和认证符合 FACE 技术标准的产品提供基础设施。它是一个工具，通过在一个位于中心位置且受管理的网关中公开的 FACE 认证产品及其相关工件列表，将软件供应商与客户联系起来。如图 3-59 所示，FACE 库由以下组件组成：主界面登录页、FACE 库门户、FACE 注册表、FACE 产品存储库、FACE 参考存储库、FACE 认证保留存储库、FACE 验证保留存储库、问题报告/变更请求（Problem Report/Change Request，PR/CR）系统。

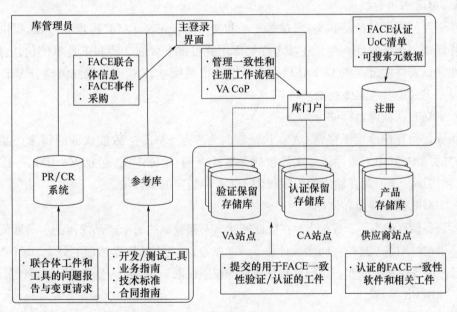

图 3-59　FACE 库体系结构

1. 主界面登录页

主界面登录页是 FACE 联盟面向公众的网站，FACE 库所有组件的入口点均在此页面，其可将用户定向到相关的 FACE 内容。

2. FACE 库门户

库门户可通过 FACE 登录页访问，其功能是通过一系列 FACE 联盟定义的流程移动数据。库门户具体支持：

（1）软件供应商将有关产品的元数据信息输入验证/认证/注册工作流，以供 LA 审

查,然后再在FACE认证产品注册中心发布;

(2)软件供应商成功完成FACE一致性认证流程后,开始提交注册表;

(3)用户根据产品的元数据查找经过FACE认证的产品;

(4)用户访问库门户以收集有关某种产品或某类产品的指标。

3. FACE注册表

注册表是所有FACE认证产品的唯一信息来源,它方便用户访问FACE产品存储库中所有可用的产品和信息的可搜索列表。注册表要求用户在访问FACE库之前进行注册和身份验证。

库门户允许用户在创建具有有效电子邮件地址的账户后对注册表进行完全公共访问,注册表包含并显示批准公开发布的信息。只有经过认证的产品才会在注册表中列出。软件供应商将负责确保FACE注册表中的所有信息都是可公开发布的。

4. FACE产品存储库

产品存储库由FACE联盟、软件供应商、政府组织或学术机构控制和管理,可以通过注册表中提供的信息与产品存储库所有者联系,并负责为客户确定特定的访问控制。

5. FACE参考存储库

参考存储库维护产品和文档,这些产品和文档用于定义FACE需求和过程、提供合同指导并促进一致性验证。存储在参考存储库中并可供下载的文档和工具示例包括:FACE一致性测试套件的批准版本、FACE技术标准的出版版本、FACE一致性策略、FACE业务指南以及FACE参考实施指南。

6. FACE认证保留存储库

认证保留存储库用于存储CA在认证期间为发起FACE一致性认证的每个产品生成的文件的副本,其中一致性认证文件包括一致性声明、验证声明(包括VA ID)、一致性证书、法律协议。访问此存储库的权限仅限于CA和指定的审计员。

7. FACE验证保留存储库

验证保留存储库用于存储VA在验证期间为发起验证的每个产品保留的一份验证包和验证结果包的副本。这些存储库预计位于VA站点,并与FACE库物理上分离,每个VA维护自己的验证保留存储库。访问这些存储库的权限仅限于相关的VA和指定的审计员。

8. PR/CR系统

PR/CR系统是用于实现FACE PR/CR流程的一个工具。PR确定了FACE联盟产品的问题,该问题阻碍按照FACE技术标准特定版本开发的UoC获得一致性证书。CR识别一个/多个FACE联盟产品的问题,或一个/多个FACE联盟产品的预期改进。PR/CR系统用于创建、管理、跟踪和存储影响FACE联盟及其产品的PR和CR。

参考文献

[1] 许建峰. 体系工程——基础理论与应用[M]. 北京:电子工业出版社,2016.

[2] 陈颖,苑仁亮,曾利. 航空电子模块化综合系统集成技术[M]. 北京:国防工业出版社,2013.
[3] 丛伟,樊晓光,南建国. 综合航空电子系统总体技术[M]. 北京:国防工业出版社,2015.
[4] 崔昆涛,孙文力,孙文强. 模块化开放式系统架构设计、原理研究[J]. 系统实践,2013(5):35-37.
[5] 蒲小勃. 现代航空电子系统与综合[M]. 北京:航空工业出版社,2013.
[6] 李强,刘晓峰. 基于 TOGAF 的电子政务架构[J]. 中国西部科技,2015,14(5):86-88.
[7] 杨陈,吴忠良. 地震预警系统设计中的系统工程问题:一个 DoDAF 视角的比较研究与尝试[J]. 工程研究-跨学科视野中的工程,2018,10(4):356-365.
[8] 美国国防部架构框架(DoDAF)介绍[OL]. 百度文库,2016.
[9] 丁茜,王跃利,曹冠平. UAF 的架构开发程序研究[J]. 装甲兵工程学院学报,2018,32(6):86-91.
[10] 吴颖,刘俊堂,郑党党. 基于模型的系统工程技术探析[J]. 航空科学技术,2015,26(9):69-73.
[11] 谢陵,方俊伟,徐州,等. 基于功能场景分析的飞机需求捕获和确认方法研究[J]. 科技资讯,2015(18):83-84.
[12] 李晨光. MathWorks 工具助力系统工程落地:从需求到软件实现[OL]. 原创力文档,2019.
[13] 鲁俊,何锋,熊华钢. 航空电子云系统架构与网络[J]. 航空电子技术,2017(3):1-9.
[14] 田莉蓉. 机载电子产品适航工程方法[M]. 北京:航空工业出版社,2016.
[15] 袁迹. TSO-153 与 ETSO-2C153 分析与对比[J]. 信息通信,2018(12):109-111.
[16] 罗兰·沃尔夫格. 综合模块化航空电子系统的分布式平台:对未来航空电子系统及其认证需求的见解[M]. 牛文生,译. 北京:航空工业出版社,2015.
[17] 李纪云,董小社,童端. 分布式对象中间件技术研究[J]. 计算机工程与设计,2004,25(2):170-173.
[18] 陈春甫. 基于 DDS 的数据分发系统的设计与实现[D]. 复旦大学,2008.
[19] 洪沛,蔡潇,王羽. 基于 FACE 思想的软件通用运行环境设计[J]. 航空电子技术,2016(4):34-39.

习 题

3.1 系统架构影响着开发者的组织结构。可以系统功能的模块化分解来组成开发小组,也可以采样、输入、计算、输出的过程结构作为开发小组的基础。试论述两种方法各有什么样的优缺点?

3.2 试论述通用开放式结构(GOA)与航空电子系统先进综合架构的继承性和差异性。

3.3 简述系统工程方法在航空电子系统设计与开发过程中作用和重要性。

3.4 试论述标准体系在航空电子系统工程中的作用。

3.5 基于模型工程的架构方法会给航空电子系统的设计与开发带来哪些变革?

3.6 试论述综合模块化航空电子系统架构与通用计算机体系架构的关系和差异。

第4章 机载网络

在飞机有限的空间中保证航空电子系统的有效运转,需要解决两个问题,信息资源的共享以及设备资源的共享。各个设备、模块和部件只有连成网络,才能共享信息和设备资源,才能充分发挥整个系统的效能。机载网络是将飞机平台内的设备、模块和部件连接起来的手段,它是实现航空电子综合的一项核心支撑技术,也被认为是飞机的"中枢神经",其发展程度和能力决定了航空电子系统的总体构型及信息综合效能,并成为航空电子系统架构代际演化的重要标志。

飞机上被连接的设备、模块和部件通常嵌入有处理器,连接区域限定在飞机平台内部,因此,机载网络实质上是一种计算机局域网络。然而,这种网络具有一定的特殊性,其不但包括独立的计算机以及设备之间的较为松散耦合的互联,还包括多处理器以及模块之间的紧密耦合的互联。此外,任务关键的航空电子应用特别强调严格的实时性;恶劣的物理环境需要极高的可靠性和容错能力。

4.1 网络体系结构

4.1.1 机载组网需求

不同于一般的商用计算机网络,机载网络系统在流量带宽、实时性、可靠性、重量体积功耗等需求特征上有着本质的区别,针对民用飞机,同时还发展出安全性保障诉求。

1. 带宽

带宽的需求取决于机载电子系统的能力和功能综合的程度。在联合式航空电子系统中,子系统以"黑盒"的形式独立完成信息传感和处理,子系统之间交换的信息限于处理完毕的低速率信息、控制和状态信息等,数百 kb/s 的速率即可满足系统互联的需求。在综合的模块化航空电子系统中,多个原始传感器数据可以由一组共用的核心处理器进行综合处理,通过重构实现传感器数据融合和容错。将原始数据传输给处理系统会增加传输带宽,通过重构实现容错会增加数据分配的需求。传感器数据的传输与分配是机载网络带宽需求的主要方面。

根据系统综合程度的不同,可以将一个传感器通道及其信号处理的分布表示为图 4-1 所示的两种情况。

如果将信号预处理设计成传感器专用的一部分,那么数据传输能力是经过预处理压

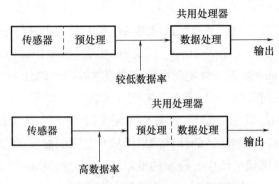

图 4-1 传感器通道及其信号处理的分布

缩的那一部分数据速率;这里的预处理是针对单一传感器,会导致一些信号特征的损失,降低整个系统的融合能力,此外还会增加处理模块的种类。如果信号预处理和数据处理都在共用处理模块中完成,则可提供最大的系统灵活性和数据融合的潜力,也会减少处理模块的种类;但是这意味着高的传感器通道数据传输率和复杂的数据分配。

例如:机载监视雷达通常采用脉冲重复频率范围为 20~50kHz 的多普勒信号处理,以便将目标从杂波中分离出来,将视频检测器输出端的信号进行数字化可使数据速率达到 300Mb/s;新的监视雷达采用线性调频脉冲或者其他脉冲内调制,接收机采用脉冲压缩技术、更大分辨率的多普勒滤波器等,使得雷达的原始数据速率接近 1Gb/s。再如:一个具有 100 万像素、30Hz 帧频率和 8 位灰度等级的前视红外成像传感器将产生 240Mb/s 的原始数据速率。

表 4-1 列出了航空电子中若干功能模块高速互联的大致带宽需求。未在表中列出的功能模块(如核心处理器区域的飞机管理和外挂管理),其互联速率则低得多。

表 4-1 典型航空电子系统网络带宽需求

功能	SAR/MTI 雷达	光电传感器	电子战	座舱视频接口
每通道数据传输速率(Gb/s)	0.5~1.0	0.25	1.0~3.0	0.5~1.0

这些事实表明,航空电子互联网络在带宽方面应能够支持每通道 1Gb/s 以上的传输速率。随着航空电子系统综合化程度不断增强,指控、状态、音视频等多种混合关键消息都在机载网络系统中发展了信息交互的需求,已有总线网络技术带宽不足的缺点日趋严峻。考虑到航空电子系统本身发展以及信息传输需求,面向未来的机载网络应适应大范围、高带宽的传输要求,带宽应能达到 10Gb/s 甚至 100Gb/s,并要留有一定的扩展余量,能适配不同消息负载下的传输需求,具有规模的可扩展性和传输适配的自适应性。

2. 实时性

实时性是指任务在规定的时间间隔内能够完成预定动作或者做出及时响应的能力,一般用任务的最坏响应时间与截止期限进行对比。如果任务最坏响应时间大于截止期限,则表明任务不具有实时性,反之则表明任务具有实时性。实时性与调度策略密不可分,一个具有可预测机制的调度策略是保证任务实时性的关键,具有实时性保障机制的系统则称为实时系统。

如果允许任务超时,并对任务超时造成的系统影响的大小进行分类,则可将实时系统进一步细分为:强实时(Hard Real-time)系统、弱实时(Soft Real-time)系统、弱硬实时(Weakly Hard Real-time)系统。强实时系统通常要求并能保障任务必须在规定的时间内完成,不允许任务的任何实例超时,若有任务实例未在截止期限内完成,则会对系统造成不可估量的损失,例如心脏起搏器等,也被称为硬实时系统、安全关键实时系统。弱实时系统通常允许任务超时,且超时后的计算结果仍然有一定的意义,但是其意义随着超时时间的增加而下降,例如视频会议中音视频的卡滞,一般具有软实时控制需求。弱硬实时通常对应的是周期任务,允许周期任务的一些任务实例超时,但这些超时的任务实例的分布应满足超时分布约束,否则会造成系统动态调度的失效。

航空电子系统无疑是安全关键实时系统,消息必须在可预见的时间内完成节点之间的信息交换;否则,某一信息不能及时获取、传输和交互,将导致整个作战使命任务不能完成,以至损害或降低任务系统的反应能力和完成能力,比如针对飞行控制系统,如果不能在严格的时间范围内执行控制动作,可能导致飞机出现灾难性的事故。机载网络应针对不同混合关键性传输需求的消息提供多种传输保障机制,以保证消息传输时延和抖动可控,且具有最坏传输保障能力;典型的能够支持从亚微秒级到百毫秒级的不同消息传输诉求,支持指控消息、流媒体消息、状态消息传输。

先进综合式航空电子系统采用分布式处理模式,数据计算任务分散在各个节点(模块),节点之间依赖机载网络共享中间计算结果,对于机载网络在实时性方面的需求取决于任务本身的实时性属性,同时依赖于分布式计算的共享程度。典型航空电子子系统对时间分辨率的需求如表4-2所示。

表4-2 航空电子子系统时间分辨率需求

子系统	数据和事件时戳精度	进程调度精度	进程或任务的同步精度
雷达	0.05ms	0.05ms	1ms
电子战EW	0.1ms	0.1ms	0.05ms
光电探测系统EO	0.2ms	1ms	1ms
通信/导航/识别CNI	10ms	10ms	—
传感器/数据融合	1ms	—	0.1ms
任务管理	—	—	—
人机交互			
飞控系统	—	1ms	0.001ms

3. 容错与可靠性

由于苛刻的应用环境,机载网络特别强调强容错能力和高可靠性。

容错能力是指功能部件在有故障时仍能有效继续工作的能力。就容错技术而言,通常包含空间上的容错、时间上的容错和系统的降级使用。空间上的容错是指在系统中配置两套或多套硬件系统,通过对其输出进行比较来判断系统是否发生故障并输出正确的结果。时间上的容错是通过牺牲时间,如对一个任务重复计算,来达到容错的目的。系统的降级使用是指将有故障的子系统与系统隔离开,此时系统仍然可以完成某些主要功能,只是其性能指标有所下降。机载网络互联系统通常同时使用上述这些容错技术以达到相互补充的目的,对于提供时间触发通信服务的机载网络技术,典型要求时钟同步服务至少能够提供单拜占庭式故障容错能力。

可靠性是系统整体的品质因素,作为飞机电子系统一个重要组成部分,机载网络的传输可靠程度对系统的可靠性会产生重要影响。可靠性指标通常使用平均故障间隔时间(MTBF)来评价,其度量方法为:在规定的条件下和规定的时间内,产品工作时间总数与故障总次数之比。机载网络产品的 MTBF 一般在几万小时甚至更高,例如 Rockwell Collins 为 A380 飞机提供的 AFDX 网络交换机 AFDX-3800,其 MTBF 达到了 10 万小时。此外,还常用传输误码率来表征数据传输系统的可靠性特征。对机载网络,一般要求节点的故障不能影响网络的正常操作,网络系统至少具有单故障容错能力(即网络通信不能因网络中的单个故障而中断),并可以通过多通道冗余提供更强的容错能力;检测到的数据流误码率不应大于 10^{-7},控制/状态数据误码率不应大于 10^{-10},未检测到的数据流和控制/状态数据误码率不应大于 10^{-14}。

为了提高机载网络的可靠性,可以采用系统重构设计以及故障恢复方法。系统重构设计需要完成的任务是在系统的一个或多个关键部件失效时,通过自身的故障检测模块来迅速地判断和隔离故障元件,同时改变系统的结构,利用备用元件或其他工作元件来替代故障元件使系统性能保持稳定性。故障恢复是指系统出现故障后,如何保证系统在最大概率下正常运行,通常包括一系列故障恢复方案,是容错系统不可缺少的重要环节,其作用是消除错误造成的影响,使系统自动恢复到正常工作状态重新运行下去。故障恢复方案是在故障发生后根据网络状态实时地为受影响的业务提供恢复路径的预定义策略和方法。恢复能最佳地利用网络互联资源,以提高机载网络的可靠性。

4. 安全性

按照 ARP4754A 的定义,安全性是指产品在规定的条件下,以可接受的风险执行其功能的能力,也称之为功能安全性(Safety)。对于民用飞机,安全性是指系统不导致发生飞机灾难性事故的能力。基于安全性的要求,包含机载网络在内的民用飞机机载系统与设备都必须按照适航过程进行研制,遵循适航所建议的相关标准,包括指导系统设计的 ARP4754A《高度综合或复杂飞机系统的认证考虑》和 DO-297《综合模块化航空电子系统开发指南和认证考虑》、指导软件研制流程的 DO-178C《机载系统和设备认证的软件考虑》以及指导电子硬件研制流程的 DO-254《机载电子硬件设计保证指南》等。安全性设计方法应该遵循 ARP4761《民机机载系统和设备安全性评估过程指南和方法》。对于军用飞机,虽然没有适航标准这种强制性要求,但出于安全性的考虑,也可以参照民用飞机相关标准和规范约束设备及系统的设计、研制和集成过程。

机载网络是数据传输的支持手段,其本身并不执行安全关键的任务,但是由于其数据传输所支持的应用可能包含了安全关键任务,因此必须满足系统通过安全性分析对于机载网络所提出的安全性指标要求。例如,在我国自主研制的大型客机 C919 飞机中,将机载网络所在的 IMA 平台的安全性进一步细分为完整性(出现未检测出的错误或者丢失的概率)和可用性(出现检测出的错误或者丢失的概率),并且对 IMA 平台的完整性和可用性都提出了相关指标要求,而机载网络必须满足 IMA 平台的安全性指标分配。

此外,考虑飞机接入空天地一体化网络,机载系统也将以开放式方式对外提供服务,其可能受到的入侵、篡改和操控风险随之而来,并且已经构成航空安全威胁,必须考虑机载网络本身的信息安全性(Security),并结合功能安全要求,构建功能安全和信息安全于一体的机载网络系统的安全性。

5. 重量体积功耗

网络和软硬件等技术将电子设备和对应的电子功能在飞机物理结构空间内组成一个有机整体,来达到高度共享资源的目的。在综合模块化航空电子(IMA)以及分布式综合模块化航空电子(DIMA)架构的理念下,多个不同的功能分区分布在飞机平台上的不同物理位置。面对未来组网要求,除了子系统之间通信数据量的爆炸性增长之外,航电系统通信架构的复杂性也与日俱增。需要在有限的飞机物理空间和复杂的电磁环境中满足系统各个功能区内部和功能区之间存在的各种传输需求,不仅对带宽和实时性提出了严峻挑战,还在网络物理分布、容错与重构、电缆布局与布线、供电与热传递、体积重量等多个方面提出更多要求,造成网络系统硬/软件开发的复杂性、开发周期和费用等急剧上升,技术风险更是增加到难以控制的程度。

诸如美军 F35 等飞机在航电架构方面通过基于 FC 技术的高速交换式网络将各个关键子系统进行连接,分布于外围的传感器、作动器还可以通过低速总线(如 1553B,CAN 总线)、I/O 接口经由远程数据集中器接入骨干交换式网络中。虽然该架构能够满足大部分的航电通信需求,但是由于线缆和连接器数量众多,使得飞机在设计之初就要为其进行重量限定。另一方面,为了使飞机能够更好地在信息化战场环境下完成协同作战使命,飞机制造商致力于在飞机上增加更多的通信探测以及显示控制设备,并增加更多的协同作战、人工智能等功能应用,设备和传感器的安装位置决定了大量线缆和连接器散布于飞机的各个部位。这些设备和应用的增加将直接增加机上数据传输的需求,从而导致飞机线缆和重量的持续增加,同时使系统架构变得更为复杂,加重飞机的功耗,网络中的损坏使维护和修复工作异常烦琐,往往需要花费大量时间查找和更换相关部件。如何满足航空电子系统综合对机载网络需求的同时,尽可能减少线缆的数量和系统的复杂度,是机载网络持续面临的一大难题。

6. COTS 技术

为了有效地控制机载电子系统全生命周期的成本,采用商用货架(COTS)技术与 COTS 组件/产品成为航电系统设计和集成过程中的典型趋势。具有开放式系统标准的 COTS 网络技术使得机载网络能够获得最大程度的技术和产品支持,同时 COTS 产品的大规模生产和产品升级换代过程中的兼容性使得军用飞机和民用飞机在较长的服役期内能够得到充足的备件供应,从而实现低成本的维修。

COTS 组件是预先建立好的功能相对独立的成品,可重复使用。其就像一个黑盒子,功能已知,但实现技术被隐藏在接口之后。COTS 组件不是单纯为某一个产品设计的,而是为某一类产品设计的,所有 COTS 组件在一个相对宽松的环境中具有通用性。组件能否满足用户需求是系统开发的关键,因此在 COTS 系统构建中,首先应将重点放在 COTS 组件的选择和评估上。当筛选出合适的 COTS 组件后,在组件之间设计标准通信接口使它们粘在一起最后形成整个系统。

与 COTS 组件相对的是 COTS 技术,COTS 技术不像 COTS 组件提供具体的模块和设备,而是提供商用成熟的标准、规范和解决方案。考虑到相比于普通局域网或者以太网,机载网络在实时性、可靠性、安全性等方面具有特殊性,COTS 技术在当前机载网络的设计和集成过程中显得更加实际。比如:应用于空客 A380 的 AFDX 网络即为在 IEEE802.1 以太网物理层基础上再进行上层实时性改造的确定性网络,其物理层与普通以太网定义一致,降低了网络设计的难度,缩减了网络设计周期,同时也考虑到了机载网络环境的特殊性。

4.1.2 协议体系结构

传统意义的局域网采用广播介质互联,特点是所有的通信节点都连接到一个共享的传输介质上,发自任何一个节点的数据都可以被同一网络上所有其他节点接收到。传统的局域网数据速率从 1~20Mb/s 不等,随着应用需求的不断增长,采用交换技术后出现了 100Mb/s、1Gb/s 乃至 10Gb/s 的高速局域网。决定局域网特性的关键技术有拓扑结构、传输介质和介质访问控制技术等。

图 4-2 给出了局域网与开放式系统互联(Open Systems Interconnection, OSI)体系结构及其关系,其中局域网体系结构由 IEEE802 委员会提出。IEEE802 参考模型的最底层是物理层,包含信号的编码/解码、前同步序列的生成/去除、比特流的发送/接收等功能,还包含传输介质和拓扑的规范。

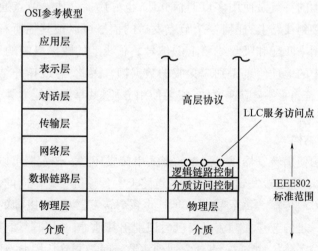

图 4-2 局域网协议体系与 OSI 体系的对照

IEEE802 参考模型将 OSI 体系中的数据链路层分为介质访问控制(Medium Access Control, MAC)和逻辑链路控制(Logical Link Control, LLC)两个子层。图 4-3 进一步给出了局域网体系结构各层之间的关系。高层数据被传输到 LLC 层,在首部加上控制信息,就创建了一个 LLC 协议数据单元(Protocol Data Unit,PDU)。LLC PDU 下传到 MAC 层,再加上首部和尾部控制信息,构成 MAC 协议数据单元(MAC PDU)。LLC PDU 和 MAC PDU 可分别称为 LLC 帧和 MAC 帧,其中 MAC 帧才是在信道上传输的数据块。

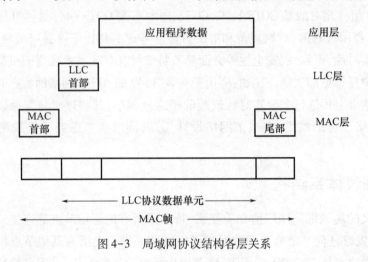

图 4-3 局域网协议结构各层关系

4.1.3 物理层

1. 拓扑结构

局域网的基本拓扑结构有三种:总线、环形和星形,见图 4-4。其中总线还可以并列组成树形,我们仍称之为总线型。

1) 总线拓扑结构

总线拓扑结构的特点是使用多点通信介质,也称广播介质。节点通过分接头或耦合器经由短截线连接到线路上,任何一个节点发送的信号可以被其他所有节点侦听。总线两端的端接收器用来匹配和吸收线路上的信号。总线上的数据以帧的形式传输,接收数据的节点根据帧中的地址信息识别应接收的数据帧。因此,总线拓扑结构的优点是结构简单灵活,便于扩充,网络响应速度快,安装使用方便,共享资源能力强,非常便于广播式工作。

2) 环形拓扑结构

环形拓扑结构使用转发器以点到点的形式串接成环路。转发器可以从其一端链路接收数据,并以接收的速度转发到其另一端的链路上。传输链路是单向的,即数据在环中按顺时针或逆时针方向传输。每个节点与网上的一个转发器相连,以帧的形式通过转发器向网上发送数据。目的节点在帧流经自己时识别出其地址,并将其复制到本地缓存中,而数据帧还要继续沿环路传输下去,直到它回到源节点时被删除。因此,环形拓扑结构的优点为结构简单,适合使用光纤,传输距离远,传输延迟确定。

3) 星形拓扑结构

星形拓扑结构每个节点都直接连到一个公共的中心节点上。一般情况下,每个节点

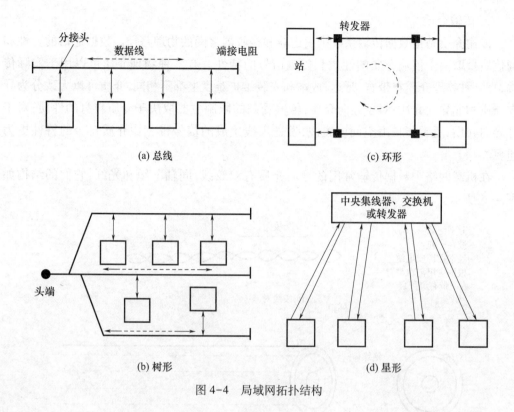

图 4-4 局域网拓扑结构

都通过两个分别用于发送和接收的点到点链路,连到一个称为星形耦合器的中心节点上。该中心节点有两种类型:广播介质类型和分组交换设备类型。

在广播介质类型结构中,一个节点发往中心节点的帧在所有的输出链路上进行转发,在这种情况下虽然物理拓扑为星形,但在逻辑上是总线形,从一个节点发出的帧可以被所有其他节点接收,并且一次只有一个节点能够成功地占据信息,执行发送操作。集线器就是支持这种类型的中心节点。

在分组交换设备类型结构中,到达的帧在节点内可以转发到通往目的节点的链路上,交换节点内部结构允许多个节点间同时收发消息,这种中心节点也被称为交换机。交换节点上可以采用存储式转发(store-forward switching)、直通式转发(cut-through switching)和无碎片转发(segment-free switching)三种模式。存储式转发是一种传统的转发方式,需要等待帧完全接收后,才能根据转发规则向对应的输出端口转发,需要较大容量的存储结构,并导致较大的传输延迟,但能更好监督帧的传输错误,并实施更多的调度策略。直通式转发则解决延迟问题,一旦接收到的消息的帧头被正常检测后,无需等待帧被完全接收就可以将帧直接向输出端口转发,提高了消息转发的速度。无碎片转发则兼顾直通式转发和存储转发的优缺点,相比于直通式转发,需要等待收取到更多的消息(如 64 字节)再进行转发,以减少转发出错的效率,但又不像存储式转发需要缓冲帧的所有信息,不过无碎片转发不能完整检验帧错误的弱点依然存在。

因此,星形拓扑结构的优点是组网规模容易扩展以及故障诊断和隔离容易。

2. 传输介质

传输介质是指数据传输系统中发送器和接收器之间的物理路径。数据通信的特性和通信质量取决于传输介质的性质和传输信号的特性。有多种物理介质可以用于实际传输，每一种物理介质在带宽、延迟、成本和安装维护难度上都不相同，介质可以大致分为导向介质和非导向介质：对于导向介质，传输受到的限制主要取决于介质自身的性质；对于非导向介质，通常指自由空间电磁波，发送天线生成的信号带宽比介质自身的特性更为重要。

在机载网络中数据传输常用的导向介质有双绞线、同轴电缆和光纤，它们的结构如图 4-5 所示。

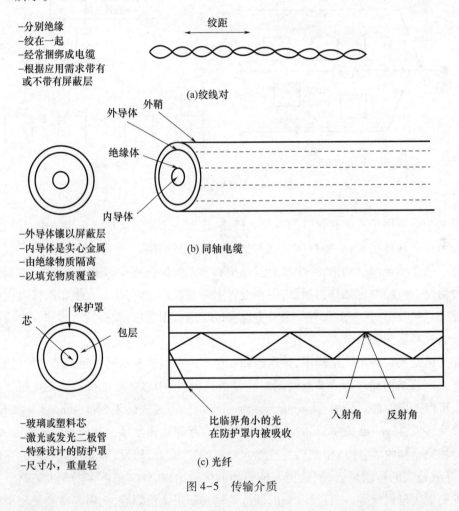

图 4-5 传输介质

3. 线路码型

无论是数字信号还是模拟信号，为了进行传输，必须将其变换为便于在信道中传输的信号。这种信号可以是经过调制的信号形式，也可以是未经调制的不同电平的信号。由于未经调制的电脉冲信号所占据的频带通常从直流和低频开始，因而称为数字基带信号。在传输距离不太远的情况下，数字基带信号可以直接传输。在机载网络中大多采用的是基带传输。通信节点产生的数字数据与在信道中传输的基带信号码型之间存在一定的映射或变换,机载网络常用的码型包括曼彻斯特码和 4B/5B 码等。

曼彻斯特码是一种自同步的编码方式,即时钟同步信号隐藏在数据波形中。在曼彻斯特编码中,每一位的中间有一跳变,位中间的跳变既作时钟信号,又作数据信号;从高到低跳变表示"1",从低到高跳变表示"0"。还有一种是差分曼彻斯特编码,每位中间的跳变仅提供时钟定时,而用每位开始时有无跳变表示"0"或"1",有跳变为"0",无跳变为"1"。曼彻斯特码避免了简单电平码无法对数据位定时和电位累积等问题,得到广泛应用。

4B/5B 码是将发送的数据流每 4 位作为一个组,然后按照 4B/5B 编码规则将其转换成相应 5 位码。5 位码共有 32 种组合,但只采用其中的 16 种对应 4 位码,其余的 16 种可以用作控制码,以表示帧的开始和结束、线路的状态(静止、空闲、暂停)等。4B/5B 码相对于曼彻斯特码提高了效率,类似的编码方案还有 5B/6B、8B/10B 等,广泛应用于高速网络传输中。

4.1.4 介质访问控制层

介质访问控制(MAC)层是解决局域网中共用信道的使用产生竞争时,如何分配信道使用权的问题。它定义了物理寻址、逻辑拓扑和数据帧的传输方式,一般有如下三种控制策略。

1. 循环

在循环方式中,每个节点轮流获得发送机会。当轮到某个节点发送时,它可以在最大允许的时间或者传输量的限制下发送数据。完成当前一轮的发送后,它将放弃自己的发送资格,把发送权传递到逻辑序列中的下一个节点。发送次序的控制既可以是集中式的,也可以是分布式的。1553B 的大小周期调度可以看作是采用循环方式实现信道访问控制的一种体现。

2. 预约

把占用介质的时间细分成时隙,需要发送数据的节点首先要预约未来的时隙,来征用后续的传输时间片,甚至是不确定的时间片。同样,预约控制既可以是集中式的,也可以是分布式的。线性令牌传递总线(LTPB)的令牌环访问机制可以看作是采用预约方式实现信道访问控制的一种实现。

3. 竞争

竞争机制不事先给节点确定占用介质的机会,而是让所有节点以同样的方式竞争占用介质的时间。表面上它会给我们一种相当无序的印象,其实这是一种自然分配方式,主要优点在于实现简单,在负荷不大的情况下相当有效,但是在负荷很重的情况网络可能会崩溃。基于载波侦听多路访问(CSMA)协议的局域网访问控制可以看作是采用竞争方式实现信道访问控制的一种体现。

当然,寻址也是介质访问控制的一个主要功能,即通过 MAC 帧中的地址识别和确定参与数据传输的通信节点。此外,还要通过 MAC 帧中的数据校验码,通常是循环冗余校验(CRC)码完成传输差错检测。MAC 层只负责检测,逻辑链路控制层完成差错控制。

4.1.5 逻辑链路控制层

局域网中的逻辑链路控制(LLC)层需要在介质共享的多点访问环境下,负责在两节点间传输链路级协议数据单元(PDU)。

LLC 层的寻址包括指定源 LLC 用户和目的 LLC 用户,典型的用户如节点中网络管理进程或者一个高层协议进程,这些 LLC 用户地址被称为服务访问点(Service Access Point,SAP)。也就是说,局域网的寻址分两步,第一步利用 MAC 地址找到网络中的一个节点,第二步再用 LLC 地址找到该节点中的某个 SAP。

LLC 还提供控制两个用户间交换数据的机制,可以向用户提供以下三种服务模式。

1. 不确认的无连接服务

不确认的无连接服务是一种被称为数据报的服务,数据传输无须得到确认。该服务不包含任何流控制和差错控制机制,实现起来非常简单,但是对多数节点来说,需要由高层软件来负责可靠性问题。不确认的无连接服务一般适用于周期性采样数据的收集和网络设备自检报告的发送。这些应用中,偶尔丢失个别数据单元并无大碍,因为下一个报告很快还会到达。

2. 连接服务

对两个要交换数据的用户建立逻辑连接,提供流控制和差错控制。连接服务可以用于终端控制器这样的简单设备,在这些设备中很少有数据链路层以上的操作系统软件,有必要在这一层提供本应由更高层通信软件提供的流控制和可靠性保证机制。对于连接服务,逻辑链路控制软件必须为当前的连接建立表格来记住连接状态。如果用户需要确认的交付,当接收的节点较多的时候,会因为需要构造大量表格而变得相当复杂。此时,带确认的无连接服务是最好的。

3. 带确认的无连接服务

提供需要确认的数据报,但不事先建立逻辑连接。除了上述用户需要确认的交付且接收节点较多时,推荐使用这种服务之外,其另一个应用场景是针对关键且时间紧急的数据传输,如设备告警和应急控制等。因为关键,这样的传输需要加以确认,以使发送方确知信号已成功交付。由于紧急,用户不希望事先建立逻辑连接,然后才发送数据。

4.2 MIL-STD-1553B 总线

20 世纪 70 年代初,美国空军莱特实验室开始实施 DAIS 计划,首次将串行数据总线引入军用飞机航空电子系统中。这就是 1973 年颁布的美国军用标准 MIL-STD-1553《飞机内部时分式指令/响应多路传输数据总线》,该总线很快应用于 F-15 战斗机。这个基本的总线标准在1975年由美国三军联合进行了修订,形成了MIL-STD-1553A版本,以适应陆、海、空三军的应用需求。此后,美国汽车工程师协会(SAE)、美国"三军"及英国国防部又联合对该标准进行了进一步的修订,于1978年形成了一直沿用至今的MIL-STD-1553B总线标准(简称1553B总线)。由于它的应用迅速扩展到其他平台,名称中的"飞机内部"也被去掉,而改称为"时分式指令/响应多路传输数据总线"。

1553B总线在航空电子总线网络中占有重要地位。它是联合式航空电子系统的支柱,70年代以后的军用飞机几乎都采用这种总线来连接机载电子设备。即使在当前倡导综合式航空电子的最先进的F-22和F-35等飞机中,仍然在飞机管理和外挂物管理等子系统中使用1553B总线。此外,它在舰船、坦克、导弹以及卫星等运动平台上都有广泛的应用,1Mb/s传输带宽的不足是其面对高度综合化航电系统通信互联的主要瓶颈。我国以1553B总线为蓝本,颁布了GJB-289A总线标准。

4.2.1 基本协议

1553B总线的信号传输速率为1Mb/s,以总线式拓扑结构提供最多31个通信终端的互联,如图4-6所示。通信终端分为两种:一是控制和管理传输过程的总线控制器(BC),二是参与通信的远程终端(RT)。利用总线交换数据的子系统(也称主机)通过终端与总线连接。终端与子系统的接口方式有两种:一种是相互分离,通过其他线路连接,这种方式的好处是便于多个子系统通过一个终端与总线接口;另一种是终端嵌入在子系统内部,比如以接口卡的形式插入机箱内,目前大多数终端是嵌入式的。除了BC和RT外,还可以在网络中接入用来记录总线数据的总线监视器(BM),BM只从总线上"听取"消息,而不参与通信。

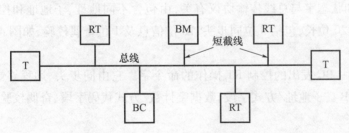

图4-6 1553B基本总线结构

1. 物理介质与信号编码

1553B总线使用屏蔽双绞线作为传输介质,互联线由主总线和短截线组成。主总线是传输数据的主电缆,电缆两头由与其传输阻抗相匹配的电阻器进行端接。主电缆的最大长度与电缆特性、终端的数目及其分布有关,一般可达100~300m。短截线是将终端连接到主总线的电缆。短截线的最大长度取决于它与主总线的连接方式,一般有直接耦合和变压器耦合两种连接方式,如图4-7所示。直接耦合简单易行,但是短截线的故障可能造成主总线短路而使网络瘫痪,此外短截线最大长度只有0.3m。变压器耦合可以通过变压器提供传输线匹配接入,并隔离短截线以外的故障。这种连接方式的短截线最大长度可达 6m。

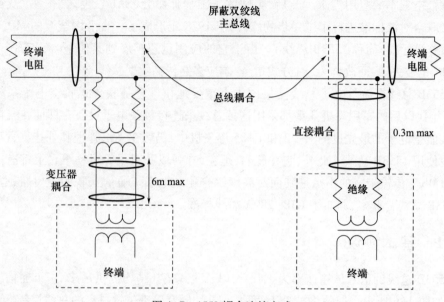

图 4-7　1553 耦合连接方式

在总线上传输的数据信号是数据速率为 1Mb/s 的曼彻斯特 II 型双相电平码，逻辑 1 为 1/0 双极编码信号（即一个正脉冲继之以一个负脉冲），逻辑 0 为逻辑 1 的反相信号。过零跳变发生在每一位的中点。

2. 字格式

1553B 总线定义了指令字、数据字及状态字三种字格式。数据字包括一个 16 位的数据，而指令字和状态字与总线传输协议有关，由包含不同地址、子地址和控制功能的字段组成。每个字 20 位长，包括 3 位同步头、16 位信息及 1 位奇偶校验，如图 4-8 所示。

1) 指令字

指令字是由 BC 发出的控制 RT 操作的命令字。它由同步头、远程终端地址字段、发送/接收位（T/R）、子地址/方式字段、数据字计数/方式代码字段、奇偶校验位（P）组成。

2) 数据字

数据字由同步头、数据字段和奇偶校验位组成。同步头也占 3 个位时，与指令字同步头的波形反相。同步头之后的 16 个位是数据内容，最后一位也是奇偶校验位。

3) 状态字

状态字是由接收到指令字的 RT 发出的，表示数据传输及 RT 状况的响应字。它由同步头、远程终端地址字段、消息差错位、测试手段位、服务请求位、备用位、广播指令接收位、忙位、子系统标志位、动态总线控制接受位、终端标志位及奇偶校验位组成。其中同步头和奇偶校验位与指令字的对应位相同。

3. 方式代码

方式控制操作是总线控制器对总线系统的管理手段。当指令字中子地址/方式字段为 00000 或者 11111 时，表示该指令为方式指令。紧接其后的五位为方式代码，最多可以

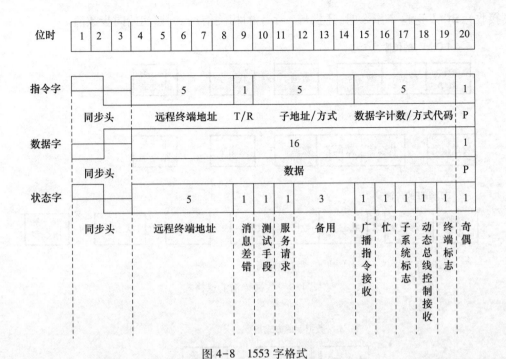

图 4-8 1553 字格式

有 32 个不同的方式代码,已明确定义的方式控制操作有 15 种,可以由设计者选择使用,其余方式代码可以由设计者自行定义和运用。实际应用中,方式代码的使用是很有限的,一般为 5~6 个。

常用的方式控制操作有复位远程终端(方式代码 01000)、启动自测试(00011)、发送自检测字(10011)、不带数据字的同步(00001)、带数据字的同步(10001)、发送矢量字(10000)、动态总线控制(00000)等。

4. 介质访问控制与消息格式

1553B 总线介质访问控制的特点是时分多址和指令/响应。RT 通过响应 BC 的指令字来实现数据的传输,构成了一种可靠的集中式传输控制机制。BC 通过检查 RT 对指令字的响应,了解数据传输是否正确以及 RT 的状况,对于不正确的响应可以结合上层应用软件设计采用数据重传等措施来应对。

1553B 总线的交互形式共有 10 种,分为数据传输、方式控制和广播消息三类。

1)数据传输消息格式

数据传输消息格式有 3 种,如图 4-9 所示。其中,BC 至 RT 的传输和 RT 至 BC 的传输完成总线控制器与远程终端之间的数据交换,RT 至 RT 的传输在 BC 的控制下完成 RT 之间的数据交换。

2)方式控制消息格式

方式控制消息格式也有 3 种,如图 4-10 所示。不带数据字方式指令只是由 BC 发出控制指令,RT 给出响应。带数据字方式指令(发送),RT 在接收到这个指令后,除了给出响应外,还要返回一个包含相关信息的数据字,例如返回自测试结果。带数据字方式指令

（接收），BC 发送这个指令时，还携带一个字的相关信息，例如初始同步数值。

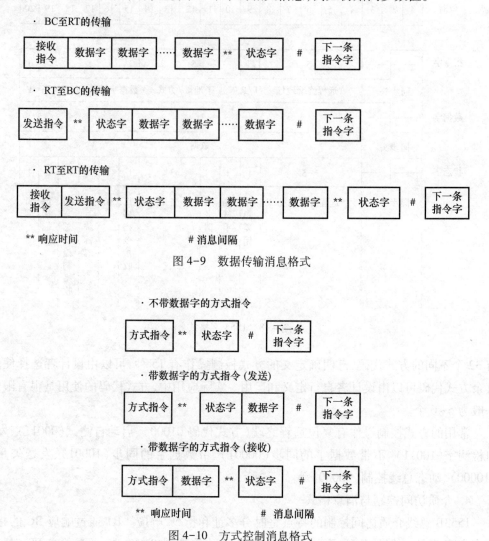

图 4-9 数据传输消息格式

图 4-10 方式控制消息格式

3）广播消息格式

广播消息包括广播数据和广播方式指令的共 4 种格式，如图 4-11 所示。这些传输操作与单个终端之间的操作类似，只是 BC 指令发往所有的 RT，RT 不返回状态字。其中有一个例外，在进行 RT 至 RT 广播操作时，发送数据的 RT 要先返回状态字。

4.2.2 拓扑结构

系统拓扑结构是指数据总线和连接到总线上的终端的物理分布形式。以 1553B 总线为基础的航空电子系统可以根据总线应用环境和可靠性的要求，选择多种总线余度设计，如图 4-12 所示。余度的选择要与系统可靠性和容错能力的需求相匹配，太多的余度不但没有必要，而且会造成硬件资源的浪费和安装空间的紧促。在一般机载应用环境下，通常采用双余度总线配置。

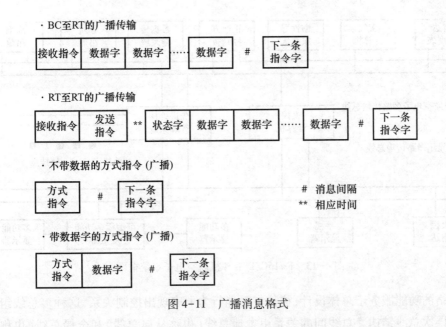

图 4-11 广播消息格式

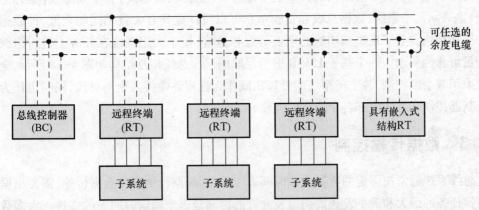

图 4-12 1553 多余度数据总线结构示例

当总线上连接的终端数目不多、传输的数据吞吐量可以承受的情况下,一般采用单总线双冗余度结构形式,但是当总线上连接的终端数目超过 31,或者需要传输的数据量超过总线的数据吞吐能力,则要采用多条总线的结构,各条总线再各自采用余度配置,多总线一般有并列和层次两类结构。

1. 并列总线结构

把多个单总线结构并列起来使用即为并列总线结构。并列总线的特点是各总线相互独立,每条总线上有它自己的 BC,并且相互之间没有从属关系。图 4-13 中 A 总线和 B 总线是两条总线并列的例子,在这里火控计算机内嵌入有两个总线控制器终端,分别作 A 总线和 B 总线的 BC,外挂管理处理器作为备份的总线控制器(BBC,Backup BC)。

2. 层次总线结构

对于层次多路总线结构,系统中有多条 1553B 总线,某些设备在两条或两条以上的总线中分别充当 BC 或 RT 的角色,即它作为每两条总线网络的网关。在这种设计中,不同

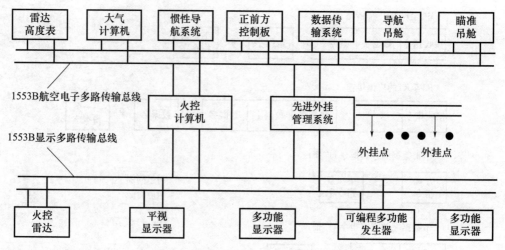

图 4-13 F-16C/D 战斗机航空电子系统框图

总线网络的功能服务于总体设计,往往在功能行为上表现出控制关系,这种多总线组合结构即为层次总线结构。总线间的关系由本地总线(也称从属总线)和全局总线(也称上级总线)来表示。子系统、数据总线和功能单元可以设计成具有大致相同的余度,即数据总线的拓扑结构要与子系统和功能的余度等级相适应,便于大型系统在任务上进行组织并且满足可靠性要求。一个基于1553B进行互联的层次总线拓扑结构如图4-14 所示,全局总线采用双余度控制,各个子系统的处理机既作为远程终端接入全局总线,同时也作为总线控制器控制子系统内部各个节点的互联和通信。

4.2.3 数据传输控制

总线系统通常按固定的数据传输时间表工作,即周期性地安排数据传输,需要根据数据通信任务的最大和最小发送周期以及允许的传输延迟来确定时间表的安排。大多数在总线上传输的消息是按一定更新频率发送的周期消息,周期消息中更新最慢的消息的周期被定为大周期(也被称为"大帧");在一个大周期内,所有周期性的传输至少发生一次,典型的大周期是几百毫秒,一些重复频率极低的消息,如几秒钟一次的周期性自检测及其相关数据传输,则按非周期消息处理。消息中刷新频率最快的通信任务对应小周期(也被称为"小帧"),为了设计的方便,取大周期为小周期的整数倍,并且该整数为 2 的幂次,即大周期通常被分为 2^N(N 为整数)个小周期。图 4-15 给出了大周期和小周期的示意图。另外,如果消息的最大允许传输延迟小于其更新的时间间隔,则以该消息的最大允许传输延迟作为其安排时间表周期的依据。

举例来说,假设一个总线系统需要传输若干个周期消息,其中更新最慢的消息为每 400ms 一次,更新最快的消息为每 20ms 一次且这种消息最大允许的传输延迟时间是 15ms。那么,我们可以把大周期定为 400ms,小周期定为 12.5ms,即一个大周期被分为 32 个小周期。

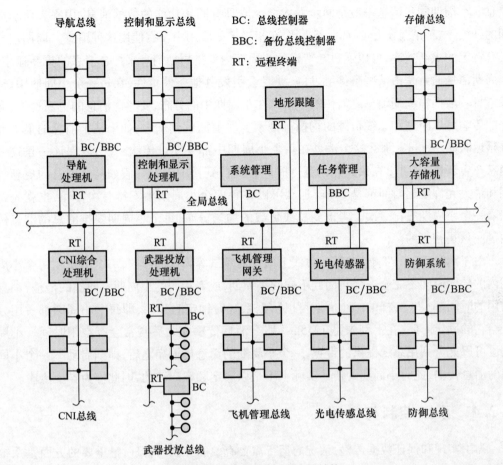

图 4-14 层次 1553 总线拓扑结构

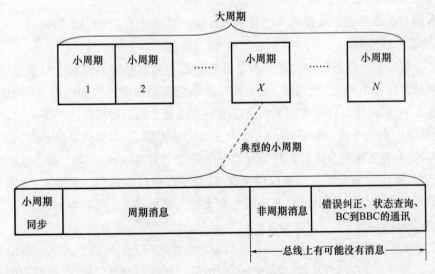

图 4-15 大周期和小周期

图 4-15 中还可以看到,一个小周期内可以包括小周期同步消息、周期消息和非周期

消息。小周期同步消息一般是同步方式指令或具有同步功能的数据消息,用来表示小周期的开始,这种消息不是必须的,实际上在相当多的应用中没有使用这种消息。周期消息具有特定的更新速率,可以通过在特定的小周期内安排周期消息来配合消息的更新速率。非周期消息通常是由某些事件触发的,并且会引发其他条件事件,在每一个小周期中,这种消息一般插在周期消息之后传输。消息在小周期中的分布,要考虑消息的更新速率、允许的传输延迟时间和总线负载的均衡等因素。在前面的例子中,如果某个消息的最大允许延迟时间是15ms,那么这个消息在每个小周期中都要安排传输一次,以保证一旦这个消息产生新数据,可以在最大允许延迟时间之内传到目的终端。假如某个消息的更新周期和最大允许延迟时间都是25ms,那么可以在每两个小周期中安排一次传输,也就是每间隔一个小周期安排一次。考虑到总线负载的均匀分布,每个小周期安排的总的消息传输量应该是相当的。

由于消息间隔、RT 响应时间、总线上偶发的重试等因素的影响,一个消息在每个小周期内的传输时间不完全一样。因此不同的小周期,或者相同的小周期不同次的传输,消息占用的时间都是不一样的。小周期可以依据系统时钟定时传输,即每个小周期都占用分配给它的固定时间,在上例中是12.5ms,那么消息传输完之后常常会有空闲时间。小周期也可以充分利用总线提供的带宽,一个小周期的消息传输完之后,即刻启动下一个小周期的消息传输,此时小周期的传输实际上不是以固定频率启动的,因此称为异步传输。

4.2.4 系统控制与管理

为了实现和保证数据传输,系统的运行需要有效的控制与管理,最重要的方面是系统控制策略和故障管理方法。

1. 系统控制策略

基本的1553B总线系统控制策略有动态总线控制和静态总线控制两种。

1) 动态总线控制

动态总线控制是指系统中设置有多个具有总线控制器功能的终端。根据总线协议,任意时刻只能有一个 BC 控制总线,其他具有总线控制器功能的终端作为 RT 操作,不过它们是潜在的 BC。动态总线控制策略是以某种方式使总线控制权在这些潜在的 BC 中传递,而不是集中在某个特定的终端。一般考虑系统功能模式、数据流量分布等因素,采用循环传递、查询等方法将总线控制权分时地分配到各个潜在的 BC。由于动态总线控制的额外开销大、操作复杂及可靠性难以得到保障,在工程中较少采用。实际上,美国三军发布的1553B总线标准2号通告中,明确禁止在飞机上采用动态总线控制方式。

2) 静态总线控制

静态总线控制是指系统中只有一个终端为总线控制器 BC,可以有若干个备份总线控制器 BBC。仅在主 BC 出现故障的情况下,才由 BBC 接替控制器的操作,控制权的转移只是一种容错的措施。在总线系统中,一个 RT 出现故障,一般只会引起局部问题,可能造成系统功能的降级。如果 BC 发生故障,则会导致整个总线功能的丧失。因此,几乎所有的系统都设置有BBC。

一般来说系统各部件的容错等级应大致相当,BBC的个数取决于总线系统的应用环境。例如,在飞行控制这样关系到人员安全的关键系统中,配合四余度飞行控制计算机,我们需要三个BBC。前面章节曾经谈到,总线电缆通常采用双余度,作为一般的总线控制器终端的主机,如显示控制处理器,一般也是双机互为备份。因此大多数系统中是一个BBC,如图4-16所示。

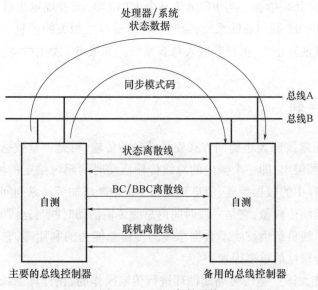

图4-16 BBC备份系统

当BBC需要接管BC的操作时,原来的BC可能已经发生故障,无法通知BBC切换操作模式,一般有两种解决办法。最简单的方法是在两个控制器之间使用专用的离散信号并在BBC中设置看门狗计时器。主BC周期地通过离散线通知BBC,一旦主BC内部自测试失败,或者丧失功能,离散信号则会停止加载BBC的看门狗计时器,使计时器计数到零,从而引发BBC的切换。另一种方法是BBC一直监视数据总线,如果总线在规定的时间内没有传输活动,则BBC夺取总线控制权;也可以由主BC周期性发送一种特定消息表示处于控制总线状态,BBC一直监视这个消息,在规定的时间内没有接收到这个消息,则表示要接管BC操作。

2. 故障管理方法

总线数据的通信通过终端和传输介质来完成,通信的失败一般有两种情况:一是由噪声和干扰等引起的传输错误;另一个是终端故障。

1)传输错误处理

传输错误可以由RT或者BC检测到,RT检测到的错误有指令字格式错误、消息字中的奇偶校验错和无效消息等。RT对指令字格式错误、消息字中的奇偶校验错的反应是发送一个消息错误位ME置1的状态字;对无效消息则是不发送状态字。如果BC没有收到预期的指令响应或者收到异常的状态字,则认为出现传输错误。BC对传输错误的处理一一般是重试,重试次数由系统设计确定。通过规定次数的重试仍不能恢复正常,则需要终端故障处理过程。

2)终端故障处理

如果终端没有完全丧失能力,终端的故障可以由终端自检测发现。当 RT 检测到终端故障,根据故障情况,将状态字的忙、终端标志或者子系统标志位置 1。当 BC 接收到这样的状态字,可以对相应 RT 发送复位或者启动自测试方式指令,然后根据 RT 执行这种指令后的状态,确定处理措施。当 BC 确认某个 RT 故障,或者规定次数的消息传输重试均失败,则将相应的 RT 脱离总线系统,暂时不再传输与之相关的消息。一般仍然定期查询故障的 RT,一旦恢复正常,再将其联入总线系统。如果 BC 发生故障,则要执行前述的向 BBC 的切换。

4.2.5 总线负载

总线控制器通常按照大小周期方式安排消息的传输,可是一旦数据传输量超过一定的限度,就会出现帧溢出,即一个帧内的总线传输活动时间超过给定的帧时间,从而导致数据延迟超时、缓存中的数据覆盖、消息重试和主机中断增加等一系列问题。常用总线负载来描述总线承担的传输量,它是一段时间内总线传输活动时间与这段时间的比值,一般用百分率表示。总线负载也反映了数据总线的传输总能力的利用率,它是衡量总线效率和总线系统设计合理性的重要因素。

由于总线系统大体上是按大周期循环进行传输操作的,在计算总线负载时以大周期为观察时间更加方便,只需计算一个周期中所有可能的传输操作所占用的时间。需要注意的是查询消息、测试消息和非周期消息等传输量应平均分配到每个大周期中。

由于终端之间的距离不远,信号在介质中的传播时间可以忽略。我们知道,1553B 总线的信号传输速率是 1Mb/s,每个字都占用 20 位,由此不难算出一个字的传输时间为 $20\mu s$。消息间隔是 BC 在完成一个消息传输后,准备下一个消息所需的时间,这里我们用 G 来表示,其可能的取值范围是 $4 \sim 100\mu s$,典型值是 $50\mu s$。响应时间是 RT 接收到一个指令到发出响应字的时间,这里我们用 R 来表示,其可能的取值范围是 $2 \sim 10\mu s$,典型值是 $8\mu s$。有了这些参数,可以算出任何一个消息的时间开销。比如一个带 N 个数据字的 RT 至 RT 传输消息,如图 4-17 所示,其时间开销为 $20N+2R+G+80(\mu s)$。

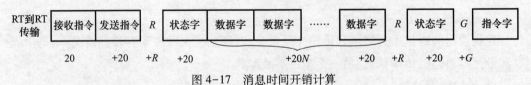

图 4-17 消息时间开销计算

用这样的方法,将可能在一个大周期中传输的消息的开销计算出来,然后累加在一起,最后除以大周期时间,即得到总线负载。在一个实际系统的初始设计中,要求总线负载不超过 50%。更大的负载,需要多条总线来承担,这是因为必须考虑到可能存在的消息重试、故障恢复和总线控制权的切换等因素,还要为系统未来的扩展留下余地。

4.3 线性令牌传递总线

令牌传递网络是一类分布式的发送控制权循环传递的网络,特点是网络容量可以在节点中有效地分配,数据帧的传输延迟可以被控制,适合用于实时系统。航空电子系统的令牌传递网络有光纤分布数据接口(Fiber Distributed Data Interface,FDDI)和线形令牌传递总线(LTPB)。前者为令牌环结构,后者为令牌传递总线,本节重点介绍 LTPB。

为了适应 20 世纪 80 年代之后出现的航空电子系统的高度复杂性与控制上的健壮性需求,莱特实验室提出"宝石柱"(Pave Pillar)计划,被认为是继 DAIS 计划之后的第二代航空电子综合化技术。该计划的一个重要特点是采用高速数据总线(HSDB),以光纤技术构成双冗余度的通信信道,提高数据通信容量,满足处理部件之间以及系统之间的数据交换的需要。美国三军联合航空电子工作小组(JIAWG)经过慎重地分析和评估,选择了线性令牌传递总线(LTPB)作为 HSDB 的实现方案。

LTPB 是美国 SAE 组织开发的一种 50Mb/s 线性令牌传递网络标准,编号为 AS4074。它是限时令牌多优先级传输协议,网络上的节点采用共享广播式传输介质,总线型连接。当 LTPB 工作时,网络上的节点根据它们的物理地址编码的大小组成逻辑环路,令牌沿逻辑环路逐节点传输,环路上获得令牌的节点可以向其他节点发送消息。LTPB 具有低延迟和容错的特性,目前已经应用于 F-22 飞机和科曼奇直升机的电子模块背板之间及机柜之间的数据传输。

4.3.1 拓扑结构

如图 4-18 所示,LTPB 采用广播传输介质,所有的节点都可以接收到总线上的消息,只有那些与消息头部的目的地址相匹配的节点才应取得消息。在线形的传输介质之上,还有一个由令牌传递路径构成的逻辑环路。

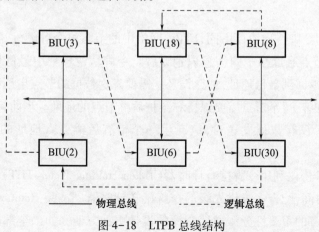

图 4-18 LTPB 总线结构

LTPB 可以使用电缆,也可以使用光纤介质。使用电缆时采用总线形结构,因为传输距离较短而未见采用。使用光纤介质时传输距离可达 1km,一般采用星形耦合器连接,但其实质仍是总线形的。星形耦合器可以是有源的,也可以是无源的,无源比有源的可靠性高,但是无源耦合器对信号有插入衰减。考虑到实际应用中任何节点之间一般只有一级或两级耦合器件,总的衰减是有限的,接收器的灵敏度容易达到要求,因此常用的是无源耦合器。

为了提高系统的容错能力,LTPB 规定采用双余度连接方式,如图 4-19 所示。冗余方式可以有同步和异步之分。同步方式是指系统中冗余的部件和介质同时工作,接收端依一定的原则取得有效数据。异步方式指系统正常工作时仅有一个通道工作,如发现错误则切换到备份通道上传输。在机载关键任务系统中,实时性要求很严格,一般采用同步冗余方式。

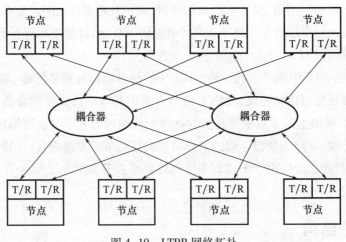

图 4-19 LTPB 网络拓扑

4.3.2 介质访问控制

1. MAC 操作

与物理环形网令牌传递协议不同,LTPB 网络中的节点将令牌帧发送到总线上,逻辑环路上"下一个"节点通过帧中的信息识别令牌。令牌从逻辑环中最低地址逐一向最高地址传递,然后再返回到最低地址,如此循环。需要发送数据的节点申请到令牌即可发送数据。为了传递令牌,每个节点需要保持和维护后继节点的地址。当前持有令牌的节点,在发送完数据或者没有数据发送时,应产生一个带有后继节点地址的令牌帧,并发送出去。

LTPB 的 MAC 协议利用令牌持有计时器(Token Holding Timer,THT)自我约束在每一轮中占据总线的时间,配合多级优先级的令牌旋转计时器(Token Rotation Timer,TRT)的控制,使得按照任务的重要性分派通信资源的设计更加方便。如果全部分布式节点的通信任务的消息集满足可调度性,并加以合理地设计规划,可以确定地保证全网络数据传输的实时性要求。

每个节点的总线接口单元中有一个 THT 和三个 TRT,它们的初始值可以在系统初始化的时候设定。TRT 的初始值可以被看作其对应的优先等级的消息发送任务对网络负载状况的期望。如果令牌环绕逻辑环网传递的耗时较短,说明当前网络较为空闲,此时方可允许较低优先等级的通信任务占据总线。

所有节点的 THT 的数值之和确定了令牌旋转一周的时间上限,该数值之和还可以看作最高优先级消息的 TRT。TRT 用来提供并限制节点中较低优先级消息的发送时间,所以,依照优先级从高到低的关系,TRT_i 的初始设置值依次减少。一个 THT 和三个 TRT 共同作用可以在节点中设置四个消息优先级别。

正常操作过程如图 4-20 所示,这里我们用 P0~P3 分别表示从最高至最低优先级消息,TRT1~TRT3 分别对应 P1~P3 优先级。当一个节点接收到令牌时,将 THT 设置为初始值,这个数值决定了节点获取一次令牌可以占用传输介质的最大时间。然后先传输最高优先级消息,如果 THT 还有剩余,则依优先级从高到低,根据对应的 TRT 修改 THT,方法是使 THT 的剩余值等于 $\min(THT, TRT_i)$,用来限制对应优先级消息的发送时间,并将 TRT 复位至初始值。在网络负载比较大的情况下,由于 THT 和 TRT 的共同作用,较低优先级的消息被延迟发送,保证高优先级消息优先占用传输介质,以保证传输实时性。

为了让新的节点或者出现临时故障而被删除的节点,能够进入或者重新进入逻辑环路,每个节点在一定条件下尝试将令牌传递给本节点地址之后至逻辑环后继节点地址之前的所有可能地址。这个过程的启动条件是节点入环计时器(Ring Access Timer,RAT)计满,且所有当前的消息发送完毕并仍有可用的传输余量。此时该节点尝试将令牌发送给节点地址加 1 的下一个地址,如果传递成功,则拥有下一个地址的节点成为新的后继节点。否则继续查询,直到原后继节点。

相反的情况是将节点从逻辑环中去除,比如节点发生故障或者掉电。如果一个后继节点连续两次对发给它的令牌没有响应,则将该后继节点从逻辑环上去除。令牌持有节点开始查询下面的节点以确定新的后继节点。

2. 帧格式

LTPB 有消息帧、申请令牌帧和令牌帧三种基本的帧格式,如图 4-21 所示。在每次发送数码流之前都加有用于位同步的前导符(Preamble),在图中没有画出。如果一次发送多个帧,只有第一个帧之前需要前导符。每个帧的前后都分别是起始定界符(SD)和结束定界符(ED)。下面具体介绍三种帧的其他内容及其用法。

1) 消息帧

消息帧用来发送消息或者站管理码。除了 SD、ED 外,还包括帧控制(FC)、源地址(SA)、目的地址(DA)、字计数(WC)、信息(INFO)和消息帧检测序列(MFCS)字段。

站管理帧用来实现节点的管理,FC 字段可将消息帧设置为站管理帧并携带站管理码,此时 INFO 字段则包含方式控制指令。站管理码主要指定方式控制指令、状态报告、加载和报告配置指令、配置报告、总线环回测试、时间同步消息等操作模式。

方式控制指令主要定义复位、去能(使节点脱离逻辑环)、使能(使节点接入逻辑环)、

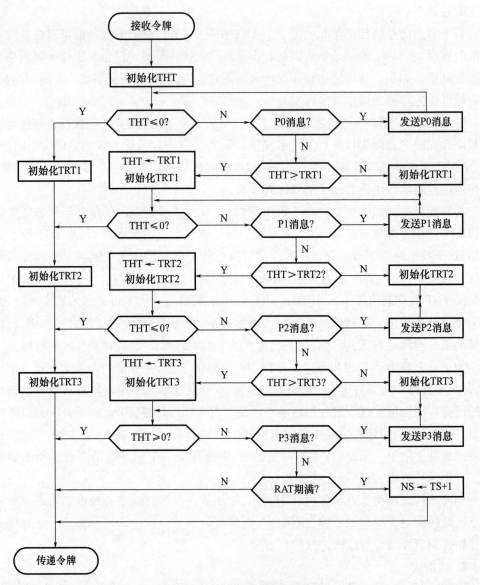

图4-20 LTPB消息调度流程图

BIT测试、状态报告、流量报告、置为主时钟、时间报告等操作。

2) 申请令牌帧

申请令牌帧用于系统启动,包括冷启动(如加电)和热启动(如丢失令牌后重建环路)。每个节点都有一个总线活动计时器(Bus Activity Timer,BAT),它的初始值的大小正比于节点的物理地址,即物理地址越小,节点的BAT也越小。每个节点都探测总线无活动的时间,如果达到BAT的值,该节点就发送申请令牌帧,其他节点则进入空闲状态。如果没有冲突,该节点获得令牌,并查找后继节点,从而开始建立逻辑环路。如果发生冲突,则各节点重新开始BAT计时。可以想象,具有最低物理地址的节点通常率先获得令牌。

在申请令牌帧中,FC字段相应设置为申请令牌帧类型,填充(FILLWORDS)字段则根

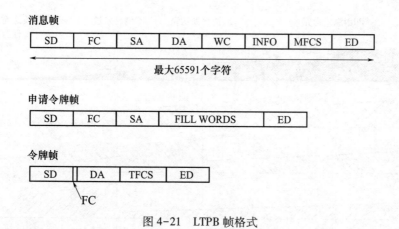

图 4-21 LTPB 帧格式

据节点的物理地址填充不同数量的 16 位字,目的是在冷启动时使各个节点发出不同长度的申请令牌帧。填充字段的码型都是 4884(16 进制),这种码型可以避免两个以上的申请令牌帧相互混淆的问题。

3) 令牌帧

令牌帧用于正常的令牌传递操作过程。在令牌帧中,FC 字段只有一位,且置为 0。接下来的 7 位为令牌传递的目的节点的物理地址(DA),DA 之后是覆盖 FC 和 DA 字段的 8 位令牌帧检测序列(Token Frame Check Sequence,TFCS)字段。

4.3.3 传输容量控制

在实时系统中,各种消息的实时性要求是不相同的,即消息最大允许的传输延时是不同的。LTPB 通过每个节点的一个 THT 和三个 TRT 来控制消息的传输时间和次序。合理设置计时器的初始值可将任意一个节点的消息分为最多四个优先级。

根据图 4-22 的消息调度过程,在确定了计时器初始值后,节点将随着网络消息的负载动态地调度消息的传输。图 4-22 和图 4-23 分别表示了总线负载较轻和较重两种典型情况下计时器的相互关系。从图中可以看到,LTPB 的消息传输操作对四个计时器的时间值是非常敏感的。如果计时器的初始值设置得偏小,则只能发送高优先级消息,而低优先级消息得不到传输;如果计时器的初始值设置得偏大,则令牌循环时间增大,虽然消息都能发送出去,但不能满足高优先级消息实时性要求。如何根据用户对不同消息的延时要求、不同类型消息的负载以及网络的规模等情况,合理设置每个节点中四个计时器的初始值是 LTPB 网络设计的一个关键问题。

虽然计时器分布在各个节点之中,但是在确定计时器初始值的时候要考虑在网络中交换的全部消息。若不知道网络上传输的所有消息的特征,很难合理确定计时器的初始值。也就是说,这些计时器的值都是全局参数。航空电子这样的系统中,各个部件之间交换的数据量通常是较为确定的,并且以接口控制文件(Interface Control Document,ICD)的形式加以描述,这为正确设置计时器创造了条件。

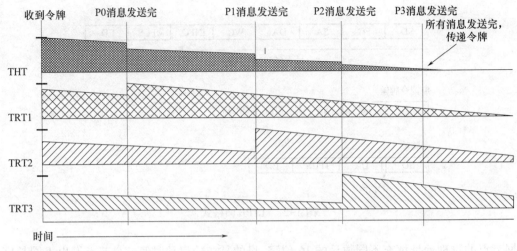

图 4-22　总线负载较轻时 THT/TRT 工作过程

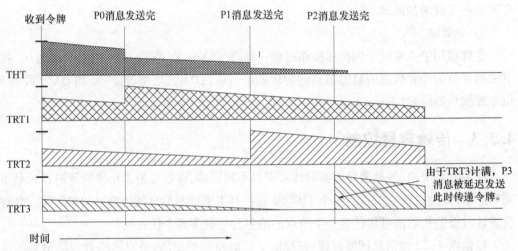

图 4-23　总线负载较重时 THT/TRT 工作过程

1. THT 的估算

对于网络中的任何一个消息 S_i,我们可以用 C_i 表示消息的长度,也就是消息的传输时间;P_i 表示消息产生周期,对于非周期性消息用它表示消息产生的最小时间间隔;D_i 表示消息从源节点产生至到达目的节点的最大允许延迟时间。此外,用 T_{MR} 表示令牌在逻辑环上旋转一周的最大时间,它的合理数值应略小于所有消息中最大允许延迟时间的最小值。

假设发送 S_i 消息的节点在每次获得令牌时可以有 t_i 的时间用于发送 S_i,且 $[D_i/T_{MR}]$(这里[ ]表示取整)为节点在 D_i 时间间隔内获得令牌的次数,则 $[D_i/T_{MR}]t_i$ 约为该节点在任意 D_i 时间间隔内可用于发送 S_i 消息的时间,$C_i\times D_i/P_i$ 为时间间隔 D_i 内节点产生的 S_i 消息的平均时间长度。为了使得每次产生的 S_i 消息都能在 D_i 时间内到达目的节点,要求:

$$[D_i/T_{MR}]\, t_i = \frac{C_i}{P_i} D_i \quad 即 \quad t_i = \frac{C_i D_i}{[D_i/T_{MR}]\, P_i}$$

在网络稳态操作情况下,假设节点中有 k 个发送消息,考虑到每个消息都要满足时间延迟的限制要求,我们得到这个节点的令牌持有计时器的初值:

$$\text{THT} = \sum_{i=1}^{k} t_i = \sum_{i=1}^{k} \frac{C_i D_i}{[D_i/T_{MR}]\, P_i}$$

这是节点 THT 初值的估算方法。在实际操作中不会将一个消息分开到几次获得令牌的时间发送,但是在计算 THT 时,要考虑发送时间容量与产生的传输负载相互匹配,上式即体现了这种匹配关系。

2. TRT 的估算

在进行 TRT 的计算时仍假设网络的操作稳定,没有网络故障,不考虑节点超时发送。假设网络中有 N 个节点,对于任意节点 $m \in \{1,2,\cdots,N\}$,约定用右上标表示节点号,消息可分为四个优先级 $P_0^m, P_1^m, P_2^m, P_3^m$,相应的消息最大允许延时为 $DP_0^m, DP_1^m, DP_2^m, DP_3^m$,那么有 $DP_0^m < DP_1^m < DP_2^m < DP_3^m$。

由于节点在获得令牌时总是先发送 P_0 消息,对于所有节点 $m \in \{1,2,\cdots,N\}$,P_0^m 具有相同的并且是最高的优先级,令 $DP_0 = \min(DP_0^m)$ 为最高优先级的允许延迟时间。由于每个节点除最高优先级之外,可以有相互不同的其他三个优先级。因此从系统的观点来看,最多可有 $3N+1$ 个优先级别,用 $P_0, P_1, \cdots, P_{M-1}$ 来表示,相应的消息最大允许延时为 $DP_0, DP_1, \cdots, DP_{M-1}$,并且 $DP_0 < DP_1 < \cdots < DP_{M-1}$,这里 $1 \leq M \leq 3N+1$。

为了满足消息延迟 DP_j 的限制要求,P_j 消息在令牌旋转 n_j 周的时间之内发送,则有 $n_j = DP_j/T_{MR}$。以 CP_j 表示网络中优先级 j 的消息发送量,则有:$CP_j = \sum_i C_i$,其中 i 满足 $D_i \in DP_j$,且平均每周发送的优先级 j 的消息量为 $\sum_i C_i/n_j = CP_j/n_j$。

我们用 TRT_j 表示优先级 j 对应的 TRT 初值。在一定时间内考虑优先级 j 的消息发送时,根据优先级调度原则,更高的优先级(即 $P_0, P_1, \cdots, P_{j-1}$)的消息应得到发送并保证实时要求。因此,优先级 j 消息能得到发送的条件为

$$CP_j \leq n_j \left(\text{TRT}_j - \sum_{q=0}^{j-1} \frac{CP_q}{n_q} \right)$$

整理得

$$\text{TRT}_j \geq \sum_{q=0}^{j} \frac{CP_q}{n_q}$$

从而

$$\text{TRT}_j \geq T_{MR} \sum_{q=0}^{j} \frac{CP_q}{DP_q}$$

上式中 $T_{MR} \sum_{q=0}^{j} \frac{CP_q}{DP_q}$ 为 j 的递增数列,随着 j 的增大,要求 TRT 越大。这是因为在计算优先级 j 对应的 TRT 时,考虑了更高优先级消息的发送时间需求,但没有考虑低优先级消息的

发送需求。

LTPB 规定高优先级 TRT 应不小于低优先级 TRT,对于节点而言为：$TRT_1 \geq TRT_2 \geq TRT_3$;对于系统而言：$TRT_{j-1} \geq TRT_j$。考虑到网络处于稳态工作状态时,每一优先级的 TRT 初值的设置至少能发送一个下一优先级的消息,我们得到 TRT 初值的计算方法：

$$\begin{cases} TRT_{M-1} = T_{MR} \sum_{q=0}^{M-1} \dfrac{CP_q}{DP_q} \\ TRT_{j-1} = TRT_j + \max(C_i) \end{cases}$$

式中 $j \in \{1,2,\cdots,M-1\}$,i 满足 $D_i \in DP_j$。利用上式可以递推算出每个节点的 TRT 初值。

4.4 航空电子全双工交换式以太网

以太网(Ethernet)最初于 1976 年由美国 Xerox 公司研制成为一种实验性局域网络,1980 年 9 月由美国 DEC、Intel 和 Xerox 三家公司联合公布了以太网规范 V1.0 版,1982 年 11 月又公布了 V2.0 版,1983 年 3 月被正式列入 IEEE 802.3 标准,随后被 ISO 确立为国际局域网络标准。此后,以太网在业界得到了最为广泛的应用,其协议及所提供的服务也随着应用的发展而不断扩展,目前已形成一系列的相关协议和标准,成为具有强大生命力的一类网络。以太网传输速率从 10Mb/s(1983 年)、100Mb/s(1992 年)、1000Mb/s(1996 年)直到 10Gb/s(2002 年),一直处于高速发展中。IEEE 于 2010 年发布的 IEEE802.3ba 标准中制定的传输速率更是达到了 40Gb/s 和 100Gb/s,高传输速率为以太网消息快速传输提供了带宽物理保障。以太网采用统一的传输控制协议(Transmission Control Protocol,TCP)/因特网协议(Internet Protocol,IP)实现设备间的互联互通,这是因特网最基本的协议标准。由于其高度工业化和商业化,具有非常好的 COTS 低成本优势。

考虑将以太网技术应用于航空航天环境中,尚存在实时性和可靠性保障不足等问题,需要对其进行实时性、可靠性和安全性改造,使其满足机载组网需求。随着欧洲空中客车 A380 工程的实施,推出了航空电子全双工交换式以太网(AFDX)技术,其对交换式网络进行严格实时性和冗余配置改造,以用于大中型飞机的航空电子系统。

AFDX 由 A380 项目中的产品演化为规范化定义的技术。2000 年前后,ARINC 公司发布了 ARINC 664 part 7 规范草案,对这种"确定性网络"进行了定义;在 2004—2006 年之间,规范草案演化为正式的标准,并于 2005 年 6 月公布。AFDX 的物理层服从 ARINC 664 part 2 规范中对于飞机数据网络(Aircraft Data Network,ADN)物理层的定义,后者考虑到飞机上以太网应用的适用性,对 COTS 以太网协议的物理层进行选择,对部分参数进行定制,并规定计算链路预算的方法。根据该规范的定义,AFDX 网络可以选用的电信号接口包括 10Base-T 和 100Base-TX,光信号接口包括 100Base-FX 和 1000Base-SX。

AFDX 是专用于航空电子网络互联的"确定性网络"。所谓"确定性"主要是指时间的确定性,即"实时性"。ARINC 664 part 7 规范定义了实时性的性能保证机制,同时包含固定路由和冗余数据包管理等内容。另外,在 ARINC 664 规范定义的协议簇中,网络管理、简单网络管理协议(Simple Network Management Protocol,SNMP)字典服务、网络管理远程监视器的配置、网络综合与区分服务、保密性和简单文件传输协议等分别根据不同的商用或工业标准改造而成,并在 AFDX 的上层应用中使用。

AFDX 网络主要在大型客机上得到应用,包括空客宽体飞机 A380 和波音梦想飞机 787,我国大飞机 C919 也采用了 AFDX 组网技术。

4.4.1 基本协议

AFDX 基于商业以太网标准,采用 IEEE802.3/IP/用户数据报协议(User Datagram Protocol,UDP)的大部分内容,并根据航空电子系统实际情况在实时性、可靠性等方面进行改造,是一个适用于航空电子系统的通信接口协议。按照 OSI 协议层次划分,AFDX 协议可以分为传输层、网络层、链路层和物理层 4 层,如图 4-24 所示。

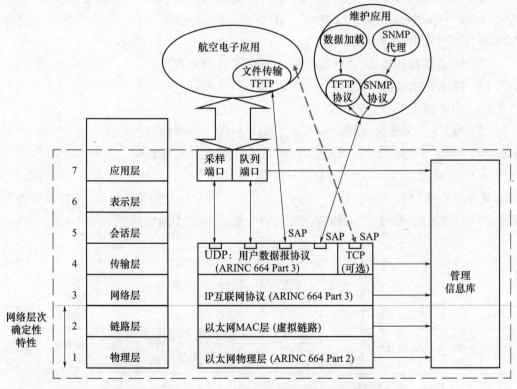

图 4-24 AFDX 端系统协议栈层次结构

在消息发送过程中,发送协议首先将信息发送到 AFDX 端口,UDP 传输层负责添加 UDP 报头(包括合适的源和目的 UDP 端口号)。一般情况下,这些端口号都通过系统配置确定,并固定映射于每个 AFDX 通信端口。IP 网络层接收到 UDP 数据包后根据虚拟链路(VL)最大帧长 L_{max} 来决定是否要对包进行分包处理,当数据包长度大于最大帧长 L_{max}

时,就将数据包分成一些小的数据块,然后添加 IP 报头,对每个数据包计算 IP 校验和。IP 网络层还在数据包上添加以太网报头,并将以太网帧发送到合适的 VL 队列中。帧进入链路层,VL 负责调度以太网帧的发送时间,添加顺序号,然后将此帧发送到冗余管理模块。在冗余管理模块,复制帧(如果需要的话)然后把网络地址添加到以太网源端地址,将此帧发送。在交换式网络里,根据 VL 地址进行路由。

在消息的接收过程中,同发送过程相反,终端接收到以太网帧后,首先利用帧校验序列(Frame Check Sequence,FCS)检查帧的正确性,如果没有错误,AFDX 帧去掉 FCS 校验位,再通过数据完整性的校验,传输到冗余管理单元,这几步是在链路层完成的。然后帧进入 IP 网络层,IP 网络层主要负责 IP 校验、检测和 UDP 帧的重组。最后,通过 UDP 传输层把数据包传输到合适的 UDP 端口,完成消息接收,并通知上层应用。

AFDX 采用普通以太网帧格式进行帧定义,其帧结构如图 4-25 所示,具体特征如下。

(1) 帧间隔:作为以太网帧,在线路上帧前是前导字(7 Byte)、起始帧定界符(SFD,1 Byte),帧与帧之间至少间隔 IFG(相当于传输 12 Byte 的时间)。

(2) MAC 层帧的头部结构:包含目的 MAC 地址(6 Byte)、源 MAC 地址(6 Byte)和类型/长度域(Type/Length,T/L,2 Byte),AFDX 帧的 T/L 必须用作"类型",并且被设为"0800h",表示使用 IPv4 格式。

(3) MAC 层帧的尾部:帧校验序列(FCS),采用 CRC 校验。

(4) IP 头部结构:占 20 Byte。

(5) UDP 报文头部结构:占 8 Byte。

(6) AFDX 有效载荷:以太网帧是变长的,AFDX 有效载荷的长度也是可变的,一般为 17~1471 Byte;当不足 17 Byte 时,后面用"0"填充使之达到 17 Byte。

(7) SN 域:占 1 Byte,用于网络可靠传输。帧序列号(SN)是一个 8 位自循环计数器,计数范围是 0 到 255。SN 对于同一个 VL 上发送的每个相继的帧递增加一,并且在值为 255 之后回卷到 1。通过 SN 可以检测有无帧丢失,从而增加通信的可靠性保证。

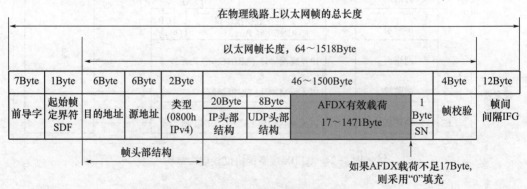

图 4-25 AFDX 帧结构

AFDX 采用 VL 进行固定路由寻址,VL 的标识号被嵌入到目的 MAC 地址中。通过 VL 的 ID 进行消息帧目的 MAC 地址识别,并依据存储在交换机内的静态路由表向目的端口进行路由和转发。VL 标识符为一个 16 位的标记区,最大支持 65536 条不同 VL。

4.4.2 拓扑结构

AFDX 网络相较于 ARINC429、MIL-STD-1553B 等总线型网络,具有带宽高、扩展性好的优势,同时还具有确定性好和实时性高的特点。如图 4-26 所示,AFDX 通信网络由三大部分组成:端系统、交换机和通信链路。AFDX 网络消息的通信过程可简要概括为:通信任务由驻留于端系统的分区产生,并交由端系统上的 VL 来承载,VL 从源端系统发出,历经交换机网络静态转发,最后到达目的端系统分区中。

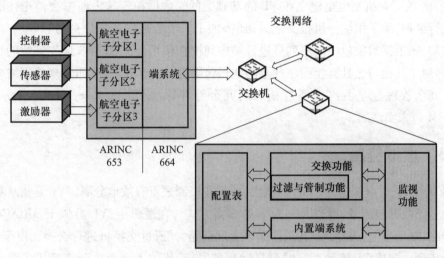

图 4-26 AFDX 网络构成

端系统(End System,ES)被嵌入在航空电子装备中,是子系统与 AFDX 网络互联之间的通信接口,它们的主要功能是提供确定性通信服务,以保证应用之间安全可靠地进行数据交换。通常一个端系统能够支持多个航空子系统,可以采用分区机制实现多个航空子系统间的隔离。分区机制是通过限制每个分区的地址访问空间和处理执行时间来实现,其具体定义在 ARINC 653 中进行。

交换机包含五个相互作用的功能模块。交换功能实现数据流在交换网络中的转发和路由,其中包含流量过滤与管制功能,可以实现对错误传输帧的检测以及对流量合规性的进一步检查。监视功能通过管理信息库(Management Information Base,MIB)实现网络管理,从所有组件收集信息,实现信息相关性分析,用来检测/定位失效,并用来分析网络性能。交换机内的端系统用来增强交换机的管理和配置功能,可以把它看作是内嵌于交换机内的端系统,但一般不参与正常通信。配置表包含交换机配置信息,交换机使用存储在配置表的参数来实现过滤与管制功能、交换功能以及内嵌端系统功能的配置和定义。

为了满足航空电子的可靠性要求,AFDX 采用了热备份的冗余设计方案,图 4-27 给出了双冗余网络的示意图。端系统通过多个独立冗余的网络进行相互之间的通信,这样无论任何一个网络中交换机或者链路出现故障都不会对端系统的通信造成影响,而且热备份的方式也消除了由链路切换造成的延迟时间对于网络数据通信的影响。

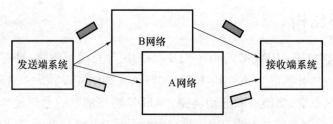

图 4-27　AFDX 中的冗余网络

AFDX 的冗余机制也是建立在 VL 的基础上的。数据在传送之前都会被送往通信协议栈进行处理，除了添加分组报头之外，还添加了一个数据发送的序列号(SN)。在数据的接收端，则根据数据包中的序列号进行帧序列检查和冗余管理，接收最先到达的正确数据包，而对于其他与之具有相同序列号的数据包则进行丢弃处理，从而实现单网络故障的容忍。冗余管理也是由终端通过相应的冗余管理算法(Redundancy Management Algorithm，RMA)来实现的。

4.4.3　虚拟链路

AFDX 引进了虚拟链路(VL)的概念，对带宽资源进行有效地分隔。VL 是指从数据源发出的一路数据包流量，可以是一对多的多播方式。在逻辑上，VL 类似于 ARINC429 的一路链路；在物理上，多路 VL 共用一条以太网链路，并通过交换机进行交换。由于 VL 流量的异步到达造成 VL 流量存在时延抖动现象，抖动值的大小取决于交换机多路复用的具体配置，如果 VL 跨越几个交换机，则在每个交换机中的时延抖动值都可能不同。实时通信的设计目标要求端到端的时延抖动被限制于确定的界限之内。

AFDX 网络协议通过虚拟链路实现普通以太网实时性改造，主要反映在流量整形、静态路由、帧过滤和流量管制、冗余管理等方面。

4.4.3.1　流量整形

AFDX 在发送端采用流量整形机制在多条虚拟链路间分配通信资源，对每条 VL 有如下定义：

(1) 最大帧长度(Maximum Frame Size)，记为 L_{max}，并将线路上的最大帧长度记为 S_{max}；

(2) 带宽分配间隔(Bandwidth Allocation Gap，BAG)，记为 T_{BAG}，对于给定的 VL，BAG 定义前后两个数据包之间的最小间隔。

由最大帧长度 L_{max} 和带宽分配间隔 T_{BAG} 约束下的 VL，其承载的流量最大能利用的带宽为 S_{max}/T_{BAG}，从而实现了消息源端的流量限制，决定了聚合流量在最坏情况下的排队延迟界限。基于 BAG 的虚拟链路流量整形功能如图 4-28 所示，可以看到第 2 个和第 3 个到达的 AFDX 帧被 BAG 推迟发送，而对于第 4 个到达的 AFDX 帧，由于其与第 3 个 AFDX 帧的帧间隔大于 BAG，可以立即送入 VL 调度器进行数据帧发送。

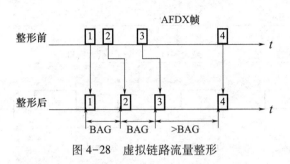

图 4-28 虚拟链路流量整形

4.4.3.2 VL 调度

当多条 VL 进入 VL 调度器进行数据帧发送时,VL 调度器对这多条 VL 按照优先级调度策略进行调度,如图 4-29 所示。来自不同 AFDX 端口的消息,分别进入子虚拟链路(sub-VL)队列,通过流量整形,这些 sub-VL 组装成 VL,VL 经过调度器聚合,共享物理链路,并可以通过冗余的物理网络接口接入 AFDX 网络。

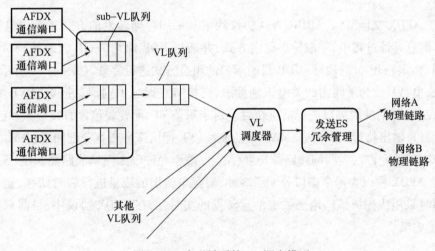

图 4-29 发送端系统 VL 调度模型

对于同一个 VL 上的数据帧,T_{BAG} 为前后两个数据包之间的最小间隔。当没有其他流量干扰时,理论上该 VL 承载的数据包会按照固定间隔 T_{BAG} 从物理端口输出,但当 VL 调度器同时需要对多条 VL 流量进行调度时,多条 VL 的流量可能会同时竞争端口聚合输出,造成同一 VL 承载的数据包在物理端口的出现时间不确定,也叫作抖动。抖动是由调度算法引起的,而不是由流量本身造成的。在调度器的输出端,对于给定的某个虚拟链路,帧能够在某个有界的时间间隔中出现,这个时间间隔则被定义为最大允许抖动 J_{max},如图 4-30 所示。

实际上可以通过下式计算端系统发送 VL 的最大抖动边界:

$$J_{max} = J_{min} + \frac{\sum_{i \in \{VL集合\}} (20 + L_{max,i}) \times 8}{C}$$

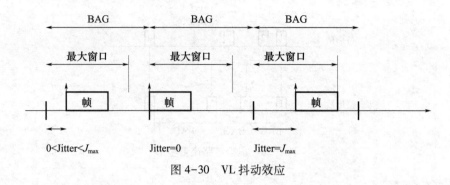

图 4-30　VL 抖动效应

其中 C 为端口速率，J_{min} 为最小固定技术时延抖动，40μs 是典型的最小固定技术时延抖动值。根据该公式，端系统若具有较少的 VL 并且其中待处理的帧是短帧，则最大允许的抖动将较低。依据 ARINC 664 协议，在所有的情况下，抖动需要被限制在 500μs 的界限内，以限制对整个网络传输确定性的影响。

4.4.3.3　静态路由

对于 AFDX 交换节点，ARINC 664 协议约束其采用存储转发的方式进行消息转发处理，在其消息寻址过程中，采取静态路由方式，并通过 UDP 源端口+IP 源地址+MAC 目的地址(VL 标识)+IP 目的地址+UDP 目的端口的组合方式进行寻址，如图 4-31 所示。

在这里，VL 成为了路由的关键识别标志，交换节点通过识别消息报头的 VL，根据转发配置表中 VL 的映射端口进行消息转发。对于每条 VL，配置表包含的典型参数包括：输入物理端口、输出物理端口列表、MAC 目的地址(VL 标识符)、带宽分配间隔(BAG)、最大允许抖动、最大允许以太网帧线路总长度(S_{max})、最小允许以太网帧线路总长度(S_{min})、优先级等。AFDX 协议为每个端口分配了缓冲，对竞争输出的流量进行临时储存，避免消息丢失，同时采用优先级策略增强关键消息转发的实时性，在 AFDX 协议中，目前只支持高低两级优先级。

4.4.3.4　流量管制

为了保证 VL 帧与帧之间间隔满足流量约束条件，同时在空分交换结构中隔离不同 VL 承载的流量，在交换节点上采用信用量令牌桶的方法进行流量管制功能的实现。交换节点的管制功能为每个 VL 设定一个"账户"(Account)，以 S_{max}/T_{BAG} 的速率进行充值，但最大不超过 $S_{max} \times (1+J_{switch}/T_{BAG})$，其中 J_{switch} 为系统设计者在 VL 经过交换机进行流量管制功能实现中所配置的参数。当该 VL 承载的一个数据帧到达交换节点时，管制功能模块查看该 VL"账户"中的信用量，当当前"账户"信用量大于数据帧消耗值时，该帧数据被允许转发输出，并在"账户"中减去其所对应的消耗量；当信用量不足时，该帧数据被拒绝，从而约束 VL 承载流量的带宽消耗，使正常工作的 VL 不受"违规"流量的阻塞影响，如图 4-32 所示。

流量管制算法分为基于字节管制和基于帧管制两种，分别对应账户 $Byte\_AC_i$ 和

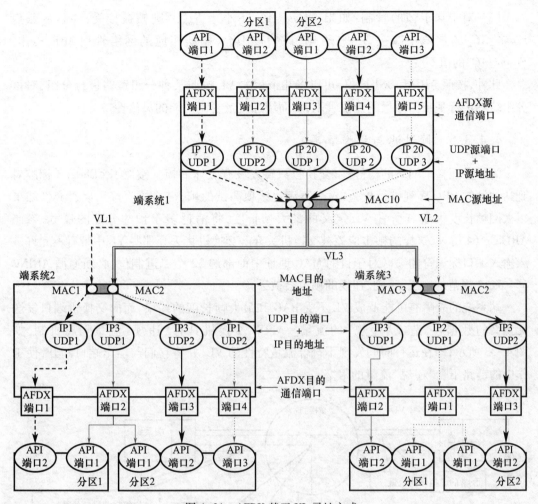

图 4-31　AFDX 基于 VL 寻址方式

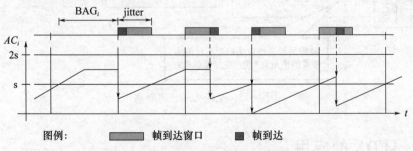

图 4-32　抖动为 BAG/2 情况下的流量管制例子

$Frame\_AC_i$。交换机可以有选择地实现两种算法中的任意一种，或者两者都实现。算法的选择将影响网络可调度性的证明方法。

（1）对于基于字节的管制：如果 $Byte\_AC_i$ 不小于到达帧的线路长度 S，则帧被接受，并且从账户 $Byte\_AC_i$ 的数值中减去 S；否则，该帧被丢弃，刷新相应的网络管理 MIB 实体，$Byte\_AC_i$ 的值不变。

（2）对于基于帧的管制：如果 $Frame\_AC_i$ 不小于 $S_{max,i}$，则帧被接受，并且从账户 $Frame\_AC_i$ 的数值中减去 $S_{max,i}$；否则，该帧被丢弃，刷新相应的网络管理 MIB 实体，$Frame\_AC_i$ 的值不变。

此外，按照 ARINC 664 协议，可以将几个相关 VL 按照某种分组策略进行分组，对该分组统一进行基于信用量的流量管制，从而增加流量管制功能的灵活性。

4.4.3.5 帧过滤与故障隔离

为了保证整个网络的稳健性，交换机只转发没有破坏的帧。按照 IEEE802.3 标准对到达的帧的 CRC 序列进行校验，对于不满足该项测试的帧，交换机直接予以丢弃。如果以太网帧长度大于其所在 VL 定义的最大帧长度，将消耗多于预约分配的带宽，参照 ARINC 664 协议，这样的帧也应该被交换机丢弃。交换机将丢弃那些 VL 中带有不允许进入输入端口标识符的帧。对于目的 MAC 地址中前部的 32 个二进制位，必须遵循 ARINC 664 part7 规范的定义，否则，违规的帧也会被丢弃。

端系统的故障有可能造成 VL 不受 BAG 和最大帧长度的约束，而向交换机端口发送无意义的数据包，造成"违规"的流量。AFDX 交换机具有"违规"流量隔离机制，如图 4-33 所示，即在运行时间发现不符合流量特性的 VL，并将它们与输出端口断开，使工作中的链路不受"违规"流量的阻塞。

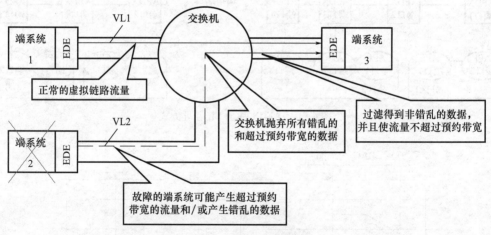

图 4-33 交换机的故障隔离

4.4.4 AFDX 的应用

虽然 AFDX 不能像先进综合式航空电子"统一网络"那样满足具有密集的信号和信息处理核心组件的互联需求，但由于它的组网规模大，拓扑结构具有一定的灵活性，很适应大中型飞机的航空电子综合化网络互联。用它替换 ARINC 429 或 ARINC 629 等航空电子总线，具有大幅度减少分立电缆重量、提高信息通道带宽的优势；而且 AFDX 数据包可以封装原有 ARINC 429 消息，使得原有设备接口的改造较为简易，起到保护既有投资的作用。

空中客车 A380 型飞机从航空电子的总体上考虑 AFDX 互联网络的设计，该型飞机的飞行控制、驾驶舱、燃油、动力和机舱系统的电子设备(如图 4-34 所示)，在考虑冗余配置和空间位置分布的条件下，分别与 AFDX 交换机相连。每台交换机连接大约 20 个节点(通过 ES 与主机互联)，形成接入交换网络；交换机之间形成骨干交换网络。接入网络实行基于数据包的热备份冗余，交换机之间形成多条冗余路径。在空中客车公司民用客机 A350 以及军用运输机 A400-M 也继续采用了 AFDX 进行系统互联。

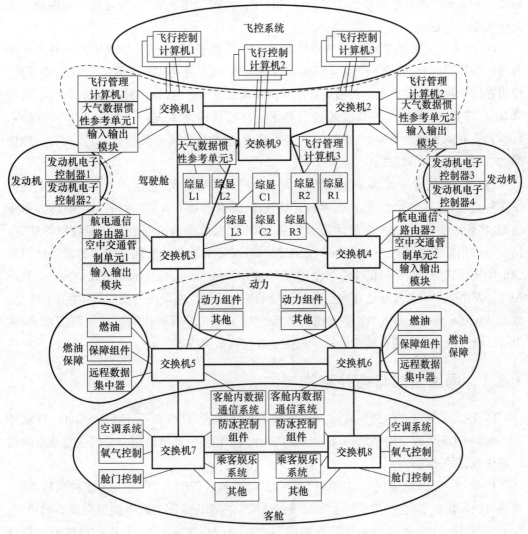

图 4-34　A380 飞机的 AFDX 互联

4.5　光纤通道

在计算机体系结构中存在两种数据通信方式：I/O 通道和网络通信。I/O 通道是直接的点到点或一点到多点的通信链路，它主要基于硬件并在较短的距离上高速传送数据，一般为处理器与外围设备(如磁盘、图像设备、视频 I/O 设备等)之间的传输提供渠道。网络是带有软件协议结构的互联访问节点的集合,允许传输多种不同的数据,并用软件来实现网络协议并提供流量控制、故障检测及故障恢复。

光纤通道(FC)以 COTS 产品为基础将通道和网络两者的优点结合起来,支持 I/O 通道所要求的带宽、可靠性和简单高速以及基于协议的网络通信的灵活性、连接能力。这种融合使系统设计者能将传统的外围设备连接起来,将主机与主机互联,以及将松耦合处理器集群和系统域网络结合在一个多协议接口中。根据应用的需要,任选通道或网络方式来进行数据传输。

FC 是美国国家标准委员会(ANSI)的 X3T11 小组于 1988 年开始制定的一种高速串行传输协议,目前已形成一个庞大网络协议簇。FC 技术支持多种介质类型和连接器件,使得在同一物理接口之上运行通道标准和网络协议成为可能,是一种具有高实时性、高可靠性、高带宽、高性价比的开放式通信技术。目前传输速率支持 1Gb/s、2Gb/s、4Gb/s、8Gb/s,正在向更高的 16Gb/s 及其以上速率发展,成为一种高速传输数据、音频和视频信号的 ANSI 串行通信标准。

FC 是一种完全开放的商业标准,不同于一般的网络协议,它在各个网络层次上提供了多种选项,包括多种介质方式、多种传输速率、多种通信方式、多种拓扑结构、多种服务类型、多种上层协议映射、多种优先级控制、多个层次的检错机制以及流量控制方式等。用户可以根据需要进行选择和设计,形成符合系统要求的专门的网络解决方案。针对航空电子应用需要,有专门的 FC 航空电子环境(Fiber Channel-Avionic Environment, FC-AE)分委员会负责光纤通道在航空电子环境的应用研究。在美国的新型战斗机 F-35 上,以及 AWACS、B-1B、F/A-18 等飞机的改型上都采用光纤通道作为机载组网技术,事实上,FC 已经成为一个极有前途的机载网络系统组网解决方案。

4.5.1 网络组成与拓扑结构

FC 定义了共享式和交换式两类三种基本拓扑结构:点到点(Point to Point)、仲裁环(Arbitrated Loop)和交换型结构(Switch Fabric)。在相当一部分应用中是以这些基本的结构组成混合的网络拓扑。

在 FC 标准中,把实现通信的接口单元定义为端口(Port)。FC 定义了多种端口类型,端口可以出现在节点上、交换机上和交换网络结构内部。常用的端口类型有设备端口 N_Port(一般节点上的接口单元)、交换机端口 F_Port(FC 交换机与 N_Port 相连的接口单元)、仲裁环端口 L_Port(仲裁环拓扑结构节点间相连的接口单元)、仲裁环和交换机相连的端口 FL_Port 以及交换机内部交换单元相连的端口 E_Port。在实际产品中,FC 接口单元往往具有多个端口的复合功能,比如 N/L_Port,F/E/FL_Port 等。

1. 点到点拓扑结构

点到点结构指两个通信设备端口(N_Port)间通过光纤直接进行连接,独享全部带宽。这种情况下无需路由和复杂的介质访问控制,适用于通信数据量较大、较频繁以及连接关系不复杂的通信端口互联,可以在传感器和信号处理器之间或显示处理器和显示器之间使用这种拓扑结构。拓扑结构如图 4-35 所示。

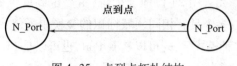

图 4-35 点到点拓扑结构

2. 仲裁环拓扑结构

仲裁环结构是一种简单的环形数据通路,在两个仲裁环端口(L_Port)间提供逻辑上双向的、点对点的服务,如图 4-36 所示。环路支持三个以上的通信端口连接,端口数量最多为 126 个。环路的所有端口共享网络的带宽,在任何一个时刻,只能由一个端口向一个或多个端口发送数据。环路中的每个端口都有一个环路物理地址(AL_PA),根据端口地址分配优先级,环路的仲裁机制是使环中具有高优先级(端口物理地址小)的端口赢得仲裁。

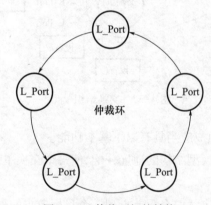

图 4-36 仲裁环拓扑结构

当环路中的端口要发送数据时,它首先发出一个带有自己端口地址的仲裁帧,使之在环路中传递。环路上其他节点根据是否要发送数据来决定是否参与仲裁。如果不参与仲裁,则在接收到仲裁帧时简单地将其转发。如果参与仲裁,就比较仲裁帧的地址,当大于自己的端口地址时,则将仲裁帧端口地址替换为自己的地址,再发送出去;否则,直接转发。如果一个节点收到自己地址的仲裁帧,就获得了环路的控制权,可以建立和其他端口的通信。

仲裁环一般是简单串联起来的单向环,任何单个的链路出了问题都可能使整个环路活动停止。为了增强该拓扑结构的可靠性,在使用中通常以双环结构来增加余度。

3. 交换型拓扑结构

交换网络是 FC 提供的功能最强大的拓扑结构,可以连接多达 1600 万个设备。它至少包含一个交换机,允许多个设备在同一时刻进行高速通信。交换网络的核心是交换组织(fabric),多个 N_Port 连接到交换组织上组成交换网络。在所有 FC 拓扑结构中,交换型结构性能水平最高,能对网络上的节点数目做很大的扩展而不减少每个端口的带宽。它提供了一种为通信端口间提供数据连接和传输服务的结构,能够保证多个端口同时进行通信且都具有全链路带宽。交换型结构为各连接端口提供了一种交换式的内部连接，这种结构允许用户通过增加连接的端口数来增大系统的带宽。

交换组织中的交换单元采用 24 位地址标识，由高位到低位分成领域、区域和端口三部分。一个领域由一个或多个具有相同领域标识的交换单元组成，如图 4-37 所示。交换单元的端口可以工作在多种模式下，既可以是 F_Port，也可以是 FL_Port 或 E_Port，具体采用哪种模式，由初始化过程进行确定。为了具有可扩展性，每个交换单元至少应当具有一个 E_Port。鉴于 FC 规定的服务有多种类型，交换单元通过注册过程来确定其具体的服务方式。

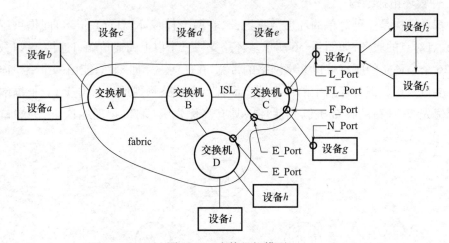

图 4-37 交换组织模型

一个交换组织的内部组成应当具有以下基本功能。

（1）地址管理：负责交换型结构的地址分配，使每个交换单元在交换网络中都能够具有相应的域名和端口的标识。

（2）路径选择：负责确定从一个源节点到一个目标节点的最佳路径。

（3）路由：负责将采用第 2 类或第 3 类服务方式的帧发送至它们的最终地址。

（4）控制器：负责接收执行指令并产生响应，实现对内部各个交换单元的控制。

4. 混合拓扑

实际应用中，可以将整个系统根据功能、特性不同，以及数据流传输的需要划分为多个分系统，采用不同的拓扑进行混合，实现性能和成本的统一。混合拓扑结构多指仲裁环和交换型拓扑结构的组合。在机载电子系统中，传感器、显示器、信号处理器等对带宽要求较高的端口可以通过交换网络连接，对带宽要求不高的端口可以先组成一个环路，再通过一个 FL_Port 连接到交换网络中，如图 4-38 所示。一个环路为 FL_Port 保留一个且仅有一个地址，即在环中每一时刻不可能同时有两个节点与交换机进行通信。

4.5.2 传输协议

1. 传输协议层次结构

FC 传输协议常用来实现大容量、高速率的数据传输。与通用的 OSI 七层网络模型类似，FC 采用了五层协议模型，每一层定义了一组相关功能，如图 4-39 所示。FC-0、FC-1 和 FC-2 这三层共同组成了 FC 物理层标准（FC-PH）。

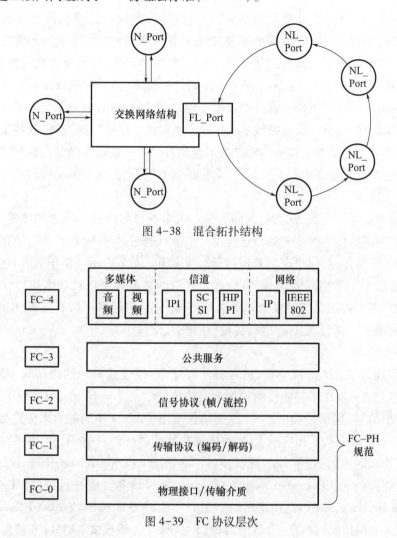

图 4-38　混合拓扑结构

图 4-39　FC 协议层次

1）FC-0 层

FC-0 层规定了 FC 收发信号和传输的物理介质，并且规定了不同的传输速率，使之成为 FC 的一项优势。FC 可以使用屏蔽双绞线、同轴电缆、单模光纤和多模光纤等多种传输介质。一些近距离工作站之间可以用屏蔽双绞线或同轴电缆来连接，不同区域的交换机可以用单模光纤来连接，同一区域内部的分布节点可以用多模光纤来连接。FC 每条链路支持多种传输速率，典型包括 1Gb/s、2Gb/s、4Gb/s 和 8Gb/s。一条点到点链路的最大距离可从 50m 到 10km，这要视使用的介质和数据速率而定。

2）FC-1 层

FC-1 层是传输协议层，使用 8B/10B 编码方式，将 FC-1 上层的数据每 8 位进行 10 位的编码然后发送，与 FDDI 使用的 4B/5B 编码方式相比具有更好的传输特性和更强的检错能力。FC-1 层规定了有序集，它由一系列特殊的字符集构成，包括 4 个 10bit 的字符,主要用来识别数据帧分界、传输底层状态和命令信息。

3) FC-2 层

FC-2 层是 FC 协议中最复杂的部分,它规定了数据块的传输机制和规则,包括:节点、端口及其标识符,通信模型,服务类型,数据传输层次、帧格式、节点间的信息交互管理和拓扑结构等。FC 中数据传输的基本单元是可变的数据帧,帧的最大长度为 2112 字节(帧内容)+36 字节(帧开销)= 2148 字节。在通信过程中,帧的传输以序列和交换的协议层次进行控制,一个序列可以包含一个或多个相联系的数据帧,而一个交换可以包含一个或多个无联系的序列。FC 协议提供了 5 种服务类型供数据传输时选择,这些服务类型保证了不同层次对于带宽和连接的需要。为了避免目的节点被过多的数据帧拥塞,FC 提供了基于信用量的流量控制机制,这样可以避免数据帧的丢失,减少帧序列的重传频率。

4) FC-3 层

FC-3 层规定了一套服务机制,为同一节点上多端口的传输提供通用服务,包括多条传送、搜索组和多点传送等。多条传送是指一个节点通过多个 N_Port 并行地在链路上同时传输一个信息单元,获得更高的总通信量。搜索组针对节点中一组相关的 N_Port,这一组 N_Port 被赋予一个相同的代号,发给这一代号的数据帧可以被搜索组内任一空闲的 N_Port 接收。多点传送是指对多个地址进行传输,包括向网络中所有的 N_Port 发送(广播)或者对网络上一部分 N_Port 进行传输(组播)。

5) FC-4 层

FC-4 层规定了上层协议映射,将各种主要通道、外设接口和网络协议等映射到 FC 上。FC 的魅力之一就在于它能接纳很多上层协议(Upper Level Protocol,ULP),这些上层协议能被底层的 FC 网络传输。FC-4 映射协议使用了 FC-PH 的能力来传输高层协议信息,每个 FC-4 规范定义了相应的 ULP 的格式和通信过程。目前 FC-4 提供对如下通道和网络高层协议的映射:智能外围设备接口(Intelligent Peripheral Interface,IPI-3)、小型计算机系统接口(Small Computer System Interface,SCSI)、高性能并行接口(High Performance Parallel Interface,HIPPI)、单字节命令编码系统(Single Byte Command Code Systems,SBCCS)、逻辑链路控制(LLC)、因特网协议(IP)、异步传输模式(ATM)和航空电子环境(FC-AE)等。

2. 数据传输机制

FC-2 层定义了数据的传输机制,数据对于 FC-2 层是透明的,对 FC-3 层和 FC-4 层是可见的。在 FC-1 层传输的是采用 8B/10B 编码的二进制数据流,一个字节编码成为一个传输字符,数据流通过特殊字符(8B/10B 编码中的一种标识)被分为传输字,一个传输字由四个传输字符组成。FC-2 层的基本传输单位是帧,帧的长度是传输字的整数倍。一个或者多个帧组成序列,一个或者多个序列组成交换,这就构成了 FC 传输数据的层次结构。

传输字(Transmission Word):一个传输字包含四个 10bit 编码的数据流,传输字一般用来承载数据,有一些特殊的传输字称为有序集,有序集由数据字符和特殊字符组合而成,连续的相同有序集还可以组成原语序列。有序集和原语序列用来提供低级的链接服务,如定义帧的边界、空闲信号和上电后连续初始化的信号等。

帧(Frame):FC-2 层传输的最小单位,包括 FC 链路层传输的全部信息。FC 帧为可变长度,其中负载最大为 2112Byte,另外需要包括帧头、起始结束标识符、检验码在内的 36 个字节的额外开销。

序列(Sequence):序列是交付给上层应用协议的最小数据单位,包含一次传输操作中链路上同方向传输的一个或者多个相关的帧。序列的大小由源端口一次向目的端口要发送的数据数目决定,如果序列的载荷超过帧可传输的最大载荷 2112Byte,将分解为多个帧传输。同一序列中的所有帧具有相同的帧标识符(SEQ_ID),不同的帧通过帧序列号(SEQ_CNT)区分。

交换(Exchange):交换是 FC 映射半双工传输协议(如 1553、SCSI 等)的一种机制,包含一次操作中一个或者多个非同时传输的序列。例如,一个操作可能包括读数据的命令、数据传输和操作完成的状态。每个阶段是一个独立的序列,而这些序列构成一个交换。交换仅由参与通信的端口来识别。

在图 4-40 中描述了 FC 数据传输的层次。一个上层协议命令表示为一个操作命令;一个操作命令一般包括一组双向的数据传输,对应于 FC 底层的一个交换;其中一个单向的数据传输对应于 FC 底层的一个序列。这样,一个或者多个帧组成序列,一个或者多个序列组成交换,构成了 FC 传输数据的层次结构。

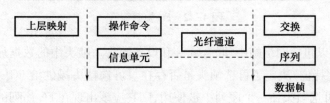

图 4-40 FC 数据传输层次

3. 帧的组织

所有 FC 的帧应该遵循图 4-41 所示的帧格式。一个 FC 帧由帧起始标记定界符、帧内容、帧结束标记定界符组成。帧起始标记定界符和帧结束标记定界符由四个传输字符组成,属于有序集。根据服务类型不同和帧在序列中的位置不同,帧起始标记定界符和结束标记定界符的类型是不同的。帧的内容由帧头、载荷区及循环冗余校验码组成。

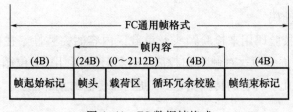

图 4-41 FC 数据帧格式

1) 帧头

帧头是 FC 帧内容的第一部分,紧跟在帧起始定界符的后面。帧头应该在字边界处进行传输,帧头被用来控制链路的操作及设备协议的传输,也用来进行帧的丢失及传输次序颠倒的检测。帧头按表4-3所示的字段进行定义。

表4-3 FC 帧头的定义

字/比特	31…24	23…16	15…08	07…00
0	路由控制		目的标识符	
1	类专用控制/优先权		源标识符	
2	数据结构类型		帧控制	
3	序列号	数据域控制	序列计数	
4	发送方交换包标识符		响应方交换包标识符	
5	参数			

2) 载荷区

在 FC 帧的载荷区中存在可选帧头、净荷和填充字节,如图 4-42 所示。

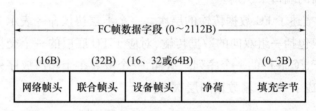

图 4-42 FC 帧载荷区

可选帧头可以包括网络帧头、联合帧头和设备帧头。帧头中的数据域控制字段(第 3 个字的 16~23 比特位)决定了可选帧头是否存在。可选帧头提供给 FC-4 层来映射上层协议,如果一个可选帧头在一个序列中被使用,则它应该出现在 FC 序列的首数据帧中,并且可能出现在序列的所有数据帧中。如果有网络帧头,则它应该是数据字段的前 16 个字节。如果有联合帧头,则它应该是数据字段接下来的 32 个字节。如果有设备帧头,则它应该是数据字段接下来的 16、32 或 64 个字节。如果没有可选帧头,则不会在数据字段保留这些字节位。

净荷是传输的数据内容,FC 帧中净荷的最大值受到 FC 标准、上层协议和可选帧头是否存在等多个因素的限制。但是,FC 帧中净荷的字节数必须是 4 的整数倍,否则应该使用填充字节来补齐。

3) 循环冗余校验码

FC 的循环冗余校验码用来检验帧头及负载区内容的完整性。在传输编码前和接收编码后分别使用 32 位多项式对帧头和载荷区进行计算,利用 32 位循环冗余校验码的强检错能力,可以检测几乎所有的传输错误,以便判断传输的正确性。

4. 服务类型

FC-2 层定义了一些不同类型的服务,这些类型规定了两个端口之间的通信如何建立、如何进行流量控制和通信的差错控制。

1) 1 类服务:有确认的连接服务

1 类服务就像电路交换网络那样在网络上提供一个专门连接。这条路径在端系统看来如同一个专门的点到点链路。服务中先建立链路再使用全带宽进行通信,其他的通信不可以使用这条专门连接。1 类服务不仅保证了在两个通信端口之间的数据速率,也保证了帧是按照它们发出时的先后次序到达的,适用于那些连接建立时间相对于数据传输时间来说较短的服务。由于 1 类服务在两个端口间提供透明的交换连接,所以采用端到端流量控制。

2) 2 类服务:有确认的无连接服务

2 类服务与有确认的无连接 LLC 服务相似,没有建立逻辑的或物理的专门连接,但是接收端口的接收响应还是保证了帧的交付是有确认的。如果由于网络拥塞而不能交付,会返回一个忙响应,发现该忙响应的源端口在一段较短的时间后重发。像传统分组交换和帧中继网络一样,2 类服务支持多路复用和多点传送,通信端口和其他网络节点一起共享网络带宽,可以更有效地利用网络资源。但由于每个帧的路径不同而无法保证到达次序与发送次序一致,而且可能存在链路差错而导致交付失败的情况,此时由于帧的源地址无效而不能保证有响应。2 类服务可以采用缓冲区到缓冲区流量控制。

3) 3 类服务:无确认的无连接服务

3 类服务是无连接服务,这一点与 2 类服务相同。它允许将数据迅速地传递给连在网络上的多个设备。类似于数据报服务,3 类服务无接收响应,传输的错误检测由上层协议完成,故只可使用缓冲区到缓冲区流量控制。正是由于 3 类服务的这些特点,使得它提供最小的通信开销,很适合于传输传感器或视频信号,在这种情况下,偶尔的数据丢失一般不认为是关键性的,对组播和广播传输也很有用。

4) 4 类服务:面向连接的部分带宽服务

4 类服务能为可预测的服务质量(QoS)在一对 N_Port 之间建立虚拟电路。对于每个虚拟电路,网络提供有保证的带宽、最小延迟的交付和交付确认。和 1 类服务相似,4 类服务保证帧按顺序到达目的端口,并提供交付确认。与 1 类服务不同的是,在同一时刻一个 N_Port 可以和多个 N_Port 建立虚拟链路,传输资源被潜在地分配给了多个电路。4 类服务必须在交换网络拓扑结构中使用,交换网络统一管理 N_Port 之间的虚拟电路并分配带宽,因而采用缓冲区到缓冲区流量控制手段。这类服务适用于时间敏感和实时的应用,例如音频和视频传输。

5) 6 类服务:多点传送服务

6 类服务相似于 1 类,不同的是 6 类服务利用交换网络作为一个多址服务器负责复制和传递数据帧来实现多点传送。多址寻址源端口向交换网络发出请求,要求发送数据帧到一组目的端口 N_Port,如果这些端口都能够接收,则将数据帧交由交换网络交付。每个接收者向交换网络确认,再由交换网络向源端口发出确认。6 类服务采用端到端流量控制,其多点传送的特点很适用于视频广播应用和移动大量数据的实时系统。

4.5.3 流量控制与优先级控制

1. 流量控制

FC 使用确定性的基于信用机制的流量控制方式,在不丢失数据的前提下避免网络发生阻塞。流量控制的思想很简单,只有当目的端口准备接收数据帧的时候源端口才能向其发送数据。在一对端口互相交换数据之前,必须互相握手登录,在这一过程中一项重要的任务就是建立信用。信用量指在一段时间内一个端口所能接收数据帧的数目,这个值在登录过程中交换,源端口就会知道目的端口能接收数据帧的数目。当足够多的帧被发送使得信用量被消耗后,额外的数据帧就不会再被发送,直到目的端口通知源端口数据帧已被处理完毕,才可以继续发送数据帧。使用这种流量控制方式,原则上没有端口会发送过量的数据造成网络的阻塞。FC 有两种流量控制方式:缓冲到缓冲的流量控制和端到端的流量控制。

(1) 端到端流量控制用在两个 N_Port 之间,这两个 N_Port 都提供一定数目的信用量,调整端口之间的帧的流量。接收端口提供一种机制用以确认接收成功并存储接收的帧,因此端到端流量控制只能用于 1 类服务和 2 类服务的数据帧。

(2) 缓冲区到缓冲区流量控制用于点到点链路的两个端口。这一类型的流量控制调整 N_Port 与它所连的 F_Port 之间的通信量。缓冲区到缓冲区流量控制是点到点链路中两个端口之间的本地链路控制机制。此机制适用于 2 类服务和 3 类服务,也可以为 1 类服务的首帧用来建立连接。除了上述情况外,1 类服务中不使用缓冲区到缓冲区流量控制,因为 1 类服务在 N_Port 间提供透明的电路交换连接。

两类流量控制机制的要点均在于信用量。在两个 N_Port(端到端)和两个相邻端口(缓冲区到缓冲区)之间进行通信之前,通信端口会在初始化过程中分配一个信用量。发送方端口可以发送的帧的数目要限制在分配好的信用量范围内,并且根据收到的确认来调整信用量,这就是信用量计数。此计数开始时置为 0,每发出一帧便增加 1,每收到一帧的确认就减少 1。此计数值反映了尚未得到确认的已经发出的帧的数量,并且不允许超过在登录时商定的相应的最大信用量。

2. 优先级控制

FC 利用优先级控制机制来解决资源竞争和帧交付顺序的问题。使用优先级控制的情况下,FC 规定帧头第一个字的第 31~24 位为优先级控制字段,其中第 31~25 位为优先权值,值越大,优先权越高,第 24 位为抢占权值,独立于服务等级。

在交换型结构中,采用 2 类服务和 3 类服务时,给定序列中所有帧具有相同的优先权值;采用 1 类服务和 6 类服务时,在保证链路和数据帧的完整性的前提下,可以通过设置抢占权值取得控制权,终止原有链路并创建新的链路。1 类服务建立专用链路,优先级高于 2 类服务和 3 类服务,专用链路建立时可以忽略 2 类服务帧和 3 类服务帧;4 类服务优先级也高于 2 类服务和 3 类服务,但不能忽略 2 类服务帧和 3 类服务帧进行 4 类服务帧的发送。

在仲裁环结构中,以环路物理地址(AL_PA)来表示优先级,环路物理地址越小,优先级越高。

4.5.4 FC 航空电子环境

FC 网络因其优秀的性能以及商业厂家的广泛支持,在军用市场也越来越受到欢迎,FC 航空电子环境分委员会(ANSI FC-AE)专门针对 FC 技术如何应用于航空电子领域以及现有 1553 总线系统如何平滑升级而开展研究工作。该分委员会已经制定了一组专门的子集,即 FC-AE。FC-AE 子集主要关注 FC 协议在航空电子环境下的应用,特别是支持实时控制和响应,以及高可靠性、容错性的需要,其定义了以下五种传输协议:

lFC-AE-ASM:基于匿名订户消息(Anonymous-Subscriber Messaging,ASM)的上层映射;

lFC-AE-1553:基于 MIL-STD-1553 协议的上层映射;

lFC-AE-RDMA:基于远程直接存储器访问(Remote Direct Memory Access,RDMA)的上层映射;

lFC-AE-VI:基于虚拟接口(Virtual Interface,VI)的上层映射;

lFC-AE-FCLP:基于 FC 轻量协议(Fibre Channel Lightweight Protocol,FCLP)的上层映射。

其中在航空电子领域广泛得到应用的是 FC-AE-ASM 和 FC-AE-1553。

4.5.4.1 FC-AE-ASM

FC-AE-ASM 协议是基于匿名订户消息(ASM)的上层映射,可以支持航空电子系统应用中两个 N_Port 之间的通信。FC-AE-ASM 协议具有高可靠性、容错性和支持实时控制/响应的确定性行为,适合用于传输军用飞机的命令、控制、测试设备、仿真、信号处理和传感器/视频数据。

在 FC-AE-ASM 网络中,每条 FC-AE-ASM 消息都是主动发出的,而且必须是单向交换中的单一序列,发送节点以一定的周期或规律发送消息,接收节点能够以预先确定的接收规则接收自己需要的消息,接收节点不需要知道消息的发送节点,只要知道有消息到达就可以。接收节点将根据消息的标识符来确定是否是自己需要的消息。需要注意的是,FC-AE-ASM 协议中并未给出通信的控制方法,在实际系统应用中,设计人员需要根据实际情况设计具体的通信控制方法。

每个 FC-AE-ASM 数据帧的前 16 个字节为 FC-AE-ASM 的帧头,FC-AE-ASM 数据在 FC-2 层处理时,一个序列的多个帧中,每个帧都要包含帧头,其帧头格式如图 4-43 所示。

帧头的 0~3B 为消息编号,是系统中消息的唯一标识符,保留 00 00 00 00 和 FF FF FF FF。4~7B 为保留给消息携带的安全码,默认为 00 00 00 00。8~11B 为保留位,填 00 00 00 00。12~15B 为优先级和消息长度,其中第 12 个字节的第一位 L 是对消息长度的修

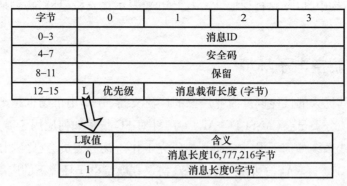

图 4-43 FC-AE-ASM 帧头结构

改:消息长度填 00 00 00 时,L=0 表示消息长度为 16777216B,L=1 表示消息长度为 0;消息长度填其他内容时,L 没有意义。对于优先级的执行过程是在系统层和网络层进行详细定义,在执行的时候,优先级会填入 FC-FS-2 中定义的优先级区域。消息长度定义为一次传输的全部消息的总字节数,但不包括 FC-AE-ASM 的帧头在内。

4.5.4.2 FC-AE-1553 协议

FC-AE-1553 协议是基于 MIL-STD-1553 的 FC 上层映射,可以提供一个确定性的命令/响应式的协议,很好地满足实时关键航空电子系统应用。

传统 1553 总线与 FC-AE-1553 的术语对照关系如表 4-4 所示。其中,网络控制器(Network Controller,NC)可以提供所有 FC-AE-1553 消息在网络上的确定性传输机制,在 FC-AE-1553 网络中可以有一个或多个 NC;网络终端(Network Terminal,NT)由 FC 网络连接的子系统或传感器内的 FC 接口组成,主要负责子系统和由网络控制器管理的 FC 网络之间的数据传输。

表 4-4　1553B 与 FC-AE-1553 术语对照

MIL-STD-1553	FC-AE-1553
总线控制器(BC)	网络控制器(NC)
远程终端(RT)	网络终端(NT)
RT 地址	网络终端地址
RT 子地址	NT 子地址(T_SA)
MIL-STD-1553 消息	FC-AE-1553 交换
指令字	指令帧
状态字	状态帧

FC-AE-1553 定义了两类信息单元:NC 向 NT 传输的多种信息单元和 NT 向 NC 或者其他 NT 传输的多种信息单元。通过这些信息单元来实现命令/响应式的传输,每一个 FC-AE-1553 交换都是由 NC 的一个或者一对指令帧传输发起的。FC-AE-1553 通过扩展的设备帧头来实现指令帧头和状态帧头的功能,MIL-STD-1553 的指令字和状态字被

映射到了 FC-AE-1553 的指令帧头和状态帧头。如图 4-44 和图 4-45 所示,其指令字、状态字与相应的指令帧和状态帧间的映射均在数据区实现,数据字所映射的数据帧头与图中的第 0 至第 5 个字格式相同。

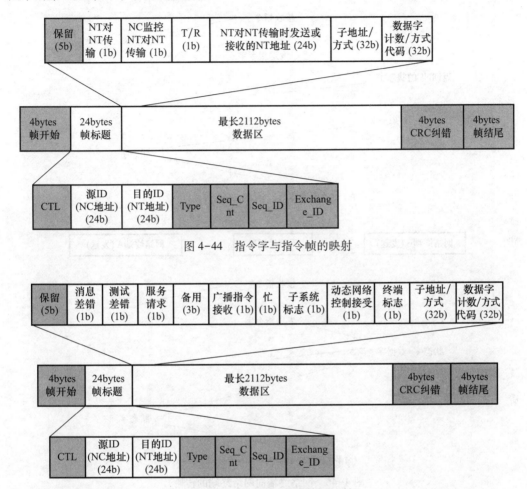

图 4-44　指令字与指令帧的映射

图 4-45　状态字和状态帧的映射

FC-AE-1553 中的信息传输格式与传统 1553 所规定的 10 种格式(包括广播消息的 4 种)相比较,除了 NT 对 NT 的传输有些不同之外,其他在形式上没有区别。NT 对 NT 的信息交换在 FC-AE-1553 中存在着两种不同的方式,如图 4-46 所示:一种是 NC 不监控数据字只接受相应的状态字(图 4-46(a)),另一种是 NC 监控发送方 NT 所发送的数据字(图 4-46(b))。后一种情形仅在仲裁环、交换型网络中使用第 3 类服务或者在交换型网络中使用第 6 类服务时出现。具体方式的选择通过指令帧中第 6 个字的第 25 位设定。

FC-AE-1553 网络最大可允许终端数为 2^{24},最大可允许传送字(32 位)数为 2^{32},最大的子地址空间为 2^{32},可以采用 FC 所提供的全部网络拓扑,允许网络和多个 NC 同时交叉传送数据。图 4-47 描述了将传统 1553 总线中的终端设备桥接到 FC-AE-1553 的方法,桥中的 1553 总线控制器负责将来自 FC-AE-1553 的指令帧转化为 1553 总线的指令字,以及将来自1553总线的状态字转化为相应的FC-AE-1553状态帧。

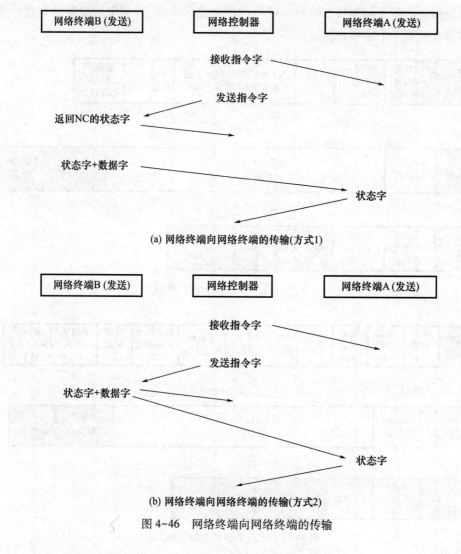

图4-46　网络终端向网络终端的传输

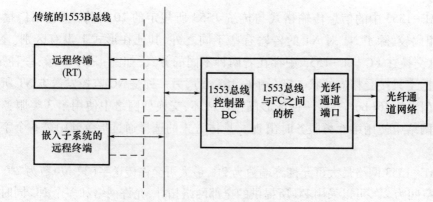

图4-47　FC-AE-1553与1553间的桥接

一个 FC-AE-1553 网络中允许并存有多个桥并且每个桥可以连接不同的 1553 总线，但是每条 1553 总线上在同一时刻只允许一个桥起作用。另外，指令帧中第 6 个字的后 24 位定义为接受方或发送方的 NT 地址，第 9 个字的最后 5 位定义为接受方或传送方的 RT 地址，在此基础上通过 FC-AE-1553 与 1553 总线之间的桥接可以实现 NT 与 RT、RT 与 NT 以及 RT 与 RT 间的数据传输。

需要指出，这里强调的只是协议层之间的映射关系，作为底层还必须遵循 FC-FS、FC-FG、FC-AL 和 FC-AE 等标准的相关限制与规定，比如链接协议、基本链接服务、扩展链接服务、交换型网络注册和服务类型等。

4.5.4.3 FC-AE 应用

FC 交换式网络能够承担机载电子系统中各电子设备如信号处理机、传感器、显示器之间的信息传输任务，具体包括：传感器数据的传输、计算机（子系统）之间的数据交换、系统控制命令的传输、测试维护数据的传输、视频数据的传输等。基于 FC 统一网络的互联拓扑结构如图 4-48 所示。

航空电子系统 FC 统一网络中，使用交换式网络拓扑，所有分区和分区内部都使用 FC 交换机进行设备的连接。整个网络的核心是综合核心处理器区，该分区由八个 FC 交换机将处理器连接成分布式处理系统，完成航空电子系统中所有数据的处理。光电区、雷达区、CNI 区、武器区、显示区、飞行管理区和健康管理区内部都通过 FC 交换机进行互联，完成各个分区内部设备之间的数据交换。FC 主交换机位于综合核心处理器区内部，光电区、雷达区、CNI 区、武器区、显示区、飞行管理区和健康管理区的 FC 交换机都与 FC 主交换机相连，从而连成一个 FC 统一网络，在该网络中，所有的设备之间都可以通过 FC 网络进行通信。

4.6 时间触发以太网

航空电子系统体系结构的发展，促进了时间触发通信机制的引入。分布式嵌入式实时系统领域提出的时间触发体系架构（TTA）在时间同步的基础上，按照精确的资源使用计划来引导整个系统的活动，可以对资源进行充分使用。在此基础上发展而来的时间触发以太网（TTE），以时间触发（Time-Triggered, TT）代替事件触发（Event-Triggered, ET），在全局时钟精确同步的条件下，使网络任务通信具有完全的实时性。

TTE 网络提供确定性的时间触发通信机制，是 TTA 在分布式嵌入式实时系统领域的发展。SAE 组织于 2011 年 11 月形成并发布了 SAE AS6802 时间触发以太网标准，该标准并不重新定义 IEEE802.3 标准以太网或 AFDX 等专用以太网，而是在其基础上规定可用于时间触发通信的同步协议。通过链路层的改造，TTE 网络增强以太网服务的时间确定性，提供一种能够以固定的端到端延迟和微秒级时延抖动进行确定性消息传递的服务，以及具有灵活性的时分多路复用的带宽配置方法。此外，TTE 网络同时也支持事件触发的

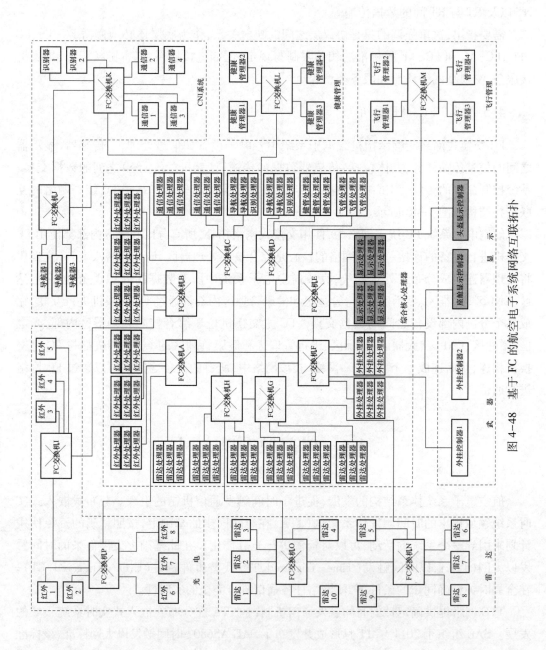

图 4-48 基于 FC 的航空电子系统网络互联拓扑

异步通信,例如与 AFDX 兼容的速率约束(Rate-Constrained,RC)流量和传统以太网尽力传(Best-Effort,BE)流量。

SAE AS6802 标准对于分布式同步协议的规定特别关注系统的完整性,分布式时钟同步依赖于透明时钟机制和具有容错能力的分布式算法,系统的启动和重启动遵循严格定义的协议状态机,并且根据应用的需要分别给出高完整性和标准完整性的配置说明,目的在于使 TTE 网络可以应用于时间关键性、安全关键性和任务关键性的嵌入式系统互联。

2008 年 7 月,Honeywell 首次将实时以太网技术应用在其新一代全权限数字发动机控制系统中。2009 年 4 月,美国航天局(NASA)将 TTE 网络作为猎户座载人探索飞行器(CEV)的综合互联方案,并采用 1000BASE-CX 物理层和双冗余配置,被称为猎户座机载网络(Onboard DataNetwork,ODN)。

4.6.1 拓扑结构

TTE 拓扑结构由端系统、交换机和双向链路组成,其拓扑结构与采用普通以太网技术进行组网的拓扑结构类似。如果网络中只有交换机与端系统的连接,没有交换机之间的级联,则称这样的体系结构为单跳(single-hop)体系结构;如果网络中既有交换机与端系统的连接,又存在交换机之间的互联,则称这样的体系结构为多条(multi-hop)体系结构,任意交换机之间的链路称为多跳链路。TTE 网络支持双通道冗余通信拓扑结构,其中每一个端系统与两个交换机相连,从而增强互联系统的可靠性。

TTE 网络区别于常规分组交换网络的特点在于,除了网络节点物理互联的拓扑形式之外,还存在着用于精确分布式时钟同步的"同步拓扑"。在 TTE 网络中,为了保证时间同步的实现,提出同步控制器(Synchronization Master,SM)、同步客户端(Synchronization Client,SC)和压缩控制器(Compression Master,CM)三种基础设施。根据整个系统体系结构中的要求,端系统与交换机被安排充当 SM、SC 或 CM 的角色,且 TTE 中对端系统或交换机担任何种角色没有限制。TTE 交换或转发设备需要支持"透明时钟"。SM 用于提供本地的时钟信息给 CM;CM 是同步的核心节点,往往由交换机担当,采用压缩算法处理 SM 发出的同步消息,并更正 CM 的本地时钟,同时返还修正信息给 SM 和 SC 以更正本地时钟;SC 并不需要提供本地的时钟信息,只需要接受 CM 返还的修正信息用于更正本地时钟。

以图 4-49 所示单通道多跳交换式网络为例将交换机 3 配置为 CM,端系统 1~6 配置 SM,交换机 1 和交换机 2 配置为 SC,就形成了如图 4-50 所示的同步拓扑结构,这也是一个单集群单同步域的时钟同步拓扑结构。

TTE 网络支持多层次的同步结构,如图 4-51 所示,包括网络层、多集群层、集群层以及设备层。在最底层的设备层中,多个不同的同步角色(SM,CM 和 SC)被配置到端系统和交换机中,在物理同步互联结构的层次上形成了同步拓扑结构。集群层中的设备属于同一个同步域和优先级,将相同同步域不同同步优先级的集群层综合在一起就形成了多集群层,将不同同步域不同同步优先级的多集群综合在一起就形成了网络层。网络层在时钟同步拓扑结构中处在最高层。此外,TTE 网络设计了不同的优先级。在一个多集群的系统,时钟同步常常依照主从模式完成,即设备向具有最高优先级的设备同步。TTE 也定义了不同的同步域,属不同同步域的集群不需要集群间同步。因此,属于不同同步域的 TTE 集群之间的数据通信需要用 RC 或 BE 进行。

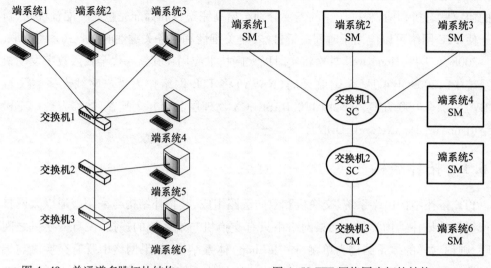

图 4-49 单通道多跳拓扑结构　　　图 4-50 TTE 网络同步拓扑结构

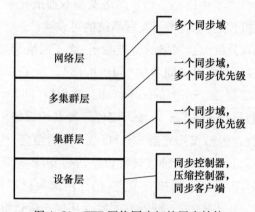

图 4-51 TTE 网络同步拓扑层次结构

4.6.2 传输协议

4.6.2.1 协议层次

TTE 在以太网 802.3 协议基础上,加入时钟同步和时间触发机制,按照预先设定时刻无冲突地进行时间触发流量传输,并全面兼容标准以太网,其协议栈层次结构如图 4-52 所示。

相比于以太网分层协议结构,TTE 中的时间触发机制透明地集成在数据链路层中,并位于介质访问控制子层和逻辑链路控制子层之间。通过时钟同步服务实现全网时钟一致性对准,并为时间触发通信提供时间对齐基础。在混合关键性调度管理的支持下,实现时

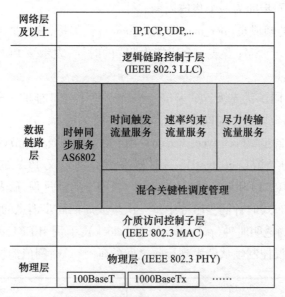

图 4-52 TTE 协议栈层次结构

间触发(TT)流、速率约束(RC)流、尽力传输(BE)流的混合调度支持。从某种意义上看，TTE 可以看作是在传统以太网基础上，通过时钟同步服务和容错控制机制，实现时间触发通信、速率受限通信的支持。

4.6.2.2 消息格式

TTE 网络中 TT、RC 和 BE 三类消息都采用以太网协议的帧结构，包括前导符、帧起始定界符、目的地址、源地址、消息类型、数据长度和帧校验序列，如图 4-53 所示。通信控制器根据类型标识位值的不同对消息进行识别：TT 消息的类型标识位为 0x88d7，RC 消息的类型标识位为 0x0888，BE 消息的类型标识位为 0x0800。除去前导符和帧起始定界符，TT 消息最大的数据帧长度为 1518Byte，最小的数据帧长度为 64Byte。

字节	7	1	6	6	2	46—1500	4
	前导符	帧起始定界符	目的地址	源地址	类型标识位	数据长度	帧校验序列

图 4-53 TTE 网络消息帧结构

在目的地址中，对于 BE 消息，沿用的是 IEEE 802.3 的格式，BE 通信通过自动寻址方式进行。对于 TT 和 RC 消息，可以采用 AFDX 类似的虚拟链路方式进行识别。目的地址被分割为 32bit 和 16bit 两部分，其中的 16bit 被用作虚拟链路的标识。

TTE 网络同步节点之间通过图 4-54 所示的协议控制帧(Protocol Control Frame，PCF)实现同步所需的时间信息传递。该 PCF 帧实际上是一个标准的以太网帧，其有效载荷包括下列部分。

（1）32 位字段的集成周期(pcf_integration_cycle)：代表在哪个集成周期中，该协议控制帧被发送,每一次同步即为一个集成周期。

（2）32 位字段的帧成员(pcf_membership_new):位矢量,该矢量中的每一个比特对应系统中静态配置的一个 SM;当某一个比特为"1"的时候,表示该 PCF 帧携带了这一比特对应的 SM 的时间信息。

（3）8 位字段的同步优先级(pcf_sync_priority):使得 CM 能够区分其可接收的预设优先级的 PCF 帧,可用于划分不同同步域之间的优先级关系。

（4）8 位字段的同步域(pcf_sync_domain):用于确定取得同步的节点之间形成的同步域。

（5）4 位字段的类型(pcf_type):通过枚举值分别定义 PCF 的类型——冷启动帧(CS)、冷启动应答帧(CA)和综合帧(IN)。前两者用于启动过程,后者在每一次集成周期开始后传输,提供分布式时钟同步服务中每一次集成周期同步消息的传递。

（6）64 位字段的透明时钟(pcf_transparent_clock):引用 IEEE1588 v2 中"透明时钟"的概念,用于存储协议控制帧从产生到接收之间的延时,该时间值能够达到皮秒量级。

	0~15			16~31	
0	集成周期				
32	帧成员				
64	保留				
96	同步优先级	同步域		类型	保留
128	保留				
160	透明时钟				
192					

图 4-54 PCF 帧格式

4.6.2.3 流量综合与调度

TTE 网络在一个物理网络上需要支持具有不同实时性和安全性特征的应用之间的通信,提供了 TT 流量、RC 流量和 BE 流量三种不同的流量等级。

（1）TT 流量用于对网络延迟、延迟抖动及传输确定性要求十分严格的应用。在网络拓扑中的每一个节点(终端和交换机),都有一张已经被离线设定的调度表,所有的 TT 消息在同步时钟的支持下,根据调度表中预先离线设定好的调度时间信息,进行时间触发调度。TT 流量具有优于其他流量等级的优先权,其传输具有完全严格的确定性,端到端延时和时延抖动都是经设计可预测的,延迟精度最高。

（2）RC 流量用于网络确定性和实时性相较于 TT 流量应用稍弱一些的应用。RC 消息实现与 ARINC 664 part 7 标准兼容的通信模式,依然需要保证对于每个消息具有预定义的带宽,延迟和延迟抖动具有规定的界限。典型的,RC 消息通过最小帧间间隙和最大帧长等参数进行约束,保证其带宽是在预先定义好的范围内进行通信。与 TT 消息不同,RC 消息的发送并不遵循系统范围的同步时间基准。当不同通信源节点在同一时刻点向同一目的地发送消息时,RC 消息将可能在交换节点输出端口进行排队,从而增加消息传输抖动和网络时延。

（3）BE 流量用于实时性要求弱的应用。BE 流量采用尽量服务的原则,和传统的以太网兼容,这意味着对于一个消息是否被送达、什么时候被送达没有保证。BE 消息优先级最低,使用 TT 流量、RC 流量传输所剩余的带宽来进行传输,因而不提供服务质量的保证。然而,在诸如维护和配置阶段,尽力传流量可能是有用的:因为在这样的阶段,可能没有 TT 或 RC 形式的关键性流量,不需显式地改变网络模式,整个网络带宽对于尽力传流量是可用的。

当有多个流在交换网络中进行传输时,需要对这多个流进行综合。图 4-55 展示了一个包含了三个端系统与一个交换机的 TTE 网络示例。在示例中有两个端系统发送数据帧,一个交换机对来自两个发送端系统的数据帧进行综合调度,一个接收端系统接收来自交换机的集成数据流。发送端系统 1 发送了一个周期为 2ms 的 TT 帧与 BE 帧,发送端系统 2 发送了一个周期为 3ms 的 TT 帧、BE 帧以及 RC 帧,在交换机中进行流量综合后,其数据流如图 4-55 中右侧所示。

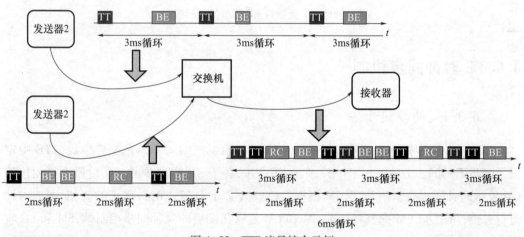

图 4-55　TTE 流量综合示例

不同的流量综合方法会得到不同的系统性能表现结果,需要采用全局优化的方法实现 TT 流的综合调度,并考虑到为 RC 和 BE 流预留合适的带宽窗口。

在每个竞争输出端口中,TTE 网络执行混合关键性流量调度策略。为了规避非 TT 流(RC 流或者 BE 流)对 TT 流传输的干扰,确保 TT 流的正确传输,非 TT 流在 TT 流调度窗口之间,利用剩余带宽按照优先级策略进行调度输出。在每个 RC 帧或者 BE 帧到达输出端口时,调度器会根据时间触发窗口配置参数,计算当前时间与下一个 TT 帧到达窗口时间之间的差值,如果该时间差值不足以传输一个完整的 RC 帧或 BE 帧时,则该到达帧不能在本时间段进行发送,将其保存到交换机缓存中,直到预测的下一个 TT 帧到达并且发送完毕之后,再对该帧进行调度输出发送。这种阻断模式(timely block)虽然严格保证了 TT 流传输,但同时也为 RC 流和 BE 流的传输带来新的延迟干扰,并降低了链路带宽利用率,一般将阻断模式带来的带宽浪费现象叫作 TT 流保护带宽(guard band)现象。

针对阻断模式的不足,存在一些新的 TT 流量调度机制。一般来说,可以将 TT 与非 TT 流量的传输模式分成三种:抢占模式(preemption)、阻断模式(timely block)和洗牌模式

(shuffling),如图 4-56 所示。抢占模式表示若 RC 帧在传输的过程中遇到 TT 帧,则 RC 帧被终止传送,直至 TT 帧传输完毕并再次有空闲时段时,RC 帧被继续发送,这种分段传输的方法可以提高链路带宽的利用率;而洗牌模式表示 RC 帧将推迟 TT 帧预先安排的传输时隙,考虑到在该模式下 TT 帧的传输确定性遭受影响,在实际应用中应该不能被接受。

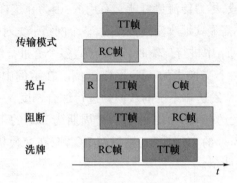

图 4-56　TT 流量与 RC 流量的传输模式

4.6.3　时钟同步机制

4.6.3.1　两步同步法

TTE 时钟同步拓扑根据物理拓扑中交换机和端系统的同步角色配置生成,TTE 中定义了两步走的同步方法,如图 4-57 所示:第一步,各个 SM 在同步的开始阶段向其相连的 CM 发送时钟同步控制帧 PCF,CM 根据接收到的 PCF 计算出时钟修正的值,对本地时钟进行补偿;第二步,CM 向其相连的 SM 和 CM 发送压缩后的时钟同步控制帧,SM 和 SC 收到更新的 PCF 帧后对本地时钟进行修正,完成时钟同步的过程。这两步是循环进行的,且各同步过程的轮次在时间上是相互交叠的,但只要 CM 上的采集窗口(Collection Window,CW)不交叠即可。

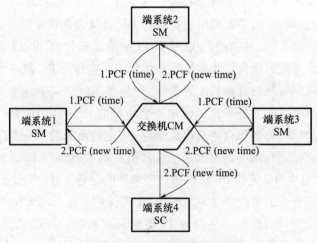

图 4-57　TTE 时钟同步过程

在 TTE 时钟同步的过程中，CM 将所有接收到的 SM 的时钟信息通过计算得到的均值作为同步时钟基准。理论上，网络各 SM、SC、CM 达到同步后，SM/SC 的调度时刻点与来自 CM 的 PCF 帧的固化时刻点相同，校准值为 0，CM 的本地时钟与 SM 和 SC 的本地时钟相同。但实际上，在此期间，由于各个本地时钟的偏移，会造成 CM、SM 和 SC 的本地时钟不一致，所以在系统运行的整个过程中一直在周期性地执行时钟同步过程。把每一次周期性的同步过程叫作集成周期（Integration Cycle，IC），多个集成周期环构成一个集群周期（Cluster Cycle，CC）。

4.6.3.2 同步时序

TTE 网络时钟同步服务的完整时序如图 4-58 所示，关键时刻点如下。

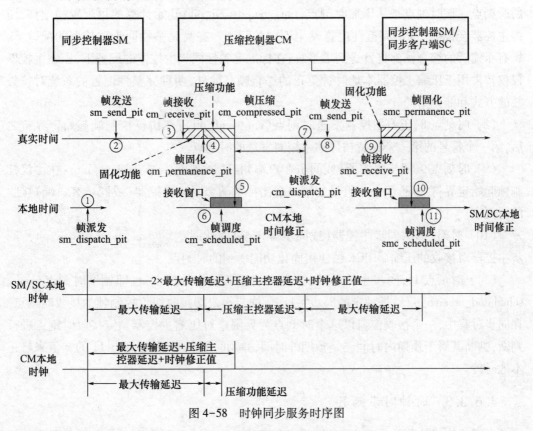

图 4-58 时钟同步服务时序图

（1）时刻点 1，同步主控器派发时刻点（sm_dispatch_pit）：同步主控器内部调度器触发 PCF 帧的时刻点。

（2）时刻点 2，同步主控器发送时刻点（sm_send_pit）：在协议控制帧起始定界符之后，第一个符号的第一个比特传输到通信链路的时刻点。在传输的时候，同步主控器将传输时 sm_dispatch_pit 到 sm_send_pit 之间的时间差值添加到 PCF 帧中。这个时间差称为发送延迟，由于通过透明时钟的记录，该延迟是驻留延迟的一部分。

（3）时刻点 3，压缩主控器接收时刻点（cm_receive_pit）：在协议控制帧起始定界符之后,第一个符号的第一个比特被压缩主控器接收的时刻点。

(4) 时刻点 4,压缩主控器固化时刻点(cm_permanence_pit):收到的 PCF 帧固化完成时刻点。这个时刻点的获取方法在固化功能部分将做出说明。

(5) 时刻点 5,压缩主控器压缩时刻点(cm_compressed_pit):PCF 帧压缩完毕时的时刻点。该时刻点的获取方法在压缩功能部分将做出说明。

(6) 时刻点 6,压缩主控器调度时刻点(cm_scheduled_receive_pit):在同步操作中,以这个时刻点为中点打开接受窗口,通过判断压缩时刻点(cm_compressed_pit)是否落在接收窗口内,判断获得的压缩时刻点(cm_compressed_pit)在调度中或不在调度中。在调度中,则认为得到的压缩时刻点能够反应一次时钟同步的基准时间,反之则否。

(7) 时刻点 7,压缩主控器派发时刻点(cm_dispatch_pit):数据帧被压缩主控器派发的时刻点。该时刻点是从压缩时刻点(cm_compressed_pit)开始计算的可配置的偏移,压缩主控器会根据 SM 的完整性配置发生不同的行为。在高完整性同步主控器的配置下,所有压缩后的综合帧都将发送到端系统;在标准完整性同步主控器的配置下,压缩主控器仅仅转发用于压缩主控器本地时钟更正的综合帧。此外,两种完整性配置的系统对抗失效的方式和能力不同。

(8) 时刻点 8,压缩主控器发送时刻点(cm_send_pit):在协议控制帧起始定界符之后,第一个符号的第一个比特被压缩主控器发送的时刻点。

(9) 时刻点 9,同步主控器(或同步客户端)接收时刻点(smc_recieve_pit):在协议控制帧起始定界符之后,第一个符号的第一个比特被某个同步主控器(或同步客户端)接收的时刻点。

(10) 时刻点 10,同步主控器(或同步客户端)固化时刻点(smc_permanence_pit):同步主控器对接收的压缩后 PCF 帧使用固化功能得到的时刻点。

(11) 时刻点 11,同步主控器/同步客户端预期接收时刻点,也即调度时刻点(smc_scheduled_receive_pit):是预定的同步主控器/同步客户端接收协议控制帧的接收时刻点。在同步过程中,一个接收窗口以这个时刻点为界限来对压缩主控器预定接收时刻点进行判断,判断其属于预期内时间还是预期外时间,并用时刻点 10 和时刻点 11 的差值来修正本地时钟。

4.6.3.3 时钟同步函数

在同步协议控制的过程中,固化功能和压缩功能是时钟同步服务的关键。固化功能在 SM、SC 和 CM 中均需实现。压缩功能仅在 CM 中实现,旨在将与之相连的 SM 时钟进行加权求均值作为该 CM 同步域的基准时钟。固化功能和压缩功能通过固化函数和压缩函数具体实现。

1. 固化函数

由于协议控制帧自发送到接收的过程中,路径延迟不同,因此,接收端接收时刻的顺序并不能代表这些 PCF 帧发送的绝对顺序。通过固化函数(Permanence Function)可以有效解决这一问题。固化函数主要实现对目的端设备接收到的数据帧进行重排,恢复出由数据帧发送的相对时刻所决定的帧之间的绝对时间顺序和精确的时间差。

在 PCF 帧中,透明时钟(pcf_transparent_clock,用 TC 来标示)记录了 PCF 帧在传输过程中产生的延迟(包含动态延迟和静态延迟)。TC_0 表示的是在 PCF 帧生成端产生的延迟,TC_i 表示到达传输路径上第 i 个中继设备上的累积延迟,因此 TC_n 则表示了到达终端设备(即 CM)的所有累积延迟。T_{max_delay} 是系统设计时制定的参数,该参数是系统中所有可能 TC_n 的最大值,在一个多集群范围内该参数是确定的。则对于本次传输,其固化延迟为

$$permanence\_delay = T_{max\_delay} - TC_n$$

所以固化时刻点为

$$permanence\_pit = receive\_pit + permanence\_delay$$

由该公式易知,固化时刻点实际上为 PCF 的发送时刻与最大传输延迟 T_{max_delay} 的和。由于 T_{max_delay} 是系统设计时制定的参数,因此接收设备获得的 PCF 的固化时刻点顺序与它们的初始发送顺序一致。如图 4-59 所示,端系统 1 和端系统 6 分别派发协议控制帧消息 1 和消息 6,在交换机 3 中,接收的顺序与发送的顺序相反,通过透明时钟的机制以及固化的计算,在交换机 3 中重新建立了消息的发送顺序。

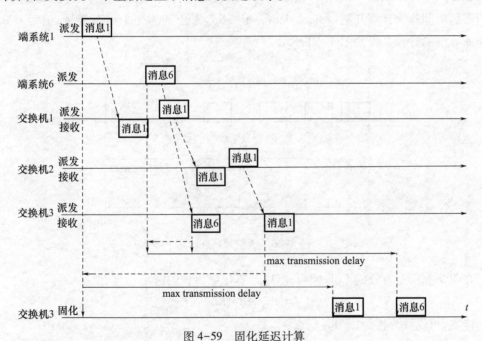

图 4-59　固化延迟计算

2. 压缩函数

压缩函数(Compression Function)仅在 CM 中实现,其目的在于将与之相连的 SM 时钟进行加权作为该 CM 同步域的基准时钟。它根据收集到的满足条件的协议控制帧的固化时刻点 cm_permanence_pit,利用压缩算法将其压缩到一个平均时刻点,即压缩时刻点(compressed pit),基于此可以用于对网络中其他设备,如 CM、SM 以及 SC,进行本地时钟的校正。

如前文所述,固化函数可以保证PCF帧在传输过程中的动态延迟得以补偿,因此所得到的固化时刻点cm_permanence_pit可以有效地代表每一个实际的派发时刻点sm_dispatch_pit的顺序。由于晶振等原因的影响,每一个SM的派发时刻点可能会存在微小的偏差,这些偏差会反映到CM所收集的固化时刻点上。CM利用压缩函数作用于这些固化时刻点,并采用容错的均值算法来进行计算,计算得到的均值即为压缩时刻点。

对于来自同一个集成周期的一组PCF帧,以其中最早的一个固化时刻点作为起始点,开启一定长度的采集窗口(CW),并观察这组帧中其余剩下帧的固化时刻点。CW可以由一个或一个以上的观察窗口(Observation Window, OW)组成,将CW的长度记为T_{CW},最大值为$(f+1) \times T_{OW}$,其中f为网络的容错故障设备个数,T_{OW}为观察窗口长度。在一个观察窗口之后是否开启新的观察窗口,是根据当前观察窗口内采集到的有效PCF帧的数目以及f决定的。当第一个OW结束时,开启第二个OW,再一次对PCF帧进行接收,如果至少接收到了一个PCF帧,那么将开启第三个OW,直到达到最大OW个数;若没有收到PCF帧,则固化结束。对于CW时间段内收集到的PCF帧,CM对它们的固化时刻点相对于第一个固化时刻点的时间差进行容错均值计算,记压缩修正值(compressed correction)为D_{comp_corr}。将第一个固化时刻点设为T_{p_1},后续固化时刻点为T_{pi}。对于压缩校正计算所需的时间称为计算开销(calculation overhead),考虑其为一个静态变量,记为CALC,则压缩算法的计算过程如图4-60所示。

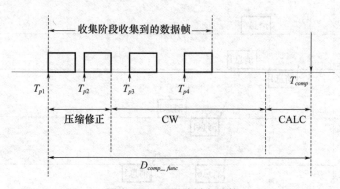

图4-60 压缩时刻点计算

在收集完所有有效的PCF帧后,可以计算压缩过程的时延:
$$D_{comp\_func} = T_{CW} + CALC + D_{comp\_corr}$$
进一步地,可以计算得到压缩时刻点:
$$T_{comp} = T_{p_1} + D_{comp\_func}$$
之后,CM会利用得到的压缩时刻点T_{comp}修正本地时钟,修正值:
$$clock\_corr = T_{comp} - cm\_scheduled\_pit$$
当CM将压缩后的同步数据帧发送回同一个同步域中的其他设备(SM和SC)时,这些设备根据接收到的固化后的同步数据帧的固化时刻点T_{sp-p}和预计接收时刻点smc_scheduled_receive_pit,计算得到本地时钟修正值
$$clock\_corr = T_{comp} - smc\_scheduled\_receive\_pit$$

4.6.4 时钟容错机制

4.6.4.1 失效模式

考虑到TTE网络中所涉及的失效模式总是与设备(即端系统和交换机)的行为和它们的网络接口有关,由各种故障和错误发展来的典型时钟失效模式情况如图4-61所示。

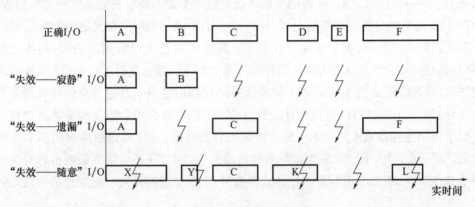

图4-61 失效模式的示意图

这些失效模式表现如下。

(1)寂静失效模式:设备失效并寂静,停止进行消息发送。

(2)遗漏失效模式:出现遗漏故障的设备将出现任意数目的发送和/或接收帧失败的情况。

(3)不一致失效模式:只有在多播通信(意味着从一个发送器向多个接收器的通信)中才出现不一致行为,意味着有故障的发送器能够使其中一些接收器接收到正确消息,而另外一些接收器则接收到错误消息。

(4)不一致—遗漏失效模式:该模式是不一致失效模式和遗漏失效模式的组合,故障设备不受控制地随意选择一组消息作为正确的消息进行发送,而将剩下的消息作为错误的消息进行发送;并且故障设备不受控制地随意选择消息将要发送到的通信端口。

(5)随意失效模式:失效的设备不受控制地在任意的时间点以任意的内容产生随意的消息;并且随意失效的设备会不受控制地产生不一致失效;随意失效模式也包含无意义重复发送(babbling idiot)行为和类似的故障模式。

在故障冗余的类型中,TTE网络支持如下两种类型的失效假设。

(1)单故障失效假设:在该模式下,TTE网络容忍一个端系统的随意失效,或一台交换机的不一致—遗漏失效。TTE网络中的交换机建立故障封闭边界,能够被配置为执行中心守卫功能(central bus guardian function),以保证即使一个端系统出现随意故障,在一个集成周期内,压缩主控器也只会接收由同一个同步主控器发出的一个PCF帧,结合其他的容错机制,将端系统的随意失效模式转化为不一致—遗漏失效模式,从而达到错误屏蔽的目的。

(2) 双故障失效假设:在该模式下,TTE 网络容忍两个不一致—遗漏失效的设备。这些设备可能是两个端系统、两台交换机,或者是一个端系统和一台交换机;其中最后一种故障场景(端系统和交换机失效)意味着 TTE 网络容忍两个端系统之间的不一致的通信路径。

即使在永久失效的压力下,TTE 网络容忍随意的瞬态扰动,即在单故障失效和双故障失效假设下,TTE 网络都具有自我稳定的性质。这意味着即使在分布式计算机网络中多个设备发生瞬时的混乱之后,时钟同步也将被重建。上述的所有失效模式和失效假设,除了针对 TTE 网络的时钟同步算法有效,同时对于 TTE 网络的时间触发通信依然适用。

对于时钟同步而言,如果压缩主控器 CM 发生了寂静失效或遗漏失效,同步主控器 SM 将不能够接收到压缩主控器 CM 返回的压缩后的 PCF 帧;或者压缩主控器 CM 发生了随意失效,则其发送出的压缩后 PCF 帧所携带的时间信息对于其他节点的时钟同步没有任何指导意义,所以在 TTE 的同步算法设计中,只能采用双冗余的方式来解决这样的问题。对于压缩主控器 CM 发生不一致—遗漏失效的情况,可以通过故障封闭机制来解决这样的问题,同步主控器 SM 发生寂静失效或遗漏失效时,并不会将错误的本地时钟信息传递给其他节点,所以考虑同步主控器的容错时,主要考虑的是对抗随意和不一致失效。

4.6.4.2 结团检测

全局时钟同步的正确性是 TTE 网络的关键,TTE 规范考虑到一些定时错误的发现和解决方法,例如定义同步结团(clique)检测和异步结团检测功能。所谓结团是指同步主控器和/或压缩主控器内部形成了节点的子集,子集内节点之间自同步,但同步操作无法超出子集的边界的现象。为了规避结团问题,需要采用某种算法或过程在节点子集形成结团时就发现它,以便后续采用进一步的办法解决子集内不合理的局部同步问题。

TTE 规范定义了两种结团检测功能,即同步结团检测功能和异步结团检测功能。当一个同步节点发现自己处于结团状态,将利用重启动的机制,以脱离局部同步困境,并试图重新获得全局同步。通过结团检测功能,可以保证节点发现自身同步失效问题,从而保证 TTE 网络的时钟同步服务能够自适应对抗失效并恢复继续同步的能力。

4.6.4.3 完整性容错

TTE 网络可以采用标准完整性或高完整性两种配置以应付不同的容错需求,具体如下。

(1) 在标准完整性配置下,压缩主控器能够通过漏桶算法,保证一个集成周期只接收每个 SM 发送的一个 PCF 帧;压缩主控器只会发送出自己用于本地时钟更正的压缩后的 PCF 帧;由于压缩主控器返还的 PCF 帧只是部分时钟信息,标准完整性不能容忍同步主控器和压缩主控器同时失效。在冷启动时,同步主控器 SM 会应答所有的冷启动帧,包括自己发出的冷启动帧,在结团检测后消除非同步状态时,有可能会不能正确地再次完成同步。

(2) 在高完整性配置下,同步主控器在一个集成周期只会发送一个 PCF 帧;压缩主控器 CM 会发送所有的压缩后的 PCF,保证了所有时钟信息都被完整地传递到了其他同步节点,在高完整性状态机下,可以容忍同步主控器和压缩主控器同时失效。在冷启动时,压缩主控器 SM 不会接收以 SM 为来源的冷启动帧,所以压缩主控器不会应答自己的冷启动帧,不会出现标准完全性再同步时不能正确同步的问题。

这两种配置的差别在于:虽然它他们都可以消除不一致失效的影响,但高完整性系统能保证时钟信息的完整性,在某些标准完整性不能同步的情况下可以继续完成同步;标准完整性系统不能容忍随意失效,而高完整性系统可以有效消除随意失效的影响;以及两者对于通过结团检测以消除多点的不一致失效的效果不尽相同。

4.6.4.4 故障封闭

故障封闭机制是 TTE 网络对压缩主控器 CM 设定的应对不一致—遗漏失效模式的策略。在单故障失效假设下,同步主控器 SM 可以通过同步算法本身消除不一致—遗漏失效和随意失效的影响;但在多故障失效假设下,就需要故障封闭机制以保证同步主控器 SM 对抗不一致—遗漏失效,并将错误封闭在一定区域。

对于以高完整性为设计要求的组件,具有指令器/监视器(COM/MON)对的结构,以构成高完整性设计,如图 4-62 所示。也可以采用其他手段,如附加的诊断机制进行检测,以应对高完整性设计中假设组件发生不一致—遗漏失效的情况。

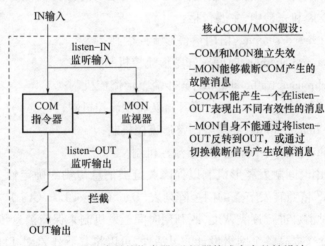

图 4-62　通过成对的指令器/监视器构成高完整性设计

4.6.5　TTE 应用

随着载人航天飞行器电子系统复杂程度的提升,需要采用综合化互联技术替代飞行器内种类繁多的总线和网络,以降低布线的体积、重量和功耗。TTE 不仅在全双工交换式以太网物理层上实现了可以精确到微秒乃至亚微秒量级的分布式时钟同步,成为安全关键性的时间触发通信的基础;而且剩余的带宽还能容纳关键性等级较低的事件触发流量,支持既有设备的接入;有望成为未来载人航天电子系统的骨干互联网络。

美国国家航天局(NASA)已经将 TTE 网络作为猎户座多用途载人飞船(Multi-Purpose Crew Vehicle,MPCV)的骨干网络,速率为 1Gb/s。该网络替代了传统的多种总线,支持不同类型的数据和通信需求,并经过抗辐照加固以适应外层空间环境,形成一个高可靠、安全灵活的分布式综合化电子系统。其拓扑结构如图 4-63 所示,包含乘员舱 8 台交换机和服务舱 3 台交换机,其中交换机 31 和 32 是综合化互联的核心,接入两个 VCM 机架模块,形成热备份双冗余配置,另有一个备份飞行控制单元(Backup Flight Control Unit,BFCU)不对称地接入交换机 22。在后续发展型号中,乘员舱增加了 2 台交换机(交换机 7、8),获得了更充裕的冗余物理链路,便于实施更为复杂的多模冗余容错策略。

4.6.6　时敏调度扩展

为了满足自动驾驶、工业控制等场景下实时性与可靠性需求,需要对传统以太网进行改造。时敏网络(Time Sensitive Network,TSN)便是通过一系列技术改造而成的时间敏感特性的新型网络。TSN 包含一系列标准,支持时间触发通信调度和事件触发通信调度,建立了多种流量整形机制,以保障时间敏感流的实时性。目前 TSN 相关 IEEE802.1 标准已经对这种新型网络标准做了部署,主要分布于:网络时钟同步、流控机制、一致性和完整性、网络管理等四方面,其中流控机制是保证 TSN 网络实时性的关键。目前 TSN 的流控机制依然在逐步发展和完善中,主要包括:

- CBS:credit based shaping,信用量整形流控机制;
- TAS:time aware shaping,时间感知整形流控机制;
- ATS:asynchronous traffic shaping,异步流整形流控机制;
- CQF:cyclic queuing forwarding,循环排队转发流控机制;
- BLS:burst limit shaping,突发限制整形流控机制;
- PS:peristaltic shaping,蠕动式整形流控机制。

其中,TAS 采用时间触发整形机制以保障关键类消息传输的确定性。类似于时间触发以太网 TTE,TAS 依照转发节点的门控阵列表(Gate Control List,GCL),在与流量类型匹配的时间窗口内对消息进行逐类调度,既利用时间触发机制来保障消息传输的实时性,同时又利用逐类调度来提高整个网络设计的灵活性,可以将其看作是对 TTE 在调度灵活性方面的扩展和提升。

由 IEEE802.1Qbv 定义的 TAS 整形器,实际上是一种门控机制,该机制根据 GCL 预定义的循环时间表,动态地控制出口队列帧的传输,这种隔离的构想源于时分复用(Time-Division Multiplexing,TDM)思想,划分时间窗使流量在时间上隔离,从而尽量避免各自的直接竞争,保障流量传输的确定性,其组成如图 4-64 所示。其中 CDT 为优先级最高的关键控制类流量,A 和 B 为带宽预定类流量,BE 为尽力传输类流量,CDT 类流量根据 GCL 门控阵列,在预定时间窗口内发送数据,A 和 B 以及 BE 类流量在 CDT 时间窗口外依据优先级竞争输出。

第4章 机载网络

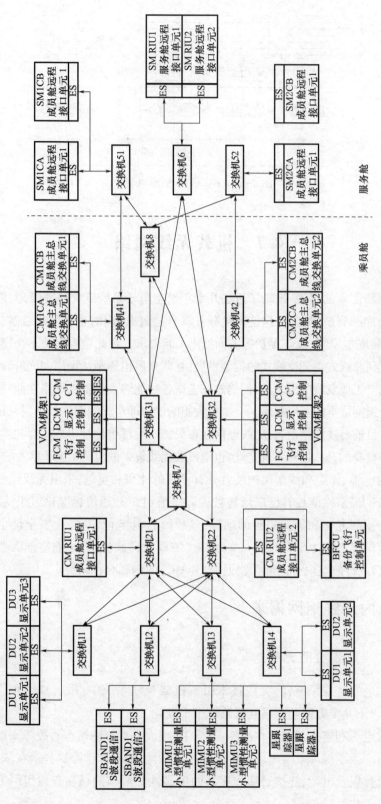

图 4-63 第二阶段 MPCV 载人飞船的交换式网络拓扑

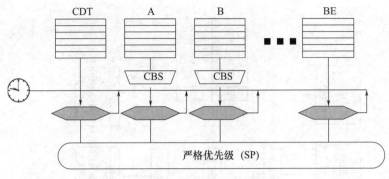

图 4-64 TAS+CBS 整形机制

4.7 机载无线网络

新技术和新需求的出现,推动了过去几十年航空电子系统巨大的发展,大量设备和传感器被不断地加载到航空器上,这使得机载互联日趋复杂,同时也在网络带宽、网络 QoS、机载重量控制、成本控制、设备维护等方面提出了新要求。在此趋势驱动下,机载网络也经历了从点到点到总线式再到交换式的构型发展,互联介质也逐渐从铜缆向光纤转变。然而,着眼于未来航空工业发展的需求,人们仍然在尝试各种能够大幅提高网络性能、提升设备维护性并能控制组网成本的互联技术。一个很大胆的设想即将无线网络技术引入机载互联应用当中。相对目前有线通信而言,无线通信在布局、重量、可维护性等方面存在着明显优势,但同时它由于自身的开放性和不确定性,也给机载无线设备的应用带来了巨大的挑战。

飞机上的电缆、光缆和线缆保护装置具有可观的体积和重量,采用无线代替飞机上的有线互联带来的经济性能提升已广泛地被国际民航组织和通信标准化组织认同,而且无线互联不存在绝缘老化和插头松脱的问题,且故障容易定位,对提高安全性也有重大贡献。上述显著的优点催生出"Fly-by-Wireless"的概念,同时形成了航空航天器系统研究所(AVSI)组织进行航空电子内部无线通信(WAIC)的国际合作研究。

4.7.1 机内无线组网需求

4.7.1.1 无线组网优势

综合考虑航空特殊领域,将无线技术引入机载互联系统中,用于减少和替代有线连接,将可能在以下几个方面给机载互联系统带来变化。

(1)消除电缆和连接器的潜在故障:事实上,很大一部分的航空器故障来源于电缆或连接器的失效。为了保障航空电子系统的高度可靠性,控制和消除这些潜在故障,对有线网络布线的设计以及电缆、连接器和传感器的可靠性分析与测试在有线组网方案中占据了很大一部分工作。

（2）减少机载重量：无线组网方案可以提高机载有效载荷，这一点对于替代铜质电缆特别显著。

（3）降低直接成本：包括电缆和连接器的成本，以及布线设计、连接测试等与有线组网技术相关的所有直接成本(费用和时间)。

（4）降低维护成本：消除电缆和连接器带来的可能故障，另一方面也意味着维护更加方便。

（5）方便系统升级和改进：在系统升级或变更中，往往不可避免地需要重新布线；而对于升级一个无线设备，不需要改变已有电缆和设备的位置。

（6）提高设备配置和放置的灵活性：允许在对其他设备不产生物理影响的情况下随时安装、移动、移除设备，这一点特别是对于临时测试设备的处理特别适用。

（7）完成有物理环境限制下的传感监视：对于航空器的某些部分，限于尺寸、温度等物理条件，数据传输线缆或电源线可能难于布置或者布置成本过高(例如发动机上的某些传感器)，使用无线传感器是一个不错的选择。

然而，无线技术(包括超宽带技术)受其自身技术特点的限制(开放、不确定性、随环境变化的时变信道)，在电磁兼容性、实时性和可靠性等方面毕竟不能与有线通信相比，而这几方面又恰恰是机载互联系统最关心的问题。因而，要将无线技术引入机载互联系统中，首先需要综合考察该技术能否满足航空电子应用需求。

4.7.1.2 无线组网问题

当前机载无线网络的发展趋势正从非核心的多媒体和语音数据传输，向较为关键的健康监控传感器数据传输，甚至核心的飞行控制数据传输发展。但是，由于无线网络自身的缺点，要将无线技术引入机载组网环境，还有很多问题需要解决。

1. 信道问题

飞机机舱狭小的空间，意味着无线信号在其内部传播时将经历更为密集的多径效应，相应的信道环境可能在模型上或者在参数上也将与普通商用、住宅和工业环境不完全相同。因此，考虑将无线技术搬到飞机上前，首先需要对飞机内部的无线信道进行测量和建模，为无线设备的链路预算以及布置提供参考。

2. 电磁兼容问题

引入无线组网技术，首先必须保障其不对已有机载电子设备造成干扰。特别是现代飞机都安装了多种无线导航设备、无线通信设备，军用飞机还包括雷达、电子战等设备，这些设备工作频率从几 kHz 到十几 GHz，且任一设备都关系到飞机的安全飞行或任务达成，因而要求无线设备上机之前必须通过相应的电磁干扰测试。影响设备的干扰因素与其工作频率、功率、设备安装位置以及所采取的屏蔽措施有关，这些都是无线互联上机需要考虑的。此外，无线互联本身的抗干扰性能也需要考虑，在功率被限制的情况下，必须保障信号传输不被众多其他无线设备干扰。

3. 无线网络的实时性和可靠性问题

由于机载无线信道的复杂性和不确定性，阻碍无线机载应用的一个重要问题即是数据传输的可靠性、实时性、完整性等保障。当然,具体的性能指标与具体应用和传输的数据类型相关。对于语音或多媒体视频信息,机载需求与商用需求相比没有太大的变化,技术移植较为简单;对于其他应用,则需要根据需求情况进行仔细考究。监视环境参数或设备运行状态的一些传感器,对环境和设备状态的预测是一个前后相关的过程,个别数据的错误或丢失对系统的影响并不大,可在终端通过插值和预测进行恢复,但也需要网络在一定时间窗口内提供基本传输保障;而对"实时关键"或"可靠关键"的设备或传感器,如飞行控制系统、火控系统、预警系统等,情况则完全不同,稍有延时或错误将直接影响飞机飞行安全甚至导致飞机坠毁。完全"Fly-by-Wireless"的设想能否实现直接取决于无线技术能否达到这些设备使用所需的技术性能指标。

4. 无线传感器能耗问题

在构建机载无线健康监控网络时,无线传感器的低功耗性能是一个重要指标。负责监控的传感器往往散布于机身的各个部位,对于这些设备的安装和布置往往比较困难,这也自然带来了电源问题。如果采用固定的有线电源,使用无线技术就显得没有必要。如果使用电池的话,则存在电池耗尽的问题。因此,需要从降低无线传感器的功耗入手,使用尽可能低功耗的无线技术和器件,例如超宽带(Ultra-Wide Band,UWB);同时,使传感器端的数据处理量尽可能地小,可以采用基于能量考虑的无线传感器 MAC 或路由协议等。

5. 无线网络的信息安全问题

无线网络还存在信息安全(security)问题。无线信号传输是完全公开的,如果在飞机上使用无线技术传输重要数据(监测数据甚至指控命令等),就必须保障信息传输安全,防止窃听、伪装、暴力干扰和攻击等恶意破坏行为。例如,攻击者可能通过窃听破解某些信号,然后伪装成为其中一个节点,向飞机发送虚假信息;或者通过干扰信道,降低信号传输质量,延迟信号的传输等。因此,必须选择合适的保密方案,特别是对用于健康监控的无线传感器,必须与低功耗相结合进行综合考虑。

6. 有线/无线混合网络问题

无线网络作为有线网络的补充,需要考虑有线/无线的混合组网情况。在这样一个混合网络下,如何协调两种网络的协议,使两种网络相互兼容的同时,又能保障网络实时性等性能,这种混合组网模式也是无线技术应用中值得关注的问题。

4.7.1.3 无线组网技术发展

美国和欧盟非常重视采用无线通信技术实现航空电子设备之间互联的技术研究。早在 1999 年,NASA 的约翰逊宇航中心(Johnson Space Center,JSC)就成立了"Fly-by-Wireless"工作组,NASA 的德莱顿飞行研究中心(Dryden Flight Research Center,DFRC)在 F-18 上进行了无线控制演示实验。2007 年,形成了 AVSI 组织进行 WAIC 的国际合作研究。2008 年湾流公司即进行了无线信道作为冗余飞控备份的实验。目前,国际电信联盟(ITU)成立的 WP5B 工作组的很大一部分工作就是协调各国航空电子内部无线通信(WAIC)的电磁资源需求。WAIC 的近期目标是替换到不是特别重要的 30%的线缆,在

AVSI框架下ITU和世界无线电大会(WRC)形成了ITU-R M.2197标准,定义利用4200~4400MHz频段的机内航空电子互联,欧洲进行了WirelessCarbin项目,发展了飞机内部的测量方法和传播模型。2013年国际航空运输协会(IATA)发布对无线飞行器控制的研究路线图,预期在2020年之后出现型号应用,并于2024年左右技术成熟。机内无线互联对于飞机的减重节能可以作为欧洲FlightPath计划中"减少对环境的影响"的对策之一。

当前,ITU咨询委员会认为WAIC的典型应用包含机内和机外,通信速率需求分为低速(300Kb/s)和所谓的"高速"(14Mb/s),这样组合起来具有4种常规应用。咨询委员会提供带有典型干扰、数据速率、电波传播损耗、安全加密开销等不同参数值下的设计指南,并分别考虑地面和飞行模式下的干扰范围。作为实用的努力,ITU还牵头研究了WAIC对无线电高度表潜在的干扰问题和防护措施。

除了具有极高安全性等级和特殊应用需求的飞控系统之外,更为宽泛的WAIC应用需求是在飞机若干隔舱内建立无线信道,形成通信子网,子网内部和具备互联条件的子网之间采用低功耗、抗干扰和具有电磁兼容性的无线互联技术,其中UWB被认为是一种很有潜力的候选技术。其物理层信号除了常规的多进制幅相调制之外,UWB被认为是一种很有潜力的调制体制。对于低速通信,UWB采用脉冲无线电可以避免码间串扰。美国军方与MSI(Multispectral Solution Inc.)公司合作,研制了一种基于UWB的机载无线通信系统(Aircraft Wireless Inter-Communication System,AWICS)。它采用TDMA的方式可容纳8位机组成员进行通话,可应用于军用直升机机组人员之间的语音通信,以减少有线头盔给军事行动带来的不便,该设备已经通过美军的CH-53E和CH-46E直升机验证。对于高速通信,则采用多带正交频分复用(Multi Band-Orthogonal Frequency Division Multiplexing,MB-OFDM),例如:2012年一些学者根据ECMA 368标准设计了宽带UWB,频谱宽528MHz,含14个频带(baud),理论速率可达480Mb/s。

基于窄脉冲的UWB技术将信号能量扩展到相当大的一个频带,能够提供比扩谱系统高得多的处理增益,从而能够保障在低功率下的高传输速率。低功率同时也带来了较强的信号隐蔽性,加之传输采用跳时码或直序码技术,数据安全性能够得到较高保障。相对常规无线通信技术,UWB技术使用持续时间极短、占空比极低的脉冲作为传输信号,具有很强的多径分辨能力和抗多径衰落能力。除此之外,由于脉冲UWB无线系统可以不使用频率调制,因此其收发机结构可以大大简化,在一定程度上降低了其成本。UWB技术基于上述特有优势,已成为目前商用领域应用的热点之一。美国联邦通信委员会(Federal Communications Commission,FCC)于2002年第一次批准将UWB无线技术在民用通信领域进行应用,世界各国以及Sony、Intel等知名大公司均对此产生了强烈的关注。2006年IEEE 802.15.4a低速无线个域网(Wireless Personal Area Network,WPAN)标准的发布,为UWB技术在低速无线传感器网络的应用提供了一个标准化规范。这些都使得UWB技术成为机载无线互联方案中最有力的竞争者之一。

在欧洲,由多个研究所和大学联合发起的WISE(integrated WIreless SEnsing)工程,旨在实现机舱内无线通信以及与外部的互联。其第一阶段任务已经选取两项潜在机载应用场景进行验证,分别应用于Falcon 7X商务机抗冰冻系统的机翼温度传感器和NH-90直升机进气道温度传感器的数据传输。值得一提的是,这两个项目在实施过程中将 UWB 作为潜在传输技术之一进行了验证。从 2008 年第一阶段的验证结果表明,UWB 能够达到减少有线、方便布线配置和维护等项目目标,但在复杂环境、电磁兼容和保密性能等方面,还有待进一步深入研究。

一些研究机构还提出了"Fly-by-Wireless"概念,将无线传输引入飞机控制等机载核心设备中,甚至希望实现完全无线的机载互联系统,将飞机按金属隔舱划分为多个子网,子网内部和子网之间都采用低功耗、低干扰的 UWB 无线互联技术。这一设想得到了航空工业界各大研究机构和制造商的重视,包括美国联邦航空局(FAA)和 Honeywell 公司在内的多家机构针对此开展了预先研究工作。此外,利用超宽带网络技术进行机载系统和设备的监视、故障诊断和监测的研究工作也在进行中。

图 4-65 给出了一个基于 UWB 进行有线/无线混合互联的架构示意图。

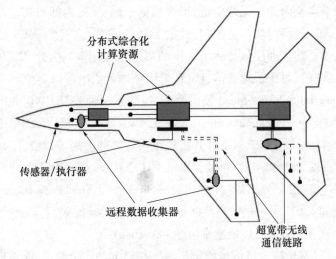

图 4-65　基于超宽带无线通信的有线无线混合互联网络

可以采用 UWB 无线通信来取代那些流量较小、可靠性和安全性要求相对较低的传感器到前端和前端到处理机的有线通信,而对流量较大且可靠性和安全性要求相对较高的传感器到前端、前端到处理机等关键主干通信,仍然采用有线互联。在这一体系结构中,各设备或传感器根据所在的金属舱室被自然地划分为各个子网,子网内部可以采用简单的集中式拓扑结构,使内部通信在星形结构下单跳内完成。

此外,还存在采用电源线载波通信(Power Line Communications,PLC)进行航空电子互联研究。PLC 技术特别是高速 PLC 技术得益于民用通信领域持久需求与投资,随着高速 PLC 在高安全性应用呼声的高涨,2010 年前后瑞士 Luzern 大学、ETH 大学等研究机构开始了 PLC 在航空电子应用的尝试。欧盟的 TAUPE(Transmissions in Aircraft on Unique Path Wires)项目展示了宽带 PLC 在民用飞机的应用,并获得 4 级成熟度,该计划中采用了欧洲的 OPERA 物理层标准,该物理层采用包含 1536 个子载波的 OFDM 调制,模拟带宽在 2MHz 到 34MHz 可配置,采用动态比特加载,基于实时信道测量每个符号自适应 2bit 到 10bit 的符号,可最大支持 205Mb/s 数据速率。更难能可贵的是,TAUPE 项目力图用常见的家庭域网(Home Area Network,HAN)器材达到设计目标,且带内导体发射和辐射发射均符合 EUROCAE ED-14F 电磁兼容标准。

PLC 根据速率可以分为窄带 PLC 和宽带 PLC,其中窄带 PLC 最大数据速率为 500Kb/s,宽带 PLC 可达到 200Mb/s 至 500Mb/s 乃至更高的传输速率。窄带 PLC 可以应用于作动系统,通过飞行控制电子部件(Flight Control Electronics,FCE)实现对远程电子部件(Remote Electronics,RE)的控制,其原理框图如图 4-66 所示,包含信号调制到电源线的耦合器且需要跨越断路器。

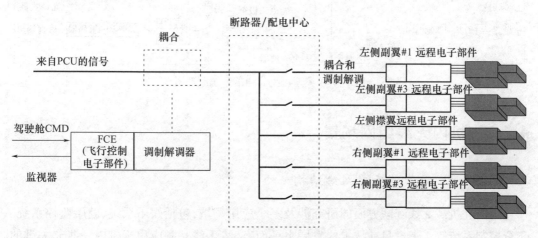

图 4-66 低速 PLC 在航空电器/电子领域的应用案例

基于可见光通信(Visible Light Communication,VLC)技术在航空电子环境中的应用也得到学者的重视。VLC 在满足照明需求的同时,利用发光二极管(Light Emitting Diode,LED)发光响应速度快的特性,以 LED 发出的人眼感受不到的高速明暗闪烁光信号为信息载体、以大气等为传输媒介进行通信,是一种新型宽带光通信技术。与传统无线通信相比,VLC 具有频谱资源丰富、绿色节能、传输速率高、不受电磁干扰以及无电磁辐射等多方面的优势,已成为无线通信领域的研究热点。目前,机载环境下 VLC 网络的应用研究多基于机舱 LED 阅读灯针对下行链路展开。由于光发射器大量紧密排布,而且光接收机会受到机舱内顶灯以及机身窗口透入的日光等光源产生的干扰影响,机载 VLC 网络的设计与实现具有很大的挑战和难度。部分研究在光发射器与光接收机精准对接的假设下,对 B737 机舱模拟环境内 VLC 系统的信号和噪声加干扰比(Signal to Noise plus Interference Ratio,SNIR)进行预测分析,说明其主要影响来源于侧排座位干扰源,粗略估计情况下可以合理忽略日光等其他干扰源;考虑到机舱内多用户多输入单输出的通信情况,可以进一步采用发射预编码的方式来抑制光接收机处产生的互光干扰(Mutual Light Interference,MLI)。

典型 VLC 系统由光发射器、传播信道及光接收机组成,如图 4-67 所示。光发射器的编码器对来自信息源的等概率二进制数据进行信源编码和信道编码,其中信源编码可以减少信息源的冗余度,信道编码加入冗余信息便于接收机监测并纠正错误。调制器对完成编码后的数据进行调制,通常采用二进制开关键控和脉冲位置调制等强度调制的方式。

调制后的光束通过光放大器增强光的强度,经由光束成形系统集中并重新聚焦校准后发散出去。光接收机的前端由透镜和光滤波器组成:透镜将接收到的光束聚焦,光滤波器从空间和光谱上降低接收光束中的背景噪声。光电二极管通常采用 PIN 结型光电二极管或雪崩光电二极管,可以将接收到的光强转化为电流。光电二极管的输出电流通过跨阻电路(低噪声功率放大器及负载阻抗)转换成电压。跨阻电路输出电压通过低通滤波器降低热噪声及背景噪声,再经时钟同步、解调及解码后得到原始信息。

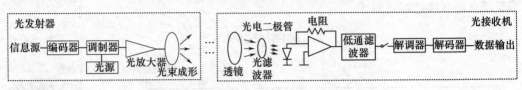

图 4-67　典型可见光通信系统原理图

4.7.2　机内无线组网场景

4.7.2.1　无线传感器网络结构

当前在机载无线互联方面的研究涉及多个应用领域,包括娱乐系统、健康监控系统、飞行控制系统等。考虑目前技术的发展水平而言,将无线互联应用于机内一些非关键的传感信息的传输中,构成机载无线传感器网络,是目前大多数机载无线互联研究关注的应用场景。这里,非关键指的是那些对数据传输的实时性和可靠性要求并不是很高的传输情况,比如传感器网络,个别数据的延时或丢失(特别是在当多传感器对同一事件进行观察时)是可以容忍的,或者不会对整个电子系统造成重大影响,不会导致任务计算机决策延误或失误。考察与飞行管理相关的环境监视和健康监视传感器,可以归为非关键型传感器的包括以下几种。

(1) 温度传感器:舱内舱外环境温度传感器,发动机(进气道、中段、排气道)温度传感器,燃油或机载其他液体温度传感器等。

(2) 强度传感器:机翼结构强度监视传感器、尾翼固定强度传感器、发动机固定强度传感器,机载机械传动装置强度传感器等。

(3) 位置传感器:飞行控制面传感器,起落装置传感器、电机/传动装置传感器,阀门位置传感器,机械操纵杆位置传感器,门/窗/通风装置位置传感器等。

(4) 加速度传感器:侧翼/尾翼翼尖加速度传感器,起落架加速度传感器,机身加速度传感器等。

(5) 压力传感器:环境压力传感器,座舱/机舱压力传感器,武器系统压力传感器,载荷压力传感器等。

(6) 湿度传感器:环境湿度传感器,座舱/机舱湿度传感器,电子设备隔舱湿度传感器,载荷湿度传感器等。

(7) 油箱或其他机载液体容器的液体位置传感器和流量传感器。

（8）烟雾和火灾检测传感器。

（9）结冰检测等机外传感器等。

上面列举的各类传感器大都用于对相关参数的长期和周期监视。对这些传感器来说，一方面，它们大多本身在设计时已经采用了过采样技术，偶尔的传输不成功是允许的；另一方面，传感器所关心的传感数据基本上不会产生非连续的突变，即使偶尔丢失一两个数据，也可以通过估计方法进行估计恢复。但是，需要注意的是，这并不意味着实时性和可靠性就不重要，这里所允许的只是以一定概率或者连续多个消息中的特定几个消息的非实时或者传输失败。

从飞机这种特殊应用环境出发，考虑机载无线传感器网络的可能结构和组网方式。首先由于飞机的尺寸相对有限，长度从几米、十几米到几十米不等，加上如果将飞机按照不同舱室划分为不同子网，我们可以认为网络中的各个节点相互之间都可单跳到达。其次，传感器处理能力较差，且往往被安装在不便拆卸的位置，要求具有极长的续航能力，而与主干有线网络连接的传感

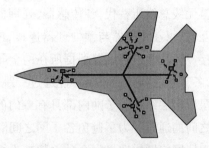

图 4-68　机载无线传感器网络结构示意

数据汇聚点可以认为具有较强的功耗、处理和通信能力。因此，网络最有可能的结构是采用簇状主从结构，网关作为控制节点，数据由各个传感器节点向网关汇聚。基于此考虑，一种机载无线传感器网络组网结构如图 4-68 所示。机内存在多个无线传感器子网，每个子网采用簇状主从结构，簇头节点与各传感节点都可单跳到达，簇头节点一方面控制调度各个传感器节点的数据传输，另一方面与有线主干网络连接，将汇聚得到的数据发送给所需的设备。

4.7.2.2　无线备份互联结构

机载无线互联的另一个潜在应用场景是将其用作当前有线网络的备份互联。在这一应用场景中，无线互联被用作有线网络的备份连接。当有线连接发生故障时，断开连接的节点启用无线模式，通过无线互联与其他节点进行联系，接入到有线网络。虽然无线互联的可靠性不如有线连接，但是当有线连接发生故障时，使用无线连接来作为应急替代不失为一种选择。

将无线技术用作 1553B 总线的无线备份的示意如图 4-69 所示。其基本想法是，1553B 总线设备在电缆、耦合器或者终端发生故障致使丧失有线通信能力的情况下，仍然能够使用无线技术进行通信，以更进一步地保障系统的可靠性。

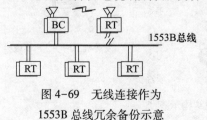

图 4-69　无线连接作为
1553B 总线冗余备份示意

考虑无线传输的可靠性不如有线连接，无线传输只在有线连接传输（包括冗余备份总线）失效时才启用。当由于线缆故障，一个 RT 失去与 BC 的有线联系时，网络将尝试启用无线手段来构造该 RT 与

BC 的互联。最极端的状态是,网络中所有有线连接都出了问题,此时,整个网络的互联将都采用无线方案。考虑飞机的尺寸规模以及协议复杂度,要求各个 RT 和 RT 之间、BC 和 RT 之间都能够通过无线单跳互相传输。在这一条件下,实际上可以将无线信道看作是一个总线,从而在无线域执行类似 1553B 有线总线中的命令/响应协议,使其尽可能实现无线部分与有线部分的无缝连接。

4.7.2.3 完全无线互联结构

完全无线互联结构是无线通信在机载互联系统中应用的最终构想。机载有线总线完全被无线总线所替代,各传感器、处理器、显示器和控制器完全或者基本完全采用无线进行互联,仅在传感器与预处理器连接,或者某些无线难以到达的区域(机体中部)用有线连接。各设备或传感器根据所在的金属舱室被自然地划分为各个子网。在一个子网范围内,各节点之间的通信尽可能通过一跳传输到达,因此对整个网络的建议仍然是采用简单的星形多层结构。子网内部具有专门的节点作为网桥,负责完成子网所在舱室与其他舱室之间的通信。为了避免各子网之间潜在的干扰问题,各子网可以采用不同频带信号,而在上层网络同样选择一个独立频带进行通信。对上层网络选择的无线通信方案需要满足大带宽通信需求。为了实现完全无线机载互联系统,对于某些敏感部位或信道特性和复杂的部位,可以采用波导等屏蔽手段来达成。图 4-70 给出的是一个完全无线机载网络假想结构示意图,各个模块都分别集成了标准化的无线接入模块。

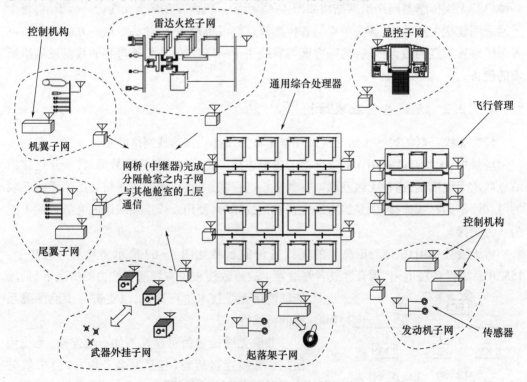

图 4-70 完全无线机载互联结构示意

4.7.2.4 混杂无线组网结构

基于上述讨论的机载无线组网新形态,可以设想一个未来机载网络可能的混杂互联系统如图 4-71 所示。综合核心处理区域高度互联,可以采用传统的大带宽空分交换式互联解决方案,比如采用光纤通道(FC)或者时间触发以太网(TTE)。位于综合核心处理区域之外的驾驶舱、火控系统、飞控系统、发控系统、燃油系统等经由电源线载波通信网络或者总线接入到综合核心处理区域中,以实现信息共享与交互。对于外部各个功能系统内部可以采用无线通信网络或者可见光通信网络形成各个分布式本地网络,以适配局部信息共享与交换,还可以利用 5G 等新技术进行无线组网。这样的网络架构一方面积极发挥出集中交换式网络在大带宽可靠通信互联的优势,另一方面也考虑到在飞机平台各个分布式综合区域的局部互联适配优化方案,凸显出无线互联和可见光通信在降低机载网络重量,解决物理空间限制和体积、重量和功耗(Size Weight and Power,SWaP)问题的优势。

4.8 机载网络设计考虑

4.8.1 机载网络设计要素

4.8.1.1 拓扑结构规划

机载网络的不同拓扑结构规划,将严重影响到网络的性能。针对系统在带宽、实时性、可靠性、传输完整性、保密性及安全性等不同的需求,需要采用合适的拓扑结构,使其满足具体组网要求。

针对总线式互联的拓扑结构,由于采用共享介质,其拓扑结构单一,组网设计的关键往往在于介质访问控制方法。但对于较为复杂的有层级结构的总线式互联,需要考虑到各层级结构之间的关系,不同层级功能服务于总体设计,层间的关系由本地总线(也叫从属总线)和全局总线(也叫上级总线)来表示。在层次总线拓扑结构的设计过程中,典型需要考虑各个总线上的任务负载率;同时子系统、全局总线和功能单元可以设计成具有大致相同的余度,即全局总线的拓扑结构与子系统和功能的余度等级相适应,便于大型系统在任务上进行组织并且满足可靠性要求。

对于交换式互联的拓扑结构,组网情况更加复杂。广义上,可以将交换网络分成接入交换和骨干交换,如图 4-72 所示。接入交换实现各个端系统的网络接入,而骨干交换完成核心数据转发处理,基于 AFDX 网络的空客 A380 即采用类似的组网方案。在该拓扑结构中,8 个交换机对称连接形成骨干网络,承担了 1000 余条虚拟链路的转发和路由,虚拟链路的最大交换机跳数不超过 3 跳。考虑到骨干交换的数据转发压力,可以在骨干交换机之间采用多个并行物理连接或者背板连接以增大数据转发能力。

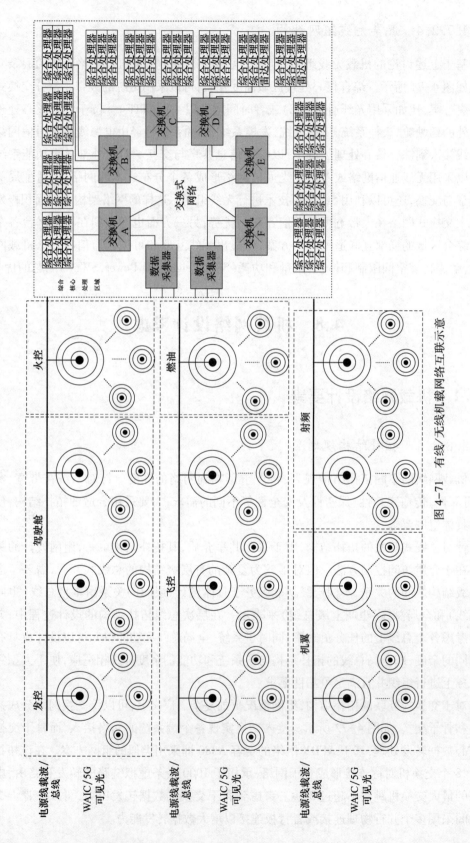

图 4-71 有线 无线机载网络互联示意

出于系统容错的考虑或者异构网络组网情况,还可以利用不同的拓扑形式构成混合式拓扑结构。例如,正常通信采用交换式互联拓扑结构,备份网络采用关键节点总线式互联。又例如,考虑到系统不同的通信需求,将大带宽任务系统通信采用交换式组网,将小带宽控制系统通信采用总线式互联。

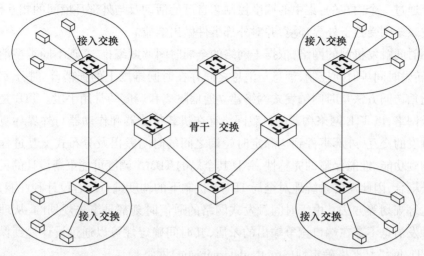

图 4-72 具有接入交换和骨干交换的交换式拓扑结构

4.8.1.2 消息触发机制

航空电子系统采用总线网络技术来满足数据通信的要求,目前已采用的技术有 ARINC429、CAN、AFDX、FC 等。然而这些组网方案缺乏严格的通信时间确定性,主要原因是这类网络的通信都采用事件触发(ET)机制,即网络上的所有活动由外部(或内部)事件的出现来触发。比如,所读取的传感器的值发生变化,则广播其新值。由于外部事件的出现具有很强的随机性,不同类型消息之间不存在发送时间和转发时间等时间维度上的干扰规避机制,因而事件触发型网络的通信时间具有非确定性。比如,基于 IEEE802.3 标准的普通以太网,网络节点最终获取信息和发送信息的时间变得不可预测,不能应用于实时性要求高的系统中。

为了提高事件触发网络的确定性,可以采用流控机制以控制消息之间的无序干扰,减少流量之间竞争的不确定性。比如,采用速率受限(rate containment)等机制可以控制消息的突发度,降低网络流量的无序竞争,从而增强网络的时间确定性。广泛采用虚拟链路(VL)进行流量逻辑隔离和约束的 AFDX 即是典型的事件触发式交换网络。事件触发的通信机制与消息的异步产生规律一致,便于系统集成和综合。由于没有全局时钟控制因素,AFDX 虽然可以采用流量整形和流量管制等技术实现流量的控制,并采用优化的调度方法(如加权轮转调度)来加强消息转发处理的确定性,但从理论上来看,依然存在流量聚合和端口竞争输出等不确定事件,因此其时间确定性在小尺度的时间窗口内依然是模糊的。可以采用网络演算等分析技术研究事件触发机制的时间确定性。

时间触发架构及时间触发协议伴随强实时通信的需要产生。把使用时间触发协议的网络称为时间触发(TT)式网络,其含义是网络上的所有活动随着时间的前进而驱动。时间触发式网络中的消息主要是面向状态,而不是面向事件,每条消息一直保持到状态改变,状态只能在规定的时间间隔上改变。而事件触发则是随着外部事件的出现而触发网络上的传输活动。时间触发与事件触发之间的主要区别在于它们的控制地点不同:时间触发系统通过一个内在的、集中的调度控制它自己的活动及与外部环境间的相互作用;而事件触发系统则受控于外界环境,并对外部事件做出响应。

采用时间触发机制的网络,依据于网络的全局时间调度编排,实现不同类型消息的发送时间、转发时间等时间控制,消息与消息之间存在时间维度上的强耦合,时分多址(TDMA)的通信访问方法是时间触发式网络建立通信隔离和调度的常用手段。TTE 是典型时间触发式网络,以 TTE 网络构建的机载网络存在机载传感器和作动器与外界环境之间基于事件触发的交互,外部事件到达和定时轮询之间的时间差以及分布式交互过程中的等待将影响到功能/性能保障的完整性,并且其全局的 TDMA 调度可能束缚设计的灵活性和功能的松耦合,因此需要系统地对全局 TDMA 机制下的调度进行综合设计和性能分析,可以采用运筹规划等方法。由于时间触发式网络的通信时刻都是事先规划的,从理论上对于时间触发消息不存在端口竞争输出的矛盾,其时间确定性可以通过设计得到保障。通常认为 TTE 网络是严格确定性(strictly deterministic)网络。

时间触发和事件触发机制的对比如图 4-73 所示。箭头 a、b、c、d 分别表示数据准备好传输的时刻,水平轴上深色部分表示各数据实际传输的时间。从图中可以看出,时间触发的数据帧的到达和发送都是在预先设计的时刻,这样可以确保它们的可调度性,但是纯时间触发协议需要额外开销,很难将带宽充分利用;而事件触发协议可能会有多个数据帧同时到达,从而很难确保它们的时间需求。

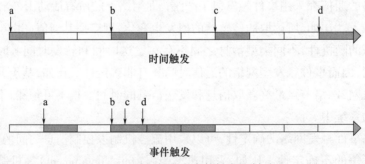

图 4-73　时间触发和事件触发机制对比

4.8.1.3　通信调度

通信调度(scheduling)主要解决相互竞争的流量如何分配输出的问题。对于总线式互联架构,通信调度问题一般称为介质访问控制问题,采用循环、预约和竞争等策略实现信道访问的分配;对于交换式互联架构,总线式的共享信道扩展为空分交换结构,通信调度主要解决在各个输出端口中流量的排队输出问题。

考虑航空电子系统任务关键和安全关键需求,一般要求通信调度在所有条件下确保实时通信的"硬时间底线",原则上提供通信延迟的可预测机制。为达到此目的,通信调度允许牺牲带宽的利用率以提高系统的时间保证性。此外,通信调度面对的是信道或者端口的输出规则和策略,面对实时通信的强制性需求,解决办法不仅在通信调度领域,还在于通信规划等系统层面的整体设计,比如:AFDX 网络中交换机输出端口采用基于优先级的先入先出(First In First Out,FIFO)调度策略,其调度机制本身不具有严格的实时性保障能力,但通过系统层面的通信规划设计,可以对各个端口中流量的最坏响应时间进行考察和分析,并采用优化设计手段保障每条流量的实时性。

可以采取如下两种不同的分类规则对通信调度方法进行分类。

(1)基于流量占用信道的固定性,可以分为静态调度和动态调度。在静态调度里,流量占用信道的时间是提前规划好的,一经规划,网络通信则按照既定的时间窗口进行信道或端口输出。在动态调度里,流量占用信道或者端口的输出时间不确定,没有给流量分配固定的窗口,这样的调度策略具有通信传输抖动的不确定性,但可以有最大响应时间。

(2)基于调度驱动机制,可以分为时间驱动(Time Driven)调度、共享驱动(Share Driven)调度以及优先级驱动(Priority Driven)调度。时间驱动调度本质上是一种离线的静态调度策略,常用于流量时间参数固定且可预知的系统中,它在系统运行时根据预先设计的调度表选中指定消息执行。共享驱动调度按照消息各自的需求比例分享信道或者输出端口,其调度策略主要基于通用处理器共享(General Processor Sharing,GPS)及其近似算法。相比而言,优先级驱动调度在实时系统中应用最为广泛,其基本原则是在所有就绪的消息实例中选择优先级最高的消息进行调度输出,而经典的速率单调(Rate-Monotonic,RM)和最早截止期限优先(Earliest Deadline First,EDF)策略分别是固定优先级(Fixed Priority,FP)和动态优先级(Dynamic Priority,DP)这两种调度方式的典型代表。

传统采用共享介质组网的以太网,其通信调度策略采用带有冲突检测的载波侦听多路访问(CSMA/CD)机制,其本身是一种非确定性的调度方法。对于航空电子机载网络,需要采用具有确定性保障机制的调度方法,典型的可以考虑基于带宽预留的调度方式和基于时间片的分时调度方式两种。在基于带宽预留的调度中,通过建立令牌信用机制,对各端口队列进行流量管制和调度,使其实际利用的带宽资源在限定的预留带宽资源之内,以避免通信冲突并保证数据发送的确定性。对于基于时间片的分时调度方式,将消息划分为周期消息和非周期消息,对各节点的通信时段(包括发送消息的起始时刻、发送消息占用的时间片)和通信顺序进行严格的划分和控制,通过分时调度确保各网段内各节点的发送时间不碰撞,从而达到确定性通信的要求。

对于全双工工作模式下的交换式互联网络,由于接收和发送分开,规避了 CSMA/CD 所面对的帧冲突。通信调度主要体现在交换机端口的竞争输出排队方面,基于优先级的调度策略广泛用于输出调度控制,以解决不同优先级消息队列的服务质量问题,比如在保障高优先级队列的传输延迟下同时改善低优先级队列的延时特征。同时,也可以考虑在整个交换式网络中采用分时调度方式,提高关键消息传输的时间确定性,在这个过程,对于不同网段各个消息的调度时间规划就成了组网设计的关键问题。为了匹配交换式网络输出端口的通信调度策略,需要采用合理的流量整形(shaping)方案,以实现流量的进一步约束和控制,基于信用量整形的流控方法被广泛应用于输出端口的通信调度过程中。

通过流量整形,使接收到流量按照预定义的规则(一般是带宽限制)进行输出,从而保障进入下一级的流量的合规性。

4.8.1.4 通信规划

通信规划(planning)主要解决消息的定义及其在总线网络上的映射和部署问题。在传统总线式互联架构中,接口控制文件(ICD)承载了通信规划的主要角色,通过定义消息的源端、目的端、周期律,并具体定制消息的帧格式实现了ICD接口控制,这些信息构成了消息的基本属性。面向交换式互联结构,特别是面向IMA航空电子系统架构,ICD管理内容需要维护更多的信息,通信规划还需包括分区驻留、流量映射、路径规划等。针对全局时间触发通信机制或者集中控制式的通信机制,通信规划还将囊括时间窗口规划。在这些具体的规划内容中,消息本身的基本属性往往来源于系统需求,网络设计者需要针对后续的流量映射和部署进行整体规划和设计。

针对通信规划中的分区驻留问题,主要解决不同航电处理分区及其关联的航电处理任务在端系统上的驻留分配问题。考虑到消息由航电处理任务产生,不同的分区驻留情况将导致消息不同的源节点和目的节点,并且进一步影响到通信路径的具体规划。一般可以采用通信最小化原则和负载均衡原则实现分区驻留的优化设计。通信最小化原则即指相互关联的航电处理任务尽可能准确地分配到同一个分区,以减少流量跨分区的网络通信,并且相互关联的分区尽可能准确地被分配在同一个端系统或者同一个网段的端系统上,以减少跨节点或者跨网段的大范围通信,减轻骨干交换的数据转发负担。负载均衡原则指网络中的每个节点、每条链路上承载的任务或通信的负载量尽可能地均衡,从而使整个系统平均分担所有处理任务和通信需求,以减缓网络通信瓶颈现象,降低消息端到端延迟,提高通信的时间保障性。

流量映射实现消息在网络上逻辑承载对象的关联设计。一般消息的逻辑承载对象采用逻辑带宽实现流量的承载和QoS传输保障。比如AFDX网络的虚拟链路(VL),通过最小帧间间隔(BAG)和最大帧长(S_{max})提供最大逻辑带宽为S_{max}/BAG的逻辑承载通道,一个或者多个消息通过流量映射与虚拟链路关联,以实现消息在网络上的传输和控制。在流量映射的具体操作过程中,需要设计合理的逻辑带宽值以保障消息不同的通信需求,并需要考虑整网逻辑带宽分配情况,以在物理带宽总量一定的约束下,取得不同优先级逻辑带宽分配的平衡。

路径规划解决消息在交换式网络的路径分配问题。不同的消息路径会形成消息不同的竞争输出局面,并造成消息不同的端到端延迟情况,同时单个消息路径的规划也将影响到其他相关流量传输延迟的改变,需要采用系统的方法进行解决。负载均衡路由策略和最小跳数路由策略是解决路径规划问题的两种常用的策略。负载均衡路由策略旨在选择均衡化链路负载的路由,最小跳数路由策略考虑在网络中寻找从源到目的跳数最少的路由。一个更加合理的配置算法可以综合考虑这两方面,在合理利用网络资源的前提下最大限度地优化整网流量的路由,使得整网流量的平均延时最小,为消息的实时性提供一定的保障。

此外,针对时间窗口规划问题,共享介质下的时间窗口规划相对简单,考虑到不同消息的周期率,可以采用大小周期排布的方式实现调度窗口的设计,一般取各个消息周期的最小公倍数作为大周期长度值,在大周期中重复安排小周期以编排各个消息的具体发送。为方便时间窗口设计,一般考虑大周期和小周期具有2的幂次的倍数关系,在小周期内具体安排周期消息和非周期消息发送时刻点。对于交换式网络,需要在各个竞争输出端口上类似地安排这种时间窗口规划信息,主要难点在于三方面:首先,交换式网络承载的消息数量远远高于总线式共享介质,并且消息传输需求各异,增加了算法的计算量;然后,考虑到消息的路径,前后端口的时间规划具有强相关性,需要从消息的源端向目的端进行关联设计,增加了算法的复杂性;最后,不同的消息路径规划会导致不同的时间窗口规划结果,往往本次规划的不合理性可以通过修改消息路径使得规划变得合理,从而增加了算法的迭代性。对于交换式网络,经典的时间窗口规划采用"背靠背"模式,即将所有的时间触发消息一条接一条地紧密式排布,当所有时间触发消息调度完毕后,再排布其他类型的消息,该方法虽然能有效地合理调度时间触发消息,然而会使时间触发消息排布过于集中,从某种意义上讲会阻塞其他类型消息的传输。为此,可以采用"多孔调度"模式,以减小其他消息的端到端延迟,优化整个网络。一个背靠背调度转换成多孔调度的例子如图4-74所示。

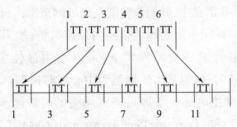

图4-74 基于多孔调度的时间窗口规划

4.8.1.5 时钟同步设计

机载网络通信的不确定性源于网络中不同节点同时发送数据而引起的碰撞,利用时间触发机制对通信进行全局时间规划,可以有效规避消息的相互干扰,从而减少消息传输的不确定性。时间触发机制依赖于全局时钟同步,一个具有高精度的时钟同步机制是机载网络正常通信的关键考虑因素之一,即使不考虑时间触发通信模式,时钟同步对于各个节点时间确认的一致性也是非常重要的。

最简单的时钟同步过程可以采用单向的自顶向下的广播同步协议,由主时钟设备按照一定的间隔周期性地向整个网络广播当前系统时间,各个远程设备根据接收到系统时间更新本地时间信息,与授时中心节点(主时钟)之间无反馈。在这种模式下,系统时间信号分发时产生的延迟应保证不同的远程设备接收到时间信号的时间差值必须小于一个已知的常数(如系统时间分辨率),否则就会出现同步时间错误。基于总线式的互联架构由于组网拓扑简单,信号在总线上传播的时间相对于各个节点的距离可以忽略不计,因而常采用这种简单的广播同步协议以实现系统同步。

针对交换式互联架构,采用广播同步协议进行时钟同步将具有较大的同步时间误差,需要考虑不同的拓扑结构和同步路径对时钟信号的传输延迟影响,可以采用请求-应答的同步方式实现时钟同步,时间同步协议(Network Time Protocol,NTP)即采用类似思想实现。远程设备根据自身的同步周期需求,向主时钟设备请求更新当前时间,主时钟设备接收到请求后通过网络将时钟信息传递给远程设备,且允许它更新同步时钟的参数。相对于简单的广播同步协议,请求-应答同步过程包含了请求和应答两个消息传输过程,可以在这两次的消息数据中记录发送和接收的时间戳,再根据这4个时间戳来确定主时钟设备和远程设备之间的时间偏差和网络时延,从而提高时钟同步的精度,其同步精度在广域网和局域网里分别可达几十毫秒和亚毫秒级。

为了进一步提高整网的时钟同步精度,可以采用 IEEE 1588 精确时间协议(Precise Time Protocol,PTP)进行时钟同步,由主时钟设备周期性地向网络中发布自身的时钟,其余远程设备根据收到的时钟信息而进行调整,并与主时钟设备有应答机制,从而完成整个网络系统的时钟同步。为了管理这些信息,PTP 协议定义了 4 种多点传送的消息类型:同步消息 Sync、同步后消息 Follow_up、延时要求消息 Delay_Req、延时回应消息 Delay_Resp。先由主时钟设备周期性发送 Sync 消息,里面包含数据包发出的预计时间,其真实发出时间在测量后通过随后的 Follow_up 消息发出,使用 Delay_Req 测量消息传输延迟,接收方准确的接收时间记录在 Delay_Resp 消息中,其同步精度在局域网范围内可以达到亚微妙级。

利用 PTP 协议进行时钟同步需要确定整网内最佳时钟,然后确定时钟域内各个时钟的主从关系,虽然在主时钟设备故障模式下,可以利用最佳主时钟算法(Best Master Clock,BMC)再次选择最佳时钟,但其本质依然为中心授时模型。在 AS6802 协议中,引入了对等时钟同步概念,无需主时钟设备即可完成网络的时钟同步。AS6802 采用了 IEEE 1588 V2 中的点到点透明时钟(Peer-to-Peer Transparent Clock,P2PTC)的概念,时钟同步的过程采用专门的时钟同步协议控制帧(PCF)进行时戳信息记录,其中含有 8 字节的透明时钟(Transparent Clock,TC)域。所谓透明时钟是指由专用交换设备记录数据帧进入与离开节点的时间,并得到两者之差,通过硬件改写 PCF 的 TC 域,使数据帧在节点的驻留时间得以积累。总延迟时间 T_d 为所有节点驻留时间 D_t 与路径延迟 T_p 的总和,也被称为"透明时钟",如图 4-75 所示,其中:

$$D_t + (t_2 - t_1) + (t_4 - t_3) + (t_6 - t_5)$$

$$T_p = t_{p1} + t_{p2} + t_{p3} + t_{p4}$$

$$T_d = D_t + T_p$$

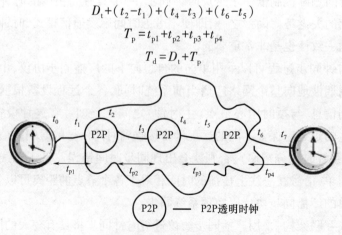

图 4-75 透明时钟示意图

相比于 PTP 协议,AS6802 采用了更加复杂的同步算法,主要包括时钟压缩算法和时钟固化算法。AS6802 定义了同步控制器(SM)、同步客户端(SC)和压缩控制器(CM)三种基础设施,相应的组网节点根据时钟同步的功能担当 SM、SC 或 CM 的角色,这些角色既可以由交换机充当,也可以由端系统充当,但必须支持透明时钟机制。在每个同步周期中,多个 SM 在本地时钟到达的预设时间点向 CM 发送 PCF 帧,由于存在时钟偏移,各个 SM 发送 PCF 帧的真实时间会有差别,且传输延迟也有差异,这样就造成 CM 收到 PCF 帧的时序和发送时序不一致。CM 通过执行时钟固化算法,将"透明时钟"携带的传输延迟信息还原成 SM 派发(dispatch)PCF 帧的真实时序和绝对时间间隔。固化算法执行之后,CM 执行时钟压缩算法,将与之相连的 SM 时钟进行加权作为该 CM 同步域的基准时钟,其具体做法是将一组由 SM 发送的具有时间差的同步数据帧的固化时刻点压缩到一个平均时刻点,即压缩时刻点(compressed pit)。CM 一方面根据基准值对自身时钟进行修正,另一方面根据基准值进行一段预设的延迟,再向 SM 和 SC 派发压缩后的 PCF 帧。SM/SC 也执行固化功能还原 CM 返还的 PCF 帧的实际派发时刻,并将此实际时刻与期望时刻——调度时刻点进行对比,从而算出本地时钟和基准值的差值,用以修正本地时钟。至此完成一个时钟同步过程,如图 4-76 所示。

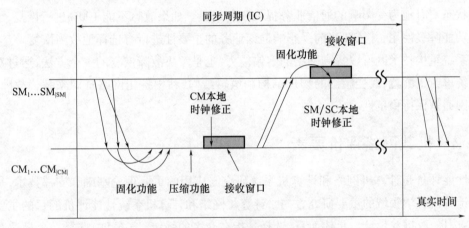

图 4-76　AS6802 分布式时钟同步原理

不同时钟同步算法具有不同的同步精度和同步考虑,需要结合具体组网设计要求进行时钟同步设计。

4.8.1.6　容错与故障恢复

容错指在故障存在的情况下,系统继续维持操作的能力,其本身是通过设计方法在一定程度上防止错误导致功能失效的机制。容错是提高航空电子系统及其机载网络可靠性和可用性的有效手段,它以冗余资源(硬件冗余、时间冗余、信息冗余、软件冗余)为基础,通过合理的系统软、硬件体系结构,在系统软件(包括容错控制和管理软件)的有效管理下,采用故障检测、诊断、隔离和故障恢复等方法屏蔽、减小、消除和避免故障对航空电子系统的影响,使航空电子系统在容错设计模式下功能模块出现故障仍能提供有效的服务。

机载网络容错设计需要从组网元器件、传输协议，到系统各个层面进行综合考虑。容错的需求是与故障经常产生的现状密不可分的。当一个部件不按照它的规范工作，称之为故障(fault)。故障在时间上，可以是暂时的、间歇的或者永久的；在空间上，可以是单个的和多个的。故障的表现称为错误(error)，是指计算或观测的数值与正确情况下的数值的差异，如不正确的数据。失效(failure)是指系统或功能不能正常运作的状态。通常意义上，故障导致错误，如果对错误的影响不加以限制，就会造成失效。对于具有层次化结构的系统，低层组件的失效，对于上层功能而言是错误。

无单点故障是机载网络容错设计的基本要求，系统采用硬件冗余设计，当任何单点出现故障时，由备份点接管该故障，保持系统功能的一致性。可采用多种冗余备份结构，如双冗余硬件、带表决功能的三重冗余、$N+M$备份冗余等，以实现不同的容错需求。从系统层面来看，对于总线式互联架构，通常增加冗余信道实现系统冗余结构，比如1553B采用双余度总线或者三余度总线满足单点错误检测和不一致恢复要求；对于交换式互联架构，一般采用互为备份的双冗余网络，并结合冗余管理策略实现无单点故障保障。

故障恢复则要求系统有能力从一个发生故障的硬件切换到正常工作状态的硬件，而不中断系统的应用，以确保冗余单元正常工作。对于机载网络，则要求在故障发生后根据网络状态实时地为受影响的通信业务提供恢复路径。如果故障不能100%进行恢复，可以考虑功能降级使用，并依照当前受影响通信业务的重要性进行有选择地故障恢复。

系统重构技术既可以提高网络的容错能力，也是解决故障恢复的一个方法，通过对网络系统进行重配置，改变组网的物理结构和逻辑结构，利用备用网络资源来替代故障点，使组网通信保持稳定性。

4.8.2 机载网络评价要素

性能评价是计算机网络和计算机系统研究与应用的重要理论基础和支撑技术，是通信和计算机科学领域的重要研究方向。计算机网络和计算机系统性能评价的目的主要有三个：选择、改进和设计。具体而言，选择是指在众多的系统(方案)中选择一个最适合需要的系统(方案)，即在一定的价格范围内选择性能最好的系统，以达到较好的性能/价格比；改进是指对已有的系统性能缺陷和瓶颈进行改进，以提高其运行效率；设计是指对未来设计的系统进行性能预测，在性能成本方面实现最佳设计或配置。对于机载网络同样需要采用性能评价手段对其功能/性能进行基于模型方法和测量方法的性能估计，其中最关键的评价要素包含实时性、可靠性和安全性等。

4.8.2.1 实时性

机载网络实时性评价主要对比消息端到端传输延时上界与消息规定的传输截止期限之间的相对大小关系。考察消息具体的传输过程，其延时大小取决于网络中的发送延时、处理技术延时和排队延时，其中排队延时构成了消息传输延时不确定性的主体。要评价消息端到端传输的实时性，就必须验证消息端到端传输延时上界与规定截止期限的关系。

基于 DIMA 架构的航空电子系统采用分布式处理,数据计算任务分散在各个节点(模块)中,节点与节点之间依赖机载网络共享中间计算结果。在这样的分布式环境下系统的实时性评价主要分为两部分,即处理节点内任务的实时性和总线网络消息的实时性,具体如下。

1. 处理节点内任务的实时性

处理节点内任务的实时性主要受任务调度算法影响,不同的调度算法将导致不同的任务最坏响应时间。目前针对单处理器环境的实时任务调度算法及其评价方法已经成熟,但考虑到航空电子系统任务关键和安全关键的本质特性,需要在分区管理模型下实施分层的任务调度算法设计,并设计分区参数。分区管理模型为处理节点内任务的实时性分析带来了复杂性,需要采用系统的方法实施航空电子系统综合调度设计与分析。同时,考虑到多处理器环境以及混合关键性条件调度算法和评价方法理论与模型还处于发展阶段。

2. 总线网络消息的实时性

由于复杂航空电子系统中信息综合的需要,处理节点必须与其他节点通过总线网络进行数据交换。受制于任务的实时性需求,消息必须在可预见的时间内完成节点间的消息传输,否则由于某一数据不能及时获取将导致整个处理任务不能完成,以致影响武器系统的反应能力,甚至遭受致命打击。总线网络的实时性能保证主要依赖网络设计结果和调度结果。

此外,针对 IMA/DIMA 系统层面的实时性评价,需要考虑任务之间的关联性,从任务集的角度研究实时性。任务集记录了若干相互通信任务之间的执行顺序。对于航空电子应用软件,整个应用可以划分为若干较小功能单元,每个功能单元由按照顺序执行的多个任务组成,称为一个任务序列,或者任务集。任务集具有最后期限,即从任务集中第一个任务到达时刻开始至该任务集中最后一个任务执行完成所允许经历的最大时间间隔。对于任务集中的单个任务可以没有截止期限的限制。同一个任务集中的各个任务可能在同一个分区内执行,任务之间的通信通过操作系统提供的分区内通信机制进行交互。同时,任务集中的各个任务也可能在同一个处理模块的不同分区内执行,或者在不同处理模块的不同分区内执行,在这种情况下,任务之间的通信通过机载网络进行交互。因此,任务集是具有前后执行顺序和通信顺序的任务和消息的集合。考虑任务集的实时性,就需要将处理节点内任务实时性和网络消息实时性的评价方法进行结合,从系统层面开展研究。

对机载网络的延迟分析可以采用解析方法、仿真方法、模型检查方法、测试方法等实现。解析方法可以得到传输延时的上确界,其主要的困难在于延时紧性逼近的获取。仿真方法通过通信行为模拟,实现网络运行时行为逼近,是网络性能评价的常用方法,但仿真的精度取决于模型的精度,同时仿真方法不能遍历通信行为的所有可能状态,利用仿真方法获得的平均延迟提供了网络运行时态性能评价参考,但其可观察的最大延迟往往不具有对比意义。模型检查可以实现消息最坏传输延迟的精确评价,但其对通信行为各态的遍历是一种穷举过程,当网络规模变大、流量变多时,受限于状态空间爆炸问题,模型检查方法往往无法在有限时间内完成延时计算。测试方法与仿真方法类似,但测试的对象为真实机载网络,受限于测试时间和测试环境,测试方法所得的测试结果仅代表当前测试对象的性能。对于机载网络实时性的解析分析方法,主要包括网络演算(Network Calculus,NC)、轨迹法(Trajectory Approach,TA)、整体法(Holistic Method,HM)等,网络演算是其中最基本的一种分析方法。

1) 网络演算

网络演算基于最小加代数(Min-Plus)理论,又可分为确定性网络演算(Deterministic NC,DNC)和随机网络演算(Stochastic NC,SNC)两类。确定性网络演算定义到达曲线(Arrival Curve)$\alpha(t)$表征到达数据流的上包络,定义服务曲线(Service Curve)$\beta(t)$表征网络节点对具有不同服务质量(QoS)需求的数据流的最小服务能力,使用到达曲线和服务曲线的最大水平差$h(\alpha,\beta)$和最大垂直差$v(\alpha,\beta)$表示数据流在该节点的最坏时间延迟d_{max}和最大数据积压w_{max},如图4-77所示,相应计算公式如下:

$$d_{max} \leq h(\alpha,\beta) = \sup_{s \geq 0}(\inf\{\tau \geq 0 \mid \alpha(s) \leq \beta(s+\tau)\})$$

$$w_{max} \leq v(\alpha,\beta) = \sup_{s \geq 0}(\alpha(s) - \beta(s))$$

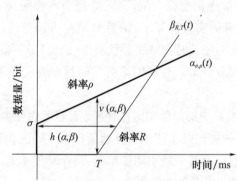

图4-77 确定性网络演算模型

经过本级网络节点输出数据流的不确定性,可以在原有不确定性的基础上,通过延迟换算为突发度增加来逼近,从而实现从源节点到目的节点的流量求解和最坏延迟的累加计算。随机网络演算在确定性网络演算的基础上,利用大偏离原理结合概率运算,计算数据流在保证条件下的最坏延迟上界,是对确定性网络演算在概率随机方向上的扩展。

2) 轨迹法

轨迹法是针对分布式网络系统中根据数据流既定轨迹(也即消息传输路径)进行端到端延迟上界分析的确定性方法。它考虑的是数据帧沿其传输路径上最坏情况的构造,而不是针对每个节点的最坏情况,由此也部分克服了网络演算模型中利用输出曲线突发度增大模拟数据帧到达的不确定性带来的评估悲观性。轨迹法以数据流τ_i在时刻t产生的数据帧f_i为研究对象,沿传输轨迹末节点逆序递推至源节点,找到各流经节点处导致f_i传输延迟的相干流,并划分忙周期(Busy Period,BP),采用递归方法得到末节点处f_i的最晚开始时间(latest starting time),结合该节点对f_i的最大响应时间获得数据流τ_i在最坏情况下的端到端延迟D_i,如图4-78所示,其中位于各个节点h的忙周期用bp^h表示,忙周期

开始时刻用 M_i^h 表示。相应计算公式如下：

$$D_i = \max_{t \geq 0}(W_{i,t}^{last_i} + C_i - t)$$

$$W_{i,t}^{last_i} = \sum_{\substack{j \in sp_i \cup \{i\} \\ P_i \cap P_j \neq \Phi}} \left(1 + \left\lfloor \frac{t + A_{i,j}}{T_j} \right\rfloor\right) \times C_j + \sum_{\substack{j \in hp_i \\ P_i \cap P_j \neq \Phi}} \left(1 + \left\lfloor \frac{W_{i,t}^{last_{i,j}} + B_{i,j}}{T_j} \right\rfloor\right) \times C_j$$

$$+ \sum_{\substack{h \in P_i \\ h \neq last_i}} \left(\underset{\substack{j \in hp_i \cup sp_i \cup \{i\} \\ h \in P_j}}{Max}(C_j)\right) + (|P_i| - 1) \times T_{sw} + \sum_{N_h \in P_i}(\delta_i^h) - \sum_{\substack{N_h \in P_i \\ N_h \neq first_i}}(\Delta_{N_h}) - C_i$$

$W_{i,t}^{last_i}$ 公式中的第一项计算与 τ_i 共用过输出端口且优先级与 τ_i 一致的数据帧的最大传输延时之和；第二项考虑所有与 τ_i 共用过输出端口且优先级高于 τ_i 的数据帧的最大传输延时之和；第三项考虑除去路径 P_i 上的最后一个节点，其他所有输出端口上的最长数据帧的传输延时之和；第四项统计 τ_i 所经过的交换机的技术时延之和；第五项考虑所有与 τ_i 共用过输出端口但优先级低于 τ_i 的数据帧的最大传输延时之和；第六项代表着节点 N_h 上的序列化影响；第七项为流量 τ_i 在最后一个节点的处理时间 C_i。

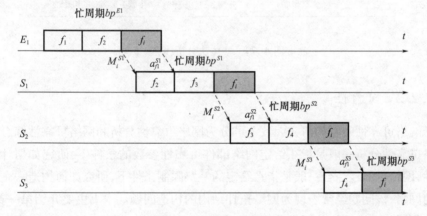

图 4-78 轨迹法分析模型

3）整体法

整体法同样是一种针对分布式实时通信系统进行实时性能分析的解析方法。所谓的"整体"并不是像轨迹法那样对数据流传输路径上的干扰进行统筹分析，而是通过引入时延抖动（Jitter）和偏置（Offset）刻画数据帧在每一个输出节点上的最大不确定性；然后从源端到目的端，依照上一节点计算的抖动和偏置，形成本级节点最大干扰分析的依据，由此又形成本级新的抖动和偏置；通过对各个输出节点的延迟进行累加从而获得最终端到端延迟分析结果。

整体法最初来源于任务调度分析，当考虑任务之间存在消息交互时，需要将整体法从任务调度扩展到网络调度。当将整体法应用到交换式 AFDX 网络中，可以考虑终端系统对信息的分包处理与调度发送，以及交换机对消息的存储转发过程，如图 4-79 所示。同时针对多包（Multi-Packet）消息和子虚拟链路（Sub-VL）调度都一并进行考虑，相应的最坏传输延迟 D_i 计算公式如下：

$$D_i = L_{VL(i)} + L_{Tr(i)} + \sum_{h=first}^{h=last}(L_T + L_{SQ(i,h)} + L_{Tr(i)})$$

其中,$L_{VL(i)}$ 为源端发送延迟,L_T 为技术延迟,$L_{Tr(i)}$ 为传播延迟,$L_{SQ(i,h)}$ 为排队延迟,通过迭代计算可以实现最坏传输延迟求解。对于图 4-79 中的符号所代表的意义如下:ϕ_i 为消息的初始相位;J_i 为释放抖动;L_{Tmin} 为最小技术延迟;J_{Tech} 为最小固定技术延迟;N_{bw} 为链路带宽;L_s 为交换机最大硬件延迟;L_R 接收端最大技术延迟;L_{Rec} 为接收端延迟;L_{SW} 为交换节点延迟。

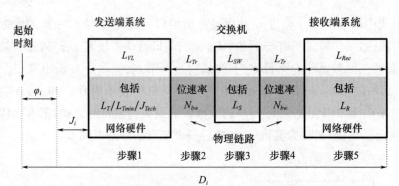

图 4-79 整体法分析模型

4.8.2.2 可靠性

关于网络可靠性问题的研究大致上可分为网络可靠性分析和网络可靠性综合两个方面。网络可靠性分析一般是指在给定网络部件可靠性参数的条件下,研究如何计算网络的可靠性;网络可靠性综合一般是指在给定的一些限制条件下,研究如何构造一个可靠性尽量高的网络,该问题经常表现为网络拓扑结构的构造问题。本书主要介绍第一类问题,即研究如何评价现有网络的可靠性。

在网络可靠性研究的发展过程中,针对不同的网络特点和目的,研究者对网络可靠性定义的标准也有所不同,参照一般计算机网络中的分类,可以将网络可靠性的定义归纳为 3 类,分别是:网络在规定的条件下和规定的时间内的连通能力;网络在规定的条件下和规定的时间内完成规定业务的能力;以及网络在规定的条件下和规定的时间内满足规定性能的能力。由此可以形成以网络连通性、业务服务能力、网络性能为主要评价对象的网络可靠性评价方法。

传统的网络可靠性评价以网络的连通性为主要评价对象,并结合网络的拓扑结构利用可靠性框图实施。在具体的分析过程中,可以将网络中的典型组网模块(节点和交换机)以一定的故障概率进行建模,通过对这些模块的串并关系进行分析以得到端到端和整网的可靠性评价结果。模块之间最简单的关系表现为串行结构和并行结构,如图 4-80 所示。在图 4-80(a)所示串行结构中,模块 1 和模块 2 都应该正确运行才能保证系统服务的正常,其系统可靠性为各个模块可靠性的乘积;而在图 4-80(b)所示并行结构中,只要模块 1 和模块 2 其中一个正常工作,则系统服务正常,可以将其中一个模块看作是另一个模块的备份,其系统可靠性可以通过求解故障事件的补集而获得。对于更加复杂的网络系统,可以将其分拆成串并模块的组合,但是当网络规模大到一定程度后,很难通过解析方法获得最终系统的可靠性,可以证明基于连通性的网络可靠性的精确计算为 NP 难题,因此存在一些近似解的求解方法。

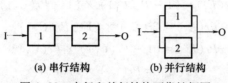

(a) 串行结构　　(b) 并行结构

图 4-80　串行和并行结构可靠性框图

机载网络是一个复杂而庞大的网络系统,包含大量的节点和链路,同时工作于恶劣物理环境,甚至处于战场环境,其可靠性与功能、结构的设计目标紧密相关,为了满足嵌入式实时系统开发中的工程需求,通常采用冗余和重构等手段增强网络的可靠性。因此,对于机载网络可靠性评价,必须要考虑冗余备份等特征,还需要考虑部件故障的相关性,进行基于共因失效(Common Cause Failure,CCF)的可靠性分析。图 4-81(a)所示的网络拓扑结构一共包含 6 个节点 (S,v_1,v_2,v_3,v_4,T) 和 9 条边 $(e_1,e_2,e_3,e_4,e_5,e_6,e_7,e_8,e_9)$。

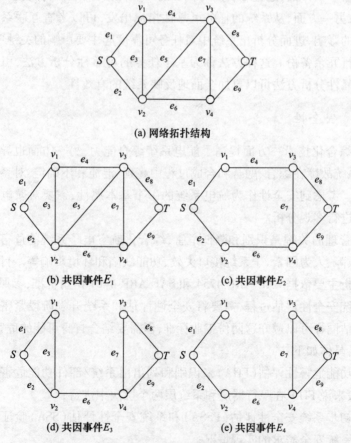

(a) 网络拓扑结构

(b) 共因事件 E_1　　(c) 共因事件 E_2

(d) 共因事件 E_3　　(e) 共因事件 E_4

图 4-81　共因故障等效网络

针对这个拓扑结构,假设存在两个共因因素 C_1 和 C_2,其发生概率分别为 $Pr(C_1)$ 和 $Pr(C_2)$,受 C_1 影响的共因组 $G_1=\{e_3,e_5\}$,受 C_2 影响的共因组 $G_1=\{e_4,e_5\}$。这两个共因因素把共因事件空间一共划分成 4 个子集,分别是:$E_1=\bar{C}_1\cap\bar{C}_2$,$E_2=C_1\cap\bar{C}_2$,$E_3=\bar{C}_1\cap C_2$,$E_4=C_1\cap C_2$。4 个共因事件的发生概率则分别为

$$Pr(E_1)=(1-Pr(C_1))\times(1-Pr(C_2))$$
$$Pr(E_2)=Pr(C_1)\times(1-Pr(C_2))$$
$$Pr(E_3)=(1-Pr(C_1))\times Pr(C_2)$$
$$Pr(E_4)=Pr(C_1)\times Pr(C_2)$$

对共因事件发生时的故障网络进行简化得到的等效网络如图 4-81(b)~(e)所示:E_1 发生,不存在边的 CCF,此时的网络结构与原网络结构一样,如图 4-81(b)所示;E_2 发生时,集合$\{e_3,e_5\}$中的边发生 CCF,网络结构如图 4-81(c)所示;E_3 发生时,集合$\{e_4,e_5\}$中的边发生 CCF,网络结构如图 4-81(d)所示;E_4 发生时,集合$\{e_3,e_4,e_5\}$中的边发生 CCF,网络结构如图 4-81(e)所示。因此,需要结合 CCF 的条件进行网络裁剪和具体分析。

此外,当结合航电系统的任务特征时,从系统的顶层出发,可以把系统看成是完成特定任务(或功能)的集合。需要在传统分析方法的基础上引入时间因素,以实现对每个任务的可靠性分析。一方面,通过综合所有任务的可靠性指标,可以得到机载统一网络可靠性的全局结果;另一方面,从系统的任务可靠性指标出发,可以考查互联系统中各种单元对任务可靠度的影响,进而分析出系统中对任务可靠度起主要影响的关键单元,从而可以有针对性地进行冗余备份。这种方法称为基于任务的可靠性分析方法,引入时间因素的基于任务的可靠性分析方法可以更加全面地反映系统的有效性。

4.8.2.3 安全性

航空电子综合化技术一方面提高了航电系统综合能力,另一方面也导致了系统复杂性增加,使得系统故障在综合、融合和合成过程中蔓延、混沌和不确定,对系统的安全性产生很大的影响。考虑到安全性作为航电系统的一个基本属性,需要对航电系统及其机载网络的安全性进行客观分析。

系统安全管理的关键是识别和降低危害,综合化航空电子系统的危害要素主要有硬件故障、软件故障、人为因素、子系统接口失效、功能缺陷和环境影响等。目前民用机载系统的安全性分析主要依据 SAE ARP 4754 和 SAE ARP 4761 两份标准,参照民机型号研制保证过程和系统安全性评估过程,需要将安全性评估和系统开发阶段紧密结合。机载网络的安全性评估同样可以遵守这两份工业标准,但需要结合自身可能的危害要素,实施系统层面的评估,具体如下:

(1) 通过功能危害性评估(FHA)来识别和列出由系统/部件功能危害的致因因素和故障模式,一般来说 FHA 在飞行器层和系统层两个层次中进行;

(2) 通过初步系统安全性评估(PSSA)和系统安全性评估(SSA)验证设计的具体实施过程在满足系统安全需求的实现情况;

(3) 通过故障树分析(FTA)来确定特定故障模式的原因和发生概率;

(4)通过失效模式及影响分析(FMEA)来评估系统、组件、部件或功能的潜在失效模式的影响;

(5)通过潜在通路分析(Sneak Circuit Analysis,SCA)在假定所有部件功能正常的情况下,识别可以导致不期望功能发生或抑制正常功能的隐藏路径;

(6)通过 Petri 网络或 Markov 链将硬件、软件和人为因素结合起来用于分析识别与时序、状态转移、顺序等相关的危害;

(7)通过危害与可操作性(HAZard and Operability,HAZOP)识别系统运行中的危害致因因素;

(8)通过共因分析(CCA)来识别系统多重故障共同致因因素。

4.8.3 消息相干分析

4.8.3.1 相干流量分类

对于实用中的机载交换式网络,其规模(包括通信流量的数目和各段物理链路所组成的路径的数目)都非常可观。考察具体某条消息,在其给定路径下,其他相关干扰流量的数目却只是所有通信流量的一小部分。法国 Toulouse 大学 ENSEEIHT 学院的 Scharbarg J-L 和 Fraboul C 等学者以 AFDX 网络为研究背景对这个问题进行了研究,提出如果给定某条路径 $Path_x$,统计该路径上 VL 中数据包的端到端延迟分布情况,则影响这条路径上 VL 多路复用排队的路径可以被分为直接影响、间接影响和无影响 3 个集合,分别记为 DI、II 和 NI[1]。通过仿真,他们观察到 II 集合中路径上的流量只可能对 DI 集合中路径上数据包的相位具有影响;将 VL 经过路径和交换节点的结构归纳成为几种"通用配置模型",该模型是所有交换互联的基本组件,在不同 II 集合的配置下,对"通用配置模型"中的端到端延迟进行仿真统计,说明 II 集合中的路径及其通信情况几乎对所关心路径 $Path_x$ 的端到端延迟的分布没有影响;因此仿真中可以排除 II 中的路径或部分路径。

由于 AFDX 网络采用全双工交换式互联,一般情况下对路径 $Path_x$ 没有或没有直接影响的路径数目是可观的,排除这些对于延迟分布无影响的路径对于仿真的效率有显著提高。下面结合图 4-82 中的例子,说明对于 DI、II 和 NI 路径集合的定义。

对于给定的路径 $Path_x$,(在图中设 $Path_x$ 为虚拟链路 v1 所对应的路径,即 e1→s1→s2→e3)存在以下 3 类集合。

(1)DI 集合:所有与 $Path_x$ 至少共用一个输出端口的路径,其中的路径可以从它与 $Path_x$ 最后一个共用的端口截断,只用考虑这个端口和端口之前的部分路径。例如,图中 v3 的路径 e2→s1→s2→e3 以及 v4 的路径 e8→s4→s2→e3 属于 v1 的 DI 集合;v2 的部分路径 e1→s1(不含 v2 在 s1 输入端口之后的路径)属于 v1 的 DI 集合(在 e1 上,v1 和 v2 存在多路复用排队),而之后的路径 s1→s4→e9 与 v1 的排队行为无关,被截去。

(2)II 集合:路径的各个部分不与 $Path_x$ 共享任何一个输出端口,但它与 $Path_x$ 的 DI 集合中的某条路径(记为 $Path_{DI}$),或是与 II 集合中的其他路径(记为 $Path_{II}$)至少共用一

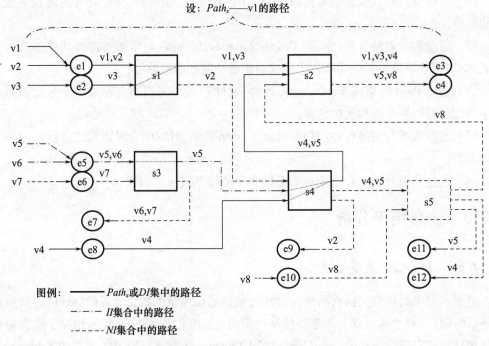

图 4-82 交换式网络流量干扰分析

个输出端口,可以从它与 $Path_{DI}$ 或者 $Path_{II}$ 的最后一个共用的端口截断,只考虑这个端口和端口之前的部分路径。例如,图中 v5 的部分路径 e5→s3→s4 属于 II 集合,它与 DI 中的 v4 发生共用输出端口的关系;v6 的部分路径 e6→s3(不含 v6 在 s3 输入端口之后的路径)属于 II 集合,它与同属 II 集合的 v5 发生共用输出端口的关系(共用 e1 的输出端口)。

(3) NI 集合:不包含在 DI 和 II 集合中的其他路径属于该集合。在图 4-82 中,以粗实线绘制 $Path_x$ 及属于 DI 集合中的路径(或部分路径),以粗点划线绘制属于 II 集合中的路径,以虚线绘制 NI 集合中的路径,对于只有点到点单播的情况,DI 和 II 路径形成以目的节点为根节点的树状拓扑;而对于多播的配置,情况则较为复杂,要考虑不同多播目的节点形成的树状拓扑。

在 II 集合中路径上的流量只可能对 DI 集合中路径上数据包的相位具有影响,间接地影响给定路径 $Path_x$(设 $Path_x$ 承载虚拟链路 v_x)上数据包的延迟时间。然而,在统计的意义下,这种影响几乎不能体现在仿真结果上。图 4-83 和图 4-84 给出一个例子来说明这个问题。如图 4-83 所示,对于虚拟链路 v_x,对它产生直接影响的是 v_a,间接影响的是 v_b;当分别属于 v_a 与 v_b 的数据包同步到达 s1 的输出端口时,而前者又恰巧抢先于后者获得发送时,会对后者的相位产生影响。如图 4-84 所示,孤立地观察一次场景,可以确定 v_b 使 v_x 中的数据包产生延迟或提前;然而,这种现象在不考虑 v_b 的情况下,也会由于 v_x 和 v_a 中数据包的相对相位的差异而发生;网络仿真要统计不同随机相位下的场景,统计平均使 II 集合中路径上的流量对仿真结果几乎没有影响。

为了对更一般的情况进行仿真实验,Scharbarg J-L 和 Fraboul C 考虑了"通用配置模

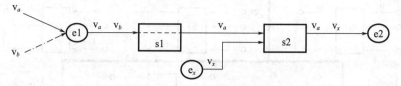

图 4-83 直接影响、间接影响和给定 VL 路由的例子

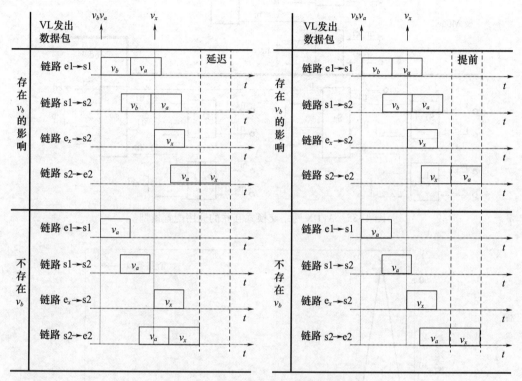

图 4-84 给定 VL 的延迟受到间接影响

型";如图 4-85[1]所示,一共包含 4 种通用配置模型。图中物理链路上标注的是 VL 的数量,端到端延迟统计所关心的 VL 的数量在目的 ES 输入链路上的数目为 m。这些模型涵盖 DI 和 II 流量与所关心的 m 条虚拟链路之间交换排队的情况,根据不同的配置进行仿真实验并进行对比,得到 II 集合中的路径及其通信情况几乎对所关心路径上的端到端延迟的分布没有影响的结果。

4.8.3.2 流量相干分析例子

考察一个工业规模下的 AFDX 交换式网络,包含 123 个端系统和 8 个交换机,每个交换机具有 24 个端口,一共承载了 984 条 VL 和 6412 个 VL 路径的通信。根据静态路由结果可以分析各条物理链路上的通信负载情况,其负载分布如图 4-86[2]所示。可以看出,大多数物理链路的通信负载低于 15%,最高链路通信负载率为 21%,整个网络的平均负载大约在 10%。

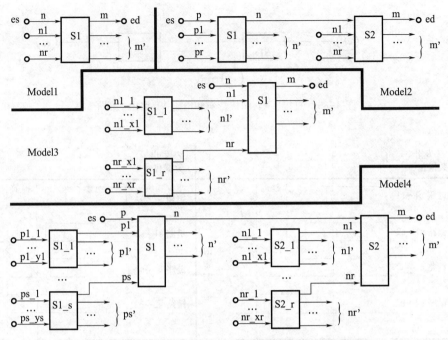

图 4-85 AFDX 网络交换式互联的通用配置模型

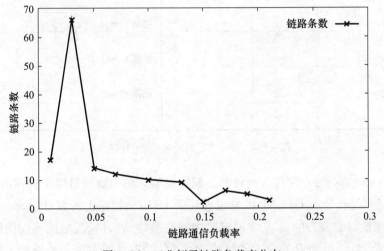

图 4-86 工业例子链路负载率分布

对这些流量之间的干扰情况进行分析,首先分析有影响集合和无影响集合之间的对比关系,将直接影响和间接影响都归入为有影响集合,结果如图 4-87[2] 所示,按照 VL 每条路径有影响集合的大小进行排序。在 6412 个 VL 路径中,779 个路径有影响 VL 集合数目低于 80 条,2000 个路径有影响 VL 集合数目分布在 350 到 400 之间,余下的 3600 多个路径有影响 VL 集合数目位于 400~700 之间。平均有影响 VL 集合数目在 400 左右,相比于一共只有 987 条 VL 的总数,可以看出 VL 之间干扰情况还是很复杂的,但不相干流量依然可观,对于任意一个 VL 路径,NI 集合至少占所有 VL 条数的 30%;针对 12% 的 VL 路径,其最高占比超过 92%。

其次，针对每个 VL 路径，分析其直接影响集合的大小分布，按照 VL 每条路径直接影响集合的大小进行排序，如图 4-88 所示。直接影响集合的大小在 7~500 之间分布，4000 多个 VL 路径的直接影响集合 VL 条数小于 200 条，集合的平均值为 160 左右。相比于图 4-87[2] 的结果，可以看出有影响集合中大约有 60% 的 VL 都是间接影响 VL，只影响待考察 VL 的相位，关键的直接影响流量占整个网络中 VL 的比例并不是很大。

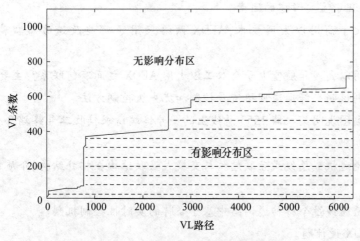

图 4-87　VL 每条路径的有影响集合对比

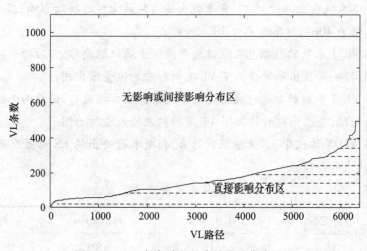

图 4-88　VL 每条路径的直接影响集合对比

参考文献

[1] SCHARBARG JL, RIDOUARD F, FRABOUL C. A probabilistic analysis of end-to-end delays on an AFDX avionic network[J]. IEEE Transaction on Industrial Informatics 2009, 5(1):38-49.

[2] SCHARBARG JL, FRABOUL C. Simulation for end-to-end delays distribution on a switched Ethernet[C]. In Proc. IEEE 12th Int. Conf. Emerging Technologies and Factory Automation, Patras, Greece, Sep. 2007.

习 题

4.1 试说明机载网络的典型特征,并就一种熟悉的机载总线网络互联手段,论述其综合化设计过程中主要考虑的因素。

4.2 相比于商用以太网技术,AFDX 网络采用了哪些改造方案提高了网络的确定性?

4.3 商用以太网和航空电子全双工以太网 AFDX 之间有何联系?主要区别是什么?

4.4 分别说明光纤通道网络流量控制和优先级控制方法。

4.5 试画图说明某机载 1553 总线上的一号终端请求接收二号终端 5 个数据字的全过程。

4.6 试论述机载总线式互联结构与交换式互联结构在拓扑结构、介质访问控制方面的异同。

4.7 试论述线性令牌传递网络中基于令牌的实时性控制机制。

4.8 AFDX 设计题。

假设 AFDX 网络某端系统(ES)的通信配置表如表 4-5 所示。

(1) 计算端系统输出端口对 VL 竞争输出造成的最大延迟抖动影响(假设 ES 最小固定技术时延抖动为 $40\mu s$,链路速率为 100Mb/s);

(2) 计算 VL_1 承载的数据包在经过端系统输出端口调度后,前后两个数据帧可能出现的最小帧间间隔,并画出这种情况下 VL_1 所对应的流量输出图。

(3) 计算 VL_7 承载的数据包在经过端系统输出端口调度后,前后两个数据帧可能出现的最小帧间间隔,并画出这种情况下 VL_7 所对应的流量输出图。

(4) 根据 AFDX 协议中 ES 流量限制约束,判断本题给出的 ES 配置表是否符合协议规范,并分析约束的合理性。

表 4-5 某端系统的通信配置表

序号	VL 名称	VL BAG/ms	L_{max}/Bytes	L_{min}/Bytes
1	VL_1	1	1500	1000
2	VL_2	1	1400	1000
3	VL_3	1	1500	1500
4	VL_4	1	1518	1000
5	VL_5	1	1300	1200
6	VL_6	1	1400	500
7	VL_7	16	1500	1300

4.9 1553B 设计题。

考虑一个由 1553B 总线构成的最小系统,其拓扑结构如图 4-89 所示,自动飞行控制系统 RT 地址为 7,平视显示器 RT 地址为 18,1553B 信号传输速率为 1Mb/s。系统中消息列表如表 4-6 所示,其中 RT 后括号中第一个数为 RT 地址、第二个数为子地址,假设最大允许传输延迟与消息周期一致。

(1) 试写出每一条消息的控制字(0xXXXX 十六进制表示,填写在表 4-6 中)。

(2) 假设 BC 消息间隔为 50μs,RT 响应时间为 8μs,计算总线理论负载。

(3) 设定大周期为 120ms,按照 2 的幂次规律排布总线消息调度表,画出大周期中每个小周期的消息调度图,并计算在该种调度表下的总线负载率(不考虑小周期同步消息、非周期消息和状态查询消息等)。

(4) 设定大周期为 120ms,小周期为 20ms,按照时间均分的原则排布总线消息调度表,画出大周期中每个小周期的消息调度图,并计算在该种调度表下的总线负载率(不考虑小周期同步消息、非周期消息和状态查询消息等)。

(5) 结合上面第(2)、(3)、(4)问题,讨论 1553B 数据传输控制机制的优化方法。

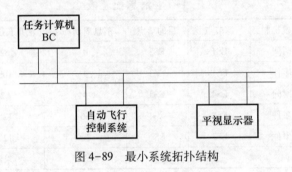

图 4-89 最小系统拓扑结构

表 4-6 最小系统消息列表

序号	消息名称	源地址	目的地址	周期/ms	数据个数	控制字 1	控制字 2
1	飞行状态数据	RT(7,14)	BC	50	16		
2	飞行故障清单	RT(7,15)	BC	120	30		
3	飞行状态参数	RT(7,14)	RT(18,4)	20	10		
4	飞行航姿控制命令	BC	RT(7,16)	50	30		
5	飞行状态控制命令	BC	RT(7,18)	120	20		

4.10 考虑一支持时间触发通信的总线形通信系统,如图 4-90 所示,端系统 1~端系统 4 分别接入到总线上实现信息互享,总线通信速率为 10Mb/s。该通信系统消息配置如表 4-7 所示,m1 和 m3 为时间触发消息,m2、m4 和 m5 为优先级相同的事件触发消息。采用时间触发机制,并结合周期调度模型,实现该通信系统消息调度设计,请回答如下问题:

(1) 根据表 4-7 所给条件计算每条消息的通信需求,并将计算结果直接填在表 4-7 中;

(2) 考虑时间触发消息(m1 和 m3)的稀疏调度模式,某次时间调度表按照图 4-91 进行安排,请解释事件触发消息 m2 的最坏传输延迟场景,并计算其最坏传输延迟时间。

(3) 继续考虑图 4-91 所示的时间触发消息稀疏调度安排,构建事件触发消息 m4 的最坏调度场景(请直接在图 4-92 中完善),并计算其最坏传输延迟时间。

(4) 考虑另外一种调度模式,如图 4-93 所示,m1 和 m3 消息紧密进行调度排布,构建事件触发消息 m2 的最坏调度场景(请直接在图 4-93 中完善),并计算其最坏传输延迟时间。

(5) 分析稀疏调度模式和背靠背调度模式两者的区别,归纳不同调度模式对事件触发消息的影响趋势。

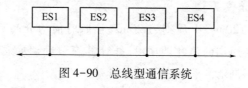

图 4-90 总线型通信系统

表 4-7 消息配置表

序号	消息名称	触发机制	源节点	目的节点	消息周期/ms	消息长度/字节	通信需求
1	m1	时间	ES1	ES2	4	625	
2	m2	事件	ES1	ES3	4	1000	
3	m3	时间	ES4	ES3	4	625	
4	m4	事件	ES2	ES4	16	1250	
5	m5	事件	ES3	ES1	16	1250	
6						求和	

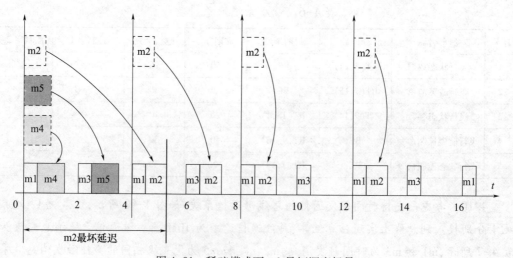

图 4-91 稀疏模式下 m2 最坏调度场景

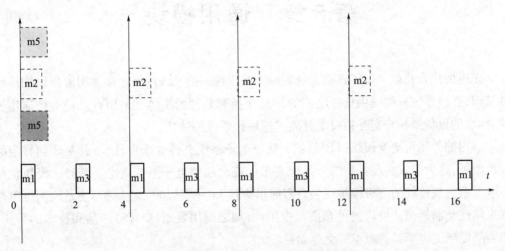

图 4-92 稀疏模式下 m4 最坏调度场景

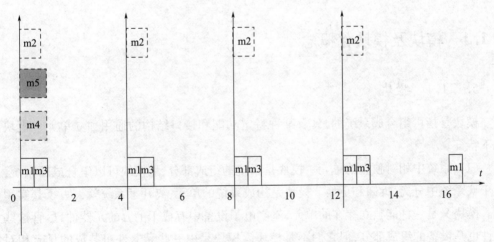

图 4-93 背靠背模式下 m2 最坏调度场景

第 5 章　通用模块

先进的综合化航空电子核心系统实际上是由统一的总线网络连接通用的模块构成硬件基础,并由系统软件提供任务功能的信息交换和处理的实体。采用有限种类的通用模块、标准的设备结构和交互接口是开放式模块化系统的特征。

通用的外场可更换模块(LRM)依据航空电子系统共性要求设计,不针对任何特定的飞机型号,这为组成实现各种电子系统要求的综合航空电子系统奠定了基础。模块化航空电子系统使传统的三级维护变为只需简单更换 LRM 模块的二级维护,使系统的可靠性和维修性空前提高。模块的可互换和重用性,加之商用货架(COTS)产品和技术的采用,成为降低航空电子系统成本的重要途径。

5.1　模块化设计

5.1.1　模块及模块化概念

5.1.1.1　模块

模块是指可组合成系统的,具有某种特定功能和接口结构的通用独立单元。模块有如下特征。

(1) 系统中相对独立的单元。模块是系统的组成部分,用模块可以组合成新系统,也易于从系统中分离、拆卸和更换。模块是构成系统的单元,离开了系统就失去了其实用价值。模块又是一种能独立存在的单元,航空电子设备中有成千上万的元器件,尽管这些元器件也是设备的组成部分,但它们不是模块。模块是由一些元器件组装成的具有相对独立性的部件。

(2) 具有确定的功能。模块虽然是系统的组成部分,但对系统而言它不是可以任意分割的,它具有明确的特定功能,这一功能不依附于其他功能而能相对独立地存在,并不受其他功能的干扰。这种特定功能可以是系统按照物理性能分解而得到的功能部件。

(3) 标准化。模块结构具有典型性、通用性或兼容性,并往往可构成系列,这正是模块与一般部件的区别,或者说模块具有标准化的属性。模块是通过对同类产品的功能和结构的分析而分解出来的,是运用标准化中简化原理和统一原理而得出的具有典型性的部件,这个典型性正是模块具有广泛通用性的基础。某些模块不仅通用于某些相似的产品,并可通用于某类产品或其他领域的产品。模块的通用性通常体现在:互换性和兼容性。模块的通用性是通过其接口的标准化或通用化实现的。模块还常常按照系列化原理,使其功能和机构形成系列,以满足不同规格、不同容量产品的需要。

(4) 具有接口能力。模块应具有传递功能,能组成系统的接口结构。设计和制造模块的目的是用它来组合成系统。系统是一个有序的整体,各模块既有相对独立的功能,又互有联系。模块经有机结合而构成系统,模块间的这种共享界面就是接口,接口的作用是传递功能。

此外,对模块进行分类有多种方式。

(1) 按照模块的表现形式可分为硬件模块和软件模块。硬件模块是指实体模块,软件模块一般是指程序模块。

(2) 按照模块互换性特征可分为功能模块、结构模块和单元模块。功能模块是具有相对独立的功能,并具有功能互换性的功能部件,其性能参数和质量指标能满足通用互换或兼容的要求;然而,那些虽具有独立功能,但不具备功能互换性的功能部件不能算作是功能模块,而只是一种专用功能块。结构模块是指具有尺寸互换性的结构部件,其安装连接部分的几何参数满足某种规定的要求,而能保证通用互换或兼容。单元模块是既具有功能互换性又具有尺寸互换性,即具有完全互换性的独立功能部件。它是由功能模块和结构模块相结合的单元标准化部件,是二者的综合体。

按照模块在系统中的层次,模块可按其构成的规模及组装层次的不同而分为若干级,各级模块间是隶属关系,同级模块间是并列关系。

5.1.1.2 模块化

模块化是指从系统观点出发,研究系统的构成形式,用分解和组合的方法,建立模块体系,并运用模块组合成系统的全过程。这个定义揭示了模块化的如下含义:

(1) 模块化的宗旨是效益;
(2) 模块化的对象是系统的构成;
(3) 模块化的主要方法是系统的分解和组合;
(4) 模块化的目标是建立模块系统和对象系统;
(5) 模块化是一个活动过程。

模块化过程有如下显著特点:

(1) 综合性。模块化的目标是建立一个模块化系统,这是一个综合的、复杂的系统工程。模块化需要多个学科专家的通力合作,是一个比较长的过程,需投入大量的人力、物力和资金;它不仅涉及系统的技术问题,而且涉及系统的管理问题。在模块化过程中,必须全面地考虑各种相关要素,并做出综合性的规定和计划,才可能使模块化工作有序展开,并取得成效。

(2) 动态性。模块化过程是一个动态过程,一个模块化的系统不仅有其形成、完善和成熟的过程,而且还有其老化和更新的过程。由于新技术的不断出现和市场需求的多变性,已建立的模块系统中的某些模块会因老化而被淘汰。另外,任何一种系统都会有其生命周期,当原有的模块系统仅靠修修补补不能适应技术发展及市场需求时,则应及时进行更新。所以,建立了一个模块化系统后,及时进行调整与更新,才能充分发挥模块化的优势。

(3) 超前性。在着手进行产品模块化工作时,必须有超前的意识,需预见到发展趋势,及时追踪技术发展动向,采用新技术,以确保模块化系统技术上的先进性。

5.1.1.3 组合化

组合化是建立在系统分解和组合理论基础上的,即把一个具有某种功能的产品看作是一个系统,这个系统又是可分解的。把系统分解成若干个功能单元,其中某些单元不仅具有特定的功能,而且能与其他系统的某些功能单元通用、互换,把这类功能单元分解出来,以标准单元或通用单元的形式独立存在,这就是分解。为满足一定的功能要求,把若干个事先准备好的标准化的通用单元和个别专用单元按照新系统的要求有机地组合起来,组成一个具有新功能的新系统,这就是组合。组合化的过程包括分解和组合。

先进综合化航空电子系统的设计就是利用了组合化的原理,改变了传统设计方法。把航空电子系统看成组成飞机系统的一个功能复杂的系统,该系统由不同功能块组成,这些功能块中有一大部分具有一定的独立性,可从系统中分解出来。把分解出来的部分作为组合的积木块(模块),把这些积木块上升为标准的通用单元,然后以这些积木块为基础堆积出不同系统产品。

1. 自上而下的分解

对所要研制的新一代航空电子系统,应从结构上进行自上而下的分解,即按复杂程度将系统分解成模块化的结构。分解的基本原则是:在分解时应充分考虑综合化、模块化和通用化三个关键特性,并使这三个特性在相互支持下又具有独立性。

(1) 综合化。综合化是一种有效的方法,它可以解决传统的航空电子系统按不同功能划分成各个独立的子系统所带来的系统与分系统中许多功能重复,体积、重量增加,飞行员负担过重,总可靠性下降,生命周期成本增长等各种问题。故先进综合化航空电子系统必须具有综合化的特性,以便在系统中实现任务共享及获得系统的容错和灵活性。

(2) 模块化。先进综合化航空电子系统把模块作为系统结构的基本单元,是因为其功能可以满足各种系统的需要,也可以提供重新配置(组合)能力。故模块化是先进综合化航空电子系统在结构上的主要特征,这就确定了组成先进综合化航空电子系统基本单元的是模块,即以 LRM 来代替外场可更换单元(LRU)。

(3) 通用化。为便于对先进综合化航空电子系统进行维护和减少后勤保障费用,模块应具有通用化的特性,为实现航空电子系统的模块化,也必须减少模块的种类。另外,提高模块的通用化程度,是降低系统开发和系统生命周期成本的最重要因素。对于功能复杂的模块来说,在互换的基础上实现通用,其意义是非常大的。

按分解的原则,先进综合化航空电子系统结构通常可分解为:数据处理单元、信号处理单元、存储单元、电源转化单元、网络支持单元及其他专用模块单元。

2. 自下而上的组合

按航空电子系统所分解出的功能模块单元,确定能采用的标准化的通用模块的类型和数量,并计划、确定将要开发的专用模块单元,然后进行各种方案的组合和试验验证,最后确定出一种能实现新研制的航空电子系统功能要求的方案并研制要开发的专用模块单元。

5.1.1.4 通用化、系列化和标准化

1. 通用化

在先进综合化航空电子系统中,通用模块是模块化结构的核心和基础,也是实施组合化的基本条件。根据通用化的基本概念和当前航空电子系统以数据传输、数据处理为主要技术的情况,模块通用化范围主要可在以下几方面确定:

(1) 用来完成与各项任务处理有关的数据处理工作的数据处理功能部分,如数据处理模块;

(2) 用来存储应用程序、执行程序及数据存储的功能部分,如存储模块;

(3) 用来进行图形处理、运算的图形处理模块等;

(4) 用来将飞机电源转换成模块所需要电压的电源功能模块;

(5) 用于传感器信号处理的信号处理功能模块;

(6) 用于网络拓扑结构和路由支持的网络支持功能模块;

(7) 用于感知并处理外界电磁信息的射频综合模块。

模块通用功能能力的选择,不应按原来各单个 LRU 的要求来确定。系统中的零件级、组件级(模块级)和设备级均可作为 LRU,但各类 LRU 所完成的功能能力大小各不相同,复杂程度也不相同。若采用以往做法,即模块通用功能能力按单个 LRU 可完成的功能能力来选择,则要完成的功能太多且各不相同;另外,费用高故障多,也不利于中继级维修,故不宜采用。若模块通用功能能力按零件(元器件)可完成的功能能力来选择,则不仅功能太简单,而且与系统连接增多,也很难将故障隔离到元器件级,故也不宜从这方面选择。从完成功能和降低维修支援费用出发,对先进综合化航空电子系统模块按模块所具有的功能来选择是合理和可行的。根据先进综合化航空电子系统的特点,对每一种模块按要完成一个完整的数据处理功能及状态测试、故障检测隔离所需要的 BIT 能力来进行选择,也是完全可以做到的。

模块参数基本上可分为兼容性参数和功能参数两类。兼容性参数是和其他系统相关联所必需的电气接口参数,功能参数是表征模块主要特征的参数。兼容性参数是可以标准化的,在设计上需要按标准的规定进行严格的控制;功能参数不能标准化,只能按实际需要进行设计。可实施标准化的兼容性参数有以下几类。

(1) 结构类:外形尺寸、外壳类型、连接器、质量、插拔技术等。

(2) 电气类:供电特性、故障指示、总线接口、BIT 要求、地线选用等。

(3) 互换性类:存储器容量、存取时间、软件等。

(4) 环境类:电磁干扰、电子瞬态放射效应、静电放电、温度、湿度、振动等。

(5) 内部性能类:数据总线协议、BIT、数据传输率等。

(6) 热类:热交换、热分配、传导散热方式等。

2. 系列化

通用模块的系列设计应遵循系列化设计的基本原则,采用同类归并、大小分档的方法来形成模块系列,以便于满足不同系统的要求。

美军按 ARINC 404《ATR 机箱》或 DoD-STD-1788《航空电子设备接口设计标准》所规定的机箱外形尺寸系列,作为模块外形尺寸系列,如 ARINC 404 中 1-1/2-ATR(对应 DoD-STD-1788 中的 12LRU);3/4-ATR(6LRU);3/8-ATR(3LRU);1ATR(8LRU);1/2-ATR(4LRU);1/4-ATR(2LRU)。美国空军选择机箱系列中的 3/4-ATR(6LRU)系列作为新一代航空电子基本模块(也即 LRM)外形系列。

MIL-STD-1389《标准电子模块设计要求》规定,模块壳体分为 A、B、C、D、E 五种基本形式。在美国空军所制定的 3/4-ATR(6LRU)规范中,将模块分为 A、B、C、D_1、D_2 等 5 种系列,其中 C 型的 LRM 对应于美国海军 SEM-E 模块。

3. 标准化

先进综合化航空电子系统中的模块是在软件管理下高度集成化的航空电子模块。在软件方面必须采用规定的高级语言,采用标准的内外总线;在硬件方面要求具有标准化的参数、外形尺寸和结构。符合上述条件的模块才能称得上航空电子 LRM。

为简化起见,模块宜采用统一的形状和尺寸。其形状与尺寸的选择应符合以下规定:

(1) 要与国际通用标准相兼容,以便通用模块也能装入符合标准尺寸的机箱中;

(2) 模块上的安装空间应与所要安装的电路的尺寸相一致,以保证所设计的电路能全部安装到模块中;

(3) 模块应按大多数功能模块的尺寸来选择,以便实现功能模块的更换和通用。

美国空军的实践表明:在需要用通用模块实现系统功能中,90%以上功能模块非常适合于安装在与 3/4-ATR 尺寸相兼容的模块壳体上,即 SEM-E 规格尺寸是基本型模块的外形尺寸。

为便于模块的更换和识别,在模块上应有标准化的标志。

(1) 模块编号:模块编号由"机载(用字母 J 表示)""模块结构形式(分为 A、B、C、D、E 五种)"和"顺序号(001~999)"组成。

(2) 认证合格标志:经检验合格的模块,应标上标志"R"。

(3) 模块名称:模块名称应与详细规范标题中的名称相符或采用名称的缩写。

(4) 制造厂商的信息:应标有制造厂商的名称或标记及制造日期。

(5) 电连接器插针标志:把插针的最大和最小编号用数字标注在电连接器侧板的两边。

(6) 静电放电标志:对静电放电敏感的模块,应在模块上标注"等边三角形"符号。

5.1.2 模块化航空电子系统

模块化航空电子系统是指通过一系列标准化通用功能模块(CFM)的组合,加载与硬件无关的软件,完成航空电子各个设备功能的系统。在模块化航空电子系统中,各个子功能都是建立在通用功能模块之上的;而通用功能模块在机载资源基础上,通过加载不同的软件完成具体的功能,如图 5-1 所示。

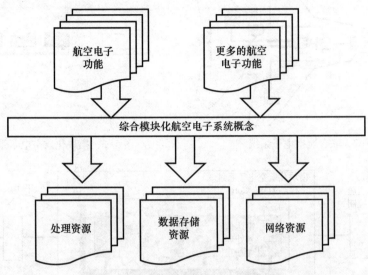

图 5-1　综合模块化航空电子系统概念

对于模块化航空电子系统,它的优点就是将一些航空组件(例如雷达、导航、通信)整合到一个标准的硬件平台上。为了避免这些组件的相互影响,必须将它们封装在综合区域之中,这也是组建模块化航空电子系统的基本手段。综合区域是分层的结构,可以分成多层,而每一层只有几个模块;也可以将综合区域分成一层或者两层,而每一层有许多的模块;或者极端的例子,综合区域不采用分层的结构。

早期的联合航空电子系统依照独立的航空电子设备单元来布置系统或者子系统的功能,如图 5-2 所示。其特点是:独立的嵌入式专用子系统、维护间隔短、系统升级昂贵、软件基于硬件开发、需要大量备用资源。

模块化的航空电子系统如图 5-3 所示,应用通用功能模块的适应性,提供系统功能的不同布置和映射。这些映射是通过应用软件的配置来实现的,其优点是:在少量机柜上采用标准硬件模块,软件不局限于特定的硬件之中而可被重用,硬件模块可在不同的飞机上使用,系统容易升级和重配置,仅需少量备用资源。

模块化航空电子系统的典型结构如图 5-4 所示,由核心处理系统和非核心处理系统组成。核心处理系统包含若干个机柜,在每个机柜上装载了一定数量的通用功能模块,通过在通用模块上加载不同的软件,实现航空电子要求的雷达信号处理、通信/导航/识别、外挂管理等特殊功能。非核心处理系统包括信号采集设备、显控设备、传感器设备等。

5.1.3　核心处理系统

在模块化综合航空电子系统中,核心处理系统是指一套通用软件和硬件模块,它们通过标准接口与外部非通用的传感器前端、作动器、显控设备等非核心系统组合,构成高性能、低成本、可用性强的航空电子系统，如图 5-5 所示。

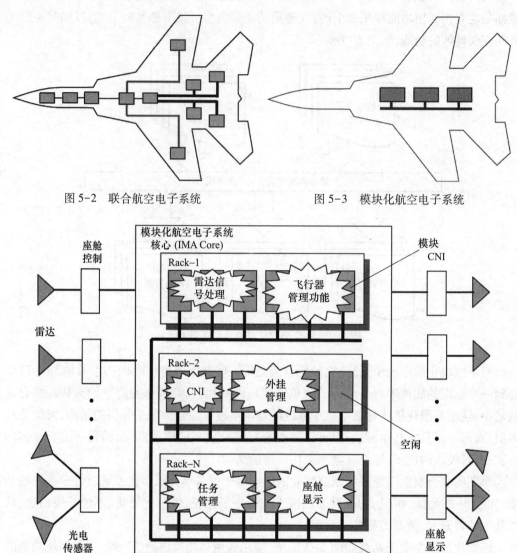

图 5-2 联合航空电子系统　　　　图 5-3 模块化航空电子系统

图 5-4 由通用模块构成的航空电子系统

可见，一个完整的航空电子系统应该包含核心处理系统和一些非核心系统单元，核心处理系统提供诸如信号处理、数据处理、图形处理、大容量存储和通信网络等飞机最主要的处理功能。一些非核心的单元（如传感器）可能含有数字预处理过程。这些处理过程可以放在核心系统中，也可以放在非核心单元中。核心系统的划分并不是绝对的，取决于电子技术发展水平、通用化技术和生命周期成本等多方面因素。

从硬件角度来看模块化综合航空电子系统的核心系统，它是由有限的一系列标准模块组成的。这些模块通过定义好的数据网络互联，而数据网络由网络支持模块提供。这些模块还能够通过系统管理功能控制由专有的电源转换模块进行单独供电。图 5-6 给出

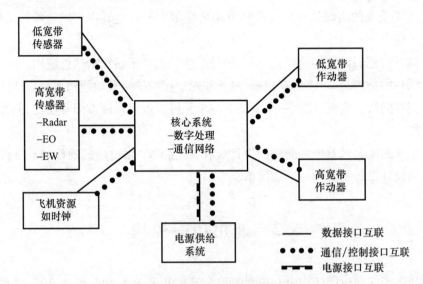

图 5-5 航空电子系统组成结构图

了一个典型的核心处理系统的硬件结构,其中核心处理系统的硬件由几个机架组成,这些机架可以由电源供给提供单独电源,每一个机架包含了几个通用功能模块(如信号处理模块、数据处理模块、图形处理模块等),在机架里的模块通过统一的数据网络通信。这些通用功能模块都是现场可替换的,并且提供计算能力、网络支持能力以及电源转换能力。核心处理系统应该包含如下模块:

(1) 信号处理模块(SPM);
(2) 数据处理模块(DPM);
(3) 图像处理模块(GPM);
(4) 大容量存储模块(MMM);
(5) 射频综合模块(RF Integrated Module,RIM);
(6) 网络支持模块(NSM);
(7) 电源转换模块(PCM)。

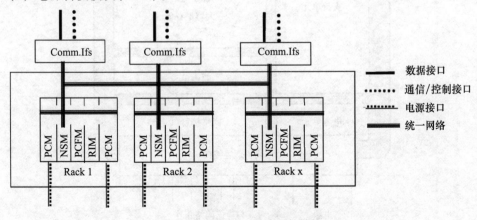

图 5-6 核心处理系统硬件结构

通用功能模块的实现原则是在各种模块之间尽可能多地利用相同的硬件来构建,可以提供如下优点。

(1) 同样的逻辑接口实现:与通用的硬件组件一起使用通用的软件应用。

(2) 同样的物理接口实现:在机械、电气和光学接口的实现中使用通用的硬件组件。

(3) 同样的行为实现:使用一个模块支持单元可以最大程度重用其功能,例如模块的初始化功能。

(4) 同样的工具以及使用同样的设计流程:更多地采用通用的硬件和软件设计组件将使得通用设计工具集的选用更加简单。

5.2 通用功能模块

通用功能模块的内部结构由一系列的功能单元组成,一般包括模块支持、处理、路由、网络接口、电源和模块物理层接口等几个单元,如图5-7所示。其中:

(1) 模块支持单元完成模块的控制和监视,提供BIT控制、模块初始化、时间管理、状态记录/报告、系统管理与调试等通用功能;

(2) 处理单元完成模块的数据处理、信号处理、图形处理和大容量存储等特定功能;

(3) 路由单元实现内部功能部件间的互联,提供网络输入输出的连接功能;

(4) 网络接口单元支持模块与外部的通信功能;

(5) 电源单元则将外部供电电压转化为模块所需的内部供电电压;

(6) 模块物理层接口规定了模块的物理特性,包括机械、光、电和冷却等接口。

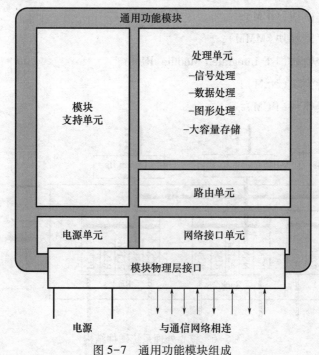

图5-7 通用功能模块组成

通用模块由硬件和软件两部分组成,硬件部分实现机械、电子功能和物理接口,软件部分被称作"模块支持层",它和硬件一起提供模块的处理功能和逻辑接口。为了实现通用模块之间的互操作以及与上层软件的交互,需要定义模块支持层与操作系统之间的接口、模块逻辑接口和模块物理接口等三个功能接口。模块支持层与操作系统之间的接口是一种软件接口,描述了模块提供的服务的接口,将物理硬件与操作系统分离开。模块逻辑接口定义了各模块间逻辑上的交互,包括初始化过程、资源管理、时间管理和网络管理等,使模块能够协同工作。模块物理接口定义模块的物理属性,包括封装、冷却、电源分布、电磁兼容性和连接接口等,使得模块之间能相互替换。

5.2.1 模块支持单元

模块支持单元是通用功能模块上提供模块支持功能的一个逻辑单元,控制并监控通用功能模块的所有活动,提供系统管理、模块内部外部通信和模块管理需要的所有功能和服务。为了能够灵活地控制不同类型的模块,一般使用通用处理器作为模块控制器。

1. 内嵌信息

每一个通用功能模块都包含自己特有的特征信息。这些信息保存在非易失性存储器中,在断电后信息仍然可以保持。这些信息可以分为两类:一是只读信息,二是读/写信息。只读信息一旦定义与编程后,在模块运行使用期间不能修改,只有模块制造者可对这些数据进行编程修改;这些数据表示模块承制方标识、模块类型和产品批次等信息,用来反映模块的特征。读/写信息可以在模块工作过程中更新,这些数据可以由操作时间、维护操作、操作记录等组成,反映一个通用功能模块的工作情况。

2. 内置自测试

通用功能模块应具有内置 BIT 能力,提供一定的软硬件对模块上的资源进行故障检测,检测的方式可以有以下几种且所有内置 BIT 结果都应该记录在故障日志中。

(1) 上电/断电 BIT:在模块上电/断电后自动执行测试,在操作代码加载之前验证通用功能模块提供的资源的可用性。

(2) 连续 BIT:在通用功能模块的常规操作中作为后台活动进行。

(3) 启动 BIT:由另一个实体启动,执行时通用功能模块的常规操作会被中断,BIT 结束之后通用功能模块应能恢复到常规操作状态。

3. 故障记录

每一个通用功能模块都在非易失性存储器中提供故障记录,每一条记录都打上了时戳。对于每一个通用功能模块,无论在线测试还是单独测试,都可以读取故障记录情况。故障记录由一个模块控制器单独进行维护,在模块其他部分未上电的时候,故障记录也可被外部测试设备读取。

4. 时间管理

每一个通用功能模块都有独立于应用程序的计时器,提供以下时间信息来支持系统时间管理。

（1）绝对全局时间：即日常使用时间，通常是根据客户时区，以年、月、日、时、分、秒表示。

（2）绝对本地时间：即航空电子系统内部全局时间，它的分辨率应该高于绝对全局时间，常用于使应用软件同步。

（3）相对本地时间：比其他两种时间基准有更高的分辨率，用来精确同步紧密耦合的计算处理和调度。

5. 运行时间

通用功能模块提供一个非易失运行时间的计时器，用于记录模块的运行时间。这个计时器需要提供时、分的计时功能，计时范围不小于 100000 小时。

6. 测试与维护接口

为了实现综合测试与维护，每个通用功能模块都应提供测试与维护接口，通过该接口可以访问模块内部资源，并对模块内部资源至少进行下列操作：

（1）读取故障记录，擦除故障记录；

（2）读取运行时间；

（3）激活 BIT，读取 BIT 结果；

（4）下载更新模块支持层软件；

（5）访问模块上用于调试和监视的资源。

7. 模块支持层

每一个通用功能模块都包括一组模块支持层软件组件。这些软件组件负责支持与实现模块要求的各种逻辑接口与功能；支持与操作系统、模块逻辑以及维护测试的接口；提供模块的资源信息管理、存储管理、中断处理服务、硬件异常管理、BIT 管理、模块状态信息报告、时钟管理、底层物理接口驱动、模块控制、调试服务和故障管理等功能。

5.2.2 网络接口和路由单元

网络接口和路由单元是在模块支持单元的控制下，提供通用功能模块内部和外部的所有通信功能并实现与外部网络的连接。其需要能进行以下类型的通信：

（1）模块内部的通信，即允许模块内部处理单元之间进行通信；

（2）模块间的通信，即允许模块之间进行通信；

（3）处理单元内部的通信，即允许处理单元内部各进程之间进行通信。

通用功能模块内部的通信由路由单元提供，而与外部的通信则由网络接口单元提供。为了实现不同的通用功能模块之间的协作，需要一个标准逻辑接口，即模块逻辑接口。它规定了通用功能模块之间通信所用的介质、格式、协议等特性。

5.2.3 电源单元

为了给通用模块硬件供电，模块接收底板提供的标准直流（Dirrect Current, DC）电压，并将它转换为模块内部要求的特殊工作电压。这由电源单元实现,其功能描述如图 5-8 所示。因为故障容错的原因,每个模块至少有两个源提供电能,电源转换单元对来自不同的源的供电电压进行合并,模块上的 DC/DC 转换电路将所提供的电压降到所需要的元件电压。

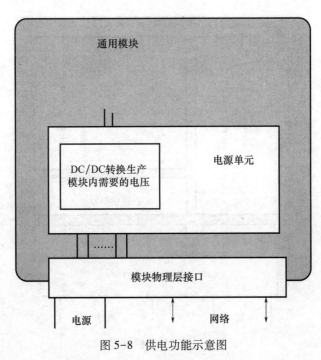

图 5-8 供电功能示意图

5.2.4 处理单元与模块功能

模块处理单元完成模块具体的处理任务。对于不同类型的模块来说,处理任务是不同的,即不同的处理单元代表了不同类型的模块提供的独特的功能。这些功能包括数据处理、信号处理、图形处理、大容量存储、射频综合、网络支持和电源转换。

1. 数据处理模块

数据处理模块如图 5-9 所示。模块中数据处理单元至少有一个处理器,可以有多个处理器并行工作,每个处理器都具备完整的软件系统,并通过模块内路由和网络系统支持处理器的配置和数据交互。

数据处理模块应具有整数处理、浮点处理、代码和数据隔离等存储管理、局部易失/非易失存储等功能。

2. 信号处理模块

信号处理模块如图 5-10 所示。其与数据处理模块类似,在每个信号处理单元中都有一个或数个处理器,各自拥有独立的资源。每一个处理器都有到路由单元的通路。信号处理模块的设计思想与 DSP 类似,包含高度集成的内部互联单元,可以考虑使用 FPGA 技术,通过软件配置的方式灵活地实现信号处理,使其具有通用性。

信号处理模块具有整数处理、浮点处理、代码和数据隔离等存储管理、局部易失/非易失存储、通信链路计数、矢量/矩阵运算、有限脉冲响应(Finite Impulse Response,FIR)滤波与卷积、快速傅里叶变换(Fast Fourier Transform,FFT)/快速傅里叶反变换(Inverse Fast Fourier Transform,IFFT)运算等功能。

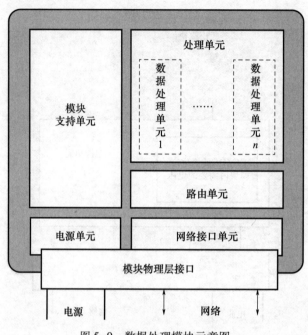

图 5-9　数据处理模块示意图

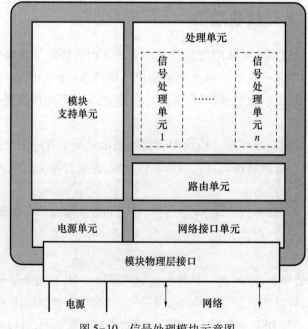

图 5-10　信号处理模块示意图

3. 图形处理模块

图形处理模块如图 5-11 所示。图形处理模块的设计应能满足航空电子显示 2D/3D 图形(包括视频)的处理需求。图形处理单元执行专为图形处理定制的高级指令,同时每一个处理单元都可进行帧存储,它们由图形处理器和针对特殊应用的硬件加速器组成。

图形处理模块应具有从网络接收图形或视频数据、多种格式和编码的图形和视频处理、对接收到的图形和视频进行缩放/旋转/平移处理、生成合成图形或视频、2D/3D 图形生成、3D 图形投影、图形透明处理、图形或视频的多重剪裁、抗锯齿处理、纹理透视映射和失真处理等功能。

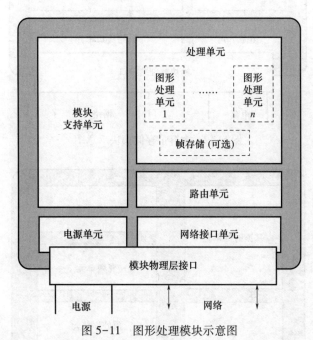

图 5-11 图形处理模块示意图

4. 大容量存储模块

大容量存储模块如图 5-12 所示,可以提供通用的大容量存储能力、文件和数据库操作以及时间分配。大容量存储模块由用来存储数据的存储介质以及用于控制存储介质操作的存储控制器两部分组成,其中存储控制器直接由模块支持层进行控制。

大容量存储模块应具有大容量存储、局部易失/非易失存储、文件和数据库操作、存储管理、分区管理、支持不同密级数据、快速擦除数据、支持多个读/写并发操作等功能。

5. 射频综合模块

射频综合模块如图 5-13 所示,它是飞机感知外界信息的渠道。天线接口单元对天线信号进行预处理,包括接收信号馈送、信号预选滤波、频率多路传输、波束形成控制和信号放大等功能,并与变频单元连接。变频单元包括接收/下变频和发射/上变频,分别输出中频信号和激励/发射信号。预处理单元进行中频数字处理、调制与解调,向下输出基带数字信号,向上输出中频调制信号。基准时钟单元支持射频模块的时钟。

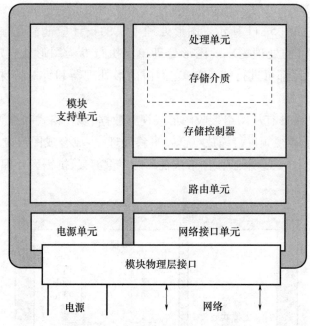

图 5-12 大容量存储模块示意图

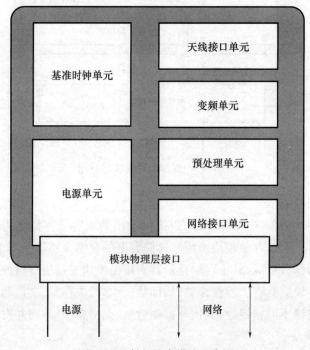

图 5-13 射频综合模块示意图

6. 网络支持模块

网络支持模块如图 5-14 所示,主要功能是为航电系统提供数据交换和路由。这些功能由模块上专门的资源实现,并且通过接口服务进行访问。网络支持模块支持快速分组和电路交换,其中快速分组交换用于传输报文和中等带宽数据流,而电路交换通过更加稳定的连接传输高带宽数据流。为了控制和管理这两种交换方式,网络支持模块还包括一个控制单元。此外,为了支持整个系统的时间分发,还维护着系统主参考时钟。

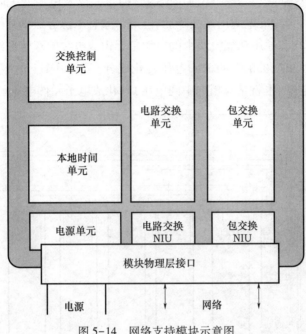

图 5-14　网络支持模块示意图

7. 电源转换模块

电源转换模块如图 5-15 所示,将飞机提供的电源转换成其他通用功能模块所需的直流电压。为了控制和监控输出的每路电源状况,电源转换模块也具备一定的处理能力。

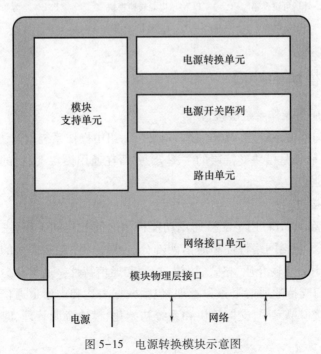

图 5-15　电源转换模块示意图

电源转换模块包括：提供电源转换和滤波功能的电源转换单元；在模块支持层执行电源管理程序的电源转换控制器；以及在电源转换控制器的控制下，执行每一路电流的开/关，同时监控电流状况的电源开关阵列。电源转换单元以及电源开关阵列支持标准电源和紧急电源的切换，当标准电源出现故障后，能够将紧急电源分送到其他模块。

由电源转换模块和通用功能模块中的电源单元组成电源的双转换结构，如图 5-16 所示，首先电源转换模块把机柜上的输入电压转化成分布到 LRM 上的中间电压，然后电源单元把 LRM 输入电压（也就是背板的中间电压）转化成电子元件电压。

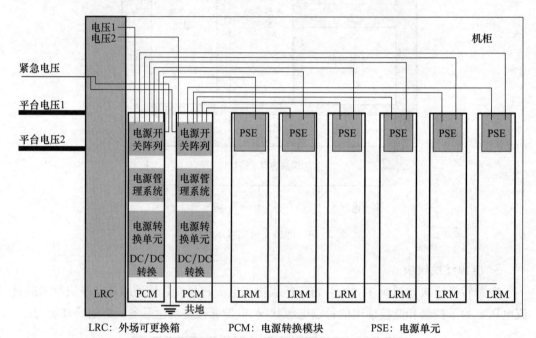

图 5-16　电源供给分布

5.2.5　通用模块的接口

1. 模块支持层与操作系统层接口

模块支持层与操作系统层(MOS)接口定义了一组由操作系统软件访问模块硬件资源的服务，这些服务软件是模块支持层的一部分，驻留在通用模块上，目的是使操作系统与模块的硬件相互独立。

2. 模块逻辑接口

模块的逻辑接口(MLI)用于支持通用功能模块之间的协同工作，主要定义通用模块的逻辑通信与命令，包括网络特性和通信两部分。网络特性定义模块的网络接口单元之间以及网络中采用的传输介质、格式、协议、控制和通信特性。通信部分定义模块支持层与操作系统层接口支持的通信服务和管理，包括数据表达和虚通道通信格式等。对应的软件驻留在网络接口单元中，支持模块和系统初始化、模块资源管理、时间管理和网络管理等功能。

3. 模块物理接口

模块物理接口(MPI)主要定义冷却接口、连接方式、插入/取出装置等特性。

5.3 模块物理结构与工作环境

随着航空电子技术的迅速发展,航空电子设备的重量、体积、运转可靠性、环境适应性、电磁兼容性及热控制等结构设计也成为一项复杂的系统工程。仅以电路的性能来评价设备性能的观念受到极大挑战,结构设计成为重要组成部分,设计方法在不断变革,其发展趋势是逐渐通用化、系列化和标准化。

5.3.1 模块结构

20世纪60年代,美国海军在模块化航空电子计划中就提出了标准航空电子模块、标准机箱和集成机柜等一系列概念,美国航空无线电公司(ARINC)颁布了ARINC404规范,该规范规定了空运机箱(Air Transport Racking,ATR)系列标准化航空电子设备机箱和托架的外形尺寸、通风冷却方式、电连接器接口定义以及锁紧固定方式等多项内容。ATR标准系列机箱不仅用于商业领域,在军用飞机、坦克乃至战舰上都有广泛应用。

为了适应航空电子技术的发展,ARINC公司于1977年又推出了ARINC600规范。该规范定义了12种规格的模块概念单元(Modular Concept Unit,MCU)系列机箱,不但兼容了原ATR系列的所有机箱规格,而且为更小和更宽规格系列提供了更多选择。在前紧定装置、强迫风冷装置以及低插拔力电连接器等方面做出了不少改进,使其具有更广泛的环境适应性。

为适应综合模块化航空电子系统的需要,ARINC公司于1994年又发布了ARINC650规范,定义了10种规格的航空电子模块单元(Avionic Modular Unit,AMU)系列模块与机箱。ARINC650规范提出以LRM来替代LRU,使航空电子设备在重量、体积、成本、可靠性、互换性和维护性等方面得到了进一步提升。为了适应军用和民用飞机的需要,欧洲ASAAC也制定了航空电子通用功能模块结构及其封装的标准。

ARINC560规范中通用模块在飞机安装柜中安装的情况如图5-17所示。

波音777飞机的IMA模块安装结构与ARINC650规范中设计的模块安装结构略有不同,主要区别是模块前面板上的模块插拔手柄的结构设计,波音777飞机的IMA模块安装结构如图5-18所示。

完整的模块化航空电子系统结构主要包括LRM模块、安装柜和背板线盒三个部分,如图5-19所示。LRM模块包括模块护板、快速拔插装置、连接器等;安装柜提供模块在飞机上的安装框架和电缆连接框架;背板线盒则主要提供互联背板和冷却驱动装置。

1. 模块外形

通用模块外形由拔插装置(Insertion Extraction Device,IED)、盒体以及连接器组成。

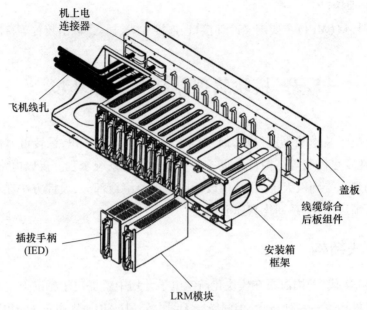

图 5-17 通用模块安装结构

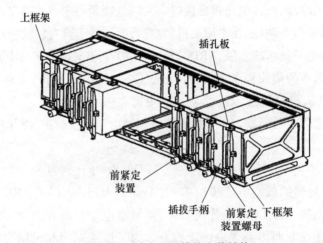

图 5-18 波音 777 模块安装结构

盒体主要尺寸如图 5-20 所示。模块为正平行六面体,前面板上不安装任何连接器,所有对外接口都在后盖板采用矩形连接器连接。

ARINC 650 规定,LRM 的尺寸以 AMU 为基本单元,高度尺寸固定为 183.388mm,长度尺寸不超过 381mm,宽度尺寸从 1AMU~10AMU 共计 10 挡,供不同功能的 LRM 选用。最小的 LRM 为一个 AMU 单元,所有其他的 LRM 都是按照 1AMU 的倍数 n 个 AMU 来表示,如 2AMU、3AMU 等。各个 LRM 宽度可按如下公式计算:

$$\text{LRM 宽度} = (0.7 + 0.4n) \times 25.4 \text{mm}$$

LRM 的尺寸和最大重量限制如表 5-1 所列。LRM 所有负载将通过安装柜结构将载荷传递到飞机框架结构件上。

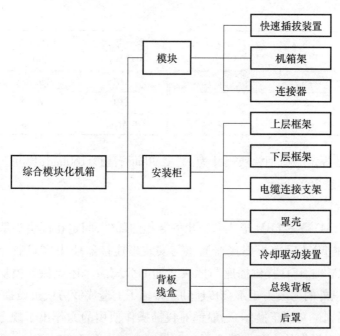

图 5-19 综合模块化系统安装结构组成

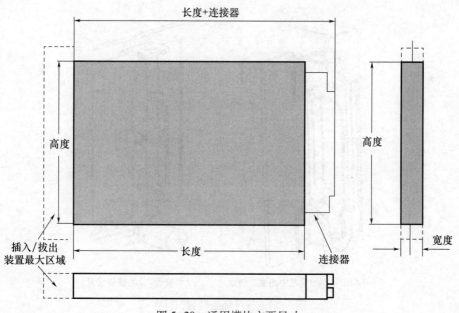

图 5-20 通用模块主要尺寸

表 5-1 LRM 模块外形尺寸和质量要求

航空电子模块单元	机箱宽度/mm	最大质量/kg	航空电子模块单元	机箱宽度/mm	最大质量/kg
1AMU	27.94	2.72	6 AMU	78.74	5.44
2 AMU	38.10	2.72	7 AMU	88.90	6.36

续表

航空电子模块单元	机箱宽度/mm	最大质量/kg	航空电子模块单元	机箱宽度/mm	最大质量/kg
3 AMU	48.26	2.72	8 AMU	99.06	7.26
4 AMU	58.42	3.63	9 AMU	109.22	7.26
5 AMU	68.58	4.54	10 AMU	119.38	7.26

ASAAC 标准规定的通用模块尺寸为：宽度 20mm；高度 160mm；长度 233.4mm，长度+连接器尺寸不超过 262.9mm。

2. 插拔装置

插拔装置(IED)是把 LRM 插入和拔出安装柜的部件，固定在模块头部。当插入 LRM 时，IED 应能提供 LRM 后盖板连接器插座与安装柜连接器插头之间啮合所必需的插入力；而当拆卸 LRM 时，IED 提供插座与插头之间的分离力。还应保证模块在插拔和使用过程中，啮合力以外的力或力矩不会传递到连接端子上造成疲劳或机械损伤。因此，为了使模块可靠拔插到位又便于操作，一般都对拔插操作使用的力作出了规定，如 ASAAC 规定模块插入和拔出操作的力和力矩应不大于 0.7N·m。图 5-21 给出了两个 IED 实现的例子。

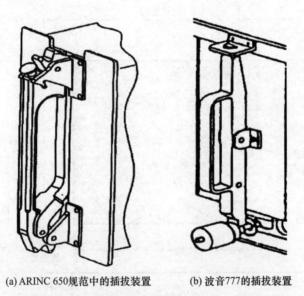

(a) ARINC 650 规范中的插拔装置　　(b) 波音777的插拔装置

图 5-21　快速插拔装置(IED)

3. 连接器

通用模块连接器是模块的重要组成部分，通过模块在安装柜中的插入并且接触，提供光学、电气和电源的连接。连接器含有模块对准/导向针、机械支撑和接地等机构。连接器的设计和选择应允许盲插，即仅允许基于机械导向的插入和配合。图 5-22 给出了一种模块连接器的轮廓。

图 5-22 一种模块连接器外形

5.3.2 热设计

在电子设备中,热功率损失通常表现为热能耗散的形式,而任何具有电阻的元件都是一个内部热源。当电子设备进行工作时,器件本身温度会上升,同时周围的环境温度也会影响设备内部温度。当器件的环境温度升高10℃时,往往设备失效率会增加1倍,这是可靠性中所谓的"10℃法则"。由于机载系统的可用空间紧蹙,其对电子设备的体积也有小型化的要求,而电子系统的功能却越来越复杂,功耗不断增长,热流密度急剧上升,导致设备的温度迅速提高,这将使得系统的故障率不断攀升。因此,必须采取有效的热设计,降低电子设备温度,提高航空电子系统的可靠性。

热设计的主要任务是把电子模块产生的热量通过热阻小的路径迅速有效地传到密封机箱外部环境中去。根据热管理设计,常用的冷却方法有自然散热、传导散热、强迫通风和液冷等。由于飞机本身具有良好的冷却条件,即环控系统可以提供冷却空气,因此应用最广泛的冷却方法是较易实现的强迫风冷。内部热量首先通过热传导、对流换热和辐射换热传向机箱,再通过对流、辐射换热传到周围介质中,最后借助环控气流将热量带走。LRM模块大量采用超大规模集成电路(Very Large Scale Integration,VLSI)和超高速集成电路(Very High Speed Integrated Circuit,VHSIC)芯片,模块的功率密度很高,也采用冷却效果更好的液冷方法。下面对四种常用的冷却方法进行具体介绍。

1. 自然散热

自然散热是指不设置任何冷却系统,模块中硅片结点所产生的热量依靠自然散热方式传给周围环境。这种方法的优点是结构简单,成本较低,无需飞机冷却系统的支持;缺点是受环境温度影响较大,最大允许功耗较低,一般不能高于10W。采用这种冷却方式的例子有飞控计算机,因为在环境控制系统失效后,飞控计算机仍必须可靠地工作。

2. 传导散热

模块中印制电路板上的热量通过散热板、肋条及楔形块,传递到模块安装箱冷却系统的上下蜂窝片结构,飞机环境系统的冷却气流穿过上下路蜂窝片将热量带走。这种散热方式可以提高模块的最大允许功耗,如散热板采用普通材料,最大允许功耗为30~35W;如果采用新型合金、树脂石墨纤维、粉末加强复合材料,可提高结点工作温度,则最大允许功耗可达70W。

3. 强迫通风

冷却气流不仅可穿过模块安装箱以冷却上下蜂窝片,还可以穿过模块中两块印制电路板形成的散热风道,从而有效地带走印制电路板上的热量,降低结点工作温度,进一步提高模块允许的耗散功率,模块最大允许功率可达120W。不过,这种方式可能产生两个不良后果:一是在很高的高度飞行时,空气密度显著下降,将大大降低流动空气的冷却效果;二是流动空气取自飞机周围环境,其中很可能包含核原子、生物和化学成分,当它们通过高灵敏度的电子设备时会引起严重的污染从而引发故障。

根据冷却气流对电子设备内部印制电路板散热方式的不同,强迫通风又可分三种:

(1)冲击式:冷却气流直接冲击印制电路板而带走发热元器件所产生的热量。

(2)冷板式:采用实心导热条或空心导热条(热管),将印制电路板发热元件所产生的热量传到设备外壳。

(3)空心板式:印制电路板之间形成空心风道,冷却气流从中通过,从而将印制电路板发热元件所产生的热量带走。

4. 液冷

由于液体的导热系数及比热均比空气大,因而可以大幅减小各换热环节的热阻,提高冷却效率。因此,液体冷却是一种比较好的冷却方法。许多大功率设备如发射机的发射管都采用这种方法冷却。液冷的缺点是系统比较复杂,体积和质量较大,费用较高,维修也较困难。

一般来说,液冷系统是由冷却液、冷板、二次热交换器及其冷却系统、阀及管路、齿轮泵、膨胀箱及过滤器、温度与压力控制节点、腐蚀防护装置等部分组成。图5-23为典型的液体冷却系统框图。

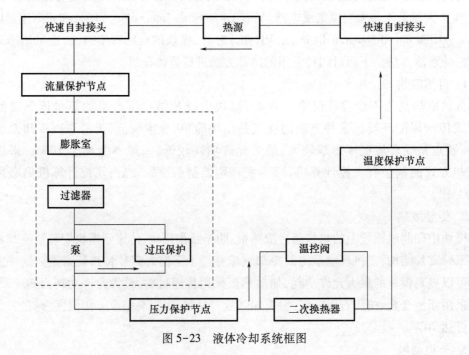

图 5-23 液体冷却系统框图

对比几种散热模式,模块的最大允许功耗如图 5-24 所示。

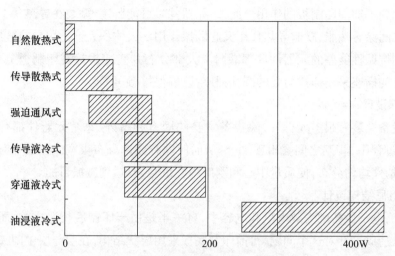

图 5-24　不同散热模式制冷效果比较

5.3.3　抗振

电子设备在使用、运输和存放过程中,不可避免地会受到机械振动、冲击和其他形式的机械力作用。如果结构设计不当,就会导致电子设备的损坏。振动对电子设备的危害有:弹性零件变形;使电位器、波段开关和接插件等接触不良或完全开路;使调谐电感的铁芯移动,引起电感量变化,造成回路失谐;当零件固有频率和外激频率一致时,将产生共振现象,例如可变电容器共振时,使电容量发生周期性变化,从而改变电子回路的工作状态等。冲击对电子设备的危害有:元器件或结构件破坏,如电阻器、电容器引线断裂;印制电路板导线脱落;多层印制电路板分离;结构件开裂;玻璃、陶瓷等脆性材料断裂等。

为了防止或减少振动与冲击对电子设备的影响,必须全面了解设备工作时周围的环境,正确分析设备受振动和冲击的情况,正确设计减振缓冲系统,以保证电子设备的性能指标。常用的抗振设计方法有隔振设计、结构刚性化设计、去耦设计和有阻尼结构设计等。

1. 隔振设计

对大中型电子设备采用隔振缓冲装置来减弱或避免外界环境对电子设备的有害影响,是经济有效的措施之一。例如,无谐峰隔振器采用刚度拟合和干摩擦阻尼等技术,可实现低固有频率和无共振放大的功能,使电子设备在垂直、左右和前后方向均无共振点。

2. 结构刚性化设计

通常工作环境的激振频率范围从几 Hz 到几十 Hz,为了使电子设备和元件的固有频率远离共振区,我们可通过增强产品结构的刚性,提高其固有频率,使隔振传递率 η 接近 1,从而使设备能够正常工作。

工程中普遍对电子设备的薄弱环节进行加固设计,这也是增强结构刚性化的设计,例如机柜骨架整体焊接,机柜内的导线编扎在一起,用线夹作分段固定;印制板板面上贴装导热条也起到了加固印制板的作用。此外,元器件尽可能卧装,贴装在导热条上的元器件与导热条之间涂导热脂,既起导热作用又起隔振作用。大体积元器件用导热硅胶固定,必要时对个别抗振性能差的元器件局部灌封。大部分芯片直接焊接在印制板上,需改写的可编程芯片的插座采用插拔力强的圆孔插座,以确保接触可靠。

3. 去耦设计

电子设备上装有很多元器件,除设备本身的固有频率外,每个元器件都有各自的频率,在振动过程中,相互之间会出现耦合,从而使固有频率分布很宽。在设计时应尽量使元器件、结构件均匀分布,使质量中心和刚度中心重合,以达到减振目的。

4. 有阻尼结构设计

据统计,电子设备的失效电阻和电容中,有一半是由于印制底板造成的,而不是由它们本身共振造成。针对这个问题,目前印制底板采用层状结构,在层与层中间夹以黏滞性阻尼材料。这样在振动时,中间层产生周期性的切应变,使机械能变成热能,以获得很高的阻尼特性。

5.3.4 电磁兼容

飞机的制造、停放和飞行等各个环节中的电磁环境复杂多变,电磁干扰源种类多而功率强,同时机载航空电子设备的电子电路敏感性也越来越强,设备的电磁兼容性已直接关系到飞机的安全,成为飞机研制、使用和维护中的重要问题。电磁兼容性是电子设备的主要性能之一,电磁兼容设计必须在设备的功能设计的同时进行。电磁兼容设计的目的是使所设计的电子设备或系统在预期的电磁环境中不相互干扰,实现电磁兼容。

首先要确定电子设备在多强的电磁干扰下能正常工作,该设备如何以及辐射多大的电磁能量会对周围的设备造成影响。在了解设备的干扰源、被干扰源和干扰耦合途径的基础上,通过理论分析将这些指标逐级地分配到各子系统、电路和元器件上。接着采取相应的抗干扰措施,如抑制干扰源、切断干扰途径等。最后通过试验了解是否达到原定目标要求,若未达到,则应进一步采取措施。

形成电磁干扰须具有3个因素:电磁干扰源、耦合途径和敏感设备。由电磁干扰源发射的电磁能量,经过耦合途径传输到敏感设备,这个过程就构成电磁干扰,只要解决好其中任何一个因素就可以有效地改善电子设备的电磁兼容性。通常采用的设计方法有:接地、屏蔽和滤波技术。

1. 接地

接地的目的有以下3个。

(1)稳定系统的工作。接地使整个电路系统中的所有单元电路都有一个公共的参考零电位,保证电路系统的工作能稳定地进行。

(2)防止外界电磁场的干扰。机壳接地可以使得由于静电感应而累积在机壳上的大量电荷通过大地泄放,否则这些电荷形成的高压可能引起设备内部的火花放电而造成干扰;另外,对于电路屏蔽体,若选择合适的接地,也可以获得良好的屏蔽效果。

(3) 保证安全工作。当发生直接雷电的电磁感应时,可避免电子设备的毁坏;当工频交流电源的输入电压因绝缘不良或其他原因直接与机壳相通时,可避免操作人员的触电事故发生。

由此可见,接地是抑制噪声、防止干扰的主要方法之一。接地可以理解为一个等电位点或等电位面,是电路系统的基准电位,但不一定为大地电位。为了防止雷击可能造成的损坏和工作人员的人身安全,地面电子设备必须与大地相连接,而且接地电阻一般要很小,不能超过规定值。

电路的接地方式可分为四类,如图 5-25 所示。

(1) 悬浮接地。悬浮接地是指设备的地线在电气上与参考地及其他导体相绝缘;有时为了防止机箱上的骚扰电流直接耦合到信号电路,也有意使信号与机箱绝缘。但悬浮接地比较容易产生静电累积和静电放电,因此不宜用于通信系统和消费电子产品。

(2) 单点接地。单点接地是为多个在一起的电路提供公共电位参考点,这样信号就可以在不同的电路之间传输。由于只有一个参考点,可以认为没有地回路存在,因而也就没有干扰问题。但地线太长,地线会成为天线向外辐射干扰,频率升高也会加大导线间的干扰,因此单点接地只适合用于低频电路,且地线的长度不应该超过电线中高频电流波长的 1/20。

(3) 多点接地。设备内部电路都以机壳为参考点,而各个设备的机壳又都以地为参考点,这种接地结构能够提供较低的接地电阻,这是因为多点接地时,每条地线可以很短,多根导线并联能够降低接地导体的总电感,在数字电路和高频放大信号电路中常使用多点接地。

(4) 混合接地。混合接地既包含了单点接地的特性,又包含了多点接地的特性。对于直流,电容是开路的,电路是单点接地;对于射频,电容是导通的,电路是多点接地。电子设备的混合接地,通常把地线分为两大类,即电源地和信号地。设备中各部分的电源地线都接到电源总地线上,所有信号地线都接到信号总地线上,两根总地线最后汇总到公共的参考地接地。

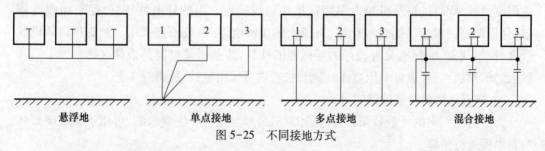

图 5-25 不同接地方式

当许多相互连接的设备体积很大(设备的物理尺寸和连接电缆与任何存在的干扰信号的波长相比很大)时,就存在通过机壳和电缆的作用产生干扰的可能性。当发生这种情况时,干扰电流的路径通常存在于系统的地回路中,此时接地要考虑两个方面的问题:一个是系统的自兼容,另一个是外部干扰耦合进地回路导致系统错误工作。由于外部干扰常常是随机的,因此解决起来往往更困难。

2. 屏蔽

屏蔽的目的是抑制电磁噪声沿着空间的传播,即切断辐射电磁噪声的传输途径。电磁场在空间以场的方式传播。场有近场和远场之分,近场又分为电场和磁场。噪声源为高电压、小电流时,其辐射场表现为电场;噪声源为低电压、大电流时,其辐射场表现为磁场。若电磁噪声波长和两者距离满足一定条件时,则辐射场为远场。对于电场、磁场、电磁场等不同的辐射场,由于屏蔽机理不同,采用的方法也不尽相同,通常以屏蔽效能来评价。

1) 屏蔽效果的衡量

屏蔽后的磁场、电场衰减程度一般用屏蔽衰减 S(单位:dB)来评价:

$$电场屏蔽衰减\ S_E = 20\log(E_0/E_1)$$

$$磁场屏蔽衰减\ S_H = 20\log(H_0/H_1)$$

式中,E_0 为通过屏蔽体前入射波电场强度,单位 V/m;E_1 为通过屏蔽体后入射波电场强度,单位 V/m;H_0 为通过屏蔽体前入射波磁场强度,单位 A/m;H_1 为通过屏蔽体后入射波磁场强度,单位 A/m。

不同的电子设备,对屏蔽衰减要求不同。一般来讲,电子设备灵敏度越高、工作频率越高,对 S_E、S_H 要求越高;反之,电子设备灵敏度低、工作频率低,对 S_E、S_H 要求也较低。一般都在 20~100dB 之间。

2) 屏蔽体材料的选择

电磁波辐射干扰通过屏蔽体的衰减 S,是吸收衰减 A、反射衰减 R 和体内多次反射衰减 B 的总和。吸收衰减 A 与屏蔽体使用的材料有关,反射衰减 R 和多次反射衰减 B 则与屏蔽体内外光滑程度、屏蔽体的形状相关。三者相比,A 是最主要的,R 和 B 都很小,可以忽略不计,所以机箱材料的选择,如果单纯从屏蔽性能上考虑,则应选择导磁性或导电性最好的材料,如金、银、铜等。但对于一般机箱箱体,都不可能大量使用昂贵的金属,所以机箱材料的选择应当从经济、耐腐蚀性、机械强度及导电、导磁性等方面综合考虑。黄金的导电性极好,耐腐蚀性极强,但价格昂贵,只在作接插件时少量使用。白银的导电性亦好,但价格仍较贵,不能大量使用,有时用白银镀铜作地线使用。铜的导电性也好,且有一定耐腐蚀性,所以机箱及机柜内多用铜排作地线使用。铝的导电性较好,但机械强度较差,且铝的表面很容易形成氧化膜,有很大的接触电阻,一般不宜采用。而有很高的机械强度、价格便宜、能导电又有很好的导磁性的铁板,才是机箱材料的最佳选择。为了提高铁板的耐腐蚀性,外表可采用喷漆、涂塑,机箱内可采用镀锌、镀锡等工艺。

3) 屏蔽体材料厚度的确定

为了达到一定的屏蔽效果,对屏蔽体材料的厚度是有一定要求的,可用下式对屏蔽体材料厚度进行估算。

$$\Delta t = \frac{S}{1.314\sqrt{f \times d_r \times u_r}}$$

式中,Δt 为材料厚度(单位:cm);S 为屏蔽衰减(单位:dB);f 为干扰频率(单位:Hz);d_r 为镀锌铁板相对导磁率,取 300H/m;μ_r 为镀锌铁板相对导电率,取 0.1S/m。可以看出,屏蔽体材料的导磁率和导电率乘积越大,干扰频率越高,屏蔽效果越好,譬如对微波频段1.5GHz干扰,屏蔽衰减要满足100dB要求,则屏蔽材料厚度应满足:

$$\Delta t = \frac{100}{1.314\sqrt{1.5\times10^9 \times 0.1 \times 300}} = 0.00036 \text{cm}$$

对于特高频段如450MHz干扰,则

$$\Delta t = \frac{100}{1.314\sqrt{0.45\times10^9 \times 0.1 \times 300}} = 0.00065 \text{cm}$$

从计算出的数据可以看出,从屏蔽衰减要求来看,很薄的一层铁皮就能满足要求,所以一般的机箱壳体都采用1mm左右的铁板就能完全满足屏蔽的要求。

3. 滤波

滤波是抑制和防止干扰的一项重要措施。滤波器是由电感、电容、电阻或铁氧体器件构成的频率选择性二端口网络,可以插入传输线中,抑制不需要的频率的传播。通常采用的有反射式滤波器和吸收式滤波器。反射式滤波器由电感、电容组成,在滤波器阻带内提供了高的串联阻抗和低的并联阻抗,使它与噪声源的阻抗和负载阻抗严重不匹配,从而把不希望的频率反射回噪声源。吸收式滤波器则由有耗器件构成,在阻带内吸收噪声的能量转化为热损耗,从而起到滤波作用。两种方法都可以有效地减少干扰噪声,因此,采用滤波网络无论是抑制干扰源和消除干扰耦合都是有力措施。滤波器的种类很多,必须根据不同情况选择适当的滤波器。

滤波器的安装和布局非常重要,要考虑以下原则。

(1)滤波器最好安装在干扰源出口处,并与干扰源屏蔽在同一盒内。若干扰源内腔空间有限,则应安装在靠近干扰源线出口的外侧,滤波器的屏蔽壳体与干扰源壳体进行良好搭接。

(2)滤波器的输入输出线必须分开,相互隔离,防止相互之间的耦合。

(3)滤波器中元件的接线尽可能短,防止在某个频率上由于线的分布电感和其中的电容元件产生谐振。各电抗元件壳互相垂直安装,避免相互间的影响。

(4)滤波器接地线上有很大的短路电流,需防止其产生电磁干扰。

(5)注意导线间的相互隔离,避免相互交叉以减少耦合。焊接在同一插座上的每根导线都应该进行滤波,否则会破坏滤波特性。

5.3.5 工作环境

电子设备或系统的可靠性,除取决于系统部件的可靠性外,还与使用环境条件及防护设计有着密切关系。相当部分的机载电子设备故障是由于环境因素造成的。随着电子设备复杂程度的增加和使用环境的日趋恶劣,不少电子设备不能适应恶劣环境中的使用要求,可靠性问题越来越突出。因此,必须加强产品环境防护,提高系统可靠性。

环境因素的种类繁多,电子设备所处的环境,简单地可分为自然环境和特殊使用环境。除自然环境之外,特殊使用环境一般是人为制造和改变的,因此这类环境有时也称为诱发环境。表5-2所列为电子设备可能遭遇的各种基本环境。

表5-2 电子设备环境

自然环境		工业环境和特殊使用环境(诱发环境)	
温度	雾气	温度梯度	加速度
湿度	辐射	高压	高强度噪声
大气压	真空	瞬态冲压	电磁场
降雨	磁场	高能冲压	腐蚀性介质
风沙	静电场	周期振动	固体粉尘
盐雾	生物因素	随机振动	

在以上各类环境中,电子设备面临的主要环境因素包括高温极值、低温极值、温度循环、湿度、大气污染、热冲击、机械冲击和振动、霉菌与微生物、核辐射、电磁场。在实际环境中,各种环境因素不是独立存在的,总是多种环境因素相互作用的。

航空电子系统设备的环境条件取决于设备在飞机上所处位置和飞机的类型,典型的环境条件要求如下。

(1)大气压力。机柜承受的工作压力条件如表5-3所列。

表5-3 大气压力

高度	海平面	55000英尺	65000英尺
最大环境压力/kPa	115绝对值	11.1绝对值	7.6绝对值
最小环境压力/kPa	87.3绝对值	7.1绝对值	3.6绝对值
最大压力变化率/(kPa/min)	318增加 220减少		

注:1英尺(ft)= 0.3048m

(2)湿度。要求整个温度范围内相对湿度(包含内、外冷凝湿度)为98%时,设备正常工作。设备储存时最大允许相对湿度为98%,最大允许绝对湿度为27g/kg。

(3)高低温。保证机柜和模块在表5-4和表5-5所列高低温环境条件下储存、操作及运行时正常工作,功能正常,不出现物理损坏或性能降低等现象。

表5-4 温度环境条件——传导机柜

模式	温度范围	工作条件
连续飞行	−40~+70℃	海平面
连续飞行	−40~+58℃	25000英尺
连续飞行	−40~+40℃	40000英尺
连续飞行	−40~+20℃	55000英尺
存储	−60~+90℃	海平面

表 5-5　温度环境条件——非传导机柜

模式	温度范围	工作条件
连续飞行	-40~+96℃	海平面
连续飞行	-51~+73℃	25000 英尺
连续飞行	-54~+40℃	40000 英尺
连续飞行	-54~+40℃	55000 英尺
存储	-60~+90℃	海平面

（4）热冲击。正常运行过程中海拔高度迅速变化时，可能发生最大速率达每分钟10℃的热冲击。机柜和模块必须能够承受周围环境的此类突变且不发生物理损坏或性能降低。

（5）盐雾。机柜及模块采用适当的防腐措施后能够承受5%浓度的盐雾影响。

（6）振动。机柜和模块的设计应考虑其运输和应用环境中，冲击和持续的振动应力的机械抵抗程度，主要包括正弦振动、随机振动、炮振及直升机特有的组合振动。

（7）加速度。机柜和模块结构必须能够承受工作环境下的加速度所引发的力，在表5-6和表5-7所列的外力条件下功能不会下降。

表 5-6　旋转加速度

参数	量值	参数	量值
滚动速率/(rad/s)	±4	俯仰加速度/(rad/s^2)	±3
滚动加速度/(rad/s^2)	±17	偏航速率/(rad/s)	±1
俯仰速率/(rad/s)	±0.5	偏航加速度/(rad/s^2)	±2

表 5-7　横向加速度

参数	量值	参数	量值
纵向/g	25	垂直/g	±12.5
横向/g	±8.75	俯仰加速度/(rad/s^2)	±3

（8）特殊机械冲击。机柜和模块须承受在操作、运输以及工作环境条件下遇到的相对较少发生、不重复的冲击或瞬态振动。这些冲击包括设备运行及操作台上维护造成的碰撞、设备坠落的冲击，部分设备考虑弹射起飞和着陆冲击。

（9）污染物。飞机系统上使用的大多数液体或气体可能会由于喷雾或意外沉浸，造成与设备上的部件接触。这些潜在的污染物包括液压液、燃料及添加剂、发动机润滑剂、各种油脂、灭火器液体、清洁液体等。机柜和模块应防止上述任何流体污染物的影响，散装材料、聚合体、涂料、密封等性能不下降，同时应避免流体滞留区。

（10）抗火。设备设计采用不易燃材料，还应避免材料燃烧产生有毒烟雾。

（11）抗菌。暴露于真菌污染环境中的所有材料必须是无营养的，否则应采用适当的杀菌手段或其他方法以保护材料。

（12）防水。在机柜和模块的设计中，要避免积雨区域的出现，且设备应能够承受喷洒或落在设备上的液态水以及冷凝的影响。

（13）噪声。机柜和模块要具备不受噪声影响的功能。

（14）电磁环境。航电设备安装在飞机的金属或非金属舱室，机柜和模块要具备不受电磁干扰的功能，同时也应该防止电磁泄漏。

（15）爆燃性空气。机柜和模块在爆燃性空气环境中应不会引起点燃。

（16）核与生化威胁。核与生化危害可能在飞机设备舱中发生，也可能在维护或是存储过程中发生，但机柜和模块将不会遭受直接的攻击。材料和表面处理应抵抗污染并使污染无法渗透，并能够使其无害化。表面以及表面处理应当光滑平整，注意消除裂缝、盲孔或毛细现象。机柜应该尽可能设计得平整、简单，以减少污染和去污剂的使用。

（17）沙尘。机柜和模块要能经受住沙尘的侵蚀。在插入机柜插槽前，连接器应进行清洁，以避免沙尘侵入连接器之中。

（18）单事件扰乱（Single Event Upset, SEU）及多比特扰乱（Multi-Bit Upset, MBU）。硬件和软件的实现应考虑在飞行高度和纬度可能产生的离子环境，如中子、质子、重离子等辐射。这种辐射可引起单事件扰乱和多比特扰乱，造成处理系统失常。

（19）电源输入。在飞机上有很多情况下会出现电源转换，此时会发生短暂的电源中断。除了瞬时电源中断外，还可能出现非正常浪涌电压、瞬时欠压工作等各种情况。当交流或直流电源在不同条件变化时，机载设备在正常和应急状态下应能按要求正常工作。

（20）电压尖峰。电压尖峰会造成绝缘击穿、敏感度降低、设备性能变化、部件故障甚至永久损坏。在设计时应考虑电压尖峰对设备的影响，提高设备的承受力。

（21）电源线频率传导敏感度。向机载设备的电源线注入正弦波干扰信号，设备应能在正常级别的频率分量下保持正常的性能。

（22）感应信号敏感度。设备互联电路配置应能承受由安装环境会引起一定电平的感应电压，具体包括由机载设备或系统产生并通过互联线缆耦合到受试设备（EUT）敏感电路的与电源频率及其谐波、音频信号和电气瞬变有关的干扰信号。

（23）射频敏感度（传导和辐射）。当机载设备及其内部连接线暴露在RF调制功率水平时，设备应能在性能规范范围内运行，具体包括辐射的RF场以及电源线和接口线路上的注入探头感应。传导敏感度测试的频率范围为10kHz~400MHz、辐射敏感度测试的频率范围是100MHz~18GHz。

（24）雷电。雷电对机载设备的影响包括间接影响和直接影响。间接影响指当雷电放电时伴随产生强大的脉冲电磁场，在电磁耦合效应下，部分雷电能量传导或辐射到机载电气电子设备上，引起过电压或过电流，对飞机电气电子设备造成损坏或干扰。直接影响指因雷电通道直接附着于飞机和雷电流的传导造成的飞机、设备的物理效应，包括表面和结构的绝缘击穿、爆炸、弯曲、熔化、燃烧以及汽化等。机载设备应具有一定承受雷电间接以及直接影响的能力。

（25）静电放电。一些机载设备在与人接触时会产生静电放电，此时这些设备应能按规定正常工作。

（26）结冰。在温度、高度和湿度快速变化的条件下，暴露于结冰条件下必须运行的设备应能维持正常的性能。

习　题

5.1　通用功能模块由哪几个基本部分组成，各个部分的功能是如何定义和分配的？

5.2　试论述核心处理系统的基本概念，并给出核心处理系统和非核心处理系统的划分原则。

5.3　你认为在先进综合航空电子系统中对通用功能模块的设计需求应考虑哪些方面？

5.4　系统架构影响着开发者的组织结构，可以系统功能的模块化分解来组成开发小组或者以采样、输入、计算、输出的过程结构作为开发小组的基础。试论述两种方法各有什么样的优缺点。

5.5　通用功能模块在进行设计时，一般需要考虑哪些工作环境因素的影响？

5.6　如何看待标准化接口在模块功能定义中的作用？

第 6 章　航空电子软件

　　航空电子系统是复杂的实时处理和控制系统,计算与处理技术成为提升航电系统功能和性能的重要支撑。软件在机载电子系统和设备中所占的比重逐步上升,目前已成为实现飞机任务使命的关键之一。F-22 飞机的机载软件包含近 200 万行源代码,这是首次在战斗机上大规模地使用软件,成为区别于传统航空电子系统的一个典型特征;而 F-35 飞机的机载软件更是达到 1500 万行源代码的规模。可见现代航空电子系统已由电子机械密集型向软件密集型过渡,航空电子系统对软件的需求越来越强烈。同时,软件故障占整个航空电子系统故障的比例也呈直线上升趋势。随着软件规模的增大,有效控制软件开发的质量、周期和成本的重要性也显得日益突出,同时跨部门、跨单位的软件合作开发也日益频繁,这都要求软件采用开放式系统结构,推行模块化和标准化。

6.1　机载计算机及软件

6.1.1　机载计算机和软件特点

　　机载计算机通常是飞机上各种计算机的总称,包括导航计算机、大气数据计算机、飞行控制计算机、任务计算机、雷达信号/数据处理机、显示控制处理机和通用综合处理机等。机载计算机系统完成飞行的数据采集、信息处理和指挥控制任务,根据飞机各子系统的应用分工,其具体任务包括数据处理、实时控制、信息显示、信息存储与监视、人机交互等。

　　在第三代战斗机之前(包括第三代战斗机),机载计算机通常是按照应用(即机载计算机所应用的分系统)来进行命名和分类的,如任务计算机、显示控制处理机等。从第四代战斗机开始,由于综合化的特点,计算机成为高度共享的资源之一,以分系统命名计算机的概念开始趋于消亡,取而代之以体现共享特征的名字进行命名,如 F-22 中的通用综合处理器(Common Integrated Processor,CIP)以及 F-35 中的综合核心处理器(ICP),这些通用综合处理器或者核心处理器为航空电子系统内所有子系统所使用。按照综合化的思想,可以采用通用功能模块来执行数据处理、信号处理、图像处理、射频综合等通用处理功能,以进一步增强通用功能模块的通用性和适应能力。

　　相比一般计算机,机载计算机系统具有更高的要求,具体表现在如下几点:
　　(1) 抗恶劣性强:如能在较大的温度变化范围内(根据预期的飞行高度在 -55 ~

+85℃)、冲击过载达20g以及振动、潮湿、盐雾、电磁干扰、空间粒子辐射等条件下工作,为此要采用经过严格筛选的元器件。

(2)可靠性高、可维修性好、性能稳定:现代飞机价格昂贵,在飞行中无法维修,计算机一旦失效,后果严重。为保证其工作可靠,除采用高可靠性器件以外,还须采用余度技术、自检测和监控技术。用多台微机构成容忍出错的计算机系统,且能自动检测、故障诊断、重组计算机结构,保持系统总体能正常工作。

(3)实时性强:飞机速度快,飞行环境和飞机姿态也瞬息多变,因此飞机上的计算机应当能够实时地采集数据进行运算,实施控制。它的数据采样间隔时间一般仅为几毫秒至几十毫秒,计算周期等于采样间隔时间或是采样间隔时间的几倍。随着飞行器性能的提高,需要运算和处理的数据信息不断增多,也要求计算机有更高的计算处理速度。

(4)体积小、重量轻、功耗低:现代飞机所用微机多以大规模或超大规模集成芯片的CPU为核心,采用单片微机和二次集成微机。CMOS集成芯片功耗低、可靠性高,是现代机载电子计算机较理想的元器件。

航空电子软件系统是机载计算机的大脑。航空电子系统的体系结构伴随着技术的发展发生了巨大的变化,朝着高度综合化和模块化方向迅速发展。这种发展变化对航电系统软件必然产生巨大的影响,主要体现在以下几个方面:

(1)航空电子系统大量采用外场可更换模块(LRM),系统高度模块化,软件不再固化在具体的硬件结构上,核心系统由若干种通用功能模块搭建而成,模块的具体功能通过配置和加载应用程序,实现预定的功能。

(2)系统具有很强的容错能力,不仅因为软硬件具有自检测功能,还取决于备用模块的设计。与联合式的航空电子系统不同,高度综合的航空电子系统的备用资源并不多,但可以在任务执行中,通过加载相应的应用程序,完成模块功能的配置和替换。当系统检测到模块故障后,能自动根据预定义的方案,迅速完成功能的补偿或者实施功能降级,而不是采用大量的冗余部件进行替换。系统能够在任务的执行过程中,平衡任务和处理能力,自动执行软硬件自检测,实现系统的故障管理功能。

(3)系统模块间联系更加紧密,需要交换的信息显著增多,对软件系统的实时性、健壮性提出了更高的要求。模块间需要高速总线网络进行信息交互,软件系统要能够提供足够通信能力支持。

(4)为了减少生命周期成本,提高任务执行能力,将采用开放式系统结构以及COTS技术,软件系统也要求本着这个原则进行设计。

由于系统硬件过时较快,软件系统结构不仅要能适应现有的硬件发展水平,还应能通过升级等方式支持未来的航空电子系统平台。因此,航空电子软件系统结构需要实现的两个主要目标:一是搭建可重构的软件框架,二是建立可重用的应用程序组件。

6.1.2 航空电子软件发展诉求

现代航空电子系统已经完成了从联合式结构向综合化、模块化结构的转变,正在向高度综合化的方向发展。航空电子系统的综合化促进了功能由硬件实现向软件实现的转变,越来越多的功能由机载软件完成,软件规模的激增导致机载电子设备从硬件密集型系统逐步向软件密集型系统转变,机载软件的规模越来越大,机载软件的地位显著提升。

以美国的战斗机航电系统为例,从第二代的 F-111 到第四代的 F-22,其中由软件实现的航电系统功能比例已经从开始的 20% 提升到了 80%,如表 6-1 所示[1]。

表 6-1 航空电子软件在系统功能实现中的比重

X 代飞机	型号	航电系统功能实现	
		硬件实现	软件实现
第二代	F-111	80%	20%
第三代	F-16	60%	40%
第四代	F-22	20%	80%

航空电子软件在功能和应用范围扩大的同时,其规模也在迅速扩大。从国外的发展情况看,软件的规模呈现出超几何级数增长的趋势。例如,美国 F-106 早期型号仅装备 1 台计算机,其作战飞行程序为 4K,F-111D 飞机的作战飞行程序约为 51K,F-16 早期型号 F-16A 的作战飞行程序为 128K,美国在 20 世纪 70 年代末为海军研制的 F/A-18 的作战飞行程序则增加到约 700K,F-22 航空电子系统的软件规模达到了 180 万行 ADA 语言,F-35 飞机的软件规模更是达到 600 万行以上,其改进型甚至达到 1500 万行的规模,如图 6-1 所示[1]。

从上述数据可以看出,航空电子软件已经成为现代航空电子系统中至关重要的组成部分,其自身的安全性、可靠性直接影响着航空电子系统的可靠与安全。航空电子基础软件(如操作系统)作为航空电子软件的核心运行平台,更是系统安全的重点。

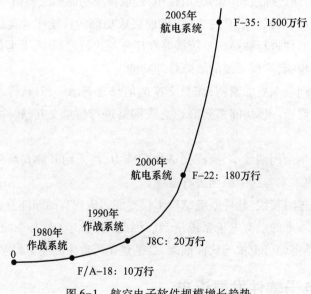

图 6-1 航空电子软件规模增长趋势

航空电子软件要实现导航、飞行控制、通信、攻击、显示、数据传输和记录等诸多功能，就要进行实时的输入输出、数据处理、状态控制等各种与硬件环境相关的操作。为了有效地实现应用功能，通常把航空电子系统软件划分成两个部分，即应用软件和实时执行软件。应用软件实现航空电子系统具体设备的使命功能；实时执行软件即实时操作系统（Real Time Operating System, RTOS），隔离应用软件与硬件环境，为应用软件的运行提供各种服务。在应用软件和实时执行软件之间的接口，通常称为应用软件接口，该接口定义了实时执行软件向应用软件提供的，用于控制内部处理单元之间调度、通信和状态信息的一组设施。从应用软件的角度来看，它是用高级语言描述的规范；从实时执行软件角度来看，它是参数定义和入口的调用机制。这种将航空电子软件分层设计的思想在 F-22 和 F-35 的航电系统设计中已经得到充分体现。

图 6-2[1]是美国 F-22 飞机的核心处理软件结构，包括航电操作系统（Avionics Operating System, AOS）、航电系统管理程序（Avionics System Manager, ASM）和信号处理操作系统（Signal Processing Environment Operating System, SPEOS）等。

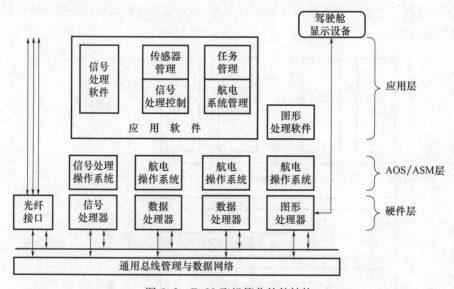

图 6-2　F-22 飞机简化软件结构

AOS 给在通用综合处理器（CIP）上运行的航空电子应用提供实时操作系统服务；AOS 驻留在每一个处理模块上，提供多安全级别运行环境，要求一个给定安全级别的数据不能被安全级别低于它的程序访问得到，使得大量应用软件能够在不同的安全级别上协调一致运行。ASM 提供 3 个基本服务，包括系统控制、模块管理、文件服务；同时，它也为上层应用软件分配全局资源，如内存和处理进程等。ASM 同时也负责维持 CIP 的运行状态，当遇到运行错误时，执行模块重配置操作；此外，它还给应用软件和数据管理器等提供文件管理功能。F-22 核心处理软件结构采用开放式的系统结构，主要特点如下：

（1）采用严格的标准总线，使用最简单最少的协议，获得灵活的通信信道；
（2）采用公用元器件、通用外场可更换模块和支持综合的相关软件；

(3) 采用 RT1553 服务程序、远程文件服务程序和独立的操作系统,具有基本的软件可重用性。

美国在 F-35 机型中则对航电软件系统做了进一步的层次划分和定义,并采用综合核心处理器(ICP)来执行航电系统的具体功能。ICP 可以支持 F-35 飞机航电系统大多数任务的数据、信号和图像处理。在 ICP 上运行具有高确定性、时间/空间隔离功能的实时操作系统,航电任务以确定的资源占有率共享计算机的计算、存储和通信资源,彼此之间实现数据安全隔离,如图 6-3 所示,从上往下一共分为 4 层。ICP 采用基于 CORBA 的实时中间件实现了应用软件和计算机硬件、操作系统的隔离,从而支持系统的升级。ICP 具有实时容错重构能力,分布在各个处理模块上的健康管理系统,实时监测模块本身和系统的故障,并及时向通用系统管理(General System Management,GSM)汇报故障情况。通过故障过滤实现故障的准确定位并隔离故障模块,根据系统可用资源状况和任务关键程度,实施任务在 ICP 上的重新分配和系统重构。被隔离的故障模块经过重新启动后可以被物理隔离(如关闭电源)或重新恢复使用。据称 ICP 的应用软件规模已达到了 1000 万行源代码,开发使用 C++语言和面向对象的方法,最大程度地提高软件的重用性以降低开发难度和开发成本。

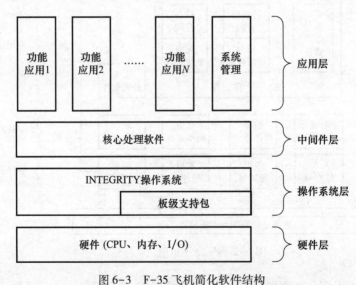

图 6-3　F-35 飞机简化软件结构

6.2　航空电子系统软件架构

6.2.1　软件体系结构

航空电子系统软件架构的一个主要目的是将应用软件与操作系统等运行平台进行隔离,将航空电子软件和其运行的所有硬件分别作为相对独立的个体进行设计和综合。所以,对某一功能应用软件的开发来说,可以忽略其运行的硬件平台和操作系统,而专注于应用本身的功能实现。通过这种设计来满足系统对于软件的灵活性、开放性、易升级、易扩展、易移植和可重构的需求。

ASAAC 基于分层的软件构架理念,将航空电子软件系统结构分为三层,如图 6-4 所示。在此结构中,每一层都具有相互的独立性,层与层之间通过标准的接口进行交互。接口服务封装在下一级的软件层中,对于上一级的软件层来说,接口层提供了一套通用的服务和资源。进一步细化这个三层软件结构,我们可以得到图 6-5 所示的软件系统结构。

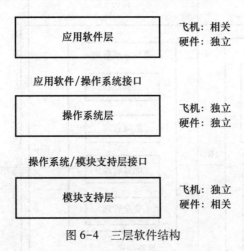

图 6-4　三层软件结构

6.2.1.1　应用软件层

应用软件层位于三层结构最顶层,包括与飞机任务和功能相关的各种软件,与硬件系统无关,可以实现飞机的各种作战和飞行任务,如火控、导航、人机交互等。此外,该层还包括进行处理任务管理的应用管理软件,负责管理应用程序的执行,如当系统资源不够时,使系统功能降级执行等。

应用软件层中每个功能应用程序都完成特定功能,并且被包装成模块。功能应用程序处理由某传感器或者其他功能应用程序传递来的数据,然后将处理后的数据送至作动器或者其他功能应用程序。这种处理要求是实时的,即需要在规定的时间之内完成。

每一个具体的功能应用程序都能被分成若干个平行的处理单元(类似于进程)。对于某个功能应用程序进行任务划分,需要从整体上规划,并且要与网络接口、处理过程、实时要求等具体要求紧密结合。每一个任务都有自己的运行环境,任务间的信息交换在任务的输入/输出中处理;也可采取共享内存的访问方式,减少网络通信流量。图 6-6 显示了应用软件的内部结构,其中一个应用软件被分成多个并发任务,为了保证每个软件的正确执行,任务的执行时间应该严格控制,同时任务的最长执行时间应该是可精确预测的。

所有的应用软件都驻留在应用软件层,开发时与具体的硬件无关,通过标准的接口和其他层通信,从而达到软件可重用的目的。

6.2.1.2　操作系统层

操作系统层为三层软件结构的中间层,为各种应用软件提供执行平台,与飞机任务及

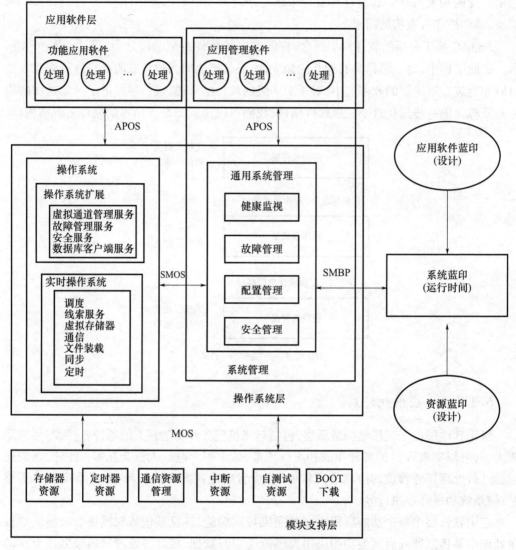

图 6-5 软件系统结构

系统硬件皆无关。该层进行机载资源的管理,按照优先级对各种任务进行调度和切换。一般由实时操作系统支撑,能在各种复杂的情况下支持系统的实时处理。下面简单描述该层包括的主要部件及功能:

1. 通用系统管理

通用系统管理软件是操作系统的一部分,包含机载资源的健康监控、故障管理、配置管理、安全管理等。它完成对系统资源及其状态的监控,并针对出现的各种状况做出迅速反应。

在初始化阶段,通用处理模块之间相互进行信息交流,通用系统管理软件根据蓝印配置信息,确定若干主处理模块,加载操作系统,完成软件功能配置。当对某一个已经加载操作系统的模块进行自检测时,需要另外指定若干个模块进行通用系统管理的备份。在

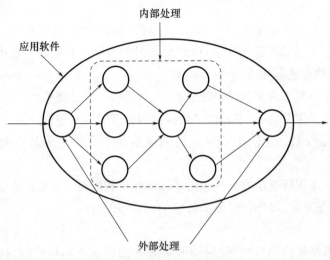

图 6-6 应用软件内部结构示意

备份的模块中需要进行有效的信息交互,以执行通用系统管理的功能,如自检测失败,备份的某个模块应加载操作系统,取代原模块继续执行操作系统的功能。

通用系统管理软件还可以根据蓝印信息,对操作系统以及应用软件进行重新配置,当执行某个应用软件的资源不足时,通用系统管理软件将会通知应用软件层的应用管理软件,根据现有资源作出降级功能处理或者取消系统执行等,完成对应用软件的功能管理。

此外,通用系统管理软件可以控制通用处理模块的代码加载和代码执行,通过大容量存储模块更新蓝印信息等。

2. 执行单元

执行单元完成对应用软件任务的调度,如将处理器的时间按照优先级算法分配给每个具体的任务。执行单元是处理模块中的全局控制单元,它通过离线过程中生成的调度表或者从蓝印信息中获得的调度表,对任务进行控制。

在非主处理模块中,执行单元从主处理模块上的通用系统管理中获取命令,完成对应用软件的加载,实施控制操作。

3. 任务监控

任务监控是操作系统层服务的一部分,提供对每一个调度任务的监控,如对任务执行过程中的输入/输出错误进行监控。任务监控通过对数据的完整性检查或者边界检查等来发现输入/输出数据的错误。根据发现的错误的等级,任务监控可以直接采取相应的措施,或者通知通用系统管理,然后决定错误处理方式。

4. 资源监控

资源监控是操作系统层服务的一部分,通过系统自检测单元,完成对机载资源的监控。自检测可以是通用系统管理软件启动的,也可以是资源监控发起。当自检测结果错误,资源管理将向通用系统管理发送错误报告。

5. 通信服务

通信服务是操作系统层服务的一部分,对模块间的信息交互提供统一的接口。通信服务将任务处理后的结果发送到既定目标上,映射关系定义在蓝印信息中。所有接收数据,也将根据蓝印信息进行处理。

为了使通信服务对于应用软件更加透明化,通信服务通过虚拟信道进行,每一个虚拟信道由一个发送任务定义,一个或者多个数据按照定义的方式进行发送,同时一个或者多个接收服务开始接收数据。应用软件之间的通信并不需要了解具体的物理通信网络特性。

通信服务应该采用标准的数据打包格式以同硬件相隔离。虚拟信道应包括数据完整性信息、数据安全信息等,以便用于数据传输的纠错和保密。

6. 时间服务

时间服务为系统提供同步时间,时间服务应该能提供不同精度的时间,包括全局时间、本地时间和相对时间等。

6.2.1.3 模块支持层

模块支持层为三层软件结构的最底层,包括软件中与硬件相关的部分,与飞机任务无关。模块支持层包含硬件的详细情况,并为操作系统层提供对底层资源访问的接口,其具体提供下列服务。

(1) 加载服务。数据处理模块从通用系统管理获取信息后,根据调度表,利用加载服务加载应用软件任务包。加载器通过通信服务和大容量存储模块进行通信,交互参数包含需要加载的任务包的标识,当任务包接收完整后,操作系统在合适的内存地址上进行任务加载。

(2) 通信服务。包括创建虚拟信道、销毁虚拟信道、发送数据、接收数据和通信连接测试等。

(3) 时间服务。提供自身硬件的日期/时间情况,向操作系统提供当前时间,同时用于系统时间校准。

(4) 自检测服务。通过通用系统管理软件或者本地故障管理软件启动,进行模块状态检测,包括自启动的自检测和触发自检测。

(5) 模块资源服务。将当前模块信息提供给操作系统。

6.2.1.4 蓝印系统

蓝印系统是对航电系统配置进行描述的一套软件,处于操作系统层。蓝印系统将系统定义的信息集中管理,使系统总体的更改可以受控地、自动/半自动地传输到目标系统。对系统总体的更改只需体现在对蓝印信息的改变。

蓝印可以对航电系统的整个生命周期各阶段提供配置依据,以便跟踪系统的特性。蓝印可以提供在加载应用软件阶段可以离线访问的数据库,这个数据库也可以位于大容量存储模块中,供运行中访问,以便在线执行故障处理、配置/重构和通信管理。此外,蓝印与仿真工具配合可用于航空电子系统结构快速建模和仿真,无需昂贵的原理样机就可以研究配置和性能问题。

蓝印系统分为应用蓝印、资源蓝印和系统蓝印 3 个部分,如图 6-7 所示。每一部分都采用了层次结构,以所需的详细程度自顶向下逐步地标识系统。

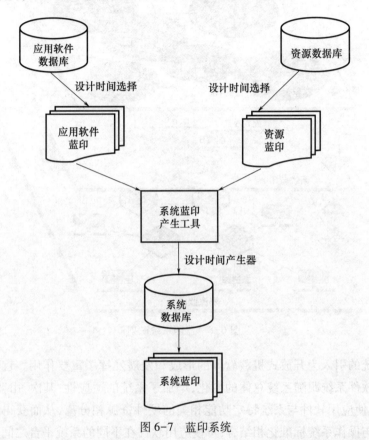

图 6-7　蓝印系统

1. 应用蓝印

应用蓝印描述应用程序的运行时间要求、处理及存储要求、通信要求等。每个应用程序对应一个应用蓝印。通常每个应用蓝印都包括应用程序的名称、父应用程序的名称、子应用程序的名称、周期性应用的迭代率、释放时间、任务执行的截止期限、处理器性能要求、易失/非易失存储器要求、通信要求、不同的操作方式和程序关键性等级等信息。

2. 资源蓝印

资源蓝印描述物理资源,即现有资源的数目、类型及系统结构的物理拓扑,包含资源名称、父资源名称、子资源名称、可用的处理器性能、可用的易失/非易失存储器、可用的通信资源和所有的资源状态等信息。

3. 系统蓝印

系统蓝印将应用蓝印的虚拟系统描述与资源蓝印的物理系统描述匹配起来,主要任务是确定处理器与程序、物理通道与虚拟信道的对应关系。系统蓝印对资源的映射不是静态的,随着任务阶段的不同和故障状态的变化,需要进行系统重构,对资源的分配进行调整,使系统适应新的状态,系统蓝印标识了应用和资源之间配对的状态。

蓝印系统的相互映射关系如图 6-8 所示。

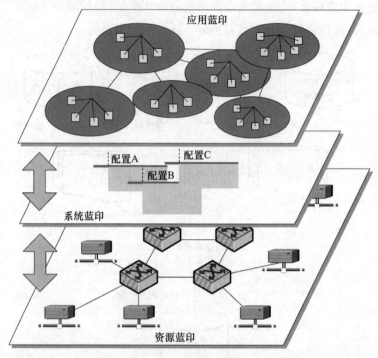

图 6-8　蓝印系统映射

蓝印系统的引入为开放式机载软件的形成和发展发挥了重要作用。首先,通过改变蓝印即可使软件系统跟随系统总体的变化,增加了系统的适应性;其次,由蓝印系统配置应用软件,可使应用软件与系统特定功能相关的硬件资源相分离,从而获得可重用性,这种可重用性与操作系统标准化相结合,可使应用软件在不同的系统平台之间进行移植;最后,借助于映射到蓝印中的动态重构算法还加强和改进了系统的容错能力。

6.2.2　物理接口和逻辑接口

接口的定义对于航空电子软件系统具有重要意义,决定着系统的开放性、可移植和可重用性。标准的接口将各层次的软件相互隔离开,每层软件的开发和管理具有独立性。ASAAC 依据开放式系统结构理念,定义航电软件系统的接口关系如图 6-9 所示,其中包括系统内部软件模块之间直接的物理接口,也包括不同系统的软件模块实体之间的间接的逻辑接口。

1. 物理接口

1) 应用软件层与操作系统层(APOS)接口

应用软件 APOS 接口是隔离飞机任务功能相关软件(应用软件层)与飞机无关软件(操作系统层)的接口,其目的是为应用软件层进程访问操作系统提供一组与操作系统无关的标准接口,从而提高应用软件的可移植性和可重用性。该接口提供的服务包括两层

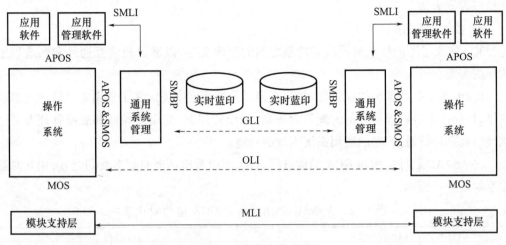

图 6-9 软件接口关系

之间互操作所需的所有支持。

2) 模块支持层与操作系统层(MOS)接口

MOS 接口是隔离操作系统层和硬件相关软件(模块支持层)的接口,其目的在于为操作系统调用模块支持层软件提供一种与硬件无关的和技术透明的接口。这样,模块支持层与操作系统的接口就允许相同的操作系统层软件驻留在不同的通用模块中,而与底层硬件的具体配置无关。该接口应支持通用模块所有的接口服务。针对特殊的功能模块,可以定制一些特殊接口,以方便操作系统层对底层资源的访问和控制。

3) 通用系统管理与操作系统(SMOS)接口

SMOS 接口是封装在操作系统层内部的接口,描述了由操作系统提供给通用系统管理系统的服务。

4) 通用系统管理与蓝印系统(SMBP)的接口

SMBP 接口封装在操作系统层之中,描述通用系统管理与实时蓝印的数据接口的方式,其目的是使蓝印的开发与操作系统层分离,减少由于蓝印配置的改变而对通用管理系统造成的影响。

2. 逻辑接口

1) 系统管理逻辑接口(SMLI)

SMLI 定义了应用软件管理与通用系统管理之间的虚拟信道。应用软件管理和通用系统管理基于彼此间的通信协议,相互通信、协作和同步。

2) 通用系统管理逻辑接口(GLI)

GLI 定义了位于不同的软件结构上的两个通用系统管理实体之间的相互通信,这种相互通信是按资源单元/综合区域/飞机的层次关系进行的。

3) 操作系统逻辑接口(OLI)

OLI 定义了不同的软件结构上的两个操作系统实体之间的相互通信,涉及虚拟信道通信和数据表达。

4）模块逻辑接口（MLI）

MLI 定义了不同模块的模块支持层之间的逻辑交互，以满足模块互通性和系统可重构性的需要。

此外，为了提高系统的模块化水平，在通用系统管理中还定义了通用系统管理内部逻辑接口，通用系统管理器内部的配置管理器、安全管理器、健康监控器和故障管理器通过该接口互相进行通信，完成通用系统管理的功能。

将 ASAAC 软件结构与 GOA 结构进行对比，可以看出两者有很多共同之处，相互对照关系如表 6-2 所示。

表 6-2 ASAAC 软件结构与 GOA 结构对比表

ASAAC 软件结构	GOA 结构
应用软件（Apps）	应用软件
应用管理软件（AM）	应用软件扩展
APOS	4D
操作系统层	系统服务层
实时操作系统（RTOS）	操作系统服务
通用系统管理（GSM）	操作系统服务扩展
SMOS	3X
SMBP	3X
OLI	3L
MOS	3D
模块支持层	资源访问服务层
MLI（高层，传输和网络方面）	2L
模块硬件	物理资源
MLI（低层，物理和链路方面）	1L
模块物理接口（MPI）	1D

6.2.3 通用模块加载映射

三层结构软件系统在执行任务的时候，将加载到通用处理模块上，这些处理模块包括数据处理模块、信号处理模块、图形处理模块、大容量存储模块和电源转换模块。对于网络支持模块和射频综合模块，可以不支持完整的三层软件结构，但必须提供完整的模块支持层的功能，以通过模块支持层接口与其他模块通信。

软件系统在模块的初始化过程中加载到模块的处理单元上，如图 6-10 所示。

对于数据处理模块，模块中可包含多个微处理器，每一个微处理器都可以加载自己的软件系统，这些微处理器从逻辑上看是独立的，整个模块是由多个处理器组成的处理系统。

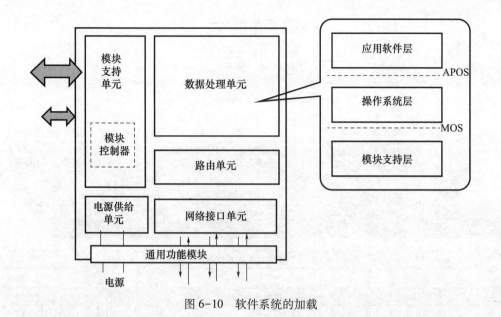

图 6-10 软件系统的加载

对于信号处理模块,模块里面也可包含多个信号处理器。在模块的初始化过程中,将在一个处理器上建立三层软件结构系统,其余处理器完成信号算法处理。在模块的设计过程中,可以有区别地对待这两种处理器。

对于图形处理模块,与信号处理模块类似,模块中包含若干图形处理器。在初始化过程中,将在一个处理器上加载软件系统,其余处理器完成具体的图形运算功能。在设计过程中,可以考虑采用不同的设计技术,让图形处理器更适于图形运算处理。

对于大容量存储模块,将在处理单元加载软件系统。在模块初始化的过程中,将自动加载软件系统并引导其他模块完成初始化过程。

对于电源转换模块,为了控制和监控每路输出电源状况,需要一定的处理能力。因此,在模块中将包含微处理器,可以加载软件系统。

一个完整的航电核心系统软硬件映射如图 6-11 所示。

6.3 实时操作系统

6.3.1 实时操作系统概念

实时系统是指能够及时地响应外部事件,并在可以预知的时间内完成相应处理的计算机系统。它们往往嵌入在目标系统中,所以实时系统又被称为实时嵌入式系统。实时系统除了 CPU 时间、存储器容量和 I/O 带宽等资源之外,还有及时性作为首要的限制,而时间作为一种极其特殊的资源不能被人为伸展或压缩,因此这类系统的设计与实现比普通的计算机系统更困难。

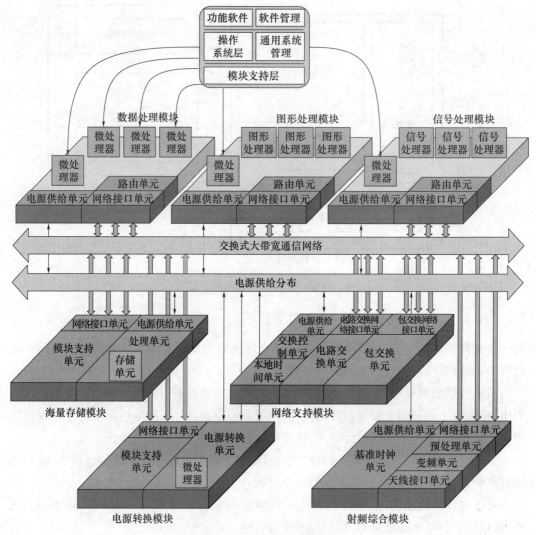

图 6-11 核心系统整体视图

航空电子系统这样复杂的实时系统的设计中,在操作系统层需要采用实时操作系统(RTOS)来管理计算资源。实时操作系统和普通的分时操作系统有明显的区别。具体说,对于分时操作系统,软件的执行在时间上要求并不严格,时间上的错误一般不会造成灾难性的后果。而对于实时操作系统,其主要任务是对事件进行实时处理,显然事件可能在无法预知的时刻到达。但是在软件上,必须在事件发生时能够及时地做出响应,即使在最大负荷情况下也应该如此,系统响应超时就意味着致命的失败。另外,实时操作系统的重要特点就是具有系统的确定性,即系统能对任务处理情况作出精确的估计。

实时操作系统中的重要概念包括描述系统发出处理要求到系统给出应答信号的时间,即系统响应时间;描述任务间切换信号所使用的时间,即任务切换时间;以及描述计算机接收到中断信号到操作系统作出响应,并完成切换而转入中断服务程序的时间,即中断延迟时间。实时操作系统应具有任务管理、任务间同步和通信、存储器优化管理、实时时钟服务和中断管理服务等功能。

航空电子系统面对严酷的自然和工作环境,对实时系统有严格的性能指标要求。其主要特点包括对外部事件的快速响应、异构的分布处理、可靠的故障冗余机制和采用开放式系统结构。传统的实时计算技术针对设备级、静态、集中控制的应用,而先进航电系统是有多层抽象层次、高度分布式、相对动态的应用。

现有的多数实时操作系统在不同程度上存在不足,例如:现有实时操作系统仍沿用时间共享管理模型,由于任务之间有先后因果、资源互斥的关系,存在低优先权的任务阻断高优先权任务的情况;现有的基于分发机制的调度算法不能体现实时调度策略,以大量冗余的资源来保证最不利情况下的效能造成资源浪费等。

目前一些针对专门用途开发的实时操作系统采用微内核结构,任务和中断切换开销小,便于剪裁,且开发者提供比较完善的编程、调试工具,全系列产品通过专门领域的技术认证,因而可以作为航空电子实时操作系统的优选对象。

6.3.2 典型实时操作系统

在联合式航电系统结构的机载计算机中,机载操作系统普遍采用如图6-12(a)所示的结构,同一模块中的应用共享硬件及操作系统资源,应用间无隔离保护,以竞争方式获取处理器和其他资源。这种操作系统的典型代表是 Wind River 公司的 VxWorks5.4/5,虽然该系统取得了巨大的商业成功,被广泛应用于各类嵌入式设备中,但随着机载电子系统结构的发展,该系统已不能满足需求。

当前航空电子系统普遍采用综合化模块化结构,原来运行在不同机载计算机中的应用被集成到一个硬件平台中,原先的物理隔离特性不得不改由操作系统进行提供。在综合化航电系统中,原来分布于不同模块的应用被综合到一个模块中,由图6-12(b)所示分区操作系统提供所谓的"分区"进行隔离保护,并提供确定的时间资源为每个分区中的应用提供"独占式"资源访问隔离。

(a) 联合式航电系统软件结构

(b) 综合式航电系统软件结构

图6-12 联合式和综合式航电系统软件结构差异

目前主流飞机的综合模块化航空电子结构典型采用分区机载操作系统,如 Green Hills Software 公司推出的满足 ARINC653 APEX 接口的 INTEGRITY,WindRiver 公司推出的满足 ARINC653 APEX 接口的 VxWorks653 等。

6.3.2.1 AOS

AOS 是专门为航空电子系统设计的实时操作系统,由美国空军的 Ada 航空电子实时软件(Ada Avionics Real Time Software,AARTS)项目支持,主要目标是验证由 1750 处理器构成的多任务、多处理器、多集群的航空电子分布式网络环境下 Ada 操作系统的运行情况。AOS 被用于美军 F-22 战斗机的综合航空电子系统,其"核心"可以在航电系统的任何 1750 处理器上运行,包括 Ada 的实时系统、服务接口、低层 PI 总线的 I/O 例程、启动软件等,能够满足航电系统对操作系统提出的特殊功能要求。

AOS 的执行程序分为系统执行程序、核心执行程序和分布执行程序三部分。

(1) 系统执行程序:驻留在任务和数据处理器中,包括主系统执行程序和一个备份的执行程序副本,监视系统工作状态,记录所有系统部件的故障,并控制系统资源的重构。

(2) 核心执行程序:在处理器上负责应用程序之间的控制及通信,控制外部设备,并参与处理器一级的容错操作。

(3) 分布执行程序:提供总线控制接口能力,负责处理器间数据传输操作,参与多处理的全局控制,并提供用于多处理器信息交换(事务处理)的接口。

6.3.2.2 INTEGRITY

INTEGRITY 是美国 Green Hills Software 公司开发的支持安全区间化的实时操作系统,能够满足不同安全级别的应用系统的苛刻要求。INTEGRITY 特别强调安全性和确定性,在实现时通过保证时间和区间域的访问控制来达到要求。在美军 F-35 战斗机上使用的就是 INTEGRITY 操作系统。

INTEGRITY 操作系统采用了两层操作系统的系统体系来构建应用。在底层硬件之上是 INTEGRITY 操作系统的内核,提供给区间应用必要的服务支持,包括空间隔离、区间隔离、资源访问控制、实时性能保证等。内核通过 APEX 接口层对上层操作系统提供服务。每个区间应用之间、区间与内核之间都通过内核提供的服务进行隔离,彼此互不影响。最重要的是每个区间可以运行在不同的安全级别,极大地提高了系统的适用性和维护能力。

INTEGRITY 使用硬件存储器保护机制和隔离调度程序,以便为相同硬件平台上的应用程序之间提供时间、空间和资源划分。从图 6-13 所示的 INTEGRITY 体系结构可以看出,这种动态的信息划分在应用程序和核心程序之间建立了有效的防火墙,防止一个应用程序中的错误侵蚀到其他应用程序或核心程序。INTEGRITY 还在时间和空间维度上提供保护和确信可用的资源,使已分配为不同安全性等级的应用程序能在相同的处理器上运行。

INTEGRITY 在内核的设计中通过消除动态内存分配等措施保证系统操作时间的确定性。下层硬件机制被用来提供对应用程序、设备驱动和区间内部通信等完整的内存保护。时间和定时器完全在软件层实现,并且通过访问权限控制进行保护。内存保护和错误处理机制提供了错误隔离和容错性等安全机制。在最低的级别,内核通过面向对象设

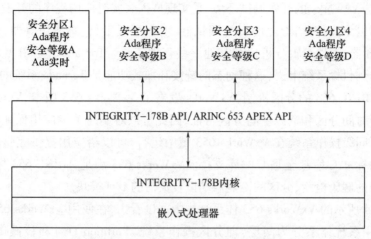

图 6-13　INTEGRITY-178B 体系结构

计和访问验证等方式来防止恶意的操作访问。传统的内核访问问题,比如非法内核地址,非法系统调用参数,通过内核安全设计都可被消除。

INTEGRITY 提供了 ARINC653 规定的 APEX 接口,该接口提供了在操作系统与航空应用软件间的标准接口特性。

6.3.2.3　VxWorks

VxWorks 操作系统是美国 WindRiver 公司开发的一种嵌入式实时操作系统,广泛应用于通信、军事、航空、航天等实时性要求高的领域中。在美国 F-16、FA-18 战斗机、B-2 隐形轰炸机和爱国者导弹上都使用了 VxWorks 操作系统,其具有以下两大特征:

(1) 微内核设计。处于 VxWorks 实时操作系统核心的是高性能的微内核 wind。这个微内核支持所有的实时特征,包括快速的任务切换、中断、抢占式调度和时间片轮换调度等。微内核设计减少了系统的开销,从而保证了对外部事件快速、准确地反映。

(2) 运行部件的可裁减设计。VxWorks 被设计为具有可裁减性的系统是为了使开发者能够根据自己的应用程序需要,而不是根据操作系统的需要,来分配稀少的内存资源。从需要几千个字节内存的深层嵌入式设计到需要更多的操作系统功能的复杂的高端实时系统,开发者只需要从 100 多个不同的选项中进行选择,就可以产生上百种的配置方案来满足系统设计的需求。此外,这些子系统本身也是可裁减的,这样就允许开发者为特殊的应用程序对 VxWorks 的运行环境进行优化配置。

VxWorks 的实时性非常强,系统的开销小,进程调度、进程间通信、中断处理等系统共用程序精炼有效,所以造成的延迟也短。VxWorks 的多任务机制中对任务的控制采用了优先级抢占和轮转调度机制,这也充分保障了任务执行的实时性,让相同的硬件设备满足更强大的实时性要求,为应用开发保留了更多的设计余地。VxWorks 操作系统包括板级支持包、进程管理、存储管理、设备管理、文件系统管理、网络协议以及系统应用等几个部分,其只占用很少的存储空间,并可高度裁减,保证了系统能以较高的效率运行。

Tornado 是 VxWorks 的开发调试环境,是实现嵌入式实时应用程序的开发平台。其软件工具包包括以下几种:图形化的交叉调试器、工程配置工具、集成仿真器、诊断分析工具、C/C++编译器、软件逻辑分析仪和其他一些管理工具。Tornado 允许开发者增量地将目标模块加载到目标系统上去,这种动态的链接和加载功能是 Tornado 系统的核心功能。

为支持 ARINC 653 的分区机制,VxWorks 发展了 VxWorks 653 版本,VxWorks 653 提供并且保证了时间分区和资源空间分区特征,因此可以对实时关键应用保证所需要的资源。每一个区间级操作系统在 VxWorks 653 域中运行,可以给应用提供完整的多任务支持、消息队列、标准 C 库甚至是 C++库支持。VxWorks 653 满足 ARINC 653 标准的要求,包括两个级别的健康检测、分区的冷热启动以及灵活的 I/O 模块。

从图 6-14 所示的 VxWorks 653 体系结构中可以看出,在使用 VxWorks 653 构建的系统中,整个应用系统体系分为两层,即分区操作系统(Partition OS)和核操作系统(Core OS)。分区之间有保护墙进行隔离,通过存储管理、时间表调度和访问控制实现了分区之间的空间、时间以及资源的隔离保护。用户编写应用程序需要面对的只是 Partition OS 的接口,减少了应用程序对 Core OS 的影响。而 Core OS 直接对 Partition OS 提供相应的服务支持,它并不直接面对应用。Core OS 与上层的 Partition OS 也有隔离墙对其进行保护,进一步保证了整个系统的安全性。

图 6-14 VxWorks653 体系结构

VxWorks653 提供的服务包括内存管理、内核与应用配置管理、ARINC 端口服务支持和调度方式支持。面对微内核、虚拟化、片上系统、多级信息安全的挑战,2008 年 WindRiver 公司推出了满足 MILS 架构的安全操作系统 VxWorks MILS 2,如图 6-15 所示。该系统于 2009 年 3 月提交进行了通用标准评估保证等级(Common Criteria Evaluation Assurance Levels,CC EAL)6 认证评估。VxWorks MILS 2 分区内核采用 Hypervisor 虚拟化技术构建,满足分离内核保护架构(Separation Kernel Protection Profile,SKPP)1.03 安全需求,支持分区间安全通信。目前 VxWorks MILS 2 已被 RTI 公司用于构建 RTI 数据发布服务系统,该平台也被波音、洛克希德·马丁和 Raytheon 雷神公司考虑用于新一代航电设备的开发。

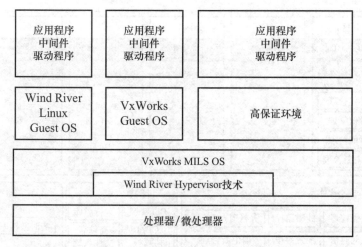

图 6-15　VxWorks MILS 2 体系结构

6.3.2.4　ACoreOS 653

ACoreOS 653 是由中国航空工业集团公司西安航空计算技术研究所研制的分区机载操作系统。其体系结构如图 6-16[2]所示，由核心操作系统层提供分区环境，分区内运行分区操作系统为分区应用提供所有的操作系统服务。ACoreOS 653 也采用模块化、层次化系统结构，具备如下特征[1]：

（1）用户接口符合 ARINC 653 标准；

（2）具备应用软件之间的时间、空间隔离功能，支持基于主时间框架的分区调度；

（3）具备时间管理功能，能够实现进程调度、进程截止期和周期的计时，并为进程挂起/阻塞、分区内通信提供延迟、等待支持；

（4）能够创建、调度和管理分区内的多个并发进程；

（5）分区内支持黑板、缓冲、信号量和事件等进程间的同步、通信机制；

（6）分区间支持端口通信机制，实现分区与分区间、分区与设备间、不同模块分区间的通信；

（7）采用段页式存储管理方式，并支持对分区存储空间的隔离和保护；

（8）能够对故障进行检测、定位、分级、分类和处理，并实现故障的逐级上报。

上述特征针对分区系统进行优化，为机载应用提供时空隔离的分区环境，能够满足机载环境对操作系统的基本要求。

6.3.3　应用软件接口支持

应用软件与操作系统的接口是隔离飞机任务功能相关软件与操作系统层的界面，目的是为应用软件层进程访问操作系统提供一组标准接口，从而提高应用软件的可移植性和可重用性。国外关于应用软件接口的标准主要有 POSIX.1(《计算机环境的可移植操作系统界面》)和 ARINC 653(《航空电子应用软件标准接口》)。POSIX.1 无法直接反映航

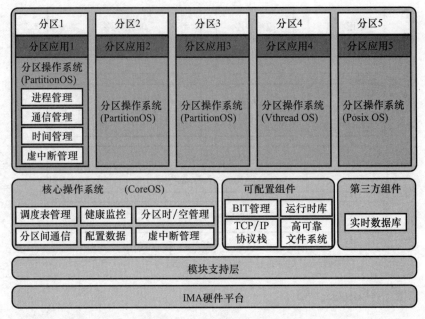

图 6-16 ACoreOS 653 体系结构

空电子系统软件的特点,其覆盖的范围太广,许多内容在现阶段航空电子软件中并不涉及。ARINC 653 标准规定了应用软件与下层执行软件之间的接口要求,包括以静态方式描述的配置数据和以动态方式实现的服务例程。该标准定义的接口具有涵盖满足航电系统要求的服务例程的最小集合并可扩展、满足 Ada 运行环境的接口功能、处理机环境与应用软件隔离、与编程语言无关等特点。虽然 ARINC 653 的实现以静态配置为基础,对于一部分存储器的分配还需要考虑一定的相对动态性,不过,它为制定航空电子应用软件接口标准提供了重要参考,其主要包括如下关键功能定义:

1. 分区管理

在航空电子系统中,一个核心模块可以支持一个或多个航空电子应用软件,并保证这些应用软件之间相互独立运行。对运行在核心模块上的多个应用软件按功能可划分为多个分区,一个分区由一个或多个并发执行的进程组成,分区内所有进程共享分区所占有的系统资源。操作系统对分区所占用的处理时间、内存和其他资源拥有控制权,从而使得核心模块中各分区相互独立。分区管理保证了同时运行的多个不同类型的应用软件在时间和空间上互不影响。

一个分区是一个独立的应用环境,由数据、上下文关系、配置属性和其他项组成。分区的运行要满足时间和空间的要求。每个分区始终处于空闲模式、冷启动模式、热启动模式和正常模式这四种操作模式之一,其操作模式转换图见图 6-17。

(1) 空闲模式:在此模式下,分区在分配的分区窗口内不执行任何进程,即分区不进行初始化(例如,分区相关的端口都不初始化),没有进程执行,没有资源消耗,但分配给分区的分区窗口不变。当健康监控产生一个恢复活动时,需要将当前正在工作的分区停止进入空闲模式。此外,由于外部故障原因(如电源中断、核心模块复位、应用软件的复位

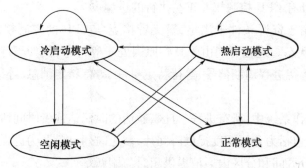

图 6-17 分区操作模式转换图

等),分区可以从空闲模式切换到冷/热启动模式。

（2）正常模式：在此模式下，进程调度处于激活状态。所有的进程都已创建好且处于就绪态，系统处于一个可操作的状态。当分区已经完成初始化，分区就进入正常工作模式。

（3）冷启动模式：冷启动模式是分区创建时的初始化状态，此时进程调度被禁止。当分区处于正常工作模式，但触发分区重新启动后，可以进入冷启动模式。

（4）热启动模式：热启动模式类似于冷启动模式，但初始环境不同，不需要从存储器中加载代码执行，可以从内存中直接初始化并激活。当分区处于正常工作模式，但触发分区重新启动后，可以进入热启动模式。

2. 进程管理

进程管理主要负责分区内进程的创建、调度和删除等工作。进程分为按固定频率执行的周期进程和由事件触发的非周期进程两类，操作系统应具备对这两类进程的调度能力。进程在出现故障时应允许终止或者重新进行初始化。

分区内的进程处于休眠态、就绪态、运行态和等待态四种状态之一。通过进程调度，它们能从一种状态转换至另一种状态，进程的状态转换如图 6-18 所示。

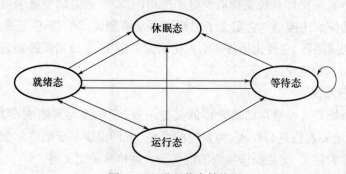

图 6-18 进程状态转换图

（1）休眠态：进程已经创建，但该进程还不具备竞争 CPU 的权利。进程在启动前和停止后处于该状态。

（2）就绪态：可以调度、准备执行的进程，该进程一旦获得 CPU 的控制权就能执行。

（3）运行态：拥有 CPU 控制权并正在执行的进程。

（4）等待态：由于资源条件未满足，暂无资格竞争 CPU 的控制权，当等待条件满足后，可转换到其他状态。进程可能由于某些原因处于等待态，例如等待一定的延迟时间、等待特定信号量、等待进程周期信号、等待特定事件、等待特定消息、等待挂起恢复等。

3. 时间管理

在航空电子操作系统中，所有进程、分区、通信的时间值或者时间性能都与时间有关。操作系统时间管理包括为分区调度提供时间片、截止时间、周期，为进程调度提供时间量、时间延迟，以及为分区间和分区内通信提供超时与刷新率。

4. 存储器分配

在航空电子系统中，为了保证系统的安全可靠性，在系统配置时大部分存储器分配以静态的方式定义。

5. 分区内通信

分区内通信指分区内进程之间的通信。分区内进程通信机制包括消息队列（Message Queue）、黑板（Blackboards）、信号量（Semaphores）和事件（Events），其中，消息队列和黑板用于进程间通信，信号量和事件用于进程间同步。

6. 分区间通信

分区间通信是指在同一处理器模块或不同处理器模块上运行的两个或多个分区之间的通信。分区间通信可分为同一处理器模块内分区间的通信、同一机架内不同处理器模块的分区间的通信、不同机架的分区间的通信和航电系统与其他设备之间的通信等四类。

7. 健康监控

健康监控（Health Monitor，HM）用于监视硬件、应用软件和操作系统的状态，当发现故障时，记录故障并进行故障隔离，防止故障蔓延，同时按故障级别（模块级、分区级和进程级）进行必要的恢复。健康监控主要定义维护、故障响应、错误级别和错误恢复操作。

8. 蓝印配置语言

蓝印配置语言是操作系统支持航空电子应用的基础，也是航空电子应用规定操作系统为其服务的动作表述接口。它定义了对操作系统资源需求的描述、任务调度规则描述和错误处理规则描述等，主要包括蓝印形式化语言的定义、系统错误级别划分的定义及错误（故障）处理行为的定义。

9. 文件管理系统

文件管理系统是大容量存储器管理的关键组成，它主要对系统的日志记录、故障记录、运行记录等重要数据进行处理，为系统的容错、重构提供必要的恢复数据。其主要内容包括文件属性的定义、文件操作接口的定义及文件格式的定义等。

10. 数据网络服务

数据网络服务是支持航空电子各应用间数据交换的必要途径，也是保障航空电子与飞机交换数据的有效方法。新一代飞机将采用高速交换式网络，因此对数据网络服务的定义成为关键。其主要内容包括网络数据交换协议的定义、网络工作方式的定义、网络层次的定义、网络服务接口的定义。

11. 中断支持

中断支持是实时系统中必不可少的支持服务，也是应用程序处理紧急事件的条件。其主要内容包括应用中断软件的连接接口、中断机制的定义及例外中断的应用接口定义。

6.4 应用软件配置

6.4.1 功能与软件分区

针对新一代航空电子系统，为了构建任务关键和安全关键系统，分区管理概念应运而生，同时分区管理也是随着航空电子软件大量应用于航电系统而促成的。分区管理的实施需要建立在综合化、模块化和集成化的航空电子系统基础之上，分区管理的概念和作用也是在近十年内得到定义和发展的。分区管理作为一种设计技术，用来将航空电子系统中不同的功能应用限制在其活动范围内，从而不对其他功能应用产生影响。分区实际上是系统设计概念中最小耦合的另外一种说法，组件之间耦合越小，那么系统遭遇不可预料的风险也越小。

ASAAC 计划提出的分区管理是指对物理上或者逻辑上相互隔离的子系统的综合管理。在 ASAAC 计划中，分区包括物理分区和逻辑分区。物理分区涉及航空应用软件组件在硬件上的分配，只有相同的组件或者安全级别相同的组件才能被分配到相同的硬件区域上。如果组件之间在任何情况下都存在通信，可以不使用隔离或者分区技术，两者之间直接通过某种通道机制进行通信；但是一般来说，物理分区越多，组件之间的相互影响就越小。逻辑分区则指在软件层次上对组件进行隔离，其允许一个组件或者功能应用在一个相对独立的逻辑范围内安全运行。当物理分区不可用时，逻辑分区就表现出来相当大的灵活性。

ASAAC 计划的分区通过综合区域进行定义。在一个高集成系统管理功能的控制下，综合区域被创建，同时可以在逻辑层面上创建子系统。综合区域的概念可以看作是对系统功能进行划分的一种手段，一旦综合区域被创建，将会保持分区的状态，直到综合区域被销毁或者重配置。在航电系统内，功能应用可以被分配到不同层次中，包括 IMA 机架层、通用功能模块层、处理单元层等。对于不同分区的方法将由 IMA 系统设计者进行选择，这需要对 IMA 概念、通用功能模块、网络元件、分区机制和 IMA 标准接口进行全局考虑。

ARINC 653 标准定义的分区指的是对运行在处理模块上的航空电子应用软件按照某种策略进行分组，使得每组应用软件从时间上或者空间上相互独立。分区管理主要包括分区的属性定义、调度和控制。不同应用软件间的通信包括分区内通信和分区间通信两种形式。

借助于综合区域理念，实施先进综合航空电子系统的功能划分，其应用软件也可以根据系统功能和任务进行有效分割和隔离。与航空电子系统的相关功能相对应,应用软件可分为综合射频、综合光电、综合核心处理、人机接口、飞行及外挂管理等功能区。这些软件在系统初始化的时候加载到综合核心处理器硬件区域中的通用功能模块上,在系统运行过程中完成相应的功能任务。通过核心处理器之间的高速互联网络,依据内容标签进行通信,完成任务分配、实时处理等执行过程。航空电子系统应用软件如图 6-19 所示,其中"从/到"标签表明该软件功能与其他区域或本区域模块的关联,也说明从总体上看软件功能是可以动态分配的。应用软件的分区及分区之间的隔离,保证了同时运行的多个不同类型的应用软件在时间上和空间上互不影响。

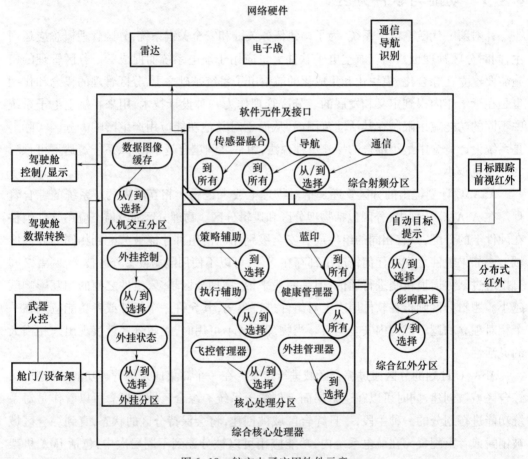

图 6-19 航空电子应用软件示意

在航空电子系统中,一个处理模块可以支持一个或多个应用软件,并使它们之间相互独立运行。区域的划分是按功能进行的划分,一个分区由一个或多个并发执行的进程组成,分区内所有进程共享分区所占有的系统资源。分区的管理主要包括分区的属性定义、分区的调度和分区的控制,具体介绍如下:

(1) 分区属性:定义了分区运行的基本特性,每个分区有唯一的属性说明,使用这些属性,系统可以管理和控制分区的运行。分区属性包括标识、存储区定义、周期、持续时间、关键级别、通信要求等固定属性,以及锁定级别、操作模式等可变属性。

（2）分区调度：打破了传统的分区预先分配的限制，在严格遵守调度时间要求的基础上，采用"从/到"的标签指示进行分区之间和分区内通信。如图 6-20 所示，标签记录了分区中的功能模块通信进程的源与目的分区，方便了进程之间的交互，也提高了软件整体执行的效率。

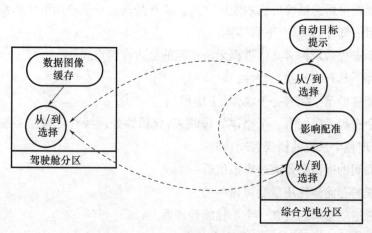

图 6-20　调度示例

（3）分区控制：每个分区使用的资源（如通道、进程、队列、信号量、事件等）在分区创建的初始化阶段就被指定并设定初始值，然后分区进入正常操作。当出现新的分区调度要求或者发生故障时，将根据需要更新分区。此外，电源失效会导致分区被强制撤销。

6.4.2　任务模型

6.4.2.1　任务划分

实时任务的执行结果必须在截止期限之前被提交，如果错过截止期限则可能造成严重的后果，因此需要进行严格的设计与理论分析。实时任务并不要求一味提高 CPU 指令的速度，而要求其反映客观世界事件的发生频率及其响应速度。

程序在 CPU 中是以任务的方式进行执行，在进行程序设计时需要将系统的处理功能转化为多任务的流程图，以完成对处理任务的划分。任务划分存在着本质矛盾：如果任务太多，必然增加系统任务切换的开销；如果任务太少，又降低了系统的并行执行程度，潜在造成实时性保障的困难。一般在任务划分时需要遵循 H. Gomma 原则，具体如下。

（1）I/O 原则：为不同的外设设置不同的任务，因为 CPU 的操作快于 I/O 操作，所以将不同的 I/O 操作划分为不同的任务可以实现 I/O 操作的并行化，以避免 I/O 操作串行化造成资源利用的不充分；

（2）优先级原则：为不同优先级的功能设置为不同的任务；

（3）密集运算原则：对具有密集运算的功能划归为一个任务进行处理；

（4）功能耦合原则：对紧耦合的功能划归为一个任务进行处理；

(5) 频率组原则:对不同响应频率的功能划分为不同的任务进行处理。

6.4.2.2 进程模型

一个应用程序包含一个或多个进程。进程是包含了一个或多个线程可执行代码并且能为这些线程提供所需系统资源的地址空间。进程是构建功能应用组件和系统管理应用组件的基本组成部件,其具有下列特性:

(1) 每个进程必须拥有其他进程无法访问的独占存储空间;
(2) 进程不具有时间状态特性;
(3) 每个进程至少拥有一个线程(主线程);
(4) 每个进程可以拥有一个错误处理线程,该错误处理线程可以被系统错误管理应用调用,以实现整个系统的错误管理功能;
(5) 进程间的通信必须通过虚拟信道;
(6) 进程的存储器使用量是可预测的;
(7) 一个进程必须运行在一个单独的处理器上;
(8) 进程有停止、运行和初始化3个状态。

每个进程隶属于特定的分区,分区由一个或多个进程组成,各进程之间并发执行,分区内的所有进程共享分配给分区的资源。通常一个进程等同于一个任务。分区内进程所需资源在分区创建时或系统初始化时被集中分配,即分区内所有进程及其所用资源是集中创建和分配的。分区内进程仅被创建一次,分区能在任何时候重新初始化、挂起、重启或停止它的任何进程。

每个进程都有一个当前优先级,并可通过 APEX 服务进行更改。分区内可以同时存在两类进程,即周期进程和非周期进程。任何进程在任何时刻都可以被更高优先级的进程抢占。在分区激活时刻,处于就绪态的最高优先级的进程得到执行。

抢占控制允许进程对部分代码进行保护性锁定,即运行时 CPU 资源不被分区内的其他进程抢占,直至解锁。如果因为分区窗口的结束打断了分区内一个保护性锁定的进程的执行,当该分区恢复时应保证这个进程首先被执行。

进程使用的进程间通信与同步机制,也是在初始化阶段创建的,不会被销毁。

进程要被激活,首先需要被创建并且被启动。分区中至少有一个进程在创建后被启动,激活的进程可以启动其他进程、停止自己或者其他进程,还可以按照应用需求重启。

进程调度对分区内的所有进程(周期和非周期进程)进行 CPU 资源的分配。进程调度单元是分区内进程,每个进程有一个优先级,调度算法可以采用基于优先级的可抢占式调度策略,即进程调度根据进程的优先级和当前状态进行调度和抢占。在发生任何进程重调度事件(由进程的直接请求引起或者分区内事件引起)时,进程调度选择分区内处于就绪状态的优先级最高的进程来分配处理器资源;如果多个进程有相同的优先级,进程调度可按先进先出(FIFO)的方式选择等待时间最久的一个进程分配处理器资源,或采用时间片轮转的方法分配处理器资源。

6.4.2.3 线程模型

线程是进程内一系列相互独立的程序执行代码,其具有以下特性:

(1) 每个线程必须在其所属的进程地址空间中运行,并且同一进程中的不同线程将共享存储空间和代码空间;

(2) 每个线程都拥有其自身的上下文关系;

(3) 线程具有确定的时间状态特性;

(4) 线程必须由操作系统来调度;

(5) 线程调度可以基于抢占式;

(6) 线程只可能在同一个进程中暂停或继续运行;

(7) 同一个进程中的线程可以通过信标、事件和虚拟信道进行通信;

(8) 不同进程中的线程间通信必须采用虚拟信道。

每个线程在系统蓝印中都存在与之对应的截止时间,截止时间代表了系统给予线程满足处理需求的最大响应时间。一个线程的截止时间在其启动的时候被设定,其截止分为硬截止和软截止。硬截止要求线程在每次加载之后必须及时顺利地完成,以确保始终满足功能应用程序截止时间的需求,典型的例子如飞机控制系统。而软截止允许线程在每次加载之后截止时刻之前具有一定的概率完成所有计算,并不严格要求每次执行都需要在截止时间前完成;具有这种截止特征的线程一般分配给具有大量处理时间和处理能力的任务,例如,电子威胁侦测系统。

线程也具有休眠、就绪、运行、等待4个状态,其状态间的转换关系如图 6-21 所示。

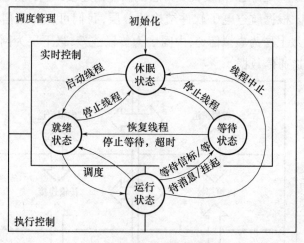

图 6-21 线程状态转换图

(1) 休眠态:线程不能接收通信,通过线程启动服务后,线程进入就绪状态。在线程启动之前和线程停止之后,线程处于休眠态。

(2) 就绪态:线程接收调度,此时线程还处于调度等待中,即已经被执行但是还没有运行。

（3）运行态：线程从调度等待转变到实际运行，一个单核处理器上同一时间只能运行一个线程。

（4）等待态：线程一直等待信标和启动事件，当等待事件发生后，线程转变为就绪状态。

同一进程中的线程同步可以通过信标和事件来操作完成。其中，信标是同一进程内多个线程间的同步对象，它可以用来提供对共享资源的独占访问。一个线程同一时刻只能等待一个信标。如果多个线程正在等待同一信标，则必须应用先进先出（FIFO）或者基于优先权（如果可用的话）的排队原则；如果是基于优先权原则，对于同一优先级别的线程也必须按照先进先出的原则排队。事件是用来将发生条件通知给正在等待触发条件的线程的同步方法。一个事件由一个二值状态变量和一组等待线程组成。当一个事件被建立的时候，操作系统必须将所有等待这一事件的线程从线程队列中移除并且将它们置于就绪状态。一个线程在同一时刻只能等待一个事件。

6.4.3 通信模型

6.4.3.1 通信过程

在航空电子综合系统中，存在机架与机架之间的通信、模块与模块之间的通信、处理单元与处理单元之间的通信以及处理单元内部通信等。这些反映在软件上都体现为进程与进程之间的通信。首先是某个进程有通信的需求，然后传递到操作系统上，操作系统再将通信任务转交给模块支持层，由模块支持层提供传输连接，最后是模块硬件在具体的网络链路上实现通信。根据航空电子软件结构的分层，我们可以将通信模型分成3层，如图6-22所示，其中最上层为虚拟信道，中间层为传输连接，最下层为网络链路，层与层之间通过接口互相传递通信数据。

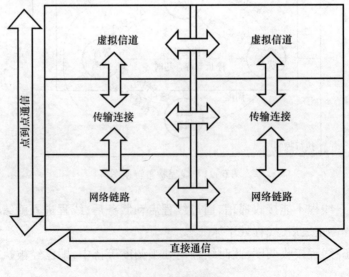

图6-22 通信模型

1. 虚拟信道(VC)

虚拟信道由操作系统提供,是一种基于消息的进程间通信手段。虚拟信道表现为逻辑通信信道,使得共享存储器或网络资源对应用程序透明。

虚拟信道只允许一个传输进程向一个或多个接收进程传送数据。接收进程与发送进程可以驻留于同一处理单元、同一通用功能模块中,也可以驻留在不同的通用功能模块中。对于发送进程,接收进程是不可知的,它只是将特定数据输出到某一指定虚拟信道中;同样,对于接收进程,发送进程也是不可知的,它只是接收来自特定虚拟信道的特定数据。

虚拟信道是"面向数据"的,而非"面向进程"的,也就是说对于某一特定虚拟信道而言,它只能传送某一特定数据项或数据集。源进程和目的进程、需传输的数据项以及经由的虚拟信道,都在系统设计期间定义并且储存在蓝印系统里。因此,对于一个给定的系统配置,所采用的虚拟信道集合是固定的。

2. 传输连接(TC)

传输连接由模块支持层提供,支持单向传输,支持一个或者多个虚拟信道。传输连接的实现与具体的硬件无关,它由操作系统层进行创建、撤销和发送等管理。

3. 网络链路

网络链路位于最底层,由模块支持层提供,与具体的硬件实现相关,网络链路实现最终物理通信。

处理器内部通信,局限在一个处理器中,在操作系统层中由虚拟信道处理。处理单元内部通信,指在同一个处理单元内部不同处理器之间的通信,由传输连接在模块支持层中处理。模块内部通信,指在同一个模块中不同处理单元之间的通信,和处理单元内部通信相似,由传输连接在模块支持层中处理。模块间通信,指发生在不同通用模块之间的通信,首先在操作系统层由虚拟信道传递给模块支持层的传输连接,最后再传递给网络链路处理。

通信模型中的虚拟信道、传输连接和网络链路的配置信息都保存在蓝印系统中,在系统初始化时,通过初始化配置完成具体的分配过程。

我们考察一个具体的模块间通信情况,如图 6-23 所示。在数据的发送过程中,发送数据每向下传送一级,将会打上该级的报头;在数据的接收过程中,接收数据每向上传送一级,将会去除该级的报头。因此,报头在这里完成路由功能,例如网络链路报头提供数据的具体模块地址,传输连接报头提供具体的处理单元地址,虚拟信道报头提供具体的处理器地址。

6.4.3.2 进程间通信

进程间的通信,按照发送端和接收端的对应情况,可以分为 3 种,分别是:一个发送端一个接收端($1:1$),一个发送端多个接收端($1:N$),多个发送端多个接收端($M:N$)。前两种情况可以看作是消息的多点传送,第三种情况则可以看作是分布式多点传送。

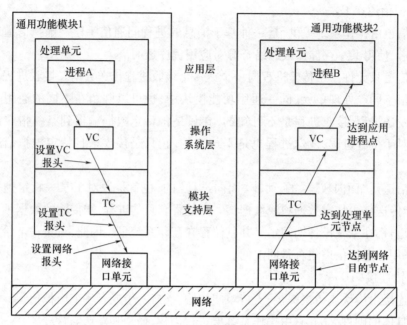

图 6-23 模块间通信

由于(1∶1)模型可以看作是(1∶N)模型的特例,我们先只讨论(1∶N)模型。该模型允许一个发送端向多个接收端发送数据。发送端并不知道所发送的数据是否向多个接收端传递,具体的对应关系在蓝印系统中定义。从虚拟信道和传输连接的关系,可以将(1∶N)模型分成两类:一类是使用一个传输连接实现多点传送,如图 6-24 所示;另一类是使用多个传输连接实现多点传送,如图 6-25 所示。

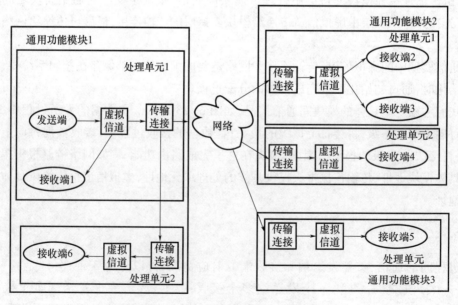

图 6-24 一个传输连接实现多点传送

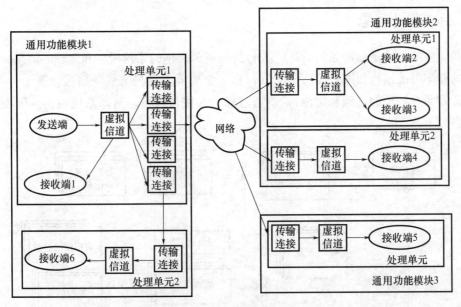

图 6-25 多个传输连接实现多点传送

进程间的 $(M:N)$ 通信模型,一般专门针对信号处理。我们可以把它看作是多个 $(1:M)$ 和 $(N:1)$ 的组合,比如:发送端采取 $(1:M)$ 的多点传送模型,M 个接收端接收分段数据;而接收端采取 $(N:1)$ 的模型,N 个发送端发送分段数据。可以将 $(M:N)$ 通信模型看作是一种分布式多播通信模型,从多个信源发送的多个并发数据向多个信号处理器进行传送,通过在多个信号处理器的同步处理,最终形成具有一致性的信号处理结果,如图 6-26 所示。

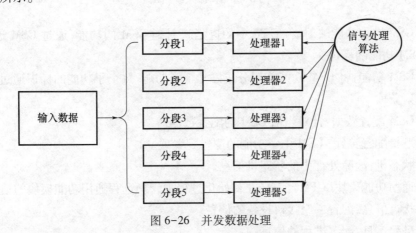

图 6-26 并发数据处理

$(M:N)$ 模型通信中的处理器可能既是发送端又是接收端,这些发送端或者接收端可能位于一个或者多个处理单元上,同时这些处理单元又可能位于一个或者多个通用模块上。信号处理应用程序应该能够处理一维、二维和三维的数据分组,例如从雷达传感器传来的原始数据中可能包括天线波束、脉冲、距离波门等信息,因此需要在 3 个维度上实现数据的分段和传输。

6.4.4 蓝印信息

蓝印系统描述了通用系统管理(GSM)进行资源级别的系统配置和管理的信息。一个典型的蓝印系统结构如图6-27所示,其包含一个根节点且根节点下面包含若干子节点。对于蓝印系统结构的访问和定位,需要通过标准的接口进行。蓝印系统包含的配置和管理信息如下。

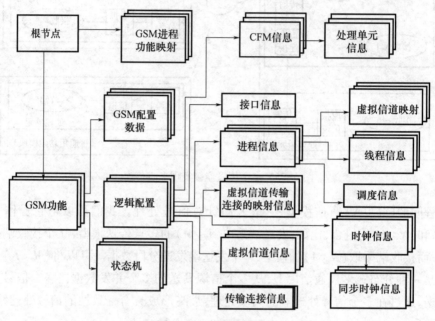

图6-27 蓝印系统结构

(1) GSM 进程功能映射:将 GSM 中的进程映射到 GSM 的功能,通过 GSM 进程的标识获取 GSM 功能的标识。

(2) GSM 功能:将 GSM 功能应用分成好几个子功能,每个子功能的标识通过 GSM 进程功能映射获取。

(3) GSM 配置数据:针对当前 GSM 的配置数据。

(4) 逻辑配置:当前 GSM 中子功能的逻辑配置项。

(5) 状态机:故障处理中的状态机信息。

(6) 通用功能模块(CFM)信息:在初始化过程中管理远程通用功能模块的信息。

(7) 接口信息:配置一个接口设备的信息。

(8) 进程信息:配置进程的信息。

(9) 虚拟信道到传输连接的映射信息:将虚拟信道映射到具体的传输连接上。

(10) 虚拟信道信息:配置虚拟信道的信息。

(11) 传输连接信息:配置传输连接的信息。

(12) 处理单元信息:在下载过程中关于远程处理单元的信息。

(13) 虚拟信道映射:进程和虚拟信道映射信息。

（14）线程信息：配置进程中的线程的信息。
（15）调度信息：进程中线程调度的信息。
（16）时钟信息：配置模块时钟的信息。
（17）同步时钟信息：给模块时钟提供设置同步时钟基准功能的信息。

6.5 航空电子软件开发与测试

6.5.1 软件开发过程与环境

随着航空电子系统结构的发展和任务功能的增长，越来越多的功能将由软件来实现，航空电子软件在现代作战飞机中担负着从探测、通信、导航、显示控制、信息/数据处理、飞行控制到火力控制、外挂管理、武器投放，以及电子战等众多的飞行使命和作战使命。因此系统软件的比重和开发费用正在逐步上升，可以预见，飞机航空电子系统或任务系统成败的关键是软件。

由于赋予了航空电子软件太多的飞行使命和作战使命，航空电子软件面临日趋复杂、规模越来越大、需求和目标多样性变化、智能化要求越来越高以及安全性和可靠性要求更高等诸多挑战。因此，需要采用开放式架构和各种标准来约束和保证航空电子软件开发，其中，DO-178C 与 ARP4754、DO-254 共同构成了航电系统开发的标准体系。在该体系中，ARP4754 作为顶层标准定义了高集成复杂航空器系统的认证过程，该标准基于航空器整机的运行环境及功能考虑，定义了航空器整机功能的系统生命周期；而细节的软件、硬件设计标准则分别遵照 DO-178C 和 DO-254 规范。DO-178C 由美国航空无线电技术委员会（RTCA）和欧洲民航电子学组织（EUROCAE）共同发布，其给出了航空系统软件的开发过程，旨在确保开发的软件在功能上正确，在安全上可信，并能满足适航要求。

航空电子软件开发属于嵌入式软件开发的范畴，需要采用一体化开发工具与环境来支持全寿命周期内的开发、部署与维护，典型可以分为系统管理域、需求分析域、开发设计域、测试域、验证域、使用维护域等几个方面[3]。

1. 系统管理域

系统管理域是整个开发环境的核心，管理和控制航空电子软件开发涉及各个工具，如需求的变更、测试用例的管理等，主要包括变更管理、配置管理、需求管理和追踪、测试管理、产品管理等工具。

2. 需求分析域

需求分析域主要负责航空电子软件需求分析和需求验证。需求分析工具对上层需求进行建模分析，以捕获更加细致的需求，并可将分析出来的更细致的需求导入需求管理工具中进行管理。可以采用统一建模语言（UML）实现软件需求的详细分析，并采用 Rhapsody 等软件实现需求的一致性描述。需求验证工具可将自然语言描述的需求转换为用模型和形式化语言描述的需求,通过对这些模型的仿真分析,可以对整个系统需求的完备性、正确性以及是否满足用户的需要进行验证。

3. 开发设计域

开发设计域涉及软件模型的开发、编码、编译、链接、调试等功能,是设计人员的主要工作平台。典型包括算法模型开发工具、软件模型开发工具、分布式开发工具、软件编译/链接/调试工具、接口控制文件(ICD)管理工具、接口控制文件监控器、系统配置工具等。

4. 测试域

测试域主要包含软件测试相关的工作和工具,如代码测试、模型测试、单元测试、集成测试。代码测试工具主要通过静态方法测试代码语法规则是否满足相关要求,并发现其中的设计问题,以及通过动态测试方法测试软件运行时存在的问题。模型测试工具测试软件模型是否满足系统设计要求,并对模型的正确性和安全性进行检查。单元测试工具主要采用白盒测试的方法,检查各个程序模块是否符合设计要求。集成测试工具把通过单元测试的模块集成起来,主要测试软件的功能和性能是否满足系统设计要求。

5. 验证域

验证域主要负责软件的验证,采用动态仿真环境提供任务系统的外部运行环境,并能模拟部分子系统的功能,从而能够分系统分模块地实现航空电子软件/系统的验证。

6. 使用维护域

使用维护域主要负责用户数据管理及软件加载。使用维护域采用数据库完成用户使用问题和问题解答的管理,采用软件加载工具对任务系统软件进行更新,能够对待加载的任务系统软件进行解密、完备性检查和版本检查,然后将任务系统软件通过地面维护接口或地勤任务数据卡加载到相应设备中。

民用飞机航电系统的设计更加强调一体化工具链的设计保障。以空客为代表的大型飞机制造厂商,将智能化的综合电子系统辅助设计与验证软件在航电系统中进行广泛应用。欧盟 FP7 的 SCARLETT 项目中提出"完整工具链"的理念进行航电系统设计,ASHLEY 项目则在其基础上进一步提出全数字化设计概念,不同设计阶段中使用的工具之间完全采用数字化文件进行对接和串联,从而构成了从需求分析到测试验证的全过程管理。航电系统的智能化依赖于工具链的智能性。欧盟 FP7 的 ASHLEY 项目中的工具链典型包括框架类工具、建模工具、评估工具、优化工具、配置工具、仿真工具、验证工具、加载工具和软件开发环境,如图 6-28 所示。依赖于该工具链实现了基于模型工程的系统设计与开发,大大减少了航空电子系统功能开发的时间,并大幅度提高了系统的安全性和可靠性。

6.5.2 基于模型的航电软件开发

20 世纪 90 年代以来,软件行业更新迭代的速度愈来愈快,已超出任何人的预期,也完全超出个人掌握范围。在短短 10 多年间,基础技术经历了从面向过程到基于对象、从基于对象到面向对象、从面向对象到面向组件三次大的变迁。

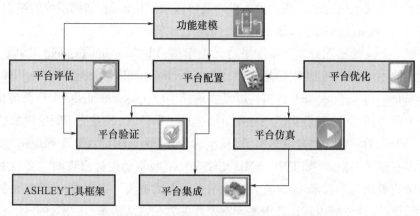

图6-28 ASHLEY项目中工具链功能构成

结构化方法是传统的软件分析和设计方法,包括在需求分析阶段的结构化分析方法和设计阶段的结构化设计方法,也就是把结构化的思想融入分析和设计阶段。在结构化分析阶段,通过对软件的数据、功能和行为分析并进行分析建模,产生软件系统的数据流图(Data Flow Diagram,DFD)、数据字典(Data Dictionary,DD)和处理说明(Processing SPECification PSPEC)。所谓结构是指系统内各个组成部分之间的相互关系,而结构化方法是通过采用一组提高软件结构合理性的准则(如分解与抽象、模块独立性等)来进行分析建模。

面向对象方法从所处理的数据入手,以数据为中心来描述系统。数据相对于功能而言,具有更强的稳定性,这样设计出的系统模型往往能较好地映射问题域模型。面向对象的设计(Object-Oriented Design,OOD)过程就是指通过建立一些类以及它们之间的关系来解决实际问题,这就需要对问题域中的对象作整体分析。面向对象的设计并不是指用一种具体语言去直接编写代码,而是建立在前期的面向对象分析建模基础上,主要考虑如何实现的问题,焦点从问题空间转向解空间,着重完成各种不同层次的模块设计。

模型驱动架构(Model Driven Architecture,MDA)的出现为解决传统软件开发问题,并且使工厂化方式开发软件成为了可能。模型驱动架构是对象管理组织(OMG)于2001年3月提出的一种新的软件体系结构方法学,它基于UML以及一系列工业标准,支持基于可视化模型驱动的软件设计、内容存储与交换,是一种基于模型的软件开发架构。MDA的终极目标是把针对特定计算平台的编码工作交由机器自动完成,以此将业务逻辑与实现技术解耦,实现二者的相对独立,从而使模型的价值在包容已有技术的条件下被最大化。从软件开发人员的观点来看,就是使软件复用由组件复用扩展到模型复用,从而最大程度地提升软件开发效率和质量、降低开发成本、延长软件寿命,实现工厂化开发软件。

模型简单地说是对现实的简化,建模就是把问题从问题领域转移到解决领域的过程。模型提供了系统蓝印,模型既可以包括详细的计划,也可以包括从很高的层次考虑系统的总体计划。一个好的模型应包括那些有广泛影响的主要元素,而忽略那些与给定的抽象水平不相关的次要元素。每个系统都可以从不同方面用不同的模型来描述,因而每个模型都是一个在语义上闭合的系统抽象。模型既可以是结构性的,强调系统的组织;也可以是行为性的,强调系统的动态方面。

模型驱动开发的实现方法是基于平台无关模型(Platform Independent Model,PIM)程序自动生成技术。MDA 中通用信息模型(Common Information Model,CIM)、PIM、平台特定模型(Platform Specific Model,PSM),以及实现模型(Implement Model,IM)都是系统开发生命周期中的关键部分,它们从不同的视角描述目标系统,代表系统不同层次的抽象。

基于模型驱动的设计和开发过程,以模型为中心,这个模型需要准确地描述应用,描述文件可以有很多的格式,如 UML、XML 文件等。模型驱动设计出现的主要目的就是让实现和模型完美地统一起来;但是它并不能帮开发人员解决一切问题,它仅仅是提供给我们一个骨架而已,具体的内容还是需要开发人员去填充。从最基本的部件开始,建立一个可执行的模型,通过模型执行,验证其合理性,先开始测试个别的模块,然后从这个模块扩展到子系统,再扩展到系统,最后到整个系统。在持续的开发过程中,开发人员可以通过反馈进行迭代设计。

6.5.3 航空电子软件测试

6.5.3.1 软件测试定义

软件测试或试验是指用人工或自动的方法来执行或评价系统或系统部件的过程,以验证它是否满足规定的需求,也就是说,识别出的期望结果与实际结果之间有无差别。

随着对软件工程化的重视以及软件规模的日益扩大,软件需求、设计的作用越来越突出。有资料表明,60%以上的软件错误不是程序错误,而是需求和设计错误。若把软件需求、设计上的问题遗留到后期,可能造成设计、编程的部分甚至全部返工,从而增加软件开发成本、延长开发周期等后果。同时,需求和设计阶段所产生的缺陷具有级联放大效应,将更严重影响软件质量。因此,为了更早地发现并解决问题,降低修改错误和缺陷的代价,有必要将测试延伸到需求分析和设计阶段中去,使软件测试贯穿于整个软件生命周期,提倡软件全寿命周期测试的理念,即软件测试是对软件形成过程中的所有工作产品(包括程序以及相关文档)进行的测试,而不仅是对程序的运行进行测试。

1992 年 12 月,美国航空无线电委员会(RTCA)在其出版的《机载系统及软件合格定中的软件考虑》(DO-178B)中对软件测试的定义为:"软件测试是执行系统或系统部件以验证其满足需求并检测错误的过程",同时指出,软件验证贯穿于软件生命周期全过程,软件测试是软件验证的一个组成部分。

软件测试通过定义的软件寿命周期模型参与进软件开发过程之中。典型的开发、测试关系如图 6-29[1]所示。

6.5.3.2 软件测试过程

软件测试过程包括 5 项活动,按顺序分别是测试需求分析、测试策划、测试设计与实

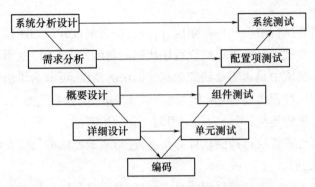

图 6-29 开发测试阶段与测试的对应关系

现、测试执行以及测试总结。

1. 测试需求分析

测试需求分析根据软件测评任务书、合同或其他等效文件以及被测软件的需求规格说明或设计文档,确定需要的测试类型及其测试要求并进行标识(编号);确定测试类型中的各个测试项及其优先级;确定每个测试项的测试充分性要求;确定每个测试项测试终止的要求。

2. 测试策划

测试策划确定需要测试的内容或质量特性,确定测试的充分性要求,提出测试的基本方法,确定测试的资源和技术需求,制订测试资源计划和测试进度计划。

3. 测试设计与实现

测试设计与实现分析测试用例集的层次结构,选取和设计测试用例;获取并验证测试数据;根据测试资源、风险等约束条件,确定测试用例执行顺序;获取测试资源,开发测试软件;建立并校准测试环境;进行测试就绪审查,主要审查测试计划的合理性和测试例的正确性、有效性和覆盖充分性,审查测试组织、环境和设备工具是否齐备并符合要求。在进入下一阶段工作之前,应通过测试就绪评审。

4. 测试执行

测试执行用于执行测试用例,获取测试结果;分析并判定测试结果,同时根据不同的判定结果采取相应的措施;对测试过程的正常或异常终止情况进行核对,并根据核对结果,对未达到测试终止条件的测试用例决定是停止测试,还是需要修改或补充测试用例集,并进一步测试。

5. 测试总结

测试总结评估测试效果和被测软件项,描述测试状态,如实际测试与测试计划和测试说明的差异、测试充分性分析、未能解决的测试事件等;描述被测试软件项的状态,如被测软件与需求的差异、发现的软件错误等;最后,完成软件测试报告,并通过测试评审。

6.5.3.3 软件测试方法

航空电子软件的基本测试方法与通用软件测试方法一样,可以从不同的角度加以分类[1]。

(1) 从是否需要执行被测软件的角度,可分为静态测试和动态测试;
(2) 从在动态测试中是否需要研究程序代码的角度,可分为白盒测试和黑盒测试;
(3) 从在静态测试中是否需要研究源程序语法的角度,可分为语法测试和语义测试;
(4) 从软件测试过程角度,可分为功能测试、结构测试和系统测试;
(5) 从测试数据的类型,可分为确定型测试和随机测试。

下面主要从是否需要执行被测软件的角度,进行测试方法的具体介绍:

1. 静态测试方法

估计程序而无需执行程序的过程叫静态测试,即不实际执行被测试程序,而是采用人工或工具对软件进行测试。静态测试一般包括对文档的检验和审查,以及对代码的审查、走查和静态分析。

文档审查是对委托方提交的文档的完整性、一致性和准确性所进行的检查,包括对软件开发过程中的软件需求、设计和编码所生成文档的检验。在需求分析阶段主要是检验需求文档与用户需求是否一致;检验所有参加项目人员对需求分析文档和用户要求的理解是否正确。在设计阶段主要是检验设计(概要设计和详细设计)与需求分析文档是否一致;检验设计的结构化程序及每个模块是否合理;检验每个模块是否符合系统规范要求;检验模块与系统间的组合、特别重要的输入及边界条件下的组合是否正确。在编码阶段主要是逐行地阅读,校验书面程序是否正确,以便发现源代码的错误以及对计算机环境规则理解方面的差错等。

代码审查是最基本的一种程序检查分析方法,主要检查代码和设计的一致性、代码执行标准的情况、代码逻辑表达的正确性、代码结构的合理性以及代码的可读性。代码审查应根据所使用的语言和编码规范确定审查所用的检查单,检查单的设计或采用应经过评审并得到委托方的确认。

代码走查是由测试人员组成小组,准备一批有代表性的测试用例,集体扮演计算机的角色,沿程序的逻辑,逐步运行测试用例,查找被测软件缺陷。代码走查由测试人员集体阅读讨论程序,用"脑"执行测试用例并检查程序。在这个过程中,测试用例并不起关键作用,它们仅仅作为怀疑程序逻辑与计算错误的出发点。在大多数走查中,通常在怀疑程序的过程中所发现的缺陷比通过测试用例本身直接发现的缺陷更多,经验证明,使用这种方法能够有效地发现 30%~70% 的逻辑设计和编码缺陷。

代码静态分析是一种对代码进行的机械性的和程序化的特性分析方法。目前大部分编程环境都能发现诸如下标越界、形参与实参、数量、维数与使用不一致等错误。静态分析一般需进行控制流分析、数据流分析、接口分析、表达式分析等。

2. 动态测试方法

动态测试是指经过程序运行测试用例而进行的测试,所以动态测试常被称为程序测试。动态测试方法一般采用白盒测试方法和黑盒测试方法。

白盒测试是指在知道软件程序内部活动方式的情况下,测试程序内部活动是否符合设计要求。白盒测试又叫结构测试或逻辑测试,可以看到程序内部结构,并根据内部结构设计测试数据,使程序中的每个语句、每个条件分支、每个控制路径的覆盖情况都在测试中受到检验。路径测试是结构测试的最基本方法,但在很多情况下,程序可能的路径会很多,要测试所有可能的路径是不现实的。路径测试的关键是怎样选择或设计测试用例集合,使它小到可以被接受的程度,又能包括足够多的路径以实现路径测试的实际目标。根据软件安全性要求,白盒测试应达到规定的覆盖率要求,以期充分检测对象程序中的各个逻辑元素,主要有语句覆盖、分支覆盖、条件覆盖、分支/条件覆盖、条件组合覆盖、路径覆盖、缺陷处理路径覆盖等。

黑盒测试是指在已经知道软件产品所具备功能的情况下,测试软件产品的每一个功能是否达到了预期的要求。黑盒测试又称为功能测试、数据驱动测试或基于规范的测试,按照软件功能说明设计测试数据,不考虑程序内部结构和编码结构,也不需考虑程序中的语句及路径,只需了解输入输出之间的关系,依靠这一关系和软件功能说明确定测试数据,判定测试结果的正确性。黑盒测试技术包括等价类划分、边界值分析、因果图、随机测试和猜错法等,常用于功能、性能、接口、边界、强度等。黑盒测试需要一套产生测试用例的方法,以产生有用的测试用例并且覆盖足够多的情况。许多高层的测试,如确认测试、系统测试、验收测试等,都采用黑盒测试。

6.5.4 软件可靠性评价

对于航空电子系统而言,软件质量的重要性不言而喻。离开软件的可靠性,其硬件可靠性预计无论多么精确,也无法确定整个系统的可靠性。因此,在航空电子系统中强调软件可靠性设计是非常有现实意义的。

软件可靠性评价主要是基于数学模型来模拟软件的可靠性行为,并对这一可靠性行为给出一种或者多种定量的估计或预测。存在不同的软件可靠性评价模型和可靠性度量指标,典型包括初始故障数、剩余故障数、故障强度、可靠度、平均无故障时间、平均故障间隔时间、软件故障密度、初期故障率、可用度等。有些度量是面向用户的,如可用度;有些是面向开发者的,如故障强度和初始故障数;而有些则是开发者和用户都可以用的,如平均故障间隔时间和初期故障率等。对于无法直接获得的指标,需要通过某种参数估计法以确定其值,包括最小似然估计、最小二乘估计、贝叶斯估计、置信区间与置信水平等,采用哪一种估计方法要视具体的模型和测试所得的数据而定。绝大多数模型都要通过收集故障以确定模型中的未知参数,而故障数据的收集以软件运行为前提,视具体情况输入数据域可以是一个连续的数据范围,也可以是一些离散的数据点。

如何准确评价航空电子软件的可靠性是软件工程的重大问题之一。在软件可靠性领域中,常采用下述几个参数来衡量软件的可靠性。

1. 故障强度 $\lambda(t)$

故障强度是目前在软件可靠性方面应用最广的一个度量参数,它是指单位执行时间的平均故障数,有时也叫作自然故障发生率。在软件测试期间,故障强度主要与软件中的缺陷数、测试环境以及缺陷改进过程有关,其值随着测试过程而下降。在使用阶段,故障强度主要与软件中的缺陷数和使用环境有关,如果在此期间不增加新性能或不进行修改,那么其值通常保持不变。故障强度一般适用于故障频率影响重要的系统,比如操作系统。

2. 故障率 $Z(t)$

故障率相当于硬件领域的瞬时故障率,是在给定的 0 到 t 区间内没有发生故障的条件概率,也称为危险率。

3. 可靠度 $R(t)$

可靠度主要适用于两类系统:一种是极不希望发生故障的系统;另一种是要求在一段时间内必须保证连续工作的系统。它与故障率有下述关系:

$$R(t) = \exp(-Z(x)\mathrm{d}x)$$

当软件交付使用后,如果在两次交付间隔不对软件进行修改,那么故障强度将是常量,这样,可靠度还可表示为

$$R(t) = \exp(\lambda(-t))$$

可靠度适用于特别不希望发生故障的系统,比如飞控系统。

4. 平均故障间隔时间(MTBF)

MTBF 是指从当前故障到下一故障之间预期经历的时间。该参数适用于使用相对稳定的软件,当故障强度 λ 不断变化时,则不能使用该参数。当故障时间服从指数分布时,该参数与 λ 之间互为倒数。MTBF 适用于稳定系统,比如软件包、控制系统。

5. 可用度

可用度是在已知初始时刻软件能满意工作的前提下,在将来某一时刻软件能满意地执行其功能的概率。在程序可运行且不再修改时,该参数可用软件的能工作时间与能工作时间和不能工作时间之和的比值来描述。可用度适用于停机时间重要的系统,比如通信网络系统。

6. 达到某目标(如规定的 λ、R 或 MTBF 等)所需时间

达到某目标所需时间主要用于开发期间供管理人员使用,以便尽早安排各种资源进行配合或者完善。达到某目标所需时间一般适用于尚处于开发阶段的软件系统。

6.5.5 软件容错设计

"软件容错"是指软件在出现有限数目故障的情况下,系统仍可连续正常运行的内在能力。根据容错式航空电子系统设计理念,实现软件容错的基本方法是:将若干个根据统一规范编写的不同程序或者程序块,在不同空间同时运行或者同一空间依次运行,然后在每一个预定的检测点中通过裁决器进行裁决,再判明其正确或一致接受这个结果,否则便加以拒绝,并做出报警。

在不考虑容错的情况下,软件出现故障就会导致失效,但是软件的一次失效并不表示软件寿命的终结。由于这种失效是在特定的条件下才会发生,发生过失效的软件有时仍然是可用的,只要这种失效不带来规范或者协议所指明的灾难性后果,就可以通过防止错误环境的形成来防止失效。在容错软件中,由于多版本程序对缺陷引起的失效具有相互

屏蔽的作用,就使系统的失效机会降到很小的程度,因此软件设计采取容错技术是系统可靠性的有力保障。

容错和避错不同,避错是在软件设计或维护过程中通过验证去除故障的技术,而容错则是针对版本中的故障向系统提供保护的技术。在实现容错软件时,需要多方面的技术支持,包括版本冗余、故障检测技术、故障恢复技术、破坏估计、故障封闭技术、继续服务等,这些技术往往是密切结合、相互依赖的。

(1) 版本冗余。如果按照同一功能需求,由不同的人员独立地背靠背编程,每一版本的故障可能是相对独立的,那么两版本同时出现故障及出现同一故障模式的频率为单版本出现故障及出现该模式故障概率的平方。这样,版本冗余后,系统可靠性就会有很大的提高。在软件中,按同一需求编制的冗余版本之间,要有意识地实现差异化编程,让不同的版本在编制过程中,从系统设计、数据结构、程序语言、人员管理到测试都尽可能地不同,使不同版本之间尽可能地减少牵连。

(2) 故障检测技术。故障检测技术实现软件故障的检查和排查。故障检测主要通过软件的自检测来完成,主要包括正向校验原则和反向校验原则。正向校验是测试软件将输入正确转化为输出的功能;反向校验是将软件输出反向转化为输入,并检查是否正确。正向校验和反向校验在相当多的情况下需要大量的工作才能做比较全面的校验。根据对故障检测的操作模式,可把它划分为在线故障检测和离线故障检测,容错软件的实现主要依赖于在线故障检测。

(3) 故障恢复技术。一般实现故障恢复有两种基本策略,即前向恢复和后向恢复。前向恢复是指故障被检测出来后,仅对其结果作一系列预置的处理,然后继续开始进程的运行,提供可以接受的服务。在实时控制系统中,巧妙地设置恢复点可以使系统很快地恢复运行。但恢复后继续运行在多数情况下采取了降级服务的方法,而且这种方式不触及导致故障的根源,在下一次再现同样的运行过程时,同样的故障又会发生。因此,前向恢复在使用上有一定的局限性。后向恢复是指故障被检测出后,对软件采取重构的方式,以备份替代有错误的部分,然后重新运行,提供正确的服务。

(4) 破坏估计。破坏估计和故障定位不同,故障定位的目的是估计故障在进程中的位置。如果故障定位功能是良好的,就能确定一个合适的恢复点向后恢复。由于实现完全检测有困难,准确定位不容易实现,往往都要从进程的起始点重新演算一遍。在故障破坏面不大的情况下,这种方法是不经济的。因此,正确估计由故障而引起的破坏面对改善容错的效益/成本比是十分重要的。

(5) 故障封闭技术。故障封闭技术是主动采取措施防止故障的破坏性蔓延的技术。采用了故障封闭技术的系统,由于抑制了故障的传播,有利于容错的实现。为了实现这一目的,要求对过程和数据加以严格的定义和限制,使得过程不能提供任何超过事先规定限度的功能,也无权接受来自限定数据之外的数据。在结构化程序设计和模块化程序设计中,还可以利用各个层次与模块之间交互信息的相互制约关系来隔离故障。

(6) 继续服务。故障恢复的任务是使系统从故障状态恢复到出故障之前的某一状态(后向恢复点)或者预先设计的其他状态(前向恢复点),通常要求经历故障恢复之后所得到的服务是需求规范中所能接受的。保证系统继续服务需要考虑两个关键问题,即前向恢复的输出序列中所失去的部分如何不影响软件的基本功能,以及后向恢复后输出序列中重复多余的部分以及故障状态等如何都不影响输出的正确执行。

6.6 航空电子软件调度设计考虑

6.6.1 分区和实时任务概念

航空电子软件调度设计包括分区和任务两个层面的考虑,一些基本概念如下:

1. 任务(Task)

对于航空电子软件,经过系统分析和设计,可以将其功能分解为若干独立或者相互关联的实体,这些实体叫作任务。任务可以分为:周期任务(periodic task)、非周期任务(aperiodic task)、偶发任务(sporadic task)。

(1) 周期任务按照一定的周期到达并请求执行,每次请求称为任务的一个实例,任务实例所属任务周期的起始时刻称为该实例的到达时刻,任务实例被置为就绪状态的时刻称为该实例的释放时刻。

(2) 偶发任务与周期任务类似,但是各实例的到达不是严格周期的,相邻实例到达时刻间隔具有最小值,即偶发任务各实例按照不高于某个值的速率到达。

(3) 非周期任务,实例随机到达,其相邻到达时刻不具有周期规律,同时也没有最小约束限制。

此外,对于每个任务,各任务实例每次请求运行的最大时间为该任务的最大请求运行时间,各实例从到达时刻至执行完成时刻之间的时间间隔称为该实例的响应时间,某任务所有实例响应时间的最大值称为该任务的最大响应时间。任务的实时性要求用任务的截止期限进行定义,任务的截止期限指某一任务从到达到执行完毕所允许的最大时间间隔,如果某任务的实例的响应时间超过其最后截止期限,则该实例破坏了其实时性要求。进一步,如果允许任务超时,并对任务超时造成的系统影响的大小进行分类,任务又大体可以分为:强实时任务(hard real-time task)、弱实时任务(soft real-time task)、弱硬实时任务(weakly hard real-time task)。

(1) 强实时任务通常是指那些必须在规定的时间内完成的任务,不允许它的任何任务实例超时。若有任务实例未在截止期限内完成,则会对系统造成不可估量的损失。

(2) 弱实时任务通常允许任务超时,且超时后的计算结果仍然有一定的意义,但是其意义随着超时时间的增加而下降。

(3) 弱硬实时任务通常是周期任务,并且允许周期任务的一些任务实例超时,但这些超时的任务实例的分布应满足超时分布约束,否则会造成系统动态调度的失效。

上面两种任务的分类从不同的角度描述了任务的特性。对某一具体的任务可以是两种分类方法的组合,例如周期强实时任务、非周期强实时任务、非周期弱实时任务等。随着对任务调度技术研究的不断深入,还有一些更为精细的任务分类。例如,根据任务在执行过程中是否允许被抢占而将任务分为可抢占(preemptive)任务和不可抢占(non-preemptive)任务;对于周期强实时任务,还可以从周期与截止期限的关系入手,将其分为隐式截止期限(implicit deadline)任务、受限截止期限(constrained deadline)任务和任意截止期限(arbitrary deadline)任务。

航空电子系统设计复杂、应用繁多,各种应用的工作模式和对实时性的要求也各不相同,是一个以周期强实时任务为主、弱实时和弱硬实时任务为辅的混合任务实时系统。在进行核心处理系统设计和任务调度技术研究的过程中,需要充分考虑任务类型的多样性,根据不同类型任务的实时性需求,给出优化的系统解决方案。

2. 消息(Message)

消息反映了任务之间的通信需求。与任务的划分规则一致,消息也可以分为周期消息、偶发消息和非周期消息。当我们从任务的角度去理解消息时,可以把消息看作是依附在任务的通信处理,消息的周期由任务的周期进行约束,同时消息的有效性也由任务执行的有效性进行约束。从两个相互通信的任务的相对位置来看,消息可以发生在同一个分区中,也可能发生在同一个模块的不同分区中,还可能发生在不同模块的不同分区中,因此任务的相对位置,决定了消息收发的路径和复杂程度;此外不同的组网技术以及不同的组网形式,将影响消息发送的速率和实时性,因此需要对航空电子网络技术进行系统研究。并不是每个任务之间都存在消息通信的需求,所有任务和消息的定义以及关系都需要在蓝印系统中进行详细地描述。

3. 任务集(Task Set)

任务集记录了由若干相互通信任务之间的执行顺序。对于航空电子应用软件,整个应用可以划分为若干较小功能单元,每个功能单元由按照顺序执行的多个任务组成,称为一个任务序列或者任务集。任务集具有最后期限,即从任务集中第一个任务到达时刻开始至该任务集中最后一个任务执行完成所允许经历的最大时间间隔。任务集中的单个任务可以没有截止期限的限制。同一个任务集中的各个任务不限定在同一个分区内执行。对于任务在同一个处理模块执行的情况,任务之间的通信可以通过操作系统提供的分区内通信机制,以及分区间通信机制进行交互。对于任务在不同处理模块不同分区内执行的情况,任务之间的通信通过航空电子网络进行交互,因此任务集是具有前后执行和通信顺序的任务和消息的集合。

4. 分区(Partition)

分区是在处理模块上为某一个分组属性而集合在一起的任务的管理单元。分区通过分区属性来定义分区运行的基本特性,最基本的分区属性包括分区的周期、分区的执行系数、分区的优先级、分区的入口地址等。一个分区由一个或多个并发执行的任务组成,分区内所有任务共享分区所占有的系统资源。分区内的任务只能在分区当前激活窗口内运行,当某个分区处于激活状态,但是分区内没有任务处于就绪状态时,分区处于空闲状态,即使其他分区有任务处于就绪状态,也不能跨越分区的边界在当前分区内得到执行。因此分区是不同安全级别的航空应用软件有效隔离的重要手段。

5. 调度策略(Scheduling Strategy)

调度策略是处理器上采用的调度算法,不同调度策略具有不同的时间复杂度、空间复杂度以及算法优劣性。调度策略的作用是为任务以及分区之间竞争处理器的处理资源而合理分配时间,其目的在于满足分区和任务的提出的时间需求,即确保分区和任务的可调度性。常用的调度策略包括时钟驱动调度、轮转调度和优先级驱动调度。

(1)时钟驱动调度策略:是指在系统开始执行之前,选择一些特定的时刻,在这些时刻决定哪一个作业在何时执行。在一个典型的使用时钟驱动调度方法的系统里,所有实时作业的参数都是固定的并且是已知的。作业的调度表脱机计算并被保存,然后在运行时使用。根据该调度,调度程序在每一个调度决策时刻调度作业运行,采用这种方法,运行时的调度开销可被最小化。

(2)轮转调度策略:轮转调度方法常常用于调度分时应用。每个基于轮转调度的作业,在准备运行时都加入一个先进先出队列,位于队列头的作业将最多执行一个时间片,如果在该时间片结束时作业还没有完成,该作业就被抢占并放到队列的尾部,等待下一轮调度。当队列里有 n 个就绪作业时,每个作业在每 n 个时间片上都能获得一个时间片,这就是一轮。由于时间片的长度相对较小,每个作业在就绪时基本上就可以立即执行。在轮转调度策略的基础上,如果给不同的作业以一个不同的权值,使得所有就绪的作业按照权值来分配每轮的执行时间,这种调度方法就是加权轮转(Weight Round-Robin,WRR)调度策略,通过调整作业的权值,能够加速或者减缓每个作业完成的进度。

(3)优先级驱动调度策略:是指按照任务优先级的高低确定任务的执行顺序,不事先计算任务的调度表,而是在作业释放以后,给他们分配优先级,并按照优先级次序把作业放入就绪作业队列。如果在任何时刻都允许抢占,那么只要有作业释放或完成,就可以做出调度策略。在各个调度决策时刻,调动程序更新就绪作业队列,然后调度并执行队列头的作业。优先级驱动调度又可以分为:固定优先级调度策略和动态优先级调度策略,前者为每个任务中的所有作业分配相同的优先级,也就是说,每个周期任务的优先级相对其他任务来讲是固定不变的;后者为每个任务中的所有作业动态分配不同的优先级,因此,在作业释放并完成时,任务的优先级相对于其他任务的优先级要发生变化。

6. 分区调度(Partition Scheduling)

分区调度指处理模块上针对分区的时间需求,进行的处理资源的分配。每一个分区都有其自身的分区周期、执行系数以及优先级,按照不同的调度策略,分区的执行顺序也不一致,在每一轮的分区调度过程中,可以给每个分区多个激活窗口,从而使得分区内的任务也有多个执行时间机会。分区调度是位于操作系统中的下层调度器进行调度的结果。

7. 任务调度(Task Scheduling)

任务调度指的是在每个分区内,上层调度器针对分区内的任务进行调度的情况。分区内的任务同样也有自身的任务周期、执行时间以及任务优先级等属性,根据上层调度器采用的调度策略在分区当前激活窗口内得到执行。因此任务调度依附于分区调度的结果。

8. 分区管理(Partition Management)

分区管理指的是对于分区调度和任务调度等调度活动的管理工作,同时分区管理还包括对任务通信的支持、对任务故障的处理以及分区本身重配置的处理等。分区在处理模块上的划分以及分区内任务的分配可以是动态配置的结果,因此分区管理必须支持分区的创建、销毁等动态行为。

参照 ARINC 653 标准中给出的分区模型,将其扩展到能够支持对分区的优先级调度。操作系统层内部的下层调度器根据分区的属性和下层调度策略对多个分区进行调度,为其分配激活时间窗口;位于每个分区内的上层调度器在激活窗口内根据任务的属性和上层调度策略对分区内的任务进行调度。分区的属性有周期、执行系数、优先级等,任务的属性有周期、计算时间、截止期限、释放抖动、优先级、初始相位等。分区的划分可以从航空应用程序的独立性上去考虑,把运行在处理器上面的每一个应用程序划分为单独的应用程序层(对应于 ARINC 653 中分区的概念),应用程序包含的每一个任务(对应于 ARINC 653 中进程的概念)在当前分区的激活窗口内进行调度。分区的划分也可以参考综合区域的模型,从航空应用程序功能耦合性上去考虑,把功能紧密耦合的若干应用程序组织成为一个综合区域,放在一个分区中去执行。分区管理的实施有力地支持了航空电子综合区域的概念,通过一定的分组策略(如不同安全级别)将航空应用软件封装在单独的分区之中,大大增强了航空系统的安全性和稳定性,这同时也是组建模块化航空电子系统的基本手段。由分区和任务组成的调度框架如图 6-30 所示。

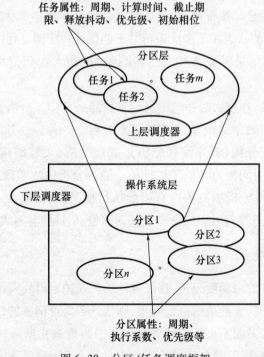

图 6-30 分区/任务调度框架

6.6.2 最坏延迟和可调度性

针对航空电子系统的性能分析,实时性是一个很重要的评价指标,而最坏延迟分析与可调度性分析是航电系统时间正确性验证的核心内容,两者共同构成了航电系统时间方面操作可信的基础。同时,最坏延迟分析又是可调度性研究的前提,它为后者提供任务的执行时间信息。

6.6.2.1 最坏延迟

公认的最坏延迟分析定义由 Puschne 和 Burns 中给出,对于特定应用软件而言,就是计算其代码片断执行所花费的处理器时间上限。考虑到程序本身结构、目标处理器特征和外部环境等诸多因素对代码执行情况的影响,一般而言,任务实际执行时间是动态的且在客观上表现出某种分布特性,称其最大可能值和最小可能值分别为任务最坏情况执行时间(Worst-Case Execution Time, WCET)和最好情况执行时间(Best Case Execution Time, BCET)。对任务 WCET 的低估可能导致其在规定时间内不能完成所分配的工作,造成不可预知的后果,而过高的估计则会造成资源的浪费,因此 WCET 分析要求同时保证安全性和精确性。

动态度量是一种简单而直观的获取任务 WCET 的方法,其基本思想是:在目标处理器上实际运行待分析任务所对应的程序代码,然后采用软件或硬件手段测量端到端的执行时间。一般情况下往往需要针对不同初始输入条件和执行环境等进行多次测量,以尽可能地覆盖或接近任务的最坏执行情况,且测量过程中所得到的最大观测值将被作为任务 WCET。动态度量方法的缺点在于多次运行并不能保证一定覆盖程序执行的最坏情况,也就是说,不能保证所得结果的安全性,使得执行时间最大观测值可能小于任务的客观 WCET 值。

为了避免上述问题,在硬实时系统中通常采用静态 WCET 分析方法,通过对系统中软件程序和硬件平台进行数学建模来估计 WCET 上界,并不需要实际地运行待分析程序。静态分析方法包含高层分析(程序路径分析)、底层分析(硬件结构分析)和计算 3 个阶段,最终所得到的执行时间称为 WCET 估计值。静态分析以数学理论为基础给出安全的 WCET 估计值,确保离线分析能覆盖所有可能执行情况,从而成为 WCET 分析研究的主流。图 6-31 描述了任务执行时间的分布及其观测值、估计值与客观值之间的关系。

6.6.2.2 可调度性

对于航空电子软件的可调度分析,在任务间的关联关系得到满足的情况下,如果任务的最大响应时间不大于任务的最后截止期限,则该任务为可调度的;如果任务集最后一个任务执行后的最大响应时间不大于该任务集定义的最后截止期限,则该任务集是可调度的。对于分区调度也是这样,当分区的最大响应时间不大于分区所定义的周期,则该分区也是可调度的。判断系统是否可调度的分析过程称为可调度性分析,可调度性分析算法

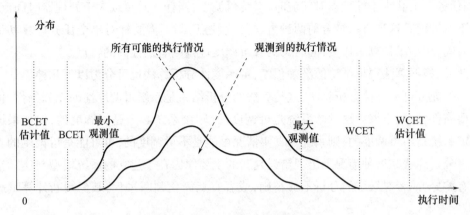

图 6-31 任务执行时间基本概念

主要根据系统中各任务、分区、任务集的基本属性,如周期、截止期限、最大运行时间、优先级等,经过分析后判断实例提出的时间需求是否得到满足。

根据采用的方式,可调度性分析可分为以下 3 种。

(1) 系统模拟方法:这种方法通过系统模型模拟或真实系统模拟等手段对系统进行可调度性分析。它的优点是简单易行,缺点是不能对系统中可能发生的所有情况进行模拟,模拟的结果不能完全反映系统的真实情况。因此这种方式只适用于作为其他分析和验证方法的一种辅助手段,而不能单独采用这种方法用于航空电子分区及任务的可调度性分析。

(2) 分析算法方式:这种方式首先通过一系列的算法和公式得到一些计算结果,然后通过一些判定准则来对这些计算结果进行处理并最终判定系统的可调度性。这种方式的复杂性大于模拟方式,如果模型建立得合理,分析过程中引入的其他误差较小,判定结果的可信度就很高,由于这种方式具有较好的实用性,因此目前被广泛采用。

(3) 形式化验证方法:这种方法首先对实时系统进行形式化或半形式化描述,然后采用形式化推导的方式来推断出系统的可调度性。由于采用了形式化分析,因此推断结果十分可信,是一种很有前途的可调度性分析方法,尤其适于强实时系统的可调度性分析。对较复杂的实时系统,受限于状态组合空间爆炸问题,还需要发展实用的形式化验证方法。

可调度性分析算法又可进一步细分为以下几种。

(1) 基于 CPU 利用率的分析方式:采用这种方式,首先计算处理模块的任务利用率,然后通过一个与该利用率相关的测试条件来判断系统的可调度性。

(2) 基于最大响应时间分析的分析算法:采用这种方式,首先通过任务的最大响应时间分析算法分析各任务的最大响应时间,然后将得到的任务最大响应时间与该任务的最后截止期限进行比较,如果所有任务的最大响应时间都不大于其自身的最后截止期限,则系统是可调度的。

(3) 基于任务负载的分析算法:采用这种方式,首先建立系统中任务负载的计算公式,根据关键时刻集合中的关键时刻点,考察在该时刻任务总负载和处理器时间流的关系，当任务总负载小于处理器时间流时，系统可调度，当任务总负载大于处理器时间流时，系统不可调度。这种方法结合前两种方法的优缺点，既不需要针对单个任务计算其最大响应时间，减小了计算工作量，同时又具有可调度性判断有效性高的特点。

此外，根据算法得出结论的准确程度，可调度性分析算法也可分为以下几种。

（1）充分可调度性分析算法：这类算法的分析结果是系统可调度性的充分条件，但不是必要条件，即如果该算法判断系统是可调度的，则该系统必定是可调度的，但如果该算法判定系统是不可调度的，则系统在真实情况可能是不可调度的，也可能是可调度的。可调度性分析算法在这种情况下出现错误判断的主要原因在于建立的系统模型与实际情况相比有差异，或者对系统的分析不够精确，或者有意简化判断过程，减少判断计算量等造成的。

（2）最优可调度性分析算法：这类算法的分析结论是系统可调度性的充分必要条件，即该算法对系统的分析是精确的，它的分析结论真实地反映了该系统在真实情况下的可调度性。

在复杂的航空电子系统中，要对系统中各部分的行为进行精确分析基本上是不可能的，对于任务、分区以及网络的建模，都只能是对真实系统的一个抽象处理，因此通常只能采用尽可能接近最优的算法，即尽可能地分析精确的充分可调度性分析算法，在保证可调度性分析算法的充分性的基础上，尽量提高算法的精确程度。

6.6.3 基本调度策略和理论

6.6.3.1 分区与任务模型

根据任务的周期，实时任务可以分为三类周期任务、偶发任务、非周期任务，分别具有不同的时间特性。考虑在实际应用中，偶发任务经常被当作周期任务进行处理，其周期为相邻任务实例到达时刻的最小时间间隔，可以对周期任务和偶发任务统一建模；而对于非周期任务，则需要采用统计特征量进行建模。

定义 1：考虑一个完整航空电子系统 A，其包含 m 个处理器，这些处理器的处理能力可以相同，也可以不同。为了讨论的方便，我们把其中一个作为参考处理器，其处理能力为 1，其他处理器的处理能力为与参考处理器处理能力的比值，这样完整的航空电子系统可以表示如下：

$$A = \{\Pi_i \mid 1 \leqslant i \leqslant m\}$$

其中 Π_i 表示第 i 个处理器，其处理能力用 E_i 表示。

定义 2：考虑一个单处理器系统 Π，不失一般性，我们假设处理器的处理能力为标准 1，处理器上包含 K 个分区，由这些分区组成的单处理器系统可以表示如下：

$$\Pi = \{P_k \mid 1 \leqslant k \leqslant K\}$$

其中 P_k 表示第 k 个分区，分区的属性包括分区周期 η_k、分区执行系数 α_k、分区优先级 i_k 等。

定义 3：考虑一个单处理器系统 Π，其包含 K 个分区，针对基于固定优先级的上层调度策略，为了方便起见，我们将这 K 个分区的优先级按照从高到低的顺序排列，即若 $i < j$，则 P_i 的优先级高于 P_j，并定义 $hpp(i)$ 是单处理器系统 Π 中优先级高于 P_i 的分区集合，即

$$hpp(i) = \{P_k \mid 1 \leqslant k < i\}$$

定义 4：考虑单处理器上面的第 k 个分区 P_k，其包含 n_k 个任务，这些任务组成的任务集可以表示如下：

$$\Gamma_k = \{\tau_{ki} \mid 1 \leqslant i \leqslant n_k\}$$

其中 τ_{ki} 表示第 k 个分区上的第 i 个任务，不失一般性，我们假设所有任务都为周期任务，任务之间相互独立，其属性包括任务周期 T_{ki}、释放抖动 J_{ki}、计算时间 C_{ki}、截止期限 D_{ki}、任务优先级 i_{ki}、初始相位 φ_{ki} 等。任务 τ_{ki} 的截止期限 D_{ki} 可以小于或等于周期 T_{ki}，对于任务 τ_{ki} 的计算时间参考处理器的处理时间进行确定。在任务集概念的基础上，我们可以用所有任务的集合来表示单处理器系统，如下所示：

$$\Pi = \Gamma = \{\Gamma_k \mid 1 \leqslant k \leqslant K\}$$

其中 Γ 表示单处理器上面的所有任务集合。

定义 5：考虑任务集 Γ_k，其包含 n_k 个任务，针对基于固定优先级的下层调度策略，为了方便起见，我们将这 n_k 个任务的优先级按照从高到低的顺序排列，即若 $i < j$，则 τ_{ki} 的优先级高于 τ_{kj}，并定义 $hp(ki)$ 是任务集 Γ_k 中优先级高于 τ_{ki} 的任务集合，即

$$hp(ki) = \{\tau_{kj} \mid 1 \leqslant j < i\}$$

定义 6：考虑任务集 Γ_k，其包含 n_k 个任务，针对基于动态优先级的下层调度策略，不能通过简单表达式预先知道任意调度时刻的任务执行顺序，但是为了方便起见，将任务集 Γ_k 中的任务按照截止期限从小到大的顺序排列，即若 $i < j$，则 τ_{ki} 的截止期限小于 τ_{kj}，并假设任务的释放抖动不至于大到可以影响任务的优先级切换，即若 $i < j$，则 $D_{ki} - J_{ki} < D_{kj} - J_{kj}$，这种假设对于绝大多数任务都成立。

定义 7：对于下层调度器，其可采用的调度策略可以为轮转（Round-Robin, RR）调度策略、固定优先级策略（FP）、动态优先级策略（EDF），因此下层调度器可采用策略集合为 $\Omega \in \{RR, EDF, FP\}$。

定义 8：对于上层调度器，其可采用的调度策略可以为固定优先级策略（FP）、动态优先级策略（EDF），因此上层调度器可采用策略集合为 $\omega \in \{EDF, FP\}$。

对于运行在分区中的每个任务，具有多个运行时刻，对其每一次实例的到来，我们称其为新的作业，并用 $\tau_{ki,n}$ 表示任务 τ_{ki} 的第 n 个作业，每一个 $\tau_{ki,n}$ 具有如下一些时刻属性。

（1）到达时刻 $a_{ki,n}$：任务根据其周期性，在这一时刻产生任务实例，进入作业调度周期。

（2）释放时刻 $r_{ki,n}$：作业在这一时刻装入下层调度器中，只要作业的数据和控制条件得到满足，它就可以被调度和执行。

（3）开始执行时刻 $s_{ki,n}$：记录当次作业最开始被执行的时刻。

（4）执行时间 $e_{ki,n}$：记录当次作业执行完毕一共消耗掉的处理器执行时间。

(5) 完成时刻 $f_{ki,n}$：记录当次作业执行完毕的时刻。
(6) 截止期限 $d_{ki,n}$：记录当次作业要求执行完成的时刻。

图 6-32 给出了作业运行时刻参数图。

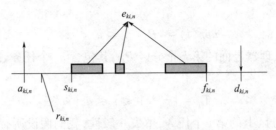

图 6-32　作业运行时刻参数

参考任务的属性，对于到达时刻有：
$$a_{ki,n} = \phi_{ki} + (k-1)T_{ki}$$
由于存在作业释放抖动，我们有：
$$a_{ki,n} \leq r_{ki,n} \leq \phi_{ki} + (k-1)T_{ki} + J_{ki}$$
称「$\phi_{ki} + (k-1)T_{ki}, \phi_{ki} + (k-1)T_{ki} + J_{ki}$」为任务 τ_{ki} 的第 n 个作业的释放窗口，如果任务的释放抖动为 0，则任务的每一次作业的释放时间都为 $\phi_{ki} + (k-1)T_{ki}$。作业的开始执行时刻 $s_{ki,n}$ 不能早于释放时刻 $r_{ki,n}$，即
$$r_{ki,n} \leq s_{ki,n}$$

作业的执行时间依赖于处理器的处理能力，同时也取决于当前处理系统内存状况、寄存器状况以及任务在当前状态下的执行逻辑等，因此任务的每次作业执行时间并不是固定值，为了确定每个作业是否都能按照其截止期限完成，通常只要知道每个作业的最大执行时间，因此有：
$$e_{ki,n} \leq C_{ki}$$
对于作业的完成时刻，有
$$s_{ki,n} + e_{ki,n} \leq f_{ki,n}$$

对于一个多任务的分区，除了作业在执行时间内一直为最高级任务执行外，其他的情况下，作业的完成时刻 $f_{ki,n}$ 都将比释放时刻 $r_{ki,n}$ 和执行时间 $e_{ki,n}$ 的两者和大。从作业的完成时刻 $f_{ki,n}$，我们可以获得一个更具有意义的值，即作业的响应时间 $R_{ki,n}$，其公式如下：
$$R_{ki,n} = f_{ki,n} - a_{ki,n}$$
作业的响应时间 $R_{ki,n}$ 表示了作业在调度器中从到达时刻到完成时刻一共花费的时间，计算每个作业 $R_{ki,n}$ 中的最大值可以得到任务 τ_{ki} 的最大响应时间，即
$$R_{ki} = \max_{n}(R_{ki,n})$$
一次作业是否调度成功，可以通过判断其完成时刻是否晚于其截止期限，同时也可以通过判断其响应时间和相对截止期限的大小，如果 $R_{ki,n} \leq D_{ki}$，则当次作业成功调度。

对于处理器上面的多个分区按照上层调度策略进行调度，分区在其当前周期内，可能存在多个调度激活窗口。分区内的任务根据下层调度策略在激活窗口内进行调度，如果

分区当前激活窗口内不存在可调度的任务,则分区处于空闲状态,但是操作系统根据分区的优先级仍保持其调度时间窗口,直至窗口时间用完。

6.6.3.2 经典调度理论

1. 固定优先级调度算法

常用的固定优先级调度算法包括:速率单调(RM)算法和截止期限单调(Deadline-Monotonic,DM)算法。RM算法基于任务的周期分配任务优先级:周期越短,优先级越高;任务的速率与其周期成反比,因此,也可以说,速率越高,优先级越高。DM算法按照任务的相对截止期限来分配优先级:相对截止期限越短,优先级越高。RM算法和DM算法在单处理器调度情况下都是最优固定优先级调度算法。

1) 可调度性判断

在单处理器环境下,假设系统包含n个独立的可抢占周期任务,任务属性用(周期T,运行时间C)进行描述,并且每个任务的相对截止期限都等于各自的周期,一种简单的基于处理器利用率的系统可调度性分析算法如下,该算法基于一个简单的测试条件:

$$U(n) = \sum_{i=1}^{n} \frac{C_i}{T_i} \leq n(\sqrt[n]{2} - 1) = U_{RM}(n)$$

其中$U(n)$为CPU的利用率,$U_{RM}(n)$为RM算法的可调度利用率上限。如果上述条件满足则系统可调度,如果条件不满足则判定系统是不可调度的。但是这个判定条件只是一个充分非必要条件,事实上许多任务组合按照RM算法可以调度,但是其CPU的利用率$U(n)$大于该测试条件给出的可调度利用率上限。同时该测试条件给出的$U_{RM}(n)$的利用率较低,当n值较大时,它接近于$\ln 2 = 0.693$。

基于上述加和形式的可调度性判定公式的变体如下,将任务负载的加和判断关系变成了连乘判断关系。

$$\prod_{i=1}^{n} \left(1 + \frac{C_i}{T_i}\right) \leq 2$$

如果上述任务负载连乘条件满足则系统可调度,如果条件不满足则判定系统是不可调度的。同样这个判定条件也只是一个充分非必要条件。对于任意数n,当所有n个任务的利用率都相等时,上式变成了$\left(1 + \frac{U(n)}{n}\right)^n \leq 2$。在这种利用率组合下,上式给出的连乘可调度利用率上限与加和关系给出的可调度利用率上限相同。在大多数情况下,连乘可调度利用率上限判定公式都比加和可调度利用率上限判定公式更加有效。

2) 最大响应时间计算

针对固定优先级调度,存在精确的任务最大响应时间分析算法,该算法借用了任务关键时刻的概念。在单处理器环境下,假设系统包含n个独立的可抢占周期任务,任务属性用(周期T,运行时间C,释放抖动J,截止期限D)进行描述,并且每个任务的相对截止期限都不大于各自的周期。考察任务τ_i,其关键时刻发生的条件为τ_i的任务实例与$hp(i)$中所有任务实例在关键时刻同时释放,这些任务实例的释放偏移为各自任务的释

放抖动。由此可得任务 τ_i 的最大响应时间 R_i 为

$$R_i = J_i + w_i$$

$$w_i = C_i + \sum_{\forall \tau_j \in hp(i)} \left\lceil \frac{J_j + w_i}{T_j} \right\rceil C_j$$

由于 R_i 出现在方程的两边,可以采用迭代方式来计算,迭代的初始值为 $R_i = C_i$。可以证明当处理器利用率小于 1 时,迭代方程必然会汇聚。

3) 最小响应时间计算

针对固定优先级调度,同时也可以求出任务的最小响应时间,忽略任务的释放抖动,相应的计算方法如下:

$$r_i = C_i + \sum_{\forall \tau_j \in hp(i)} \left\lceil \frac{r_i - T_j}{T_j} \right\rceil_0 C_j$$

公式中 $\lceil x \rceil_0 = \max(0, \lceil x \rceil)$,由于 r_i 出现在方程的两边,同样采用迭代方式来计算,迭代的初始值为 $r_i = T_i$。因此当任务 τ_i 的执行时间比 $hp(i)$ 中某个任务 τ_m 的执行时间 C_m 大时,任务的最小执行时间必定大于 C_i。

2. 动态优先级调度算法

常用的动态优先级调度算法包括:最早截止期限优先(EDF)算法和最小空闲时间优先(Least Slack Time First,LSTF)算法。EDF 算法按照作业的截止期限为它们分配优先级:作业的截止期限越早,优先级就越高。LSTF 算法按照作业的空闲时间为它们分配优先级:作业的空闲时间越小,优先级就越高;在任意时刻 t,截止期限为 d 的作业的空闲时间等于 $d-t$ 减去完成作业的其余部分所需要的时间。EDF 算法和 LSTF 算法在单处理器调度情况下都是最优动态优先级调度算法,同时 EDF 算法是作业级固定优先级算法,LSTF 算法是作业级动态优先级算法,在处理器具体的调度过程中,LSTF 算法将比 EDF 算法具有更大的资源访问控制开销。

1) 可调度性判断

针对动态优先级调度策略,同样存在简单的基于处理器利用率的系统可调度性判断方法。考虑系统中具有独立的可抢占的 n 个任务,任务属性用(周期 T,运行时间 C)进行描述。当任务的相对截止期限都等于各自的周期时,可以证明:若系统的处理器利用率小于或者等于 1,则该系统能够调度,即

$$U(n) = \sum_{i=1}^{n} \frac{C_i}{T_i} \leq 1 = U_{EDF}(n)$$

其中 $U(n)$ 为 CPU 的利用率,$U_{EDF}(n)$ 为 EDF 算法的可调度利用率上限。显然针对 EDF 算法,可调度利用率上限为1,这个结果要高于 RM 算法的可调度利用率 $U_{RM}(n)$。此外,针对动态优先级调度策略,上述判定条件为充分必要条件,当系统中的所有任务在 EDF 调度算法下可调度时,其处理器利用率一定不大于 1。

当任务的相对截止期限不等于各自的周期时,我们可以用下式进行简单判断:

$$Des(n) = \sum_{i=1}^{n} \frac{C_i}{\min(D_i, T)_i} \leq 1$$

其中 $Des(n)$ 为任务在 EDF 调度算法下的执行密度。当根据系统中所有任务的参数计算出的执行密度小于 1 时，则系统可调度；当系统任务的执行密度大于 1 时，则判断系统不可调度。但是上式是一个充分非必要条件，存在任务组合，当其执行密度大于 1 时，按照 EDF 调度算法可以在处理器上进行成功调度。

当任务的相对截止期限远小于各自的周期时，根据上式进行的系统可调度性判断的有效性很低。对于参数不变的系统中的任务，在基于 EDF 调度的情况下，要求确定每个任务 τ_i 能否总是满足它的截止期限，可以采用模拟的方法，只需简单地按照给定的调度算法构造这些任务的一段调度表，调度表的判断长度为：$P = 2H + \max T_i + \max D_i$，其中 H 为分区内所有任务周期的最小公倍数，通过观测在这段调度表中任务有没有错过截止期限的情况，从而判断任务组合是否可调度。但是当系统中的任务较多，同时周期不具有简单倍数关系，则求出的 H 较大，需要模拟的调度表长度很大。为了解决这个问题，S. Baruah 提出任务时间需求函数（dbf）来判断任务的可调度性，其定义如下：

$$dbf_i(I) = \max\left(0, \left(\left\lfloor \frac{I - D_i}{T_i} \right\rfloor + 1\right) C_i\right)$$

该任务时间需求函数定义了在时刻 I，处理器上任务的最大处理时间需求。在基于 EDF 调度的情况下，只需要考虑区间：

$$I_{\max}^S = \min\left(P, \max\left(d_{\max}, \frac{1}{1-U} \sum_{i=1}^{n} U_i(T_i - D_i)\right)\right)$$

即可，公式中 U 为任务负载率，即 CPU 利用率，U_i 为任务 τ_i 的任务利用率。在这个公式中没有讨论释放抖动带来的影响。在考察的区间内对于任意 I，如果系统可调度，则均应有下式成立。

$$\sum_{i=1}^{n} dbf_i(I) \leq I$$

2）最大响应时间计算

针对 EDF 调度，不存在简单的最大响应时间算法，但可以在忙周期的概念上分析计算任务的最大响应时间。在 EDF 调度算法下，忙周期指处理器一直处于任务调度和计算的一段时间段，在这个时间段里，处理器不能再处理其他的任务。可以证明只需要考察在忙周期内任务的调度情况，即可求出任务的最大响应时间，但是任务的最大响应时间不一定发生在忙周期的开始时刻，需要考察忙周期内的任务的每一个释放实例。

用 $W_i(t,d)$ 来表示在忙周期内的考察时刻 t、任务 τ_i 的绝对截止期限为 d_i 时的处理负载，其表达式如下：

$$W_i(t,d_i) = \min\left(\left\lceil \frac{t+J_i}{T_i} \right\rceil, \left\lfloor \frac{J_i + d_i - D_i}{T_i} \right\rfloor + 1\right) C_i$$

我们假设系统忙周期的长度为 L^{busy}，可以计算出任务 τ_i 在忙周期内的释放次数，从而得到待考察的关键时刻集合：

$$\Psi_i = \cup \{(p-1)T_i - J_i + D_i\}$$

$$\forall p = 1 \cdots \left\lceil \frac{L^{busy} + J_i}{T_i} \right\rceil, \forall i$$

对于任务 τ_i，考察其在忙周期内的第 p 次执行，假设第一次执行的到达时间为 A，因此对于第 p 次释放，其绝对截止期限为

$$d_i^A(p) = A - J_i + (p-1)T_i + D_i$$

同时可以得到第 p 次执行时的处理负载，如下：

$$w_i^A(p) = pC_i + \sum_{\forall j \neq i} W_j(w_i^A(p), d_i^A(p))$$

由此可以得到第 p 次执行的最大响应时间为

$$R_i^A(p) = w_i^A(p) - A + J_i - (p-1)T_i$$

对于待考察的任务第 p 次执行，根据 M. Spuri 的证明，只需要考察其中的一部分，如下：

$$\Psi_i * = \{\Psi \in \Psi_i \mid (p-1)T_i - J_i + D_i \leq \Psi < pT_i - J_i + D_i\}$$

通过在忙周期内考察任务的每一次执行，从而可以得出任务 τ_i 的最大响应时间 R_i，如下：

$$R_i = \max(R_i^A(p))$$

$$\forall p = 1 \cdots \left\lceil \frac{L^{busy} - J_i}{T_i} \right\rceil, \forall A(\Psi_i *)$$

3）最小响应时间计算

针对动态优先级调度，有计算方法如下：

$$r_i = C_i + I_i$$

$$I_i = \sum_{j \neq i} \min \left\{ \left\lceil \frac{r_i - J_j - T_j}{T_j} \right\rceil_0, \left(\left\lfloor \frac{r_i - J_j}{T_j} \right\rfloor - \left\lceil \frac{r_i - J_j + D_j - D_i}{T_j} \right\rceil \right)_0 \right\} C_j$$

公式中 $\lceil x \rceil_0 = \max(0, \lceil x \rceil)$，$(x)_0 = \max(0, x)$，由于 r_i 出现在方程的两边，同样采用迭代方式来计算，迭代的初始值为 $r_i = T_i$。因此当任务 τ_i 的执行时间比 $hp(i)$ 中某个任务 τ_m 的执行时间 C_m 大时，任务的最小执行时间必定大于 C_i。

6.6.4 分层分区调度模型

由 ARINC 653 定义的分区调度如图 6-33 所示，多个分区按照轮转策略获得激活窗口，轮转时间为主时间框架（MAF）。分区参数典型包括分区周期、持续时间以及安全级别。当对下层调度器的调度策略进行扩展后，还可以支持优先级调度。

可以采用不同的方法对分区参数进行描述。在 G. Lipari 和 E. Bini 模型里利用参数对 (P,Q) 和 (Δ,α) 进行刻画。(P,Q) 模型描述分区的周期性，其中 P 为分区周期，Q 为分区激活时间长度，如图 6-34 所示；(Δ,α) 模型描述分区的执行能力，其中 Δ 为两次分区激活窗口间隔，α 为分区执行系数（$0<\alpha<1$）。这两对参数的转换关系为

$$\begin{cases} \Delta = 2(P-Q) \\ \alpha = \dfrac{Q}{P} \end{cases}$$

$$\begin{cases} P = \dfrac{\Delta}{2(1-\alpha)} \\ Q = \alpha P \end{cases}$$

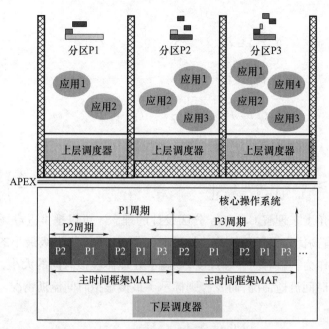

图 6-33 ARINC 653 分区层次化调度模型

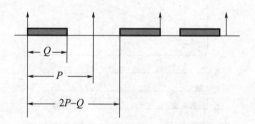

图 6-34 G.Lipari 模型分区参数关系

结合该转换关系与图 6-34 可知,Δ 值为分区两次激活窗口间隔的最大值,因此采用 (Δ,α) 进行分区参数设计具有较广的适应性,可以适应下层调度器采用不同的调度策略,包括轮转调度策略、固定优先级调度策略、动态优先级调度策略。在轮转调度策略下,由于分区执行窗口是固定的,因此分区两次激活窗口间隔也是固定值,在这种情况下 $\Delta = (P-Q)$,因此可以扩大分区的周期计算值,使得 $P=\Delta/(1-\alpha)$。

分区执行系数 α 模拟了一个虚拟处理器与真实处理器处理能力的比值,在分区调度分析的过程中,可以把任务看作是在一个处理能力为 α 的虚拟处理器上执行;而 Δ 刻画了分区两次激活窗口间隔的最大值。从本质上看,可以将 (Δ,α) 描述的分区调度模型看作是一种带宽预留调度模型,存在多个文献讨论带宽预留模型的可调度性和相关参数设计。由此,可得如下分区设计公式。

定理 6.1:对于任务集 Γ_k,在上层调度器采用固定优先级策略下进行分区设计,则分区参数 (Δ,α) 必须满足如下公式:

$$\Delta \leqslant \min_{i=1,\cdots,n_k}\left(\max_{t\in P_k(i-1)(D_{ki})}\left(t-\frac{W_{ki}(t)}{\alpha_k}\right)\right)$$

其中，

$$W_{ki}(t) = C_{ki} + \sum_{\forall \tau_{kj} \in hp(\tau_{ki})} \left\lceil \frac{t}{T_{kj}} \right\rceil C_{kj}$$

$$P_{k0}(t) = \{t\}$$

$$P_{ki}(t) = P_{k(i-1)}\left(\left\lfloor \frac{t}{T_{ki}} \right\rfloor T_{ki}\right) \cup P_{k(i-1)}(t)$$

反映到参数(P,Q)，则为

$$Q \geq \max_{i=1,\cdots,n_k} \left(\min_{t \in P_{k(i-1)}(D_{ki})} \left(\frac{\sqrt{(t-P)^2 + 4PW_{ki}(t)} - (t-P)}{2} \right) \right)$$

从另外一个角度来理解 G. Lipari 分区设计的理念。可以把$W_{ki}(t)$看作是在时刻t，任务τ_{ki}及其所有高优先级任务的总的处理时间需求，考虑优先级最小的任务，可以得到图 6-35，其中α作为一个时间伸缩尺度，刻画了处理器虚拟时间的大小，$\alpha = 1$标示的斜线为正常处理器时间流逝情况，而$\alpha_{\min}$则标示了最慢虚拟时间流逝情况。

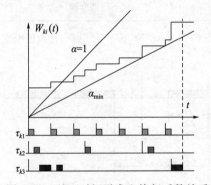

图 6-35　处理时间需求和执行系数关系

参考文献

[1] 牛文生. 机载计算机技术[M]. 北京：航空工业出版社，2013.
[2] 天脉官网：http://www.acoreos.com/detail.php?cat_id=2&id=4.
[3] 蒲小勃. 现代航空电子系统与综合[M]. 北京：航空工业出版社，2013.

习　题

6.1　画出航空电子软件系统结构，并描述各直接接口和逻辑接口的功能。
6.2　试论述蓝印系统对于航空电子软件系统的作用和重要性。
6.3　请解释分区管理的概念，并论述其在航空电子软件系统中的作用和意义。

6.4 在先进航空电子综合系统的技术中,为什么没有规定采用统一的高级程序设计语言(如 ADA)和硬件指令集?

6.5 试论述航空电子综合化对航空电子软件系统的影响。

6.6 试论述航电系统作为实时系统有哪些主要特点。VxWorks 操作系统又有哪些特点?

6.7 请画出航电核心系统软件在数据处理模块的映射图。

6.8 试说明在 ASAAC 系统中,完成一个端到端的通信功能,需要通过哪些接口。这些接口的作用是什么?

6.9 请简述嵌入式应用系统的开发主要应包含哪些标准接口的支持。

6.10 请简述如何设计系统软件的功能以便构建航电系统应用软件的运行环境。

6.11 试说明 ASAAC 标准的通信模型并论述其主要特点。

6.12 试论述软件中间件在 IMA 平台资源共享与配置重构中的作用和意义。

6.13 试论述 ARINC653 中的分区管理机制在保证任务执行的实时性和安全性方面的作用和意义。

6.14 试画出 ASAAC 通信接口模型,并论述 MLI 接口的主要作用和意义。

6.15 综合设计

在基于 AFDX 网络的航空电子系统的设计过程中,涉及分区的驻留和移除问题。考虑如表 6-3 所示的分区和任务以及由任务产生的消息,需要在两个端系统(处理能力均为标准单位1)中进行分区驻留设计,两个端系统之间通过一个交换机进行互联,链路速率为 100Mb/s。试回答如下问题,注意一个分区不能被拆散分到两个不同的端系统上。

(1) 根据表 6-3 所示参数,计算每个分区中的任务总负载,在表 6-4 中填写计算结果。

(2) 根据表 6-3 所示参数,计算消息的实际负载,然后完成消息的 VL 设计。默认消息传输不分包,假设协议开销(MAC 头+IP 头+UDP 头+CRC+SN)占用 40 字节,根据 VL 设计结果计算其最大逻辑负载(Lmax/BAG),在表 6-5 中直接填写计算结果。注意 VL 的 BAG 按照标准 AFDX 协议中约定的 2 的幂次进行设计。

(3) 在某次分区驻留的设计过程中忽略消息传输影响,在这种前提下,给出一种基于负载均衡的分区驻留方案并解释相应分配结果。

(4) 在某次分区驻留的设计过程不考虑任务负载均衡策略,仅考虑每个端系统上的任务总负载不能超过 50% 的约束,在这种前提下,给出一种最小化通信开销的分区驻留方案并解释相应分配结果。

(5) 结合任务负载均衡和通信最小化设计结果,阐述当进行航空电子系统整体优化设计时所面临的主要问题,以及可以借鉴的解决方法。

(6) 在通信最小化设计结果的基础上,计算分区 1 中的消息 Msg3 在所在端系统调度输出时的最坏传输延迟,并依据计算结果绘制出各个相关消息的数据帧的排队情况。注意此处不考虑端系统的发送技术时延。

(7) 在通信最小化设计的结果上,对分区 1 中的消息 Msg3 的最坏传输延迟进行优化。在某次设计中,对 Msg1 和 Msg2 的数据帧利用 VL 进行分包传输处理,分包个数都为两个,则其相对的 VL2 和 VL3 的帧间间隔 BAG 和最大帧长 Lmax 都需要重新设计。根据带宽匹配原则,计算修改后的 VL2 和 VL3 的参数,并将结果填写在表 6-6 中。提示:BAG 和 Lmax 都减小。

(8) 依据第(7)问的计算结果,重新计算分区 1 中的消息 Msg3 在所在端系统调度输出时的最坏传输延迟,并依据计算结果绘制出各个相关消息的数据帧的排队情况。注意此处不考虑端系统的发送技术时延。

(9) 结合第(7)和第(8)问的计算结果,讨论分包机制对消息传输延迟的影响。提示:可以从被分包的消息和其他未分包的消息两方面讨论。

表 6-3 分区与任务/消息参数

分区	任务名称	任务负载	消息
分区 1	雷达 1	0.05	Msg1,目的节点:任务处理 1,周期:100ms,长度:1000B
	雷达 2	0.08	Msg2,目的节点:任务处理 2,周期:80ms,长度:1200B
	雷达 3	0.12	Msg3,目的节点:任务处理 3,周期:50ms,长度:100B
分区 2	任务处理 1	0.09	Msg4,目的节点:任务处理 4,周期:10ms,长度:400B
	任务处理 2	0.11	Msg5,目的节点:任务处理 1,周期:10ms,长度:400B
	任务处理 3	0.07	Msg6,目的节点:光电 1,周期:100ms,长度:600B
	任务处理 4	0.06	Msg7,目的节点:雷达 1,周期:100ms,长度:600B
分区 3	光电 1	0.02	Msg8,目的节点:任务处理 3,周期:80ms,长度:600B
	光电 2	0.04	Msg9,目的节点:任务处理 4,周期:50ms,长度:1000B
	光电 3	0.10	Msg10,目的节点:任务处理 1,周期:10ms,长度:400B

表 6-4 分区总负载

分区	任务总负载
分区 1	
分区 2	
分区 3	

表 6-5 消息/VL 设计

分区	消息	消息周期	消息长度	消息负载	VL	BAG	Lmax	逻辑负载
分区 1	Msg1	100ms	1000 字节		VL1			
	Msg2	80ms	1200 字节		VL2			
	Msg3	50ms	100 字节		VL3			
分区 2	Msg4	10ms	400 字节		VL4			
	Msg5	10ms	400 字节		VL5			
	Msg6	100ms	600 字节		VL6			
	Msg7	100ms	600 字节		VL7			

续表

分区	消息	消息周期	消息长度	消息负载	VL	BAG	Lmax	逻辑负载
分区 3	Msg8	80ms	600 字节		VL8			
	Msg9	50ms	1000 字节		VL9			
	Msg10	10ms	400 字节		VL10			

表 6-6 消息 Msg1 和 Msg2 分包设计

消息	消息周期	消息长度	分包个数	VL	BAG	Lmax
Msg1	100ms	1000 字节	2	VL1		
Msg2	80ms	1200 字节	2	VL2		

第 7 章 系统管理与操作

航空电子系统支撑飞机的航行和作战任务的实施,随着飞机进入不同的飞行和任务阶段,航空电子系统的功能状态各有不同。这要求系统在资源调用和操作执行上是动态变化的,以此应对各种复杂的战场使用环境。决定系统怎样去应对千变万化的战况,需要一定的依据,这就是外部对系统的激励条件。这些条件主要是飞行员的操作命令,这些命令使飞机进入某种预先定义好的具体的飞行和任务剖面。除此以外,系统本身的传感器还将提供周边态势的情况及本机设备状态,如威胁环境、友机/僚机编队情况以及本机有关设备完好状况等,这些也是重要的激励条件。在上述诸多条件的激励下,航电系统应以最适当的方式反应,即系统能在各个内部区域之间组织最有效的信息交互和融合,提供一个最容易认知的战况显示画面,为飞行员提供决策支持。可见,航空电子系统是一个实时的"激励——响应"系统,要使之成为一个完善的条件激励与实时响应的系统,离不开自顶向下、分层次的系统操作管理。很显然,在系统设计过程中要充分考虑到所有可能出现的情况,并据此来确定系统反应的预案,绝不允许系统处于一种有可能发生而又未加预测的状态。在激励条件动态变化的情况下要使系统实时动态地调用应用软件,根据战况或本机受损情况增删系统资源,提供功能补偿或者降级处理。这都要求有效的系统配置、时间和故障等系统管理与操作。

7.1 系统管理

7.1.1 系统管理概念

航空电子系统管理包括系统中各子系统或部件的工作模式控制、工作参数设置与选择、工作状态监视、系统信息调度、系统余度与重构管理、显示控制与记录管理、任务数据处理和告警处理等。系统管理实质上是系统上层应用对底层资源的管理和控制,以实现系统的功能和任务。可见,系统管理是系统稳定运行及任务可靠执行的关键。

系统管理应当在系统供电后立即拥有对系统的控制权,并且在飞行与任务模式切换操作、系统关闭与突发性断电的全过程中都保持对系统的控制。无论动态配置过程是由飞行员要求改变任务模式驱动,或是错误和故障处理的结果,系统管理都必须负责系统的初始配置以及后续的重配置的全过程。

在传统的联合式系统中,功能应用软件储存在固定的存储器中,并且在指定的资源中执行,这导致了系统资源替换的不便。在先进综合的航空电子系统中,功能应用软件存储在大容量存储器模块中,作为系统初始化过程的一部分,下载到处理资源中。这种新方法避免了在维护时系统资源替换带来的系统资源再规划的麻烦,即允许航空电子系统以"即取即用"的方式使用和管理资源。此外,系统管理还支持功能应用软件不同安全级别的需求,保证不同安全等级的应用软件在逻辑上是相互独立的。

具体来说,系统管理具有如下功能:

(1) 根据飞行员的指令或应用软件的要求控制系统任务和任务模式切换;

(2) 提供地面综合测试与维护接口,使地勤人员能够了解系统状态并在需要的情况下进行系统干预;

(3) 控制系统初始化和关机过程;

(4) 控制系统配置和重配置过程;

(5) 提供统一时间服务;

(6) 识别、定位、隔离和限制发生的错误和故障;

(7) 提供功能应用安全服务等。

系统管理功能包含在系统的各个组成部分中,在被请求的情况下控制系统由一个已知的状态转换为另一个已知的状态。这种转换控制根据接收到的某些信息交互(激励事件)并在执行一系列预定的行为后实现。这一系列行为在系统设计阶段就被分析和定义,并以系统配置信息方式保存在蓝印系统中,如图7-1所示。

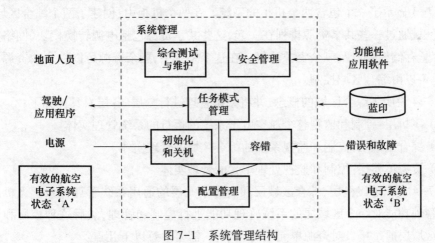

图 7-1 系统管理结构

7.1.2 系统管理层次

我们可以从功能上将航空电子系统分成若干子系统,如通信/导航/识别、雷达、飞机管理系统等。这些子系统可进一步被分解为若干具体功能组成部分,如飞机管理系统还可分为飞机稳定与控制、传感器管理和设备管理等,如图7-2所示。

传统的联合式系统将这些子系统功能分配到专用设备单元LRU中,然后通过数据总线将这些子系统连接在一起。在先进综合的航空电子系统中,子系统功能与系统的物理

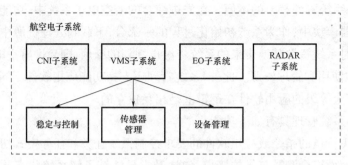

图 7-2 系统功能

执行部件的界限则没有严格限制,使功能应用软件的集成更加富有灵活性。不同子系统的功能应用软件有可能会共享同一组数据,并从逻辑上集成在一起,形成一个逻辑上的综合区域。

综合区域是一个将功能应用软件与其相应的硬件资源组合的逻辑分组。在一定的硬件资源上加载相应的功能应用软件,即可构建一个特定的功能系统。每个硬件组合区域具有特定的功能,并集成到总的系统中。对综合区域范围的界定则依照特定平台的功能要求和系统设计要求而定。综合区域的管理是一个动态过程,根据任务在不同的时间段中的不同功能需求动态地创建或删除。同时综合区域的创建也不局限于一个机柜中,可以在整机范围内进行动态组合。

图 7-3 显示了一个包含两个机柜的系统。在两个机柜中,创建了两个综合区域,这两个综合区域通过一些共享资源排列在一起,这些共享资源包括电源转换模块、网络支持模块、大容量存储模块以及剩余资源池等。在这个系统中,剩余资源可以由剩余资源池统一管理,也可以由综合区域控制。

图 7-4 说明了综合区域的概念,并将系统管理进行分层,各层次具体如下:

(1) 飞机层:控制和监视整个航空电子系统的运行的系统管理实体。

(2) 综合区域层:控制和监视系统的综合区域的管理实体。

(3) 资源单元层:控制和监视处理单元的管理实体。

图 7-4 显示了飞机层、综合区域层和资源单元层的通用系统管理关系。飞机层的通用系统管理功能对综合区域层的系统管理功能进行控制和管理,然后这种控制和管理又由综合区域层通过接口对资源单元层传递下去,需要注意以下几点:

(1) 系统管理层次结构允许综合区域嵌套,一个综合区域可以包括一个或多个下一层的综合区域,但是最底层的综合区域必须包含一个以上的资源单元。

(2) 系统管理层次结构允许小规模的系统不包含综合区域层,资源单元层的通用系统管理器直接向飞机层的通用系统管理器报告状态。

(3) 不同管理层的通用系统管理操作并不是某个多层通用系统管理操作的简单特例。实际上每层通用系统管理都是相对独立的。

(4) 虽然这种层次结构每一层都包括了应用管理器与通用系统管理器,但应用管理器只能与本层对应的通用系统管理器进行通信,通用系统管理器再与相应的上一级或下

第 7 章 系统管理与操作

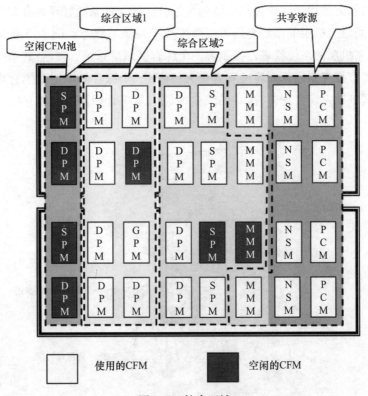

图 7-3 综合区域

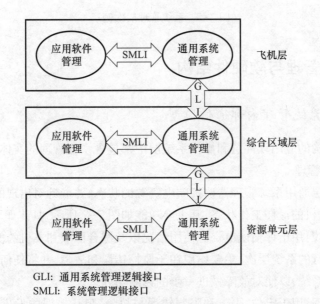

GLI：通用系统管理逻辑接口
SMLI：系统管理逻辑接口

图 7-4 系统管理层次

一级通用系统管理器进行通信。综合区域层和资源单元层的通用系统管理操作不存在同一层次内部的通信。

不同层次的通用系统管理器间的双向通信建立了系统组件的有效管理，并且建立了向上一级报告状态的途径。这种拓扑结构令综合区域层的系统管理具有监控所有子系统功能的能力,同时飞机层的系统管理可以监控整个系统的状态。图7-5给出了此种层次结构的例子,飞机层的系统管理器控制着三个综合区域层系统管理器;其中两个综合区域层系统管理器直接控制它们对应的资源单元,而第三个综合区域层系统管理器控制下一级三个综合区域层系统管理器;次级的综合区域层系统管理器控制着它们对应的下级资源单元。

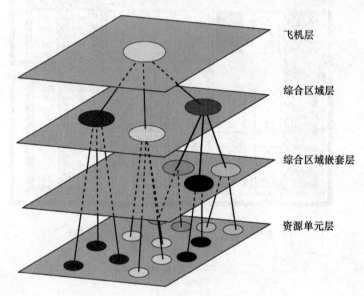

图7-5 系统管理层次例子

7.1.3 系统管理与软硬件结构

7.1.3.1 系统管理内部通信模型

三层软件结构的应用软件层和操作系统层中都包含系统管理的实体,如图7-6所示。

1. 通用系统管理

在操作系统层通用系统管理器监控航电资源的状态,并能针对出现的各种情况,迅速做出反应,保证飞机的最佳工作状态,其主要功能如图7-7所示,具体如下:

(1)健康监控:用于评估航电资源使用情况以及综合区域和飞机的健康状况,其具体功能取决于所运行的系统层次,主要作用在于监控错误和故障,并将任何有关的故障信息传递给故障管理系统,以便对故障做进一步的诊断与处理。

(2)故障管理:用于定位、隔离和限制错误与故障,阻止错误的发生或者抑制错误的扩散,并且确保系统在错误发生后可以维持运行一段必要的时间,以完成系统重构或降级等必要的安全处理。

(3)配置管理:实现系统配置的初始化,由飞行员操纵或者故障引起的重配置以及系统关机等。

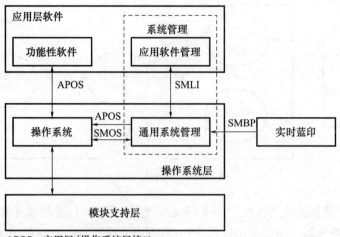

APOS: 应用层/操作系统层接口
SMLI: 系统管理逻辑接口
SMOS: 系统管理与操作系统接口
SMBP: 系统管理与蓝印接口

图 7-6　系统管理与软件结构

（4）安全管理：实现系统安全策略，包括编码、解码、认证算法和密钥管理等。

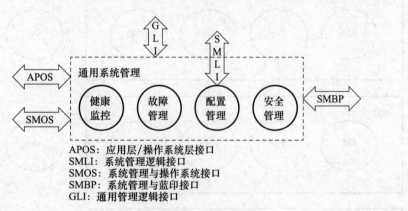

APOS: 应用层/操作系统层接口
SMLI: 系统管理逻辑接口
SMOS: 系统管理与操作系统接口
SMBP: 系统管理与蓝印接口
GLI: 通用管理逻辑接口

图 7-7　通用系统管理功能

所有的通用系统管理组件都可以访问应用软件层与操作系统层（APOS）接口、系统管理与操作系统（SMOS）接口、系统管理与蓝印系统（SMBP）接口以及通用系统管理逻辑接口（GLI），而仅有配置管理器有权访问系统管理逻辑接口（SMLI）。通用系统管理内部的4个组件可以通过标准的通用系统管理内部水平逻辑接口（Horizontal Logical Interface，HLI）进行通信。

2. 应用软件管理

通用系统管理器通过应用软件管理的接口对功能应用软件（执行飞行员指令）进行控制和管理，比如对飞行模式与状态的任务管理等，如图 7-8 所示。

在通常操作中，功能应用软件和应用软件管理将会接收来自飞行员的命令和来自传感器的信息。当需要任务模式发生改变时，这些数据将会传递到应用软件管理器，它再向

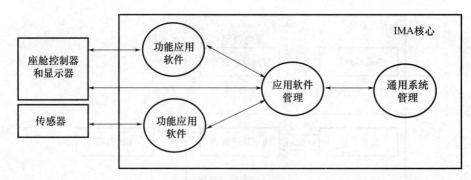

图 7-8 应用软件管理

通用系统管理器请求模式的改变。如果当前系统发生故障,任务模式不能进行需要的改变时,通用系统管理器会通知应用软件管理器,再由其通知飞行员或者功能应用软件。

应用软件管理器还作为功能应用软件和安全数据库中保护数据的传递通道,它和通用系统管理器中的安全管理器在系统初始化以及后续任务执行时保持紧密联系。

完整的系统管理内部通信模型如图 7-9 所示。

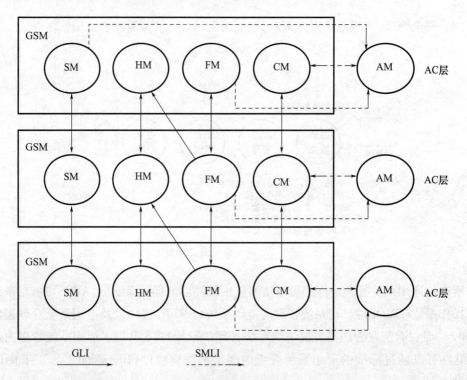

HM: 健康监控器　　　　　SMLI: 系统管理逻辑接口
FM: 故障管理器　　　　　GLI: 通用管理逻辑接口
CM: 配置管理器　　　　　AC: 飞机
SM: 安全管理器
AM: 应用软件管理
GSM: 通用系统管理

图 7-9 系统管理内部通信模型

7.1.3.2 接口描述

1. 通用系统管理逻辑接口(GLI)

GLI 的服务由虚拟信道完成,主要包括不同层次通用系统管理之间配置/重配置的协调、健康监控、故障管理、安全和密钥管理等,具体如下:

(1)配置管理。配置管理用于上层配置管理器通知下层配置管理器加载配置的服务,图 7-10 给出了一个例子。

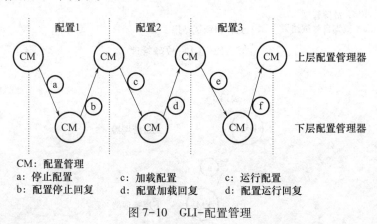

图 7-10　GLI-配置管理

(2)健康监控。处于飞机层和综合区域层的健康监控器收集其下层通用系统管理功能的下列三种状态,从而建立全局的系统状态信息以及故障定位情况等,可以用图 7-11 表示。

① 下层通用系统管理不能定位和隔离错误,将向上层健康监控器发送故障报告。

② 每一个飞机层或者综合区域层的健康监控器将周期地查询其下层通用系统管理的健康状况。

③ 上层故障管理器可以收集其下层通用系统管理的自测试结果。

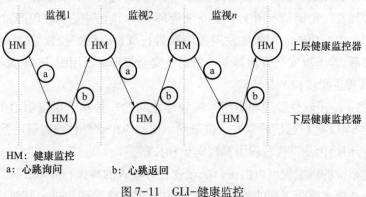

图 7-11　GLI-健康监控

(3)自测试故障管理。自测试信息查询和故障报告可以分别用图 7-12 和图 7-13 表示。

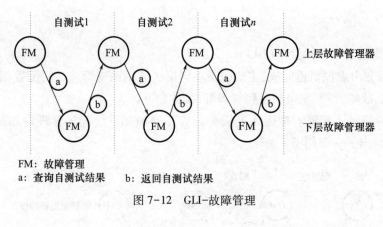

图 7-12　GLI-故障管理

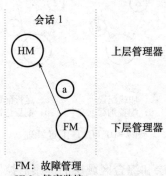

图 7-13　GLI-故障报告

（4）安全管理。安全管理用于下层安全管理器向上层安全管理器请求密钥,主要包括安全通信请求和密钥请求两方面。安全通信请求用于下层安全管理器请求上层安全管理器为两者间的通信创建一个安全通信链路。在这个安全链路上,上层安全管理器将向其下层安全管理器分发密钥。当上层配置管理器接收到消息后,将根据当前资源状况,通知下层安全管理器。密钥请求用于下层安全管理器请求上层安全管理器发送密钥,用来对其管理范围之内的功能应用软件发送的消息进行加密/解密/授权等,当上层安全管理器接收到消息后,给下层安全管理器发送密钥。安全管理可以用图 7-14 表示。

2. 系统管理逻辑接口 SMLI

SMLI 提供了应用软件管理和通用系统管理之间的一种基于虚拟信道的标准通信接口协议。通过 SMLI 进行通信的两方是位于同一层的应用软件管理和通用系统管理,通过 SMLI 在系统的初始化及重构过程中实现同步和控制。

一个航电系统的重配置可以由飞行员改变任务模式的操作和故障管理的结果两方面引起。对于任务模式改变引起的重新配置,将由应用软件管理通过向其对应的通用系统管理发出配置改变请求来实施。对于故障管理器引起的重配置,将由通用系统管理负责实施,并向其对应的应用软件管理器通知要更改的模式,应用软件管理再通过显示屏通知飞行员。因此,应用软件管理和通用系统管理都可以促使系统模式发生改变,但是应用软

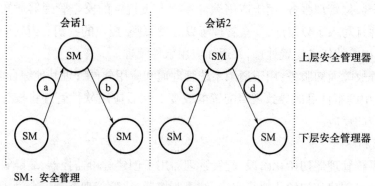

图 7-14 GLI-安全管理

件管理所涉及的是逻辑配置和模式变化的应用程序,而任何模式变化都是由通用系统管理来控制的。这里,逻辑配置指的是在某个时刻分配给某个综合区域的一组进程和虚拟信道,其中综合区域包含通用功能模块和网络物理连接,能够完成一组相应的功能。

SMLI 接口提供图 7-15 所示 4 组服务,具体如下:

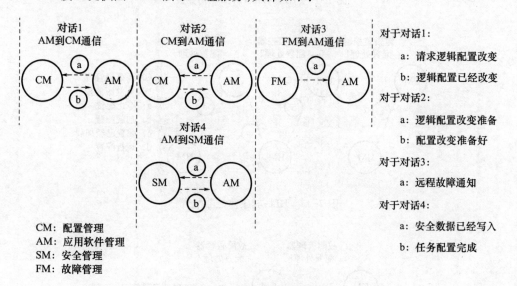

图 7-15 系统管理逻辑接口

(1) 请求逻辑配置改变服务:用于应用软件管理向相应的通用系统管理请求改变逻辑配置,这种改变可能是由飞行员决策或其他来自功能应用程序引起的。当通用系统管理收到消息后,通知应用软件管理,并根据消息中的配置信息进行具体的逻辑配置。

(2) 通知为逻辑配置改变做准备服务:用于通用系统管理通知应用软件管理在应用软件层为逻辑配置改变做好准备,一般由系统作降级功能处理引发。当应用软件管理接收到消息后,通过 SMLI 告知通用系统管理已经做好了准备,此后通用系统管理继续按计划执行。

（3）安全数据管理服务：用于应用软件管理向飞机层的安全管理器通知受保护的数据已经加载并且写入了数据库，安全管理可以分发解密/授权的密钥。当安全管理器收到消息后，进行相应的任务配置处理，并通知应用软件管理。

（4）远程故障通知服务：用于通用系统管理通知应用软件管理其他综合区域（或者通用功能模块）中的事件可能导致逻辑配置的改变。此后应用软件管理将按计划在应用软件层作出相应的反应。

3. HLI 接口

在通用系统管理器初始化阶段，配置管理器用于创建健康监控器、故障管理器和安全管理器等。一旦创建和初始化执行完毕，健康监控器、故障管理器和安全管理器即向配置管理器报告，如图 7-16 所示，其中健康监控器以及故障管理器、安全管理器的配置分别如图 7-17 和图 7-18 所示。

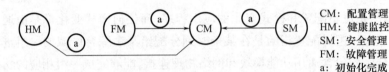

图 7-16　HLI-HM、FM、SM 初始化

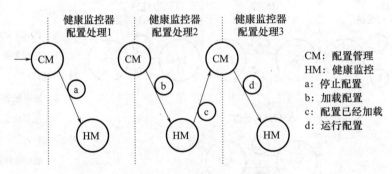

图 7-17　HLI-健康监控器配置

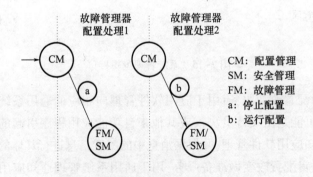

图 7-18　HLI-故障管理器、安全管理器配置

健康监控器向相应的故障管理器报告已确定的错误并传递诊断数据，如图 7-19 所示。

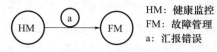

图 7-19　HLI-健康监控器向故障管理器报故障

故障管理器处理故障/错误是通过判断与之相关联的配置管理器是否采取相应动作来实现的,而这些动作也是基于蓝印检索信息。故障管理器通过传递配置改变指令来通知配置管理器进行处理。然而,当配置管理器接到改变配置的信息时,配置管理器有可能正在进行一项上级配置管理器要求的重配置。在这种情况下,配置管理器仍然运行原来的请求,并向故障管理器发送配置改变请求拒绝的信息,来通知它自己无法对其请求作出响应。在某些情况下当配置管理器在重配置资源单元的过程中没有准备好时,将向故障管理器发送中止配置信息来对故障管理器的请求做出响应,如图 7-20 所示。

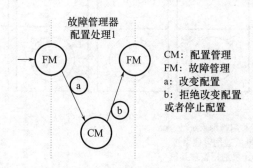

图 7-20　HLI-故障管理器请求改变配置

当初始化一个资源单元时,配置管理器要求通过 SMBP 接口做出一些请求来访问蓝印信息。配置管理器应当从运行蓝印中找到信息,这些信息表示资源单元将处理受保护的标记数据,配置管理器应当向安全管理器发送 HLI 指令来请求获取密钥,一旦安全管理器收到密钥或者从上级安全管理器获得密钥,它将把密钥通知相应的配置管理器,如图 7-21 所示。

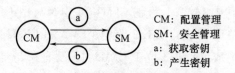

图 7-21　HLI-配置管理器密钥管理

7.1.3.3　系统管理与硬件结构

每个包含三层软件结构的处理单元在操作系统层常驻有一个通用系统管理器(GSM),这个通用系统管理器为资源单元层的通用系统管理器。在综合区域管理器的处理单元中包括一个综合区域层的通用系统管理器实体,它对该综合区域范围内所有资源单元层进行系统管理。在飞机层管理器的处理单元中包括一个飞机层的通用系统管理器实体,它管理所有综合区域层的通用系统管理器。

因此，所有的处理单元都将至少有一个通用系统管理实体。有些处理单元可能包含了两个甚至三个通用系统管理器实体，这是因为飞机层通用系统管理和综合区域层通用系统管理可以同处于一个处理单元中。通用系统管理分布如图7-22所示。由于应用管理与通用系统管理间通过使用虚拟信道的SMLI接口进行通信，因而应用管理功能可能存在于任何处理单元。

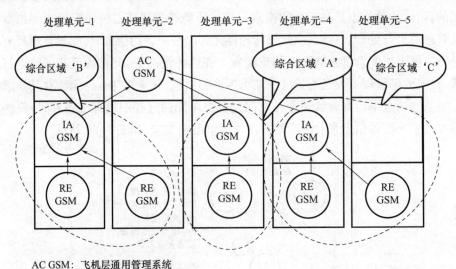

AC GSM：飞机层通用管理系统
IA GSM：综合区域层通用管理系统
RE GSM：资源单元层通用管理系统

图7-22 通用系统管理分布

图7-23给出了一个层次系统管理在多个处理单元上的实现例子，其在4个通用功能模块（CFM）上构建综合区域，每个通用功能模块包含若干处理单元（PE），也可以将多个处理单元考虑为是一个多核处理器系统。其中综合区域IA.1位于第四个CFM模块上，由其中的处理单元PE"01"到PE"06"进行执行。综合区域IA.1管理着3个下层嵌套综合区域IA.1.1、IA.1.2和IA.1.3，这3个下层嵌套综合区域在通用功能模块CFM1、CFM2和CFM3上执行，其中IA.1.1跨越CFM1和CFM2，由CFM1的6个处理单元加上CFM2上的2个处理单元构成；IA.1.2跨越CFM2和CFM3，分别由CFM2和CFM3上的各自2个处理单元构成；IA.1.3位于CFM3中，没有跨越通用功能模块物理边界。虽然物理上这4个综合区域紧密结合在一起，从逻辑上看，IA.1位于该层次化系统管理模型中的上层，IA.1.1、IA.1.2和IA.1.3处于下层，IA.1直接管理下层嵌套的综合区域模型。

当改变图7-23中系统管理层次时，同样位于这4个通用功能模块的综合区域之间的逻辑映射关系可以变成其他类型的嵌套关系，如图7-24所示。其中，综合区域IA.1和IA.4取代了图7-23中的IA.1.1和IA.1，而IA.1又管理着两个下层嵌套综合区域IA.1.1和IA.1.2，在IA.1和IA.4之上至少还存在一个顶层综合区域，执行该层次化系统管理模型的飞机层面管理。

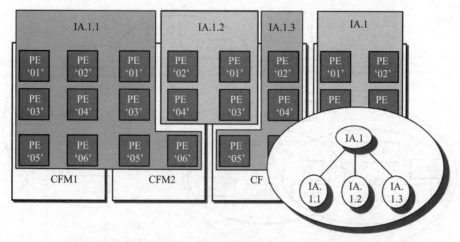

图 7-23 系统管理层次-案例 1

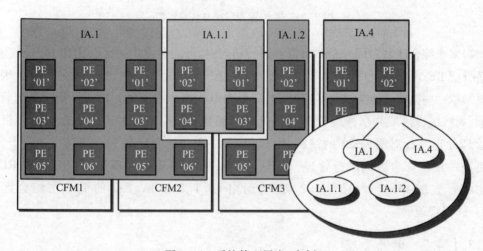

图 7-24 系统管理层次-案例 2

7.1.4 共享资源管理

7.1.4.1 一般共享资源管理

共享资源管理是指对机柜中共享模块的分配和对空闲模块的管理。在由通用模块组成的航空电子系统中,每一个模块都直接由综合区域层或者飞机层中的系统管理进行控制和管理。

对于共享资源的分配涉及几个综合区域共同占有资源的问题。在图 7-25 所示案例中,飞机层系统管理器管理 3 个综合区 IA.1、IA.2 和 IA.3,其中 IA.1 又分为两个子综合区,即 IA.1.1 和 IA.1.2,每一个综合区都包括自己的处理资源,同时 3 个综合区域共享着一些资源,例如 RE.d 和 RE.e 由综合区域 IA.1.1 和 IA.1.2 共享,RE.j 由综合区域 IA.2 和 IA.3 共享。

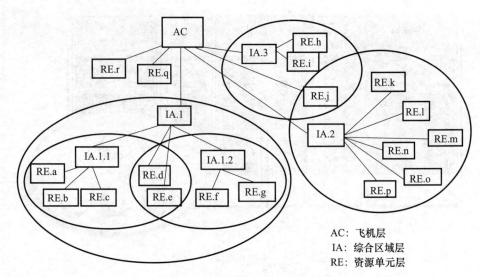

图 7-25 系统管理层次与共享资源

当多个综合区域对同一个共享资源进行访问时,可能会发生冲突。比如 IA.1.1 需要重新分配 RE.d,如果此时 IA.1.2 也需要重新分配 RE.d 资源,就会造成共享冲突。因此需要采取一些措施来避免这种共享冲突,一般采取的措施有两种,分别是:提高系统管理级别,如将综合区域共享冲突提升到飞机管理级别;或者所有共享冲突直接由飞机系统管理处理。针对图 7-25 的情况,可以使 RE.j 不由综合区域 IA.2 和 IA.3 负责,而由更高一层的综合区域进行管理,即 RE.j 直接由飞机系统管理控制;RE.d 和 RE.e 不由综合区域 IA.1.1 和 IA.1.2 负责,而由 IA.1.1 和 IA.1.2 的上一层综合区域 IA.1 进行管理。

7.1.4.2 电源管理

每一个通用功能模块可以接收两路电源转换模块提供的电源。以图 7-26 所示 3 个机柜的情形为例,其中每一个机柜包含两个电源转换模块和若干其他通用处理模块,一共有 4 个综合区域对这些处理模块进行管理。综合区域 A 包含 01 和 02 号机柜的一部分,其通用系统管理驻留在 01 号机柜中;综合区域 B、C、D 分别处于 01、02、03 号机柜中。飞机层系统管理负责管理 A、B、C、D 四个综合区域。

综合区域的通用系统管理器控制电源转换模块的电源开与关,在系统初始化和断电以及系统任务模式改变或者重配置过程中,对自己管辖范围内的模块进行供电和断电操作。为了实现系统管理对电源转换模块的控制,需要每一个 GSM 都能够通过 GLI 和所在机柜的电源转换模块进行通信,因此可能出现同一个电源转换模块被几个 GSM 控制的情况。例如图 7-26 中,01 号机柜中的电源转换模块同时被综合区域 A 和 B 控制,02 号机柜中的电源转换模块同时被综合区域 A 和 C 控制。为了避免冲突,可以采取提升系统管理级别的方式来处理,将 01 和 02 号机柜的电源转换模块提升到由飞机系统管理器控制,而 03 号机柜的电源转换模块可以继续由综合区域 D 控制。

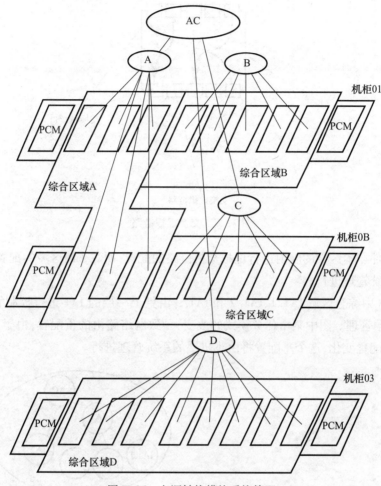

图 7-26 电源转换模块系统管理

7.1.4.3 网络管理

这里讨论的网络管理主要指基于交换网络的路由管理,涉及网络层的服务质量和带宽有效使用管理、网络路由的配置和 GSM 层次结构的支持等。在航电核心系统中通用功能模块间的通信是通过网络支持模块配置的交换虚拟链路来实现的,其中网络支持模块可以有两种存在方式,即有操作系统和无操作系统。无论采用哪种方式,都要求能够支持模块逻辑接口(MLI)中的通信服务并且接受蓝印系统对于网络的配置。对于有操作系统的模式,在软件结构中包含资源单元层的通用系统管理器;对于没有操作系统的模式,对网络支持模块的控制将通过远程 MLI 接口服务完成。交换虚拟链路指网络支持模块配置的端口到端口之间的链路,如图 7-27 所示。

在航电系统任务执行过程中,根据飞行员操纵和系统运行情况,将加载不同的功能应用软件。反映到硬件中,将在综合区域进行系统重配置。在这种配置过程中,往往涉及系统拓扑结构的改变,需要对网络路由进行重新配置。因此,综合区域中的系统管理将根据

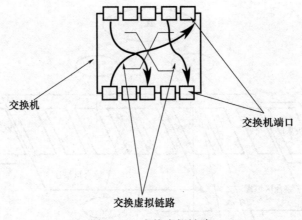

图 7-27 交换虚拟链路

功能应用软件在本区域的映射进行虚拟交换链路的配置;而对于跨区域的配置,可以通过上一级的系统管理进行。

图 7-28 中综合区域 IA1.1、IA1.2 和 IA1.3 由更上一层的 IA1 进行控制管理,IA1 和 IA2 由飞机层管理。图中某个任务模式的改变,导致网络路由的重配置,由于存在跨上层综合区域的配置变化,这个重配置将由飞机层的系统管理进行。

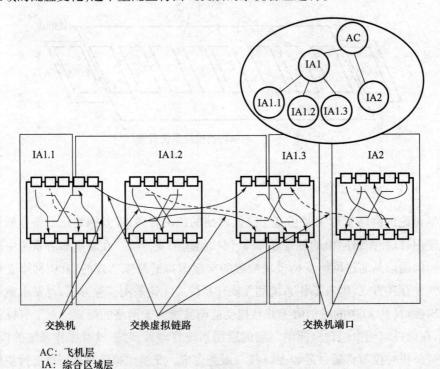

AC:飞机层
IA:综合区域层

图 7-28 网络资源到 GSM 中映射

图 7-29 给出了一个网络路由配置的例子。通用功能模块(CFM)的相互通信需要经过多个网络支持模块(NSM),每一个网络支持模块都需要接收消息进行重配置。在图中,

NSM1 需要建立端口 1 到 2 的连接，NSM2 需要建立端口 2 到 3 的连接。这种情况下，须由消息发送者先向 NSM1 发送网络配置消息，然后再向 NSM2 发送消息。

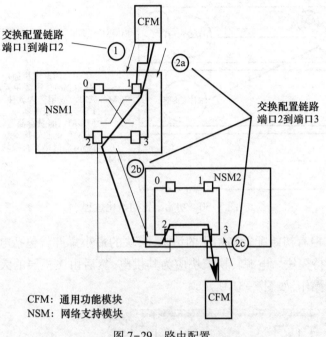

图 7-29　路由配置

7.2　系统初始化及关机

7.2.1　系统初始化

系统的初始化指系统从未上电直到操作准备就绪的过程，其在系统冷启动、热启动或者特殊情况下的重启时都能正常进行。系统上电后，首先建立系统管理，并控制系统的后续初始化过程，其中初始化的控制和加载信息在蓝印系统中有详细描述。系统初始化应该是一个可控的过程，不能在不受控的情况下进入初始化过程；而且，系统初始化持续时间要尽量短，因此需要在功能需求和时间需求上取得平衡。系统初始化包括初始配置初始化、通用功能模块初始化和综合区域初始化等 3 个阶段。

1. 初始配置初始化

在初始配置初始化过程中，需要定义系统的最小集群（即系统初始化时所需要的最少资源组合），包括含有蓝印系统和初始配置软件镜像的大容量存储模块、为初始集群供电的电源转换模块以及连接初始集群的网络支持模块等。

初始配置初始化覆盖了从大容量存储模块、电源转换模块和网络支持模块的上电到形成初始配置的过程。大容量存储模块在上电过程中，运行其飞机层的通用系统管理和相关的应用软件管理,从而可以与电源转换模块建立通信,实现对其他模块在系统初始化过程中的控制和监视,如图 7-30 所示。

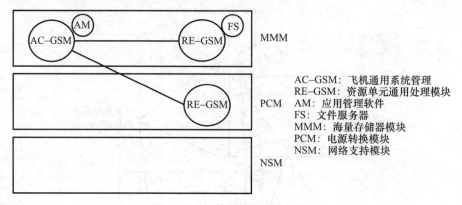

图 7-30　初始配置初始化过程

如果多个机柜有初始配置初始化的请求,模块的最小集群就包括电源转换模块和其他机柜的网络支持模块。电源转换模块应为其供电,然后由飞机层的大容量存储模块监视系统初始化的操作,如图 7-31 所示。

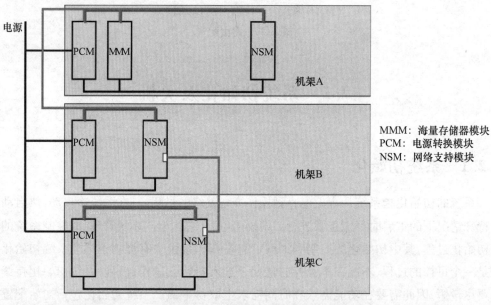

图 7-31　多机柜初始化配置过程

初始配置初始化过程详细的时序图如图 7-32 所示。

2. 通用功能模块初始化

上电后,随着初始配置的成功,更多的通用模块将进行初始化过程,如图 7-33 所示。操作系统以及蓝印系统镜像的下载,可以通过本地的大容量存储模块,也可以通过远程的大容量存储模块,需要区别对待这两种情况。

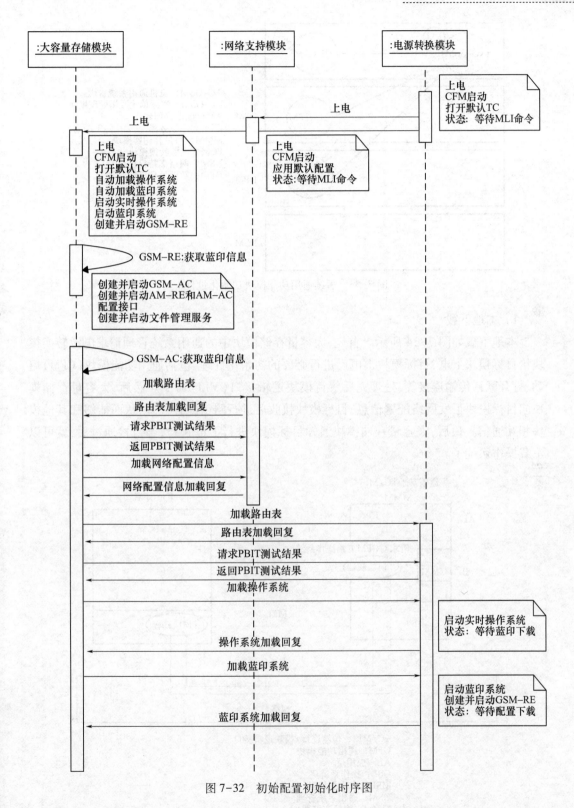

图7-32 初始配置初始化时序图

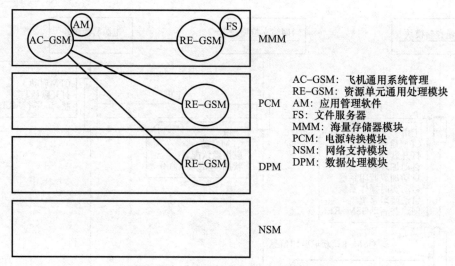

图 7-33 后续通用功能模块初始化过程

1) 本地下载

本地下载如图 7-34 所示。首先,大容量存储模块中的通用系统管理请求电源转换模块给目标模块上电,目标模块上电后进行必要的初始化处理,包括通用功能模块(CFM)启动、打开默认传输连接等,处理完后等待模块逻辑接口(MLI)命令。然后,大容量存储模块向目标模块下发网络配置信息,目标模块接收后进行路由配置处理,从而能够和其他模块相互通信。最后,大容量存储模块通知目标模块进行上电自检,当自检通过后,就可以下载操作系统了。

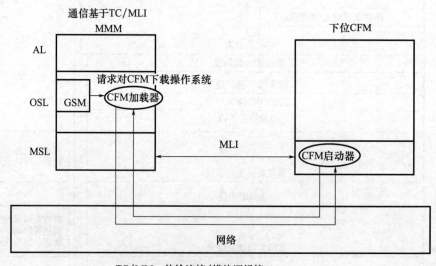

图 7-34 本地下载示意图

2) 远程下载

远程下载如图 7-35 所示。在这种情况下，下载的发起模块并没有操作系统镜像，还需要向大容量存储模块进行交互，从而完成操作系统的下载过程。在完成必要初始化后，下载发起模块通过 OLI 接口和大容量存储模块通信，请求对目标模块下载操作系统，大容量存储模块接收到 OLI 消息后，通过 MLI 接口与目标模块进行交互，完成下载操作系统的任务。

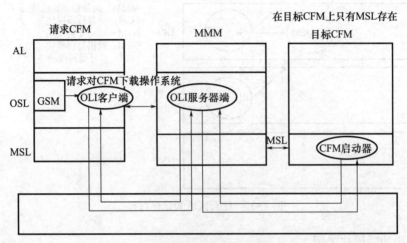

图 7-35　远程下载示意图

3. 综合区域初始化

综合区域初始化是指引入新的综合区域层次，从而改变以前系统配置的初始化过程。综合区域初始化包括产生必要的综合区域层的通用系统管理，以及层次间连接的配置。如图 7-36 所示，新的综合区域拥有一个数据处理模块（DPM）和信号处理模块（SPM）。

7.2.2　系统关机

系统关机指系统从上电工作状态到系统断电的过程。系统关机有正常情况下关机以及突发情况下关机，对于不同的条件，关机的顺序以及过程也不尽相同。在正常操作情况和有突发状况下通用系统管理负责所控制的系统关机，关闭过程所需要的信息包含在蓝印信息中。当航空电子系统关闭时，系统管理必须保证应用软件是以规定的方式关闭的，在突发状态下要求有一个系统管理策略为系统安全负责。系统应该确保电源关闭和关机过程不会导致子系统硬件的损坏。系统的关机包括通用功能模块关闭、综合区域的关闭和初始配置关闭等 3 个过程。

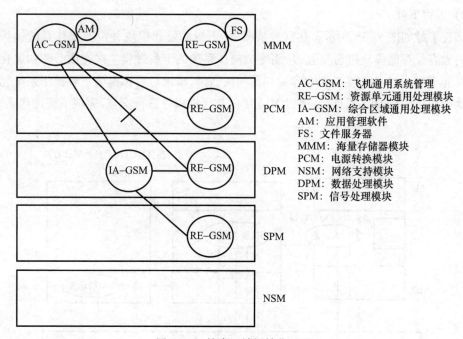

图 7-36　综合区域初始化过程

1. 通用功能模块关闭

通用功能模块关闭过程终止所有通用功能模块上运行的进程,此后断电过程启动,电源转换模块停止给通用模块供电。这个过程支持综合区域的关闭和初始配置的关闭,如图 7-37 所示。

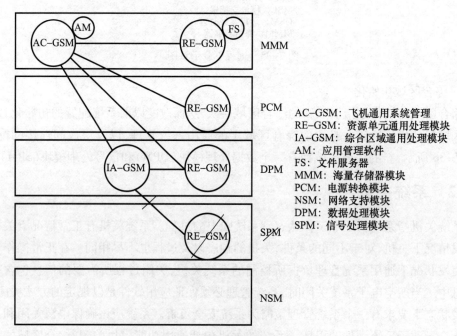

图 7-37　通用功能模块关闭过程

2. 综合区域关闭

综合区域的关闭过程关闭了属于综合区域的通用功能模块,并申请配置的变更以允许上层通用系统管理和下层通用系统管理间的交互,关闭过程的顺序由正在执行的应用配置预先决定,之后通用功能模块关闭顺序由上级通用系统管理,如图7-38所示。这一过程可以不断重复,直到仅剩下初始配置。

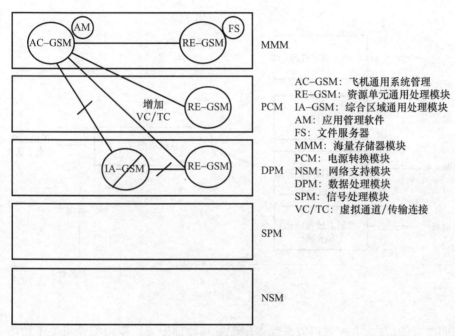

图7-38 综合区域关闭过程

3. 初始配置关闭

初始配置的关闭过程关闭了剩下的属于初始配置的通用功能模块,此时只有电源转换模块和默认连接的通用功能模块有电。系统处于可以从电源转换模块启动或者系统重启的状态。

7.3 系统配置与重配置

7.3.1 配置与重配置概念

综合模块化航空电子系统具有很高的灵活性,系统可以根据可用资源及功能需求情况,通过不同的组合、映射来构建,这个过程就是系统的配置;配置的变换过程就称为系统重配置。通常,最初的配置和系统的重配置行为由系统管理控制。当进行配置和重配置时,应当考虑到所有可能的系统事件。这样在操作阶段可能出现的所有情况才能在系统设计阶段被全部考虑和分析到,绝对不允许系统处于可能发生而不可预测的状态。

飞机级别的配置管理、综合区域的配置管理和资源单元级别的配置管理应该以一种自顶而下的方式进行，从而管理和控制整个机载资源和任务。

系统的重配置代表了系统的动态转换过程。在执行重配置时，系统管理所需的配置信息由蓝印系统提供，可由有效的模式转换请求、故障、地勤人员维护和测试行为以及系统初始化和关闭等涉及应用程序加载的特定情况引起，如图7-39所示。

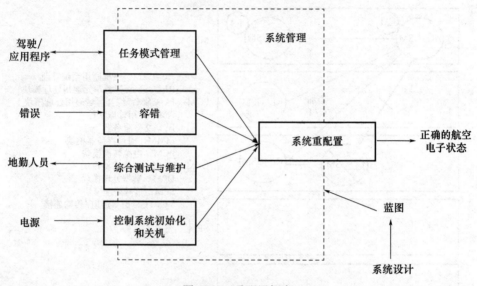

图7-39 重配置概念

按照配置的形式，重配置可以分为逻辑配置和物理配置。逻辑配置指关于功能、进程和连接关系的一种逻辑映射；物理配置是指将逻辑配置的情况映射到具体的物理硬件上，或者是逻辑配置在物理硬件上的实现形式。每个逻辑配置中有可能存在多个物理配置，当元件发生故障时，故障管理系统将标识故障元件并访问蓝印系统，获取与该元件相关的逻辑配置，然后停止当前配置，执行重配置。

按照配置范围的大小，重配置分为部分重配置和全局重配置。部分重配置只改变系统的一部分而不影响其他部分，全局重配置将更改整个系统。所有重配置技术的目标都是为了尽可能地限制所影响的范围，但是在某些条件下，全局重配置是必须的。

按照所处的层次，重配置可以分为综合区域配置和资源单元配置。综合区域是功能应用组件紧密结合的一个逻辑组合，而资源单元则是具体物理硬件的组合。一个综合区域将涵盖应用功能的一个特定方面，如果在某个特定任务阶段并不需要这部分功能，则可以执行重配置过程，将其配置改变为其他功能的逻辑配置。如果在某个逻辑配置下没有足够的资源来完成所需的功能，蓝印系统中应该存在一个或多个该逻辑配置的降级版本，以使用较少的资源来降级执行所需的功能，如图7-40所示。

飞机层的配置可以看作是综合区域配置的超集，位于配置层次中的最高一层。可能存在多个重配置跨越不同的综合区域的情况，需要做出相关定义来考虑配置的协调处理。

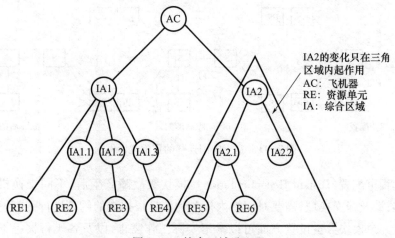

图 7-40 综合区域重配置

7.3.2 重配置策略

对于航空电子系统,系统重配置是系统在某种条件或状态发生时,适时调整控制参数或构型,利用系统现有资源重建系统中的局部功能甚至全部功能的一种容错控制方法。系统重配置往往又称为系统重构技术,其以高速交换技术为基础,通过软硬件冗余备份、资源再分配、应用功能再造等技术手段,防止航电系统全部或部分应用功能失效,确保即使在故障存在的条件下系统仍能按需安全稳定工作。应用重配置技术,一方面能够提高系统在故障时或意外损伤时的容错能力;另一方面能够通过调整配置参数或构型,提高系统的适应性和生命力。

重配置策略可以有:基于应用迁移的重配置策略、基于应用安全级别的重配置策略以及基于资源限制的重配置策略等。

1. 基于应用迁移的重配置策略

以图 7-41 所示模块级冗余为例说明基于应用迁移的重配置策略。图 7-41(a) 为正常情况下的初始配置,包括 5 个端系统模块和 2 个交换机模块,其中 ES_5 作为冗余模块,正常工作情况下没有应用驻留。如果 ES_1 发生故障且立即被检测到,则系统立即根据预先的方案切换至重配置的情况,如图 7-41(b) 所示;原驻留在 ES_1 上的应用全部迁移至 ES_5,网络内虚拟链路也得到重新配置。如果失效的模块由 ES_1 变为 ES_3,重配置触发后,ES_3 上驻留的应用需要迁移至 ES_5,如图 7-41(c) 所示;由于 ES_3 与 ES_5 连接在同一交换机,二者之间应用的迁移并不会改变全网的虚拟链路。

显然图 7-41 中(b)与(c)两种情况在复杂性上有一定差异,由此可知,冗余模块的设置将直接关系到重配置过程的复杂性。现按照冗余端系统模块与故障模块的相对位置,将上述两种重配置情景分为本地重配置和远程重配置两种形式,并给出描述性定义如下:

(1) 本地重配置(Local Reconfiguration):模块级故障产生后,同交换机上模块间应用的迁移;可以理解为在同一交换域内对故障端系统节点进行替换。

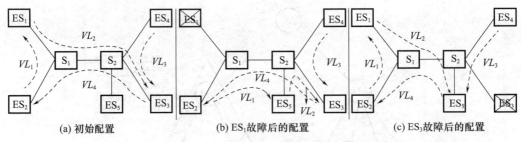

图 7-41 基于应用迁移的重配置示例

（2）远程重配置（Distant Reconfiguration）：模块级故障产生后，不同交换机上模块间应用的迁移；涉及跨交换域，需要对网络内任务和消息根据新的约束进行重新设计。

重配置冗余模块数量设置方面可以参考实际工作需求，以及各飞行器标准。以空客 A380 为例，为满足系统安全性与可用性要求，机上共配置了 6 台飞控计算机。此外，STANAG 4626 第六部分安全性相关章节建议，关键等级相同的应用封装于同一个模块中。因此在冗余模块的设置过程中仍需要考虑初始配置时各模块上驻留的具体应用，尽量为关键应用配置本地重配置策略。

2. 基于应用安全级别的重配置策略

基于应用安全关键级别的重配置策略是在基于应用迁移的重配置策略基础之上，引入应用安全关键级别的策略。综合模块化航空电子系统是一种典型的混合关键性系统，航电系统中资源的分配和利用的设计需要遵循混合关键性感知的准则，因此在重配置策略的设计过程中需要为安全关键级别不同的应用考虑不同的处理方案。

参考民用飞机和系统开发指南 ARP 4754A，以及机载系统和设备认证中的软件考虑 DO-178C，将飞行器中的电子软件划分为 5 个安全级别。在为实际的应用设定安全关键级别时可参考该标准。

当系统发生故障时，其整体性能等级必将受到一定程度的影响。当故障较为严重、涉及链路规模比较大时，系统所需的恢复时间较长，很可能出现难以及时恢复全部应用的情况。此时为了保证系统的正常工作，需要对正在执行的应用做出取舍。对于安全关键级别较高的应用，其正常执行需在故障发生后首先得到保证，因此其包含的任务也需要得到及时的执行；相应地，对于安全关键级别要求较低的应用，可以予以放弃，以节约系统资源，全力执行高安全关键级别的应用。例如，机场气压管理应用直接影响到乘客及全体机组人员的生命安全，在飞行器遇到故障情况时必须首先得到保障；而机上娱乐应用的安全关键性显然更低，资源受限的紧急情况下可以将其忽略，不会对系统的正常运行造成过大影响。

3. 基于资源限制的重配置策略

考虑到航空电子系统对于安全性的严苛要求，其初始配置和重配置行为都由系统管理控制。在执行重配置时，系统管理所需的配置信息由蓝印系统提供。航空电子综合系统在运行时根据当前状态查询配置数据，适时对自身的运行情况进行监控和调整，确保其一直处在安全可控的状态。

以端系统模块为例，其作为应用执行、任务交互、消息收发的节点，需要在设计过程中便为其资源状况设定相应的限制,以保证其始终处在正常工作的状态。在进行系统设计时,预先为系统配备冗余模块。故障发生时,先为故障模块上驻留的应用申请冗余的硬件资源。若备份模块空闲,则直接把故障模块上的应用迁移至备份模块,执行迁移式重配置。若备份资源不足,即冗余模块已经被占用或不足以驻留待迁移的资源,则需要检测当前正在工作的其他模块上是否有多余的资源。如果有,则可以考虑将故障模块上的应用迁移至其他有余量的模块上,进行抢占式重配置;如果故障出现时系统各模块资源均已经达到了饱和,则只能考虑放弃一部分应用,进行可降级式重构。

系统在初始时处于正常工作状态,故障检测模块在检测到系统故障发生后立即触发系统重配置,此时系统控制故障模块申请重配置资源,申请对象是其他正常工作的且有余量的端系统模块。首先向预先设置的冗余模块申请资源,称为备份资源。如果备份资源充足,则启动迁移式重配置;若备份资源不足,则检查冗余模块以外的、正常工作的且有余量的端系统模块,并向其申请可占用空闲资源,启动抢占式重配置;若可占用空闲资源不足,则需要放弃一些任务的执行,仅执行关键任务,即为降级式重配置,从而完成系统的重配置操作。

7.3.3 系统状态及其切换

在航空电子系统结构中,所有的进程、应用程序、处理单元和综合区域等都可以看作是具有有限已知状态以及状态之间的转换事件的组件,如图 7-42 所示。组件的所有状态构成了一个状态机,状态之间的切换是由事件引起的。同时,在状态的切换过程中,组件可以执行动作,如向其他组件发送消息。为了规范组件设计,需要将这些动作和事件定义在蓝印系统中,形成动作和事件的集合。

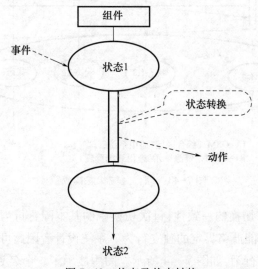

图 7-42 状态及状态转换

一个更复杂的组件(如综合区域)包括若干子组件(如资源单元)。对于综合区域这样复杂的组件,它的状态可以看作是各个子组件状态的超集,如图 7-43 所示。在综合区域从状态 1 切换到状态 2 的过程中,各个资源单元相继进行状态切换,完成基本配置行为。可以采取并行和串行两种方式来完成转换过程。对于前者,各个资源单元在条件满足的情况下竞争完成状态转换;对于后者,各个资源单元遵从一定的转换顺序,依次完成转换动作。

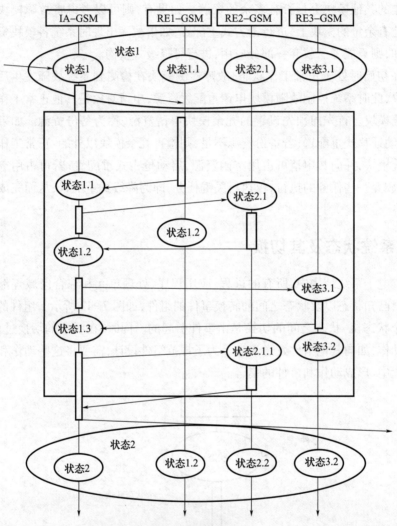

IA-GSM:综合区域-通用系统管理
RE-GSM:资源单元-通用系统管理

图 7-43 综合区域状态构成

为了保持系统状态切换的一致性,每次切换中的基本配置行为可以认为是一个不能被中断且根据时间和功能严格界定的独立行为。系统设计者因此可以按一定顺序将基本行为集成为更高层次的行为,如图 7-44 所示。图中展示了一个名为 X 的状态转移过程,它可以分解为 4 个较小的转移过程,而每个小的转移过程又可以使用一个或多个基本行为来实现。这就意味着系统从 A 状态到 B 状态转移过程中所经历的 3 个子状态依然是可预测、可靠和安全的。

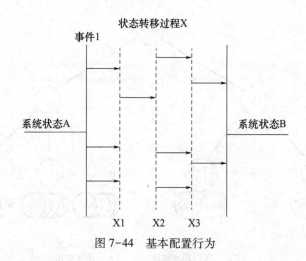

图 7-44　基本配置行为

7.3.4　配置过程

图 7-45 展示了一个简化的包含两个航电机柜的综合模块化航空电子系统模型。其中,每个机柜包含 6 个通用功能模块(CFM),且每一个机柜中 CFM1 和 CFM2 运行同样的实例构成双余度模块,CFM3/REP2 作为 CFM3/REP1 的备份;机柜 1 和机柜 2 构成了双余度系统。

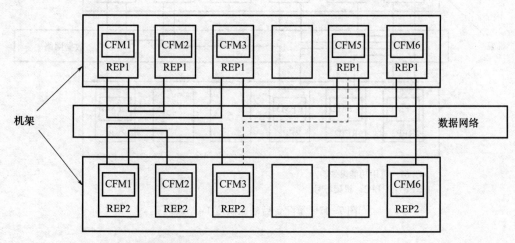

CFM：通用功能模块
REP1、REP2：机架标号

图 7-45　双余度 IMA 系统

针对该例,可以搭建一个简单的综合区域 IA1,其仅包括 CFM3/REP2 和 CFM3/REP1,且每一个通用功能模块运行两个应用程序 App1 和 App2,如图 7-46 所示。

当 CFM3/REP1 发生硬件故障后,系统将要重配置,如图 7-47 所示。CFM3/REP1 的故障被 IA1 的系统管理监测到,然后通过对备用模块的使用,实现系统的重配置。

对于综合区域 IA1 的重配置过程,可以采用串行配置和并行配置两种方式。在这两

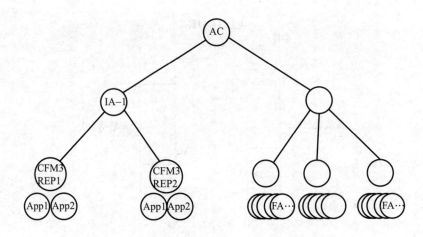

图 7-46 综合区域

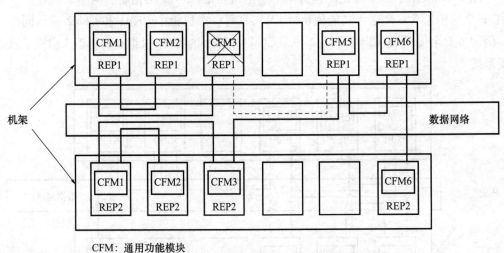

图 7-47 重配置后的双余度 IMA 系统

种方式下,综合区域的重配置都是由各个通用功能模块的子配置行为组成,具体过程如下:

(1) 在串行配置方式中,首先 IA-GSM 向 CFM3/REP1 通过 GLI 命令发送停止配置命令,CFM3/REP1 在接收到命令后,停止当前应用程序的执行,销毁虚拟信道以及应用程序进程。CFM3/REP1 完成操作后,向 IA-GSM 发送配置停止完成报告,IA-GSM 接收到 CFM3/REP1 的报告后通知 CFM3/REP2 加载配置信息。CFM3/REP2 接收到指令后,开始进行加载配置处理,包括创建进程、创建虚拟信道、关联虚拟信道和应用程序以及传输链接的关系等。CFM3/REP2 完成配置后,通知 IA-GSM 配置加载完成,IA-GSM 再向

CFM3/REP2 发出运行配置命令。至此，综合区域 IA 完成了从状态 1 到状态 2 的切换，如图 7-48 所示。

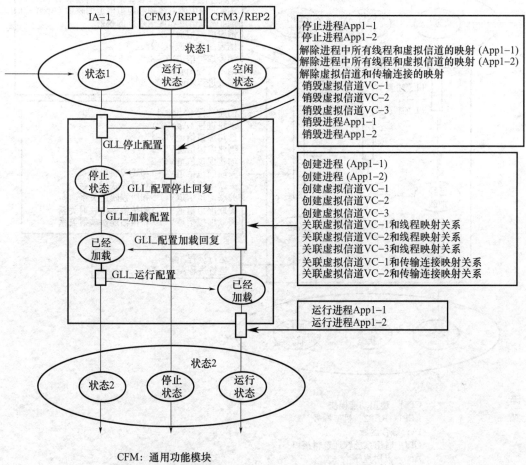

图 7-48 综合区域串行配置

（2）在并行配置方式中，与串行配置方式不同的是 IA-GSM 可以通知 CFM3/REP1 和 CFM3/REP2 同时执行配置改变的状态切换行为，使两个模块同时进行重配置，如图 7-49 所示。

7.4 故障处理

7.4.1 故障处理概念

当一个部件不按照它的规范工作，称为故障。故障处理一般指在一个系统中，为了防

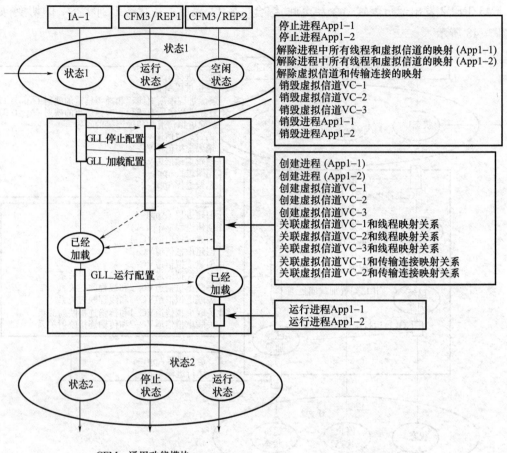

图 7-49 综合区域并行配置

止整个系统失效,对故障进行处理的方法。它包括容错和综合测试及维护两个方面。

1. 容错

容错指在故障存在的情况下,系统继续维持操作的能力。故障在时间上,可以是暂时的、间歇的或者永久的;在空间上,可以是单个的和多个的。故障的表现有时也称为错误,如不正确的数据和状态。失效是指由于故障的原因,系统不能按指定的要求运行。图 7-50 表示如果一个故障没有被解决,将产生错误,而错误将可能导致系统失效的过程。

图 7-50 故障、错误和失效之间的关系

对于航空电子系统的故障处理,一般有检测、掩盖、限制、定位和修正 5 种行为,行为之间的关系如图 7-51 所示,不同行为的用途如下:

(1)检测:用来检测故障发生的方式和机制。

(2)掩盖:防止故障在处理时传播出去,用来保证在故障出现时系统还能正常地工作。

(3)限制:用来将故障/错误的影响限制在一个区域内。

(4)定位:在一个或多个系统组件内,用来确定导致出现错误的故障的位置。

(5)修正:通过系统重新配置等手段使系统从错误状态恢复并正确运行。

航空电子系统应该具备一定的容错机制。容错有两方面指标要求:一是性能等级,表示与初始性能状况相比,从故障恢复所造成的性能降低程度;二是恢复时间,表示恢复到预定等级的性能所需的时间。图7-52说明了系统容错特性。

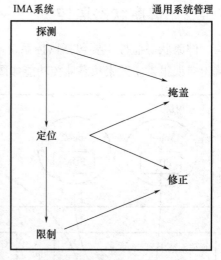

图 7-51 故障处理行为关系

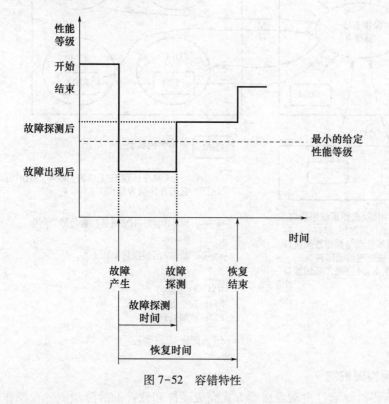

图 7-52 容错特性

2. 综合测试及维护

综合测试及维护指为支持系统的操作而对整个系统提供测试和维护的行为,综合模块化航空电子系统采用在线和车间两级维护策略。在线进行测试和维护操作时,不应该干扰系统功能的执行。在执行测试和维护时,需要记录所有故障,故障条目应当包含时间、环境等信息。同时,航电设备应该提供地面测试接口,验证在线检测的结论。

7.4.2 健康状态监控

健康状态监控主要包括监控系统健康状况和检测系统错误,还包括系统错误筛选和确定错误报告。健康状态监控功能如图7-53所示。

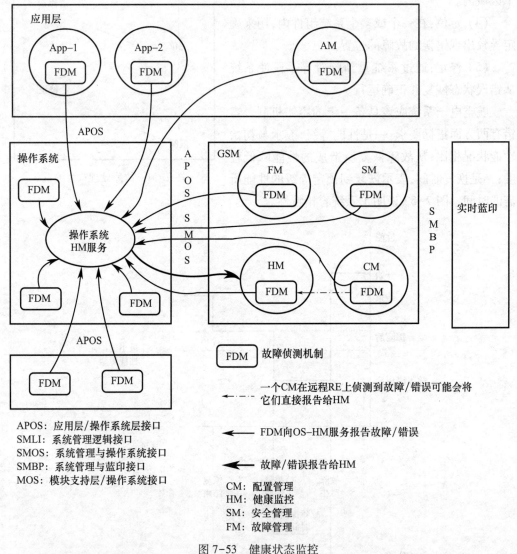

图 7-53 健康状态监控

1. 故障检测机制

故障检测机制通过主动或被动方式完成硬件和软件的故障检测。在操作系统层和模块支持层的故障检测机制一般是针对所有应用的,而在应用软件层的故障检测机制一般针对某个特殊的应用或系统。

2. 操作系统健康监控服务

操作系统健康监控服务用来捕获故障检测机制传递来的故障和错误信息,然后将这些信息综合处理后,向通用系统管理中的健康监控服务报告并传递诊断信息。

3. 通用系统管理健康监控器

通用系统管理健康监控器将收集从操作系统健康监控服务传递过来的错误信息，根据错误的严重程度和性质进行故障和错误筛选，并作出相应的处理操作。

尽管健康监控器是通用系统管理的一个普通组件，它也必须具备一定适应性以支持不同的故障处理策略。因此，健康监控器必须允许根据不同的条件来筛选故障/错误，如故障和错误的危险程度、性质、通用系统管理的配置和状态等。

4. 通用错误筛选器

通用错误筛选器可以处理一定范围内不同严重程度、不同性质的错误。通用系统管理健康监控器对每个错误都有一个通用错误筛选器例程，每个错误筛选器例程都有自己的状态机提供筛选的基本功能，并按照蓝印的信息进行主动错误筛选或周期错误筛选。主动错误筛选由操作系统健康监控器在错误发生的时候调用，该筛选服务将根据蓝印的信息确定并锁定错误；周期错误筛选是由基于操作系统的规则进行预设的，该筛选服务将在每个操作周期之后清除故障信息。

5. 心跳询问——健康状态监控

通用系统管理健康监控器使用"心跳询问"和"心跳返回信息"这样的对话来监控其下层健康监控器，以保护下层通用系统管理不受隐匿的故障损害。上层健康监控服务按照蓝印的规定向它的每一个下层健康监控器发送"心跳询问"消息，该消息中包含一个由上层健康监控器在消息发送时累计计数的计数器。接收到"心跳询问"消息的下层健康监控器返回一个包含该计数器的"心跳返回信息"消息。上层健康监控器将检查"心跳返回信息"中的计数器是否是正确的计数值。下面用图示的方式给出几个故障处理的例子，图中的数字表示故障处理的步骤。

如图 7-54 所示，应用程序发现错误，错误处理函数处理该错误。

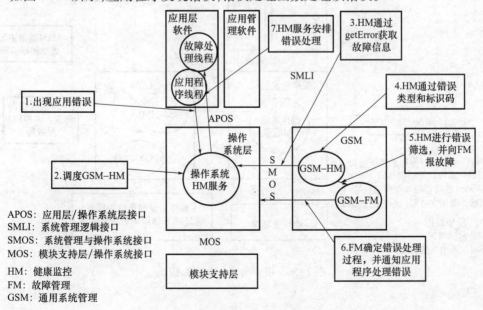

图 7-54　由应用程序错误处理函数处理的错误

如图 7-55 所示，应用程序错误处理函数报告一个不能在应用软件层处理的错误，该错误被报告给通用系统管理的故障管理器进行处理。

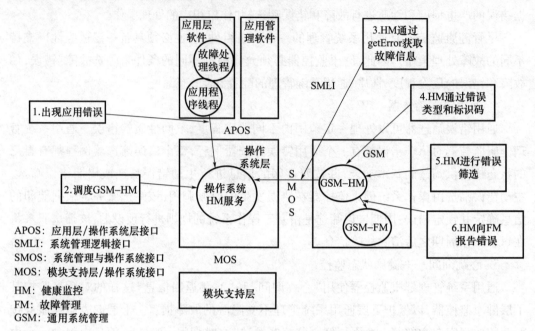

图 7-55 由 FM 处理的应用程序错误

如图 7-56 所示，一个硬件错误被报告给了通用系统管理健康监控器。

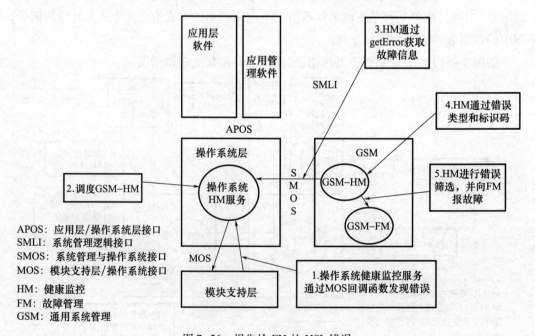

图 7-56 报告给 FM 的 MSL 错误

7.4.3 故障处理过程

故障处理包括掩盖、定位、限制等机制,从而使系统能够在错误存在的情况下继续运行一段时间。故障处理的行为与健康监控器报告的具体事件有关,故障管理器根据这些事件和蓝印配置信息采取进一步的故障处理措施,如图 7-57 所示。

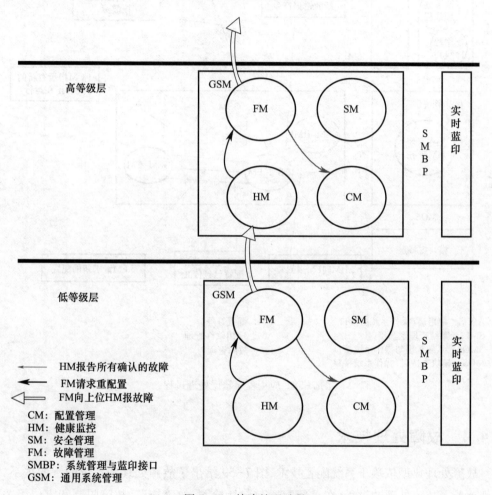

图 7-57 故障处理过程

故障处理过程需要通用系统管理健康监控器、故障管理器以及配置管理器的参与,其主要用途分别如下:

(1)健康监控器:向故障管理器报告所有确认的故障。

(2)故障管理器:在接到健康监控器关于故障的通知后开始进行故障处理。故障管理器支持各种故障的处理机制,对故障的响应将按一系列处理序列进行,一般包括故障关联、识别和定位、向上层健康监控器报告、向配置管理器请求重配置以实现故障掩盖以及请求应用程序错误处理函数等。

(3)配置管理器:处理由故障管理器发来的重新配置请求,配置完后配置管理器将通知故障管理器。

图 7-58 显示了一个通用系统管理内部功能模块错误处理的过程。这个例子只是在一种配置下的故障管理器状态机处理过程，其他类型的错误也可以按类似的方法处理。

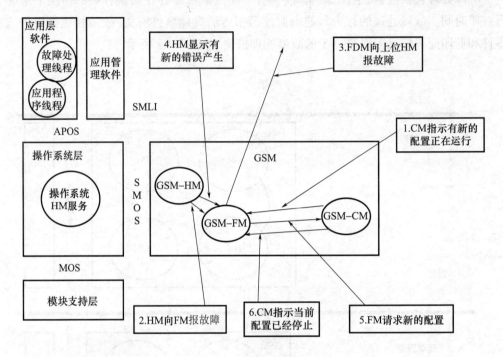

APOS：应用层/操作系统层接口　　　　CM：配置管理
SMLI：系统管理逻辑接口　　　　　　　AM：应用软件管理
SMOS：系统管理与操作系统接口　　　　FM：故障管理
MOS：模块支持层/操作系统接口

图 7-58　应用程序错误处理过程

7.4.4　故障处理技术

故障处理典型依赖于系统配置技术，图 7-59 给出了故障处理和系统配置的关系，并详细示范了故障处理的过程，在重新配置前包括检测、故障掩盖、故障限制和定位等关键步骤。

受到原始单个错误的影响，通过基于硬件或者软件的故障检测机制可能会检测到一个或多个错误。有的错误可能被掩盖而不会对系统造成明显的破坏，如发生在内存中的错误。如果错误没有被掩盖，则其破坏性必须被限制在一定的范围内，在此范围外的资源和软件都不被这个错误影响。利用错误报告、蓝印信息和一些附加的测试结果信息可以定位原始错误的发生地点，比如定位到两个或三个 LRM 上。一旦故障处理系统决定重新配置系统，将使用蓝印来得到新的系统配置。

通常可以采用如下技术实现一个或多个故障的处理，包括对其进行故障检测、故障掩盖、故障限制、故障定位和故障修正等。

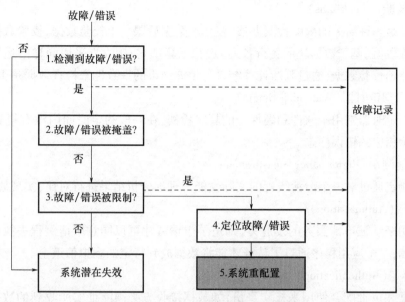

图 7-59 故障处理与重配置关系图

1. 自检测(BIT)

BIT 包括整个系统中故障检测的很大部分功能,它用来检测内部错误,并确保硬件功能正常,如 CPU 寄存器和指令集、电源供电电压和频率、内存地址映射逻辑、外围设备。对其进一步细化,还可以包括 3 种如下内嵌测试方式:

(1) 中断自检测(Interruptive Built In Test, IBIT):会打断部件或者程序的正常运行,可能会破坏驻留在该部件中的数据,因此仅在外部的请求下才会被执行。

(2) 连续自检测(Continuous Built In Test, CBIT):在部件正常运行的时候会有连续性的执行,因而必须确保在测试的时候它不影响部件的正常运转,比如奇偶校验、看门狗定时溢出、通信故障等。

(3) 上电自检测(Power-up Built In Test, PBIT):在部件上电的时候就运行一系列测试,可能会破坏部件中的驻留数据。

2. 内置自检测(Build In Self Test, BIST)

BIST 不同于前面的 BIT,是在组件内部设计中就包含的故障检测逻辑部分,比如采用专用集成电路(ASIC)。它可以利用测试信号并比较结果来判定部件是否工作正常。

3. 异常处理(Exception handling)

异常处理通常由软硬件结合的方式来处理多种错误,比如访问越界、除数为 0 等错误。

4. 奇偶校验(Parity checks)

奇偶校验用来检测内存中和处理器间传送数据的错误。

5. 循环冗余校验(CRC)

循环冗余校验采用多项式运算的方法来检查数据块的正确性。

6. 和校验(Checksums)

和校验是一种简单的故障检测办法,在一块数据后跟一串校验数据,校验数据依据数据块的点阵数值(基于数据块的各行各列)进行运算填充,接收方采用同样的运算方法可以得到该伴随校验数据,通过判断计算结果与填充结果的一致性来检查数据是否有误。

7. 看门狗定时器(Watchdog timers)

看门狗定时器常用于软件和硬件中的超时检测,在一段约定时间内没有得到"喂狗"信息便指示相应的错误标志。

8. 性能测定(Performance measurement)

性能测定通过对一个激活线程的实际性能与理论分析结果进行对比,实现故障检测。

9. 授权(Authorisation)

授权用来认证申请服务的发起方,知道了申请者才可以同意申请例程去执行特定的动作。例如,一个应用程序通过了认证才能将数据放到特定的虚拟信道上。

10. 鉴定(Authentication)

鉴定常和审批配合使用来核实身份,如数据接收方必须能证实所收到的数据就是来自所要求的发送方。

11. 边界检测(Bounds checking)

边界检测用来在每个运算动作执行前检测运算数据是否在预先定义的范围内,从而确保检测到讹误数据。

12. 一致性检验(Consistency checking)

一致性检测用来监视一段时间内数据是否按照预先的要求进行变化,对于复合数据同样可以检测它们之间的一致性。

13. 定时检测(Timing checks)

对于时间关键性数据,数据的提前或滞后到达都对系统有不好的影响,特别是数据滞后会引起程序运行超出它的预定义时间,从而导致冲突结果。

14. 硬件支持的纠错码(Hardware supported error correction codes)

一些专用硬件可以支持对故障的检测和纠错功能,例如:汉明码、格雷码以及里德-所罗门码。

15. 异常自修正处理(Self correcting exception handlers)

在软件中使用异常自修正处理机制,当计算出现错误时可以替换性地得到默认输出(可以是一个默认值),从而实现错误处理。

16. N-版本编程(N-Version programming)

N-版本编程是在软件开发中避免相同模式错误的常用方法,依靠 N 个功能相同但独立开发的不同版本来实现故障规避。

17. N-模块冗余(N-Modular redundancy)

N-模块冗余依赖于投票机制,通过对多个模块的输出进行表决来掩盖错误的影响。

针对上面讨论的各种故障处理技术,表7-1和表7-2从故障处理行为和三层软件体系应用两个角度,分别给出了它们的能力范围评估。

表 7-1 故障处理技术能力范围评估——故障处理行为

故障处理技术	检测	掩盖	限制	定位
中断自测试	✓			✓
连续自测试	✓			
上电自测试	✓			
内置自检	✓			
异常处理	✓	✓	✓	
奇偶校验	✓			
循环冗余码校验	✓			✓
和校验	✓			
看门狗定时器	✓			
性能测定	✓			
授权	✓			
鉴定	✓			
边界检测	✓			
一致性检验	✓			
定时检查	✓			
硬件支持的纠错码		✓		✓
异常自修正处理		✓	✓	
N-版本编程	✓			
N-模块冗余	✓	✓		✓

表 7-2 故障处理技术能力范围评估——三层软件体系

故障处理技术	应用软件层	操作系统层	模块支持层	蓝印系统	通用功能模块
中断自测试			✓		
连续自测试			✓		
上电自测试			✓		
内置自检			✓		✓
异常处理			✓		
奇偶校验			✓		
循环冗余码校验			✓		
和校验			✓		
看门狗定时器			✓		✓
性能测定	✓				
授权		✓		✓	
鉴定		✓		✓	
边界检测	✓	✓			
一致性检验	✓				

续表

故障处理技术	应用软件层	操作系统层	模块支持层	蓝印系统	通用功能模块
定时检查			√		
硬件支持的纠错码			√		
异常自修正处理	√	√	√		
N-版本编程	√				
N-模块冗余					√

7.5 时间管理

7.5.1 时间管理概念

时间管理对于航空电子系统而言是非常重要的,有以下 4 个方面的原因：

(1) 功能子系统时间基准。子系统需要标记相关事件及其输出的时间,为任务执行而进行的调度和相关资源要保持同步,在飞机内部不同的子系统之间需要协调和同步。

(2) 操作系统时间基准。先进综合航空电子系统结构由分散的操作系统组成。为了调度系统资源,需要分发时间基准。每个处理器在整个系统环境下进行调度,需要获得整个飞机范围的时间基准。所需要的时间分辨率和精确性依赖于应用分配和调度的策略。但处理器之间的相对精确性是很重要的,因为它是资源和功能应用同步的基础。航空电子系统中操作系统能够管理多个处理器,因此操作系统需要获得高分辨率的局部时间基准。

(3) 数据延迟。系统的设计必须考虑系统中数据通信的时间延迟。为了数据同步和错误检测,一般消息需要时间标记。在通信的发起方给消息打上时戳,在接收方解析这个时戳,从而完成相关的时间处理。为了使时间标记有意义,接收处理必须能够使用同样的时间基准。整个系统的时间分发不应该影响数据延迟,即在系统的不同部分观察到的时间差值应该在合理范围之内。

(4) 全局时间。在多个飞机参与任务的情况下,需要使它们同步。任何两个飞机的时间相差不应该超过给定的界限,因此需要一个共用的时间基准。

下面重点介绍航空电子系统中用到的时间度量、时钟种类和时钟体系 3 个重要概念。

1. 时间度量

(1) 物理时间。物理时间被定义为可测量的时间,它一般由时钟提供。物理时间一般作为基准时间来量化实时系统。无论是什么系统,都有一个最小时间间隔,最小时间间隔是区分两个事件发生的时间间隔的最小时间量。如果两个事件发生的时间间隔小于最小间隔,则这两个事件被认为是同时发生的。在一个系统中最小间隔与事件计时的精确性相关。

(2) 物理时钟和同步时钟。物理时钟和同步时钟两者都提供用于系统的物理时间。在物理时钟上应用同步算法为系统提供同步时间,这样的物理时钟是同步时钟。

2. 时钟种类

系统时间管理与航空电子系统中定时信号的分发与同步有关,时间管理中有如下3种独立的时间,它们分别以不同的时钟计量。

1) 绝对全局时间(Absolute Global Time,AGT)

AGT 就是日常所指的时间,其在飞机内部和外部都是最基本的基准时间。AGT 通常以年、月、日、小时、分钟、秒表示,还可以细分,并且通常是根据客户时区提供的。AGT 对所有的飞机是相同的,它被分发到航空电子系统中的所有通用功能模块,为应用软件层和操作系统层提供时间基准。

2) 绝对局部时间(Absolute Local Time,ALT)

ALT 是航空电子系统的局部基准时间,它的分辨率高于 AGT。ALT 可以使应用程序同步,例如,可以用来同步冗余处理通道。一般 ALT 的分辨率为几十微秒。ALT 适用于应用程序同步和调度,是航空电子处理系统中的系统时间基准,它由一个逻辑上的中心时间基准源维护,利用时钟体系进行时间的分发和同步,并且与 AGT 无关。

3) 相对局部时间(Relative Local Time,RLT)

RLT 比其他两种时间基准有更高的分辨率,用来精确同步紧密耦合的计算处理和调度。RLT 由系统的特殊事件度量或同步到系统的一个特殊事件,其分辨率要小于 $1\mu s$。RLT 也可用于高速传输功能的逐位同步,此时分辨率要小于 10ns。为满足这一需求需要精密的硬件设备,目前还很难实现。

3 种时间基准的需求见表 7-3。

表 7-3 时间类型

时间类型	分辨率	计时范围
绝对全局时间	1~10ms	>60 天
绝对局部时间	0.001~0.1ms	1 天
相对局部时间	0.001ms	>60 秒

3. 时钟体系

时间的管理需要基于一个时钟体系。在该体系中,有若干高精度的基准时钟(Reference Clock,RC)以及若干高分辨率的模块时钟(Module Clock,MC)。在系统设计时,从所有的基准时钟中选出一个主基准时钟(Major Reference Clock,MRC)作为时钟体系的顶层。确定主基准时钟是在系统初始化时由蓝印信息提供;其他的基准时钟需要连接到主基准时钟,接受主基准时钟的消息同步。模块的时钟从属于基准时钟。

一个绝对局部时间管理的时钟体系如图 7-60 所示。其中,基准时钟被布置在航空电子系统中的不同大容量存储模块和网络支撑模块中。主基准时钟是基准时钟中的一个,提供系统时间基准,也就是绝对局部时间。主基准时钟在时钟体系中处于最上层,可以控制和同步其他的基准时钟和模块时钟。基准时钟在整个体系中,一方面接收主基准时钟的时钟同步；另一方面对自己下层的模块时钟进行控制和同步，配合主基准时钟进行时间校准服务。模块时钟都被连接到基准时钟上，每个通用功能模块（除网络支撑模块和大容量存储模块）都有一个模块时钟。模块时钟提供高分辨率的相对局部时间，接受基准时钟的时钟同步。

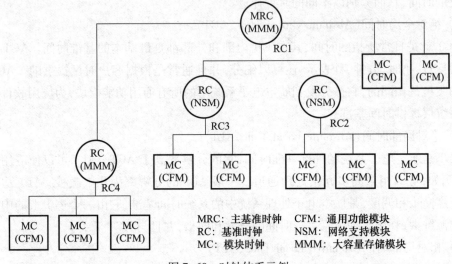

MRC：主基准时钟　　CFM：通用功能模块
RC：基准时钟　　　　NSM：网络支持模块
MC：模块时钟　　　　MMM：大容量存储模块

图 7-60　时钟体系示例

7.5.2　时钟模型

通用时钟模型表达式为

$$C(t) = \phi + \alpha(t) \times t + n(t)$$

其中，t 为参考时间，ϕ 为时钟相位偏差，$\alpha(t)$ 为时钟速率，$n(t)$ 为随机噪声。在理想条件下，$\alpha(t) = 1$，$\phi = 0$，$n(t) = 0$。然而，实际应用环境中电压、电源、温度、压力等条件不断变化，导致晶振频率产生波动，因而理想时钟是无法获得的，而且不同时钟的时钟模型中的参数很难保持一致，因此时钟异步在所难免。这种时钟异步主要由以下 3 个原因造成：

（1）相位偏差不同。两个时钟分别为时钟 A 和时钟 B，其中时钟 A 的相位初始值为 t_{A1}，时钟 B 的相位初始值为 t_{B1}，由于初始值之间的偏差导致两个时钟在后面的时刻均异步，如图 7-61 所示。

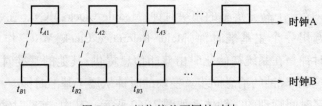

图 7-61　相位偏差不同的时钟

（2）时钟速率不同。时钟速率直接影响时钟的快慢，理想时钟运行标准，其斜率为 1。当时钟速率 $\alpha(t) > 1$ 时，本地时钟比理想时钟运行要快，斜率大于 1；反之，本地时钟比理想时钟运行要慢,斜率小于 1,如图 7-62 所示。假设两个本地时钟速率分别为 $\alpha_{\text{fast}}(t)$ 和 $\alpha_{\text{slow}}(t)$,若不进行时钟同步,则两个时钟偏差 Δt 会随着时间的推移越来越大,如图中的快时钟和慢时钟的情况,且

$$\Delta t = (\alpha_{\text{fast}}(t) - \alpha_{\text{slow}}(t))t$$

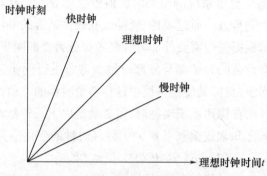

图 7-62 时钟速率不同的时钟

(3)时钟分辨率不同。数字时钟是由晶体振荡器驱动的计数器,时钟频率是指时钟振荡器在单位时间内振荡的频率,时钟频率的倒数为时钟分辨率。理论上在其他条件相同的情况下,时钟分辨率越高,时钟越精确。比如,时钟 A 的振荡频率为 10MHz,即每 10ns 计数一次,时钟 A 分辨率便为 10ns;而时钟 B 的频率为 50MHz,则时钟 B 的分辨率为 20ns。如图 7-63 所示,若一个消息在该时钟分辨率窗口 $[t_2,t_3]$ 的某一时刻到来,时钟 A 不能判断其准确的到来时刻则记录为 t_2 时刻,然而时钟 B 只能记录为 t_1 时刻。可见,时钟分辨率的不同可能造成了消息记录时刻的不准确。由于时钟计时的离散性,现实中的时钟只能把时钟分辨率缩小来提高时钟精度,永远不可能为将其分辨率降为 0。

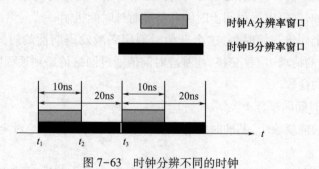

图 7-63 时钟分辨不同的时钟

7.5.3 时间分发和同步

时间管理解决时间基准信号分发和时钟同步的问题,时间基准信号分发和时钟同步必须支持整个航空电子系统中绝对局部时间和绝对全局时间的可用性。

7.5.3.1 分发机制

分发机制包括从一个基准源发送时间信号到同步时钟的过程,其可以采用单向的自

顶向下的发送协议,不过系统时间信号分发时产生的延迟应满足从不同的处理器所观察到的任何一个事件的时间值之间的差值必须小于一个已知的常数(系统时间分辨率)。

7.5.3.2 同步方法

时钟同步主要是保持整个系统的全局时间值近似相等,不会因为物理地点的不同而造成延迟的很大不同。同步方法通过硬件、软件或软硬件结合的办法实施。

时钟同步算法可以根据是否需要外部时钟参考源分为外部同步和内部同步两类。外部同步是将系统中所有设备的时钟都与外部时钟参考源进行同步;内部时钟同步则是使系统中各个设备彼此同步,目标是使得系统中任意两个时钟的差值达到最小。

正确的时钟同步算法在构建系统模型时,需要满足以下几种基本的假设和条件。

(1) 对于任意小的已知常数偏移率 $\rho > 0$,硬件时钟的变化率为

$$(1-\rho) \leq dC(t)/dt \leq (1+\rho)$$

(2) 如果设备的本地时钟值与实际时钟值的误差小于一个足够小的常量,即 $|C(t) - t| \leq \Delta$,则假定设备的时钟是正确的。

(3) 对于确定性的同步算法,需要保证网络的延迟在已知的范围 $[\delta-\varepsilon, \delta+\varepsilon]$ 内,其中 $\delta - \varepsilon \geq 0$。

(4) 在系统的时钟同步协议中,最多有 f 个错误的成员。

此外,还可以把同步算法简单地分成绝对局部时间同步和绝对全局时间同步两种,具体如下:

1. 绝对局部时间同步

绝对局部时间可以采用请求-应答通信机制实现时钟的同步,如图 7-64 所示。这个机制可以分为 3 个阶段。首先,远程时钟向基准时钟请求基准时间值,并用这个基准时间值初始化同步时钟,这要求远程同步时钟和基准时钟时间机制一致。然后,远程时钟向基准时钟源请求一个同步开始时刻,这个开始时刻用来激发周期性的时间基准值的请求。最后,执行周期性的请求-应答交换,使基准时间值通过网络传递到远程同步时钟,且允许它更新同步时钟的参数。

2. 绝对全局时间同步

在远程通用功能模块中,基准时间补偿分发机制可用于同步绝对全局时间,如图 7-65 所示。

为补偿或初始化绝对全局时间和绝对局部时间,来自主基准时钟中的时间值能够用作时间信号,且根据运行的需要发送一次或多次。

7.5.3.3 时间更新

在进行时间更新校准时,当收到同步的时间,根据接收值,改变自身的时间步进斜率;再次收到同步的时间时,进一步作时间斜率校准处理,如图 7-66 所示。在每次时间校准的前一段时间里,都有可能引入时间校准误差。误差的减少,依赖于同步的频率、时间的精度以及同步的算法等。

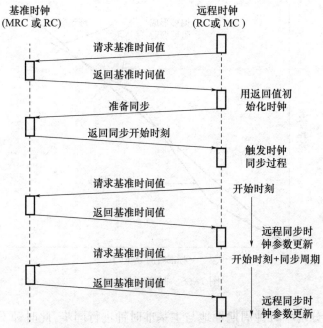

图 7-64 绝对局部时间同步

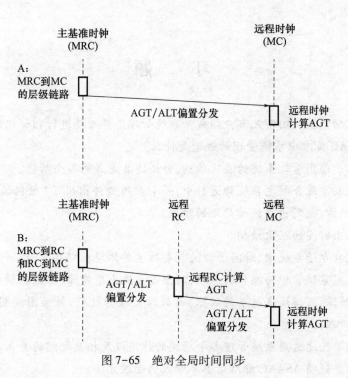

图 7-65 绝对全局时间同步

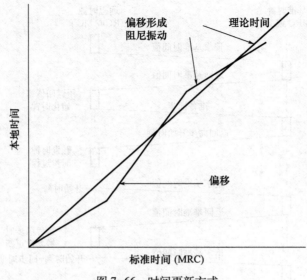

图 7-66 时间更新方式

模块上的高分辨率时钟周期性地与主基准时钟进行同步,此时钟不应受主基准时钟暂时中断的影响。主基准时钟可以出错和丢失一些同步消息,局部时钟仍需继续运行。局部时钟应该具有较大的时间偏移限值,当丢失一些主同步脉冲时,所产生的偏移也不会超过允许的极限。

习　题

7.1　通用功能模块由哪几部分组成?系统管理怎样对其进行初始化配置?

7.2　ASAAC标准中系统管理的概念是什么?

7.3　请画出通用管理系统的层次结构,并论述其完成的各个功能。

7.4　假定在某综合航电系统的运行中,一个应用软件出现了"数据溢出"的错误,请按照系统管理的方法,写出该故障处理的步骤。

7.5　请画出时间的层次结构。

7.6　在航空电子系统中,时间管理的重要性主要体现在哪些方面?

7.7　请按照系统管理与操作的原理,写出当系统出现故障(如应用软件层的故障,或操作系统层的故障,或模块支持层的故障)时故障处理的过程,并画图说明一个完整的故障管理的处理步骤。

7.8　试简单论述通用系统管理各个功能的作用以及相互之间的关系。

7.9　请简要说明ASAAC标准对共享资源的管理方法。

第 8 章 系统容错与安全

当前航空电子系统设计与综合的复杂性,已经远远超过设计人员的理解能力和掌控范围。为设计安全关键的航空电子系统,需要采用系统容错与安全的理念进行。系统容错不仅仅是一种设计与综合理念,同时也是一种可靠安全设计与综合的具体方法。为了减轻飞行员的工作负担,智能化是综合航空电子系统发展的方向。随着航空电子信息综合能力的增强,飞机平台和飞行员对航空电子综合系统的依赖程度也越来越高。然而,作为现代战争信息网络系统中的一个节点,航空电子系统需要保持与外界的信息交互,必然有遭受信息攻击和破坏的可能。因此,系统的信息安全和保障也是设计和实施中的一个关键。航空电子系统只有确保自身的安全,才能给整机的任务执行带来安全性和可靠性。在具体设计过程中,需要严格贯彻可靠安全(Safety)和信息安全(Security)总体设计思想,严格采取安全措施,严格进行安全论证与评估。

8.1 信息安全概述

8.1.1 信息安全定义

随着信息技术的发展,信息安全得到越来越多的重视。信息安全最初用于保护信息系统中处理和传输的秘密数据,注重机密性,因此主要强调的是通信安全(COMmunication SECurity,COMSEC)。随着数据库技术和信息系统的广泛应用,安全概念扩充到完整性,访问控制技术变得更加重要,因此强调计算机安全(COMPuter SECurity,COMPSEC)。网络的发展使信息系统的应用范围不断扩大,信息系统依赖于网络的正常运行,必须要考虑网络安全(NETworks SECurity,NETSEC)。计算机安全和网络安全都属于运行安全(OPeration SECurity,OPSEC)层面,而对信息系统基础设施的保护就称为物理安全(PHYsical SECurity,PHYSEC)。20 世纪 90 年代以来,信息系统的可用性上升为重要的主题,强调信息保障的整体性。近年来信息安全又增加了新内容,即面向应用的内容安全(CONTent SECurity,CONTSEC),主要解决存在于信息利用方面的安全问题,保护对信息系统的控制能力。

ISO/IEC 17799 定义的信息安全是通过实施一组控制而达到的,包括策略、措施、过程,组织结构及软件功能,是对机密性、完整性和可用性保护的一种特性。机密性确保信息只能被授权访问方所接受,完整性即保护信息处理手段的正确与完整,可用性确保授权用户在需要时能够访问信息相关资源。从内容角度着眼,存在的信息安全层次模型是将信息安全分成实体/物理安全、运行安全、数据/信息安全和管理/人员安全四层。

信息系统安全和信息内容安全组成了完整的信息安全体系。结合目前信息系统安全的结构,从宏观的角度看,信息安全问题存在着三个层次、四个层面,如图8-1所示,每个层面各自反映了其所涉及的信息安全的属性。

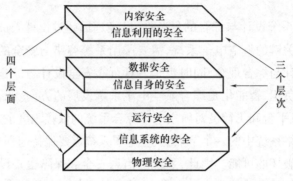

图8-1 信息安全的框架体系模型

在此,系统安全反映的是信息系统所面临的安全问题,其中物理安全涉及的是硬件设施方面的安全问题,运行安全涉及的是操作系统、数据库、应用系统等软件方面的安全问题。狭义的信息安全所反映的是信息自身所面临的安全问题,数据安全是以保护数据不受外界的侵扰为目的,包括与泄密、伪造、篡改、抵赖等有关的行为;内容安全则是反过来对流动的数据进行限制,包括可以对指定的数据进行选择性地阻断、修改、转发等特定的行为以及信息对抗,即针对信息中的信息熵而进行的隐藏、掩盖,或发现、分析的行为。从信息安全属性的角度来看,每个层面所涉及的信息安全的属性,对应于该层面信息安全的外部特征,也具有相应的处置方法。

(1) 物理安全:是指对网络与信息系统的电磁装备的保护,重点保护的是网络与信息系统的机密性、生存性、可用性等属性。主要涉及动力安全、环境安全、电磁安全、介质安全、设备安全、人员安全等;主要采取的措施是可靠的供电系统、防护体系、电磁屏蔽、容灾备份、管理体系等。

(2) 运行安全:是指对网络与信息系统的运行过程和运行状态的保护。主要涉及网络与信息系统的可控性、可用性等;所面对的威胁包括系统资源消耗、非法侵占与控制系统、安全漏洞的恶意利用等;主要的保护方式有应急响应、入侵检测、漏洞扫描等。

(3) 数据安全:是指对信息在数据处理、存储、传输、显示等过程中的保护,使得在数据处理层面保障信息依据授权使用,不被窃取、篡改、冒充、抵赖。主要涉及信息的机密性、完整性、真实性、不可抵赖性等可鉴别性属性;主要的保护方式有加密、数字签名、完整性验证、认证、防抵赖等。

(4) 内容安全:是指对信息真实内容的隐藏、发现、选择性阻断。主要涉及信息的机密性、可控性、特殊性等;所面对的主要问题包括发现所隐藏的信息的真实内容、阻断所指定的信息、挖掘所关心的信息;主要的处置手段是信息识别与挖掘技术、过滤技术、隐藏技术等。

因此可以对信息安全定义如下:信息安全是通过实现一组合适控制获得的。控制可以是策略、惯例、规程、组织结构和软件功能。这些控制可以用来确保满足该组织的特定安全目标。该特定目标表现在对信息系统、信息自身及信息利用中的保密性、可鉴别性、可控性和可用性4个核心安全属性的保护上,即确保信息与信息系统不被非授权所掌握、其信息与操作是可鉴别的、信息与系统是可控的、能随时为授权者提供信息及系统服务;具体反映在物理安全、运行安全、数据安全和内容安全4个层面上。

8.1.2 航电信息安全

航空电子系统信息安全是指采取多种保护措施使系统资源免受恶意攻击。保护措施通过一系列的对策来实现,实施什么样的保护措施取决于系统的预期风险。采取的系统安全对策要确保系统的秘密性、私密性、完整性和可用性。系统秘密性指防止未经授权而访问所存储的信息(数据/代码);系统私密性是秘密性概念的扩展,用来指传统的计算机安全技术(如加密)以外的用于IMA系统的新技术;系统完整性指防止信息未经授权或意外地被修改;系统可用性指防止拒绝正常服务请求(应接受却拒绝访问数据或资源)或者指某种服务资源(包括完整系统)在给定时间内可操作并可用的可能性。对于系统的预期风险是指必须能承受某种特定攻击所带来的影响或后果,攻击成功时的影响越大,威胁也就越大,风险也就越大。航电系统安全性概念及其关系如图8-2所示。

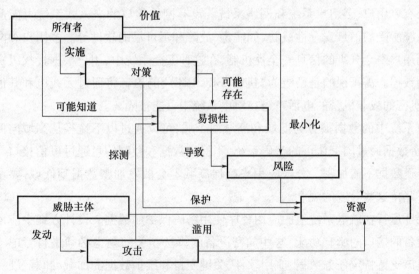

图8-2 系统安全性概念及其关系

在开发航电系统时信息安全性问题是和特定设备紧密相连的。一旦风险分析和管理技术确定,为确保系统信息安全性所实施的对策在设计阶段也就确定了。对策取决于系统的功能性需求和操作环境方面的因素。通常仅仅依靠技术措施难以满足所要求的信息安全性要求,信息安全性还要求操作者严密遵循操作程序。这就意味着客户和系统设计者必须确立详细而精确的信息安全性需求。

为了确保航电系统信息安全性，需要在不同阶段采取不同的对策，如图 8-3 所示。航电系统被分为开发阶段和操作阶段，开发阶段又分为"预备阶段"和"开发阶段"，操作阶段的对策分为"维护"和"机制"，所有阶段的对策最终是为了提供一个安全的用户环境。

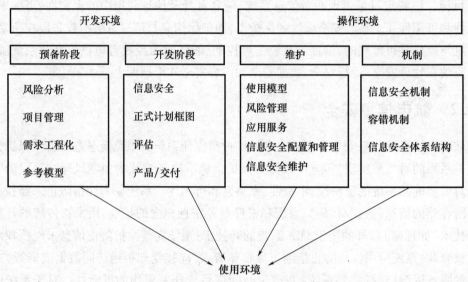

图 8-3　航电系统开发阶段和操作阶段的信息安全性对策

开发阶段和操作阶段信息安全性对策的确切性能取决于目标系统体系结构。常用的体系结构有单用户、多用户系统和网络系统。没有网络接口的嵌入式系统可能遭受类似单用户系统所受的信息安全性威胁，如病毒、故障和不可靠的软件等。多用户和网络系统通常采用用户安全分级的信息安全性机制，在这种安全系统中，用户根据授权级别访问不同级别的数据。需正视的是密级为"机密(SECRET)"的语音将通过无线电和其他操作单元交换，机密的或非机密的电话声道在航电系统中可能被隔离。

航电系统中的数据被分为低域和高域两个域，可以通过以下途径从高域向低域传送数据：保密数据通过国家认可的密码系统，不保密数据和控制信息通过可信接口。从低域向高域传送数据不需加密。分区应用来确保高域不会散发加密数据到低域，要在所有操作条件下坚持这些分区的观念。

应保证运行在航电系统上的应用程序使用密码保护的数据。设计方案中应该定义所有加密设备的接口的所有功能，这些加密设备的算法相关问题也必须进行考虑。在系统设计中应该支持特定任务数据、应用软件、关键变量和维护数据的加载/卸载，硬件组件的互换必须不影响软件的完整性。

飞机通过专用数据传输介质与地面任务规划系统交换数据。数据交换包括发送加密和非加密任务信息到起飞前的飞机，起飞后飞机把信息发回地面系统。地面支持系统用某种装载设备把多种加密和非加密的密钥加载到飞机的密钥管理系统。航电系统应该支持加密和非加密音频和数据通信，必须可以同时实现信号的编码和解码。

如何选择合适的安全对策是与特定系统密切相关的，但预备阶段的信息安全性分析则直接决定了系统选择不同安全策略的能力。非常有必要发展适合于航空电子系统的信息安全性规则,和地面上的网络应用不同,航空电子系统对系统的设计在信息安全性操作方面有更多的要求和约束,包括:对系统性能和安全有更小的影响;更小的重量、体积和能耗;适应恶劣操作环境;适于维护与支持。

采用新一代航空电子体系结构的 IMA 系统由嵌入式处理系统组成,这些嵌入式处理系统与外部环境之间使用有限的通信信道进行通信。通常来说,航空电子系统允许单用户或多用户(机组)完成不同任务,甚至有时多个用户被授权访问系统数据。航空电子系统应确保在开发、管理和操作过程中提供有效的信息安全性对策。对 IMA 系统而言,这就意味着系统设计者应在整个开发过程中贯彻信息安全性思想。此外,可靠的管理和操作需要操作者在整个操作过程中严格遵循 IMA 系统集成环境的操作要求。

以民用飞机一体化组网环境下端到端信息流传输过程为例,图 8-4 给出了从飞机上产生的消息利用一体化网络传输到航空公司和民用航空管理局的示意,可以看出:消息的传输包含从飞机上机载设备的应用产生,经过传输层、网络层、数据链路层、物理层等到端口输出,然后经由超短波通信、卫星通信等飞机空地数据子网下传到地面网络,然后再经由地面子网路由到最终目的节点,经过物理层、数据链路层、网络层、传输层等,上传到航空公司或者民用航空管理局的最终应用中。在这个消息的传输过程中,机载设备、机载网络、空地数据子网、航空电信网 ATN、地面有线网络、地面设备等都全程参与了整个消息的端到端传输过程,消息通信跨越机载网络域、空地通信网域、航空电信网域、地面网络域等多个不同网络域,必须采用信息安全技术来确保整个传输过程中的信息不被窃取、篡改和伪造,以免造成航空公司或者民用航空管理局对飞机状态信息判断出现重大错误。

进一步关注机载网络域,参考 ARINC 664 P1,将其划分为:飞机航电系统域、飞机信息系统域、飞机客舱开放域等三部分,如图 8-5 所示。航电系统域属于典型的任务关键和安全关键系统,信息系统域属于授信安全系统,为航空公司提供飞机信息服务,需要具备授信环境和技术条件,客舱开放域为机上乘客提供娱乐及信息服务,从飞机安全角度来看其安全等级最低。三个不同功能域之间的信息交互需要建立可信网关,对双向交互的信息进行信息安保处理,保障信息安全级别高的域不受信息安全级别低的域的影响,并阻断网络攻击及其威胁和风险在高级别域内传播和扩散,确保机载网络域的整体信息安全和功能安全。

8.2 信息安全措施

系统硬件结构的安全和操作系统的安全是系统信息安全的基础,密钥、通信安全等技术是关键技术。只有从系统的硬件和软件的底层采取安全措施,从整体上采取措施,才能较为有效地确保信息系统的安全。

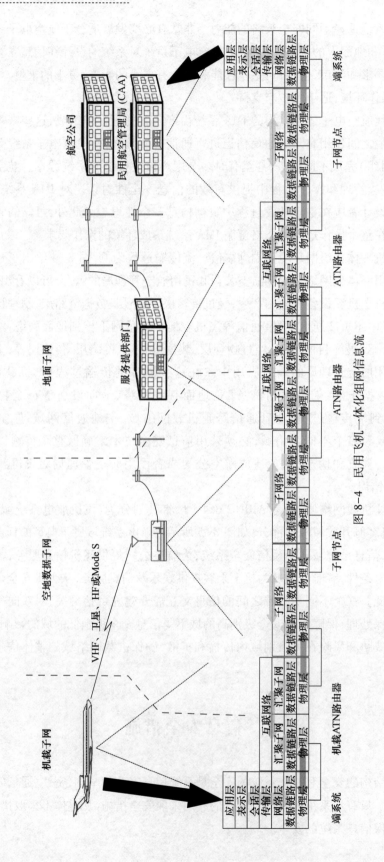

图 8-4 民用飞机一体化组网信息流

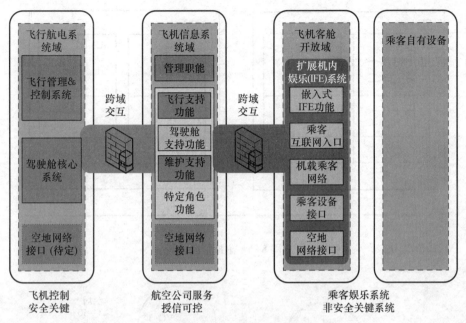

图 8-5 民用飞机机载跨域网络

8.2.1 技术手段

为了保证航空电子系统的安全,可以采取大量技术手段来保证信息安全。通信安全措施用于保护飞机与外部的通信;电磁保护措施用来处理信息电磁外泄问题和抵制外部干扰;系统应能在恶劣环境下工作,如振动、温度、湿度等;系统使用故障管理机制提供容错。可参考的信息安全技术措施有:操作系统层中实现的技术措施,包括虚拟信道、消息加密、认证机制、故障管理和审计日志;模块支持层/硬件中实现的技术措施,包括存储分区、可信函数调用、授权、数据加密和存储器擦除;网络中实现的技术措施,包括差错检测、校正编码和物理隔离。下面对这些技术措施进行具体介绍:

1. 虚拟信道

虚拟信道概念提供了一种进程之间通信的方法。虚拟信道允许一个传输进程向一个或多个接收进程发送数据。接收进程可以常驻在与发送进程相同的处理单元或者相同的通用功能模块中,如图 8-6 所示。发送进程并不了解接收进程,它仅输出可靠的数据到专用的虚拟信道;类似地,接收进程也不了解发送进程,它们仅从确定的虚拟信道接收可靠的数据。

虚拟信道是"面向数据"而不是"面向进程"的,因为专用的虚拟信道可能仅传输特定的数据或数据组,而不需要从一个进程传输所有数据到另一个进程。发送进程和接收进程以及传输的数据在系统设计时定义,因此,对一个给定的系统配置,使用的虚拟信道是固定的。虚拟信道有助于维护系统内数据机密性,其实现依赖于本地和全局两种识别系统,如图 8-7 所示。

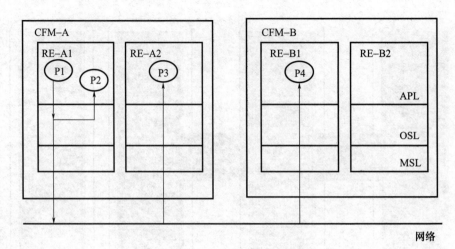

图 8-6 虚拟信道

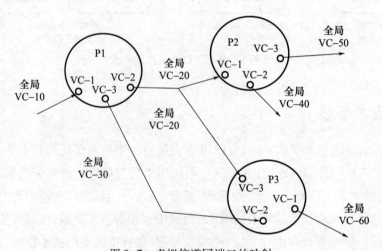

图 8-7 虚拟信道同端口的映射

应用程序的设计者并不知道全局虚拟信道的设计方案,他们仅能参考本地虚拟信道。例如,负责图 8-7 所示的 P1 编程工作的软件开发者,他知道该程序应该产生两类飞机数据供本系统内其他程序使用,分别为飞机轴线数据(侧倾、俯仰角和航向)和飞机速度数据(地面和空中),本地 VC-1 被定义为输入虚拟信道。在设计期间,程序 P1 软件开发者决定飞机轴线数据在本地 VC-2 上传输,飞机速度信息在本地 VC-3 上传输。程序 P2 软件开发者知道 P2 需要飞机轴线数据作为本程序的输入。程序 P3 开发者知道 P3 需要飞机轴线和速度信息作为输入,他们定义 VC-2 为飞机速度数据的输入虚拟信道,VC-3 为飞机轴线数据的输入虚拟信道。当系统综合人员定义整个系统时,三个程序和他们的本地虚拟信道的连接能用全局虚拟信道的设计方案如下:

```
Global-VC-20 connects P1-Local-VC-2 to: P2-Local-VC-1 & P3-Local-VC-3
Global-VC-30 connects P1-Local-VC-3 to: P3-Local-VC-2
```

上述设计方案的含义是:

（1）仅仅是程序 P1、P2 和 P3 可能有权访问飞机轴线数据,P1 是发送者,P2 和 P3 是接收者;

（2）仅仅是程序 P1 和 P3 可能有权访问飞机速度数据,P1 是发送者,P3 是接收者。

在系统初始化或后续的重构期间,资源单元层的通用系统管理器负责访问包含在蓝印系统里的虚拟信道信息,然后通过接口定义服务把信息传输到操作系统;操作系统可以创建一个全局/本地虚拟信道映射表,把程序的本地虚拟信道标识映射到系统全局虚拟信道。表 8-1 显示了图 8-7 所示系统本地/全局虚拟信道映射表的例子。

表 8-1 本地/全局虚拟信道映射表

P1 本地/全局虚拟信道映射表			
	全局 VC-10	全局 VC-20	全局 VC-30
程序 P1：本地 VC-1	接收	—	—
程序 P1：本地 VC-2	—	发送	—
程序 P1：本地 VC-3	—	—	发送
P2 本地/全局虚拟信道映射表			
	全局 VC-20	全局 VC-40	全局 VC-50
程序 P2：本地 VC-1	接收	—	—
程序 P2：本地 VC-2	—	发送	—
程序 P2：本地 VC-3	—	—	发送
P3 本地/全局虚拟信道映射表			
	全局 VC-20	全局 VC-30	全局 VC-60
程序 P3：本地 VC-1	—	—	发送
程序 P3：本地 VC-2	—	接收	—
程序 P3：本地 VC-3	接收	—	—

因此,在实际运行阶段,当 P1 希望发送飞机轴线数据时,调用应用层接口中消息服务发送数据,发送服务使用的参数识别此调用为本地 VC-2,操作系统内的虚拟信道管理器查找映射表中的程序 1,通过本地 VC-2 就能发现需要在全局 VC-20 上发送此数据。类似地,在接收处理单元,虚拟信道管理器用全局 VC-20 接收数据,然后查找映射表发现如果是 P2 数据就需要经本地 VC-1 传递,如果是 P3 数据就需要经本地 VC-3 传递。

2. 消息加密

加密能确保消息在两个隔离的进程传输时的机密性。通过把信源数据转换为加密数据,使其在不可靠的信道中传输。加密可以使用专用的硬件加密设备,也可使用软件加密算法实现。在航空电子系统中,可以使用私钥和公钥两种加密技术,具体如下：

（1）私钥加密：私钥加密也称为常规加密或对称加密,在这种加密方式中,加密信息的发送者和接收者使用同一密钥。如果知道密钥,就能够加密和解密该消息。它的优点在于依赖于常规的加密技术,因此加密迅速,适合于大块数据的加密;缺点就是在多用户环境中很难可靠地传输密钥给所有用户。

(2) 公钥加密：公钥加密也称不对称加密，在此加密方式中，使用了一对密钥，其中一个密钥用来加密信息，另一个用来解密信息。如果仅仅有加密密钥，不可能用它来解密信息；类似地，如果仅有解密密钥，不可能用它来加密消息而只能使用该密钥解密信息。一个密钥属于公共密钥，每一个希望发送加密信息给特定接收者的人都可以得到；另一把密钥属于私有密钥，仅仅是需要解密该消息的人才知道。因此，任何人都能为特定接收者加密消息，但仅仅指定的接收者能解密。它的优点是密钥管理比较简单；缺点是依靠复杂的数学方法，因此与私钥加密相比效率较低，很少用于加密大块数据。

消息加密提供了系统内进程间通信的机密性，也有助于防止信源数据未授权地向飞机外传输。特别地，消息加密能有效地防止要保护的数据在通信网络中传输路径错误。

在系统设计过程中，系统集成人员负责决定哪一进程间消息需要加密，并在蓝印系统中记录此信息。在实际运行中，系统初始化或随后的重构中，通用系统管理器负责从蓝印系统中访问此信息并提交给操作系统，这样虚拟信道管理器就产生一个虚拟信道消息加密表，如表8-2所示。

表8-2 虚拟信道消息加密表

全局 VC	是否加密
Global-VC-10	是
Global-VC-20	否
Global-VC-30	是
Global-VC-N	否

同时，配置管理器也负责下载需要的软件加密算法到安全管理器中。在实际运行中，一个进程（例如，图8-7中的P1)希望发送一个消息到另一个进程，它就正常启动APOS发送信息命令，操作系统中虚拟信道管理器通过检查消息加密表中的全局虚拟信道的ID，看该消息是否需要加密。如果消息确实需要加密就被送到信息安全管理器进行加密。一旦加密完，就会返回虚拟信道管理器通过合适的路径正常传输消息，如图8-8所示。

类似地，在接收处理单元，当一个输入信息通过全局虚拟信道到达时，操作系统检查虚拟信道消息加密表，如果消息被加密了，就会送到安全管理器进行解密，然后传送到接收进程。在整个加密/解密过程中，安全管理器也需要一个类似的查询表来告知应使用什么加密/解密密钥。

3. 认证机制(Authentication)

认证机制是指提供确认进程间消息发起者身份的方法，例如证实设备B收到的信息确实是设备A所发，而不是其他设备以A的身份发送的。认证通常通过附加数字签名来保护消息不被更改，它是发送的信息的一部分，仅仅由预期的传送者产生。

认证能用来防止欺骗，例如，一个欺骗进程使用一个有效进程的身份，传输破坏或无效的数据。认证也能防止意外的飞机间的通信，例如，一个飞机之间传输的消息在传出飞机之前需要通过一个认证进程发送，只有认证被确认后这个消息才可以传送给另外一架飞机。

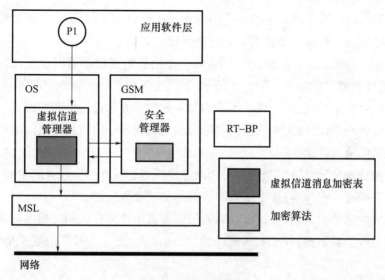

图 8-8 消息加密

实现认证依赖于单向加密算法,有两种方法实现认证过程,分别是进程间不加密认证和进程间加密认证。其中,第一种方法只是在消息中加入了认证信息,不对消息进行加密;而第二种方法实现了对所提供的消息的加密过程。两种方法的具体实现如下:

1) 进程间不加密认证

进程间不加密认证的实现如图 8-9 所示,该概念依赖于消息的发送者和接收者共享一个共同的秘密,即相同的单向加密算法和秘密令牌。单向加密算法是一个不可逆的进程,在数学里,多对一函数的反函数不能被轻易地推测出来。

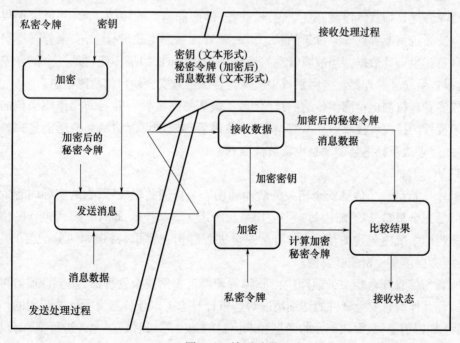

图 8-9 认证过程

私密令牌可以被发送者和接收者得到或者互相转告,它可以是一个整数或一串文本,只要双方约定即可。进程间不加密认证的具体过程如下:

(1) 传输处理单元:选择独立的密钥,每一个消息的密钥都可以改变,密钥可以是时间、序列号或任意值。

(2) 传输处理单元:秘密令牌采用密钥和单向加密算法进行单向加密。

(3) 传输处理单元:纯文本的密钥和单向加密的秘密令牌增加到原始消息中,然后传输整个扩充后的消息。

(4) 接收处理单元:接收到数据后,从消息中提取密钥并用接收者的单向加密算法计算加密接收者的秘密令牌,将加密结果和收到的秘密令牌对比。

(5) 接收处理单元:接收者计算得到的加密秘密令牌和接收到的相匹配则认证通过,接收进程就接收消息数据;如果不匹配,则认证未能通过,一次破坏信息安全的行为被记录下来。

2) 进程间加密认证

进程间加密认证的实现如图 8-10 所示。该方法中发送者和接收者有两个密钥,每一个都有它们自己的私钥和对方的公钥。公钥都能解密相应私钥加密的消息;类似地,私钥都能用来解密相应公钥加密的消息。在进程间加密认证方法中,发送者首先用公钥加密所发送的消息,然后再用自己的私钥加密并发送到接收者。接收者需要首先用发送者的公钥解密消息(解锁第二次加密),然后使用自己的私钥解密消息(解锁第一次加密)。攻击者想发送消息给航电设备,必须拥有发送设备的私钥和接收设备的公钥,良好的密钥管理策略能够防止此种情况的发生。

4. 故障管理

故障管理是指故障检测、定位、记录、防止、屏蔽和隔离故障的技术,并可以提供相关信息以使系统重配置到安全可靠的状态。故障管理器产生故障日志,安全管理器可利用故障日志产生审计数据。当故障管理检测到一个故障时,如果怀疑它是一个信息安全缺口,就报告给安全管理器。蓝印系统中应该包含该信息安全缺口的故障信息。

故障管理机制能检测误传的消息(例如被破坏的路由表),并启动操作使误传的消息不被未授权的接收者接收。在某些情况下,故障管理机制可能检测到缺乏消息完整性等故障,入侵者故意操纵某个消息也将被检测到。

5. 审计日志

审计日志记录了信息安全相关的活动和用于分析的关联故障,它的实际内容取决于系统信息安全策略,该策略由每一个应用系统所定义。同样地,审计日志所包含的信息应能按照蓝印系统内包含的信息(如信息安全进程驻留在哪里,密钥如何分配等)进行选择,还应考虑信息加密的必要性。

所有与信息安全相关的故障应由故障管理器汇报给安全管理器,安全管理器再决定把故障和其他信息安全事件的详细情况写进审计日志。审计日志为所有被调用的信息安全规程(如密钥下载、无法破译的消息和未预料的访问等)提供,将允许进行离线分析,以便将来采取相应的措施。

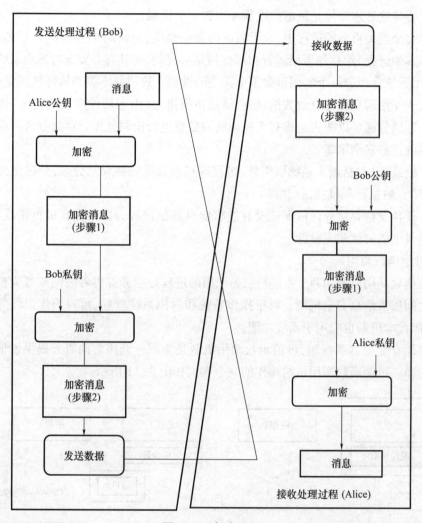

图 8-10 加密认证

通用系统管理器中的安全管理器控制审计日志,这个进程将把综合区域和处理单元安全管理器的事件报告写到大容量存储模块进行存储。对于审计日志中的记录数据,至少总会记录以下事件,包括:系统开机事件、重构事件和清除事件日志等。

6. 存储分区

存储分区指在处理器模块内部提供数据隔离的机制,通常由软件控制特定的硬件来实现。某些现代数据处理器具有该功能,但是大多数专用处理器(如 DSP)没有此项功能,尽管扩展处理器外围硬件能够实现某些形式的存储区分,但这种措施不适用于如信号处理和图形处理单元这样有效载荷大的处理单元,因此必须在蓝印系统生成的资源分配算法中考虑。

存储分区是可设定地址的存储器的一个区域,一般是相邻的,并且是特定软件进程可用的。在软件的概念里,分区包括为每个进程分配一个或多个区域,分区之间没有重叠。在分区存储器系统里,软件进程只可以访问有效分区里的存储器地址,其他任何访问数据的行为都将导致处理器停止目前的进程并报告一个错误。

在对安全至关重要的进程中,为了保证信息安全性,对访问个别进程上下文(包括操作系统和其他进程)的存储器段进行物理保护是必要的,尤其有必要支持通用系统管理的概念,通用系统管理的每个实例包含多个独立的进程。这里并不关心软件的质量保证,但要防止由于无用信息覆盖有效数据,使存储器访问错误(由于硬件或软件错误)传播到其他进程。存储分区可以防止进程对无权访问的数据进行读写操作。存储分区可用以下方法支持系统信息安全策略:

(1)给系统(包括操作系统层组件)进程等对象分配一些存储分区,分区至少包括代码区(只读)、数据区和堆栈区(读/写);

(2)硬件支持存储分区以保证没有进程能对其他进程分区的内容进行读或写操作,这样就提供了机密性和完整性。

7. 可信函数调用

可信函数调用机制(TFC)为进行服务调用的进程与服务提供者之间或者为模块内存储分区之间提供信息安全机制。对于操作系统和通用系统管理,可以当作进程等对象的收集器,因此本机制也应用于系统功能。

在使用存储分区系统里,可信函数调用机制是为服务调用者向服务提供者请求服务的唯一途径。可信函数调用机制操作的一个实例如图 8-11 所示。

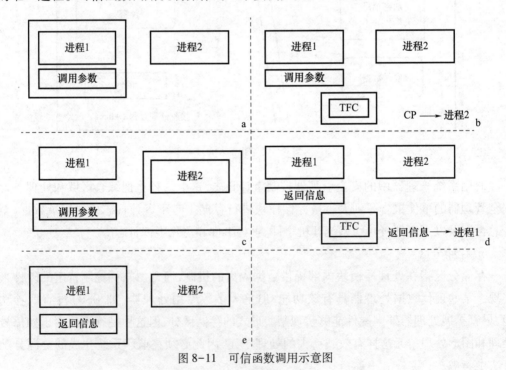

图 8-11 可信函数调用示意图

进程 1 在隔离缓冲里请求服务调用并提供调用参数(图 8-11a);然后激活可信函数调用机制,可信函数调用机制把参数传到进程 2 的上下文中(图 8-11b);进程 2 接收这些参数,做出相应运算后提供必要的返回信息(图 8-11c);可信函数调用机制把返回信息返回到发起进程(图 8-11d);进程 1 的调用就可以继续了(图 8-11e)。

服务调用的参数和返回值经过特定的存储块传输,该存储块是调用者和被调用者都能访问的唯一存储块,有助于加强数据保密和隔离。这种参数块的格式是按照定义好的规则构建的,可以确保可信函数调用机制检查特定参数值是否兼容系统信息安全策略。

8. 授权

授权的目的是在系统实际运行期间确认一个对象访问系统服务或资源的权利。这意味着每一个应用程序访问操作系统服务的进程请求都要被检查,当通用系统管理进程访问应用软件层和操作系统层(APOS)接口服务、系统管理与操作系统(SMOS)接口服务或系统管理与蓝印系统(SMBP)接口服务时也要被检查,甚至操作系统访问模块支持层和操作系统层(MOS)接口服务时也需检查。当从一个对象拷贝数据到另一个对象时必须进行授权。

本措施防止了未经过授权就访问系统服务或资源的行为。航空电子系统可以使用多级信息安全参考监控实现授权,信息安全参考监控负责实现给定系统的信息安全策略并探测破坏该策略的尝试。本质上,参考监控将包含运行时的安全检查和密钥验证算法。

9. 数据加密

数据加密是针对大容量存储模块的技术措施,其对数据遗漏提供机密性和保护。数据加密不允许在未授权的情况下访问存储在大容量存储模块中的数据,可以保证大容量存储模块落在敌方手中时的数据安全。

通用系统管理中的安全管理器有数据加密/解密程序,需要时可以装载作为扩展功能,该扩展驻留在一个或多个大容量存储模块中,用来加密/解密大容量存储中的数据。当某数据流(如视频)通过虚拟信道传送到大容量存储模块存储时,文件管理器应用软件通过蓝印信息检查虚拟信道中的数据是否需要使用加密形式存储。数据在写入非易失性存储器之前要通过安全管理器扩展功能进行检查。

10. 存储器擦除

存储器擦除是指对航空电子系统中所有存储器上信息进行擦除的操作,需要采取技术措施擦除信息的情况包括 4 种,分别是:由于重用(如重构)进程释放存储器、关机期间进程释放存储器、命令进程擦除数据或者模块取出时含有应用软件和数据。在存储空间分配给一个进程前也应擦除存储器,以防止在事先使用中没有被正确擦除。这样做也是为了避免从一个进程传输敏感数据到另一个进程。

存储器擦除可以在临时场地着陆时,防止信息传输到未授权的人员,例如通用功能模块被盗。存储器擦除还可以在系统开发环境操作时,防止通用功能模块被盗后信息传输到未授权的人员。

11. 差错检测和校正编码

差错检测和校正编码有助于检查数据的完整性,同时能在一定程度上对错误数据进行修复,比如奇偶校验和循环冗余校验(CRC)等。这些措施可以检测出传输错误并在大多数情况下校正错误,可用在高误码率的数据通信或者单向不可重传的数据通信等通信形式中。差错检测和校正编码提供一些保护以防止信息安全数据和功能的可用性受到威胁,例如引入没有合适故障校验码的伪数据。

此外,差错检测和校正编码也更适合于从大容量存储模块中下载镜像文件。带有 CRC 码的软件存储在大容量存储模块里,在重构进程期间,软件通过虚拟信道被发送到通用功能模块中的操作系统里。操作系统解包应用软件,利用 CRC 码确认软件下载无错误。如果软件有错误就需要通过故障管理器进行汇报。

12. 物理隔离

物理隔离就是把系统从物理和网络两方面进行划分,分成多个区域,并通过可信接口管理不同区域之间的通信,如图 8-12 所示。一个解决方案是把每个分区的一个模块用作可信接口。该可信模块应由专用的点对点联结相连,并包含提供域间网关的进程,这些进程不需可信。为达到这一点,可信进程需要使用鉴定和授权服务,并可能需要实现某种形式的消息加密。在网络路径错误的情况下,物理隔离能用来防止系统内大范围数据的散布。

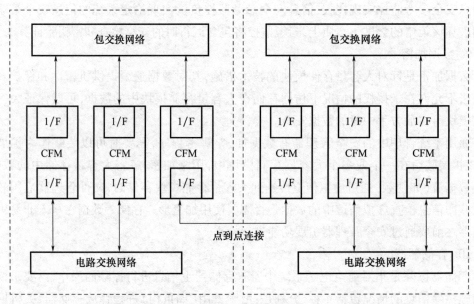

图 8-12 物理隔离

8.2.2 系统密钥管理

在航空电子核心系统里,密钥管理将在很多地方使用,包括:利用硬件或软件的方法对消息流进行加密以提供网络上的数据隔离;应用程序数据或代码通过硬件或软件的方法进行数据加密,以提供机密性和保护剩余数据免受攻击;消息的鉴定;以及应用软件的通信和传输信息安全等。

密钥管理是作为应用程序还是作为 IMA 体系的一部分来实现需要进行折中。如果从生存周期费用的标准来看,这种折中应基于密钥管理涉及的独立应用的数量(即加密信道、数据存储等的数量)。如果数目较少而且可以保证所有未来的 IMA 系统中数量较少,则密钥管理可作为应用程序来实现。如果数量不确定或者认为会增长,则把密钥管理结合到 IMA 通用系统管理更为有利。下面讨论的密钥管理是假定其作为 IMA 体系的一个通用系统管理功能进行的。

密钥分为弱密钥和强密钥两种,并非所有加密的密钥都是同样级别的。对内部数据分割的认证和通信加密有可能仅需要弱密钥,这是由于使用了多种信息安全措施(如通信加密和认证)或者是低风险的威胁。强密钥完成对系统中关键变量的保护,例如针对通用系统管理需要采取强密钥手段来保证系统执行的正确无误。密钥管理复杂的一个关键问题在于密钥变量是以纯文本还是以加密形式发布,这里建议所有的密钥变量采用主密钥(Master Encryption Key,MEK)加密形式进行传输和加载。

考虑航空电子系统数据加载过程,我们必须从任务规划计算机传输标记受保护的数据到飞机上,并在任务执行后把标记受保护的数据从飞机传回到任务规划计算机,这一过程如图 8-13 所示。

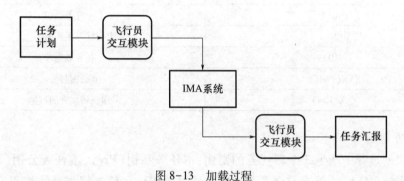

图 8-13　加载过程

在说明如何进行系统密钥管理之前,首先进行如下一些假设:
(1) 功能应用软件可执行代码、密钥和数据可能被指定为受保护内容;
(2) 系统关机时标记受保护的功能应用软件、密钥和数据需要驻留在大容量存储模块中;
(3) 系统关机时驻留在大容量存储模块里的所有标记受保护的功能应用软件可执行代码和数据应处于加密状态;
(4) 系统关机时驻留在大容量存储模块里的所有标记受保护的密钥应处于非加密状态;
(5) 所有密钥和标记受保护的数据、可执行代码应以加密形式通过网络传输;
(6) 系统开机时数据处理单元的所有密钥可能处于非加密状态;
(7) 所有驻留在飞行员交互模块内的受保护的信息应处于加密状态;
(8) 飞行员交互模块的单个主要密钥应可以解锁系统,即通过这个密钥,解密其他密钥并继而用来解锁系统的其他部分;
(9) 完成任务后从平台内取走的飞行员交互模块应该是用于下一任务的相同飞行员交互模块;
(10) 受保护的代码和相关密钥的传输,应在其他任何功能应用软件初始化之前的初始过程中通过系统进行分配。

对于密钥管理,当平台关机时,受保护的信息(数据和应用程序)可能还需要驻留在飞机中;单个关键密钥用来加密/解密关机状态下保留在飞机上受保护的数据;密钥采用异步的私有/公有密钥进行保护;关键密钥从不和其所保护的标记数据保存在一起;异步密钥仅在任务规划计算机上和关键密钥保存在一起;所有密钥在每一个任务中都全部改变。下面详细介绍密钥管理的过程,其中用到的关键词如表8-3所示。

表8-3 密钥管理的关键词

关键词	描述
Prv	本任务私钥
Pub	本任务公钥
MEK	本任务主要密钥
Prv-1	上一任务私钥
Pub-1	上一任务公钥
MEK-1	上一任务主要密钥
MD	任务数据
XXX(Plain)	非加密目标
XXX(Key)	采用密钥加密的目标

1. 任务规划

任务规划过程中产生3个新任务的密钥:本任务私钥(Prv)、本任务公钥(Pub)和本任务主要密钥(MEK)。当前任务需要的任务数据(MD)在任务规划计算机里产生,以加密状态存储在飞机上的数据/功能应用软件采用主要密钥加密。上一任务产生的私钥(Prv-1)和主要密钥(MEK-1)以非加密方式存储在任务规划计算机里;上一任务产生的公共异步密钥(Pub-1)以非加密方式存储在飞机上,如图8-14所示。在此阶段飞行员交互模块没有任何信息。

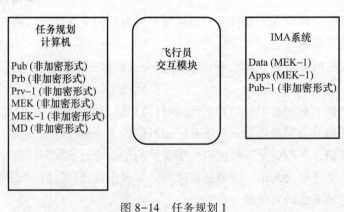

图8-14 任务规划1

当飞行员下指令下载作战任务后,同步密钥(Pub)、主要密钥(MEK 和 MEK-1)和任务数据(MD)都使用私有异步密钥(Prv-1)进行加密,并从任务规划计算机拷贝到飞行员交互模块里。这些密钥和数据的拷贝与密钥 Prv 及 Prv-1 的拷贝一起以非加密形式保留在任务规划计算机里,如图 8-15 所示。

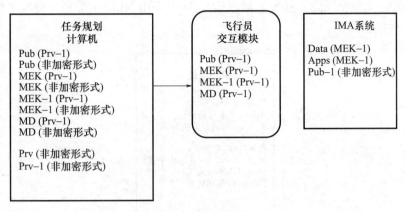

图 8-15 任务规划 2

2. 系统初始化

开机时大容量存储模块中的通用系统管理组件(安全管理器)读取飞行员交互模块并拷贝密钥和数据,然后安全管理器采用驻留在飞机上的相应的异步密钥 Pub-1 分别解密密钥 Pub(Prv-1)、MEK(Prv-1)、MEK-1(Prv-1) 和数据 MD(Prv-1)。在此基础上安全管理器就能采用刚解密的密钥 MEK-1 解密驻留在大容量存储模块上的加密的应用程序 Apps(MEK-1) 和数据 Data(MEK-1)。一旦那些需要加密的项目解密了,Pub 被重命名为 Pub-1,MEK 被重命名为 MEK-1,这样 Pub 和 MEK 就不再存在了,如图 8-16 所示。

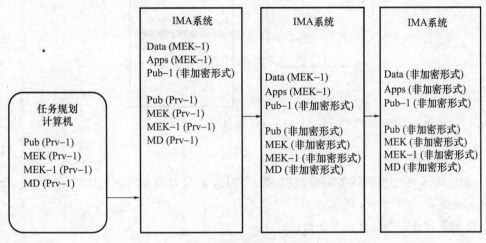

图 8-16 系统初始化

3. 系统操作

系统操作期间,作为任务汇报组成的数据将保存到大容量存储模块中,如图 8-17 所示。

4. 系统关机

在关机过程中,标记受保护的数据和应用程序以及任务汇报数据都用 MEK-1

(任务开始时的 MEK)进行加密。Pub-1 以非加密方式保留在飞机里,而密钥 Pub、MEK 和 MEK-1 全都删除。任务汇报数据 DBData 采用 MEK-1 加密并写入飞行器模块,如图 8-18 所示。

图 8-17　系统操作

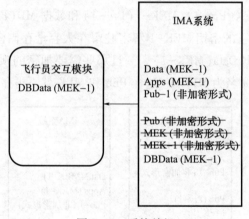

图 8-18　系统关机

5. 任务汇报

密钥 MEK 用于解密任务汇报数据,然后 MEK 重命名为 MEK-1,Prv 重命名为 Prv-1,Pub 被删除,如图 8-19 所示。

密钥管理还需要注意以下 3 点:

(1) 相同的加密算法必须同时常驻在飞机中,并把任务信息写入飞行员交互模块的计算机里;

(2) 保留在任务规划计算机里的密钥可能处于加密状态,这里说其未加密只是为了便于读者理解;

(3) 任务数据和驻留在飞机上的受保护的功能应用软件与数据不必马上解密,它们可以传送到其目的地三层塔式软件系统(Three Layer Stack,TLS)然后解密,把主要密钥传输到它需要的 TLS 需要有可靠的通信连接。

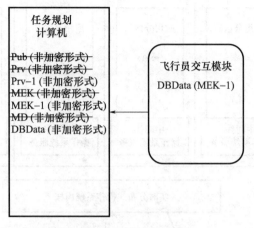

图 8-19　任务汇报

8.2.3　多级别安全性

当前,航空与国防领域对安全性需求日益增强。为了使不同安全级别的应用能够在同一系统中安全运行,需要采用多重独立安全等级(MILS)架构。MILS 架构可将单个处理器"分割"成独立的"区域"来运行不同安全等级的软件,通过在资源分配、信息流和故障等方面的完全隔离,使系统能够严格遵循由开发人员或系统定义的各种安全规则。MILS 架构解决了航空电子系统综合化以后航空电子应用之间的通信安全问题。与以往的综合化航空电子系统的体系结构相比,MILS 的系统分层,安全分级的体系结构具有代码分散、便于管理、实时性强和安全性高等特点。

以美国的第四代战斗机 F35 的航电系统为例,它采用了"宝石台"航电体系结构,其综合化程度比 F-22 更高,采用 ICP 作为其核心处理机,这是一个中央网络计算机,能将雷达、电子战、识别的传感器数据以及通信、导航武器和系统状态数据综合为一致的、融合的信息,通过多功能显示器传达给飞行员。

多级别安全(MLS)系统可以实现不同安全等级实体间的通信,传统的安全操作系统模型已经包含 MLS 这一概念,可以处理不同安全等级的数据。但是单纯 MLS 系统面临的挑战主要是验证问题,它的每一部分须经过严格的分析以确保它在不违反安全策略的情况下,准确地处理带有安全等级标签的数据,即使在可信计算基(Trusted Computing Base,TCB)结构或者引用监视器下也需要大量的分析。因此,把对安全的集中式管理改为模块化管理、使用安全组件进行管理并使得它小到可以进行较高级别的形式化验证,成为亟需解决的问题,这种分而治之的策略极大提高了系统安全性和分析的可行性。

综合化航空电子系统规模庞大,分区、中间件、实时分布式操作系统内核构成了整个系统的通信主体,依照 MLS 的安全分级需求以及 MILS 实现安全分级的措施,三者互联的体系结构如图 8-20 所示,这样的体系结构也称为基于虚拟机方式的结构。由于分区的时间隔离和空间隔离特性以及各个分区独立的操作系统服务,各应用程序运行时互不干扰,好像独占系统资源,运行于各自独立的操作系统之上。

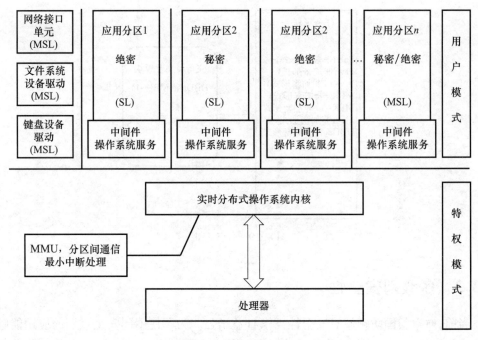

图 8-20 MILS 体系结构

MILS 系统将进程隔离至各个分区,分区确定了数据、代码、系统资源的集合。系统中所有的组件按照它们处理数据的方式分为单一级别(Single Level,SL)组件、多重单一级别(Multiple Single Level,MSL)组件和多级别(Multiple Level,ML)组件。其中 SL 组件在单一安全级别上处理数据;MSL 组件通过多重安全级别处理数据,但是在不同级别数据间保持隔离,如输入输出设备驱动;ML 组件混合了不同安全级别的数据,通过加密或过滤技术使信息从高安全级别降至低安全级别。MILS 整个系统内部包含上述 SL 组件、MSL 组件以及 ML 组件。由于这种结构特性,MILS 可以向上兼容 MIS,实现 MIS 的安全分级需求。

MILS 体系结构分为最小特权隔离内核(Least Privilege Separation Kernel,LPSK)层、中间件层和应用层三层。

分区是保证安全关键软件可靠性和确定性执行的核心技术,也是隔离思想在 MILS 系统中的具体应用。分区所带来的信息安全优势包括以下几点:

(1)分区能保证安全关键应用对时间资源、宽带资源和空间资源需求的满足。既确保了分区应用按预期的时间节点享用所分配的资源,在某一时刻只有一个进程能够对某一给定区域进行读/写操作;又防止某分区恶意或非恶意地侵占其他分区的资源。

(2)分区能将失效约束在分区内部,实现分区间的互不干扰,使得一个分区的故障不会影响其他分区,防止安全威胁的扩散,并确保任何分区的崩溃都不能导致整个系统的崩溃。

(3)分区能保证不同安全级别的软件不会互相影响,尤其是低安全级别软件不影响高安全级别软件;防止敏感信息和数据的泄露,确保信息不会从高安全级别分区流入低安全级别分区。

(4) 分区间的通信由隔离内核严格控制,应用程序和相关的中间件以非特权模式运行在这些分区中,隔离内核严格控制分区间的数据流动,分区间只能通过提前配置的通道进行通信。

(5) 每个分区都可以独立地进行安全性评估和认证,只需要进行自身功能所需级别的评估即可而不需要更高的安全级别,极大地降低了评估和认证的复杂度和代价。

8.3 信息安全评估

为了保护航空电子系统安全,需要开发、生产和采购各种系统安全的软、硬件产品,并希望采取安全手段使系统达到真正的安全可靠,这就需要对系统所用的安全手段进行评估。采用各种验证评估技术,评测其是否满足航空电子系统安全的要求,从而确保系统是安全的。

本节首先总结了信息安全风险分析,把分析过程分为资产分析、攻击分析和风险分析;然后结合安全性评估标准和层次分析法,给出适用于信息安全的评估方法。

8.3.1 信息安全风险分析

在航空电子系统信息安全范围内所采用的风险分析包括系统描述、资产分析、攻击分析和风险分析。系统描述主要包括定义系统任务,判断系统接口和系统批准的接入成员;资产分析主要判断系统需要保护的资产,并对每个资产分配关于系统的保护级、机密性、完整性和可用性;攻击分析主要判断攻击对于系统可能造成的危害,评估它们以决定可能对系统的机密性、完整性和可用性产生的影响;风险分析主要根据攻击发生的可能性,评估每一个可能的攻击,这取决于攻击发生后系统受到的影响和攻击发生的可能性。信息安全风险分析方法如图 8-21 所示。考虑到信息安全风险分析的过程和飞行器的具体环境相关,首先在表 8-4 中给出飞行器所处的环境。

表 8-4 飞行器环境

环境	描述
系统开发阶段	假设系统开发活动在可靠工厂的合适环境里进行
外部维护	系统或组件可能被送到附属基地以外的维护/维修中心
飞行中	飞机可能单独飞行或者与巡逻队一起飞行。在与巡逻队一起飞行时,飞机之间可能互相通信 也需考虑飞机飞行中严重损坏后飞行员逃生的情形
地面:安全基地	位置可以是飞机修理库、停机坪、滑行道和飞机跑道 假设每一位置四周都围绕着可靠的防护和受控制的出入口。飞机所属基地也必须有飞机操作的合适设施
地面:非安全基地	飞机可以迫降在不可靠的民用机场。假设操作设施最小化且建立有军方标志的安全区域

续表

环境	描述
地面:临时机场	在紧急情形,飞机可能迫降或坠毁在临时场地。临时场地有可能处于敌区。这里假设飞行员和飞机是孤立的,没有基础设施或业务援助。在飞行员弹射的情况下,飞行员可能和飞机不在一起

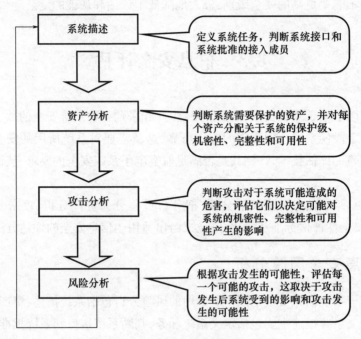

图 8-21 信息安全风险分析方法

1. 资产分析

本节将阐述系统内需要保护的重要资产,并从系统机密性、完整性和可用性方面为这些重要资产分配各自的敏感等级。为躲避敌方攻击,系统内需要保护的重要资产包括关键变量数据、战术情报数据和技术资产等,具体如下:

(1)关键变量数据:经过加密来保护飞机与合作者传输信息的安全性。关键变量提供了独有的密钥,该密钥用来编码或解码使用加密算法的数据。丢失关键变量可能使敌方可以分析截获通信信息,敌人可能进一步获得授权访问非加密的关键变量,并利用它们访问更多的关键变量,威胁信息安全。

(2)战术情报数据:由航空电子系统的功能应用软件使用,它可能是目标识别库或进攻力量位置信息。丢失此信息可能导致潜在的敌方了解个别任务或战术,也可能导致入侵者侵入国家的敌方威胁情报或国家对策。

(3)航电系统的技术资产:包括硬件和软件,应用软件和操作系统代码以及蓝印也可以认为是技术资产。丢失技术资产意味着将飞机的技术资料暴露给潜在的敌人,可能导致入侵者掌握当前飞机性能。

系统包含许多评估内容,为了详细检查系统信息安全性需求,以下完整分析所有系统评估内容的敏感性。在单个评估内容应用敏感性分级前,需要决定使用该平台的任务的重要性。本质上,分级依赖于任务失败时的影响和后果,共可以分为"致命""重要""一般"和"支持"4个等级。"致命"指不执行此飞机任务时立即危害该任务所属的整个操作的执行,此操作不成功对国家利益有异常严重的后果,没有可替代的方法可以弥补飞机的故障。"重要"指不执行此飞机任务时严重阻碍该任务所属的操作的执行,此操作失败对国家利益有严重后果,有执行此任务的可替代方法,但需要很长时间或效率很低。"一般"指不执行此飞机任务阻碍了该任务所属的操作,有可替代的方法,故障对于操作的整体结果没有严重影响。"支持"指不执行此飞机任务不影响该任务所属的操作的执行,该任务可以延期而且没有不便之处。

一旦任务的重要性确定了,每一评估内容就能依次评估,看该评估内容泄露给敌方机构、未经授权的改变或其不可用性是否对任务的成功有影响,对任务的影响越大,敏感性级别就越高。根据机密性、完整性和可用性,评估内容敏感性分级的标准共分为4个等级,分别为高度敏感(Highly Sensitive,HS)、非常敏感(Very Sensitive,VS)、适度敏感(Moderately Sensitive,MS)和不敏感(Non-Sensitive,NS),各等级的详细描述如表8-5所示。

表8-5 评估内容敏感性分级

等级	描述
高度敏感(HS)	后果:信息的泄露/改变/非可用性对国家利益有异常严重的后果
	任务:信息的泄露/改变/非可用性使飞机不能完成至关重要的任务或严重危及至关重要的任务的成功
非常敏感(VS)	后果:信息的泄露/改变/非可用性对国家利益有严重的后果
	任务:信息的泄露/改变/非可用性使飞机的重要任务不能完成或严重危及重要任务的成功
适度敏感(MS)	后果:信息的泄露/改变/非可用性对国家利益有害
	任务:信息的泄露/改变/非可用性使飞机不能完成常规的支持性任务或严重干扰此任务的成功
不敏感(NS)	后果:信息的泄露/改变/非可用性对国家利益没有有害后果
	任务:信息的泄露/改变/非可用性不影响飞机完成任务,不管任务是否重要

信息敏感性具有相应的信息敏感周期。一般来说,攻击指令信息的生命周期很短,其敏感周期可能在毫秒以内;战术情报数据的敏感周期可能只是在任务期间(几分钟和数小时);技术资产的敏感周期可能有很长一段时间(系统的生命周期)。详细的分析需要建立表格列举敏感资源或关于机密性、完整性和可用性方面的每一信息敏感级别。

2. 攻击分析

在进行攻击分析时,首先要确定潜在的攻击形式,敌方可以采用许多方法尝试访问敏感信息。入侵者既可以授权访问也可以不经授权访问系统,可能拥有不同级别的技术进行攻击。系统安全的威胁包括:窃听、访问、设计缺陷、病毒、篡改、防信息泄露、故障、环境、干扰、物理攻击、开发工程师、飞机损坏、操作错误和维护错误,具体如下:

(1) 窃听:敌方可能窃听飞机与合作者之间的通信。

(2) 访问:未经授权者可能从物理或逻辑上访问系统。未经授权者已经或尝试取得系统以及系统的人机界面的物理访问权,但没有授权获得系统逻辑访问权或授权操作系统信息。

（3）设计缺陷：系统缺陷可能产生信息安全故障。系统提供的信息安全只能建立在这样一个基础上，即所有有关系统特性的信息安全措施能可信有效地对抗威胁并被正确可靠地操作。措施应确保用户或外部威胁不能通过偶尔的发现或定向搜索发现系统缺陷，进而利用缺陷进行暗中破坏。

（4）病毒：病毒通常指引入额外信息和功能的各种形式的威胁，未经授权软件的组件能够渗透系统，引起不正确的操作。软件能进入飞机执行未经授权的操作，威胁系统信息安全。例如，特洛伊程序能用来从易失性存储器传输数据到非易失性存储器并在以后取回。同样，特洛伊程序允许未加密的敏感数据在通信信道上传输。特洛伊程序对信息安全的各种威胁对策的设计产生了深远影响。

（5）篡改：系统的保护机制可能被篡改，涉及实现系统信息安全的系统软件和数据可能被重写或损害，从而降低保护机制的完整性，并使它们失去管理系统信息安全的能力。

（6）防信息泄露：敏感信息可能会通过电磁辐射无意识地从飞机中传输出去。高能高频系统资源（如配电系统）可能被数据传输电子线路调制，从而导致信息无意中传输出飞机。

（7）故障：设备故障能削弱系统敏感信息的机密性、完整性和可用性。信息安全的威胁可能产生的故障包括操作环境的损坏、停电、硬件故障或软件故障，其中停电还能引起数据遗漏。故障可以导致数据泄露，例如高字节的数据可能未经加密地泄露到低字节。

（8）环境：硬件的损坏能破坏关键的任务和其他数据，进而削弱整个系统的操作并且信息安全措施可能失去作用。损坏可能是由真菌、盐雾、灰尘、潮湿或其他液体、核辐射、生化物质、电辐射或发光、振动或冲击等因素造成的。

（9）干扰：干扰系统可以使数据不可用。干扰可能的方法包括电磁干扰、声干扰、光干扰，因此系统资源应该具有强有力的设计保证，如抗电磁干扰能力等。

（10）物理攻击：系统只能在飞机免受物理破坏、直接暴露、入侵和物理攻击（如炸弹）等情况下才能确保信息安全。航电系统需要设计专门的子系统帮助飞行员躲避敌方的物理攻击。

（11）开发工程师：在航电系统的设计和开发中，需要严格考察所有的参与人员，有叛意的系统开发职员可能在开发阶段故意破坏系统。在设计周期早期需要采取信息安全对策来预防这种威胁，严格规范参与人员的行为和职业道德。

（12）飞机损坏：飞机损坏削弱了整个系统的操作，导致信息安全措施失效。

（13）操作错误：错误操作航电系统可能导致不可预知的系统错误，从而潜在地影响信息安全的所有方面。

（14）维护错误：维护错误可能发生在维护的各个阶段，不完善或者错误的维护方式可能将错误带入到航电设备中，导致信息安全错误。

将前面讨论的各种威胁进行分组，并分析其对信息安全的机密性、完整性和可用性的影响，可以得到不同类型威胁对信息安全的影响，如表8-6所示。

表 8-6　不同类型威胁对信息安全的影响

分组	攻击形式	机密性	完整性	可用性
被动攻击	环境	是	是	是
	设计缺陷	是	是	是
	操作错误	是	是	是
	故障	是	是	是
主动攻击	窃听	是	否	否
	访问	是	否	否
	信息泄露	是	否	否
	飞机损坏	是	是	是
	物理攻击	是	是	是
	干扰	是	是	是
	病毒	是	是	是
	篡改	是	是	是
	非安全开发	是	是	是

3. 风险分析

风险是威胁和易损性的函数：威胁是进行攻击的可能性，易损性是一旦进行某特定攻击，该攻击成功的可能性。进行某种攻击的可能性（威胁）可以量化为攻击成功对系统的影响或结果。成功攻击对系统的影响越大，敌方越可能花费时间、精力和经费来发动攻击，从而攻击发生的可能性也就越大。

判断威胁的标准分为 4 个等级，分别为"非常高""高""中等"和"可以忽略"。"非常高"指在信息安全性方面受威胁影响的信息敏感性级别评估是高度敏感（HS），一个至关重要任务的完成受到阻止或严重危及其成功完成；"高"指在信息安全性方面受威胁影响的信息敏感性级别评估是非常敏感（VS），一个重要任务的完成受到阻止或严重危及其成功完成；"中等"指在信息安全性方面受威胁影响的信息敏感性级别评估是适度敏感（MS），一个普通任务的完成受到阻止或严重危及其成功完成；"可以忽略"指在信息安全性（机密性、完整性或可用性）方面受威胁影响的信息敏感性级别评估是不敏感（NS），一个支持任务的完成可能受影响。

判断易损性的标准也分为 4 个等级，分别为"高""中等""低"和"可以忽略"。"高"指如果确定敌方尝试进攻的话，进攻几乎肯定成功；"中等"指如果确定敌方尝试进攻的话，进攻有不高的成功机会；"低"指如果确定敌方尝试进攻的话，进攻有很少成功的机会；"可以忽略"指系统易损性很低，如果确定敌方尝试进攻的话，几乎没有成功的机会。

威胁和易损性的值可以结合起来对特定的威胁和操作环境提供总体的风险评估。表 8-7 给出了如何使用该方法量化风险的实例。

表 8-7 风险量化方法

威胁	易损性			
	忽略	低	中等	高
忽略	忽略	忽略	低	中等
中等	忽略	低	中等	高
高	低	中等	高	非常高
非常高	中等	高	非常高	非常高

为了对航电系统具体设计提供参考数据,对飞行器的每个环境中可能发生的每一攻击的威胁和易损性都需要进行分级。利用风险生成函数,最后可以得出风险分析表。

8.3.2 信息安全通用评估标准

20 世纪 70 年代后期,美国国防部认识到需要建立一套标准来规范和评估计算机系统,由此在 1980 年出版了《可信计算机系统评估标准》(Trusted Computer System Evaluation Criteria,TCSEC)。欧洲在 1991 年也发布了类似的标准《信息技术安全性评估标准》(Information Technology Security Evaluation Criteria,ITSEC),用来协调英国、德国、法国和荷兰的信息安全性评估需求。

为了协调欧洲标准和美国标准,后来发布了《信息技术安全性通用评估标准》,简称"通用标准"(Common Criteria,CC),ISO 收录该标准作为唯一的信息安全性评估国际标准。CC 作为信息系统安全性评估的基本标准,可以使用户根据其评估结果即可判断信息系统的安全性。CC 通过评估系统的开发过程、测评过程和操作过程得到信息系统的安全性。

系统开发阶段的信息安全需求对最终用户的信息安全有很大影响。如果设计初始阶段的需求不合适,最终系统很可能不能满足用户的要求。CC 采用了保护框架(Protection Profile,PP)的概念,系统设计者和用户都可以使用 PP 来设置一套标准的信息安全需求,CC 也鼓励系统开发者用 PP 作为系统规范的基础。

从信息安全性观点出发,系统开发者有两个输入,即信息安全性需求和 CC 的评估需求。为了在整个设计周期中都贯彻信息安全性思想,CC 在不同的抽象层次上提出了信息安全性所关注的问题,这些层次包括信息安全性环境、目标、需求、规范和实现,具体如下:

(1) 信息安全性环境:包括所有规范、各组织安全策略、习惯、专家经验和相关知识,还包括对系统信息安全性的威胁。

(2) 信息安全性目标:用来说明准备对抗指定威胁并且符合组织安全策略的计划。信息安全性目标适用于信息系统所提及的所有威胁。

(3) 信息安全性需求:信息安全性目标精简后的一套用于信息安全性功能的技术方面需求,如果满足这些需求,就能确保系统能满足信息安全性目标。

(4) 信息安全性规范:为系统定义一个实际的或拟提议的实现,如果系统按照规范来执行,就应满足信息安全性目标。

（5）信息安全性实现：根据信息安全性规范设计实现系统。

除了系统信息安全性方面固有的结构特性外，CC 还要求各层都解释基本原理。这样就可以通过介绍各层之间如何保持一致，说明层次完整性和相容性，从而提供系统的可追溯性。为实现基于 CC 的信息安全性评估，涉及以下几个基本概念：

（1）评估对象(Target Of Evaluation, TOE)：作为评估主题的信息技术产品和系统以及相关的管理员和用户指南。

（2）安全组件包：把多个安全要求组件合在一起所得到的结果就叫作一个安全组件包，其可用于构造更大的安全组件包或保护框架(PP)和安全目标(Security Target, ST)。

（3）保护框架(PP)：满足特定用户需求，与一类 TOE 实现无关的一组安全要求。PP 是抽象层次较高的安全要求说明书，CC 对它的格式有明确的规定。它可以使用 CC 中定义好的组件或由这些组件构成的组件包，也可以使用自行定义的要求组件。在安全产品的开发过程中，PP 通常是在 ST 的定义中使用。

（4）安全目标(ST)：作为指定的 TOE 评估的一组安全要求和规范。ST 是一份安全要求与概要设计说明书，CC 对它的格式有明确的规定。ST 的安全要求定义与 PP 非常相似，不同的是 ST 的安全要求是为了某一特定安全产品而定义的。ST 的安全要求可以通过引用一个(或多个)PP 来定义，也可以采用与定义 PP 相同的方法从头定义。

（5）评估保证等级(Evaluation Assurance Levels, EAL)：代表了 CC 预先定义的保证尺度上的某个位置，CC 对产品安全可信度的衡量是与产品的安全功能相对独立的。EAL 在产品的安全可信度与获取相应可信度的可行性及所需付出的代价之间给出了不同等级的权衡。标准中对产品评估得到的安全保证还专门定义了 7 个评估保证等级。

目前国际上都把 CC 作为评估信息技术安全性的通用尺度和方法，纷纷开始依据 CC 这一基础性框架标准指导信息安全标准化建设和合格评定体系建设。尽管 CC 已经是信息技术安全评估的国际标准，但它仍有很多问题和局限性，具体如下：

（1）CC 评估是一个昂贵、费时的任务。这一过程需要基于系统确定的安全目标级别，级别越高，评估的花销就越大。

（2）CC 是具有一般性而没有考虑不同种类信息技术产品的特殊安全需求。所以 CC 不像其他标准（比如 FIPS 140-2）一样提供更多规范的方法，其评估方法比较抽象和主观。

（3）CC 可以用来评估设计方法，而不能评估安全功能。它是开发过程的评估系统，而不是针对系统本身的评估。

（4）CC 评估模型基于概率学和数学统计理论，从中只能得到定性描述。

8.3.3 信息安全评估方法

传统的 CC 评估模型复杂，而且也不适用于 MILS 系统的评估，可以采用基于层次分析法(Analytic Hierarchy Process, AHP)和灰色关联分析法(Grey Relational Analysis Process, GRAP)的 MILS 系统评估方法。AHP 与 GRAP 结合，可以把决策相关的因素划分为几个灰度级,并根据灰度级进行定性和定量分析[1]。在该评估方法中,信息系统是自底向上被评估的,同时系统的安全等级在最后被评估出来。根据 CC 的评估思想,基于 CC 安全功能组件的安全评估模型如图 8-22 所示。

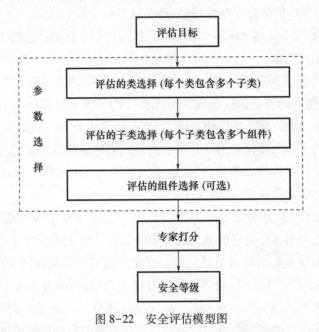

图 8-22 安全评估模型图

安全评估模型的评估方法主要包括以下 3 个步骤:根据 CC 等级结构建立判定树来决定评估目录,用 AHP 决定整个评估判定树的权重,用 GRAP 分析评估数据并获得整个系统的安全级别。

1. 建立判定树

CC 定义了由 11 个类组成的安全需求。类是一种对安全特征进行分类的方式,用来描述相似或者共有的安全功能需求。每一个类包含了满足某一特定安全目标的安全需求子类,而每一个子类又会包含很多组件。组件定义的安全目标,进一步细分成必须实现目标的特定任务。根据评估系统和评估目标,从 CC 文档中选取几个类组成一个判定树,如图 8-23 所示。

2. 用 AHP 决定权重

AHP 方法从本质而言是一种思维方式。首先,它把复杂问题分解成各个因素,又将这些因素按支配关系分组形成递阶层次结构;然后依据人们对客观现实的判断通过两两比较的方式确定层次中诸因素的相对重要性,给予定量表示;再利用数学方法确定每一层次全部因素相对重要性次序的权值;最后综合决策者的判断,综合计算决策方案相对重要性的总排序。整个过程体现了人的决策思维的基本特征,即分解、判断和综合。在大部分情况下,决策者可以直接使用 AHP 进行决策,因而大大提高了决策的有效性、可靠性和可行性。根据 AHP,决定组件权重的过程包括两个阶段:第一阶段是构造两两比较的判断矩阵,第二阶段是决定权重并检查一致性。

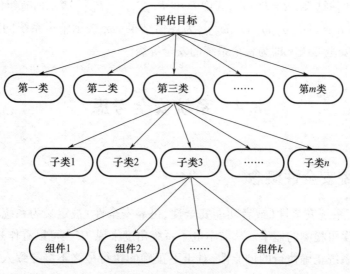

图 8-23 安全评估判定树

3. 计算目标信息系统安全等级

GRAP 分析评估引入 GRAP 方法是为了最终得到目标信息系统的安全等级。ω 表示安全等级适应度，$\omega_i(k)$ 表示组件 k 的安全等级为 i 的可能性。假设有 n 个组件，安全级别是 1~5，则这 n 个组件的安全等级适应度可以组成如下的矩阵：

$$[\omega] = \begin{bmatrix} \omega_1(1) & \omega_1(2) & \cdots & \omega_1(n) \\ \omega_2(1) & \omega_2(2) & \cdots & \omega_2(n) \\ \cdots & \cdots & \cdots & \cdots \\ \omega_5(1) & \omega_5(2) & \cdots & \omega_5(n) \end{bmatrix}$$

GRAP 的具体步骤如下：

（1）得到优先值数列 ω_0：$\omega_0 = \{\omega_0(k) \mid (k = 1,2,\cdots,n)\}$，式中 $\omega_0(k)$ 表示组件 k 的所有安全性可能中值最大的，即 $\omega_0(k) = \max(\omega_1(k), \omega_2(k), \omega_3(k), \omega_4(k), \omega_5(k))$，获得最优值就是找到适应度作为最佳评估。

（2）计算关联系数。$\xi_i(k)$ 表示 $\omega_i(k)$ 与 $\omega_0(k)$ 之间的关联系数。$\xi_i(k)$ 表示在安全级别 i 上组件 k 适应度，$\omega_0(k)$ 表示组件 k 的适应度，则 $\xi_i(k)$ 可以由如下公式得到：

$$\xi_i(k) = \frac{\min\limits_{i}\min\limits_{k}|\omega_0(k) - \omega_i(k)| + \rho \times \max\limits_{i}\max\limits_{k}|\omega_0(k) - \omega_i(k)|}{|\omega_0(k) - \omega_i(k)| + \rho \times \max\limits_{i}\max\limits_{k}|\omega_0(k) - \omega_i(k)|}$$

式中 ρ 为灰度分辨系数，$\rho \in [0,1]$，通常取 $\rho = 0.5$。在计算了所有的 $\xi_i(k)$ 后便可以得到一个关联系数矩阵 E：

$$E = \begin{bmatrix} \xi_1(1) & \xi_1(2) & \cdots & \xi_1(n) \\ \xi_2(1) & \xi_2(2) & \cdots & \xi_2(n) \\ \cdots & \cdots & \cdots & \cdots \\ \xi_5(1) & \xi_5(2) & \cdots & \xi_5(n) \end{bmatrix}$$

(3) 得到评估结果。$R = P \times E$，式中 $P = [P_1, P_2, \cdots, P_n]$，表示所有组件的权值；$E$ 为关联系数矩阵；$R = [\omega_1, \omega_2, \omega_3, \omega_4, \omega_5]$，为评估结果；$\omega_i$ 表示整个系统的适应度。假设 $\max R = \omega_k$，则安全等级 k 即为整个系统的安全等级。

8.4 系统安全考虑

8.4.1 系统安全性概念

本质上看，系统安全性（或者功能安全性、可靠安全性）被定义为系统输出正确的概率或者输出错误可检测的概率。从航空电子系统角度来说，安全可以看作是一种期望，即一个产品或者系统正确执行的可能性，对于不正确的执行最终不会导致人的生命受到伤害的状态。人的生命在这里包含所有可能被系统影响到的人，比如系统的使用者（对于一个飞机，包括全体机组人员和飞机上的乘客、地面的维护人员）或是一般的人员。

系统安全需要了解飞机、系统和设备如何以非预期的方式运行，并制定要求以确保这些非预期功能的影响和后果依然符合系统设计规范以及民用航空法规。系统安全不应被视为一个单独的活动，只是执行民航当局要求的所有跟安全相关的文件，而应该看作整个系统开发的一个有机组成部分。系统安全是一个全过程性工程，与通用工程所需解决的问题类似，需要识别故障，设计故障替代解决方案，在性能、成本等约束条件下确定最佳解决方案并实施最佳解决方案。图 8-24[2] 给出了系统安全概念的通用模型。

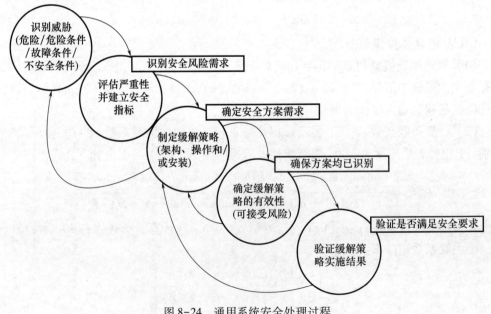

图 8-24 通用系统安全处理过程

在系统安全过程中，第一步是识别故障所导致的威胁或意外。一旦识别出威胁，就要评估其对系统影响的严重程度。根据严重程度,建立风险要求。这通常被称为可接受的风险标准,通常由严重程度和概率进行表述。风险要求还可能包括特定的容错要求,例如灾难性条件下不能有单一故障导致的失效。

一旦确定了问题,流程的下一步就是定义解决方案。在安全工程中,解决方案来自风险标准。较高的风险需要更多的解决方案或缓解措施,较低的风险需要较少的缓解措施。缓解措施(也称为故障安全设计或灾害控制)可包括冗余、独立性、检测/监视、安全容限和程序。这些缓解措施用于为系统构建功能架构和物理架构,以实现风险要求。

在提出缓解措施后,根据风险标准对其有效性进行评估,这是确定最有效的解决方案的一部分。安全分析技术用于确定架构中可能导致威胁发生的内容,并定义缓解需求。一旦确定了缓解措施并分配了需求,系统开发将在设计阶段进行,并需要验证设计实现的有效性。

这种安全处理过程是一个反复迭代的过程,随着缓解策略和体系结构的发展,可能会产生新的威胁,就需要对体系结构进行更改。

对于民航来说,安全处理流程还要求识别飞机和系统层面的故障条件,包括考虑运行和环境条件(图 8-24 中识别威胁),定义故障后果的严重性和发生概率之间的关系(图 8-24 中识别安全风险要求),讨论故障安全设计的实施(图 8-24 中确定安全方案需求),并建立不同故障模式下的具体安全考虑(图 8-24 中确保方案均已识别并验证是否满足安全要求),如单故障模式、多故障模式、外部故障模式(比如安装或物理危害)、潜在故障以及人为故障等。

鉴定是由官方决定系统是否合格,系统要能够在指定的条件下,根据官方和对系统负责的机构之间的协议进行安全的操作并且达到系统设计的目的,民用飞机的范围内,这些要求主要是耐飞性的要求。

鉴定包括安全方面和满足目的两个方面。对于安全鉴定方面,至少需要准备 3 个正式文件:安全项目计划,描述和定义与飞机有关的所有安全策略;危险记录,包含确定的危险和事故的列表;安全案例,描述系统可接受的操作假设和安全要求。

一般来说,联合式航电系统中使用最简单和最少的资源来满足性能和安全需求,这通常会产生专用的嵌入式硬件/软件解决方案,比如 LRU。通常对于安全关键性应用,整个软硬件都是根据相同的安全设计保证级别来开发的,这种方法降低了跨不同功能模块的共模故障(如硬件错误、软件错误、硬件故障、安装错误等)的风险。对于 IMA 系统,取决于具体的航电应用,可以结合 IMA 综合架构,在通用功能模块上加载应用实现具体功能,主要特征体现于供电、计算硬件、存储器、数据总线等物理资源由多个功能共享,甚至其中一些功能之间根本就没有什么共同性。由此就出现不同安全级别、不同设计保证级别的软硬件在同一平台上被执行,存在错综复杂的交联关系,导致系统综合安全隐患。联合式航电系统中也存在类似的问题,但随着 IMA 的发展,这些安全问题变得越来越受到重视,需要在开发新系统之初时就加以考虑,由此形成航电系统安全性设计、评估与认证诉求。表 8-8[2] 给出了联合式和综合式航电系统安全认证方面的差异。

表 8-8 联合式和 IMA 航电系统安全认证差异

活动	联合式航电系统	IMA 航电系统
认证程序	适用既定程序	新的安全认证程序正在不断制定和发展中
安全策略	安全分级可用	分级标准在不断发展中，没有唯一的安全分级规则
共模故障	为了降低共模故障的风险，应通过一个具有典型隔离机制的体系结构来减少共模故障影响	由于使用了多种共享模块资源，共模故障的风险要比联合式系统高，由此造成共因分析的代价也要远高于联合式航电系统
增量认证	在非常有限的范围内可实现	增量认证是 IMA 系统最重要的优势之一
蓝印功能	不采用	责任边界难以界定，合约和组织问题需要更加关注
飞机网络管理	典型由 ARINC 429/629 等标准定义	需要有新的和更有效的网络协议，一些安全问题仍然存在
分区	分区被定义为单个应用程序所使用的安全级别	在联合式系统分区概念的基础上发展出混合安全关键等需求，多个应用可以在不同安全级别分区中运行。分区之间的隔离不能再仅仅通过物理隔离方式实现
硬件开发	硬件开发需求来源于单个系统/设备的安全需求	硬件开发需求来源于单个系统/设备的安全需求。但是，由于采用了通用模块和软件交互接口，分区机制为硬件开发带来新的诉求
操作系统	没有具体要求	作为 IMA 系统中安全性最关键的对象，与传统方法相比，操作系统处理并执行分区调度与隔离，必须阻止（或检测）所有分区隔离故障

8.4.2 架构安全性设计

对于航空电子系统的安全性，需要从最开始就将其设计到系统中，而不是事后的添加与修改，并且这种安全性设计应该从飞机、系统、设备等所有层面上去实施。

在 IMA 概念里，对于整个航空电子设备都有一套严格的标准和规范，从而大大提高了任务关键系统的可用性和可靠性，例如将当前的"单线程"计算换成"N+1"备份运算，这种情况可以通过系统的配置/重配置机制来实现。

IMA 组件的主要目标在于任务关键系统的实现，然而在具体的设计过程中，需要平衡设计的灵活性和安全性要求。我们可以把所有的 IMA 组件设计成最高安全级别和最高抗风险保障，也可以在满足安全和任务关键的需求基础上，把硬件组件和软件组件设计得更加富有灵活性，设计平衡取决于多方面制约因素。

为了实现安全关键航电系统架构，解决方法是使用一套专门的通用功能模块硬件以及组网资源，并且使用与当前嵌入式系统一致的软件。为了充分利用 IMA 系统的优势，可以采用系统管理器、操作系统和蓝印系统等概念进一步发展安全关键系统。例如，通过蓝印系统在系统管理器的管理下实现安全关键系统的配置和执行，包括实时操作系统和它的扩展(在操作系统层的通用系统管理器和在应用软件层的应用管理器)以及通信网络功能。

IMA结构中的组件(至少是核心组件)应该被看作是安全认证工作中的一部分,需要进行严格的安全评估。在IMA环境中可以考虑多种具体实施策略。在这里我们讨论一个简单的安全关键系统的可能架构：

(1) IMA核心和非核心设备可以采取基本三冗余策略；
(2) 在系统生命周期中全面实施航空电子系统综合理念；
(3) 实现蓝印系统、系统管理器、通用操作系统等功能；
(4) 利用系统重配置替换出现故障的资源模块,如通用功能模块；
(5) 系统重配置可以在地面完成,或者在飞行中根据任务模式或者故障情况实时完成。

为了实现150飞行小时无故障的概率大于95%的需求,在整个系统中都需要采用三冗余策略,并对这种策略进行安全鉴定。然而,这并不能说明在150飞行小时之前,系统不会发生故障,在飞行或者地面维护过程中仍然存在发生故障的可能,只是这种可能性被降低了。通过对备用资源的重配置,将大大提高系统的可靠性和安全性。

使用IMA组件创建一个安全关键系统架构,有如下假定：

(1) IMA组件都可以进行安全性和可靠性评估,典型包括：通用功能模块、组网资源等。
(2) 安全关键架构可以基于安全评估后的IMA组件进行设计和搭建。这些被评估的组件需要和核心系统外部的设备进行通信,比如：传感器、作动器、显示器等。可以把非核心系统设备的信号转化成标准数字形式,然后在IMA网络中进行通信传输。
(3) 安全关键系统架构将遵循如下的建立原则：
① 通过多路冗余控制通道分配和传输传感器信号；
② 对传感器数据进行融合处理并派发结果；
③ 执行控制算法并派发结果；
④ 对发往作动器的控制命令进行融合；
⑤ 通过多路控制通道分配和传输作动器信号；
⑥ 对多冗余通道的结果进行对比和表决,以实现系统的故障管理,并维护数据的完整性。

操作系统以及在每一路控制通道范围内相关的硬件资源,将严格控制应用程序之间的隔离(比如分区),比如：飞行控制系统、推进控制系统、效用控制系统等。隔离理念有助于减少功能(系统)之间的相互影响,对于每一个部分的改变将不会影响其他部分,同时也不会受其他部分的影响。这对于系统认证也带来方便,不会由于各个隔离部分(分区)之间的相互影响加大鉴定和认证的工作量。

8.4.3 IMA安全性设计

8.4.3.1 分区和隔离

分区作为一种设计技术经常被采用,可以将航空电子系统中不同功能应用限制在其活动范围内,从而不对其他功能应用产生影响。分区实际上是系统设计概念中最小耦合的另外一种说法,组件之间耦合越小,那么系统遭遇不可预料的风险也越小。

跟计算相关的组件可以大致分成三类:功能应用组件、IMA 计算支持组件(如处理器、操作系统等)以及输入/输出设备(如传感器、显示设备等)。这些组件在系统中并不是物理隔离的,但是可以通过逻辑方式将它们隔离开,如在一个 IMA 平台模块中把功能应用加载到指定分区中。

资源隔离也是 IMA 系统所采取的技术手段之一。各种冗余组件应该相互独立运作,同样监控器也应该和所监控的功能相隔离。这里的独立运行意味着不管是正常运行还是非正常运行或者在故障条件下,冗余资源之间以及监控器和被监控功能之间,都不能发生共因影响。监控器要高效运行,它将对系统中各个组件的运行状况进行实时的或者非实时的采集和监控,同时要对故障进行探测和定位,从而能够发现故障并对故障进行后续处理。

物理分区涉及软件组件在硬件上的分配,只有相同的组件或者安全级别相同的组件才能被分配到相同的硬件区域上。如果组件之间在任何情况下都存在通信,则很难采用分区技术实现组件之间的完全隔离,两者之间可以直接通过某种通道机制进行通信。但是一般来说,物理分区越多,组件之间的相互影响也就越小。

逻辑分区指在软件层次上对组件进行隔离。逻辑分区允许一个组件或者功能应用在一个相对独立的逻辑范围内安全运行,当物理分区不可时,逻辑分区就表现出来相当大的灵活性。从逻辑上隔离一个组件也需要进行相关的鉴定工作,并对组件共享的资源采取相应的保护措施。

在一个高度集成的系统管理功能的控制下,综合区域将被创建,同时可以在逻辑层面上创建子系统。系统管理器将控制程序下载并在硬件资源上运行。和 PC 桌面系统相似,IMA 计算机的硬件资源一旦装载了合适的软件就开始执行,如操作系统和应用程序。IMA 系统中综合区域是联合系统"黑盒"的替代概念。系统蓝印和系统管理功能的设计和鉴定将是 IMA 成功的关键。有如下一些考虑原则:

(1)系统蓝印应该包括可配置的所有信息;
(2)系统蓝印的结构并不需要标准化,但是必须遵从标准接口进行访问;
(3)系统管理功能可以采取分层设计,但是需要严格定义层与层之间的相互作用。

综合区域的概念可以看作是对系统功能进行分区的一种手段,一旦综合区域被创建,将会保持分区的状态,直到综合区域被销毁或者重配置。安全关键系统功能可以在飞机系统的不同层次上进行划分,具体如下:

(1)IMA 机架层。在本层创建的包含安全关键系统功能的综合区域可以通过使用几套通用功能模块和网络组件来创建,这些物理资源可以被放在不同的 IMA 机架上。

(2)通用功能模块层。安全关键综合区域可以通过使用几套通用功能模块和网络组件来创建,这些物理资源被放置在同一个机架中并进行隔离,但要考虑机架电源和背板拓扑结构与物理结构。

(3)处理单元层。在一个安全关键综合区域内执行不同的任务,例如飞行控制系统、推进控制系统、效用控制系统以及存储管理系统等,可以在通用功能模块范围内将这些应用单独地映射到处理单元上,它们之间共享模块范围内的通用组件,例如电源、数据总线以及共享内存等。

(4) 处理单元存储器层。在本层综合区域范围内的不同任务,可以在处理单元内存范围内映射到不同的线性地址空间上,但是需要防止线性地址空间之间任何形式的越界交互。

对于安全关键综合区域的不同划分方法,将由 IMA 系统设计者进行选择,这需要对 IMA 概念、通用功能模块、网络组件、分区机制以及 IMA 标准接口进行充分考虑,才能保证系统安全合格。

8.4.3.2 核心系统和非核心系统

IMA 核心系统是一个全数字系统,同时在 IMA 非核心系统也需要分配一些硬件和软件组件,包括:

(1) 数据传感器以及 A/D 转换器;
(2) 位置/速率/加速度传感器和地球定位传感器,以及它们从模拟、频率或脉冲信号到数字形式信号的转化;
(3) 系统输出端数字信号到模拟、频率或脉冲信号的转换;
(4) 数字 I/O 实现离散量与开关量的相互转换;
(5) 所有作动器、传感器及其数字形式;
(6) 作动器的电源和液压系统;
(7) 飞机所有电源系统;
(8) 备用电池系统。

所有这些非核心组件也是系统安全评估过程中的一个组成部分,并需根据适当环境中的性能要求进行鉴定。假设这些非核心系统组件与 IMA 核心系统通过远程信号集中器进行信息转换和对接,对于非核心系统组件性能方面的鉴定,还需要包括远程信号集中器本身。远程信号集中器必须满足实时采样和转换的要求。

对于 IMA 核心模块,在某种意义上它们可以看作是一种标准组件,供系统设计者根据需要进行使用和集成。系统设计者从计算性能、完整性、可靠性、分区、安全风险以及易于集成和认证等多方面进行考虑,下面的每一项硬件组件都将对安全关键系统的适航性有影响:

(1) IMA 机架、冷却接口、背板、连接器、光纤接口和电源布线等;
(2) 进行数据计算的数据处理模块,比如航线计算;
(3) 对其他通用功能模块进行供电的电源转换模块;
(4) 对其他通用功能模块进行网络路由支持的网络支持模块;
(5) 主要用于数据存储的大容量存储模块,比如飞行操作程序 OFP 存储和下载;
(6) 提供高速信号计算和处理功能的信号处理模块;
(7) 提供图形图像快速计算和处理功能的图像处理模块;

（8）提供通用射频信号处理和调制功能的射频综合模块；

（9）通信网络，包括电路交换网络和分组交换网络等。

IMA 三层软件结构和功能已经在第 6 章做了介绍。在某种意义上它们同样可以看作是一种标准组件，供系统设计者根据需要进行使用和集成。在操作系统层范围内的组件可以通过 APOS 接口与应用软件层对接，同时可以通过 MOS 接口与硬件对接。下面的每一项软件组件也都将对安全关键系统的适航性有影响：

（1）在操作系统层范围内，包括实时操作系统及其扩展、通用系统管理、通用系统管理和操作系统（SMOS）接口以及通用系统管理和蓝印系统（SMBP）接口；

（2）在 APOS 上层，包括用于下载和模式更改的应用管理器以及安全关键应用程序；

（3）在 MOS 下层，包括模块支持层。

此外，依据 IMA 三层软件结构，各层的设计考虑都会涉及系统安全，下面逐一进行归纳和总结：

1. 操作系统层

在操作系统层，实时操作系统和通用系统管理是两个最关键的组件，它们之间通过 SMOS 接口进行通信，同时操作系统之间还可以通过 OLI 进行通信。操作系统还通过 APOS 接口与安全关键应用通信，同时通过 MOS 接口与通用功能模块硬件资源进行通信。

在三层软件模型中，实时操作系统和通用系统管理是两个独立的功能组件，被看作是两个独立的计算机软件配置项（Computer Software Configuration Item，CSCI）。这就要求提供实时操作系统和通用系统管理源代码，以进行安全评估；并且为了安全，相关的编译器也要被评估和分析。编译器工具的确认过程和软件组件的确认过程相似，通过在编译器工具上运行大量的测试程序来比较从源代码编译执行和从目标代码直接执行的异同。测试程序将检查所有的语言特征、语法、语义等。

通用系统管理包括健康管理、故障管理、配置管理、安全管理，以及通过 SMBP 接口与蓝印系统通信的功能。通用系统管理为航电系统管理提供了一套操作系统层的服务。这些服务中的每一项，包括健康管理器、故障管理器、配置管理器和安全管理器，都将被单独地装载到通用系统管理的虚拟分区中，并具有适当的权限级别和监控能力。

2. 应用软件层

分配给应用软件层软件的安全关键系统功能，在处理安全和鉴定的过程中将基于如下一些优化设计策略，比如更好的性能、更高的精确性、更好的灵活性以及最小化软件故障等。

在应用软件层，系统管理功能中的应用管理器也是一个安全关键功能，需要严格设计和保证。所有 CSCI 软件都需要按照规范进行开发，包括需求分析、设计、编码、测试以及配置控制等；同时还需要考虑到冗余设计，以进一步降低系统的安全风险。

3. 模块支持层

（1）网络接口：功能应用软件在应用软件层通过调用 APOS 服务，利用虚拟信道进行通信；这些 APOS 服务通过实时操作系统及其扩展，最终通过 MOS 服务，在模块支持层中创建网络通信接口以相互通信。

（2）板载接口、定时器、可屏蔽中断等：功能应用软件通过模块支持层的这一部分功能使用事件定时器、全局时间和其他可用的时间服务。

（3）目标处理器接口：功能应用软件通过模块支持层的这一部分功能，使用目标处理器的所有可用计算资源。

（4）存储分区：为了在存储器范围内提供存储分区功能，需要完成存储器逻辑空间到存储器物理空间的映射；对于存储器的操作，都将成为支持安全分析和评估的一部分。

4. 蓝印系统

蓝印系统提供 IMA 系统中的配置信息。和当前其他组件开发的过程一样，蓝印系统也将包括系统开发的几个过程，为了实现安全和鉴定目的，蓝印系统也需要接受严格的安全分析和评估。

蓝印定义了软件程序是如何分配给综合区域、通用功能模块和处理单元的，这种配置方式可以是静态的也可以是动态的。在静态情况下，所有配置信息在设计阶段已经定义好了，在系统执行任务过程中，只需要按照蓝印系统信息进行配置即可；在动态情况下，在蓝印里需要定义规则，系统在执行具体任务时，需要将规则应用到实际环境中。在设计过程中蓝印的任何错误，或在运行过程中检测到的蓝印系统的故障，都将对飞机的安全产生严重的影响。在 IMA 架构中蓝印系统也需要与其他软件组件进行合适地隔离。

一个安全关键系统的设计者需要熟悉 IMA 蓝印系统的概念和接口，并决定他的系统设计是否可以整个基于蓝印系统，还是部分基于蓝印系统。蓝印系统可以建立自身的安全评估方案，从而减少蓝印系统和 IMA 架构中其他系统的相互影响。

为了高效地创建蓝印，需要蓝印生成工具进行设计辅助。任何关系到设计、产生和运行蓝印系统的支持工具都将要求进行安全鉴定和确认。这些支持工具的安全鉴定和确认与当前编译器的安全鉴定和确认过程相似。蓝印的安全鉴定和确认可以分成如下几个方面：

（1）硬件可用资源；

（2）应用程序/系统程序；

（3）软件进程要求的虚拟信道；

（4）系统路由信息；

（5）网络支持模块路由表；

（6）综合区域结构/内容/层次；

（7）综合区域/软件进程到硬件模块的映射；

（8）故障列表；

（9）故障行为列表，包括错误过滤规则；

（10）配置行为列表，包括开机和关机。

蓝印系统还可以执行动态测试，其动态测试有不同的测试范围和级别，动态测试的不同类型具体如下：

（1）单系统测试。该类型测试可以确保蓝印系统自身的完整性，包括信息的完整性和访问的可操作性。

(2) 在三层软件系统中进行测试。该类型测试可以对单系统测试不能覆盖的地方进行测试,比如故障处理机制、线程调度机制等。在本级别的测试过程中,蓝印系统将配合软件系统完成相关的测试工作,可以测试到蓝印系统大部分的配置信息。

(3) 在综合区域级别的测试(包括飞行器级别)。该类型测试可以确保在综合区域范围内蓝印系统的所有配置信息和软件体系是兼容的;整个综合区域能够按照计划进行,并产生预定义的结果。对于蓝印系统必须完成在综合区域内的所有测试,但这并不是意味着在所有子综合区域里的所有可能的配置都需要被测试。例如:如果两个子综合区域是独立的,那么每一个就可以被看作是一个单独的没有内部结构的实体,不需要将两者综合再进行测试;但是如果这两个子综合区域不完全独立,那么必须测试这两组内部配置的所有组合。

(4) 一个全面的系统测试。该类型测试可以完成蓝印系统最终的测试过程。

8.4.3.3 安全关键功能和 IMA 架构

在本节将详细讨论在 IMA 架构上,实现安全关键功能需要考虑的因素。

1. 架构安全考虑

安全关键功能被执行将首先基于如下一些架构方面的安全考虑:

1) 硬件故障发生可能性

在航空电子系统设计中必须要综合考虑硬件故障发生的可能性,在硬件故障组合的情况下,各故障模式的发生概率必须低于规定值,系统应该可以采取相应的故障容忍手段来容忍小概率的硬件故障。典型的,需要提供冗余硬件资源和故障处理机制,以允许错误被发现并接受后续处理,或是当故障发生时系统仍然可以使用。事实上即使硬件模块的设计技术有很大的进步,比如模块平均故障间隔时间(MTBF)有了很大的改进,在一个单一的硬件资源上也很难满足硬件故障概率要求。基于冗余资源和故障管理机制的硬件架构,是有效满足硬件故障概率要求的手段。

2) 系统维护

在 IMA 系统中,需要考虑系统维护使用周期,IMA 架构的一个主要目标就是增强系统的可维护性。反映到 IMA 架构中,需要考虑系统重配置和空闲硬件资源的综合利用。

3) 执行方面

需要考察安全关键功能在硬件和软件上的执行情况。

(1) 不同的软件或硬件的混合执行可能会降低软件的安全关键性级别。例如,在没有硬件保护措施的基础上,软件的安全关键级别可能需要升高到 A 级(最高级);又如,外挂管理系统通常并不把火控算法交给软件执行。此外,需要注意的是故障管理器将不得不从整体上去考虑核心系统和非核心系统的硬件,以实现全局管理。

(2) 不同软件的组合执行,可以降低每一个软件的安全关键性级别。可以采取两种方式来实现这种安全考虑:不同的软件执行一个安全关键功能;或者相同软件执行一个安全关键功能。前者可以有效降低每一个软件的安全关键性级别,而后者一般不会降低软件的安全关键性级别。需要注意的是,上面两种情况都可以有效防止软件故障。

4）软件到硬件资源的映射

需要考虑把软件应用程序映射到硬件资源的不同方式。在 IMA 架构里，有多种方法实现软件到硬件的映射：可以仅仅把一个应用程序映射到一个通用功能模块上，也可以在通用功能模块范围内把多个应用软件映射到一个通用功能模块上，还可以继续将这些应用程序映射到不同处理单元上或是映射到同一处理单元上。这就需要考虑到不同安全关键性级别应用程序的组合问题。

5）电源供给方面

要避免单点故障，并确保供电有足够的可靠性。对于电源转换模块，需要严格评估对其他通用功能模块供电/断电的可靠程度。

6）网络方面

要避免单点故障，并确保组网和通信有足够的可靠性。当然还存在其他一些架构中需要考虑的因素，例如实时性、处理能力等。在实现安全关键功能时，需要严格评估多个方面的因素。

2. 基本架构选择

为了支持安全关键功能的实现，有如下几个基本结构可选：单线程+备用资源、双冗余+备用资源、三冗余+备用资源、四冗余+备用资源以及双冗余/双冗余+备用资源。

单线程技术不能在相应的安全级别上保证数据的完整性。双冗余架构通常被认为是一个比较好的解决方式，因为在两个冗余通道的终端可以通过一个比较器来提供故障检测机制。但是当检测到故障后，并不知道是哪一个通道出现故障，功能可能会被终止，可以通过在备用资源上实现重配置来进一步确定故障的位置，并恢复功能应用。

结合组件可靠性和比较器可操作性，一个较为理想的结构是采用三冗余架构，当仅在一条通道上出现故障后，系统可以识别出故障通道，并实现对错误的定位管理，剩下两个通道的数据仍然可用，并在错误的通道上执行重配置；但是当 2 个或者 2 个以上的通道产生故障后，3 个通道的数据都不一致，则不能实现故障定位，需要在每一个通道上都进行重配置才能恢复功能应用。在三冗余架构情况下，可以在每一个通道上执行安全关键应用程序。但是需要注意的是，当系统某个通道已经产生一个故障，并处于重配置过程中，此时系统和双冗余架构类似，容易遭受攻击。在一个三冗余架构中，为了实现数据完整性的要求，每一个通道将分配在一个独立的分区中，分区与分区之间借助虚拟信道进行通信。蓝印系统应该包含三冗余架构的完整信息，包括所有可用硬件和软件的资源以及所有进程到硬件的映射等。所有可预测的故障以及对故障处理的行为列表都需要在蓝印系统中进行描述。

任何涉及冗余多通道的架构，需要确保通道处理的"相似"问题，即：所有通道运行在一个相似的时间，使用相似的输入数据，将给出相似的结果并且执行相似的计算。这里的"相似"有严格的定义，下面分别进行讨论：

1）实现相似结果

在通道结果可以被使用之前，需要检测这些通道以确保它们在执行相同的任务。检测包括以下内容：

（1）可以调整任一通道的结果以便补偿在数据输入时由于时间不同造成的结果差异；

（2）比较所有通道的结果以便检测和定位故障，比较算法需要考虑不同通道中硬件的差异性，例如通道中采用了不同的处理器等；

（3）把所有通道的结果综合起来得到最终结果；

（4）把最终的结果传递到下一个阶段的每一个通道中，或者把结果直接输出。

没有一个好的检测系统，就不可能知道所有的通道是否工作正常，从而使一个多通道系统不会变得比一个单通道系统好。而对于一个单通道系统来说，不可能满足安全评估失效概率需求。

解决检测问题的方法是在每一个通道中加入一些表决器进行比较并决定最终的结果。通常这种表决器是一个硬件比较器，但随着航电系统及其软件规模越来越庞大，表决的过程也越来越复杂，也需要发展采用软件实现表决的形式。运行在不同通道上的表决器和应用程序必须不受处理器性能的影响。这些可以通过在蓝印系统里定义处理性能并结合配置来实现，例如，蓝印定义使用 32 位浮点数，即使处理器支持 64 位浮点数，也将采用蓝印的配置信息进行实际处理。

2）实现相似输入

对于多通道系统中的每一个通道都将接收到相似的输入数据。很明显，如果输入数据是错误的或者输入不同步，那么该通道的输出以及到表决器的输入是无意义的，相对于其他通道，该结果没有可比性。如果输入数据源是一个单一的传感器或者是一个表决器的输出，那么同样的输入数值可以被提供给每一个通道。如果有较多的数据源，同时数据源的作用范围有限，那么需要采取一些措施来解决这个问题：可以检查所有的输入是否在可接受的值的范围内，接着使用这些值中最合理的一个值提供给多路通道；也可以检查所有的输入是否在可接受的值的范围内，接着使用所有值的一个平均值提供给多路通道。在这里，使用了更多比较器来比较输入数据，并且选择最佳的值用来作为多通道的输入。是否需要在通道中使用不同样的表决器和比较器，必须在设计过程中进行决定。

3）实现相似时间

为了允许表决器比较从不同通道来的结果，所有结果必须在同一时间内可用，并且依据同一数据进行计算。这就要求在通道范围内的所有处理进程必须是同步的，并且所有数据都要求加上时戳。为了实现这种同步，要求每一个处理器都能访问绝对局部时间，有权使用时钟，通过 APOS 提供的服务进行时钟同步，例如信号量处理。

在本架构里，每个通用功能模块包括一个精确模块时钟，模块时钟和主参考时钟同步，同时主参考时钟在系统启动时和一个外部时钟同步。APOS 接口中包括所有与时间相关的同步服务。

4）实现相似计算

很明显对于多通道架构，不仅要比较每一个通道的最终输出，还要能够比较每一个通道的每一个分段的结果。采用这种方式可以简化表决器的处理，并提高故障检测和定位的能力。最简单的方法是在每一个通道中使用同一个软件，但是这并不能排除相同软件执行时的固有性错误,软件越复杂危险越大;这里表决器的每一个输入也是一样的,没有任何意义。使用相同软件设计但是不同执行的方式可以排除相同软件执行时的错误,但是不能排除相同软件设计的错误;这里结果有可能不一致,因此表决器的设计必须复杂些。使用不同的设计将避免相同软件设计带来的故障,但引入了更大范围的结果;这对表决器的设计有更深远的影响。

3. 通用功能模块

操作系统需要支持安全关键应用程序执行,从而允许在通用功能模块上实现安全关键应用,这需要对操作系统进行最高级别的鉴定和认证。事实上,即使软件由不同的硬件执行,如果每一个通道上软件都一致或者相似,软件在所有的通道上可能同时出现故障。在这种情况下软件是一个单点故障,需要对软件进行最高级别的安全认证来证明软件本身是没有故障的。一个基本的方法就是降低操作系统的复杂程度,使它能验证自己的运作;但是这必须与越来越多的功能需求相平衡,就需要操作系统具有更多的灵活性和可剪裁性,并且导致了蓝印系统的产生。事实上大量的功能应用和蓝印系统紧密相关,例如应用程序的配置、实际故障和可预见故障的匹配以及系统重配置等。

对于操作系统安全考虑还包括是否采用商业货架产品,比如采用商业实时操作系统,主要的问题是源代码是否可用。当源代码可用时,这将允许对商业产品进行分析、验证和鉴定,比如实施静态代码分析和动态代码分析等。如果源代码不可用,则不能对商业产品进行源代码级的认证。但是,购买源代码将提高成本,并且需要全寿命成本分析来确保拥有一个商业实时系统仍然比自己开发便宜。

假设 IMA 结构中软件模型可以支持混合安全关键应用程序,如果可以在同样的通用功能模块中分配不同安全级别,那么在系统范围内通用功能模块的数量将大大降低,从而直接降低生命周期成本。为了这个目的,必须对低安全关键级别的应用程序进行鉴定,确保其不会对安全关键应用程序产生影响和破坏。可以采用的技术手段就是对不同安全级别的应用程序进行分区隔离。

对于存储器需要考虑两个方面,即存储器管理和存储器安全隔离。在现有安全关键应用程序的实际系统中,存储器管理以一种保守的方式进行,如为应用程序分配固定大小的内存空间,而这个固定大小的内存空间必须满足系统中已知的最大内存需求量,从而对系统资源造成浪费。对于非安全关键应用程序,为了优化存储器,可以采用逻辑地址和动态存储器分配等优化手段。但是上面所提及的存储器管理方法并不适用于安全关键应用程序,因为对于这些安全关键应用,上面的存储器管理方法都不够安全,在软件故障的情况下,可能会破坏受保护的存储器单元。对于安全关键应用程序,需要添加一些保护机制。所有存储器资源需要预先定义,可以通过存储器隔离手段建立安全关键软件使用环境,在这种情况下安全关键软件通过虚拟信道进行通信,但需要保留用于数据交换的通用寄存器。

时间方面通常和调度策略以及调度算法相关。由于在访问共享资源时存在冲突,需要周全考虑解决冲突的办法。可以采取时间分片的方式,保证每一个应用程序在它们所分配的时间片中可以无中断地访问共享资源。可以采用固定时间槽的方式实现时间分片,这样一个在自己时间槽内执行的应用程序可以使用全部计算资源。这种方法通过一套专有定时器来完成,缺点在于模块将专用于具有特定时间限制的特定应用程序,这将导致备用资源无法进行重配置。另一个解决方法是对所有应用程序中的线程,通过全局分析并调配,形成一个全局的调度策略来实现时间需求。

4. 电源转换模块

对于电源转换模块,有下面一些硬件上的安全问题需要考虑:

(1) 电源转换模块输出电压不会很高,否则将在维护过程中引起人身伤害,并且加速绝缘材料的老化;

(2) 电源转换模块中应该安装防止短路和电路过载的保护,该机制可以作为故障检测策略的一部分,用于检测由电源转换模块导致的电气故障;

(3) 电源转换模块的设计和实现应该考虑防止电磁干扰影响;

(4) 电源转换模块的设计和实现应该允许在冷却系统发生故障后仍能安全运行,最少应该是维持到足够长时间使故障管理系统关闭本模块或是降低载荷,使电源转换模块可以继续安全运行;

(5) 在最大负载范围内,针对每一个通用功能模块,能够提供安全可靠的电源。

对于每一个电源转换模块,应可实施全面的故障检测和管理策略,这将有利于减小软件和硬件故障的影响。为了将电源转换模块故障对系统其他方面的影响最小化,同时最小化系统其他方面故障对电源转换模块的影响,可以采用综合区域概念,有3种方式将电源转换模块和其他通用功能模块隔离开,分别是:每一个电源转换模块组成一个综合区域,一个机架上的所有电源转换模块组成一个综合区域,或者整个系统中所有电源转换模块组合到一个综合区域。具体的方案由每一个系统设计者进行综合考虑。

当前的联合式系统在处理电源供给的时候,直接将电源提供给 LRU,在这个过程中,并不对电源的关断进行控制,其电源供给子系统是比较简单和较为可靠的。然而在 IMA 架构中,需要对通用功能模块进行上电和断电控制,由此就需要对电源转换模块进行更加复杂的安全性分析和鉴定,相关考虑如下:

(1) 如果一个通用功能模块正在运行安全关键应用程序,那么对该模块提供电源的电源转换模块也必须考虑为安全关键模块;

(2) 位于该安全关键应用程序逻辑上层的综合区域中的通用系统管理将也要转变成安全关键组件;

(3) 为每一个运行该通用系统管理的通用功能模块供电的电源转换模块也将考虑为安全关键模块;

(4) 包含安全关键代码的海量存储模块和相关的电源转换模块也将被考虑为安全关键模块;

(5) 每一个运行该通用系统管理的通用功能模块也将被考虑为安全关键模块。

可以看到为了运行一个安全关键应用程序,涉及多个模块和管理组件,并产生复杂的依赖关系和电源管理关系,需要采用系统的方法才能解决。

8.4.4 系统安全演变

在本节中,我们将讨论如何将一个现有的联合式航电系统改造为 IMA 系统,在每一步改造的过程中,将保持认证机制和改进之前的类似,从而使联合式航电系统平稳地过渡到 IMA 系统中[3]。

1. 第一阶段

在联合式航电系统向 IMA 系统过渡的第一阶段,把 IMA 子系统引入联合式航电系统中,并且尽可能地把这个综合子系统和其他专用飞机子系统隔离开,如图 8-25 所示。例如:IMA 子系统将在它们自身的机架上被隔离,从而与其他专用子系统通过物理方式和逻辑方式隔离开,并提供数据隔离保障,以保证原有系统是安全的。在这种考虑下,IMA 机架可以看作是联合式系统中和其他 LRU 相一致的模块。因此,在 IMA 机架上运行安全关键应用或者任务关键应用将不会产生安全问题,它将和原有系统中其他模块的表现形式一样。但是,在 IMA 机架中,不能混合运行安全关键应用和非安全关键应用。对于一个联合式系统,每一个模块都是当作一个单一实体来考虑安全问题的;因此,接入联合式系统中的 IMA 机架也将作为一个单一的安全实体。

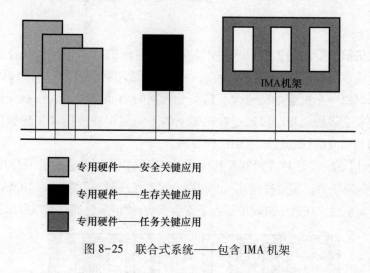

图 8-25 联合式系统——包含 IMA 机架

2. 第二阶段

在改进的第二阶段,其目标仍旧保持联合式系统结构,但要将原来所有的 LRU 黑盒替换成 IMA 机架,这就意味着在系统中将采用和原有黑盒一样多的 IMA 机架,如图 8-26 所示。对于 IMA 机架来说,这并没有达到资源利用的合理化,IMA 机架好似被单独设计和制造出来以替换原有的 LRU。

由于是一对一匹配替换,整个系统也不可能执行重配置。综合区域的范围可以简单认为和 LRU 组成的子系统一样。不同安全级别的应用仍然通过在不同的机架上运行而被物理分离,安全鉴定过程和第一阶段类似,由于数据被隔离,整个系统的安全性认证只需要鉴定每一个机架的安全性。

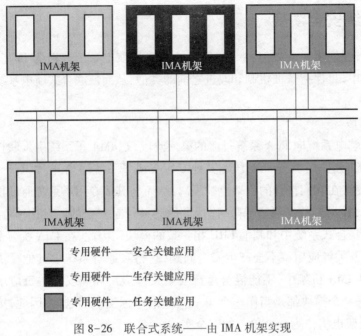

图 8-26 联合式系统——由 IMA 机架实现

3. 第三阶段

第三阶段是第二阶段的扩充。从整体上看第三阶段的结构仍然和联合式系统相似,但每一个联合式系统的 LRU 现在被替换成一个 IMA 通用功能模块(CFM),如图 8-27 所示。这就意味着每一个机架可以包含不同安全级别的功能应用,但每一个通用功能模块只能执行一类安全级别。现阶段通过在机架上的不同通用功能模块实现物理分离,并通过联合式架构和相应的综合区域实现逻辑分离。

针对安全性认证,需要 IMA 机架及其相关网络提供数据流在进出机架及其内部通用功能模块的隔离保障能力。鉴定过程基本上和联合式系统一致,但需要评估 IMA 机架及其通用功能模块的安全性。在这个阶段中引入了空余模块,使得系统拥有基本重配置能力。

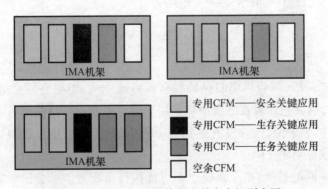

图 8-27 每一个 CFM 执行一种安全级别应用

4. 第四阶段

第四阶段的目标是充分利用大部分 IMA 系统综合的优势,并在软件结构上引入适度的约束机制以确保系统的安全,如图 8-28 所示。可以让每个处理单元只处理一种安全级别以限制不同安全性应用的运行范围并进行相互隔离。每一个通用功能模块将包含一个或多个处理单元,每一个处理单元将包含一个或多个处理器。在一个通用功能模块上的所有处理单元将被通用功能模块内部总线进行互联,并提供路由功能。因此,隔离是通过在通用功能模块中各个处理单元的物理隔离以及通用功能模块内部总线和路由单元上的数据隔离能力来实现。这就意味着每一个通用功能模块必须被证明可以通过内部总线确保流入或流出不同处理单元的消息之间的隔离能力。进一步考虑到相同类型的通用功能模块可以由不同的设备供应商进行设计和制造,其内部总线和处理单元的具体实施方式也不同,因此不同的通用功能模块版本都需要被鉴定和认证。

对于该阶段的升级过程,虽然作为联合式系统中黑盒的大小已经收缩到一个处理单元的范围,但黑盒的概念仍然存在。不过可以在通用功能模块的级别运行混合安全关键性应用,这在提高系统设计灵活性和降低通用功能模块数量等方面将带来极大的优势,同时也是联合式航电系统向综合式可认证航电系统演进的重要一步。

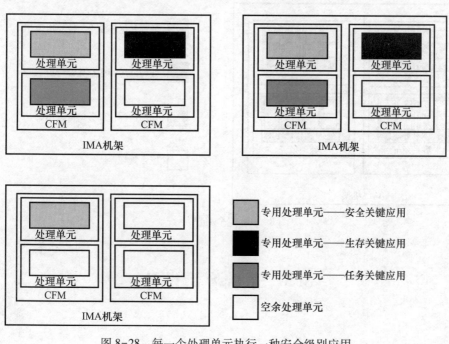

图 8-28 每一个处理单元执行一种安全级别应用

5. 第五阶段

这是从联合式航电系统向 IMA 可认证系统演进中的第五阶段,也是最后一个阶段,它将允许在处理单元中的同一个处理器上运行不同安全级别的应用(混合安全关键性),并且仍将确保系统的安全性,如图 8-29 所示。这将要求通用功能模块的内部总线可以确保消息之间的隔离,并且处理器内部的寄存器管理单元可以确保数据之间的隔离。如果一个处理单元包含多个处理器,那么各个内部处理器之间的通信也需要提供数据隔离能力以确保整个处理单元的安全性。这就意味着每一个通用功能模块的安全认证必须扩大,并包含每一个处理器的寄存器管理单元等内部逻辑结构。如果有必要,这种安全认证也要包括处理器之间的连接和通信,以及本地通用功能模块的总线和路由单元。在此基础上,实际上已经完成了从联合式航电系统向完全 IMA 可认证综合系统的演进。

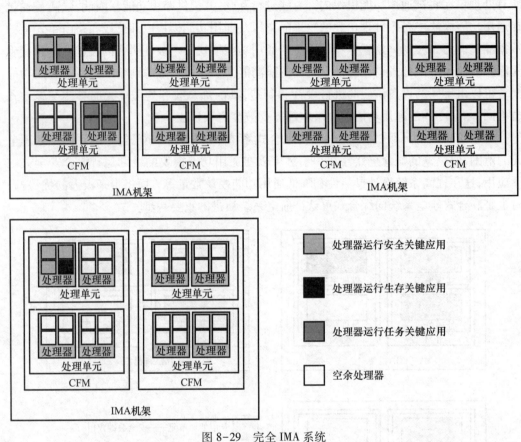

图 8-29　完全 IMA 系统

8.5　系统容错设计

8.5.1　系统容错需求

8.5.1.1　容错定义

对于民机来说,系统容错来源于系统安全性要求;对于军机来说,系统容错主要来源于系统可靠性和功能可用性等要求。

许多因素要求航电系统具有容错功能,在故障情况下航电系统必须在不发生明显中断的条件下仍能继续执行功能,而这类功能通常对持续安全飞行或圆满执行任务来说至关重要,因此被称为飞行关键功能和任务关键功能。考虑到航空电子系统各个软硬件组件都不是理想化部件,在实际运行过程中不可避免地要发生物理退化或者失效,而且各个硬件也存在预期的使用寿命。进一步,随着电子技术和计算机技术的发展,当更多的商用货架产品被采用时,航空电子系统硬件集成电路的时钟频率越来越高、几何尺寸越来越小、电源电压越来越低,这些使得商用货架产品的可信度在降低、预期寿命也在缩短。另一方面,航空电子系统运行的恶劣环境也会造成机载电子系统物理故障,该环境中典型存在振动、湿度、温度循环变化、电源瞬变、电磁干扰等,这些往往会对物理元件产生应力,从而导致部件突然失效或逐渐劣化,其诱发劣化程度可能会严重影响到部件的使用寿命。

为了确保执行飞行关键功能的航空电子系统的安全运行,需要进行容错设计。容错系统的要求包括性能、可信性以及确保系统满足所有容错要求的设计方法。这些要求必须记录在一个系统的预期行为规范中,该规范规定了系统各种输出的容差。设计过程中还需要同时开发能够确认该设计满足所有需求(包括容错)的方法。

容错系统在出现故障时能够提供连续、安全的操作保障。容错式航空电子系统是飞机架构的重要组成部分,包括容错计算系统(硬件、软件和定时器)、传感器及其接口、作动器、组件以及各个分布式组件之间的数据通信。无论是由飞行员操作还是由自动驾驶仪操作,容错式航空电子系统都应该确保用于控制飞机飞行的数据的完整性。容错系统必须检测故障引起的错误,隔离故障并评估故障造成的损害,并从错误中恢复(或者功能降级恢复)。设计和建立一个能够容忍所有可能的错误的系统通常是不经济的,所以必须根据需求分析(包括每个故障发生的概率和故障的潜在影响)来定义系统设计要容错的故障。

在进行系统设计时,不当的设计或者设计疏忽可能会导致系统软硬件故障,从而造成系统功能失效,如果认为系统设计无误,则软硬件在运行时由于可靠性原因也会带来系统运行故障。与解决软硬件组件故障所需的技术相比,处理设计缺陷需要更强有力的容错技术。设计缺陷往往是不可预知的,它们会产生不可预知的错误。相比之下,软硬件组件故障通常可以预测,它们的状态是预期的,并且它们会产生可预期的错误。

在非容错式系统中,需要通过故障诊断以确定作为错误观察到的故障的原因。航空电子系统中的故障有多种类型,通常可分为硬件故障、软件故障、网络故障等。故障可以在系统生命周期的任何阶段引入,包括需求定义阶段、设计阶段、生产阶段或者使用阶段。

在20世纪60年代,设计者力求通过避免故障或掩盖故障来实现高可靠高安全的系统。双冗余或者三冗余技术被广泛应用到安全关键系统中,并通过表决系统实现正确结果的输出。软硬件技术的发展以及硬件可靠性程度的提高,进一步发展了多种容错设计方法。

8.5.1.2 故障分类

航空电子系统是一个"硬实时"系统,所产生的时间关键性输出用于控制飞机飞行以及任务完成,这些关键输出必须是可信的,也即既是可靠的也是安全的。可靠性有许多定义,通常表示为不失效的概率;也可表示为产生"正确"输出的概率。安全性被定义为系统输出正确的概率,或者输出错误可检测的概率。正确性要求在无故障条件下所有通道的输出是逐位一致的。

硬件组件故障通常可以按起源、范围、量值、持续时间、模式和故障域来分类，如图 8-30[2] 所示。

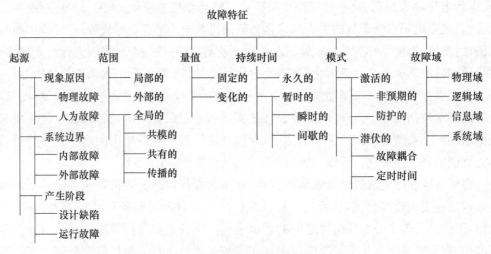

图 8-30 故障分类

（1）考虑起源分类，原发故障可能由系统硬件组件内的物理故障引起，也可能由人为错误产生。系统边界内部故障是系统状态的出错部分，即计算运行时产生的故障；而外部故障则是由外部物理环境引起的系统干扰，或者系统与人类环境相互作用引起的。原发故障可由系统开发、后续修改、维护期间等不完善设计而造成，或者在系统运行期间出现的操作故障。

（2）考虑范围分类，故障产生的错误可以是局部的、外部的或者全局的。需要注意全局故障，因为它们的影响往往是全局性的，这里"全局"意味着对容错系统中的余度组件的共同影响。其中，共模故障是指在系统的某一特定点上发生的单一物理故障会导致所有相似的冗余部件同时失效的故障；共有故障是一个在开发时引入并在类同余度组件中复现的故障，它的激活会产生一个类似于由共模故障引起的大规模失效事件；传播故障是指单一故障影响通过网络等形式扩散到其他部件产生的复合错误状态，当缺乏故障封闭功能时，往往就会产生这种传播故障。在系统开发过程中，必须特别注意防范这些全局故障，因为它们可能在单个事件中违反容错规定。

（3）考虑量值分类，故障产生的错误值可以是固定的或者变化的。

（4）考虑持续时间分类，故障可以是暂时的或是永久的。与瞬时故障相比，永久性故障引起的错误仅仅占所有检测到的故障的一小部分，反复出现的瞬时故障通常被称为间歇性故障，是硬件组件故障绝大部分形式。

（5）考虑模式分类，如果故障在硬件或软件中产生错误状态，即在现有情况下不同于正常预期的状态，则故障处于激活模式；如果故障没有产生错误状态，则故障处于潜在模式。

（6）考虑故障域分类，可以包括：物理故障，即硬件组件的基本物理故障（短路、开路、接地故障);逻辑故障,即器件表现出来的逻辑故障(死锁逻辑1、死锁逻辑0、状态倒置);信息故障,即在解释的结果中呈现的错误状态(错误值、奇偶校验错误);以及系统故障,即系统失效产生不可接受的服务(系统崩溃、死锁、失控)。这些故障域构成各个层次不同的设计责任,也确定了容错活动的位置。故障处理和部分故障封闭在物理故障域中处理最方便;硬件故障检测和评估最容易在逻辑故障域中管理,此时错误值的变化特征可以优化故障识别机制;错误恢复还包括某些故障封闭必须在信息故障域中讨论,而服务的连续性则要在系统故障域中进行解决。

此外,在多冗余表决时,还需要考虑拜占庭故障,拜占庭故障对不同的观察者表现出不同的状态。如果一个系统使用表决机制来达成共识,拜占庭式的错误会导致拜占庭失效,比如时钟同步失效等。

8.5.1.3 容错设计方法

可信性是实现并证明系统能够可靠服务所具有的一种特性,是一个宽泛的定性术语。通常可信性要求把容错能力结合到一个系统中,并达到定量的可靠性或可用水平。可信的容错航空电子系统的设计,必须基于已证实的系统工程过程和工具。设计人员必须确定所有功能,以及实现这些功能的各处理流程之间的信息流和数据流。这涉及故障检测、识别、隔离和恢复等各种功能,并且必须使用工具来精确分析、分配、记录容错设计过程。

实际上不可能设计一个能容忍所有可能故障的复杂航空电子系统。如前文所述,故障可以包括永久性故障和瞬时性故障、硬件故障和软件故障等,并且它们可以单独或同时发生。定时故障要求直接追查到几毫秒之内的实时响应,以及造成数据延迟的硬件或者软件。容错的实施需要增加系统开销、复杂性和验证挑战。按照增加的硬件、通信和计算要求,实现容错显著地增加了系统资源和相关的管理活动。错综复杂的连接关系和硬件与软件组件之间的依赖关系,可能导致出现更多的系统状态数目,管理系统所需的逻辑也就越多,这一切都增加了系统的复杂性。验证的挑战来自需要识别、评估和确认在各种潜在故障情况下维持系统功能的能力。因此,容错航空电子系统的设计方法必须在容错成本和可靠性之间取得平衡。

容错设计方法包括容错需求、开发方法和容错要素。不同的系统功能具有不同的容错需求,重点是选择适合给定功能属性的容错技术组合。开发方法归结为相互支持的设计质量保证方法,这些方法强调一致性、责任以及对系统可靠性的高度信任。

8.5.2 系统容错技术

8.5.2.1 冗余和容错结构

容错通常基于某种形式的冗余机制来实现,通过调用备份资源来提高系统的可靠性和可用性。当系统的一个或者多个部件发生故障时,用仍能工作的组件使得系统继续运行,表明系统存在冗余度。冗余是提高系统可靠性和容错性最快捷而又最直接的技术,如果可靠性要求超出现有技术水平，那么冗余几乎是唯一解决方案。

冗余可以基于硬件、软件、时间或者它们的组合。硬件冗余通过在设计中添加额外硬件实现，通过这种方式可以检测出或者代替有故障的零部件。例如，可以选择双处理器或者三处理器方案代替单处理器方案，每个处理器完成同样的任务。当采用双处理器方案时，可以检测出单处理器所产生的故障；当采用三处理器方案时，可以通过大数判决来掩盖单个故障处理器的输出。这样的方式称为静态硬件冗余，其目标就是在第一时间屏蔽故障。硬件冗余的另一种方式为动态冗余，当正在工作的零部件发生故障时，备用的零部件就会立即处于工作状态。当然也可以将静态冗余和动态冗余相结合，这种方式称为混合冗余。硬件冗余可以是简单的硬件复制，也可以是一种复杂的结构，当正在工作的单元发生故障时，备用的单元就立即切换到工作状态。这种结构形式的硬件冗余所带来的开销也是巨大的，通常仅用在一些关键系统（如飞行控制系统）中。软件冗余指在相同的硬件上执行多个软件，利用软件执行的备份冗余来实现错误检查和纠正目的。时间冗余则利用在不同时间点上的多次执行来实现错误检测和掩盖。比如：对于检错与纠错编码，通过在原始数据比特流中添加额外的比特位（称为校验位），就可以检测甚至纠正数据流中的错误位，这种方式是一种采用信息冗余的手段实现纠错目的。如果数据通信中的冗余编码仅能检错而不能纠错，那么必要的时候可以将信息进行重传，这称为时间冗余。

在冗余技术使用时需要考虑共模故障。共模故障是两个或者多个冗余组件之间由于存在关联性，使得这些组件同时失效，这种关联性可以是公用的电连接、共同承受的环境应力以及共同的维护问题等。在系统可靠性分析中，共模故障的影响就像并联的冗余结构加上了一个与之串联的附件部件一样。

一般来说，航空电子系统软硬件中广泛采用余度技术满足容错需求。由于容错系统中可能会出现多个不同的故障，因此在确定整个系统的适航性时，必须评估这些故障模式。重量、功耗和冷却要求都是组件冗余要付出的成本，同时冗余也会带来系统管理的开销，比如执行软件实现容错任务所需的计算能力。与所有的设计工作一样，冗余的实现也需要进行设计优化。存在广泛的余度实现方案，图 8-31[2] 展示了余度选择的分类，通过适当的组合可以建立所需的容错结构，比如：屏蔽结构、重构结构以及将屏蔽和重构结合在一起的混合结构，具体如下：

1. 屏蔽容错结构

屏蔽故障方法是冯·诺依曼三冗余概念的经典方法，它能被推广到任意余度级别。三冗余以表决器为中心，通过对多路信号进行表决，阻止故障信号沿着耦合关系进行传播，而不需要通过重配置来阻止错误。

由多个相同模块（可以由不同的供应商进行提供）和一个表决器组成的模块化航空电子系统需要在可靠性和安全性之间进行权衡。通常认为可靠性和安全性应该随着余度的增加而提高。如果一个模块具有内置的错误检测能力，则可以通过添加一个向表决器提供输入的模块来提高系统的可靠性和安全性。如果模块不提供错误检测能力，则至少需要两个模块才能同时提高可靠性和安全性。差错控制和表决输出是表决器的基本功

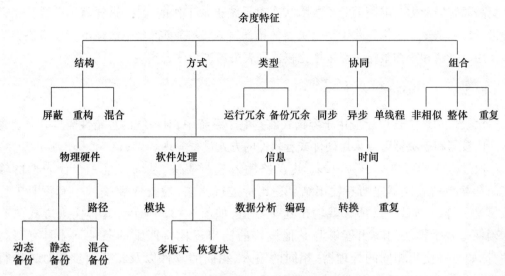

图 8-31 余度分类

能,当模块输出中的错误过多以至于不能确定正确输出时,表决器可能输出不安全的结果。多余度结构的可靠性和安全性,取决于单个模块的可靠性以及所使用的表决策略。没有一种仲裁策略是同时提高可靠性和安全性的最佳选择,提高系统的可靠性可能会导致系统安全性的降低,反之亦然。

当故障部件对不同观察者所呈现的故障结果具有随意性时,这种错误被称为拜占庭式故障,需要采用逐位比较的表决方式。在采取恢复措施之前,必须屏蔽故障影响,一种方法是将每个余度单位都划分为一个个独立的故障封闭区域(Failure Closed Region, FCR),无论区域外有任何逻辑故障或者物理故障,它都能正常工作。为实现这个目的,FCR 之间的接口必须电气隔离。在飞行控制系统中,各个冗余通道就是一个自然的 FCR 区域,显示为错误数据的故障影响可以跨越 FCR 边界进行传播;因此,系统还必须在处理过程中的不同地方使用表决器来进行错误封闭。

2. 容错重构结构

对于容错航空电子系统,当检测出故障状态后可以采用重构策略进行故障恢复。比如系统确定故障为永久性故障或者持续性故障,那么可以采取重构策略,需要确定任务需要什么功能,系统是否需要进行损伤评估、故障隔离,以及剩余系统资源的重配置。对于执行长续航时间的任务系统,系统设计者尤其需要关注容错重构结构。

3. 容错混合结构

混合容错使用混合余度,并把故障屏蔽、故障检测和重构恢复等策略进行结合。使用混合余度的系统将具有 N 个激活的余度模块,以及 S 个备份模块。检测器检测任何激活模块的输出是否与表决器输出不同,如果模块输出与表决器不一致,则切换至备用模块以替换潜在故障模块。在具有 (N,S) 余度的系统中,同时不能有超过 $(N-1)/2$ 个模块出现故障,否则系统将错误地切换掉正常输出模块。

容错混合结构采用屏蔽和重构结合的策略,其目的也是利用这两种方法的优势,以实现更高的容错能力。屏蔽消除了故障状态对系统正常工作的操作,这样就不需要从错误中进行故障恢复。重构删除了至表决器的错误输入,这就使得多个故障不能使表决器失去作用。屏蔽和重构策略一般采用比较器和表决器进行联合实现。

8.5.2.2 比较和表决

比较器和表决器广泛应用于容错式航空电子系统中,对系统的容错性能具有重要意义。比较器和表决器可以采用硬件或者软件的方式进行实现。

通过表决器可将 $x_1, x_2, \cdots, x_N$ 共 N 路输入进行表决,从而产生一个代表性的输出。最简单的表决器对所有输出结果逐比特进行比较,检查 N 路输入中有没有占优数值是一样的;如果有,那么就输出这个数值,如图 8-32 所示。这种实现方式只有在确保每一个模块的输出能够与其他模块的输出逐比特匹配的条件下才具有可行性,比如可以使用相同的处理器、相同的输入、相同的软件以及相互同步的时钟进行输出行为同步。

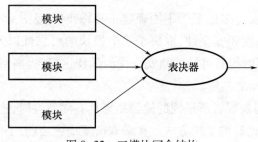

图 8-32 三模块冗余结构

然而,如果所有模块采用不同的处理器或者使用不同的软件来处理同一个问题,那么两个结果之间就可能存在微小的差异。因此,可以断言,对于某个正数 δ,当 $|x-y|<\delta$ 时就认为 x 和 y 实际相等。注意"实际相等"并没有传递性,如果 A 与 B 实际相等,B 与 C 实际相等,那么并不意味着 A 与 C 实际相等。可以结合比较器,并采用故障屏蔽和重构结构进一步增强冗余输出的可靠性和稳定性。

图 8-33 描述了一个三冗余表决-比较电路的概念。这里的表决器被定义为中间信号(电平)选择器,这就意味着对多个输入信号(电平)的中间信号(电平)进行选择输出。表决器位于比较器之前,表决器的输出是每个比较器的输入。一般来说,表决器输出通常被认为是正确的输出结果,任何输入信号(电平)如果与该值相差太大,则判断该路输入信号有误,可以通过比较器对输入信号(电平)和表决信号(电平)进行比较,实现输入信号(电平)正确与否的判断,再结合重配置逻辑切换输入信号,以实现故障封闭和逻辑重构。

在图 8-33 中,假设每个信道的输入都是脉冲调幅信号。表决器的每次输出都与一个输入信道的信号相匹配,因此每次表决器的输出都易于与输入信道号进行标识,通过标识可以进一步实施更多的故障处理手段。

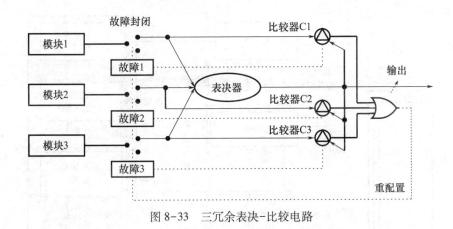

图 8-33 三冗余表决-比较电路

8.6 系统安全认证

8.6.1 系统开发认证过程

系统安全认证基于对系统的故障情况和危害程度的分析结果。综合化航空电子系统的危害要素主要有硬件故障、软件故障、人为错误、接口失效、功能缺陷、环境影响等。目前民用机载系统的安全性分析主要依据 ARP 4754A、ARP 4761、AC.25.1309 等标准,通过功能危害性评估(FHA)来识别和列出由系统/部件功能危害的致因因素和故障模式;通过故障树分析(FTA)来确定特定故障模式和原因及发生概率,通过故障模式及影响分析(FMEA)来评估系统、组件、部件或功能的潜在失效模式影响;通过潜在通路分析(SCA)在鉴定所有部件功能正常的情况下,来识别可以导致不期望功能发生或者抑制正常功能的隐藏路径;通过 Petri 网或者马尔科夫链将硬件、软件和人为因素结合起来,来分析识别与时序、状态转移、顺序等相关的危害;通过危害与可操作性(HAZOP)来识别系统运行中的危害性致因因素;通过共因分析(CCA)来识别系统多重故障共同致因因素。

典型的,上述安全分析和认证过程与系统开发阶段紧密结合,图 8-34 给出了系统开发认证过程,其右侧灰色部分显示了系统开发的几个阶段,在每个阶段完成后,都需要准备当前阶段的开发结果,包括文档、源代码和原理样机等。每个阶段的主要目的在于减少故障的发生,实现系统安全的需求,从而需要图中左边安全评估过程,安全评估过程需要和系统开发阶段紧密匹配。

ARP 4754A 提供了飞机和飞机系统开发过程的完整描述,包括系统策划、需求捕获、需求验证和需求认证等。图 8-35[2] 给出了相关概念的进一步描述,包括定义(捕获)顶层概念需求、制定设计决策、开发具体架构,并对需求进行可行性、准确性和完整性(即验证)的评审和分析。由设计决策创建的、不可追溯到更高级别的派生需求,需要依据对现有需求的兼容性影响进行评估;然后将所有需求分配到下一个较低的级别,并重复需求捕

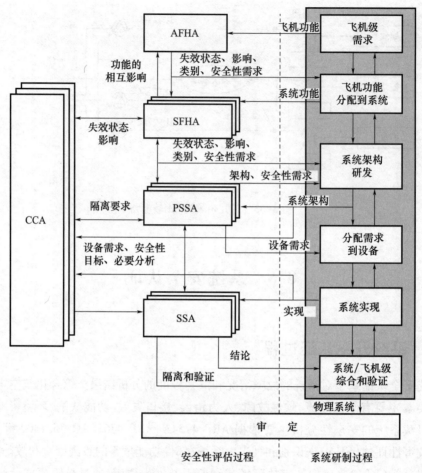

图 8-34 系统开发认证过程

获和验证过程。这种需求捕获和确认过程在每个级别上重复进行,直到能够将系统架构和功能需求分配到具体的硬件、软件中实现。一旦开发需求被捕获和确认,并自上而下完成了分解和分配,则分配给软硬件的具体需求可以被证明已确保其正确性和完整性。

来自 DO-178 和 DO-254 的软硬件验证结果,被集成到设备级的验证结果(测试、分析、评审/检查等)中,然后与系统级验证结果进行集成,最终集成到飞机级的验证结果中。ARP 4754A 和 DO-178、DO-254 结合,可以从开发过程上确保系统故障/错误被安全分析过程识别和确认。图 8-36[2] 给出了系统、硬件、软件和系统安全认证过程的集成关系以及相关的认证标准。系统开发者必须考虑到每一个过程,并将这些过程集成起来,以实现有效的开发和认证,并且必须在开发过程的早期确定相关安全要求。

ARP 4754A 开发过程是根据安全分析过程中建立的最高安全级别需求而定制的。具有高安全关键性的飞机或系统功能就需要有严格的结构化开发过程,而具有低安全关键性的功能可以采用低要求的开发过程。从安全角度将错误降低到可接受的水平而需要实施的开发过程级别被称为"保证级别"。ARP 4754A 建立了将开发保证级别(Development Assurance Level,DAL)分配给功能和设备的标准和方法。

第 8 章 系统容错与安全

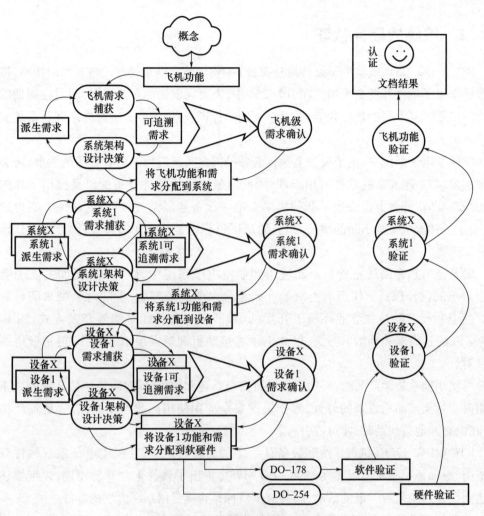

图 8-35 需求识别、确认和认证过程

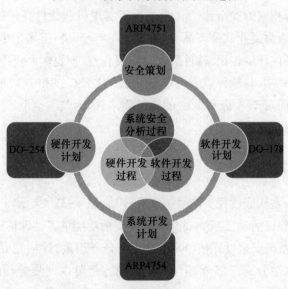

图 8-36 系统开发与认证相关标准

8.6.2 系统软硬件认证

RTCA/DO-254《航空电子硬件设计保证》提供了航空电子硬件设备开发的指南，被大多数航空电子硬件开发商采用。在 DO-254 中，需要确定硬件开发周期，同时在周期的各个阶段里要考察不同目标和活动，对于不同的保证级别，需要分别对待来满足系统安全评估要求。

在航空电子系统中，电子设备上执行着各种安全关键应用。随着技术的发展，将会有越来越多、越来越复杂的软件应用出现，因此对航空电子硬件设备的研发提出了新的挑战，对安全和认证方面也提出了新的要求。电子设备越复杂，所需要的认证方案也越复杂，由于硬件需求持续不断的增长，相应的认证过程也是一个递增过程，因此增量认证显得更加重要。

随着越来越多的商业货架产品应用到航空电子系统中，DO-254 更加关注于满足安全需求的设计保证。使用商业货架产品会带来明显的好处，但同时也带来明显的挑战。商业货架产品是在商业环境下开发的，其开发过程可能是螺旋开发方式；而 DO-254 采取的是需求驱动的开发方式，将需求直接映射到最底层组件设计，更精确也更具有针对性。

当使用商业货架产品时，必须严格进行安全认证和评价，同时需要评估认证的成本和使用商业货架产品所带来的好处，对于关键安全应用使用商业产品时，需要更加严格考察，在没有其他替代品时，才可以引入。

RTCA/DO-178C《机载系统和设备认证中的软件考虑》提供航空电子系统软件开发的指南，更加强调飞机的耐飞性需求。DO-178C 提出了软件生命开发周期，详细描述了为达到设计目的需要考虑的活动，同时对于目标是否满足给出了判别的标准。

典型的商业货架软件产品已经在航空电子系统低风险的应用中被采用，许多这样的软件产品都没有进行相应的安全评估。然而为了实现机载软件系统的需求，需要考察多种成熟的商业产品，通常商业软件产品更加适用于商业环境，但是也出现一些专门针对航电系统的产品。与硬件环境相比，软件更加有可操作性，但也需要更严格地进行安全认证和评价。在 DO-178C 中，将软件重要性进行分级，对于 C 级和 D 级的软件需求，可以采用现有的商业产品，而对于 A 级和 B 级的软件需求，因为与航空电子系统关键安全相关，需要更加严格考察商业产品。

8.6.3 系统安全评估

基于航电系统开发认证过程实施系统安全评估，图 8-37[2] 给出了与安全性评估相关的需求捕获、确认和验证活动。系统安全评估主要由功能危害性评估（FHA）、初步系统安全性评估（PSSA）和系统安全性评估（SSA）这三个任务组成，评估完成后形成相应的评估文档。虽然整个过程被分成三部分，但 FHA 和 PSS 是可以同步进行的。高层（飞机层）FHA 主要用来识别首要的安全需求。为了满足这些需求，需要定义合适的系统架构特性。每一个 FHA 故障条件都需要创建与之匹配的安全模型架构,架构特性也可能会带来新的故障条件,这些条件必须都添加到 FHA 中进行分析考虑。上述安全评估过程在系统层面和设备层面进行迭代重复执行,在系统层面中子功能(或者次要功能)被识别,需要评估确定其安全级别,以确定子功能/设备的安全需求,从而形成 FHA 或 PSSA 评估结果的一部分。下面对这三个任务分别进行介绍。

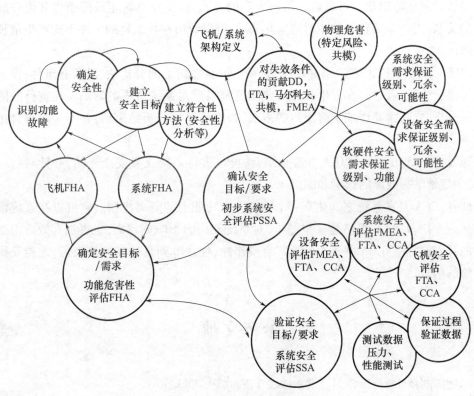

图 8-37　系统安全评估过程

1. 功能危害性评估

FHA 采用一种检测手段对功能应用的故障条件进行识别和分类,一般来说,FHA 在飞行器层和系统层两个层次中进行。飞行器层 FHA 是一种对飞行器基本功能的定性分析手段,在系统开发的最初阶段进行,其对飞行器层功能应用的故障条件进行识别和分类。系统层 FHA 是一种对系统和设备功能的潜在故障条件进行识别和分类的手段,是飞行器层 FHA 进一步细化的结果。

2. 初步系统安全性评估

PSSA 对功能危害性评估后的故障条件列表进行分析并总结出安全需求,在这个阶段,还将证明系统是如何满足不同威胁的定性和定量的需求。在 PAAS 中,应该能对多种避免故障的措施进行分析,比如分区、自测试、隔离、监控和维护等。本阶段的分析结果将直接作为下一阶段(SSA)的输入,同时对于系统需求、软件需求和硬件需求等文档的编制提供安全方面的素材。

3. 系统安全性评估

SSA 用来验证设计的具体实施过程在满足系统安全需求的实现情况,可以采用故障树分析(FTA)方法、故障模式及影响分析(FMEA)方法和共因分析(CCA)方法等。

FTA 方法是一种演绎的方法,同时也是一种自顶而下的分析法,通过对故障影响进行分析,在系统范围内找出故障的原因。在 FTA 方法里经常需要问自己什么样的故障模式才能导致特定故障出现。可以通过图形表达的方式,协助建立特定故障条件和组件故障之间的关系,当一个完整的故障树建立起来后,可以看出在什么样的条件下能产生最顶层的故障。

FMEA 方法与 FTA 方法刚好相反,它是一种自底向上的分析法,对所有组件、设备和材料等进行分析,看它们在发生故障后或功能降级后对系统造成的影响。在进行故障模式影响分析之前,需要详细了解用户的需求,否则当完整分析结束后,并不一定符合用户的需求。

通过将 FTA 方法和 FMEA 方法相结合,可以进行系统完整安全评估,并针对每一种故障,清楚地掌握故障的影响和原因。

此外,CCA 是在系统之间建立一个物理上和功能上的隔离机制。它可以在系统设计的任何一个阶段进行,显然建立得越早,对系统架构的影响就越大,也更加有效。但是在具体的开发过程中,CCA 并不总是这样有操作性,往往等到具体实施结束后,才能获得较为完整的信息。

参考文献

[1] 牛文生. 机载计算机技术[M]. 北京:航空工业出版社,2013.
[2] CARYR. S,UMAF,THOMASF. Digital Avionics Handbook[M]. Third Edition. CRC Press,Boca Raton,2015.
[3] STANAG 4626 (Part VI), MODULAR AND OPEN AVIONICS ARCHITECTURES PART VI-GUIDELINES FOR SYSTEM ISSUES Vol. 7:Safety[S]. NORTH ATLANTIC TREATY ORGANIZATION,2006.

习 题

8.1 请简要说明系统可靠性、可用性以及安全性等概念的内在关系。
8.2 请论述容错式航电系统架构在提高系统安全性方面的好处和办法。
8.3 综合式航电系统如何能够保障信息安全性和系统安全性?
8.4 请简要总结提高系统信息安全性的技术手段。
8.5 多级信息安全性给航空电子系统的综合带来哪些挑战?
8.6 从联合式航电系统向 IMA 综合式航电系统演进时,安全性差异主要表现在哪些方面?